2nd Edition

Nanostructures and Nanomaterials

Synthesis, Properties, and Applications

Guozhong Cao • Ying Wang

2nd Edition

나노구조체와 나노재료

| 합성, 특성, 그리고 응용 |

Guozhong Cao, Ying Wang 지음

김도진 · 김효진 · 홍순구 옮김

한티미디어

김도진	충남대학교 재료공학과
홍순구	충남대학교 재료공학과
김효진	충남대학교 재료공학과

나노구조체와
나노재료 합성, 특성, 그리고 응용, 2nd Edition

Nanostructures and Nanomaterials
Synthesis, Properties, and Applications

발행일 2015년 1월 9일 초판 1쇄
지은이 Guozhong Cao, Ying Wang
옮긴이 김도진, 김효진, 홍순구
펴낸이 김준호
펴낸곳 한티미디어 | **주 소** 서울시 마포구 연남동 570-20
등 록 제15-571호 2006년 5월 15일
전 화 02)332-7993~4 | **팩 스** 02)332-7995
ISBN 978-89-6421-215-8 (93580)
정 가 33,000원

마케팅 박재인 최상욱 김원국 | **관 리** 김지영
편 집 이소영 박새롬 안현희 | **디자인** 박새롬

이 책에 대한 의견이나 잘못된 내용에 대한 수정정보는 한티미디어 홈페이지나 이메일로 알려주십시오.
독자님의 의견을 충분히 반영하도록 늘 노력하겠습니다.
홈페이지 www.hanteemedia.co.kr | **이메일** hantee@empal.com

World Scientific Publishing사에서 제2판을 출간하게 되어 기쁩니다. 초판은 나노기술이 커다란 열기를 뿜던 시기에 출간되었고 이후 그 열기는 계속 커지고 있습니다. 따라서 재판의 주목적은 나노구조 및 나노소재의 공정과 제작에 있어서 지난 7년 동안의 발전을 업데이트하는 것이며 초판에서의 범위와 특징은 유지하였습니다. 독자에게 해당 분야의 체계적이고 일관된 정보를 제공하기 위해서 나노구조 및 나노소재의 합성, 제조, 공정에 대한 기본과 기술적 접근을 요약하였습니다. 그러므로 이 분야의 초심자나 하위 분야로 정보를 얻고자하는 전문가에게 대략적인 서론서가 될 수 있습니다.

새판에서는 단어나 문장의 교환, 재배열을 통하여 뜻을 선명하게 하였고, 주로 3, 4 , 6 및 9장에서 수정이 이루어졌습니다. 3장에는 나노입자와 코어-쉘 나노 구조 합성의 최신 정보가 포함되었습니다. 탄소 나노튜브 이외의 무기 나노튜브의 합성과 특성에 대한 검토 가 4장에 추가되었습니다. 6장에는 메조포러스 소재의 합성에 대한 정보 추가와 함께 역 오팔(inverse opal)과 바이오유도성 소재에 대한 절이 추가되었습니다. 9장은 광범위한 확장을 통하여 나노소재 및 나노구조의 리튬 이온 전지, 수소 저장, 열전, 환경 응용, 광자 결정, 플라즈몬 소자 등에의 응용을 첨가하였습니다. 그 외에도 1, 5, 8장에서는 삽화를 교체하였습니다.

이 기회를 빌려 전세계 독자들의 지원에 감사드리며, 특히 초판에서의 오류와 누락, 그리고 모호한 저술을 지적해 주신 분들께도 감사드립니다. 재판에서는 교정과 함께 서술을 개선하기 위해 열심히 노력하였습니다. 그러나, 이 책에 나노물질과 나노구조의 모든 중요한 주제와 새로운 발전을 포함시킬 수는 없었습니다.

저희들은 우리의 동료, 학생, 친구, 그리고 사랑하는 가족으로부터 받은 도움과 지원에 감사드립니다. 삽화와 그 저작권을 처리해준 Chuan Cai와 Dongsheng Guan에게도 감사드립니다.

Guozhong Cao

시애틀, 워싱턴 주

Ying Wang

배턴 루지, 루이지애나

2010년 5월 10일

Chapter 06 특수 나노재료 · 307

Chapter 1

서론

Nanostructures and Nanomaterials

1.1 서론

나노기술(nanotechnology)은 작은 구조체, 즉 작은 크기의 재료를 다루는 기술이다. 일반적으로 다루는 크기는 나노미터(nm) 이하로부터 수백 나노미터에 이른다. 1 nm는 십억 분의 일 미터, 즉 10^{-9} m이다. [그림 1.1]은 몇몇 영차원 나노구조의 전형적인 크기를 보여준다.[1,2] 1 nm는 대략 수소원자가 15개, 또는 규소원자 5개가 한 줄로 늘어선 길이에 해당한다. 물질이 작아지면 주어진 공간 내에서 더 많은 기능성을 갖게 되지만, 나노기술이 단지 마이크로미터에서 나노미터 크기로 소형화시키는 것을 뜻하지는 않는다. 마이크로미터 규모의 재료는 벌크재료의 물리적 특성과 비슷하지만 나노미터 규모의 재료는 벌크와는 확연히 다른 물리적 특성을 나타낼 수 있다. 이러한 나노 크기의 물질은 어떤 독특한 특성을 나타낼 수 있는데, 원자나 분자 크기로부터 벌크형태로 커지는 사이에 관찰되는 변이가 그것이다. 예를 들어, 나노미터 규모의 결정은 융점이 낮아지고(그 차이는 1,000°C에 이르기도 한다) 격자 상수도 감소한다. 왜냐하면 표면에 노출된 원자나 이온의 개수가 전체 원자 또는 이온의 개수에 비하여 상당한 비율이 되므로 표면 에너지가 재료의 열적 안정성에 중요한 역할을 하기 때문이다. 고온에서 안정적인 결정구조라 하더라도 나노미터 크기에서는 매우 낮은 온도에서만 안정하며, 강유전체나 강자성체는 재료가 나노미터 규모로 축소되는 경우 강유전성과 강자성을 잃을 수 있다.

벌크 반도체는 크기가 충분히 작아지면(수 nm 정도) 절연체가 된다. 벌크형태의 금은 아무런 촉매 특성을 보이지 않지만 Au 나노결정(nanocrystal)은 우수한 저온 촉매 특성을 보인다.

현재 나노기술이 무엇인가 정의하는 데 대해 의견이 분분하다. 예를 들어, 어떤 사람은 전자 현미경을 이용하여 재료의 미세구조를 관찰하거나 박막을 성장시키고 특성을 분석하는 것을 나노기술로 생각하고, 어떤 사람들은 전복껍데기 같은 계층구조를 만들기 위하여 자기조립 또는 바이오광물화 하는 등의 상향식 접근법(bottom-up)을 나노기술이라고 생각한다. 또 약을 탄소 나노튜브 내부에 넣어 약물을 전달하는 기술을 나노기술이라 생각한다. 미세 전자기계 시스템(microelectromechanical system; MEMS)과 랩-온-칩(lap-on-a-chip) 기술을 나노기술이라고 생각한다. 더 미래 지향적이거나 과학 소설 같은 의견으로는 나노기술이 매우 야심차고 깜짝 놀랄만한 어떤 새로운 무언가를 지향해야 한다고 생각한다. 예컨대 혈류를 따라 운행하는 소형 잠수함, 몸을 모니터링 하는 스마트 자기 복제 나노로봇, 나노튜브로 만들어진 엘리베이터, 또는 우주정복 같은 것들이다. 그 외에도 이 분야에 관여하는 많은 사람들이 또 달리 나노기술을 정의

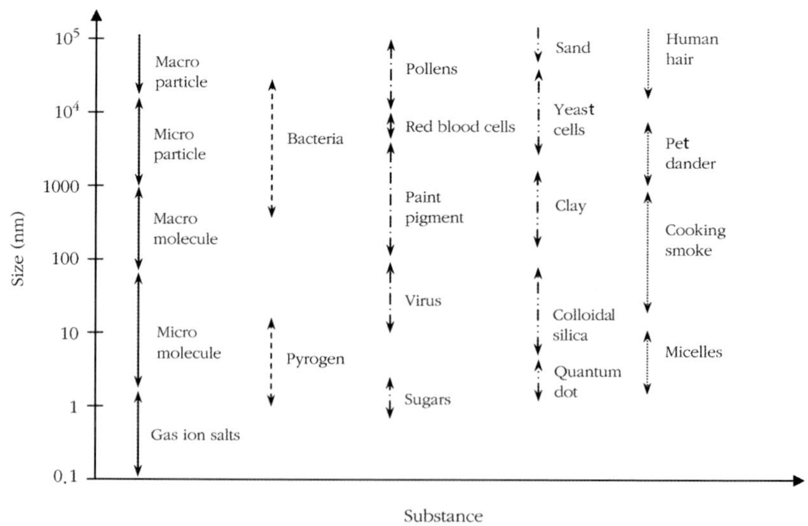

[그림 1.1] 영차원 나노구조와 나노소재의 전형적인 크기 범위

하고 있는데, 이런 정의들은 어떤 특정 연구 분야에서는 사실이지만, 그 어느 것도 나노기술의 전체 스펙트럼을 포함하지는 못한다. 이러한 다양한 나노기술에 대한 정의는 나노기술이 광범위한 연구 분야를 포함한다는 사실을 반영하며 진정한 학제 간 또는 다학제적 노력이 필요한 분야이다.

일반적으로 나노기술은 나노구조체 및 나노재료를 설계, 제조하고 응용하는 기술로 이해 될 수 있다. 나노기술은 또한 나노구조체 및 나노재료의 기본적인 특성과 현상을 이해하는 것을 포함한다. 나노미터 규모의 소재 크기와 물리적 특성과 현상 사이의 근본적인 관계에 관한 연구도 나노과학으로 본다. 미국에서는 나노기술을 '구조나 구성 요소의 나노 규모 때문에 새롭거나 크게 개선된 물리, 화학 및 생물학적 특성을 나타내는 재료나 시스템과 관련된 것'으로 정의해 왔다.[3]

나노기술에서 새로운 물리적 특성과 현상을 탐구하고 나노구조체 및 나노소재를 응용하기 위해서는 우선 나노재료와 나노구조체를 제작하는 것이 기본이 된다. 나노구조의 재료는 적어도 한 쪽의 크기가 나노미터 규모여야 한다. 나노입자(양자 효과를 나타내는 경우 양자점 포함), 나노막대 및 나노선, 박막, 그리고 나노 크기의 벽돌이나 나노구조체로 만들어진 벌크재료 등이다. 나노재료와 나노구조체를 제작하기 위한 많은 기술들이 연구되었는데, 이러한 기술적 접근 방법들은 여러 가지 방법으로 분류될 수 있다. 한 가지 방법으로 성장 매개물에 따라 분류하는 것이 있다.

(1) 기상 성장으로 나노입자 제조를 위한 레이저 열분해 반응과 박막 증착을 위한 원자층 증착(atomic layer deposition; ALD)을 포함한다.
(2) 액상 성장으로 나노입자 형성을 위한 콜로이드 가공과 단일층 자기조립을 포함한다.
(3) 고상 성장으로 유리 모재 내에 금속입자를 만드는 석출과 삼차원 광결정을 제조하기 위한 두 개의 광자로 유도된 중합반응을 포함한다.
(4) 혼합(hybrid) 성장으로 나노선의 증기–액체–고체(VLS) 성장을 포함한다.

또 다른 방법은 결과물의 형태에 따라 기술을 분류하는 방법이 있다.

(1) 나노입자를 가공하는 콜로이드 가공법, 불꽃 연소, 상 분리법 등이 있다.
(2) 나노막대 또는 나노선 제작을 위한 주형 기반 전기도금, 용액-액체-고체 성장법(SLS), 그리고 자발적 이방성 성장법 등이 있다.
(3) 박막 형성을 위한 분자선 에피택시(molecular beam epitaxy; MBE) 및 원자층 증착법 등이 있다.
(4) 나노구조 벌크재료를 가공하는 방법들, 예를 들어 나노입자의 자기조립에 의한 광자 띠간격 결정(photonic bandgap crystal) 제조 등이다.

그 외에도 하향식(top-down) 및 상향식 접근법, 또는 자발적 및 강제적 공정 등 여러 다른 가공 및 공정기술들을 묶는 방법들이 많이 있다. 하향식 접근법은 일반적으로 리소그래피 방법의 확장이다. 재료 과학이나 화학 분야에서 상향식 접근법을 활용하는 것은 이미 새로운 것이 아니다. 커다란 고분자를 합성하는 것은 대표적인 상향식 접근법으로써 기본 벽돌인 단량체(monomer)가 조립되어 큰 분자인 벌크 중합체가 된다. 결정 성장 역시 상향식 접근법으로 원자, 이온 또는 분자 등의 성장종이 성장면 표면에서 질서 정연하게 조립되는 것이다.

1.2 나노기술의 출현

나노기술은 새로운 영역이지만 나노미터 규모에서의 연구는 전혀 새로운 것이 아니다. 콜로이드 분산, 금속 양자점, 촉매 등과 같은 생물학적 시스템과 여러 재료의 공학적 연구는 이미 수 세기 전부터 나노미터 영역에서 수행되어 왔다. 예를 들어, 중국인들이 세라믹 도자기에 Au 나노입자를 무기 염료로 사용하여 빨간색을 구현한 것은 천년이 넘은 것으로 알려져 있다.[4, 5] 콜로이드 상태의 금을 사용한 것은 역사가 오래되었지만 최초로 금 콜로이드를 제조하고 특성을 연구한 것은 19세기 중엽에 이르러서이다.[6] 패러데이(Faraday)에 의해 1857년에[7] 제조된 금 콜로이드 분산은 제2차 세계대전 중에 파괴되기까지[6] 거의 1세기 동안 안정하였다. 금 콜로이드는 의학적으로도 응용되어 관절염의 치료에 여전히 사용되고 있으며, 금 콜로이드를 환자의 척수와 반응시켜 많은 질병의 진단에 사용하고 있다.[8] 나노기술의 정말 새로운 측면은 물질을 나노 규모에서 보고 조작할 수 있는 능력을 원자 규모에서의 상호 작용에 대한 이해와 결합시키는 일이다.

비록 나노미터 규모에서의 재료 연구가 수 세기 전부터 이루어져 왔지만, 작금의 나노기술에 대한 열기는 적어도 부분적으로는 반도체 산업에서 소자 크기가 계속 축소되어 왔고, 또 나노미터 규모에서 측정하고 조작하는 기술의 개발에서 연유된다. 소자 크기의 지속적인 감소가 1965년에 발표된 무어의 법칙에 따른다는 것은 잘 알려져 있으며 [그림 1.2]에 도시하였다.[9] 그림은 소자의 크기가 매 18개월 마다 반으로 줄어들어 오늘날의 트랜지스터 크기가 나노미터 영역에 이르렀다는 것을 보여준다. [그림 1.3]은 미국의 전신전화국 벨연구소(AT & T Bell Lab)의 바딘(Bardeen), 브래튼(Brattain), 쇼클리(Schockley)가 1947년 12월 23일에 제작한 센티미터 규모의 접촉 트랜지스터 사진이다.[10] [그림 1.4]는 단일 Au 나노입자로 두 분자 단층을 연결시킨 전자 소자를 보여주고 있다.[11] 많은 과학자들은 현재 단일 분자 또는 분자 단층으로 구성한 분자 전자 소자 및 나노 전자 소자를 연구 중이다.[12-14] 오늘날 열역학과 양자역학이 적용되는 한계 크기

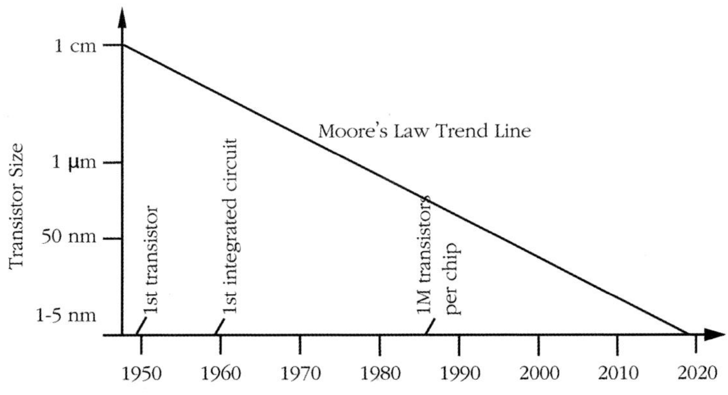

[그림 1.2] 년도에 따른 트랜지스터의 크기 변화('무어의 법칙'). 추세선은 1950년 이후 트랜지스터의 크기가 매 18개월마다 반으로 감소했다는 사실을 보여준다.

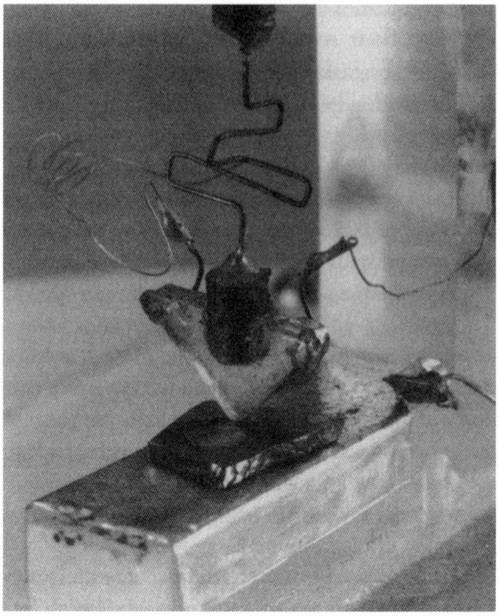

[그림 1.3] 미국의 전신전화국 벨연구소에서 1947년 12월 23일에 바딘, 브래튼, 쇼클리에 의해 제작된 원래의 접촉 트랜지스터 [M. Riordan and L. Hoddeson, Crystal Fire, W.W. Norton and Company, New York, 1997.]

보다 아주 작은 영역에서도 소자들이 작동하고 있지만,[15] 소자 설계에서 이미 재료적 한계를 만나거나 소자 물리 분야에서 많은 도전이 이루어지고 있다.[16] 예컨대 금속 산화물 반도체 전계 효과 트랜지스터(MOSFET)의 소멸전류(off-current)가 소자의 축소에 따라 지수함수적으로 증가한다. 소자 크기의 감소에 따른 전력 소모와 칩의 과열은 심각한 문제이다. 트랜지스터의 계속된 크기 축소는 조만간 재료의 근본적인 한계에 부딪치게 될 것이다. 예를 들어 재료의 크기가 줄어들어 드브로이(de Broglie)의 파장 영역에 도달하면 반도체의 띠간격 확장이 발생한다.

소형화가 반드시 반도체 기반 전자공학 영역에 한정되지는 않으며 이미 간단한 소형화가 우리들을 흥분시키고 있다.[17] 종종 나노의학(nanomedicine)으로 불리는 나노기술의 의학적 응용은 많은 관심을 받으며 빠르게 성장하고 있는 유망한 분야이다. 나노의학의 매력적인 응용 분야 중 하나는 진단과 치료를 개선하기 위한 나노 크기의 소자를 제작하는 것이다. 이러한 나노크기의 소자를 나노로봇(nanorobot) 또는 간단히 나노봇(nanobot)이라 부른다.[18] 이같은 나노

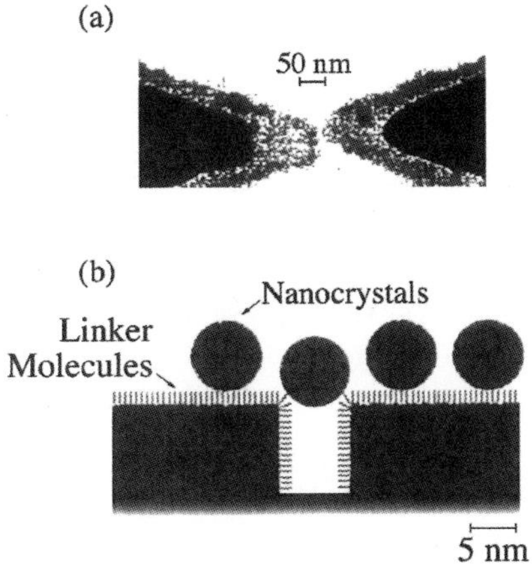

[그림 1.4] (a) 나노결정을 도입하기 전의 금 전선구조의 전계 방출 전자 현미경 사진. 전선의 밝은 회색영역은 각도 증착에 의해 ~10 nm 두께로 형성되었으며, 어두운 영역은 수직 증착으로 ~70 nm 두께로 형성하였다. (b) 이중 기능을 갖는 연결 분자에 의해 전선에 고착되어 있는 나노결정입자의 단면 개략도. 간극을 연결하고 있는 얼룩덜룩한 나노결정을 통해 전선 간의 전송이 이루어진다. [D.L. Klein, P.L. McEuen, J.E. Bowen Katari, R. Roth, and A.P. Alivisatos, Appl. Phys. Lett. 68, 2574 (1996).]

봇은 치료제를 나르거나, 질병의 초기 발견을 위해서 또는 신진대사 또는 유전적 결함을 치료하기 위한 감지기 또는 감시기를 장착하기 위한 용기로 사용할 수 있다. 나노기술의 연구는 소자의 소형화에 국한되지 않는다. 나노미터 크기의 재료는 고유한 물리적 특성을 발현할 수 있어 많은 응용 분야에서 탐구되고 있다. 예를 들어, Au 나노입자는 표면 화학과 균일한 크기를 활용하여 다방면에 응용되어 왔다. Au 나노입자는 다양한 기능성 유기 분자나 유기체를 부착시켜 여러 가지 기능을 수행하기 위한 나르개 용기로 쓰일 수 있다.[19] 레이저나 이종접합 바이폴라 트랜지스터 같이 독특한 전자 전송과 광학 효과를 나타내는 양자소자가 띠간격 공학으로 개발되었다.[20] 탄소 풀러렌,[21] 탄소 나노튜브,[22] 정렬된 메조포러스 재료[23] 등의 합성재료 발견은 나노기술과 나노재료 연구를 더욱 활발하게 하였다.

1980년대 초기의 주사 터널링 현미경(scanning tunneling microscopy; STM) 발명과[24] 연이은 원자 힘 현미경(atomic force microscopy; AFM)과[25] 같은 주사 탐침 현미경(Scanning probe microscopy; SPM)의 발명은 나노구조체와 나노재료를 측정, 조작하고, 특성을 발견하기 위한 새로운 가능성을 열어주었다. 투과 전자 현미경(TEM) 같이 기존에 잘 발달된 다른 기술과 결합시킴으로써 나노구조체와 나노재료를 훨씬 상세하게, 또 종종 원자 수준에서 조작하고 연구하는 것이 가능하다. 우리가 제대로 볼 줄만 안다면 나노기술은 이미 우리 주변에 널려있다.[26] 나노기술은 새로운 것이 아니다. 그것은 기존의 기술들에 원자 수준에서 관찰하고 조작하는 능력을 새롭게 배양시켜 결합시키는 것이다. 이러한 새로운 측면 때문에 과학, 산업, 그리고 정치적으로 나노기술에 강한 흥미를 보이는 것이다.

1.3 상향식 접근법과 하향식 접근법

나노재료를 합성하고 나노구조체를 제작하는 데는 상향식 및 하향식 접근법의 두 가지가 있다. 나노입자를 제조하는데 있어서 마멸이나 밀링은 전형적인 하향식 방식인 반면 콜로이드 분산은 상향식 접근 방식의 좋은 예이다. 리소그래피는 혼합 방식으로 간주될 수 있는데, 박막 성장이 상향식인데 반하여 에칭은 하향식이기 때문이다. 한편 나노 리소그래피와 나노 조작은 보통 상향식 접근 방식이다. 두 가지 접근 방식 모두 현대 산업에서, 그리고 대부분의 나노기술에서도 매우 중요한 역할을 한다. 두 가지 방식에는 모두 장점과 단점이 있다.

무엇보다도 하향식 접근법의 가장 큰 문제는 표면구조의 불완전성이다. 리소그래피 등 기존의 하향식 방법은 가공된 패턴에 상당한 결정학적 손상을 유발시킬 수 있다는 것은 잘 알려져 있고,[27] 에칭 공정 단계에서 부가적으로 결함이 생성될 수 있다.[28] 예를 들어 리소그래피에 의해 만들어진 나노선은 부드럽지 않고 표면에 많은 불순물과 구조적 결함을 함유할 수 있다. 이러한 결함은 표면적 대 부피의 비율이 큰 나노구조체나 나노재료에서 그 물리적 특성이나 표면화학에 상당한 영향을 미칠 수 있다. 표면결함은 비탄성 표면 산란을 통하여 전도도를 감소시킬 것이며, 이는 다시 과도한 열의 발생으로 이어질 것이다. 이는 다시금 소자의 설계와 가공 측면에서 풀어야 할 또 다른 숙제를 남기는 결과가 된다. 하향식 접근법으로 발생된 표면 또는 다른 결함은 나노구조체나 나노재료의 합성과 가공 중에 계속적으로 중요한 역할을 하게 된다.

상향식 접근법은 재료 합성에 있어서 새로운 바는 없지만 나노기술 문헌에서 종종 강조되곤 한다. 전형적인 재료 합성법은 원자를 하나씩 쌓아서 매우 큰 규모의 물질을 구성하는 것으로 한 세기 이상에 걸쳐 산업적으로 이용되어 왔다. 예컨대 화학 산업에서 염이나 질산을 제조하는 것이나 전자 산업에서 단결정을 성장시키고 박막을 증착시키는 것이다. 대부분의 물질에서 화학 조성, 결정성, 미세구조가 동일하다면 그 합성 과정이 다르더라도 재료의 물리적 특성은 차이가 없다. 물론 합성 및 가공 방식이 다를 때 속도론적 이유 때문에 종종 재료의 조성, 결정성 및 미세구조가 상당히 다르고, 결과적으로 재료는 다른 물리적 특성을 나타낸다.

상향식 접근법은 재료를 구성할 때 바닥으로부터 위로 쌓아가는 접근 방식을 의미하는데, 원자에 원자를, 분자에 분자를, 또 클러스터에 클러스터를 덧붙여 쌓아가는 방식이다. 유기 화학과 고분자 과학에서 고분자는 개별 단량체를 연결하여 합성된다. 결정 성장에서는 원자, 이온, 분자와 같은 성장종이 성장표면에 충돌한 후 결정구조에 하나씩 잇달아 들러붙어 조립된다. 상향식 접근법은 새로운 방법은 아니지만 이 방법이 나노구조체 및 나노재료의 제조 및 가공에 중요한 역할을 하는 데는 몇 가지 이유가 있다. 구조체가 나노미터 규모에 이르렀을 때는 하향식 접근 방식은 거의 선택할 수 없게 된다. 우리가 소유한 도구들이 그렇게 매우 작은 물체를 다루기에는 너무 크기 때문이다.

상향식 접근법을 사용하면 결함이 적고, 화학적 조성이 균일하고, 원자배열의 규칙성이 우수한 나노구조를 얻을 확률이 크다. 이는 상향식 접근법이 주로 깁스 자유 에너지의 감소에 의해 구동되므로 만들어진 나노구조와 나노 물질은 열역학적 평형에 근접한 상태에 놓이기 때문이다. 반면, 하향식 접근법에서는 내부 응력이 형성되기 쉬울 뿐만 아니라 표면결함과 오염의 가능성이 높다.

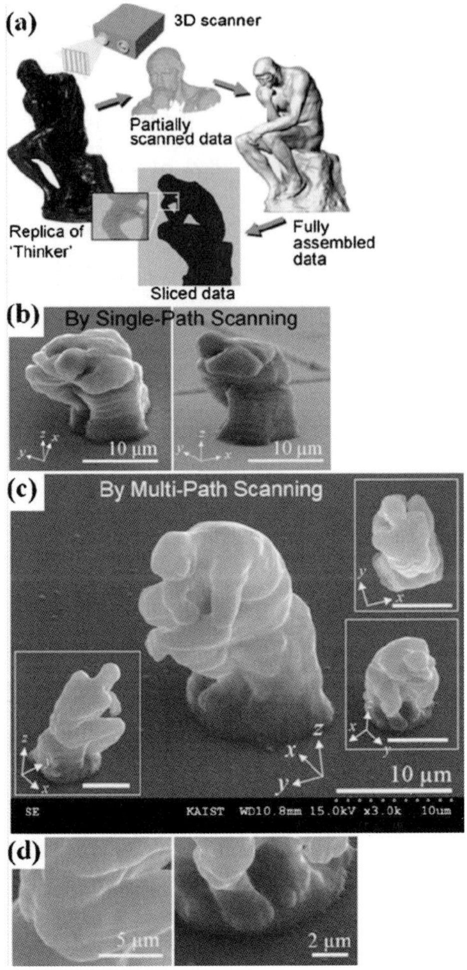

[그림 1.5] (a) 백색광 간섭계를 기반으로 한 삼차원 스캐너를 사용하여 CAD 자료를 작성하는 절차: '생각하는 사람'의 원본 복제, 부분적으로 스캔한 3D 점데이터, 완전히 조립된 STL 자료, 자체 개발 프로그램으로 만든 이차원 슬라이스 자료(슬라이스 자료에 부분적으로 확대된 삽입 첨부). 총층수는 667층이다. (b) 현상 재료의 흐름과 표면 장력 때문에 실패한 '축소형-생각하는 사람'의 SEM 이미지(단일 경로 주사방법 사용). (c) 이중 경로 주사방법으로 제작한 '축소형-생각하는 사람'의 SEM 이미지. 삽입도는 여러 각도에서 관찰한 것이며, 스케일 바는 10 ㎛. (d) 축소형-생각하는 사람을 부분적으로 확대한 사진: 피부에 근육이 나타나 있으며, 두 발과 발가락을 찾을 수 있다. [Dong-Yol Yang, Sang Hu Park, Tae Woo Lim, Hong-Jin Kong, Shin Wook Yi, Hyun Kwan Yang, and Kwang-Sup Lee, Appl. Phys. Lett. 90, 013113 (2007).]

[그림 1.5]는 소위 두-광자 중합(two-photon polymerization)이라는 기술로 제작한 '생각하는 사람'의 소형 모형을 보여준다.[29] [그림 1.6]은 '분자 인간'으로 주사 터널링 현미경을 사용하여 금속표면 위에 14개의 일산화탄소 분자를 배열하여 제작한 것이다.[30] 이 두 그림은 오늘날 나노기술의 현주소를 보여주고 있는데, 새로운 가능성이 개발되고 있으며, 기존의 기술은 그 크기 제한을 더욱 낮추기 위하여 개선이 이루어지고 있다.

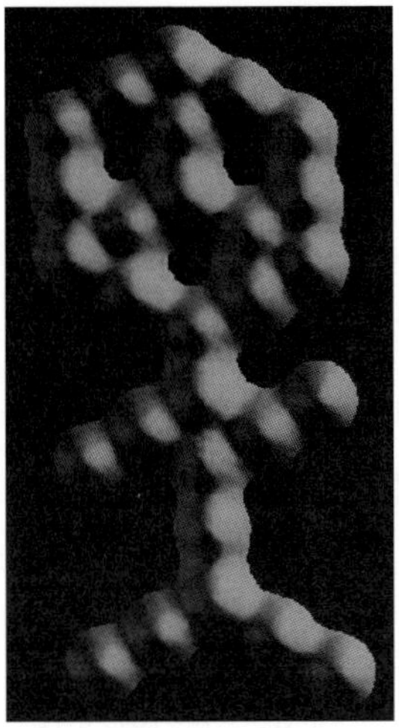

[그림 1.6] 주사 터널링 현미경으로 금속표면에 14개의 일산화탄소 분자를 배열시켜 형상화시킨 분자 인간. [P. Zeppenfeld and D. M. Eigler, New Scientist 129, 20 (23 February 1991) and http:// www.almaden.ibm.com/vis/stm/atomo.html.]

1.4 나노기술의 과제

물리학, 화학, 재료과학 및 소자과학 등과 같이 여러 분야에서 오랫동안 많은 기초가 수립 되었고, 또 그 수립된 지식과 기술을 바탕으로 나노기술에 대한 많은 연구가 수행되어 왔지만, 나노기술 분야의 연구자들은 나노구조와 재료에 특징적으로 연관된 많은 새로운 도전에 직면하고 있다. 나노구조와 재료를 어떻게 사람과 직접 연결되는 거시적 장치에 통합 또는 적용시키는가 하는 문제가 그 하나이다.

도전적 문제 중의 하나는 거시계에서 분명히 밝혀진 내용들을 나노 규모에서 연구하기 위한 새로운 방법론을 구축하거나 시도하는 것이다. 나노 규모 구조의 작은 크기와 복잡성 때문에 새로운 측정기술의 개발은 그 어느 때보다 필요하다. 새로운 측정기술은 나노미터 규모에서 개발될 필요가 있고 새로운 계량기술의 혁신을 요구할 수 있다. 나노 물질의 물성을 측정하기 위해서는 소음 수준이 매우 낮은 동시에 아주 민감한 장비가 필요하다. 전기 전도도(electrical conductivity),

유전율(dielectric constant), 인장 강도(tensile strength) 등과 같은 재료의 특성값은 재료의 치수나 무게에 따라 변하는 양이 아니지만, 실험적으로는 대상 물체(물질 전체 계)에 대해 측정하게 된다. 예를 들어, 측정하는 것은 물체의 전기 전도(electrical conductance), 용량(capacitance), 인장 응력(tensile stress) 등이고, 이를 전기 전도도, 유전율, 인장 강도 등의 특성값으로 환산한다. 물체의 치수가 센티미터나 밀리미터 규모에서 나노미터 규모로 축소하게 되면 이에 따라 물체의 측정값도 변하게 되는데, 대부분의 경우 그 축척에 따라서 측정값이 변하게 된다. 물체 크기가 센티미터에서 나노미터로 줄었을 때 그 측정값은 쉽게 6차수(10^6배) 만큼 줄어들 수 있다.

다른 도전 과제는 거시적 규모에서는 일어나지 않지만 나노미터 규모에서만 발생하는 문제들이다. 예를 들어 반도체 도핑은 잘 확립되어 있는 주제이다. 그러나 불규칙적인 도핑의 변동은 나노미터 규모에서는 매우 중요한 문제가 된다. 왜냐하면 나노미터 규모에서는 도핑 농도의 불규칙적 변동이 어려워지기 때문이다. 전형적인 농도라고 할 수 있는 $10^{18}/cm^3$은 $10 \times 10 \times 10\ nm^3$의 부피에 한 개의 도핑 원자가 포함된다. 이러한 크기 범위의 소자에서는 도핑 원자의 분포가 불규칙해지면 완전히 다른 기능을 나타내게 될 것이다. 문제를 더욱 어렵게 만드는 것은 도핑 원자의 위치이다. 중심에 있는 원자와 표면에 있는 원자는 물론 서로 다른 거동을 보인다. 따라서 나노미터 규모에서의 도핑 원자 문제는 재현성 있게 균일한 농도 분포를 달성하는 문제뿐만 아니라, 놓이는 위치를 정확히 제어하는 것이 난제가 된다. 이러한 과제를 해결하려면 원자 수준에서 재료 가공을 감시하고 조작하는 능력이 절대적으로 중요하다. 나아가서 나노재료의 자정 기능(self-purification) 때문에 도핑을 하기 어려워지므로 나노기술에서는 도핑 공정 자체가 또 다른 도전 과제이다.

나노재료 및 구조의 가공 및 공정을 위해서는 다음의 문제들을 해결해야 한다.

(1) 거대한 표면적 즉 커다란 표면 대 부피 비율의 결과인 거대한 표면 에너

지를 극복해야 한다.

(2) 모든 나노재료는 크기, 크기 분포의 균일성, 형태, 결정성, 화학 조성, 미세구조 등이 확보되어서 목표 특성을 보여야 한다.

(3) 나노재료와 구조가 시간이 지남에 따라 오스트발트 조대화 또는 응집 과정을 통해 조대화되는 것을 방지해야 한다.

1.5 책의 서술 범위

이 책의 목적은 나노구조와 재료의 합성, 제조, 공정의 기본과 기술적 접근에 대해 요약함으로써 이 분야에 대한 체계적이고 일관된 그림을 독자에게 제공하기 위한 것이다. 따라서 이 책은 이 분야에 첫 발을 디디는 사람이나 타 분야 전문가로서 이 분야의 정보를 얻으려는 사람들에게 일반적인 소개서 역할을 할 것이다. 저자들은 이 책이 종합적인 검토서라기보다는 자습서 역할을 할 것을 바란다. 나노기술 연구는 매우 빠르게 발전하고 확대되고 있기 때문에 책 한 권이 나노기술 분야의 모든 측면을 취급하는 것이 불가능하다. 5장 일부에서 자기조립 단층과 랭뮤어-블로젯 박막 등 관련된 유기재료를 포함하였으나, 이 책은 주로 무기 물질에 초점을 맞추고 있다. 물론 나노구조와 재료의 합성, 제조 및 가공에는 유기 물질이 종종 필수적인 역할을 한다. 예컨대 정렬된 메조포러스 재료의 합성에서는 계면 활성제나 단분산 나노입자 합성 시 고분자 캐핑재료 등이다.

나노구조와 재료의 합성, 제조 및 가공에 있어서 큰 과제 중 하나는 넓은 표면적 대 체적 비와 이에 따른 큰 표면 에너지에 대처하는 것이다. 그래서 나노구조와 재료를 위한 다양한 합성기술을 도입하기 전에 2장 전체를 고체표면의 물리화학을 논하는 데 할애하였다. 다양한 나노구조 및 재료의 가공처리에 대한 이해를 위해 고체의 표면 특성에 대해 잘 이해하는 것이 필수적이다.

3장은 나노입자와 이종 에피택시 코어-쉘 구조를 포함하여 영차원 나노구조의 합성과 처리에 초점을 맞추어 서술하였다. 균일 및 불균일 핵생성과 핵생성에 이른 연속된 성장에 대해 상세히 논의하였으며 특히 입자의 크기, 분포, 화학적 조성의 제어의 기본에 대해 서술하였다. 나노입자 및 코어-쉘 구조의 제작에 대한 다양한 방법들도 제시하였다.

4장의 주제는 일차원 나노구조체의 형성이다. 일차원 나노구조는 나노막대, 나노선, 나노튜브를 말한다. 이 장에서는 증기-액체-고체(VLS) 성장, 주형기반 성장, 전기 방사, 나노 리소그래피 등과 같은 자발적 이방성 성장을 논의한다. 일차원 구조 합성에 대한 각종 기술을 세부적으로 알아보기 전에 필수적인 기본 사항에 대해 먼저 논의하게 될 것이다.

5장은 이차원 구조의 형성, 즉 박막에 대해 서술한다. 이미 얇은(100 nm 이하) 또는 두꺼운(100 nm 이상) 막의 증착에 대해서는 상대적으로 풍부한 정보가 있기 때문에 이 장에서는 가능한 한 짧게 서술하였다. 주로 기존의 박막 서적에서 상대적으로 적게 취급한 주제에 집중하였는데, 원자층 증착과 단분자막 자기조립이다. 이 두 기술은 두께 1 nm 이하의 매우 얇은 박막 제작에 매우 중요하다.

6장에서는 다양한 특수 나노 물질의 합성에 대해 설명하였다. 이 장에서 다룬 범위는 다른 장과 다소 다르고, 특별한 나노 물질에 대해 간단히 소개하였다. 우선 탄소 풀러렌과 나노튜브가 무엇인지, 결정구조와 몇몇 물리적 특성을 포함하여 논의하였다. 다음으로 메조포러스 물질을 논의하였는데, 세 가지 유형으로써 계면 활성제 주형에 의한 규칙적인 메조포러스, 불규칙적인 메조포러스와 제올라이트를 소개하였다. 그 외에 이 장에서 논의된 특수 나노 물질은 코어-쉘 구조, 유무기 혼성재료, 역 오팔이다. 마지막으로 바이오 유도성 나노 물질을 서술하였다.

7장에서는 나노구조를 제작하기 위한 다양한 물리적 방법에 대해 설명하였다. 먼저 가장 보편적으로 구조 및 화학적 특성 분석을 하는 방법들을 설명하였다. 구조 분석법으로는 X선 회절법(X-ray diffraction; XRD), 소각 X선 산란법

(small-angle X-ray scattering; SAXS), 주사 및 투과 전자 현미경법(SEM/TEM), 여러 가지 주사 탐침 현미경(scanning probe microscopy; SPM) 특히 STM과 AFM 등을 소개하였다. 화학 분석법으로는 전자 분광법, 이온 분광법, 광 분광법 등을 설명하였다. 나노 물질의 물리적 특성은 융점, 격자 상수, 기계적 특성, 광특성, 전기 전도, 유전 특성 및 초상자성 등이다.

9장은 나노구조와 재료의 몇 가지 응용 예를 소개하였다. 나노 스케일 및 분자전자공학, Au 나노결정 촉매, 나노로봇, 생체 고분자 탐침용 나노입자, 띠간격 공학에 의한 양자 소자, 나노기계, 탄소 나노튜브 방출기, 광전기 화학 전지, 리튬-이온 재충전 전지, 수소 저장, 열전, 환경 응용, 광자 결정과 플라스몬 소자 등이다.

참고문헌

[1] *Microscopy and Histology Catalog*, Polysciences, Warrington, PA 1993-1994.

[2] N. Itoh, in *Functional Thin Films and Functional Materials: New Concepts and Technologies*, ed. D.L. Shi, Tsinghua University Press and Springer-Verlag, Berlin, p. 1, 2003.

[3] *National Nanotechnology Initiative 2000 Leading to the Next Industrial Revolution*, A Report by the Interagency Working Group on Nanoscience, Engineering and Technology (Washington DC: Committee on Technology, National Science and Technology Council), http://www/nano.gov.

[4] J. Ayers, in *Ceramics of the World: From 4000 BC to the Present*, eds. L. Camusso and S. Bortone, Abrams, New York, p. 284, 1992.

[5] H. Zhao and Y. Ning, *Gold Bull*. **33**, 103 (2000).

[6] J. Turkevich, *Gold Bull*. **18**, 86 (1985).

[7] M. Faraday, *Phil. Trans*. **147**, 145 (1857).

[8] J. Turkevich, *Gold Bull*. **18**, 86 (1985).

[9] B.E. Deal, *Interface* **6**, 18 (1976).

[10] M. Riordan and L. Hoddeson, *Crystal Fire*, W.W. Norton and Company, New York, 1997.

[11] D.L. Klein, P.L. McEuen, J.E. Bowen Katari, R. Roth, and A.P. Alivisatos, *Appl. Phys. Lett.* **68**, 2574 (1996).

[12] M.A. Reed, C. Zhou, C.J. Muller, T.P. Burgin, and J.M. Tour, *Science* **278**, 252 (1997).

[13] R. F. Service, *Science* **293**, 782 (2001).

[14] J.H. Schön, H. Meng, and Z. Bao, *Science* **294**, 2138 (2001).

[15] J.D. Meindl, Q. Chen, and J.A. Davis, *Science* **293**, 2044 (2001).

[16] M. Lundstrom, *Science* **299**, 210 (2003).

[17] R.P. Feynman, *J. Microelectromech. Syst.* **1**, 1 (1992).

[18] C.A. Haberzettl, *Nanotechnology* **13**, R9 (2002).

[19] D.L. Feldheim and C.D. Keating, *Chem. Soc. Rev.* **27**, 1 (1998).

[20] F. Capasso, *Science* **235**, 172 (1987).

[21] W. Krastchmer, L.D. Lamb, K. Fostiropoulos, and D.R. Huffman, *Nature* **347**, 354 (1990).

[22] S. Iijima, *Nature* **354**, 56 (1991).

[23] C.T. Kresge, M.E. Leonowicz, W.J. Roth, J.C. Vartulli, and J.S. Beck, *Nature* **359**, 710 (1992).

[24] G. Binnig, H. Rohrer, C. Gerber, and E. Weibel, *Phys. Rev. Lett.* **49**, 57 (1982).

[25] G. Binnig, C.F. Quate, and Ch. Gerber, *Phys. Rev. Lett.* **56**, 930 (1986).

[26] T. Harper, *Nanotechnology* **14**, 1 (2003).

[27] B. Das, S. Subramanium, and M.R. Melloch, *Semicond. Sci. Technol.* 8, 1347 (1993).

[28] C. Vieu, F. Carcenac, A. Pepin, Y. Chen, M. Mejias, L. Lebib, L. Manin Ferlazzo, L. Couraud, and H. Launois, *Appl. Surf. Sci.* **164**, 111 (2000).

[29] Dong-Yol Yang, Sang Hu Park, Tae Woo Lim, Hong-Jin Kong, Shin Wook Yi, Hyun Kwan Yang, and Kwang-Sup Lee, *Appl. Phys. Lett.* **90**, 013113 (2007).

[30] P. Zeppenfeld and D. M. Eigler, *New Scientist* **129**, 20 (23 February 1991) and http://www.almaden.ibm.com/vis/stm/atomo.html.

Chapter 2

고체표면의 물리화학

Nanostructures and Nanomaterials

2.1 서론

나노구조체 및 나노재료는 단위 부피당 표면 원자의 비율이 크다. 큰 물체를 계속 쪼개서 작은 조각으로 만들면 내부 원자에 대한 표면 원자의 비율이 극적으로 변화한다. 예컨대 1 cm^3 부피의 철 정육면체의 표면 원자 비율은 10^{-5}% 에 지나지 않으나, 이를 한 변이 10 nm인 조그만 정육면체로 쪼개면 표면 원자의 비율은 10%로 증가하게 된다. 부피 1 nm^3의 철 정육면체의 경우 모든 원자가 표면에 있게 된다. [그림 2.1]은 팔라듐(Pd, palladium) 클러스터의 직경 변화에 따른 표면 원자 비율의 변화를 나타낸 것이다.[1] 이와 같은 나노구조체 및 나노재료에서의 표면 원자 대 내부 원자의 비율이 극적으로 증가한다는 것은 나노미터 범위로 제어할 때 재료의 물리화학적 특성을 변화시킬 수 있다는 것을 시사해준다.

전체 표면적에 따라 전체 표면 에너지(surface energy)는 증가한다. 따라서 표면 에너지는 재료의 치수에 따라 크게 변한다. [표 2.1]은 소금 1 g이 크기에 따라서 전체 표면적과 표면 에너지가 어떻게 변하는지를 보인 것으로,[2] 표면 에너지는 2×10^{-5} J/cm^2이고 모서리 에너지(edge energy)는 3×10^{-13} J/cm인데, 처음 1 g의 소금은 연속적으로 작은 정육면체로 분쇄되었다는 가정하에서 계산하였다. 여기서 비표면적(specific surface area), 따라서 전체 표면 에너지는

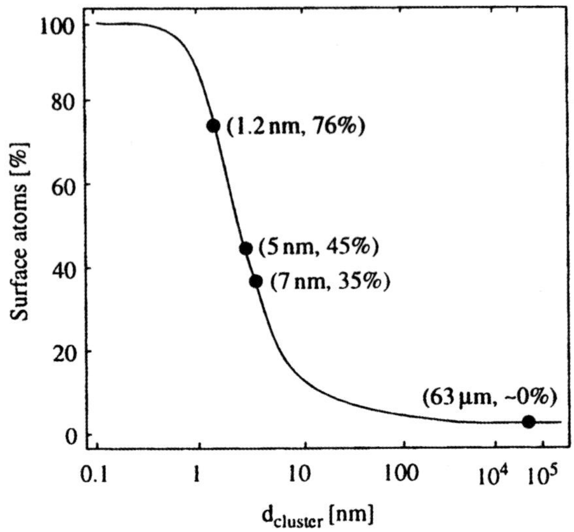

[그림 2.1] Pd 클러스터의 직경 변화에 따른 표면 원자의 비율 [C. N tzenadel, A. Z ttel, D. Chartouni, G. Schmid, and L. Schlapbach, Eur. Phys. J. D8, 245 (2000).]

큰 정육면체에서는 무시할 만큼 작지만 작은 입자로 되면 매우 커진다는 것에 주목해야 한다. 입자가 cm 크기로부터 nm 크기로 변할 때 표면적과 표면 에너지는 7차수만큼 증가한다.

큰 표면적 때문에 모든 나노구조 형태의 재료는 커다란 표면 에너지를 보유하게 되며, 따라서 열역학적으로 불안정하거나 준안정적이다. 나노 물질의 제

[표 2.1] 입자 크기 변화에 따른 표면 에너지 변화[2]

side(cm)				
0.77	3.6	9.3	7.2×10^{-5}	2.8×10^{-12}
0.1	28	550	5.6×10^{-4}	1.7×10^{-10}
0.01	280	5.5×10^{4}	5.6×10^{-3}	1.7×10^{-8}
0.001	2.8×10^{3}	5.5×10^{6}	5.6×10^{-2}	1.7×10^{-6}
10^{-4}	2.8×10^{4}	5.5×10^{8}	0.56	1.7×10^{-4}
10	2.8×10^{7}	5.5×10^{14}	560	170

조 가공에 있어서 큰 과제 중 하나가 표면 에너지를 극복하는 것, 즉 나노구조체와 나노소재가 표면 에너지를 줄이기 위해서 성장하려는 것을 방지하는 것이다. 제조한 나노구조체와 나노소재를 안정화시키기 위해서는 표면 에너지와 고체표면에서의 표면 물리화학을 잘 이해하는 것이 필요하다. 이 장에서는 우선 표면 에너지의 기원에 대해 알아보고 계와 재료에서 전체 표면 에너지를 감소시키는 가능한 메커니즘에 대해 자세히 설명할 것이다. 다음으로 표면의 곡률을 변수로 하여 표시되는 화학 전위(chemical potential)를 집중적으로 설명하고, 마지막으로 나노 물질이 응집되는 것을 방지하는 두 가지 메커니즘에 대해 알아본다.

2.2 표면 에너지

고체표면에 있는 원자 또는 분자는 결합 원자가 없는 결핍 결합(dangling bond)을 갖고 있어서 최인접 원자 수가 적다. 표면의 결핍 결합 때문에 표면의 원자(또는 분자)는 물질 내부로 향하는 힘을 받게 되어 표면 원자와 표면 아래에 있는 원자 사이의 거리는 물체 내부에 있는 원자 간 거리보다 작게 된다. 고체입자가 매우 작은 경우, 이러한 표면 원자와 내부 원자 사이의 결합 길이가 상당히 감소하여 고체입자의 격자 상수는 상당한 감소한다.[3] 표면 원자가 소유한 여분의 에너지는 표면 에너지(surface energy), 표면 자유 에너지(surface free energy), 또는 표면 장력(surface tension)으로 부른다. 표면 에너지 γ는 '새로운' 단위 표면적을 생성하는데 필요한 에너지로 정의된다.

$$\gamma = \left(\frac{\partial G}{\partial A}\right)_{ni,T,P}, \tag{2.1}$$

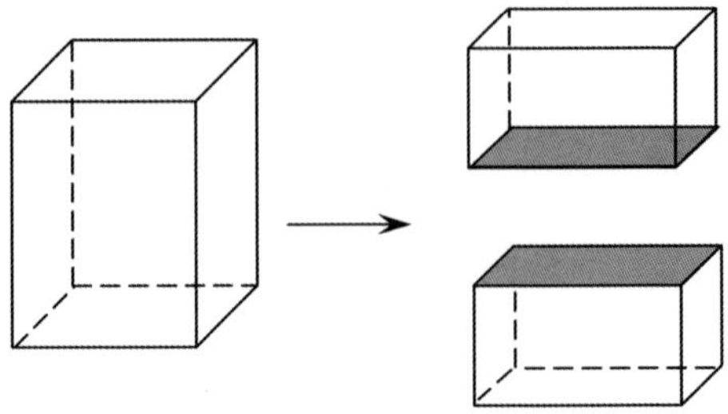

[그림 2.2] 직육면체를 두 조각으로 파괴함으로써 생성되는 두 개의 새로운 표면을 보여주는 도식

여기서 A는 표면적이다. [그림 2.2]와 같이 직육면체를 두 부분으로 분리하는 경우를 생각해 보자. 새로 생성된 표면에 위치한 각 원자는 표면에서의 결합 파괴로 인하여 비대칭 환경에 놓이게 되고 내부를 향해 이동하려고 한다. 표면 원자를 원래 위치로 당겨놓으려면 여분의 힘이 필요하다. 이러한 이상적인 표면을 유일표면(singular surface)이라고 한다. 그러한 유일표면 상의 각 원자를 원래 위치로 돌려놓는데 필요한 에너지는 원자당 파괴된 결합의 수(N_b) 곱하기 결합 강도(ε)의 절반이다. 따라서 표면 에너지는

$$\gamma = \left(\frac{1}{2}\right) N_b \varepsilon \rho_a , \tag{2.2}$$

로 나타낼 수 있다. ρ_a는 표면 원자 밀도로 새로운 표면에서의 단위 면적당 원자수이다. 이 단순한 모델에서는 최인접 원자보다 멀리 있는 인접 원자와의 상호작용을 무시하고 있으며, 벌크 원자와 표면 원자의 ε값은 동일하게 가정하였으며, 압력-부피가 기여하는 엔트로피도 무시하였다. 이 관계식은 고체 표면 에너지에 대한 대략적인 추정치를 제공할 뿐이며 표면 이완(surface relaxation)이 일어나지 않는 단단한 구조를 가진 고체에만 적용될 수 있다. 표면의 원자가 내부로 이동하는 등의 상당한 표면 이완이 있거나, 또는 표면 재배치(surface restructuring)가 있는 경우에는 표면 에너지는 이 식으로 추산된 값보다 작을 것이다. 지나치게 단순한 가정 하에서 유도되었음에도 불구하고 식 (2.2)는 몇

가지 일반적인 지침을 제공한다. 격자 상수 a의 면심입방체(FCC) 결정체를 예로 들어 여러 가지 결정면의 표면 에너지를 알아보자. FCC 결정의 원자는 12배위수를 갖는다. {100}결정면의 원자는 네 개의 파괴된 화학결합을 가지며 그 {100}면의 표면 에너지는 식 (2.2)와 [그림 2.3(a)]로부터 아래와 같이 계산할 수 있다.

$$\gamma_{\{100\}} = \left(\frac{1}{2}\right)\left(\frac{2}{a^2}\right)4\varepsilon = \frac{4\varepsilon}{a^2}. \tag{2.3}$$

이와 유사하게 {110}면의 원자는 다섯 개, {111}면은 세 개의 깨진 화학결합을 갖고 있다. {110} 및 {111}면의 표면 에너지는 [그림 2.3(b)]와 [그림 2.3(c)]로 부터 다음과 같이 계산된다.

$$\gamma_{\{110\}} = \frac{5}{\sqrt{2}}\frac{\varepsilon}{a^2}, \tag{2.4}$$

$$\gamma_{\{111\}} = \frac{2}{\sqrt{3}}\frac{\varepsilon}{a^2}. \tag{2.5}$$

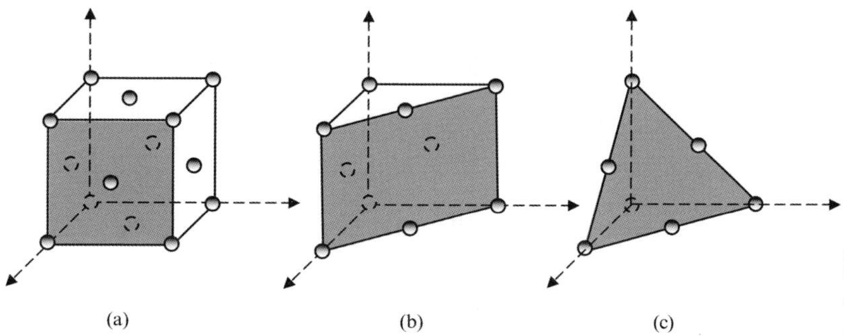

[그림 2.3] 면심입방체(FCC) 결정구조의 낮은 면 지수 도시 : (a) {100}, (b) {110}, (c) {111}

결정면이 낮은 지수를 가질수록 작은 표면 에너지를 갖는다는 것을 식 (2.2)로부터 쉽게 알 수 있다. 열역학적으로 어떤 재료나 계는 깁스 자유 에너지가 최소인 상태에서 안정하다. 따라서 고체나 액체는 전체 표면 에너지를 최소화하기 위한 경향이 강하다. 전체 표면 에너지를 줄이는 메커니즘은 다양한데, 원자 표면 수준, 구조체 수준, 그리고 전체 계의 수준에서의 메커니즘으로 분류하여 생각할 수 있다.

표면적이 일정한 경우, 표면 에너지를 줄이는 메커니즘은 (1) 표면 이완으로 표면 원자 또는 이온이 물체 내부로 이동하는 것으로 딱딱한 고체표면보다는 액상에서 더욱 용이하게 일어날 수 있으며, (2) 표면 재배치는 표면의 결핍 결합들을 조합하여 뒤틀린 새로운 화학결합을 구성하는 것이며, (3) 표면 흡착(surface adsorption)은 화학종을 화학적 결합이나 정전기 또는 반데르발스(Van der Waals) 힘과 같은 약한 인력으로 화학흡착 또는 물리흡착을 통해 표면에 흡착시키는 것이며, (4) 조성 분리(composition segregation)는 고체 확산을 통해 표면에 불순물을 집적시키는 것을 말한다.

단순 입방구조로 여섯 배위수를 갖는 결정체를 가정하여 원자 규모에서 평평한 {100}면 상의 원자를 보자. 그 표면 원자는 바로 아래에 있는 원자 한 개와 네 개의 주변 원자와 연결되어 있다. 각각의 화학결합이 인력으로 작용한다고 할 때, 모든 표면 원자들은 표면에 수직하게 내부로 향하는 힘을 받고 있다. 그런 힘의 영향 하에서는 비록 표면 원자층의 구조는 변하지 않더라도 표면 원자층과 그 아래 원자층 사이의 거리가 물체 내부에서의 원자층 간 거리보다 작을 것이 예상된다. 또 표면 아래에 있는 원자층 간의 거리도 줄어들게 된다. 이러한 표면 이완 현상은 잘 알려져 있다.[4-7] 나아가서 표면 원자는 그 아래층 원자에 대하여 옆으로 이동할 수도 있다. 벌크재료에서는 그러한 격자 상수 감소가 너무 작아서 전체 결정체의 격자 상수에 큰 영향을 주지 않아서 무시된다. 그러나 안으로 또는 옆으로의 표면 원자 이동은 표면 에너지의 감소를 가져올 수 있다. 이러한 표면 이완은 덜 딱딱한 결정체에서 잘 나타나며 나노입자에서는 그 결합 길이가 눈에 띄게 감소할 수 있다.[3]

둘 이상의 표면 원자가 깨진 결합을 갖게 되면 표면 에너지를 줄이기 위해서 표면 재배치가 가능하다.[8-11] 이웃하는 표면 원자의 깨진 결합들이 결합하여 뒤틀린 결합을 형성하는데 이와 같은 표면 재배치는 실리콘 {100}면에서 일어난다.[12] 다이아몬드나 실리콘의 {100}면의 표면 에너지는 {111}이나 {110}면보다 크다. 그러나 재배치된 {100}면은 세 가지 낮은 지수를 갖는 면 중에서 표면 에너지가 가장 낮으며,[13-15] 이러한 표면 재배치는 결정 성장에 상당한 영향을 미칠 수 있다.[16-19] [그림 2.5]는 다이아몬드에서 원래의 {100}면과 (2×1) 재배치된 {100}면을 보여준다.

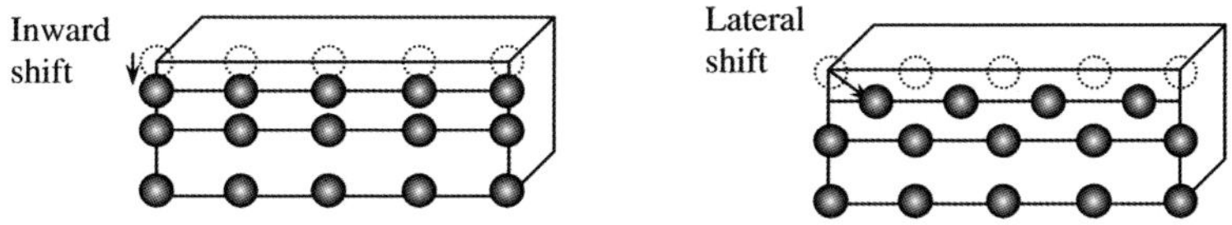

[그림 2.4] 표면 원자가 표면 에너지를 줄이기 위해서 안쪽으로 또는 옆으로 이동하는 것을 도식적으로 보여준다.

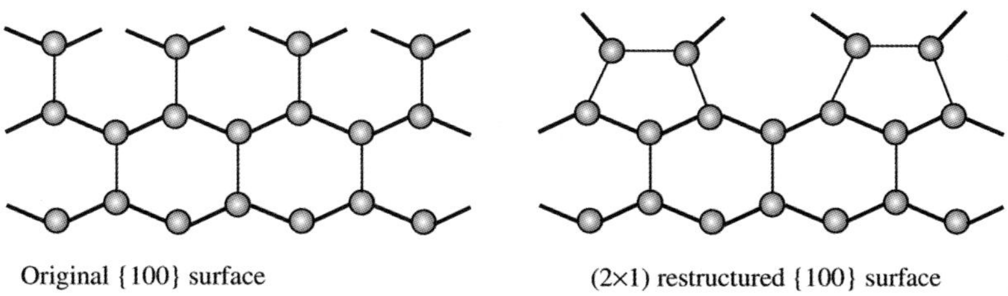

[그림 2.5] 실리콘 (001)표면에서의 (2×1) 재배치.

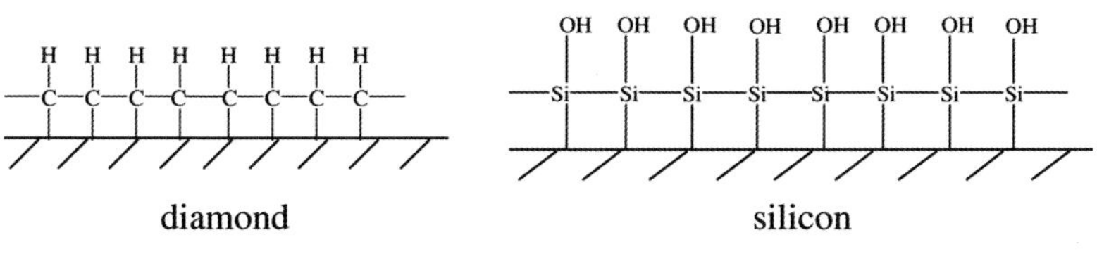

[그림 2.6] 화학흡착으로 다이아몬드의 표면에 수소 원자가 또 실리콘 표면에 수산기가 덮이는 양상을 도식적으로 보여준다.

표면 에너지를 감소시키는 또 다른 방법은 고체표면에의 화학흡착 및 물리흡착으로 표면 에너지를 효과적으로 낮출 수 있다.[20-23] 예를 들어, [그림 2.6]에 보인 바와 같이 다이아몬드의 표면은 수소로, 그리고 실리콘은 수산기로 덮여져 있다. 이러한 현상은 화학흡착으로 간주된다. 표면 에너지를 줄이기 위한 또 다른 접근 방법은 조성 분리로 표면에 불순물을 농축시키는 것이다. 액체의 표면에 계면 활성제가 농축되는 것과 같은 조성 분리는 표면 에너지를 감소시키는 효과적인 방법이지만 고체표면에서 흔히 일어나는 일은 아니다. 조성 분리는 벌크 고체에서는 잘 일어나지 않는데 고상 확산에 필요한 활성화 에너지가 높고, 확산거리가 길기 때문이다. 그러나 나노구조체 및 나노 물질에서는 매우 큰 표면 에너지의 영향과 짧은 확산거리를 고려할 때 상분리가 표면 에너지를 낮추는데 중요한 역할을 할 수 있다. 나노구조 재료에서 표면 에너지를 낮추는데 조성 분리가 영향을 준다는 직접적인 실험적 증거는 없지만, 나노 물질에 도핑하기가 어렵다는 사실과 나노 물질에서는 거의 완벽한 결정구조를 얻기 용이하다는 점이 시사하는 바는 나노구조체 및 나노 물질에서는 불순물이나 결함이 내부로부터 표면으로 쉽게 축출된다는 것이다.

개별 나노구조 수준에서 전체 표면 에너지가 감소하는 방법에는 두 가지가 있다. 하나는 전체 표면적을 줄이는 것인데 재료가 완전히 등방성일 때 가능하다. 물은 소수성 표면에서 항상 구형의 물방울을 형성하며 구르는데 그 표면적을 최소화하기 위해서이다. 유리의 경우도 마찬가지다. 유리 조각을 유리 전이 온도 이상의 온도로 가열하면 날카로운 모서리는 둥글게 뭉그러진다. 액체나 비정질 고체는 등방성 미세구조를 하고 있어서 등방성 표면 에너지를 갖는다. 이런 재료에서는 전체 표면적을 줄이는 것이 전체 표면 에너지를 줄일 수 있는 방법이 된다. 그러나 결정성 고체는 결정면에 따라 표면 에너지가 다르므로 결정입자는 일반적으로 구형으로 만들어지기보다는 특정 결정면, 즉 패싯(facet)을 만든다. 일반적으로 구형 결정립이 패싯된 입자보다 더 높은 표면 에너지를 가지고 있다. 어떤 결정의 열역학적 평형 모양은 모든 면의 표면 에너지를 고려하면 결정할 수 있는데, 주어진 표면이 모여 어떤 형태를 구성할 때 최소 표면 에너지를 갖게 되기 때문이다.

유도에 사용된 지나치게 단순화한 가정에도 불구하고 식 (2.2)는 주어진 결정체의 여러 결정면에서의 표면 에너지를 추정하는데 사용할 수 있다. 예를 들어, FCC구조의 단원소 결정은 {111}면의 표면 에너지가 가장 낮고, {110}, {100}의 순서로 표면 에너지가 낮다. 일반적으로 낮은 밀러 지수의 결정면이 높은 지수의 결정면보다 표면 에너지가 낮다는 것은 쉽게 알아볼 수 있다. 이는 결정체가 종종 낮은 지수 면으로 둘러싸여 있는 이유를 설명해 준다. [그림 2.7]은 몇 가지 전형적인 평형 패싯으로 구성된 결정의 이미지를 보여준다.

울프 도표(Wulff plot)는 종종 평형 상태의 결정체 형상이나 표면을 결정하는 데 사용된다.[24, 25] 전체 표면 에너지가 최소값에 도달해 있는 평형 결정의 경우 내부에는 한 점이 존재하는데, 그 점과 i-면과의 수직거리(h_i)는 i-면의 표면 에너지 γ_i에 비례한다. 즉,

$$\gamma_i = Ch_i, \tag{2.6}$$

[그림 2.7] 열역학적 평형 형태를 보이는 단결정의 예. 좌상 : 소금, 우상 : 은, 좌하 : 은, 우하 : 금. Au 입자는 1,000° C에서 형성되었고 일부 패싯은 거칠어짐 전이에 의해 사라졌다.

여기서 C는 상수이다. 주어진 결정체에서 C는 모든 표면에 대해 동일하며, 울프 도표는 다음 단계를 밟아 구성할 수 있다.

(1) 다양한 결정면의 표면 에너지 자료가 주어지면 한 공통점으로부터 표면 에너지에 비례하는 길이를 갖는 벡터를 결정면에 수직인 방향으로 그린다.
(2) 각각의 벡터 끝에 이와 수직한 면의 집합을 그린 후에
(3) 순전히 특정 면들의 집합으로만 구성된 도면을 완성한다.

[그림 2.8]은 울프 도표를 사용하여 가상의 이차원 결정체에서 평형 형태를 얻는 방법을 설명한 것이다.[2] 다시 강조하건대, 울프 도표에 의해 정해진 형태는 이상적인 상황에서 얻어진 것이다. 실제에 있어서 결정의 기하학적 형태는 속도론적 인자의 영향을 받으며 따라서 공정이나 결정 성장 조건의 영향을 받는다. 속도론적 인자가 영향을 준다는 사실은 같은 재료라 하더라도 공정 조건이 달라지면 다른 결정 형태가 얻어진다는 것을 말한다.[26]

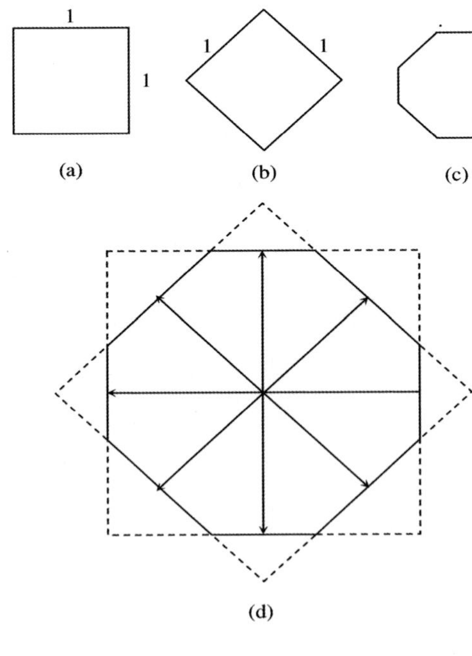

[그림 2.8] 가상의 이차원 결정에 대한 형태. (a) (10)면, (b) (11)면, (c) 울프 구성에 의해 구축된 형태 (d) (10) 및 (11)면만을 고려하여 그린 울프 도표 [A.W. Adamson and A.P. Gast, Physical Chemistry of Surfaces, 6th edn., John Wiley and Sons, New York, 1997.]

나아가서 평형 조건 하에 성장시킨다 하더라도 모든 결정이 울프 도표로 예측된 평형 패싯을 형성하는 것은 아니다. 평형 결정표면이 매끄럽지 않을지도 모르며, 서로 다른 패싯 사이의 표면 에너지 차이도 사라질 수 있다.[27] 이러한 변화를 표면 거칠어짐(surface roughening) 또는 거칠어짐 전이(roughening transition)라 부른다. 거칠어짐 온도(roughening temperature) 이하에서는 패싯이 나타나고, 거칠어짐 온도 이상에서는 열적 운동이 많고 다른 패싯 사이의 표면 에너지 차이도 무시할 만하게 작아진다. 그 결과 거칠어짐 온도 이상에서는 패싯을 형성하지 않는다. 이러한 물성은 거칠어짐 온도 이상에서의 고체표면이 액체의 표면과 같게 된다고 생각하면 이해할 수 있다.[28] 거칠어짐 온도 이상에서 성장하는 결정체는 패싯을 형성하지 않는데, 초크랄스키(Czochralski) 방법에 의한 실리콘 결정 성장이 예가 된다.[29, 30] 속도론 인자도 패싯 형성을 방해할 수 있다. 다음 장에서 알 수 있는 바와 같이 용액법으로 성장시킨 대부분의 나노입자는 고온에서 패싯을 형성하지 않고 구형이다.

전체적인 계 차원에서 총체적인 표면 에너지를 감소시키기 위한 메커니즘은 (1) 개별 나노구조를 서로 결합시켜 큰 구조로 만들어서 전체 표면적을 감소시키거나(이 과정이 일어나도록 충분한 활성화가 가능한 경우에 해당하지만), (2) 개별 나노구조가 변형 없이 응집(agglomeration) 하는 방법이다. 개별 나노구조체를 조합하여 대형화시키는 구체적인 메커니즘은 (1) 개별 구조가 서로 병합하는 소결(sintering)과 (2) 큰 구조가 작은 구조를 병합시켜 성장하는 오스트발트 조대화(Ostwald ripening)가 있다. 일반적으로 소결은 실내 온도 등 낮은 온도에서는 거의 일어나지 않고 높은 온도(보통 해당 재료의 융점의 70% 정도)로 가열되는 경우에만 중요한 메커니즘이 된다. 오스트발트 조대화는 넓은 온도 범위에서 일어나며 나노구조체가 용매에 상당한 용해도를 갖고 분산되어 있을 때는 비교적 낮은 온도에서 진행된다.

소결은 나노 물질을 제조 및 처리하는데 피해야할 과정이다. 다행히 소결은 상당히 높은 온도에서만 일어난다. 그러나 나노재료의 작은 크기와 이에 따른 극히 높은 표면 에너지를 고려하면 소결은 적당한 온도에서도 심각한 문제가 될 수 있다. 소결은 복잡한 과정이며 고상 확산(solid-state diffusion), 증발-응축(evaporation-condensation) 또는 용해-침전(dissolution-precipitation), 점성 흐름(viscous flow), 전위 크리프(dislocation creep) 등의 과정을 수반한다. 고상 확산은 추가적으로 표면 확산(surface diffusion), 부피 확산(volume diffusion), 결정립계 종단 확산(cross grain-boundary diffusion)의 세 가지 범주로 구분할 수 있다. 표면 확산은 활성화 에너지가 가장 작아서 상대적으로 낮은 온도에서 주된 과정이 되며, 결정립계 종단 확산은 상대적으로 가장 높은 활성화 에너지를 요구하므로 단지 높은 온도에서만 중요해진다. 적당한 온도 구간에서는 부피 확산이 지배적인 소결 메커니즘이 되어 벌크재료에서 기공을 제거하고 치밀화를 이룬다. 세 가지 고상 확산 과정은 서로 다른 미세구조를 만들어내지만 모두 다 전체 표면 또는 계면 에너지를 낮춘다. 증발-응축 과정은 공정 온도에서 나노 물질이 상당한 증기압을 갖게 될 때 중요한 메커니즘이다. 용해-침전 과정은 고체가 부분적으로 용해되고 고체가 액체에 분산되어 있을 경우 일어난다. 점성 흐름은 재료가 비정질 상태일 때 유리 전이 온도(glass transition temperature) 이상에서 일어난다. 크리프 전위는 특히 재료가 기계적 응력하에 있을 때 중요하다. 나노재료를 합성 또는 처리하는 과정에서, 또 여러 가지 실제 응용에 있어서 나노구조를 유지하려면 나노 물질이 소결되는 것을 피해야 한다. 세라믹 및 분말 야금 연구진에 의해 다양한 소결을 촉진시키기 위한 메커니즘이 연구되어졌다. 단순히 소결의 역과정을 연구함으로써 나노소재가 소결되지 않도록 하는 방법들을 알아낼 수 있을 것이다. 소결에서 대한 자세한 설명과 내용에 대해서는 세라믹 및 분말 야금에 대한 책을 참고하기 바란다.[31-33]

일반적으로 소결은 고체-기체 계면을 고체-고체 계면으로 대체하는 과정으로 간주될 수 있다. 즉 나노구조체들이 모여 충전되면서 나노구조체 사이의 간극이 없어지는 과정을 통해 모양이 변하게 된다. 오스트발트 조대화는 전혀 다른 과정을 거치는데 두 개의 나노구조체가 한 개로 변한다. 커다란 한 개가 작은 것을 다 없어질 때 까지 먹어치우며 성장한다. 오스트발트 조대화는 다음 절에서 자세히 다룰 것이다. 소결의 결과물이 다결정 재료라면 오스트발트 조대화는 단결정의 균질구조를 만든다. [그림 2.9]는 두 과정을 개략적으로 보여주고 있는데 두 과정의 결과는 비슷하다, 즉 전체 표면 에너지는 감소된다. 거시적으로 보면 전체 표면 에너지의 감소가 소결과 오스트발트 조대화를 유발시키는 원동력이다. 미시적으로는 다른 표면 곡률에 의한 표면 에너지 차이가 소결과 오스트발트 조대화를 위한 물질 이동을 유발시키는 참된 추동력이다. 다음 절에서는 표면에서 화학 전위가 표면 곡률에 따라 어떻게 변하는지 알아본다.

소결이나 오스트발트 조대화를 통하여 개개의 나노구조체를 병합하여 큰 구조를 만드는 것 이외에 응집은 총체적인 표면 에너지를 감소시키는 또 다른 방법이다. 응집체에는 다수의 나노구조체가 계면에서의 화학적 결합 또는 물리적 인력을 통해 덩어리져 있다. 일단 형성된 응집체를 파괴하는 것은 매우 어렵다. 나노구조체가 작을수록 서로 연결된 힘은 강하여 분리하기가 더 어렵다. 나노 물질을 실용화하기 위해서는 응집체가 형성되는 것을 방지해야 한다. 이 장의 후반부에서 응집체 형성을 방지하는 두 가지 일반적인 방법에 대해 자세히 설명할 것이다.

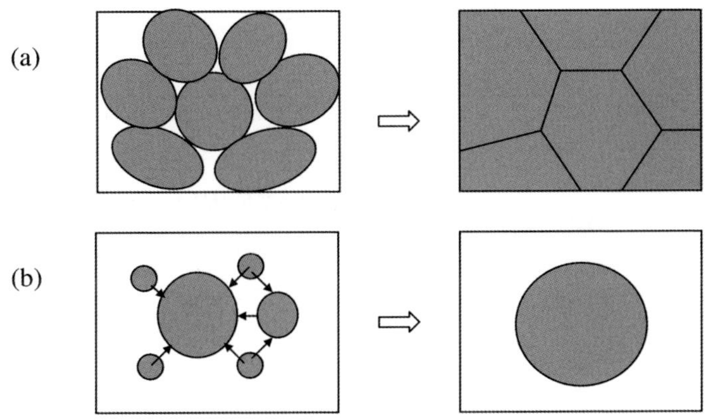

[그림 2.9] 소결 및 오스트발트 조대화 과정 개략도. (a) 소결은 각각의 입자들을 벌크에 결합시키면서 고체계면이 서로를 연결하도록 만든다. (b) 오스트발트 조대화는 작은 입자를 더 큰 입자로 병합 시키는 것이다. 두 과정 모두 고체-기체 표면적을 감소시킨다.

지금까지 표면 에너지의 기원과 계에서 총체적인 표면 에너지를 줄이기 위한 여러 가지 메커니즘을 알아보았다. 다음 절에서는 표면 곡률이 표면 에너지에 미치는 영향을 알아본다. 주어진 재료에서 오목한 표면은 볼록한 표면에 비래 표면 에너지가 훨씬 낮다는 것이 분명해질 것이다. 그런 차이는 그 각각의 평형 기체 압력, 용해도, 그리고 그들의 안정성에 반영되어 있다.

2.3 표면 곡률의 함수인 화학 전위

앞 절에서 논의 된 바와 같이 표면의 원자 또는 분자의 특성은 물체 내부의 원자 또는 분자의 특성과 다른데, 이는 결합하는 최인접 원자나 분자 수가 내부 원자나 분자가 결합한 수보다 작기 때문이다. 나아가서 화학 전위는 표면의 곡률에 따라서 역시 변한다. 화학 전위와 표면 곡률의 관계를 이해하기 위하여 [그림 2.10]에 도시한 바와 같이 물질이 평평한 표면으로부터 구형의 고체입자로 이동하는 상황을 살펴보자. 평평한 면으로부터 dn 만큼의 물질이 반경이 R인 입자로 이동한다고 가정하면 구형입자의 부피 변화 dV는 원자부피 Ω 곱하기 dn이 된다. 즉

$$dV = 4\pi R^2 dR = \Omega dn. \tag{2.7}$$

한 원자가 이동하면서 한 일, $\Delta\mu$는 화학 전위의 변화와 같으며 다음과 같다.

$$\Delta\mu = \mu_c - \mu_\infty = \gamma\frac{dA}{dn} = \frac{\gamma 8\pi R dR\,\Omega}{dV}. \tag{2.8}$$

식 (2.7)과 결합하면

$$\Delta\mu = \frac{2\gamma\Omega}{R}. \tag{2.9}$$

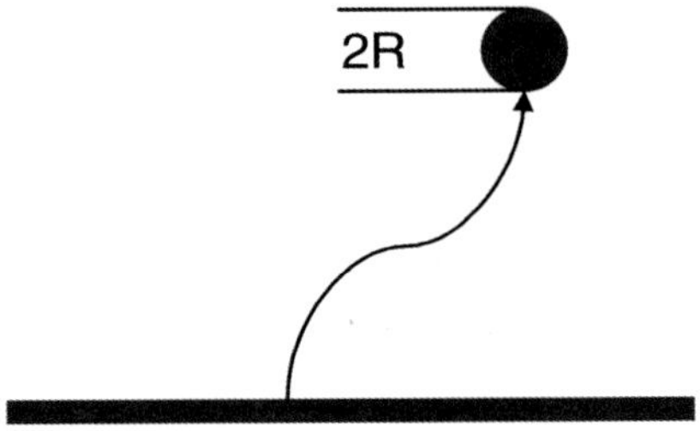

[그림 2.10] 무한히 평평한 고체 평면으로부터 n개의 원자가 구형 고체의 굴곡진 평면으로 이송한다.

이 식은 영-라플라스 방정식(Young-Laplace equation)으로도 알려져 있는데, 평평한 기준 표면에 대한 구형표면에 있는 원자의 화학 전위를 나타낸다. 이 식은 어떤 형태의 곡면에 일반적으로 적용될 수 있다. 모든 곡면에 대하여 반경 R_1과 R_2를 갖는 두 곡면 사이에는 다음의 관계식으로 표시할 수 있다.[34]

$$\Delta\mu = \gamma\Omega\ (R_1^{-1} + R_2^{-1}). \qquad (2.10)$$

볼록면의 곡률은 양이므로 그런 표면 위에 있는 원자의 화학 전위는 평면에 있는 원자의 전위에 비해 높다. 평면으로부터 볼록한 곡면으로의 물질 이동은 표면의 화학 전위를 증가시킨다. 따라서 물질이 평면으로부터 오목한 면으로 이동할 경우에는 당연히 화학 전위는 감소하게 된다. 열역학적으로 볼록면에 있는 원자의 화학 전위는 높고, 오목면에 있는 원자의 화학 전위는 낮다. 이는 고체의 증기압과 용해도에서 차이가 나는 것과도 관련된다. 고체 상의 증기가 이상기체 법칙을 따른다고 가정하면 평면에서의 관계식은

$$\mu_v - \mu_\infty = -kT\ln P_\infty, \qquad (2.11)$$

이다. μ_v는 증기 원자의 화학 전위이고, μ_∞는 평면에 있는 원자의 화학 전위, k는 볼츠만 상수(Boltzmann constant), P_∞는 고체 평면의 평형 증기압, T는 절대 온도이다. 마찬가지로 곡면에 대해서는

$$\mu_v - \mu_c = -kT\ln P_c, \tag{2.12}$$

여기서 μ_c는 곡면 상에 있는 원자의 화학 전위이고, P_c는 고체 곡면 상의 평형 증기압이다. 식 (2.11) 과 (2.12)를 결합하면

$$\mu_c - \mu_\infty = \Delta\mu = kT\ln\left(\frac{P_c}{P_\infty}\right). \tag{2.13}$$

인데, 식 (2.10)으로부터

$$\ln\left(\frac{P_c}{P_\infty}\right) = \frac{\gamma\Omega(R_1^{-1} + R_2^{-1})}{kT}. \tag{2.14}$$

로 정리된다. 구형입자의 경우 이 식은 다음과 같이 단순화된다.

$$\ln\left(\frac{P_c}{P_\infty}\right) = \frac{2\gamma\Omega}{kRT}. \tag{2.15}$$

위 식은 흔히 켈빈 방정식(Kelvin equation)으로도 불리며 실험적으로 검증되었다.[35, 36] 용해도에 대해서도 다음과 같이 똑같이 곡면에 의존하는 관계식이 유도될 수 있다.

$$\ln\left(\frac{S_c}{S_\infty}\right) = \frac{\gamma\Omega(R_1^{-1} + R_2^{-1})}{kT}, \tag{2.16}$$

S_c는 고체 곡면에서의 용해도이고, S_∞ 는 고체 평면에서의 용해도이다. 이 식은 깁스-톰슨(Gibbs-Thompson) 관계식으로도 알려져 있다.[37] [그림 2.11]은 실리카 용해도의 곡률 의존성을 보여준다.[38] 작은 입자의 증기압이 벌크재료

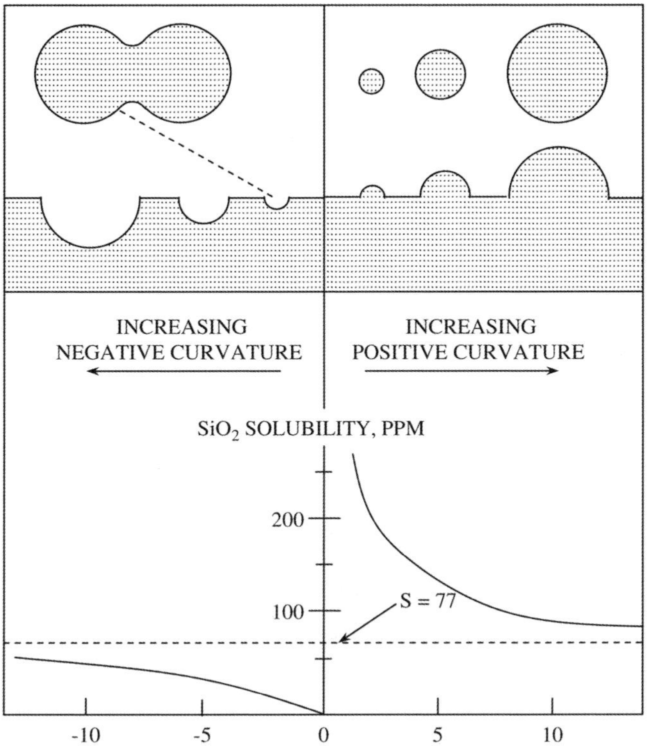

[그림 2.11] 표면의 곡률 반경에 따른 실리카의 용해도 변화. 양의 곡률 반경은 입자나 표면 돌출의 단면으로, 음의 곡률 반경은 표면으로부터 함몰된 구멍과 두 입자 사이의 틈으로 표시하였다. [R.K. Iler, The Chemistry of Silica, Wiley, New York, 1979.]

의 증기압보다 훨씬 크며,[39-42] [그림 2.12]는 여러 가지 액체 방울의 크기에 따른 증기압을 보여준다.[41]

반경이 다른 두 개의 입자($R_1 >> R_2$를 가정하자)를 용매에 집어넣었을 때 각 입자는 주변을 둘러싸고 있는 용매와 평형에 다다를 것이다. 식 (2.16)에 따르면 작은 입자의 용해도는 큰 입자의 용해도보다 클 것이다. 따라서 작은 입자 근처로부터 큰 입자 쪽으로 용질의 확산이 일어나게 된다. 평형을 유지하기 위해서 큰 입자 근처에서는 용질이 표면에 증착할 것이며 작은 입자 근처에서는 용질이 계속해서 녹아나며 확산해서 달아나는 용질의 양을 보충하려 할 것이다. 결과적으로 작은 입자는 더 작아지고 큰 입자는 더 커진다. 이러한 과정을 [그림 2.13]에 나타나 있다. 이 현상을 오스트발트 조대화라고 하며 고체 확산

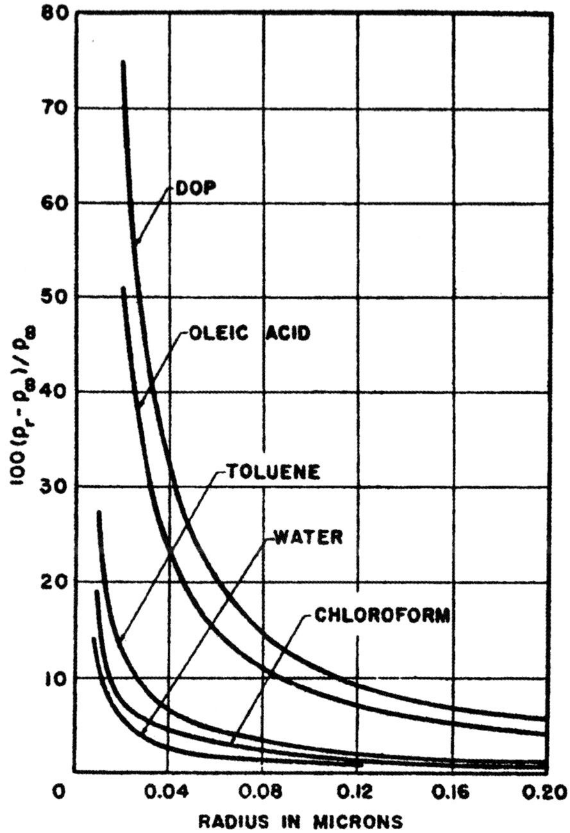

[그림 2.12] 방울 반경에 따른 여러 가지 액체의 증기압 [V.K. La Mer and R. Gruen, Trans. Faraday Soc. 48, 410 (1952).]

이나 증발-응축의 형태로도 발생한다. 두 개의 서로 다른 입자에서 다른 차이가 없다면 반경 R_1 입자로부터 반경 R_2 입자로의 원자 이동에 의한 화학 전위의 변화는 다음과 같이 주어진다.

$$\Delta\mu = 2\gamma\Omega(R_2^{-1} - R_1^{-1}). \tag{2.17}$$

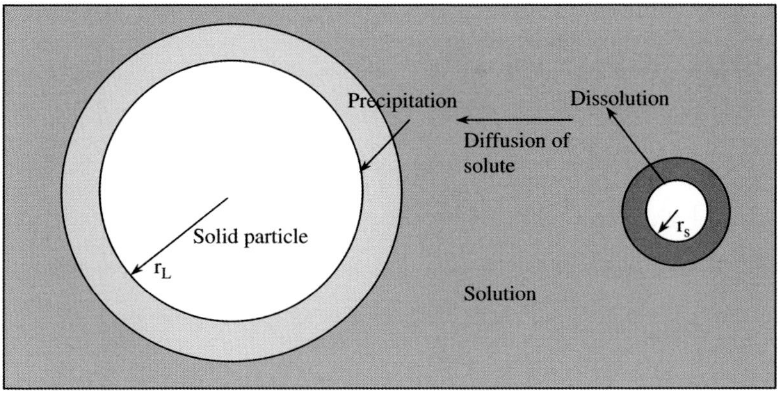

[그림 2.13] 도식적으로 나타낸 오스트발트 조대화. 작은 입자는 큰 곡률로 인해 큰 용해도 또는 증기 압력을 갖는 반면 큰 입자는 작은 용해도 또는 증기 압력을 갖게 된다. 국부적으로 평형 농도를 유지하기 위하여 작은 입자는 주변 매질에 용해되고, 작은 입자 근처의 용질은 멀리 확산해 나아가며, 큰 입자 근처에서는 용질이 증착하게 된다. 이 과정은 작은 입자가 없어질 때까지 계속된다.

이 방정식과 켈빈 방정식[식 (2.9)]을 혼동하지 말아야 한다. 공정 및 응용에 따라 오스트발트 조대화는 결과 물질에 긍정적이거나 부정적인 영향을 미칠 수 있다. 오스트발트 조대화는 공정 조건을 어떻게 제어하느냐에 따라 크기의 분포를 좁히거나 넓힐 수 있다. 여러 가지 소재 공정에서 오스트발트 조대화는 종종 바람직하지 않은 결과를 가져온다. 다결정의 소결 과정에서는 오스트발트 조대화는 비정상적인 입자의 성장을 초래하여 불균일한 미세 조직과 기계적 물성을 떨어뜨리는 결과를 가져온다. 일반적으로 하나 또는 소수의 대형 입자가 주변의 수많은 작은 입자들을 잡아먹으며 성장하기 때문에 불균일한 미세구조가 만들어진다. 그러나 오스트발트 조대화는 나노입자의 합성에 활용되었는데, 구체적으로는 작은 입자를 제거함으로써 나노입자의 크기 분포를 좁히는데 사용되었다. 여기서는 비교적 많은 수의 큰 입자들이 비교적 작은 수의 작은 입자들을 소진하며 성장하게 되어, 그 결과 작은 입자들이 제거되어 나노입자의 크기 분포는 좁아진다. 오스트발트 조대화는 공정 온도를 변화시킴으로써 촉진시킬 수 있다. 용액에서 나노입자를 합성할 경우, 초기 핵생성 및 후속 성장이 시작된 후에 온도를 높여주게 되면 용질의 용매에의 용해도를 증가시키게 되어 오스트발트 조대화를 촉진시킨다. 그 결과 용질의 용매에의 농도가 작은 입자의 평형 용해도 이하로 떨어져서 작은 입자는 용매에 녹아든다. 나노입자의 용해가 진행됨에 따라 입자 크기는 작아지는 한편 용해도는 더 커진다. 일단 나노입자가 용매에 용해되기 시작하면 용해 공정은 나노입자가 완전히 용해될 때까지 지속된다. 한편, 용매 중의 고체 농도가 여전히 큰 입자의 평형 용해도보다 높으므로 큰 입자들은 계속 자라게 될 것이다. 이러한 성장 과정은 용매 중의 고체 농도가 큰 입자들의 평형 용해도와 같아질 때까지 지속된다.

전체 표면 에너지의 감소는 표면 재배열, 패싯 결정면의 형성, 소결, 오스트발트 조대화 등을 일으키는 추동력이다. 이들 개개의 표면, 나노구조체, 그리고 전체적인 시스템 수준에서의 에너지 감소 메커니즘이 있다. 소결과 오스트발트 조대화 이외에 시스템 차원에서 전체 표면 에너지를 줄이는 메커니즘이 한 가지 더 있는데 이것은 응집 현상이다. 작은 입자들이 응집체를 형성하면 그것들을 분산시키는 것이 매우 곤란하다. 나노구조체를 제작, 처리하는데 있어서 원하는 나노구조체를 만들기 위해서 커다란 표면 에너지를 극복하는 것이 매우 중요한 일인데, 나노구조체가 응집하는 것을 방지하는 것 또한 똑같이 중요한 일이다. 나노구조재료의 크기가 감소함에 따라 나노구조 물질 사이의 반데르발스 인력이 점점 더 중요해 진다. 안정화(stabilization) 메커니즘을 적용하지 않는다면 나노재료는 응집체를 형성하기 십상이다. 다음 절은 나노구조체의 응집을 방지하는 안정화 메커니즘 설명에 할애하였다. 주로 나노입자에 대한 논의가 주가 되겠지만 나노막대나 나노섬유 등의 다른 나노구조체에 대해서도 똑같은 원리가 적용된다. 안정화 메커니즘으로 널리 사용되는 것은 정전기 안정화(electrostatic stabilization)와 입체 안정화(steric stabilization)이다. 두 가지 메커니즘은 몇 가지 뚜렷한 차이점이 있다. 예를 들어, 정전기 안정화가 속도론적으로 안정화시키는 방법이라면 입체 안정화는 열역학적으로 시스템을 안정화시키는 방법이다.

2.4 정전기 안정화

2.4.1 표면 전하밀도

고체가 극성 용매나 전해액에 위치할 경우 다음 중 하나 이상의 메커니즘을 통하여 표면 전하(surface charge)가 형성된다.

(1) 우선적 이온 흡착

(2) 표면 대전종(charged species)의 분리

(3) 이온의 동형 치환(isomorphic substitution)

(4) 표면에서의 전자들의 집적 또는 공핍

(5) 대전종의 표면 물리흡착

주어진 액상 매체에 있는 고체표면에는 고정표면 전하밀도가 형성되어 네른스트 방정식(Nernst equation)에 의한 전극 전위 E가 형성된다.

$$E = E_0 + \frac{RT}{n_i F}\ln(a_1), \tag{2.18}$$

여기서 E_0는 이온의 농도가 1일 때의 표준 전극 전위(standard electrode potential), n_i는 이온의 원자가 상태, R은 기체 상수, T는 절대 온도, 그리고 F는 패러데이 상수(Faraday constant)이다. 식 (2.18)은 고체표면의 전위는 주변 용액에서의 이온 농도에 따라 변하며, 양 또는 음의 값을 가질 수 있다는 것을 보여준다. 금속의 전기화학은 4.3.1절에서 더 논의될 것이고, 여기서 초점은 비전도성 유전체 재료, 보다 구체적으로는 산화물에 집중될 것이다.

산화물의 표면 전하는 주로 이온의 우선적 용해와 증착으로 만들어진다. 고체 표면에 흡착된 이온이 표면 전하를 결정하는데, 따라서 전하결정 이온이라고 불리며 공동 이온(coion)이라고도 한다. 산화물계에서 전형적인 전하결정 이온은 양성자와 하이드록실 계통인데, 그 농도는 pH($pH = -\log[H^+]$)로 표시한다. 전하결정 이온의 농도가 변함에 따라 표면 전하밀도는 양에서 음으로 또는 그 반대로

변한다. 표면 전하가 중성 즉 영-전하 표면(zero-charged surface)일 때의 전하 결정 이온의 농도를 영전하점(point of zero charge; *pzc* 또는 zero-point charge; *zpc*)으로 정의한다. 이후 서술의 명료성과 일관성을 위해 *pzc*로 기술하겠다. [표 2.2]는 몇몇 산화물의 영전하점 값을 나열한 것이다.[43-45] $pH > pzc$인 경우 산화물 표면은 전하결정 이온인 수산기 OH^-로 덮여져서 음으로 대전된다. $pH < pzc$인 경우 H^+가 전하결정 이온으로 표면은 양으로 대전된다. 표면 전하밀도 즉 표면 전위 E는(V 단위로) pH와 관련되어 네른스트 방정식 (2.18)은

$$E = 2.303\, R_g T \,\frac{(p.z.c.) - pH}{F}. \tag{2.19}$$

와 같이 쓸 수 있으며, 실온에서 위 식은 다음과 같이 더 단순화시킬 수 있다.

$$E \approx 0.06[(p.z.c.) - pH]. \tag{2.20}$$

[표 2.2] 일반적인 산화물의 영전하점[45]

solids	*z.p.c*
WO_3	0.5
V_2O_5	1-2
$\delta-MnO_2$	1.5
$\beta-MnO_2$	7.3
Sio_2	2.5
Sio_2(quartz)	3.7
TiO_2	6
TiO_2(calcined)	3.2
SnO_2	4.5
Al-O-Si	6
ZrO_2	6.7
FeOOH	6.7
Fe_2O_3	8.6
ZnO	8
Cr_2O_3	8.4
Al_2O_3	9
MgO	12

2.4.2. 고체표면 근처에서의 전위

고체표면에 표면 전하밀도가 설정되면 고체표면과 근처의 전하종 간에 정전기력이 작용하여 양 또는 음의 전하종이 모여든다. 그러나 브라운 운동(Brownian motion)과 엔트로피 힘 역시 작용하여 용액 내에 존재하는 다양한 종의 분포를 균일화시키려 한다. 용액 내에는 항상 표면 전하를 결정하는 이온과 이에 반대되는 전하를 갖는 반이온(counter-ion)이 공존한다. 시스템 전체적으로는 전하 중립성(charge neutrality)이 유지되지만 고체표면 근처에서의 전하결정 이온과 반이온의 분포는 균일하지 않고 많이 다르다. 두 이온종의 분포는 주로 다음 힘들의 조합에 의해 결정된다.

(1) 쿨롱 힘이나 정전기력
(2) 엔트로피의 힘 또는 분산
(3) 브라운 운동

이러한 힘들 간에 조합된 결과 반이온의 농도는 고체표면에서 가장 높고, 표면으로부터 멀어질수록 감소하는 반면에 전하결정 이온은 반대로 변한다. 이러한 고체표면 근처에서의 불균일한 이온 분포는 소위 이중층 구조(double-layer structure)를 형성하는데 [그림 2.14]에 도식적으로 나타내었다. 이중층은 스턴층(Stern layer)과 구이층(Gouy layer, 또한 확산 이중층(diffuse double layer)이라고도 함)의 두 층으로 구성되어 있으며, 그 경계를 헬름홀츠 평면(Helmholtz plane)이라고 한다.[46] 즉, 고체표면과 헬름홀츠 평면 사이가 스턴층이며, 이 층에서는 반전하가 단단히 고착된 용매층을 통해 전위가 선형적으로 감소한다. 헬름홀츠 평면 바깥쪽으로는 구이층, 즉 확산 이중층이 형성되며 용매의 평균 이온 농도로 감소한다. 구이층에서는 반이온의 자유로운 확산이 일어나며 전위도 선형적으로 변하지 않는다. 전위는 대략적으로 다음 식에 의해 감소한다.

$$E \propto e^{-\kappa(h-H)}, \qquad (2.21)$$

여기서 h는 스턴층 두께 H보다 큰 경우에 해당하며, $1/\kappa$은 데바이-휘켈 차폐 강도(Debye-Huckel screening strength)이며 이중층의 두께를 나타내는 값이기도 하다. κ는

$$\kappa = \left\{ \frac{F^2 \sum_i C_i Z_i^2}{\varepsilon\varepsilon_0 R_g T} \right\}^{1/2}, \tag{2.22}$$

로 주어지는데 F는 패러데이 상수, ϵ_o는 진공의 유전율(permittivity), ϵ는 용매의 유전 상수(dielectric constant), 그리고 C_i 및 Z_i는 반이온 i의 농도와 원자가이다. 이 식에서 보듯이 고체표면 근처에서의 전위는 반이온 농도와 원자가가 증가할수록 기하급수적으로 작아지며, 용매의 유전율이 커짐에 따라 기하급수적으로 커진다. 반이온 농도 및 원자가의 증가는 스턴층 및 구이층의 두께를 감소시킨다.[47, 48] 이론적으로 구이 확산층은 전위가 영이 되는 지점에서 끝나므로 고체표면으로부터 무한대 거리가 확보될 때만 측정가능하다. 실제적으로 이중층의 두께는 보통 10 nm 또는 그 이상 정도이다.

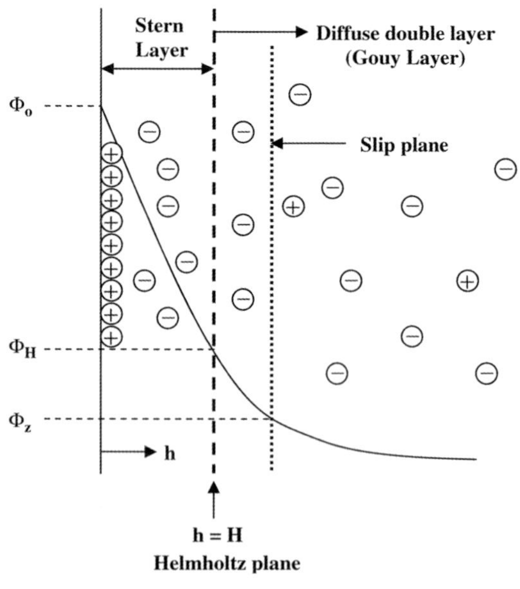

[그림 2.14] 스턴층과 구이층으로 구성된 고체표면 근처에서의 전기적 이중층 구조와 전위 변화 개략도. 표면 전하는 양전하로 가정하였다.

이상의 논의는 전해액 내에 놓여있는 평평한 고체표면에 집중되었지만 표면이 매끄럽고 전하 분포가 균일하다면 곡면의 표면에 대해서도 같은 개념이 적용될 수 있다. 매끄러운 곡면에서 표면 전하밀도가 일정하면 용액 내에서의 전위는 식 (2.21)과 식 (2.22)를 사용하여 나타낼 수 있다. 이러한 가정은 구형 입자가 전해액 내에 분산되어 있고, 입자 간 거리가 충분히 멀어서 입자표면에서의 전하 분포가 다른 입자로부터 영향을 받지 않는다면 이러한 가정은 확실히 유효하다. 입자 사이의 상호 작용은 복잡하다. 입자들 사이의 상호 작용 중 하나는 표면 전하 및 계면 근처의 전위와 직접적으로 관련되어 있다. 표면 전하로 인한 두 입자 사이의 정전기적 반발은 이중층에 의해서 다양한 범위에서 감쇄된다. 두 입자가 멀리 떨어져있을 때에는 두 이중층의 충첩은 일어나지 않고 두 입자 사이의 정전기적 반발은 없게 된다. 그러나 두 입자가 서로 접근하여 이중층이 겹치게 되면 반발력이 형성된다. 동일한 크기의 두 구형입자 사이의 정전기적 반발력은 다음과 같이 표시된다.[46]

$$\Phi_R = 2\pi\varepsilon_r\varepsilon_0 r\, E^2 \exp(-\kappa S). \tag{2.23}$$

2.4.3. 반데르발스 인력

마이크로미터 이하의 작은 입자들이 용매에 분산되어 있는 경우, 중력의 영향은 무시할 수 있는 반면 반데르발스 인력(van der Waals force)과 브라운 운동이 중요한 역할을 한다. 논의를 간단히 하기 위하여 여기서는 나노입자라 칭하겠지만 마이크로미터 크기의 입자도 같은 거동을 보이며 본 논의가 공히 적용된다. 또한 구형 나노입자에 대한 논의로 국한시키겠다. 반데르발스 힘은 약한 힘으로 오직 매우 짧은 거리에서만 중요하다. 브라운 운동에 의해 나노입자들은 항상 서로 충동하고 있다. 반데르발스 인력과 브라운 운동의 조합에 의해 나노입자들은 응집하게 된다.

두 나노입자 간의 반데르발스 상호 작용은 각 입자를 구성하고 있는 모든 분자들 사이에, 또 입자 내 분자와 용매와 같은 주변 매체에 있는 분자와의 반응 등 모든 분자쌍 간의 상호 작용의 합이다. 반경이 r이고 입자 간 거리가 S인 입자들에 대하여 두 분자 간의 반데르발스 상호 작용을 적분하면 [그림 2.15]에 도시된 바와 같이 총상호 작용 에너지, 즉 인력은 다음 식과 같다.

$$\Phi_A = -\frac{A}{6}\left\{\frac{2r^2}{S^2+4rS}+\frac{2r^2}{S^2+4rS+4r^2}+\ln\left(\frac{S^2+4rS}{S^2+4rS+4r^2}\right)\right\}, \quad (2.24)$$

여기서 음의 기호는 두 입자 간에 작용하는 힘이 인력임을 나타내며, A는 하마커(Hamaker) 상수로 양수이며 10^{-19}~10^{-20} J의 값을 가지며 입자, 또 입자 사이에 있는 매체를 구성하는 분자의 분극 특성에 따라 달라진다. [표 2.3]은 몇 가지 일반적인 재료에 대한 하마커 상수를 정리한 것이다.[45] 식 (2.24)는 다양한 경계 조건에서 단순화될 수 있는데, 예를 들면 두 개의 동일한 크기의 구형입자 간의 간격이 입자의 반경보다 훨씬 작은 경우($S/r << 1$) 다음과 같이 반데르발스 인력이 단순화된다.

$$\Phi_A = \frac{-Ar}{12S}. \quad (2.25)$$

다른 반데르발스 인력의 단순화된 식은 [표 2.4]에 정리되어 있다.[46] 표로부터 두 입자 간의 반데르발스 인력은 두 평탄면 사이의 인력과는 다르다는 것을 알 수 있다. 또한, 두 분자 사이의 상호 작용과 두 입자 간의 상호 작용은 크게 다르다는 것을 알 수 있다. 두 분자 사이의 반데르발스 상호 작용 에너지는 다음과 같이 단순화시킬 수 있다.

$$\Phi_A \propto -S^{-6}. \quad (2.26)$$

두 입자 사이의 인력 에너지와 두 분자 사이의 인력 에너지는 본질적으로 같지만, 두 입자와 매체에 있는 모든 분자 사이의 상호 작용을 합했을 때 거리에 따른 힘의 변화는 아주 다른 결과를 나타낸다. 두 입자 사이의 인력은 거리에 따라 훨씬 천천히 감소하여 나노미터 범위에 걸쳐서 일어난다. 따라서 응집을 방지하기 위해서 장벽 전위를 만들어야 한다. 입자의 응집을 방지하기 위해서 두 가지 방법이 널리 사용되고 있다. 정전기적 반발(electrostatic repulsion)과 입체 제외(steric exclusion)이다.

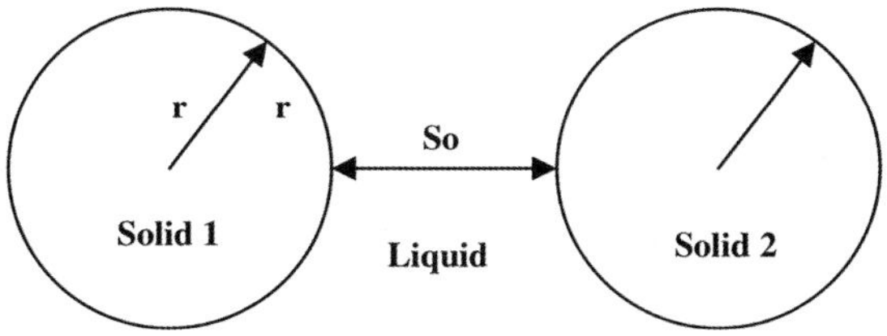

[그림 2.15] 반데르발스 상호 작용을 유도하는 데 사용된 입자쌍

[표 2.3] 일부 물질의 하마커 상수

물질	A_i (10^{-20} J)
Metals	16.2−45.5
Gold	45.3
Oxides	10.5−15.5
Al_2O_3	15.4
MgO	10.5
SiO_2(fused)	6.5
SiO_2(quartz)	8.8
Ionic crystals	6.3−15.3
CaF_2	7.2
Calcite	10.1
Polymers	6.15−6.6
Polyvinyl chloride	10.82
Polyvinylene oxide	7.51
Water	4.35
Acetone	4.20
Carbon tetrachloride	4.78
Chlorobenzene	5.89
Ethyl acetate	4.17
Hexane	4.32
Toluene	5.40

[표 2.4] 두 입자 사이의 반데르발스 인력을 유도한 수식들[46]

Particles	Φ_A
동일한 반경(r)의 두 구*	$-Ar/12S$
서로 다른 반경(r_1 및 r_2)의 두 구*	$-Ar_1r_2/6S(r_1+r_2)$
두께 δ의 두 평행한 판의 단위 면적당 힘	$-A/12\pi[S^{-2}+(2\delta+S)^{-2}+(\delta+S)^{-2}]$
작용 힘	
두 블록의 단위 면적당 작용 힘	$-A/12\pi S^2$

※ r, r_1 and $r_2 >> S$.

2.4.4 두 입자 사이의 상호 작용: DLVO 이론

정전기적으로 안정화된 두 입자 사이의 상호 작용은 반데르발스 인력과 정전기적 반발력의 합이다. 즉

$$\Phi = \Phi_A + \Phi_R. \tag{2.27}$$

현탁액 내 입자의 정전기 안정화는 DVLO (Derjaguin, Landau, Verwey, Overbeek의 이름을 딴) 이론으로 잘 설명된다. 현탁액의 두 입자 사이의 상호 작용은 반데르발스 인력과 정전기적 반발력의 조합인데, DVLO 이론에서의 몇 가지 중요한 가정은 다음과 같다.

(1) 무한 평면 고체표면

(2) 균일한 표면 전하밀도

(3) 표면 전하의 재분배가 없음, 즉 표면 전위가 일정하게 유지됨.

(4) 반이온과 표면 전하결정 이온 모두 변화 없음, 즉 전위가 일정하게 유지됨.

(5) 용매는 유전 상수를 통해서 영향을 줌, 즉 입자와 용매 사이의 화학 반응은 없음.

몇 가지 가정은 현탁액 내에 분산되어 있는 두 입자의 실제와는 분명히 다르다. 예컨대 입자의 표면은 무한대로 평평하지 않고, 두 대전된 입자가 서로 가까워질 때 표면 전하밀도는 변하기 쉽다. 그러나 그러한 가정에도 불구하고 DLVO 이론은 접근하는 대전된 두 입자 간의 상호 작용을 아주 잘 설명해준다. 그래서 콜로이드 과학계에서는 널리 받아들여지고 있다.

[그림 2.16]은 구형입자의 표면으로부터의 거리에 따라 반데르발스 인력, 정전기적 반발 전위, 또 이들 두 반대되는 힘의 합을 보여준다.[47] 고체표면으로부터 아주 먼 거리에서는 반데르발스 인력과 정전기적 반발 전위를 모두 영으로 수렴한다. 표면 가까이에는 반데르발스 인력에 의해 깊은 전위 절벽이 생성되고, 조금 멀리에서 전기적 반발력이 반데르발스 인력을 능가하게 되면 최대 전위값이 나타난다. 이 최대 전위는 반발 장벽(repulsive barrier)으로도 알려져 있는데, 장벽 전위가 $\sim 10\ kT$(k는 볼츠만 상수) 이상일 때는 브라운 운동에 의해 두 입자가 충돌해도 그 장벽을 넘지 못하고, 따라서 응집이 일어나지 않게 된다. 전위는 식 (2.21)과 식 (2.22)에서 보인 바와 같이, 반이온의 농도와 원자가에 의존하는 한편, 반데르발스 인력은 반이온의 농도와 원자가에 거의 무관하기 때문에 총전위는 반이온의 농도와 원자가에 크게 영향을 받게 된다. 반이온의 농도와 원자가가 증가 하면 [그림 2.17]에 도시한 바와 같이 전위가 더 빨리 감쇄한다.[49] 그 결과 반발 장벽은 감소하며 그 위치도 입자표면 쪽으로 이동한다. [그림 2.17]의 2차 최소값은 모든 상황에서 나타나지는 않으며 반이온의 농도가 아주 높을 때 나타난다. 2차 최소가 나타나면 입자들은 서로 뭉쳐 응집(flocculation)하려 한다.

두 입자가 멀리 떨어져 있을 때, 즉 두 입자 사이 거리가 두 전기적 이중층을 더한 두께보다 클 경우에는 확산 이중층이 중첩되지 않으므로 두 입자 사이에 상호 작용도 없게 될 것이다([그림 2.18(a)]). 그러나 두 입자가 가까이 다가와서 두 전기적 이중층이 중첩되면 반발력이 생긴다. 거리가 좁혀질수록 반발력은 커지고 두 입자의 표면 간 거리가 표면과 반발 장벽과의 거리에 해당하는 만큼

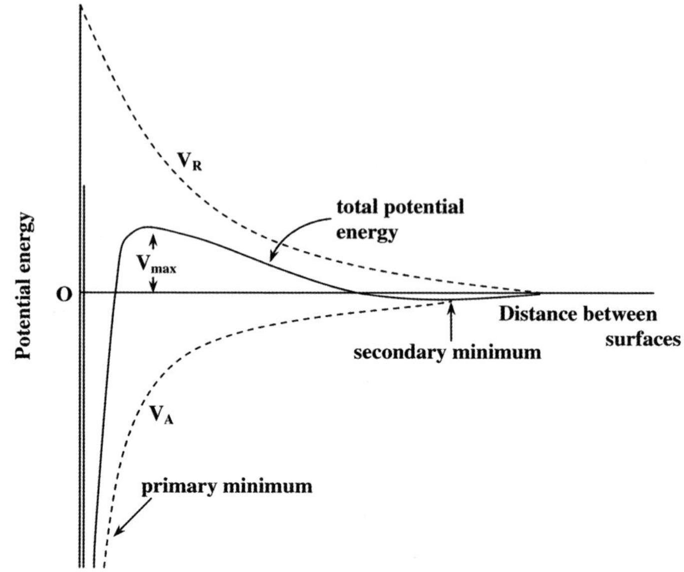

[그림 2.16] DLVO 전위 개략도 : V_A = 반데르발스 인력, V_R = 정전기 반발력.

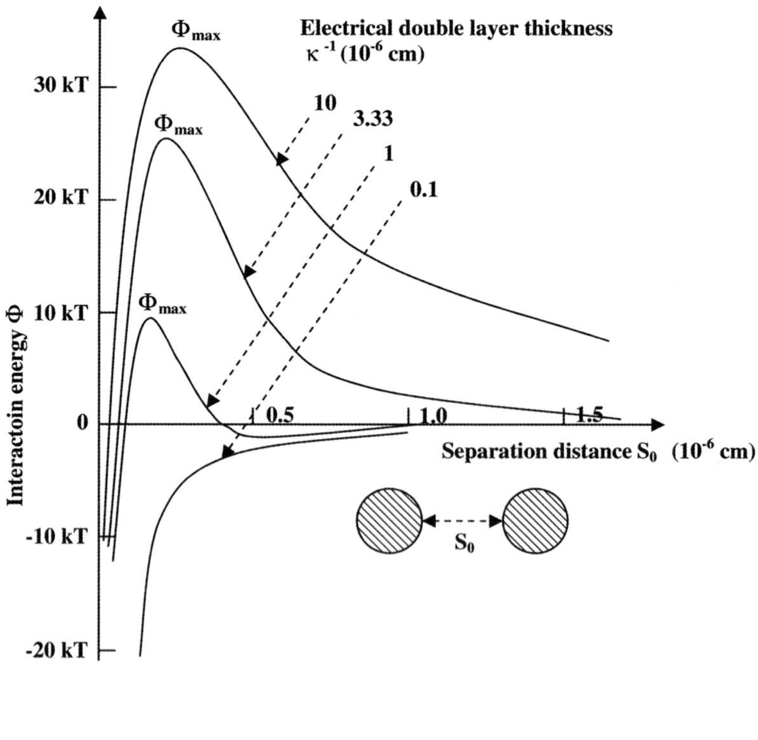

[그림 2.17] 두 개의 구형입자 사이의 총상호 작용 에너지의 변화를 표면으로부터 가장 가까운 거리 S_o를 함수로 하여 단원자가 전해질의 이중층 두께 κ^{-1}가 변함에 따라 도시한 결과. 전해질 농도 $C(mol \cdot L^{-1}) = 10^{-15}\,\kappa^2\,(cm^{-1})$ [J.T.G. Overbeek, J. Coll. Interf. Sci. 58, 408 (1977).]

가까워졌을 때 최대 반발력에 이르게 된다([그림 2.18(b)]). 이러한 반발력은 두 가지 방법으로 이해될 수 있다. 하나는 반발이 두 입자의 전위가 중첩되어 만들어진 경우로 이때 반발력은 고체입자 표면의 표면 전하로부터 직접 파생된 힘이 아니고 두 이중층 사이의 작용이라는 점을 눈여겨볼 필요가 있다. 다른 하나는 삼투압에 의한 흐름 때문일 수 있다. 각 입자의 이중층의 농도 분포를 유지하려는 가운데 두 입자가 서로 접근하여 이중층이 중첩되면 두 입자 사이의 이온 농도가 크게 증가할 것이다. 그 결과 원래의 반이온과 표면 전하결정 이온의 평형 농도 분포는 파괴되고, 원래의 농도를 회복하기 위해서 그 이중층이 중첩된 영역으로 용매가 흘러들어오게 된다. 이러한 용매의 삼투 흐름(osmotic flow)으로 두 입자는 효과적으로 반발하게 된다. 이러한 삼투압 힘은 두 입자 사이의 거리가 두 이중층을 합한 거리보다 클 때 없어지게 된다.

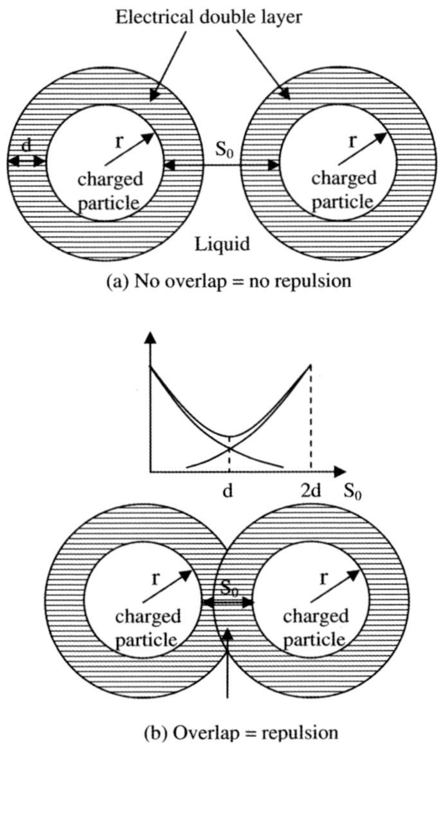

[그림 2.18] 도식적으로 나타낸 두 입자 간 정전기적 반발력의 발생

DLVO 이론의 많은 중요한 가정들이 작은 입자들이 확산 매질에 분산되어 있는 실제 콜로이드 시스템에서 들어맞지는 않지만 DLVO 이론은 여전히 유효하며, 다음과 같은 조건이 충족되는 한에 있어서 실제로 광범위하게 적용되고 있다.

(1) 분산이 매우 희석된 경우라서 각 입자의 표면에서의 전하밀도 및 분포, 그리고 각 입자 표면 근방에서의 전기 전위가 다른 입자에 의해 영향 받지 않는다.
(2) 입자가 매우 작아서 반데르발스 힘과 정전기적 전위 외에 다른 힘이 존재하지 않을 때, 중력은 무시할 수 있고 다른 힘(자기장 같은)이 존재하지 않는다.
(3) 입자의 형상이 비교적 간단하여 표면의 특성이 전체 입자 표면에서 같고, 이에 따라서 표면 전하밀도와 분포, 그리고 주위 매체의 전위가 같다.
(4) 이중층이 순수하게 확산형이어서 반이온과 전하결정 이온의 분포가 다음 세 가지 힘, 즉 정전기력, 엔트로피 분산 및 브라운 운동으로 결정된다.

그러나 정전기적 안정화는 다음과 같이 제한적인 점에 주목해야 한다.

(1) 정전기적 안정화는 속도론적인 안정화 방법이다.
(2) 희석 시스템에만 적용 가능하다.
(3) 전해질에 민감한 계에는 적용할 수 없다.
(4) 이미 응집된 입자들을 재분산하는 것은 거의 불가능하다.
(5) 다중 상을 포함하는 시스템에 적용하기는 어렵다. 왜냐하면 주어진 같은 조건에서도 다른 고체는 서로 다른 표면 전하와 전위를 나타내기 때문이다.

2.5 입체 안정화

중합 안정화라고도 불리는 입체 안정화 방법은 콜로이드 분산액의 안정화에 널리 사용 되는 방법인데, 문헌상에 잘 논의되어 있지만[50-52] 정전기적 안정화 방법에 비해서 덜 알려져 있다. 중합 안정화가 정전기적 안정화에 비해 갖는 장점은 다음과 같다.

(1) 열역학적 방법으로 입자가 항상 다시 분산할 수 있다.
(2) 매우 높은 농도에도 적용 가능하여 분산 매체가 완전히 고갈될 수도 있다.
(3) 전해질에 민감하지 않다.
(4) 여러 상이 포함된 계에도 적용된다.

본 절에서는 중합 안정화의 핵심 개념을 간단히 요약하였다. 정전기 안정화 메커니즘에 비해 중합 안정화는 나노입자 합성, 특히 좁은 크기 분포가 요구되는 경우에 이점이 있는 방법이다. 나노입자의 표면에 흡착된 고분자층은 성장종의 확산에 장벽 역할을 하여 핵이 입자로 성장하는데 있어서 확산-제한(diffusion-limited) 성장이 일어나도록 만들어준다. 다음 장에서 상세히 논의될 확산 제한 성장은, 초기 핵의 크기 분포를 좁게 만들어주어 단일 크기의 입자로 성장하도록 해준다. 이러한 나노입자의 표면에 있는 고분자층의 이중적 기능 때문에 입체 안정화가 나노입자 합성에 널리 사용된다.

2.5.1 용매와 고분자

용매는 물(H_2O), 즉 수성 용매와 비수성 용매인 유기 용매로 구분될 수 있다. 또 용매는 양성자성(protic) 용매와 비양성자성(aprotic) 용매로 분류할 수 있는데, 전자는 양성자를 교환할 수 있는 용매로 메탄올(CH_3OH)과 에탄올(C_2H_5OH) 등이며, 후자는 벤젠(C_6H_6)과 같이 양성자를 교환할 수 없는 용매이다. [표 2.5]는 전형적인 양성자성 및 비양성자성 용매를 나열한 것이다.[53]

모든 고분자가 용매에 용해되지는 않는데 용해되지 않는 고분자는 입체 안정화에 활용될 수 없기 때문에 이 장에서는 설명하지 않는다. 고분자가 용매에 녹아들 때 고분자는 용매와 상호 작용하며, 그 반응은 온도뿐만 아니라 계에 따라서도 달라진다. '좋은 용매(good solvent)'에서는 전체의 깁스 자유 에너지를 감소시키려고 고분자가 팽창하는 경향이 있다. 반면 어떤 용매에서는 깁스 자유 에너지를 감소시키려고 고분자가 수축되는 경향이 있는데 이런 용매는 '빈 용매(poor solvent)'라고 부른다.

주어진 고분자-용매 시스템에서 용매의 '좋음' 또는 '나쁨'은 온도에 의존한다. 높은 온도에서 고분자는 팽창하는 반면 낮은 온도에서는 수축한다. 나쁜 용매로부터 좋은 용매로 전환하는 온도를 플로리-허긴스 세타 온도(Flory-Huggins

[표 2.5] 용매와 그 유전 상수 목록

Solvent	Formula	Dielectric constant	Type
Aceton	C_3H_6O	20.7	Aprotic
Acetic acid	$C_2H_4O_2$	6.2	Protic
Ammonia	NH_3	16.9	Protic
Bezene	C_6H_6	2.3	Aprotic
Chloroform	$CHCl_3$	4.8	Aprotic
Dimethylsulfoxide	$(CH_3)_2SO$	45	Aprotic
Dioxanne	$C_2H_8O_2$	2.2	Aprotic
Water	H_2O	78.5	Protic
Methanol	CH_3OH	32.6	Protic
Ethanol	C_2H_5OH	24.3	Protic
Formamide	CH_3ON	110.0	Protic
Dimethylformamide	C_3H_7NO	36.7	Aprotic
Nitrobenzene	$C_6H_5NO_2$	34.8	Aprotic
Tetrahydrofuran	C_4H_8O	7.3	Aprotic
Carbon tetrachloride	CCl_4	2.2	Aprotic
Diethy ether	C_4H10O	4.3	Aprotic
Pyridine	C_5H_5N	14.2	Aprotic

theta temperature), 또는 단순히 θ 온도라고 한다. T=θ일 때 용매는 세타 상태에 있다고 하며, 이때 고분자가 팽창 또는 수축하더라도 깁스 자유 에너지는 변하지 않는다.

고분자와 고체표면 간의 상호 작용에 따라 고분자는 다음과 같이 분류할 수 있다.

(1) 고착 고분자는 비가역적으로 한 쪽 끝이 고체표면에 결합되어 있고 전형적인 것이 다이블록 중합체이다([그림 2.19(a)]).
(2) 흡착 고분자는 고분자 줄기를 따라서 임의의 지점에서 약하게 흡착된다([그림 2.19(b)]).
(3) 비흡착 고분자는 고체표면에 부착하지 않는다. 따라서 고분자의 안정화에 기여하지 않으므로 이 장에서 더 이상 설명하지 않는다.

고분자와 고체표면 사이의 상호 작용은 고체표면에 고분자의 분자가 흡착하는 것이 최선이다. 흡착은 고체표면의 이온 또는 원자와 고분자 분자 사이에 화학적 결합을 이루든지 또는 약한 물리흡착을 형성하는 것이다. 또한, 고체와 고분자 사이에 하나 이상의 다중결합을 형성하는지 여부에는 제한이 없다. 그러나 더 이상의 고분자-용매 또는 고분자 간의 중합과 화학 반응과 같은 다른 상호 작용은 논의에서 제외될 것이다.

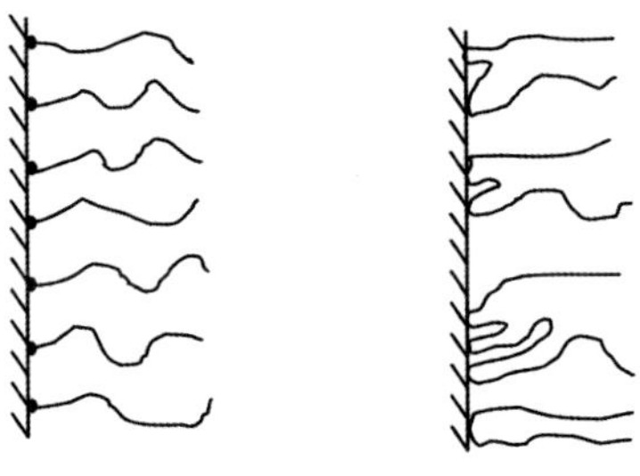

(a) (b)

[그림 2.19] 고분자와 고체표면 사이의 상호 작용의 차이를 나타낸 개략도: (a) 고착 고분자와 (b) 흡착 고분자

2.5.2 고분자층 간의 상호 작용

먼저 [그림 2.20(a)]에 개략적으로 나타낸 바와 같이 고착 고분자의 한 끝과 연결되어 덮여있는 두 고체입자를 살펴보자. 두 입자가 서로 접근하여 두 입자 표면 사이의 거리 H가 고분자층 두께 L의 두 배보다 작을 때, 두 고착 고분자는 서로 반응하게 된다. 거리가 $2L$보다 멀면 두 입자, 그리고 표면의 고분자층들 사이에는 아무 상호 작용이 일어나지 않는다. 그러나 그 거리가 $2L$ 이하로 좁혀지고 L보다는 멀 경우에는 용매와 고분자, 또 고분자와 고분자 사이에 상호 작용이 있게 된다. 하지만 한 입자의 고분자층과 다른 입자의 고체표면과는 직접적인 상호 작용이 일어나지 않는다. 고분자가 팽창하는 좋은 용매에서는 고분자의 고체표면 차폐가 불완전할 때, 특히 차폐율이 50% 이하일 경우, 또 용매 내 고분자 농도가 불충분할 경우 두 고분자층은 상호 침투하여 고분자 사이의 공간이 줄어든다. 이러한 접근하는 두 입자, 즉 두 고분자층의 상호 침투 작용은 고분자의 자유도를 감소시켜 엔트로피의 감소, 즉 $\Delta S<0$의 상황에 이르게 된다. 그 결과 두 고분자층의 상호 침투에 따른 엔탈피(enthalpy) 변화가 무시할 만큼 작다면(즉, $\Delta H \approx 0$) 계의 깁스 자유 에너지는 다음 식에 따라서 증가할 것이다.

$$\Delta G = \Delta H - T\Delta S > 0. \tag{2.28}$$

그래서 두 입자는 서로 반발하여 두 입자 사이의 거리는 고분자층 두께의 두 배 거리와 같거나 이상으로 된다. 고분자층의 차폐율이 높아져서 특히 100%에 가까워질 때 상호 침투는 일어나지 않고 두 고분자층은 압축되어 두 층의 고분자는 수축하게 된다. 이때 전체적인 깁스 자유 에너지는 증가하고, 두 입자는 반발하여 떨어지게 된다. [그림 2.20(b)]는 두 입자 사이의 거리를 변수로 하여 깁스 자유 에너지를 스케치한 것으로 거리 H가 $2L$보다 작은 범위에서 총에너지가 항상 양이고 증가하는 것을 보여준다.

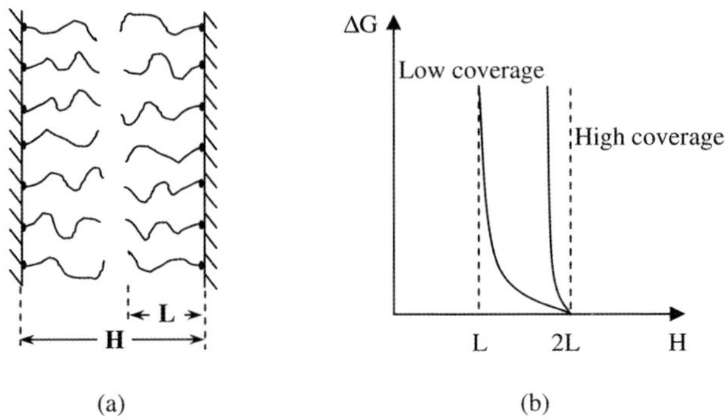

[그림 2.20] 고분자층 간의 상호 작용 개략도: (a) 두 접근하는 고분자층의 개략도 (b) 두 입자 사이 거리 변화에 따른 깁스 자유 에너지

빈 용매의 경우 차폐율이 낮을 때 상황은 다소 달라진다. 차폐율이 낮은 경우 두 입자 사이 거리가 고분자층 두께보다는 멀고 두 배보다는 작을 때, 즉 $L < H < 2L$일 때, 한 입자의 고분자는 접근하는 다른 입자의 고분자 속으로 침투하려 한다. 이러한 두 고분자층의 상호 침투는 고분자를 더욱 수축하게 만들어 전체 깁스 자유 에너지를 감소시킨다. 따라서 두 입자는 서로 접근하려는 경향이 있게 된다. 그러나 두 입자 사이의 거리가 고분자 한 층의 두께보다 작아지면 거리 감소는 항상 반발력을 유발하고 전체 깁스 자유 에너지를 증가시킨다. 한편 차폐율이 높은 경우 좋은 용매에 있는 고분자의 경우처럼 침투가 일어나지 않으며, 거리가 좁아지면 압축력이 생겨 전체 자유 에너지를 증가시키는 결과를 가져온다. [그림 2.21]은 두 입자 사이의 거리에 따른 자유 에너지 변화를 정리한 것이다. 차폐율이나 용매의 차이와 무관하게 고분자로 입혀진 두 입자는 공간적 배척(space exclusion), 즉 입체 안정화를 통하여 응집을 방지할 수 있다.

다음으로 흡착 고분자를 살펴보자. 흡착 고분자의 경우는 다음 두 가지 이유로 상황이 더 복잡하다. 첫째, 두 입자가 충분히 가까이 접근하게 되면 원래 한 입자의 표면에 부착되었던 고분자는 다른 입자의 표면에 흡착하여 두 입자 사이에 다리를 형성할 수 있다. 둘째, 충분한 시간이 주어지면 부착된 고분자가 표면으로부터 탈착되어 고분자층 밖으로 떨어져 나갈 수 있다.

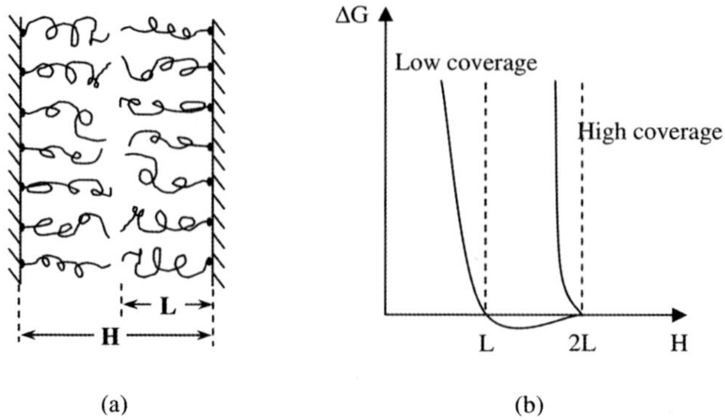

[그림 2.21] 고분자층 간의 상호 작용 개략도: (a) 두 접근하는 고분자층의 개략도 (b) 두 입자 사이 거리 변화에 따른 깁스 자유 에너지

고분자가 강한 흡착으로 전체를 덮고 있을 경우에 두 입자 사이의 거리가 고분자층 두께의 두 배 이하로 좁혀진다면 두 고분자층 사이의 상호 작용은 순전히 반발력을 유발시키고 자유 에너지를 증가시킨다. 이는 고착 고분자가 완전히 표면을 덮고 있는 경우와 같다. 그런데 차폐가 부분적일 경우는 용매의 특성이 두 입자 상이의 상호 반응에 큰 영향을 줄 수 있다. 좋은 용매에 있어서 고분자가 부분적으로 차폐된 두 입자가 서로 침투했을 때, 그 간극이 좁아지고 고분자는 더 정돈된 배열을 하게 된다. 그 결과 엔트로피는 감소하고 깁스 자유 에너지가 증가한다. 그러나 빈 용매의 경우 상호 침투는 고분자를 더욱 수축하게 만들어 엔트로피를 증가시키고, 따라서 자유 에너지를 감소시킨다. 이러한 빈 용매에서의 흡착 고분자가 상호 작용하는 힘은 부분적으로 차폐하고 있는 고착 고분자가 빈 용매에서 거동하는 것과 매우 흡사하다. 그러나 관련 과정은 두 표면에서 일어나는 다중 흡착 때문에 상당히 다르다. 거리가 한 고분자층 두께보다 좁을 때 두 입자 사이에는 항상 반발력이 형성되어 서로 떨어지게 된다.

입체 안정화의 물리적 기본은 (1) 두 입자가 서로 접근할 때 두 표면 사이 영역에서 일어나는 가능한 구성의 감소에 따른 부피 제한 효과 (2) 두 입자 사이 영역에서 흡착된 고분자 분자의 비교적 높아진 농도 때문에 일어나는 삼투 효과이다.

2.5.3 입체적 및 전기적 안정화의 혼합

입체 안정화와 정전기적 안정화가 결합될 수 있는데, 이를 전기입체적 안정화(electrosteric stabilization)라고도 하며 [그림 2.22]에 스케치하였다.[50] 고분자가 전하가 대전된 입자표면에 부착되었을 때 고분자층이 위에서 설명한 바와 같이 층이 만들어지며, 또한 고체표면 근처에 전위가 형성된다. 두 입자가 서로 접근하면 정전기적 반발과 입체적 배제가 응집을 방지하게 된다.

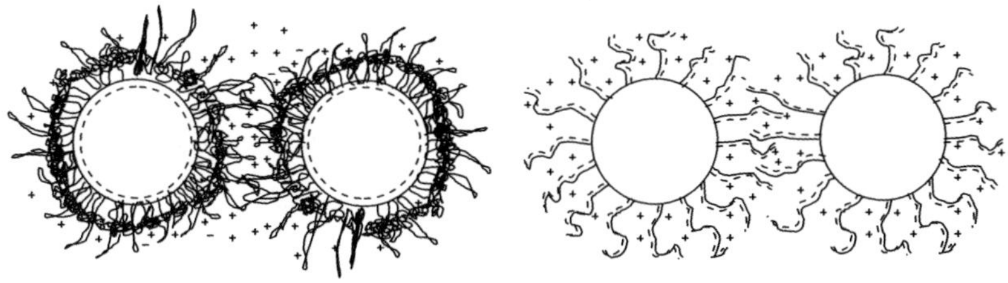

(a) (b)

[그림 2.22] 전기입체적 안정화 개략도: (a) 비이온성 고분자가 부착된 대전 입자 (b) 대전되지 않은 입자에 부착된 고분자 전해질

2.6 요약

이 장에서는 고체의 표면 에너지의 기원에 대해 설명하였다. 재료에서 표면 에너지를 줄이는 다양한 메커니즘, 표면 곡률이 화학 전위에 미치는 영향, 나노입자가 응집으로부터 안정화되기 위한 메커니즘 등이다. 이 장에 나오는 모든 개념과 이론은 여러 표면 과학 및 재료 분야에서 잘 확립된 것들이다. 그러나 나노구조체 및 나노 물질의 표면 에너지는 결부된 거대한 면적으로 인해 훨씬 더 영향이 크다. 이러한 기초를 잘 이해하는 것은 나노 물질의 제조 및 처리를 위해 중요할 뿐만 아니라 나노 물질의 응용을 위해서도 마찬가지로 중요하다.

참고문헌

[1] C. Nützenadel, A. Züttel, D. Chartouni, G. Schmid, and L. Schlapbach, *Eur. Phys. J.* **D8**, 245 (2000).

[2] A.W. Adamson and A.P. Gast, *Physical Chemistry of Surfaces*, 6th edn. John Wiley and Sons, New York, 1997.

[3] A.N. Goldstein C.M. Echer, and A.P. Alivisatos, *Science* **256**, 1425 (1992).

[4] M.A. Van Hove, W.H. Weinberg, and C.M. Chan, *Low-Energy Electron Diffraction*, Springer-Verlag, Berlin, 1986.

[5] M.W. Finnis and V. Heine, *J. Phys*. **F4**, L37 (1974).

[6] U. Landman, R.N. Hill, and M. Mosteller, *Phys. Rev*. **B21**, 448 (1980).

[7] D.L. Adams, H.B. Nielsen, J.N. Andersen, I. Stengsgaard, R. Friedenhans'l, and J.E. Sorensen, *Phys. Rev. Lett*. **49**, 669 (1982).

[8] C.M. Chan, M.A. Van Hove, and E.D. Williams, *Surf. Sci*. **91**, 440 (1980).

[9] M.A. Van Hove, R.J. Koestner, P.C. Stair, J.P. Birberian, L.L. Kesmodell, I. Bartos, and G.A. Somorjai, *Surf.* Sci. **103**, 189 (1981).

[10] I.K. Robinson, Y. Kuk, and L.C. Feldman, *Phys. Rev*. **B29**, 4762 (1984).

[11] R.M. Tromp, R.J. Hamers, and J.E. Demuth, *Phys. Rev*. **B34**, 5343 (1986).

[12] G. Binnig, H. Rohrer, Ch. Gerber, and E. Weibel, *Phys. Rev. Lett*. **50**, 120 (1983).

[13] R. Schlier and H. Farnsworth, *J. Chem. Phys*. **30**, 917 (1959).

[14] R.M. Tromp, R.J. Hames, and J.E. Demuth, *Phys. Rev. Lett*. **55**, 1303 (1985).

[15] R.M. Tromp, R.J. Hames, and J.E. Demuth, *Phys. Rev*. **B24**, 5343 (1986).

[16] J.M. Jasinski, B.S. Meyerson, and B.A. Scott, *Annu. Rev. Phys. Chem*. **38**, 109 (1987).

[17] M. McEllistrem, M. Allgeier, and J.J. Boland, *Science* **279**, 545 (1998).

[18] Z. Zhang, F. Wu, and M.G. Lagally, *Annu. Rev. Mater. Sci*. **27**, 525 (1997).

[19] T. Tsuno, T. Imai, Y. Nishibayashi, K. Hamada, and N. Fujimori, *Jpn. J. Appl. Phys*. **30**, 1063 (1991).

[20] C.J. Davisson and L.H. Germer, *Phys. Rev.* **29**, 908 (1927).

[21] K. Christmann, R.J. Behm, G. Ertl, M.A. Van Hove, and W.H. Weinberg, *J. Chem. Phys.* **70**, 4168 (1979).

[22] H.D. Shih, F. Jona, D.W. Jepsen, and P.M. Marcus, *Surf. Sci.* **60**, 445 (1976).

[23] J.M. MacLaren, J.B. Pendry, P.J. Rous, D.K. Saldin, G.A. Somorjai, M.A. Van Hove, and D.D. Vvedensky (eds.), *Surface Crystallography Information Service*, Reidel Publishing, Dordrecht, 1987.

[24] C. Herring, *Structure and Properties of Solid Surfaces*, University of Chicago, Chicago, IL, 1952.

[25] W.W. Mullins, *Metal Surfaces: Structure Energetics and Kinetics*, The American Society for Metals, Metals Park, OH, 1963.

[26] E. Matijević, Annu. *Rev. Mater. Sci.* **15**, 483 (1985).

[27] H.N.V. Temperley, *Proc. Cambridge Phil. Soc.* **48**, 683 (1952).

[28] W.K. Burton and N. Cabrera, *Disc. Faraday Soc.* **5**, 33 (1949).

[29] G.K. Teal, *IEEE Trans. Electron Dev.* **ED-23**, 621 (1976).

[30] W. Zuhlehner and D. Huber, *Czochralski Grown Silicon*, in *Crystals* 8, Springer-Verlag, Berlin, 1982.

[31] W.D. Kingery, H.W. Bowen, and D.R. Uhlmann, *Introduction to Ceramics*, 2nd edn., Wiley, New York, 1976.

[32] J.S. Reed, *Introduction to Principles of Ceramic Processing*, Wiley, New York, 1988.

[33] E.P. DeGarmo, J.T. Black, and R.A. Kohner, *Materials and Processes in Manufacturing*, Macmillan, New York, 1988.

[34] A.W. Adamson, *Physical Chemistry of Surfaces*, Wiley, New York, 1976.

[35] L.R. Fisher and J.N. Israelachvili, *J. Coll. Interf. Sci.* **80**, 528 (1981).

[36] J.C. Melrose, *Langmuir* **5**, 290 (1989).

[37] R.W. Vook, *Int. Met. Rev.* **27**, 209 (1982).

[38] R.K. Iler, *The Chemistry of Silica: Solubility, Polymerization, Colloid and Surface*

Properties, and Biochemistry, John Wiley and Sons, New York, 1979.

[39] J.R. Sambles, L.M. Skinner, and N.D. Lisgarten, *Proc. R. Soc.* **A324**, 339 (1971).

[40] N.D. Lisgarten, J.R. Sambles, and L.M. Skinner, *Contemp. Phys*. **12**, 575 (1971).

[41] V.K. La Mer and R. Gruen, *Trans. Faraday Soc*. **48**, 410 (1952).

[42] F. Piuz and J.-P. Borel, *Phys. Status Solidi* **A14**, 129 (1972).

[43] R.J. Hunter, *Zeta Potential in Colloid Science*, Academic Press, New York, 1981.

[44] G.A. Parks, *Chem. Rev*. **65**, 177 (1965).

[45] A.C. Pierre, *Introduction to Sol-Gel Processing*, Kluwer, Norwell, MA, 1998.

[46] P.C. Hiemenz, *Principles of Colloid and Surface Chemistry*, Marcel Dekker, New York, 1977.

[47] G.D. Parfitt, in *Dispersion of Powders in Liquids with Special Reference to Pigments*, ed. G.D. Parfitt, Applied Science, London, p.1, 1981.

[48] C.J. Brinker and G.W. Scherer, *Sol-Gel Science: The Physics and Chemistry of Sol-Gel Processing*, Academic Press, San Diego, CA, 1990.

[49] J.T.G. Overbeek, *J. Coll. Interf. Sci*. **58**, 408 (1977).

[50] D.H. Napper, *Polymeric Stabilization of Colloidal Dispersions*, Academic Press, New York, 1983.

[51] W.B. Russel, D.A. Saville, and W.R. Schowalter, *Colloidal Dispersions*, Cambridge University Press, Cambridge, 1991.

[52] P. Somasundaran, B. Markovic, S. Krishnakumar, and X. Yu, in *Handbook of Surface and Colloid Chemistry*, ed. K.S. Birdi, CRC Press, Boca Raton, FL, p. 559, 1997.

[53] J.J. Lagowski, *The Chemistry of Non-Aqueous Systems*, Vols. 1-4, Academic Press, New York, 1965, 1967, 1970, 1976.

Chapter 3

영차원 나노구조체: 나노입자

Nanostructures and Nanomaterials

3.1 서론

하향식 및 상향식 접근 방식을 포함한 나노입자를 합성하기 위한 많은 기술들이 개발되어 적용되었다. 하향식 방법으로 밀링 또는 마찰, 반복 담금질, 리소그래피 등이 있다. 마찰법은 직경이 수십 내지는 수백 나노미터가 되는 나노입자를 생성할 수 있다. 그러나 마찰에 의해 생성된 입자는 비교적 크기 분포가 넓고 입자 형상이 다양하다. 또한 많은 경우 밀링 매체에서 비롯된 불순물과 밀링 과정에서 만들어진 결함 등을 갖고 있다. 이렇게 제조된 나노입자는 일반적으로 아주 낮은 온도에서 소결하여 나노 복합체나 나노입자로 구성된 벌크재료를 제조하는 데 사용된다. 나노 복합체나 나노입자로 구성된 벌크재료의 결함은 소결 중에 열처리하여 제거할 수 있고, 크기 분포나 모양, 소량의 불순물 등은 응용하는 데 비교적 민감한 사항은 아니다. 열순환(thermal cycling)을 반복하는 것도 벌크재료를 작은 조각으로 쪼갤 수 있다. 이를 위해 재료는 열전도도는 매우 작으며 온도 변화에 따른 부피 팽창률은 커야 한다. 상변화에 의해 큰 부피 변화를 가져오는 경우에 효과적으로 적용시킬 수 있다. 이 방법으로 매우 미세한 입자를 제조할 수 있지만, 원하는 크기와 모양을 갖는 입자를 형성하도록 공정을 설계하고 제어하는 것이 어렵다. 또한 열전도도가 매우 나쁘고 동시에 부피 변화가 큰 재료에 국한되는 방법이다. 리소그래피는 작은 입자를 제

조하는 또 다른 방법이다.[1,2]

나노입자 합성에는 훨씬 더 많은 상향식 접근 방법들이 개발되어 왔다. 예를 들면, 나노입자는 액체나 증기 중에서 균일 핵생성 방법이나 기판 상에서의 불균일 핵생성 방법으로 합성되었다. 나노입자나 양자점은 적절히 설계된 고체 물질을 높은 온도로 열처리하여 상 분리(phase segregation) 하는 방법으로 제조될 수 있다. 나노입자는 화학 반응, 핵생성과 성장 등을 미셀(micelle)과 같은 작은 공간에 국한시켜 발생시킴으로써 합성할 수 있다. 여러 가지 합성기술이나 방법들이 이러한 기법에 속하는데 크게 두 영역으로 분류할 수 있다. 열역학적 합성과 운동학적 합성 방법이다. 열역학적 방법의 합성 과정은 (1) 과포화 상태 형성, (2) 핵생성, (3) 후속 성장으로 구성된다. 운동학적 방법에서는 분자선 에피택시와 같이 성장에 쓰이는 전구체의 양을 제한한다든지, 에어로졸(aerosol) 합성법과 같이 한정된 공간 안에서 공정이 일어나도록 제어함으로써 나노입자를 형성한다. 이 장에서는 주로 열역학적 평형을 통해 나노입자를 합성하는 접근법에 초점을 맞출 것이다. 그러나 마이크로 에멀션, 에어로졸 열분해, 주형 기반 증착과 같은 몇 가지 일반적인 운동학적 방법도 얘기할 것이다. 열역학적 평형 접근 방식의 기본적인 요구 및 고려 사항을 설명하기 위하여 여기서는 나노입자의 용액 합성법을 인용할 것이나 그 기본과 원칙은 다른 시스템에도 큰 수정 없이 적용할 수 있다.

나노입자의 제조에 있어서 작은 크기가 유일한 요구 사항은 아니다. 실제 응용을 위해서는 모든 경우에 다음 특성을 구비하여야 한다. (1) 동일한 입자 크기(monosize 또는 균일한 크기 분포), (2) 동일한 모양과 형태, (3) 동일한 화학 조성과 결정구조(입자 내에서 중심부와 표면 사이에, 또 입자들 간에), (4) 응집되지 않고 개별적으로 분산되어야, 즉 단분산(monodispersed) 되어야 한다. 응집이 일어났다면 입자들은 다시 쉽게 분산되어야 한다.

이 장에서 논의 되는 나노입자는 구, 육면체, 판상 등 있을 수 있는 모든 형태의 단결정, 다결정, 비정질을 포함한다. 일반적으로 입자의 크기는 수백 나노미터를 넘지 않는다. 문헌상에서 일부 특정 나노입자를 다른 용어로 지칭한다. 단결정으로 된 나노입자를 종종 나노결정(nanocrystal)이라고도 하며, 나노입자의 크기가 매우 작아 양자 효과가 관찰될 때 흔히 양자점(quantum dot)이라는 용어를 사용한다.

3.2 균일 핵생성을 통한 나노입자

균일 핵생성 방법으로 나노입자를 형성하기 위해서는 성장종이 과포화(supersaturation)된 상태를 만들어야 한다. 포화 용액과 같이 평형 상태에 있는 혼합물의 온도를 감소시키면 과포화 상태로 된다. 고온 열처리로 유리 모재에 금속 양자점을 형성하는 것은 이러한 접근법의 좋은 예이다. 또 다른 방법은 고수용성 화학 물질을 저수용성 화학 물질로 변환시키는 화학 반응을 통해 과포화를 생성하는 것이다. 예를 들어, 반도체 나노입자는 일반적으로 유기 금속 전구체를 열분해하여 만든다. 나노입자는 액체, 가스, 고체의 세 매체 내에서의 균일 핵생성을 통하여 합성할 수 있는데 핵생성과 이후의 성장 과정에 대한 기본은 본질적으로 동일하다.

단분산 나노입자의 합성을 위한 상세한 방법을 논의하기 전에 먼저 균일 핵생성, 이후의 성장, 그리고 콜로이드 분산의 제조에 일반적으로 사용되는 졸-겔(sol-gel)법의 기본에 대해서 알아본다. 강제적 가수분해, 양이온과 음이온의 제어 방출, 기상 반응, 그리고 고온 담금질 등 균일한 나노입자 크기를 갖는 단분산 합성을 위한 다양한 방법을 논의할 것이다.

3.2.1 균일 핵생성 이론

용매 내 용질의 농도가 평형 용해도를 초과할 경우 또는 상전이 온도 이하로 온도가 내려갈 경우 새로운 상(phase)이 나타난다. 예로, 과포화 용액으로부터 고상이 균일 핵생성 하는 경우를 살펴보자. 용질이 용해도를 초과하여 녹아있

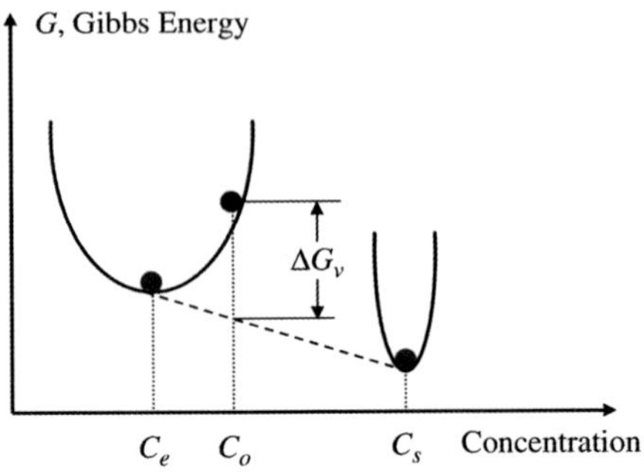

[그림 3.1] 고체상을 형성하고, 용액에서는 평형 농도를 유지함으로써 과포화 용액의 전체적인 깁스 자유 에너지의 감소를 보여주는 도식

는, 즉 과포화된 용액은 깁스 자유 에너지가 높다. 그래서 용액에서 용질을 편석시킴으로써 계의 전체 에너지를 감소시키려 한다. [그림 3.1]은 과포화 용액에서 고상이 형성되면서 나머지 용액은 평형 농도를 유지하도록 함으로써 전체 계의 깁스 자유 에너지를 감소시키는 것을 나타낸 도식이다. 이러한 깁스 자유 에너지의 감소는 핵생성, 또 성장을 일으키는 추동력이 된다. 고상 형성에 의한 단위 부피당 깁스 자유 에너지의 변화 (ΔG_v)는 용질의 농도에 의존한다. 즉,

$$\Delta G = \frac{-kT}{\Omega \ln\left(\frac{C}{C_0}\right)} = \frac{-kT}{\Omega \ln(1+\sigma)}, \tag{3.1}$$

여기서 C는 용질의 농도이고, C_0는 평형 농도 즉 용해도, Ω는 원자 부피, σ는 $(C-C_o)/C_o$로 정의되는 과포화도이다. 과포화가 없을 때 (즉, $\sigma=0$), ΔG_v는 영이고 핵생성은 일어나지 않는다. $C>C_o$일 때 ΔG_v가 음이 되어 핵생성이 자발적으로 일어나게 된다. 반경 r인 구형의 핵이 발생한다고 가정할 때 이에 따른 깁스 자유 에너지 변화, 즉 부피 에너지 $\Delta \mu_v$는 다음과 같다.

$$\Delta\mu_v = \left(\frac{4}{3}\right)\pi r^3 \Delta G_v. \tag{3.2}$$

그런데, 이 에너지 감소는 새로운 상의 형성에 따라 생성되는 표면 에너지와 균형을 맞추게 되는데, 계의 표면 에너지 증가 $\Delta\mu_s$는

$$\Delta\mu_s = 4\pi r^2 \gamma, \tag{3.3}$$

과 같다. γ는 단위 면적당 표면 에너지이다. 핵생성에 따른 전체 화학 전위 변화 ΔG는 다음과 같다.

$$\Delta G = \Delta\mu_v + \Delta\mu_s = \left(\frac{4}{3}\right)\pi r^3 \Delta G_v + 4\pi r^2 \gamma. \tag{3.4}$$

[그림 3.2]는 핵반경의 변화에 따른 부피 자유 에너지 $\Delta\mu_v$, 표면 자유 에너지 $\Delta\mu_s$, 그리고 전체 자유 에너지 ΔG를 개략적으로 보인 것이다. 그림에서 알 수 있듯이 새로 형성된 핵은 반경이 r^*보다 커질 경우에만 안정된다. r^*보다 작은 핵은 용액에 녹아버림으로써 전체 자유 에너지를 낮추는 반면, r^*보다 큰 핵은 안정하여 계속 크게 성장하게 된다. 임계 크기인 $r = r^*$ 조건에서 $d\Delta G/dr = 0$이고, 임계 에너지 ΔG^*는 다음과 같이 정리된다.

$$r^* = \frac{-2\gamma}{\Delta G_v}, \tag{3.5}$$

$$\Delta G^* = \frac{16\pi\gamma}{3(\Delta G_v)^2}, \tag{3.6}$$

ΔG^*는 핵생성 과정이 극복해야 할 에너지 장벽이며, r^*는 안정한 구형 핵이 되기 위한 최소 크기를 나타낸다. 이상의 논의는 과포화 용액을 기반으로 하였으나, 모든 개념은 과포화된 증기나 과냉각 증기 또는 액체에도 일반화 될 수 있다.

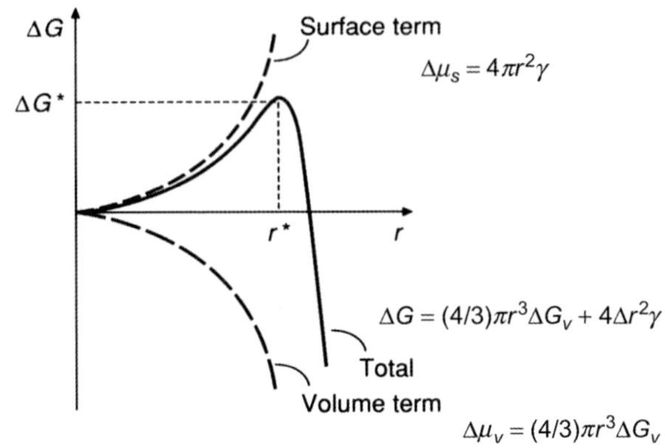

[그림 3.2] 부피 자유 에너지 $\triangle\mu_v$, 표면 자유 에너지 $\triangle\mu_s$, 그리고 총 자유 에너지 $\triangle G$ 의 변화를 핵반경의 함수로 나타낸 개략도

과포화 용액 또는 증기로부터 핵생성에 의해 나노입자 또는 양자점을 합성할 때 핵의 임계 크기는 합성할 수 있는 나노입자의 최소 크기를 나타낸다. 임계 크기와 자유 에너지를 줄이기 위해서는 깁스 자유 에너지 변화 $\triangle G_v$를 증대시키고 새로운 상의 표면 에너지 γ를 감소시킨다. 식 (3.1)은 주어진 계에서 과포화도 σ를 증가시킴으로써 $\triangle G_v$가 크게 증가 될 수 있다는 것을 보여준다. [그림 3.3]에는 온도를 낮춤에 따라 증가하는 과포화도에 따라서 변하는 세 경우에 대하여 임계 크기와 임계 자유 에너지를 비교한 것이다. 온도는 또한 표면 에너지

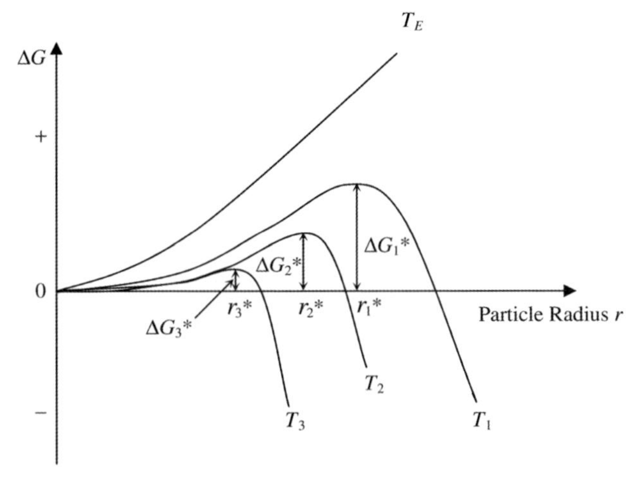

[그림 3.3] 임계 크기와 임계 자유 에너지에 미치는 온도 영향. 과포화도는 온도를 낮춤에 따라 증가하며 표면 에너지도 온도에 따라 변한다. 평형 온도 T_E에 대하여 $T_E > T_1 > T_2 > T_3$이다.

에 영향을 미칠 수 있다. 고체 핵의 표면 에너지는 거칠어짐 온도 근처에서 더욱 크게 변화할 수 있다. 별다른 문제가 없다면 표면 에너지는 (1) 다른 용매의 사용, (2) 첨가제, (3) 고상에 불순물 주입 등의 방법으로도 변화시킬 수 있다.

단위 부피당, 단위 시간당의 핵생성 속도 R_N은 다음의 변수에 비례한다. (1) 임계 자유 에너지 ΔG^*의 열역학적 변동으로 주어지는 확률

$$P = \exp\left(\frac{-\Delta G^*}{kT}\right), \tag{3.7}$$

(2) 핵생성의 중심으로 쓰일 수 있는 단위 부피당 성장종의 수 n(균일 핵생성의 경우 이는 초기 농도 C_o와 같다) (3) 다음 식

$$\Gamma = kT(3\pi\lambda^3\eta), \tag{3.8}$$

으로 주어지는 한 장소에서 다른 장소로 성공적으로 점프하는 빈도수 Γ(여기서 λ는 성장종의 직경이며 η는 용액의 점도). 따라서 핵생성율(rate of nucleation)은

$$R_N = nP\Gamma = \left\{\frac{C_0 kT}{(3\pi\lambda^3\eta)}\right\}\exp\left(\frac{-\Delta G^*}{kT}\right). \tag{3.9}$$

로 나타난다. 이 식은 높은 초기 농도(큰 과포화, 따라서 많은 핵생성 장소), 낮은 점도와 낮은 임계 에너지 장벽이 다수의 핵을 형성시키는데 유리하다는 것을 보여준다. 주어진 용질 농도에서 핵의 수가 많다는 것은 핵의 크기가 작다는 것을 의미한다.

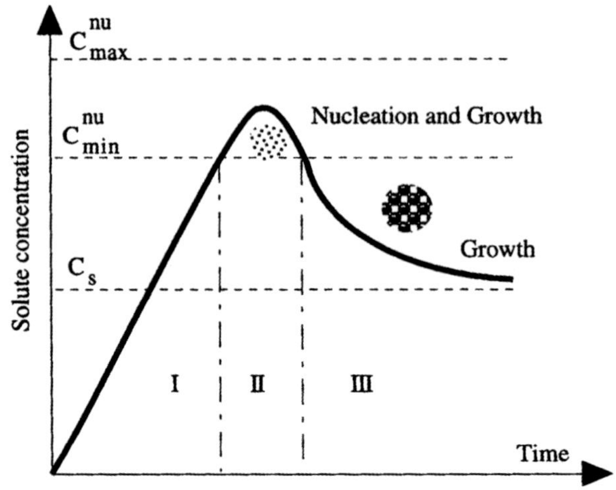

[그림 3.4] 핵생성과 후속 성장 과정의 개략도 [M. Haruta and B. Delmon, J. Chim. Phys. 83, 859 (1986).]

[그림 3.4]는 개략적으로 핵생성과 그 후속 성장 과정을 나타낸 것이다.[3] 시간의 경과에 따라 용질의 농도가 증가하여 평형 용해도 이상이 되더라도 핵생성은 일어나지 않고, 어떤 과포화도에 도달했을 때 일어나게 되는데, 이 조건은 핵의 형성을 위해 극복해야 할 에너지 장벽에 대한 식 (3.6)으로 나타난다. 초기 핵생성이 시작되면 성장종의 농도(즉, 성장종의 과포화도)는 감소하며 부피 깁스 자유 에너지의 변화도 줄어든다. 농도가 어떤 값(핵생성 임계 에너지 조건에 해당한다) 이하로 줄어들면 더 이상 핵생성은 일어나지 않는 반면에 성장은 진행되어 성장종의 농도가 평형 농도, 즉 용해도에 다다를 때 까지 계속된다. [그림 3.5]는 약간 다른 관점에서 성장종의 농도에 따른 핵생성과 성장 속도를 개략적으로 나타낸 것이다.[3] 성장종의 농도가 평형 농도 이상으로 증가할 때 초기에는 핵생성이 없고, 농도가 임계 자유 에너지를 만들어 내는데 필요한 최소한의 포화도 조건을 만족시킬 수 있을 만큼 도달했을 때 핵생성이 일어난다. 농도가 더 증가할수록 핵생성 속도는 매우 빠르게 증가한다. 핵이 없으면 성장은 진행될 수 없지만 농도가 평형 용해도 이상인 한 성장은 계속된다. 핵이 생성되면 성장이 동시에 일어나기 때문에 최소 농도 이상의 조건에서는 핵생성과 성장을 구분하는 것은 어렵다. 그러나 이들 두 과정은 다른 속도로 진행된다.

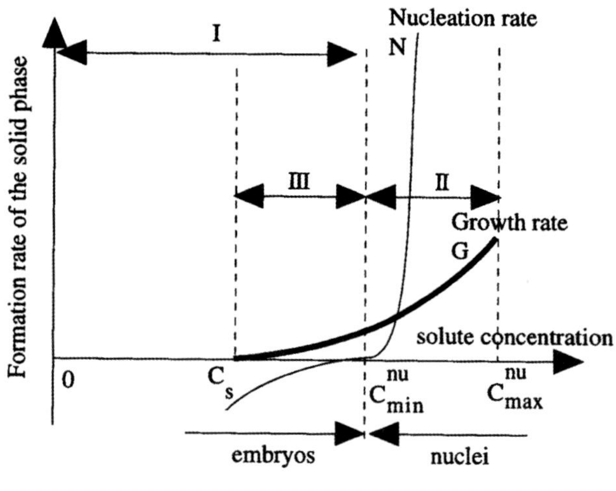

[그림 3.5] 성장종의 농도 변화에 따른 핵생성 및 성장 속도의 개략적인 변화를 약간 다른 관점에서 보여준다. [M. Haruta and B. Delmon, J. Chim. Phys. 83, 859 (1986).]

균일한 크기 분포를 갖는 나노입자를 합성하기 위해서는 모든 핵이 동시에 동일한 크기 로 형성되는 것이 최선일 것이다. 이 경우 동일한 조건 하에서 형성되었기 때문에 모든 핵은 동일하거나 유사한 크기를 갖게 될 것이다. 또한, 모든 핵은 이후에 동일한 성장을 하게 되므로 단일 크기의 나노입자를 얻을 수 있다. 따라서 핵생성이 매우 짧은 시간에 발생토록 하는 것이 바람직하다는 것은 분명하다. 실제로 그런 순간적인 핵생성을 발생시키기 위하여 성장종의 농도를 매우 높은 과포화 상태로 급격히 증가시켰다가 신속하게 핵생성 가능 최소 농도 이하로 떨어뜨린다. 이 농도 이하에서는 더 이상의 핵생성이 일어나지 않는 반면 형성된 핵은 성장종의 농도가 평형 농도로 감소할 때까지 성장을 계속한다. 나노입자의 크기 분포는 후속 성장 과정에서 더 변경 시킬 수 있다. 초기 핵의 크기 분포는 성장 과정의 동역학에 따라 증가 또는 감소시킬 수 있다. 성장 공정을 적절하게 제어한다면 균일한 크기의 나노입자를 만들어 낼 수 있다.

3.2.2 핵의 성장

나노입자의 크기 분포는 핵의 생성 이후의 성장 과정에 의존한다. 핵의 성장 과정은 다단계로 이루어지는데 주요 단계는 (1) 성장종의 형성, (2) 벌크로부터 성장 표면으로의 성장종 확산, (3) 성장종의 성장 표면 흡착, (4) 성장종이 고체 표면에 비가역적으로 결합함으로써 성장하는 단계 등이다. 이 단계는 또한 두 가지 과정으로 분류할 수 있다. 성장종을 성장 표면에 조달시키는 확산 과정으로 성장종의 생성, 확산, 성장종의 성장 표면 흡착을 포함한다. 확산-제어 성장(diffusion-limited growth)은 성장-제어 성장(growth-limited growth)에 비해 서로 다른 크기 분포를 보인다.

3.2.2.1 확산 제어에 의한 성장

성장종의 농도가 최소값 아래로 감소하면 핵생성은 중단되는 반면 성장은 계속된다. 성장 공정이 벌크 용액으로부터 입자표면으로의 성장종 확산에 의해 제어될 경우 성장 속도는 다음 식으로 주어진다.

$$\frac{dr}{dt} = \frac{D(C - C_s)V_m}{r}, \quad (3.10)$$

여기서 [그림 3.6]에 보인 바와 같이 r은 구형 핵의 반경이고, D는 성장종의 확산 계수, C는 벌크에서의 성장종 농도, C_s는 고체입자 표면에서의 농도, V_m은 핵의 몰 부피이다. 이 미분 방정식을 풀고, 또 초기 핵의 반경이 r_0이고 벌크에서의 농도 변화를 무시할 수 있을 때

$$r^2 = 2D(C - C_s)V_m t + r_0^2 \quad (3.11)$$

즉

$$r^2 = k_D t + r_0^2, \quad (3.12)$$

을 얻을 수 있는데, 여기서 $k_D = 2D(C - C_s)V_m$이다. 초기 반경 차이가 δr_o

인 두 입자에서 반경의 차이 δr은 시간 경과에 따라(즉 입자가 성장함에 따라) 다음 식과 같이 줄어든다.

$$\delta r = \frac{r_0 \delta r_0}{r}. \tag{3.13}$$

식 (3.12)와 조합하면

$$\delta r = \frac{r_0 \delta r_0}{\left(k_D t + r_0^2\right)^{1/2}}. \tag{3.14}$$

를 얻을 수 있다. 두 식 (3.13)과 식 (3.14)는 성장이 계속되어 핵의 반경이 커짐에 따라 반경의 차이는 줄어든다는 것을 보여준다. 따라서 확산 제어에 의한 성장은 균일한 크기의 입자분포를 형성하게 된다.

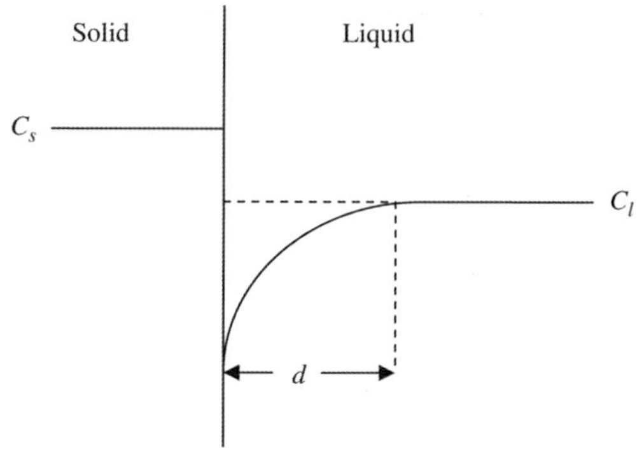

[그림 3.6] 고체/액체 계면에서의 합금 성분 또는 불순물 분포 개략도로 액상에서 불순물이 결핍된 층을 보여준다.

3.2.2.2 표면 과정에 의해 제어된 성장

성장종이 벌크로부터 성장 표면으로 충분히 빨리 확산해 들어가면 [그림 3.6]의 쇄선으로 나타낸 바와 같이 표면의 농도는 벌크에서의 농도와 같게 되고,

성장 속도는 표면에서의 공정으로 결정된다. 표면 공정에는 두 가지 메커니즘이 있는데 단핵(mononuclear) 성장과 다핵(polynuclear) 성장이다. 단핵 성장에서는 성장이 층층이(layer-by-layer) 진행되어 성장종은 표면에 도달하여 한 층을 완성하며, 그 이전에는 그 위의 다음 층을 채우지 않는다. 성장종이 표면에서 확산하기 위한 충분한 시간이 있다. 성장 속도는 표면적에 비례하여 [4]

$$\frac{dr}{dt} = k_m(C)r^2, \tag{3.15}$$

이며, $k_m(C)$는 성장종의 농도에 의존하는 비례 상수이다. 이 식을 풀면 성장 속도는

$$\frac{1}{r} = \frac{1}{r_0} - k_m t. \tag{3.16}$$

이고, 반경 차이는 핵의 반경이 증가함에 따라 증가한다.

$$\delta r = \frac{r^2 \delta r_0}{r_0{}^2}. \tag{3.17}$$

식 (3.16)을 식 (3.17)에 대입하면

$$\delta r = \frac{\delta r_0}{(1 - k_m r_0 t)^2}, \tag{3.18}$$

을 얻을 수 있는데 여기서 식 (3.16)로부터 $k_m t r_0 < 1$이다. 식 (3.18)은 반경의 차이가 성장이 지속됨에 따라 같이 증가한다는 것을 보여준다. 물론 이러한 성장 메커니즘은 단일 크기의 입자를 합성하는데 바람직하지 않다.

표면 농도가 매우 높을 때는 다핵 성장이 일어나는데 이 경우에는 표면에서

의 과정이 매우 빨리 일어나서 제1층의 성장이 완료되기 전에 제2층의 성장이 개시된다. 입자의 성장 속도는 입자 크기나 시간에 무관하여[5] 성장 속도는

$$\frac{dr}{dt} = k_p, \tag{3.19}$$

로 나타난다. 여기서 k_p는 온도에만 의존하는 상수이다. 따라서 입자는 시간에 따라 선형적으로 증가한다.

$$r = k_p t + r_0. \tag{3.20}$$

성장 시간에 따라 또 입자 크기에 따라서 상대적인 반경의 차이는 다음과 같이 일정하다.

$$\delta r = \delta r_0. \tag{3.21}$$

따라서 절대적인 반경의 차이는 변하지 않지만 상대적인 반경의 차이는 입자 반경 또는 성장 시간의 역수에 비례하여 변한다. 입자가 커짐에 따라 반경 차이는 줄어들므로 이 메커니즘은 단일 크기 입자 성장에 유리하다.

[그림 3.7] 및 [그림 3.8]은 위에서 논의한 세 가지 성장 메커니즘에 대하여 입자 반경의 차이가 성장 시간이 경과함에 따라 또 입자가 성장함에 따라 어떻게 변하는지 개략적으로 나타낸 것이다. 균일 핵생성을 통해 합성할 경우 단일 크기의 입자를 합성하는 데는 확산 제어에 의한 성장 메커니즘이 요구된다는 것이 분명하다. 윌리엄스(Williams) 등은[5] 나노입자를 성장시키는데 세 가지 메커니즘이 모두 관련된다고 제안하였다. 핵이 작을 경우에는 단층 성장 메커니즘이 우세하며, 핵의 크기가 커지면서 다핵 성장이 우세해질 수 있다. 비교적 큰 입자들을 성장시키는 데는 확산이 우세하다. 물론 이는 다른 성장 메커니즘을 억제시켜 그 과정이 일어나지 않도록 조치했을 경우에 가능하다. 어떤 성장 메

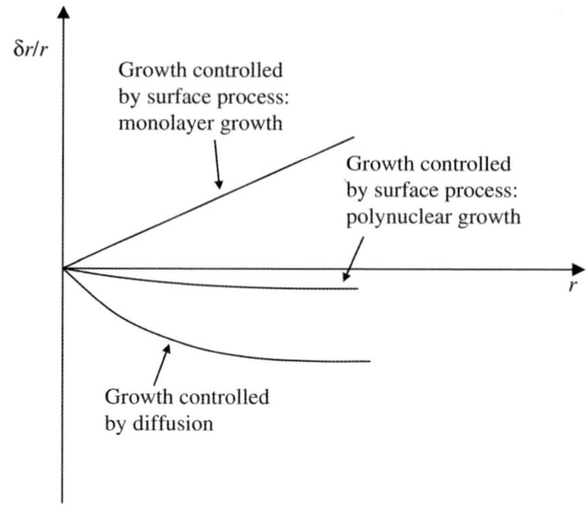

[그림 3.7] 성장의 세 가지 메커니즘에서 입자 성장에 따른 입자 반경의 차이 변화를 나타낸 개략도

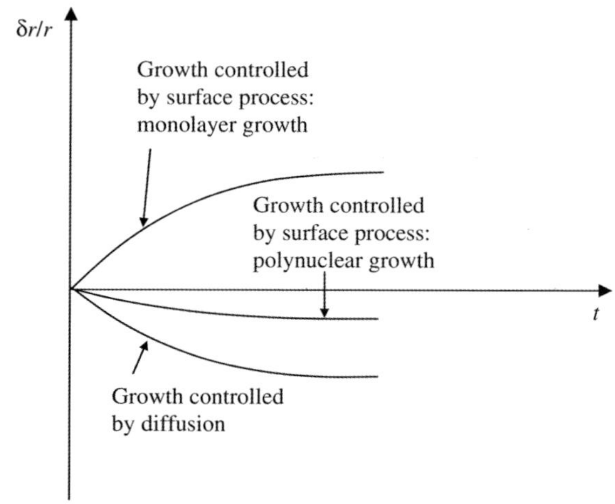

[그림 3.8] 성장의 세 가지 메커니즘에서 성장 시간에 따른 입자 반경의 차이 변화를 나타낸 개략도

커니즘이 우세하게 일어나는 것은 그 성장이 유리하도록 조건이 잘 갖추어졌을 경우에 가능한 일이다. 예를 들면, 느린 화학 반응 때문에 성장종의 공급이 매우 느릴 경우에는 핵의 성장이 확산 제어 공정에 의해 일어날 가능성이 크다.

단일 크기의 나노입자를 형성하기 위해서 확산 제어 성장이 요망된다. 확산 제어 성장을 조장하는 방법에는 여러 가지가 있는데, 예를 들면 성장종의 농도를 매우 낮게 유지하면 확산 거리가 매우 커지게 되어 확산이 제어 인자가 될 수 있다. 용액의 점도를 증가시키는 것도 또 다른 방법이다. 성장하고 있는 입자의 표면에 단층을 씌우는 것과 같이 확산 장벽을 만들어주는 것 역시 또 다른 방식이 될 수 있다. 성장종의 공급을 제어하는 것도 성장 과정을 조작하는 방법이다. 성장종이 화학 반응을 통해 생성되는 경우 부산물, 반응물, 촉매 등의 농도를 제어함으로써 반응 속도를 변화시킬 수 있다.

다음 절에서는 금속, 반도체, 산화물(수산화물을 포함한) 등의 나노입자 합성에 대해서 구분하여 알아볼 것이다. 첫째, 용액 공정을 통해 합성되는 다양한 형태의 나노입자를 알아볼 것이다. 용매에 분산된 나노입자를 만드는 것이 가장 일반적인 방법이며 다음과 같은 몇 가지 장점을 제공한다.

(1) 응집으로부터 나노입자를 안정화시키기 쉬움
(2) 용매로부터 나노입자를 추출하기 쉬움
(3) 표면 개질 및 응용이 용이함
(4) 공정 제어가 용이함
(5) 대량 생산

3.2.3 금속 나노입자의 합성

묽은 용액에서 금속 복합체를 환원시키는 것은 금속 콜로이드 분산액을 합성하는 일반적인 방법으로 환원 반응을 개시하고 제어하는 다양한 방법이 개발되었다.[6-10] 단일 크기의 금속 나노입자를 형성시키기 위해서는 대부분의 경우 저농도 용질과 단분자층의 고분자를 성장 표면에 부착시키는 작업을 조합한 방법을 사용한다. 낮은 농도와 고분자 단분자층 둘 다 용액 내의 성장종이 성장 표면으로 확산하는 것을 방해한다. 따라서 초기 핵의 후속 성장 단계에서 성장 속도를 제한하는 단계가 확산 공정이 될 가능성을 높여 단일 크기의 나노입자 형성을 가능케 한다.

금속 나노입자의 합성 시, 구체적으로 금속 콜로이드 분산액 합성 시 다양한 유형의 전구체, 환원제와 기타 화학 물질 및 방법이 환원 반응을 촉진시키고 핵 생성과 후속 성장 과정을 제어하는데 사용되었다. [표 3.1]은 금속 콜로이드 분산액을 일반적으로 제조하는데 사용되는 전구체, 환원제 및 고분자 안정화제

[표 3.1] 전구체, 환원제 및 고분자 안정화제 요약

Precursors	Formula
Metal anode	Pd, Ni, Co
Palladium chloride	$PdCl_2$
Hydrogen hexachloroplatinate IV	H_2PtCl_6
Potassium tetrachloroplatinate II	K_2PtCl_4
Silver nitrate	$AgNO_3$
Silver tetraoxylchlorate	$AgClO_4$
Chloroauric acid	$HAuCl_4$
Rhodium chloride	$RhCl_3$
Reduction reagents	
Hydrogen	H_2
Sodium citrate	$Na_3C_6H_5O_7$
Hydroxylamine hydrochloride	$NH_4OH+HCl$
Citric acid	$C_6H_8O_7$
Carbon monoxide	CO
Phosphorus in ether	P
Methanol	CH_3OH
Hydrogen peroxide	H_2O_2
Sodium carbonate	Na_2CO_3
Sodium hydroxide	NaOH
Formaldehyde	HCHO
Sodium tetrahydroborate	$NaBH_4$
Ammonium ions	NH_4^-
Polymer stabilizers	
Poly(vinylpyrrolidone), PVP	
Polyvinylalcohol, PVA	
Polyethyleneimine	
Sodium polyphosphate	
Sodium polyacrylate	
Tetraalkylammonium halogenides	

를 정리한 것이다. 전구체 물질은 원소 금속, 무기염 및 금속 복합체(예컨대 Ni, Co, $HAuCl_4$, H_2PtCl_6, $RhCl_3$, $PdCl_2$) 등이다. 환원제는 시트르산 나트륨, 과산화수소, 하이드록실 아민 염산염, 시트르산, 일산화탄소, 인, 수소, 포름알데히드, 메탄올 수용액, 탄산나트륨, 수산화나트륨 등이다. 고분자 안정화제의 예는 폴리비닐 알코올(PVA)과 폴리아크릴산나트륨 등이다.

금 콜로이드는 오랫동안 광범위하게 연구되어왔다. 1857년 패러데이(Faraday)는 금 콜로이드의 합성과 속성에 대한 포괄적인 연구를 발표하였다.[11] Au 나노입자를 합성하는 다양한 방법들이 개발되었는데, 그 중에서도 클로로르(chlorauric)산을 시트르산 나트륨으로 100 °C에서 환원시키는 방법이 50년 이전에 개발되어 가장 일반적으로 사용되는 방법으로 남아있다.[12] 가장 고전적이고 표준화된 실험 방법은 다음과 같다. 클로로르산을 물에 용해하여 $\sim 2.5 \times 10^{-4}$ M의 매우 희석된 용액을 20 ml 만든다. 이를 끓이면서 0.5% 시트르산 나트륨 용액을 1 ml 첨가한다. 이 혼합물의 색깔이 변할 때 까지 100°C를 유지하는데 물을 부어가며 전체 용액 부피를 유지한다. 이렇게 만들어진 콜로이드 졸은 안정성이 아주 우수한 직경 20 nm 정도의 균일한 입자를 갖는다. 이 공정은 핵생성 단계에서 초기에 많은 핵이 형성되면 많은 수의 작고 좁은 크기 분포를 갖는 나노입자를 합성한다는 것을 입증해 준다. [그림 3.9]는 금 콜로이드를 다른 농도 조건에서 합성하였을 때의 Au 나노입자의 크기, 크기 분포, 핵생성 속도를 비교한 것이다.[13]

히라이(Hirai) 등은[14, 15] 79°C에서 로듐(Rh)과 PVA 용액을 메탄올과 물 혼합물(메탄올과 물의 부피비는 1:1)에 환류(reflux) 시킴으로써 로듐의 콜로이드 분산액을 제조하였다. 환류는 아르곤 또는 대기 분위기에서 0.2–16시간 동안 실시하였다. 이 공정에서 메탄올은 환원제로 사용되었고 환원 반응은

$$RhCl_3 + \frac{3}{2}CH_3O_3 \rightarrow Rh + \frac{3}{2}HCHO + 3HCl. \tag{3.22}$$

이다. PVA는 고분자 안정제와 확산 장벽으로 사용되었다. 제조된 Rh 나노입자의 평균 직경은 0.8 내지 4 nm였는데, 큰 입자는 4 nm, 작은 입자는 0.8 nm의 이

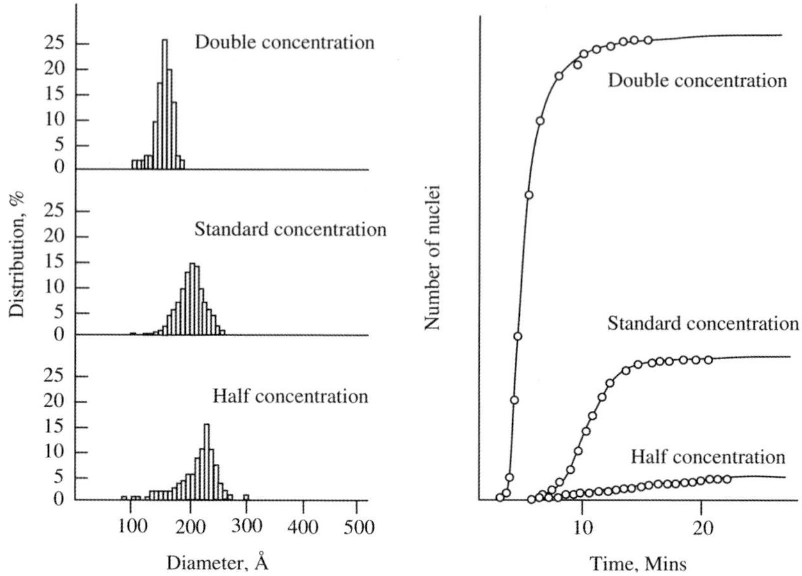

[그림 3.9] (왼쪽) 상이한 농도로 제조한 금 졸의 입도 분포 곡선 (오른쪽) 상이한 농도로 제조한 금 졸의 핵생성 속도 곡선 [J. Turkevich, Gold Bull. 18, 86 (1985).]

중 크기 분포를 나타냈다. 환류 시간을 늘리면 작은 입자의 수는 줄어들고 큰 입자 수가 늘어났는데 오스트발트 조대화에 의한 결과로 보인다.

행글라인(Henglein) 등은[16] 백금(Pt) 나노입자를 제조하는데 세 가지 다른 방법을 연구 비교하였는데, 방사선 분해, 수소 환원 및 시트르산 환원법이다.[60] Co의 γ-선을 사용하여 수화된 전자, 수소 원자, 1-메틸수산 라디칼을 생성시킨다. 이들 라디칼은 이후에 K_2PtCl_4의 Pt^{2+}를 환원시켜 0의 원자가 상태로 만들고, 이것들이 1.8 nm의 평균 직경을 갖는 백금 입자를 형성한다. $PtCl_6^{2-}$를 구연산으로 환원시키는 방법을 터커비치(Turkevich)법이라고도[12, 17, 18] 하는데, 이 방법은 애초에 균일한 크기의 Au 나노입자를 합성하기 위하여 개발되었다. 이 방법에서는 H_2PtCl_6와 구연산나트륨을 혼합하고 1시간 동안 끓이면 직경 2.5 nm의 백금 입자를 얻게 된다.

K_2PtCl_4와 $PdCl_2$를 수소 환원시키는 방법이 람피노(Rampino)와 노드(Nord)에[19] 의해 개발되었는데, PVA를 Pt 및 Pd 입자의 안정화에 사용하였다. 이 방법

에서는 묽은 수용액 내의 전구체를 가수분해하여 수산화물로 만든 후에 수소 환원을 진행시킨다. 팔라듐(Pd)의 경우 탄산나트륨을 가수분해 반응을 촉진하는 촉매로 사용하였고, Pt의 경우에는 가수분해 반응을 보장하기 위해서 수산화나트륨이 필요하였다. Pd을 얻기 위한 환원 반응으로 다음 식이 제안되었다.

$$PdCl_2 + Na_2CO_3 + 2H_2O \rightarrow Pd(OH)_2 + H_2CO_3 + 2Na^+ + 2Cl^-, \quad (3.23)$$

$$Pd(OH)_2 + H_2 \rightarrow Pd + 2H_2O. \quad (3.24)$$

유사한 반응식이 백금 나노입자 합성에 대해 제안되었다. 수소 가스를 흘리기 전의 숙성(aging) 시기에 촉매를 사용하지 않은 경우에, 백금 복합 전구체는 상온에서 수 시간 내에 대체로 물 분자를 포함하는 수화 복합체로 변환된다.[20]

$$PtCl_4^{2-} + H_2O \rightarrow Pd(H_2O)Cl_3^- + Cl^-, \quad (3.25)$$

$$Pt(H_2O)Cl_3^- + H_2O \rightarrow Pt(H_2O)_2Cl_2 + Cl^-. \quad (3.26)$$

이 수화 복합체는 뒤이어 수소로 환원시켰다. 소듐 폴리아크릴레이트(sodium polyacrylate) 또는 폴리인산(polyphosphate)과 같은 고분자 안정제가 환원 반응의 속도에 지대한 영향을 미치는 것으로 나타났다. 이는 고분자 안정제가 고유의 역할인 안정제 및 확산 장벽 역할 이외에도 환원 반응에 촉매적 영향을 미칠 수 있음을 시사한다. 이렇게 만들어진 백금입자는 7.0 nm의 평균 직경을 갖는다.

은 나노입자를 제조하기 위해 다양한 방법이 개발되었다. 예를 들어 $AgClO_4$, 아세톤, 2-프로판올, 그리고 다양한 고분자 안정제를 함유하는 수용액을 자외선 조사하여 은 나노입자를 만들 수 있다.[31] 자외선 조사로 아세톤이 여기 되고, 연이어 2-프로판올로부터 수소 원자를 추출함으로써 케틸(ketyl) 라디칼을 형성한다.

$$CH_3COCH_3^* + (CH_3)_2CHOH \rightarrow 2(CH_3)_2(OH)C^{\bullet}. \quad (3.27)$$

케틸 라디칼은 나아가서 수소 이온을 내놓는 분해 반응을 거칠 수 있다.

$$(CH_3)_2(OH)C^{\bullet} \Leftrightarrow (CH_3)_2OC^{\bullet -} + H^+. \qquad (3.28)$$

케틸 라디칼과 음이온 라디칼 모두 은 이온과 반응하여 은 원자로 환원시킨다.

$$(CH_3)_2(OH)C^{\bullet} + Ag^+ \rightarrow (CH_3)_2CO + Ag + H^+, \qquad (3.29)$$

$$(CH_3)_2OC^{\bullet -} + Ag^+ \rightarrow (CH_3)_2CO + Ag. \qquad (3.30)$$

두 반응 모두가 다소 반응 속도가 느려서 단일 크기의 은 나노입자를 형성하는데 유리하다. 폴리에틸렌이민(polyethyleneimine)을 고분자 안정화제로 사용하며 이상의 광화학 환원 공정을 사용했을 때 생성된 은 나노입자는 크기 7 nm의 평균 크기로 좁은 크기 분포를 갖는다.

온도 10°C의 아르곤 및 수소 분위기 하에서 질산은 수용액을 초음파 화학 환원법(sonochemical reduction)으로 ~20 nm 크기의 비정질 은 나노입자를 제조하였다.[21] 그 반응은 다음과 같이 설명할 수 있다. 초음파는 물을 분해하여 수소 및 수산기 라디칼로 만든다. 수소 라디칼은 은 이온을 환원시켜 은 원자로 만들고, 이는 이어서 핵생성 과정을 통하여 은 나노 클러스터로 성장한다. 일부 수산기 라디칼은 결합하여 산화제인 과산화수소를 형성하여 은 나노 클러스터를 산화은으로 산화시킬 수 있으므로, 수소 가스를 첨가하여 수용액으로부터 과산화수소를 제거함으로써 은 나노입자의 산화를 방지한다.[22]

금속 나노입자는 전기화학 증착법(electrochemical deposition)으로 제조할 수 있다.[23, 24] 이 합성법은 금속 양극과 금속 또는 유리상 탄소 음극으로 구성된 간단한 전기화학 셀을 사용한다. 전해질은 테트라알킬암모늄(tetraalky-ammonium) 할로겐 화합물의 유기 용액으로 구성되는데 이는 또한 생성된 금속 나노입자에 대한 안정제 역할을 한다. 전계를 인가하면 양극에서는 산화 용해 과정을 통해 금속 이온이 형성되고, 그 이온은 음극 쪽으로 이동해 간다. 암모늄 이온에 의해 금속 이온이 환원되면서 핵생성과 후속 성장 과정을 통하여 용액 안에는 금속 나노입자가 형성된다. 이 방법으로 직경 1.4-4.8 nm의 Pd, Ni, Co 나노입자를 제조하였다. 또한, 전류밀도가 금속입자의 크기에 상당한 영향을 미친다는 것이 밝혀졌는데, 전류밀도를 증가시키면 입자 크기는 감소하였다.[23]

3.2.3.1 환원제의 영향

금속 콜로이드의 크기 및 크기 분포는 합성에 사용되는 환원제의 종류에 따라 크게 변한다. 일반적으로 환원 반응이 강하면 반응 속도를 촉진시켜 작은 입자 형성에 유리하다.[25, 26] 반면 약한 환원제로는 반응 속도가 느리게 되어 상대적으로 큰 입자를 형성하는데 유리하다. 그러나 느린 반응에 의해 크기 분포는 넓을 수도 또 좁을 수도 있다. 만약 느린 반응에 의해 새로운 핵, 즉 이차 핵을 연속적으로 형성하게 되면 크기 분포는 넓어진다. 한편 더 이상의 핵생성, 즉 이차 핵이 형성되지 않는 경우에는 느린 환원 반응은 확산 제어 성장을 유도하게 된다. 왜냐하면 핵이 성장하기 위해서는 영가(zerovalent) 원자가 공급되어야 하기 때문이다. 결과적으로 좁은 입도 분포를 얻을 수 있다.

[표 3.2] 여러 가지 환원제를 사용하여 합성한 Au 나노입자의 평균 크기 비교. 단위는 nm[27]

환원제	436 nm*	546 nm*	XRD#	SEM
Sodium citrate	29.1	28.6	17.5	17.6±0.6
Hydrogen peroxide	25.3	23.1	15.1	15.7±1.1
	31.0	31.3	18.7	19.7±2.6
Hydroxylamine hydrochloride			37.8	22.8±4.2
Citric acid	23.5	22.8		12.5±0.6
Carbon monoxide	9.1	7.4	9.0	5.0±0.5
	15.3	15.3	9.8	7.5±0.4
	18.9	18.3	13.1	12.2±0.5
Phosphorus			13.9	8.1±0.5
			21.0	15.5±1.7
			29.6	25.6±2.6
			36.9	35.8±9.7

*입자 크기는 표시된 파장의 광산란으로 결정
#입자 크기는 X-선 회절선의 폭 넓이로 결정

Au 나노입자의 크기와 크기 분포에 대한 다양한 환원제의 영향을 [표 3.2]에 요약하였다.[27] 동일한 환원제를 사용하더라도 합성 조건을 변화시킴으로써 나노입자 크기는 변할 수 있다. 또, 환원제가 금 콜로이드입자의 형태에도 눈에 띄게 영향을 준다는 것이 밝혀졌다. [그림 3.10]은 유사한 합성 조건에서 (a) 구연산나트륨(sodium citrate)과 (b) 구연산(citric acid)으로 환원제만을 달리하여 합성한 Au 나노입자의 전자 현미경 사진을 보여준다.[27] 구연산나트륨 또는 과산화수소를 환원제로 사용했을 때는 형성된 Au 입자는 구형을 나타내었다. 한편, 하이드록

(a)

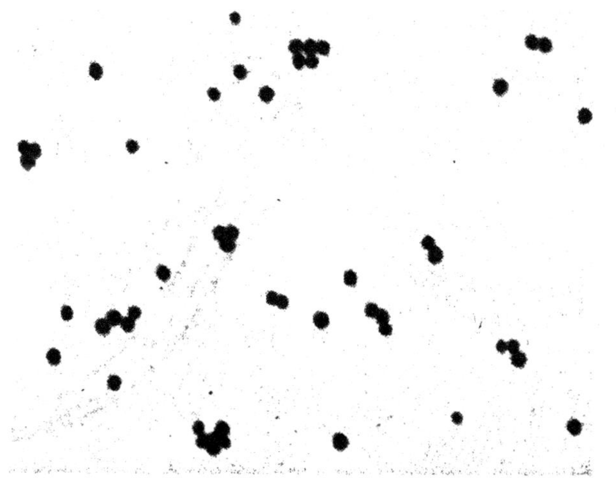

(b)

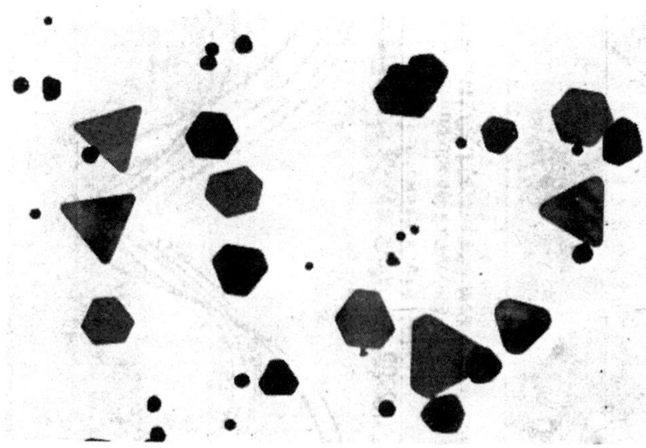

[그림 3.10] 환원제를 (a) 구연산나트륨 (b) 구연산을 사용하고 다른 조건은 유사하게 하였을 때 합성된 Au 나노입자의 SEM 사진 [W.O. Miligan and R.H. Morriss, J. Am. Chem. Soc. 86, 3461 (1964).]

실아민 하이드로클로라이드(hydroxylamine hydrochloride)나 구연산을 환원제로 사용했을 때는 패싯을 갖는 입자를 형성하여 각각 {100} 패싯을 갖는 입방체나 {111} 패싯을 갖는 트리곤(trigon), 즉 삼각 대칭형의 박판 형상을 나타내었다. 또한, 환원제의 농도와 pH값 모두 Au 나노입자의 형상에 눈에 띄는 영향을 미친다. 예를 들어 pH값을 낮추면 {100} 패싯이 없어지면서 {111} 패싯이 형성된다.

레츠(Reetz)와 마스(Maase)는[28] 전이금속 콜로이드를 합성하면서 환원제의 강도가 금속 콜로이드의 크기에 큰 영향을 주는 것을 발견하였는데, 환원시약이 강할수록 입자의 크기는 작아졌다. Pd 콜로이드를 합성할 때 환원제의 종류에 따라서 콜로이드를 형성하는 속도는 다음 순서대로 감소한다.

$$r_{\mathrm{pivalate}} \approx r_{\mathrm{acetate}} > r_{\mathrm{glycolate}} \gg r_{\mathrm{dichloroacetate}}. \tag{3.31}$$

[그림 3.11]은 환원제로 사용한 여러 카르복실산염(carboxylate)의 정점 전위(peak potential)를 변수로 하였을 때 합성된 Pd 콜로이드의 입자 크기 변화를

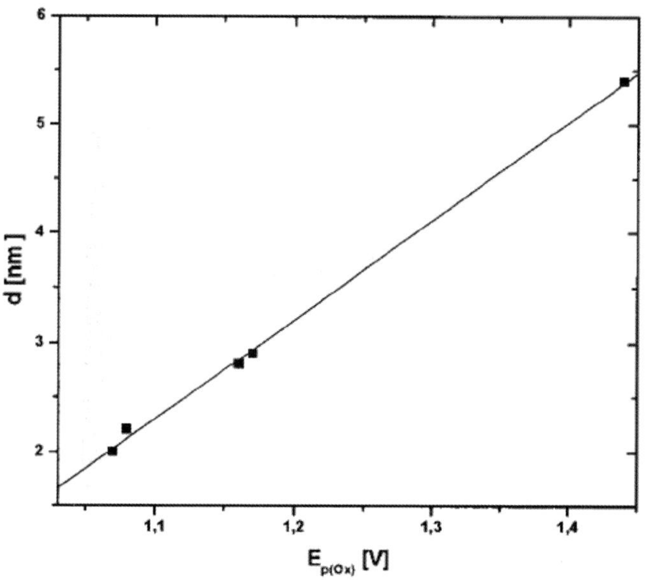

[그림 3.11] 환원제로 사용한 여러 카르복실산염의 정점 전위를 변수로 한 Pd 콜로이드의 입자 크기 변화를 나타낸 것으로, 정점 전위가 작다는 것은 환원성이 강한 것을 나타낸다. [M.T. Reetz and M. Maase, Adv. Mater. 11, 773 (1999).]

나타낸 것으로, 정점 전위가 작다는 것은 환원성이 강한 것을 나타낸다.[28] 강한 환원제는 성장종의 농도를 급격하게 변화시켜 높은 과포화를 초래하고, 따라서 초기에 수많은 핵이 형성할 것이다. 주어진 금속 전구체 농도에서 많은 핵이 형성될 경우 성장된 나노입자의 크기는 작을 것이다.

3.2.3.2 기타 요인의 영향

환원제에 의한 제어 외에도 환원 반응의 속도나 성장종의 공급은 다른 요인에 의해 영향을 받을 수 있다. 예컨대 더프(Duff) 등은[29] H_2PtCl_6을 메탄올로 환원시켜 백금 나노입자를 합성할 때 반응 혼합물에 존재하는 염소 이온의 농도가 높을수록 단분산, 구형에 가까운 금속 콜로이드, 둥근 표면 등을 촉진시킨다. 이러한 영향은 다음의 두 단계 환원 반응으로 이해할 수 있다.

$$PtCl_6^{2-} + CH_3OH \rightarrow PtCl_4^{2-} + HCHO + 2H^+ + 2Cl^-, \qquad (3.32)$$

$$PtCl_4^{2-} + CH_3OH \rightarrow Pt + HCHO + 2H^+ + 4Cl^-. \qquad (3.33)$$

염소 이온의 농도가 증가하면 반응 속도를 늦출 것이다. 따라서 성장종, 즉 영가의 백금 원자의 공급이 느려지고, 이에 따라 초기 Pt 핵이 성장하는데 확산 제어 성장 메커니즘으로 유도한다. 또한 반응 혼합물의 고분자 양을 증가시키면 입자의 구형도가 향상되는 것으로 확인되었다. 이는 고분자 양을 증가시키면 확산에 대한 입체적(steric) 저항이 증가하므로 결과적으로 확산 제어 성장이 일어나서 구형의 입자 형성에 유리하게 된다는 사실로부터 쉽게 이해할 수 있다.

환원제의 농도를 낮춤으로써 또한 환원 반응 속도를 낮출 수 있는 것을 다음 예로 알 수 있다. 질산은(silver nitrate)을 포름알데히드(formaldehyde) 수용액을 사용하여 환원시켜 은 나노입자를 합성했다.[30] 환원제의 양은 입자 크기 분포에 거의 영향을 주지 않았으나, 포름알데히드만을 사용한 경우 상온에서는 낮은 pH 때문에 반응 속도가 너무 느리게 된다. 수산화나트륨(NaOH) 및 탄산나트륨(Na_2CO_3)으로 구성된 알칼리 용액은 반응을 촉진시키기 위해 사용되었다. 은 이온과 환원제 간의 반응은 다음과 같이 쓸 수 있다

$$2Ag^+ + HCHO + 3OH^- \rightarrow 2Ag + HCOO^- + 2H_2O, \qquad (3.34)$$

$$Ag^+ + HCHO + OH^- \rightarrow Ag + HCOOH + \frac{1}{2}H_2. \qquad (3.35)$$

다음과 같은 반응 메커니즘이 제안되었다. 우선 수산기 이온들이 포름알데히드에 친핵 첨가 반응으로 붙으면서 수소화합물(hydride)과 포름산염 이온(formate ion)을 형성한 후 수소화합물 이온이 은 이온을 은 원자로 환원시킨다.

수산화나트륨만을 사용한 경우에는 pH가 높을 경우 환원 속도를 증가시켜서 용액의 바닥에 침전되는 은 침출물을 크게 만들어내는데 유리하였다. 수산화나트륨을 부분적으로 약 알카리성인 탄산나트륨(sodium carbonate)으로 대체하였을 때 안정된 은 콜로이드 분산을 얻었다. 탄산나트륨을 첨가하여 대체한다는 것은 다음 반응식에 따라서 정해지는 어떤 pH값보다 낮아질 때만 수산기 이온이 방출되는 것을 제어하기 위한 것이다.

$$Na_2CO_3 + 2H_2O \Leftrightarrow 2Na^+ + 2OH^- + H_2CO_3. \qquad (3.36)$$

수산기 이온(hydroxyl ions)의 농도는 반응식 (3.34) 및 (3.35)의 반응 속도를 결정하여 은 원자의 생성을 제어 하게 된다. [그림 3.12]에는 탄산나트륨(Na_2CO_3) 양이 은입자의 평균 크기에 미치는 영향과 크기 분포의 표준편차를 나타내었다.[30] Na_2CO_3(탄산나트륨)/$AgNO_3$(질산은)의 비율 1–1.5 범위에서 잘 분산된 7–20 nm 크기를 갖는 구형의 결정질 은입자를 얻을 수 있었다. Na_2CO_3 양을 증가시키면 pH가 높아지고 수산기 이온의 농도가 높아져서 환원 반응 속도를 증가시켰다. 어느 높은 Na_2CO_3 농도에서 수산기 이온의 농도가 높아지고 환원 반응 속도가 촉진되면 다량의 성장종이 만들어지고, 성장은 확산 제어 성장 메커니즘으로부터 멀어지는 결과를 가져온다. 또한 주목해야 할 것은 합성 중에 폴리비닐–피롤리돈(polyvinyl–pyrrolidone: PVP) 또는 폴리비

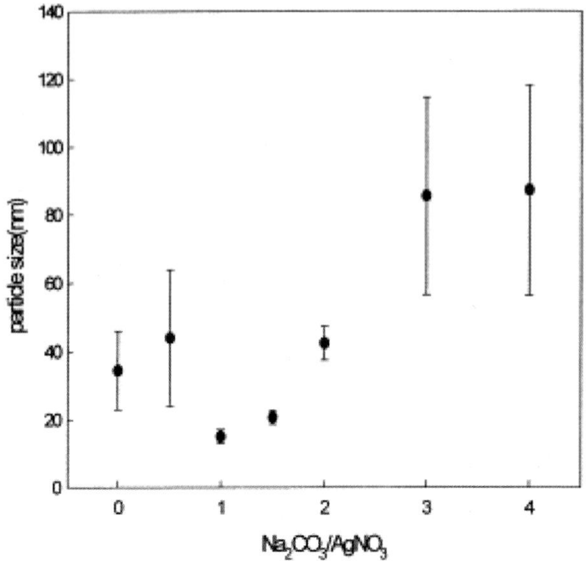

[그림 3.12] Na_2CO_3(탄산나트륨)/$AgNO_3$(질산은)의 비율이 평균 은입자 크기와 표준편차에 미치는 영향 (기타 조건: $[AgNO_3]=0.005$ M, $[HCHO]/[AgNO_3]=4$, $[NaOH]/[AgNO_3]=1$, $PVP/[AgNO_3]=9.27$). [K. Chou and C. Ren, Mater. Chem. Phys. 64, 241 (2000).]

닐 알코올(PVA) 등이 은 나노입자를 안정화 시키는데 사용되었다. 이전에 논의된 바와 같이 고분자층은 확산 장벽 역할도 하므로 확산 제어 성장을 촉진시켜서 좁은 크기 분포를 얻는데 유리하다.

3.2.3.3 고분자 안정화제의 영향

행글라인(Henglein)은[31] 다양한 고분자 안정화제가 은 콜로이드 분산의 형성에 미치는 영향을 체계적으로 연구하였다. 조사한 고분자 안정화제는 폴리에틸렌이민(polyethyleneimine), 폴리인산나트륨(sodium polyphosphate), 나트륨 폴리아크릴레이트(sodium polyacrylate) 및 폴리 비닐피롤리돈(poly vinylpyrrolidone) 등이다. 고분자 안정화제는 일차적으로 나노입자의 표면에 단분자막을 형성하여 나노입자의 응집을 방지하기 위한 것이지만 나노입자가 형성되는 도중에 고분자 안정화제가 덮여있다는 것이 나노입자의 성장 공정에 여러 가지 영향을 미칠 수 있다. 고체입자의 표면과 고분자 안정화제 사이의 상호 반응은 고체의 표면 화학, 고분자, 용매, 온도 등에 따라서 상당히 변할 수 있다. 고분자 안정화제가 강하게 흡착되어 있으면 성장 사이트를 점유하므로 나노입자의 성장 속도는 감소시키게 된다. 고분자 안정화제가 완전히 감싸고 있으면 성장종이 주위 용액으로부터 성장입자의 표면으로 확산되는 것을 방해하게 된다.

고분자 안정화제는 또한 용질, 촉매, 또는 용매와 상호 작용하여 직접 반응에 기여한다. 예를 들어 슈(Chou)와 렌(Ren)에[30] 의하면 PVP는 실제로 약한 산성이므로 수산기 이온과 결합할 수 있다. 결과적으로 안정화제로 유효한 PVP의 양은 첨가한 것보다는 작은 양이다. 또한 고분자 안정화제가 환원 반응에 촉매 효과가 있음이 밝혀졌다.[16] 용액의 pH 역시 PVP의 농도가 증가하면 함께 증가할 것이다.

아마디(Ahmadi) 등은[32] 고분자 안정화제(덮개 물질–capping material이라고도 지칭함)인 폴리아크릴산나트륨(sodium polyacrylate)이 콜로이드 상의 백금 나노입자의 모양에 미치는 영향을 조사하였다. 동일한 실험 조건에서 동일한 고분자 안정화제를 사용하였을 때 덮개 물질과 백금 이온의 농도 비율을 1:1로부터 5:1로 변화시켰을 때 백금 나노입자의 모양은 입방형에서 사면체로 바뀌었다. 덮개 물질의 농도비가 다르면 백금 핵의 {111} 및 {100} 패싯에서의 성장 속도에 결정적인 영향을 미친다. [그림 3.13]은 백금입자의 서로 다른 형태를 보여준다.[32]

또한 주목해야 할 것은 비록 고분자 안정화제가 금속 나노입자의 합성에 중요한 역할을 하지만, 고분자 안정화제를 사용하지 않더라도 금속 나노입자가 합성될 수 있다. 인(Yin) 등은[21, 33] 상업화된 용액을 톨렌스(tollens) 공정에 적용하여 은 나노입자를 만들었다.[34] 어떠한 안정화제를 추가하지 않은 상태에서 합성한 20–30 nm의 은 나노입자가 분산된 수용액이 적어도 1년 이상 안정한 것으로 밝혀졌다. 그 분산액은 정전기적 안정화 메커니즘에 의해 안정화된 것으로 보인다. 그러나 입자 크기는 합성 온도에 민감하게 의존하였다. 즉 온도를

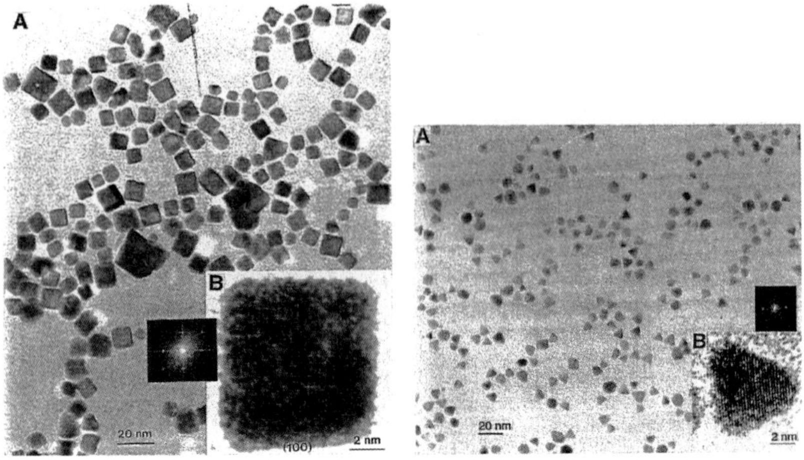

[그림 3.13] 콜로이드 용액에서 합성하여 다른 모양을 갖는 백금 나노입자(왼쪽은 11 nm 크기의 입방체, 오른쪽은 ~7 nm 크기의 사면체). 나노입자를 다른 유형의 촉매에 활용할 수 있는 가능성 때문에 본 연구를 수행하고 있다. [T.S. Ahmadi, Z.L. Wang, T.C. Green, A. Henglein, and M.A. El-Sayed, Science 272, 1924 (1996).]

조금만 변경해도 금속 나노입자의 직경 변화는 상당하였다. [그림 3.14]는 다른 온도에서 합성한 은 나노입자들을 비교한 것이다.[33]

또한, 금속 또는 금속 합금의 나노입자를 파종 핵생성(seeding nucleation) 방법으로 제조 하였다. 예를 들어 토네구조(Toneguzzo) 등의[35] 보고에 의하면 Co_xNi_{1-x} 및 $Fe_z[Co_xNi_{1-x}]_{1-z}$ 금속 미립자를 최적량의 수산화나트륨과 금속 전구체가 1,2-프로판디올(1,2-propanediol)에 용해된 용액으로부터 침전시켜 합성하였다. 사용한 전구체는 사수화물(tetrahydrated) 코발트(II), Ni(II) 아세테이트 및 사수화물 염화철(II)이다. 입자의 형성은 K_2PtCl_4 또는 $AgNO_3$가 1,2-에탄디올(1,2-ethanediol)에 용해된 용액을 소량 첨가함으로써 개시된다. Pt와 Ag는 핵생성의 매개체로 작용하는 것으로 보인다. Co, Ni, Fe 농도에 대해 Pt 또는 Ag의 농도를 증가시키면 평균 입자의 크기가 작아지는데 이는 입자의 수가 증가했음을 알려준다.

바이오 분리, 바이오 센서, 자기 영상, 약물 전달, 자성 유체 하이퍼테르미아(hyperthermia) 등의 바이오 의학 응용을 위하여 큰 자기 모멘트를 갖는 나

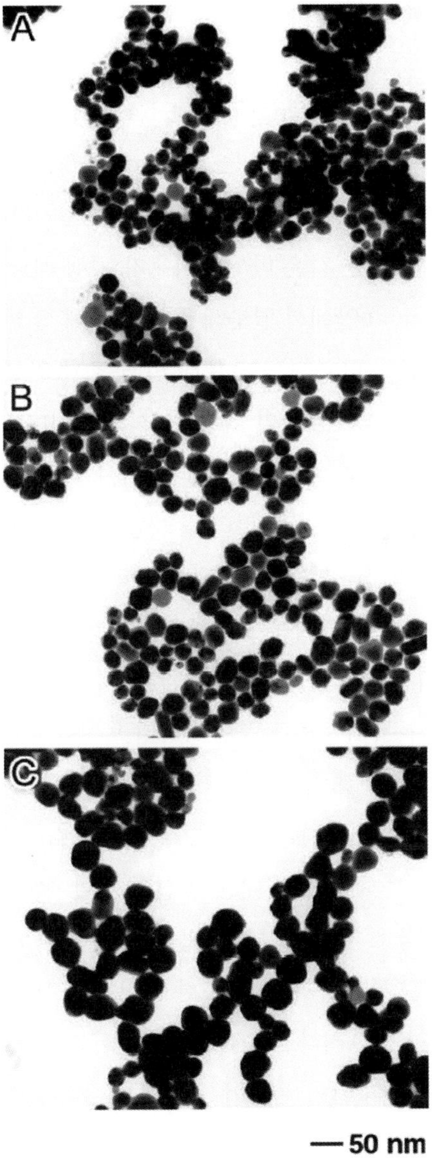

[그림 3.14] (A) 27, (B) 30, (C) 35° C 온도의 질소 분위기 하에서 합성한 은 나노입자의 TEM 이미지. 온도 변화에 따라 은 나노입자의 평균 크기는 ~20, ~30 및 ~40 nm로 변하였다. [Y. Yin, Z. Li, Z. Zhong, B. Gates, Y. Xia, and S. Venkateswaran, J. Mater. Chem. 12, 522 (2002).]

노입자를 제조하는데 상당한 연구가 집중되었다.[36] 단분산된 연한 강자성 나노입자와 같은 균일한 나노소재가 이러한 요구를 충족시킨다. 자성 및 생체 자기 응용을 위한 나노입자로는 금속, 금속 합금, 산화물 및 산화물 코어-쉘(core-shell) 구조체 등이 있다.

코발트는 큰 자기 모멘트(160 emu/g 또는 1,422 emu/cc)를 가지고 있으며 자기적으로 연(soft)하다. 연 자성재료는 강(hard) 자성재료에 비하여 약한 자기장에 의해 자화될 수 있고 낮은 잔류 자기를 갖는다. 속이 빈 코발트 나노파이프가 평행하게 배열된 구조는 같은 나노파이프가 평행 배열된 fcc구조의 CoO를 올레일아민(oleylamine) 안에서 열분해 공정을 통해 합성하였다.[37] CoO가 바깥쪽으로 급속히 확산해 나가면서 가운데 빈 구조가 만들어진 후에 CoO는 올레일아민에 의해 환원된다. 공극의 직경은 약 7 nm이다. 이 큰 표면적을 갖는 속이 빈 구조는 특이한 상자성 특성을 나타낸다. [그림 3.15]는 fcc CoO 나노 평행파이프를 올레일아민에 담근 슬러리를 2시간 동안 290°C에서 가열한 후 270°C에서 1시간 동안 열처리 했을 때 시간에 따라 가운데가 빈 fcc구조의 Co 나노 평행파이프로 진화하는 형태를 보여준다. 나노 평행파이프의 HRTEM 이미지는 [그림 3.15]에서 삽입그림으로 보여주었다. 그러나 코발트는 빠르게 산화되므로 화학적으로나 자기적으로 불안정하다.[38] Au, Pt, CdSe, SiO_2 등을 Co 나노입자에 코팅하여 안정화시킬 수 있지만 이러한 과정이 불균일한 코팅과 함께 다분산 분포를 낳고 자기 모멘트는 상당히 감소하게 된다[39-42].

높은 투자율 값을 갖는 재료는 휴대용 통신의 개발에 매우 중요하다. 높은 투자율을 얻기 위해서 국소 자기장 분포가 좁은 균일한 나노 물질이 요구된다. FeCo(능철석) 합금은 큰 투자율과 높은 포화 자화값을 갖기 때문에 강한 자기장을 만들어낼 수 있다.[43] 그러나 FeCo는 쉽게 산화되므로 단분산된 FeCo 나노입자를 얻기가 어렵다. 이 어려운 작업을 위해서 수소 분위기에서 유기 금속 전구체를 공동분해(codecomposition) 하거나[38] 화학 기상 증착법[44] 같은 방법들이 이용되었다. FeCo를 흑연(C), 열분해 탄소, 불활성 금속과 같은 불활성 물질과 결합시키는 것이 상당한 관심을 끌었다.[38, 45, 46] FeCo/C 나노 결정이 화학 기상 증착법으로 제조되었는데,[38] 흑연 쉘로 싸인 나노결정은 물에 녹

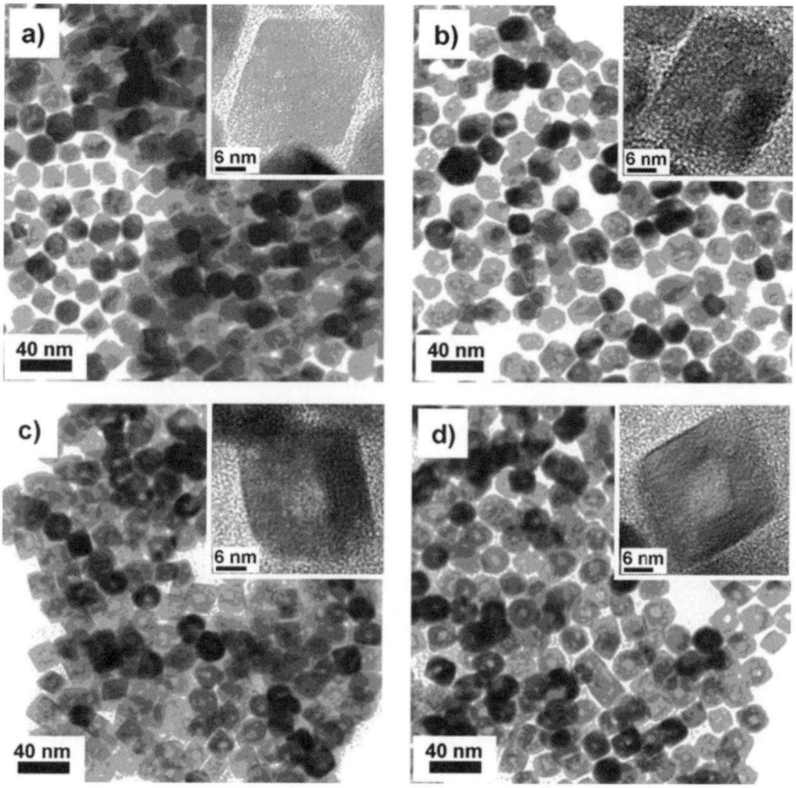

[그림 3.15] 가운데가 빈 fcc Co 나노 평행파이프 구조의 시간에 따른 진화 (a) fcc CoO 나노 평행파이프 구조의 TEM 이미지. (b), (c) fcc CoO 나노 평행파이프를 290℃에서 각각 1시간 또는 2시간 동안 가열 후의 TEM 이미지. (d) fcc CoO 나노 평행파이프를 290℃에서 2시간 동안 가열 후 다시 270℃에서 1시간 동안 열처리하여 만들어진 fcc Co 나노 평행파이프 구조의 TEM 이미지. 가운데가 빈 각 나노 평행파이프 구조의 HRTEM 이미지는 삽입그림으로 보여주고 있다. [K.M. Nam, J.H. Shim, H. Ki, S. Choi, G. Lee, J. Jang, Y. Jo, M. Jung, H. Song, and J.T. Park, Angew. Chem. Int. Ed. 47, 9504 (2008).]

으며 안정하므로 바이오 응용에 적합하다. 이 코어–쉘 나노결정에서 극히 높은 자기 포화가 달성되었다. 이 FeCo 기반의 코어–쉘 나노구조를 중간엽(Mesenchymal) 줄기세포에 내재화시키면 자기 공명 영상의 음의 대비(negative–contrast)가 향상된다. 이러한 코어–쉘 구조체는 근적외선(λ=808nm) 광 에너지를 열 에너지로 변환시키므로 약물 방출이나 암세포를 파괴하는 데 사용될 수 있다.[47-50]

FeCo 합금 외에 코어–쉘 구조의 Co–MFe_2O_4(M=Fe, Mn) 나노 복합체가 순(Sun) 등이[51, 52] 도입한 씨앗 매개(seed mediate) 공정으로 제조되었다. MFe_2O_4 또는 MO · Fe_2O_3은 입방 스피넬구조를 갖는다. 이 구조에서 산소 이온은 fcc 밀집구조를 형성하고 M^{2+} 및 Fe^{3+} 이온은 사면체(tetrahedral) 또는 팔면체(octahedral) 침입 자리를 차지한다.[53, 54] Co 코어의 크기는 8~14 nm의 범위에 있으며 쉘의 두께 는 1~5 nm의 범위에 있다. 이 코어-쉘 구조체는 Co 코어로 인해 필요한 자성을 갖게 되며 철 계통 쉘 때문에 화학적 자기 안정성이 향상된다.

Co 외에도 Fe은 높은 자기 모멘트 밀도 218 emu/g 또는 1,713 emu/cc를 갖는데 Co와 같이 역시 연자성이다.[55] 20 nm 이하의 크기를 갖는 Fe 나노입자 분산액은 초상자성 영역에 있으며 높은 자기 모멘트를 갖는다.[56] 철 나노입자는 iron pentacarbonyl($Fe(CO)_5$))의 열분해,[57-63] iron(II) bis(trimethylsilyl)amide ($Fe[NSi(CH_3)_3]_2$)의 환원 분해,[64] iron(III) acetylacetonate ($Fe(acac)_3$)나 다른 철염의 환원으로[65, 66] 만들 수 있다. 그러나 쉽게 산화 될 수 있는 철 나노입자는 불안정하다. 따라서 산화를 제어하여 코어-쉘 구조를 가진 Fe/Fe_3O_4 나노 복합체를 합성함으로써 균일한 분산과 화학적 안정성의 향상을 기하였다. 이러한 코어-쉘 나노입자는 여러 분야에 응용되어 바이오 분리, 약물 전달, 그리고 생체 분자와 결합하여 바이오 검출 등에 쓰인다.

스넥(Snoeck) 등은 30 nm의 크기의 Fe 단결정 나노 입방체의 잔류자기의 구성을 TEM을 통해 규명하기 위하여 탈축(off-axis) 전자 홀로그래피를 사용했다. {100}표면이 인접한 두 나노 입방체는 강자성의 쌍극자 결합을 보였다. 그러나 사각형으로 배치된 네 개의 입방체는 자속이 폐쇄되는 상태와 같이 자기적 유도가 휘어지는 것을 보여주었다. 그런데 속이 빈 Fe의 나노구조는 나트륨올레이트와 올레산의 보조로 분해된 스테아린산 철(Fe(II)-stearate) 복합체에 의해 만들어졌다.[67] 이러한 나노구조 형성은 용융된 나트륨염 때문이다. 이 나노구조체는 약물 전달에 사용될 수 있다.

철 나노 물질뿐만 아니라, 나노 크기의 FePt도 연구되었다. FePt 나노 입방체는 전구체의 Fe/Pt 비율을 조절하고 올레인산과 올레일아민을 부가하는 순서를 조절하며 205°C에서 만들어질 수 있다.[68] FePt 나노 입방체의 내부 입자 구조는 열처리에 의해 초상자성에서 강자성으로 변한다. 단분산과 높은 결정성을 갖는 $L1_0$–FePt 나노결정이 SiO_2–나노 반응 기법으로 합성되었다.[69] 나노결정을 900°C에서 가열했을 때에도 두꺼운 SiO_2 피막 때문에 어떤 유착이나 조대화가 일어나지 않았다. 나노결정의 크기는 매우 작았고(6.5 nm), 보자력은 높은 결정성 때문에 매우 컸다(18.5 kOe). 이러한 단분산 $L1_0$–FePt 나노결정 배열은 1 Tb/in 이상의 밀도를 갖는 기록매체로 활용될 수 있다.[70, 71]

또 다른 SmCo 계 나노자석을 포함하는 자기 나노 물질이 큰 보자력과 높은 자기 모멘트로 고성능 영구자석 및 고밀도 데이터 저장매체에 사용될 수 있다.[72-77] 강(hard) 자성의 나노결정 $SmCo_5$(또는 Sm_2Co_{17}) 입자를 코어–쉘 구조의 Co/Sm_2O_3 나노입자를 고온에서 환원 담금질함으로써 만들었다.[78] $SmCo_5$는 실온에서 8 kOe의 자기 보자력을 나타내었는데, 이는 대기 중에서 안정한 SmCo 계 나노자석이 만들어졌다는 것을 뜻한다. 최근에 대기 중에서 안정하고 큰 보자력을 갖는 잎 모양 SmCo 나노구조 입자가 화학적 방법으로 합성되었는데,[79] 이는 환경 친화적이고 산업적으로 대용량 합성이 용이한 방법이다.

3.2.4 반도체 나노입자의 합성

여기서는 비산화물 반도체의 합성에 초점을 맞추고 산화물 반도체 나노입자의 합성 방법은 매우 다르므로 다음 절에서 논의할 것이다. 비산화물 반도체 나노입자는 일반적으로 유기 금속 전구체와 고분자 안정화제 즉 덮개 물질이 용해된 무수 용매를 고온의 공기가 없는 분위기에서 열분해하여 합성한다.[80-84] 금속 나노입자의 합성 시 표면에 부착된 고분자를 일반적으로 안정화제라 칭하는 반면 반도체 나노입자의 표면의 고분자는 덮개 물질이라 부른다. 덮개 물질은 공유결합이나 배위결합 등을 통해 나노결정의 표면에 연결되어 있다.[85] 예컨대 유황과 전이 금속 이온과 질소의 고립 전자는 배위결합을 형성한다. 반도체 나노결정의 단분산은 일반적으로 다음과 같은 방법으로 달성된다. 첫째, 시약 주입에 의한 갑작스런 농도의 증가로 인하여 과포화 상태가 되어 순간적으로 핵 생성이 일어난다. 둘째, 증가된 온도에서 시효하는 동안 일어나는 오스트발트 조대화에 의해 큰 입자가 작은 입자를 흡수하며 성장이 촉진되어 입도 분포를 좁힌다. 셋째, 크기 선택적 침전(size-selective precipitation)을 적용하여 입도 균일성을 더욱 향상시킬 수 있다. 금속 콜로이드 분산액 형성 시와 유사하게 반도체 나노입자 합성 시에도 유기 분자를 콜로이드 안정화제로 사용하지만 핵생성에 뒤이은 성장 단계에서 표면의 유기물 단층의 확산 장벽 역할은 금속입자 합성 시보다 상대적으로 덜 중요하다. 이는 성장종의 고갈과 핵생성 단계에서의 온도 저하로 인해 초기 핵의 성장이 거의 일어나지 않는 단순한 이유 때문이다.

머레이(Murray) 등이[86] 그 이전에 이루어진 슈타이거발트(Steigerwald) 등의[87, 88] 연구를 기반으로 합성한 CdE(E=S, Se, Te) 반도체 나노결정을 예로 하여 그 접근 방법을 설명하고자 한다. 디메틸카드뮴(Dimethylcadmium, Me_2Cd)을 Cd 소스로 사용하고, bis(trimethylsilyl) 황화물(sulfide, $(TMS)_2S$), trioctylphosphine selenide(TOPSe), trioctylphosphine telluride(TOPTe)를 각각 S, Se, Te의 전구체로 사용하였다. Tri-*n*-octylphosphine(TOP)과 tri-*n*-octylphosphine oxide(TOPO) 혼합액을 용매와 덮개 물질로 사용하였다.

TOP/TOPO를 덮개로 한 CdSe 나노결정을 합성하기 위한 과정을 다음에 간단히 설명하였다.[86] TOPO 50 g을 반응기에 넣고 ~200 °C, ~1 torr 조건에서 Ar을 주기적으로 흘리며 ~20분 동안 건조시킨 다음 반응 플라스크의 온도 ~300°C, Ar ~1기압으로 안정시킨다. 건조 상자 내에서 TOP 25.0 mL에 Me_2Cd 1.00 mL를 첨가하고, TOP 15.0 mL에 1.0 M TOPSe 원액을 10.0 mL에 추가한다. 건조 상자에서 두 가지 용액을 합하여 주사기에 넣는다. 반응 용기로부터 열은 제거한다. 시약 혼합물을 함유한 주사기는 재빠르게 건조 박스에서 빼내어 그 내용물을 고무 격막을 통해 교반 중인 반응 플라스크에 주입한다. 시약 혼합물을 재빨리 주입하면 440~460 nm 대를 흡수하는 짙은 노랑/오렌지 색깔 용액이 만들어지는데, 온도는 갑자기 ~180°C로 내려간다. 반응 플라스크를 가열하여 온도를 점진적으로 올려 230-260°C에서 숙성시킨다. 숙성 시간에 따라 직경 1.5 nm에서 11.5 nm에 이르는 CdSe 입자가 형성된다.

이렇게 제조된 콜로이드 분산액은 TOPO의 융점보다 조금 높은 ~60°C로 냉각시킨 후 무수메탄올(anhydrous methanol) 20 mL를 첨가하여 정제하는데, 나노결정체의 가역적 응집이 일어난다. 응집체는 원심 분리에 의해 상등액으로부터 분리한다. 응집체를 무수 1-butanol 25 mL에 분산시켜 원심 분리를 더해주면 광학적으로 투명한 나노결정 용액(콜로이드 분산액이 보다 정확한 말이지만 용액이란 술어가 이 분야에서는 널리 사용 된다)과 대부분 Cd과 Se 원소로 구성된 회색 침전물을 부산물로 얻는다. 무수메탄올 25 mL를 상등액에 첨가하면 결정체가 응집하고 잉여의 TOP와 TOPO가 제거된다. 마지막으로 응집체를 메타놀 50 mL로 세척한 후 진공 건조시키면 자유롭게 흐르는 TOP/TOPO가 덮힌 CdSe 나노결정립 ~300 mg 정도가 만들어진다.

정제된 나노 결정립들은 무수 1-butanol에 분산시켜 광학적으로 투명한 용액으로 만든다. 다음에 무수 메탄올을 방울방울 첨가하며 우윳빛깔이 지속될 때까지 교반 또는 초음파 처리해준다. 원심 분리하여 상층액과 응집체를 분리시키면 큰 결정체가 많이 뭉쳐진 침전물을 얻을 수 있다. 침전물을 1-butanol에 분산시키고 메탄올을 사용하여 크기 선택적 침전을 반복하는데, 광 흡수 스펙트럼의 선명도로 입도 분포를 측정하여 더 이상 입자 크기 분포가 좁혀지지 않을 때 까지 반복한다.

카드뮴셀레나이드(CdSe) 결정립을 고온에서 성장시키고 열처리하는 데에는 혼합 포스핀(phosphine) 및 포스핀 산화물 용액이 좋은 용매인 것으로 나타났다.[89, 90] 사용하는 용매는 성장 공정의 제어, 형성된 콜로이드 분산액의 안정화, 그리고 반도체 표면을 전기적으로 보호하는데 중요한 역할을 한다.

뜨거운 반응 용기에 시약을 주입함으로써 짧은 순간에 균일한 핵생성이 일어나게 할 수 있다. 이는 갑작스런 과포화 그리고 실온의 전구체 용액을 주입하는데 따른 온도의 급락에 따른 결과이다. 이러한 핵생성 과정에서는 시약이 고갈되어 더 이상의 핵생성이 일어나지 않게 하며 만들어진 핵이 더 이상 자라는 것을 방해한다. 더 좋은 단분산을 얻기 위해서는 용액을 천천히 재가열하여 초기 핵이 천천히 성장하도록 한다. 온도 상승은 용해도를 증가시켜서 용액 내의 성장종의 과포화도를 낮추게 되어 작은 크기의 핵이 불안정하게 되면서 용액 내로 다시 용해되고, 용해된 성장종은 큰 입자의 표면에 증착하게 된다. 이러한 용해–성장 과정은 오스트발트 조대화 공정으로도 알려져 있는데, 큰 입자가 작은 입자를 흡수 소진시키며 성장한다.[91] 이러한 성장 공정은 초기에 다분산된 시스템을 고도로 단분산된 콜로이드 분산으로 만들 수 있다.[92] 합성 온도를 낮추면 작은 크기 입자의 양이 늘면서 크기 분포는 넓어진다. 온도를 낮추면 과포화도가 증가하여 작은 크기의 핵이 계속 생겨나도록 한다. 온도를 높이면 나노입자의 성장을 촉진시키게 되어 크기 분포는 좁아진다.

크기 선택적 침전 공정은 제조된 콜로이드의 크기 분포를 더욱 좁힐 것이다. 분류 과정이 잘 일어나기 위해서 결정적으로 중요한 요소는 초기 결정체의 형태와 표면이 균일하고 초기의 크기 다분산 정도가 비교적 작아야 한다는 것이다.[86] 초기 핵이 후속적으로 성장하는 과정은 단분산된 CdSe 결정입자를 합성하는데 있어서 단분산된 금속 나노입자를 합성할 경우에 비해서 중요성이 덜하다. 왜냐하면 위에서 논의한 바와 같이 시약은 고갈되고 덮개 물질은 확산에 대해 장벽을 만들어서 기존의 핵이 후속적으로 확산 제어 성장을 하는데 유리하기 때문이다.

크기 선택적 재침전(size-selective reprecipitation) 방법은 단분산 나노결정을 합성하는데 매우 유용한 방법이다. 예컨대 구젤리언(Guzelian) 등은[93] 염화인듐($InCl_3$)과 $P(Si(CH_3)_3)_3$을 고온의 TOPO 안에서 반응시켜 지름 2–5 nm의 단분산 인듐인(InP) 나노결정을 제조하였고, 크기 선택적 재침전을 반복하여 단분산도를 크게 향상시켰다. 앞에 기술한 CdSe가 순간적 핵생성과 무시할 정도의 후속 성장 과정을 통해 합성되는데 반하여, 이 합성은 오랜 시간에 걸쳐 핵생성과 성장이 동시에 일어나는 느린 공정이므로 InP 나노입자는 넓은 크기 분포를 갖는다. 도데실아민(Dodecylamine)을 덮개 물질로 한 InP 나노결정은 톨루엔에는 용해되며 메탄올에는 용해되지 않는다. 반응 용액에 메탄올을 단계적으로 첨가하면 미소하게 나노결정의 크기 선택적 침전이 일어난다. 동일한 반응 혼합물로부터 2–5 nm의 나노결정을 분리해 낼 수 있고, 아주 작은 양의 메탄올을 사용하여 충분히 세심하게 침전시키는 경우 0.15 nm의 아주 작은 차이를 갖는 입자 분포도 분별할 수 있다.[93] [그림 3.16]은 핵산(hexane)에 분산된 1.2–11.5 nm 크기 범위의 CdSe 나노결정의 SEM 이미지와 광 흡수 스펙트럼을 보여준다.

[그림 3.17]은 직경 분포가 1.2–11.5 nm인 CdSe 결정립의 분말 X–선 회절 스펙트럼을 나타낸 것으로 만들어진 결정립이 주로 섬유아연석(wurtzite) 벌크재료의 결정구조와 격자 상수를 갖는 것을 보여준다.[86] 넓은 크기 분포가 모든 피크에 분명히 나타나 있고, (102)와 (103) 피크에서 보이는 과도한 감쇠와 광폭화는 (002) 축을 따라 형성된 적층결함(stacking fault) 때문이다.[94] 이러한 결함은 [그림 3.18]의 고해상도 TEM 화상에서 관찰된다.[86]

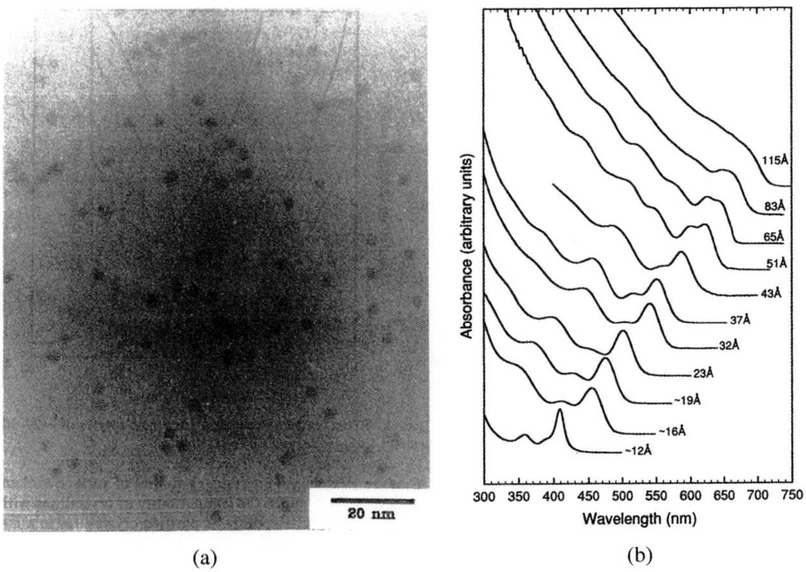

[그림 3.16] (a) 직경 51 Å의 CdSe 결정체가 거의 단원자층으로 배열하여 단범위의 육방체 밀집적층을 보여준다. (b) 핵산에 분산된 12–115 Å크기의 CdSe 나노결정의 실온광 흡수 스펙트럼. [C.B. Murray, D.J. Norris, and M.G. Bawendi, J. Am. Chem. Soc. 115, 8706 (1993).]

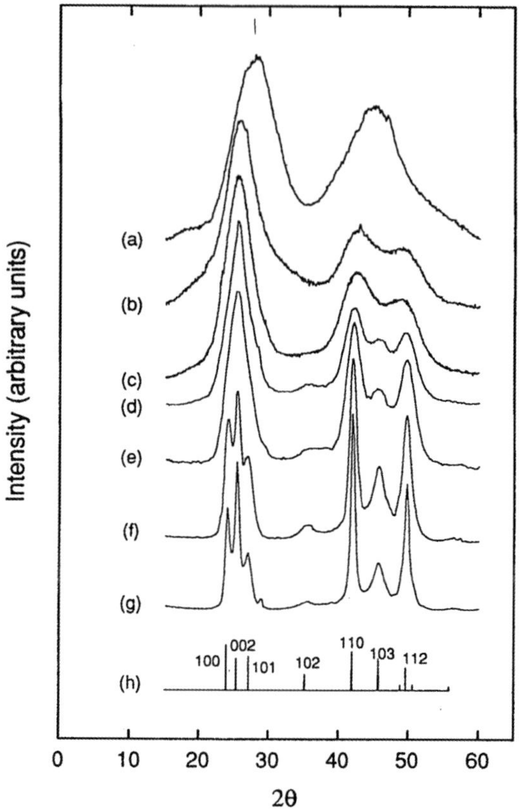

[그림 3.17] 여러 직경을 갖는 CdSe 나노결정의 분말 X-선 회절 스펙트럼. (a) 12 (b) 18 (c) 20 (d) 37 (e) 42 (f) 83 (g) 115 Å. 벌크 섬유아연석(wurtzite) 구조의 회절선 (h)와 비교하였다. [C.B. Murray, D.J. Norris, and M.G. Bawendi, J. Am. Chem. Soc. 115, 8706 (1993).]

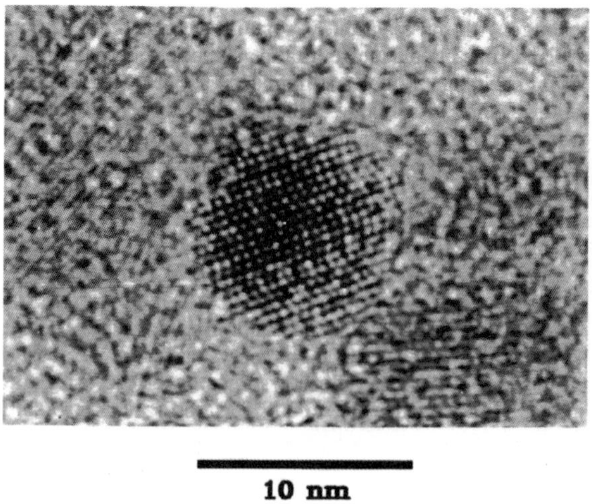

[그림 3.18] 직경 80 Å 의 CdSe 결정립의 명시야(bright field) 이미지로 (002) 방향에 적층결함이 존재함을 보여준다. [C.B. Murray, D.J. Norris, and M.G. Bawendi, J. Am. Chem. Soc. 115, 8706 (1993).]

고비점 용매에서 복합 전구체를 열분해하는 방법 또한 좁은 크기 분포를 갖는 화합물 반도체 나노입자를 제조하는 방법이다.[95,96] 예컨대 실온에서 갈륨(Ga):인(P)의 몰 비율이 1:1이 되도록 $GaCl_3$과 $P(SiMe_3)_3$을 톨루엔에서 혼합했을 때 복잡한 Ga과 P의 전구체인 $[Cl_2GaP(SiMe_3)_3]_2$가 형성된다.[97,98] InP 복합 전구체를 만들기 위해서 염화인듐 수산염(chloroindium oxalate)과 $P(SiMe_3)_3$을 CH_3CN에서 주어진 몰 비율로 혼합할 때 비슷한 반응이 일어날 수 있다. 또는 염화갈륨 수산염(chlorogallium oxalate), 염화인듐 수산염, $P(SiMe_3)_3$을 실온의 톨루엔에서 주어진 몰 비율로 혼합할 때도 일어난다.[95] 고품위의 InP, GaP, $GaInP_2$의 나노결정립을 합성하려면 복합 전구체를 콜로이드 안정화제인 TOP/TOPO 혼합물을 포함한 고비점 용매에 용해시키고 고온에서 여러 날 동안 가열한다. TOP/TOPO가 포함된 InP 전구체 용액을 고온에서 열분해시키면 TOPO가 덮인 InP 나노 결정립이 만들어진다.[96]

$$\text{InPprecursor} + (C_8H_{17})_3PO \rightarrow \text{InP–}(C_8H_{17})_3PO + \text{byproducts.} \quad (3.37)$$

이렇게 제조된 InP, GaP, $GaInP_2$ 나노입자들은 우수한 벌크 섬아연석(zinc blende) 구조로 결정화된다. 가열 시간을 증가하면 나노입자의 결정성을 향상시킬 수 있다. 전구체의 농도를 변화시키거나 온도를 변화시킴으로써 2.0에서 6.5nm의 상이한 입자 크기를 얻을 수 있다. 좁은 크기 분포가 얻어진 이유는 (1) 복합 전구체의 분해 반응이 느리고, (2) 나노입자의 성장 표면에 있는 TOP와 TOPO 안정제 단일층에 의한 확산 방해 때문이다.[95] 콜로이드 용액에 메탄올을 첨가하면 나노입자가 침전된다.

복합 전구체의 열분해 방법은 갈륨비소(GaAs) 나노입자 합성에도 적용시킬 수 있다.[99,100] 예를 들어 적절한 양의 $Li(THF)_2As(SiMe_3)_2$(THF=tetrahydrofuran, Me=methyl)을 $[C_5Me_5)_2GaCl]_2$의 펜탄(pentane) 용액에 첨가한 후 여과하고, 용매를 증발 시킨 후, 재결정화하면 순수한 arsinogallane 복합 전구체, 즉 $(C_5Me_5)Ga-As(SiMe_3)_2$가 생성된다. 이 복잡한 전구체를 알코올 등의 유기 용매에 용해시켜 60°C 이상으로 가열하거나 대기 중에 노출시키면 열분해하여 GaAs 나노입자를 형성한다.[99] Tris(trimethylsilyl)arsine을 GaCl와 반응시키면 복잡한 GaAs 전구체가 만들어질 수 있다.[101] GaAs 나노결정은 이 전구체를 극성 유기 용매에 용해시켜 가열함으로써 얻을 수 있는데, 예컨대 퀴놀린(quinoline)에 녹여 240°C에서 3일 동안 가열한다.[100]

입자 크기 ≤8 nm의 CdS(황화카드뮴 또는 PbS; 황화납) 콜로이드 분산을 $Cd(OOCCH_3)_2 \cdot 2H_2O$ 또는 $Pb(OOCCH_3)_2 \cdot 3H_2O$ 계면 활성제 및 (CH_3CSNH_2)를 메탄올 용액에 혼합하여 만들었다.[102] CdS 또는 PbS 나노입자를 합성하기 위한 계면 활성제로는 acetylacetone, 3-aminopropyltriethoxysilane, 3-aminopropyltrimethoxysilane, 그리고 3-mercapto-propyltrimethoxysilane(MPTMS) 등이 있다. 이들 중 CdS와 PbS 나노입자에 가장 효과적인 계면 활성제는 MPTMS로 밝혀졌다.[103]

CdS 나노입자는 $Cd(ClO_4)_2$와 $(NaPO_3)_6$ 용액을 수산화나트륨(NaOH)과 섞어 pH를 조절하며 아르곤 가스로 버블링하여 제조할 수 있다. 원하는 H_2S 양을 기체 상에 주입한 후 용액을 격렬하게 흔들어준다.[89] 개시점에서 pH값이 합성되는 입자의 평균 크기에 큰 영향을 미친다는 것이 밝혀졌다. 입자 크기는 개시점의 pH값이 감소할수록 증가한다. [그림 3.19]는 개시점의 pH값이 다른 세 조건에서 합성한 CdS 콜로이드 분산의 흡수 및 형광 스펙트럼을 나타낸 것이다.[89] 가장 작은 입자의 경우 흡수가 시작되는 파장이 500nm 이하로 이동한 것을 볼 수 있다.

질화갈륨(GaN) 나노결정을 합성하는 것은 또 다른 문제성을 갖는다. 일반적으로 GaN은 600°C보다 높은 온도에서 형성된다.[104, 105] 이미 Ga-N 결합을 갖고 있는 $[H_2GaNH_2]_3$나 $Ga(C_2H_5)_3NH_3$ 같은 복잡한 전구체를 열분해한다 해도 500°C보다 높은 온도에서 후열처리가 요구된다.[106,107] 오토클레이브(autoclave)의 압력과 280°C의 온도에서 질소화리튬(Li_3N)과 염화갈륨($GaCl_3$)을 벤젠에서 반응시키면 액상-고상 반응으로 GaN 나노결정체가 합성된다.[108]

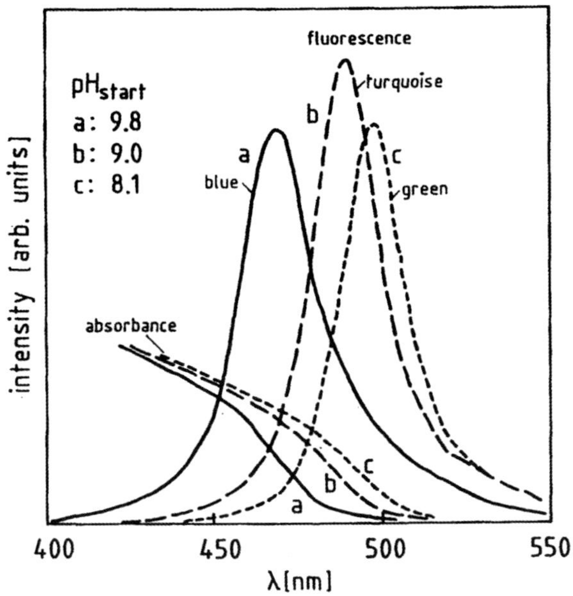

[그림 3.19] 개시점의 pH값이 다른 세 조건에서 합성한 CdS 콜로이드 분산의 흡수 및 형광 스펙트럼. 개시점의 pH값이 낮을수록 입자 크기는 증가한다. [L. Spanhel, M. Haase, H. Weller, and A. Henglein, J. Am. Chem. Soc. 109, 5649 (1987).]

$$GaCl_3 + Li_3N \rightarrow GaN + 3LiCl. \tag{3.38}$$

이렇게 형성된 GaN 나노결정은 직경 30 nm이고, 대부분이 육방정 구조에 약간의 암염(rock salt) 상이 섞여 있으며, 격자 상수는 벌크와 비슷했다.[108]

GaN 콜로이드를 용액 합성(solution synthesis)하는 방법이 있다.[109,110] 예를 들어 미치치(Micic) 등은[109] 구형 및 섬아연석(ZnS) 결정구조를 가진 직경 3.0 nm의 GaN 나노입자 콜로이드를 합성하였다. 우선 이합체(dimeric) 아미노갈륨(amidogallium) ($Ga_2[N(CH_3)_2]_6$)과 암모니아 가스(NH_3)를 실온에서 반응시켜 복합 GaN 전구체로써 고분자 갈륨이미드(polymeric gallium imide) $\{Ga(NH)_{3/2}\}_n$를 제조하였다.[111,112] 이 전구체를 대기압의 암모니아 가스를 흘려주며 트리옥틸아민(trioctylamine, TOA)에서 360°C의 온도에서 24시간 동안 가열하여 GaN 나노결정을 만든다. 용액을 220°C로 냉각시키고 TOA와 헥사데실아민(hexadecylamine, HAD) 혼합물을 첨가하며 220°C에서 10시간 동안 교반하였다. GaN 나노결정은 TOA와 HAD 혼합물로 덮여 있게 된다.

3.2.5 산화물 나노입자의 합성

비산화물 및 금속성 나노입자의 합성에 비해 산화물 나노입자의 제조에 사용되는 방법은 덜 정교하고 단분산을 달성하기 위한 일반적인 전략이 정형화되어 있지 않다. 모든 기본적인 고려 사항, 즉 균일 핵생성을 순간적으로 발생시킨다든지 확산 제어에 의한 성장 모드를 유지한다든지 하는 것들은 산화물계에도 적용되지만 실제적인 접근 방법은 시스템에 따라 눈에 띄게 다르다. 산화물 나노입자를 형성하기 위한 반응과 성장을 제어하는 것이 더 어려운데, 이는 산화물이 일반적으로 대부분의 반도체나 금속보다 더 열적 화학적으로 안정하기 때문이다. 예를 들어 오스트발트 조대화를 산화물 나노입자의 크기 분포를 좁히는데 적용하지만 그 결과는 다른 재료에서 보다 덜 효과적일 수 있다. 가장 많이 연구되고 체계적으로 수립된 산화물 콜로이드는 실리카 콜로이드이고[113] 다양한 산화물 나노입자가 연구되었다.[114,115] 일반적으로 콜로이드 분산된 산화물 입자는 졸-겔(sol-gel) 공정에 의해 합성된다. 졸-겔 공정은 또한 다양한 코어-쉘 구조를 합성하고[116] 나노구조의 표면 공학에 일반적으로 사용된다.[117] 산화물 나노입자의 합성에 대한 일반적인 방법을 논의하기 전에 우선 졸-겔 공정을 간단히 알아보자.

3.2.5.1 졸-겔 공정 서론

졸-겔 공정은 무기 및 유무기 복합재료의 콜로이드 분산을 합성하기 위한 습식 화학 방법이며, 특히 산화물과 산화물계 복합체 합성에 사용한다. 이러한 콜로이드 분산으로부터 분말, 섬유질, 박막, 모노리스 등을 용이하게 제조할 수 있다. 최종 제품을 다양한 형태로 제작하려면 일부 특별한 고려가 필요하지만, 콜로이드 분산액을 합성하기 위한 기본적이고 일반적인 접근 방법은 동일하다.

졸–겔 공정은 낮은 처리 온도와 분자 수준의 균질성 등 많은 이점을 갖고 있다. 졸–겔 공정은 특히 복합 금속 산화물, 온도에 민감한 유기–무기 복합체, 열역학적으로 불안정하거나 준안정성의 재료를 제조하는 데 유리하다. 보다 자세한 내용은 이 분야의 풍부한 문헌을 참조할 수 있다. 예를 들어 브링커(Brinker)와 셰러(Scherer)의 졸–겔 과학(Sol–Gel Science),[118] 피에르(Pierre)의 졸–겔 공정 입문(Introduction to Sol–Gel Processing),[119] 라이트(Wright)와 저머다이크(Sommerdijk)의 졸–겔 재료(Sol–Gel Materials)[120] 등은 졸–겔 공정 및 재료에 대해 우수하고 포괄적인 내용을 제공한다. 일반적으로 졸–겔 공정은 전구체의 가수분해와 응축으로 구성되어 있다. 전구체로는 금속 알콕시화물(alkoxide) 또는 무기 및 유기염을 사용할 수 있다. 전구체를 용해하는데 유기 또는 수성 용매를 사용할 수 있으며, 종종 가수분해 및 응축 반응을 촉진시키기 위해 촉매를 추가한다.

가수분해 :

$$M(OEt)_4 + x\,H_2O \rightarrow M(OEt)_{4-x}(OH)_x + x\,EtOH. \tag{3.39}$$

응축 :

$$\begin{aligned} &M(OEt)_{4-x}(OH)_x + M(OEt)_{4-x}(OH)_x \\ &\quad \rightarrow (OEt)_{4-x}\,(OH)_{x-1}\,M - O - M(OEt)_{4-x}(OH)_{x-1} + H_2O. \end{aligned} \tag{3.40}$$

가수분해 및 응축 반응은 모두 순차적으로 또는 병렬적으로 발생하는 다단계의 공정이다. 각 순차 반응은 가역적일 수 있다. 응축 반응을 통해 나노 크기의 금속 산화물 또는 수산화물 클러스터를 형성하는데, 종종 유기종이 포함되거나 부착된다. 이러한 유기 그룹은 불완전한 가수분해 또는 가수분해가 되지 않는 유기 리간드로 인해 유입될 수 있다. 클러스터의 크기, 형태, 최종 산물의 미세구조 등은 가수분해 및 응축 반응을 제어함으로써 조정할 수 있다.

[표 3.3] 일부 4가 금속의 전기음성도, χ, 부분 전하, δM, 이온 반경, r, 배위수, n[121]

Alkoxide	χ	δM	r(Å)	n
$Si(OPr^i)_4$	1.74	+0.32	0.40	4
$Ti(OPr^i)_4$	1.32	+0.60	0.64	6
$Zr(OPr^i)_4$	1.29	+0.64	0.87	7
$Ce(OPr^i)_4$	1.17	+0.75	1.02	8

여러 원소로 구성된 재료의 콜로이드 분산액을 합성하는 데 있어서 극복할 문제점은 다른 성분을 갖는, 그래서 일반적으로 다른 화학 반응성을 보이는 전구체 간에 이종응축(heterocondensation) 반응이 잘 일어나도록 하는 것이다. 금속 원자의 반응성은 대체로 전하 이송 정도에 따라 그 배위수를 증가시키는 능력에 따른다. 기본 원칙으로써 [표 3.3]에 보인 바와 같이 금속 원자의 전기음성도(electronegativity)가 감소할수록 그 이온 반경도 커지고, 배위수를 증가시키는 능력도 커진다.[121] 이온 반경이 증가함에 따라 해당하는 알콕사이드의 화학 반응성은 증가한다. 이종응축이 확실히 일어나도록 하여 분자/원자 수준의 여러 성분이 균일하게 혼합되도록 만드는 데는 몇 가지 방법이 있다.

우선 전구체는 서로 다른 유기 리간드(organic ligands)를 부착하여 수정할 수 있다. 주어진 금속 원자 또는 이온에 대하여 큰 유기 리간드 또는 더 복잡한 유기 리간드가 붙으면 반응성이 적은 전구체가 된다.[118] 예를 들어 $Si(OC_2H_5)_4$는 $Si(OCH_3)_4$보다 반응성이 낮고, $Ti(OPr^x)_4$는 $Ti(OPr^i)_4$보다 낮다. 알콕사이드의 반응성을 제어하는 또 다른 방법은 아세틸아세톤(acetylacetone)과 같은 킬레이트제(chelating agent)를 사용하여 화학적으로 알콕사이드의 배위 상태를 수정하는 것이다. 다단계 졸-겔 처리법 또한 문제를 극복하기 위한 또 다른 방법이다. 반응성이 낮은 전구체가 먼저 부분적으로 가수분해되며, 반응성이 좋은 전구체는 나중에 가수분해된다.[122] 더 극단적인 경우는 하나의 전구체가 먼저 완전히 가수분해된 후에 모든 물이 고갈되는 경우로써 가수분해된 전구체의 응축 속도가 아주 낮으면 그 다음에 오는 전구체는 다음 반응식과 같이 가수분해된 전구체와 강제적으로 응축하게 된다.

$$M(OEt)_4 + xH_2O \rightarrow M(OH)_4 + 4HOEt. \tag{3.41}$$

응축 반응은 다음과 같이 반응성이 낮은 전구체가 가수분해한 것과 반응성이 좋은 전구체 사이로 국한된다.

$$M(OH)_4 + M'(OEt)_4 \rightarrow (HO)_3\text{–}M\text{–}O\text{–}M'\text{–}(OEt)_3. \tag{3.42}$$

졸-겔 공정에 의해 산화물 계에 유기 성분을 첨가함으로써 쉽게 유기-무기 하이브리드, 즉 복합체를 형성할 수 있다. 한 가지 접근 방법은 무기 전구체와 유기 전구체를 같이 공중합(copolymerize), 즉 공응축(cocondense) 시키는 것이다. 전자는 무기 성분을 형성하게 되고 후자는 가수분해가 되지 않는 유기 그룹으로 구성되어 있다. 이러한 유기-무기 복합체는 단상의 재료로 유기 및 무기 성분이 화학적 결합으로 연결되어 있다. 또 다른 방법은 필요한 유기 성분을 물리적으로 무기 산화물 네트워크 안에 가두는 것으로 졸에 유기 성분을 균일하게 분산시키거나 유기 분자를 겔 네트워크에 침투(infiltration)시키는 방법 등이다. 산화물 계에 생물학적 성분을 넣는 데에도 비슷한 접근 방식을 사용할 수 있다. 산화물 계에 생물학적 성분을 넣는 또 다른 방법으로는 무기 및 생물학적 종을 연결하는데 기능성 유기 그룹을 사용하는 것이다. 유기-무기 복합체 물질은 신소재로써 중요한 잠재적인 응용 가능성을 가지며 6장에서 더 논의될 것이다.

복합 산화물 졸을 만드는 또 다른 문제는 그 구성하는 전구체가 서로에 대한 촉매 효과를 발휘할 수 있다는 점이다. 그 결과 두 전구체를 혼합하였을 때의 가수분해 및 응축 반응 속도가 두 전구체를 따로 처리하였을 때의 속도와 크게 다를 수 있다.[123] 졸을 준비하는데 있어서 결정질구조를 형성시키기 위해 제어하는 높은 온도로 올리지 않으면서 복잡한 결정질 산화물을 만드는 것이 어떤 응용처에서는 바람직하다. 마츠다(Matsuda) 등은 고온에서의 소결을 거치지 않고 농도와 온도 등의 공정 조건을 주의 깊게 제어함으로써 $BaTiO_3$의 결정성 상(phase)을 형성할 수 있음을 보여주었다.[124] 그러나 졸 제조 중에 복합 산화물의 결정화를 제어하는 것에 대한 일반적인 이해는 여전히 부족한 상황이다.

졸을 제조하는 공정을 세심하게 제어함으로써 복합 산화물, 유기-무기 복합체, 생체재료 등의 여러 가지 산화물 나노입자의 단분산을 얻을 수 있다. 핵심 문제는 순간적인 핵생성에 이어지는 확산 제어 성장을 촉진하는 것이다.[125-127] 입자 크기는 농도와 숙성 시간을 조정하여 변화시킬 수 있다.[118] 일반적인 졸에서 가수분해 및 응축 반응으로 만들어지는 크기는 1-100 nm 범위에 있다.

또한 단분산 산화물 나노입자 형성에 있어 콜로이드의 안정화는 일반적으로 정전기적 이중층 메커니즘으로 달성된다는 점을 주목해야 한다. 따라서 금속 및 비산화물 반도체의 형성 시에 존재하는 고분자 입체 확산 장벽은 보통 금속 산화물 합성 시에는 존재하지 않는다. 그래서 확산 제어 성장은 졸 내의 성장종의 방출을 제어하거나 농도를 낮추는 등과 같이 다른 메커니즘을 통해 일어난다.

3.2.5.2 강제적 가수분해

균일한 크기의 금속 산화물 콜로이드를 생성하기 위한 가장 간단한 방법은 금속염 용액을 강제로 가수분해하는 방법에 근거한다. 대부분의 다가 양이온이 쉽게 가수분해한다는 것과 온도가 증가함에 따라서 배위결합된 물 분자의 탈 양성자화가 크게 가속된다는 것은 잘 알려진 사실이다. 가수분해 결과물은 금속 산화물이 침전되는 도중의 중간 결과물이기 때문에 온도를 올리면 탈 양성자화한 분자의 양을 증가시킨다. 농도가 용해도를 훨씬 초과할 경우 금속 산화물의 핵생성이 일어난다. 원칙적으로 이러한 금속 산화물 콜로이드를 만들기 위해서는 가수분해한 금속 용액을 높은 온도에서 단순히 유지하면 된다. 가수분해 반응이 빠르게 진행되어 급격한 과포화 상태를 만듦으로써 순간적 핵생성을 유도하는 것이 다수의 작은 핵을 형성하여 결과적으로 작은 입자를 형성하게 된다는 것은 분명하다. 이 원리는 스퇴버(Stöber) 등에 의한 실리카 구체 형성에 대한 선구적인 연구로 입증되었다.[127]

실리카 구형입자를 제조하는 방법은 간단하다. 다른 크기의 알킬 리간드를 갖는 각종 실리콘 알콕사이드(alkoxides)를 전구체로, 암모니아를 촉매로 사용하고, 각종 알코올을 용매로 사용하였다. 우선 알코올 용매, 암모니아 및 원하는 양의 물을 혼합한 후 실리콘 알콕사이드 전구체를 첨가하며 격렬히 저어준다. 전구체의 첨가 후 수 분이 지나지 않아서 콜로이드가 형성되는데 용액이 광학적으로 눈에 띄게 변하는 걸로 알 수 있다. 전구체, 용매, 사용된 물과 암모니아 양에 따라 구형 실리카 입자는 50 nm 내지 2 μm 범위의 평균 크기를 갖는다. [그림 3.20]은 이렇게 합성된 구형 실리카 입자를 보여준다.[127]

반응 속도와 입자 크기는 용매, 전구체, 물의 양, 암모니아에 따라 크게 변하는 것이 밝혀졌다. 알코올 용매 중에서도 반응 속도는 메탄올에서 가장 빨랐고 *n*-부탄올에서 가장 느렸다. 마찬가지로, 비슷한 조건에서 얻어진 최종 입자 크기는 메탄올에서 가장 작았고 *n*-부탄올에서 가장 컸다. 그러나 높은 알코올로 갈수록 크기 분포가 넓어지는 경향이 있었다. 전구체의 상이한 리간드 크기에

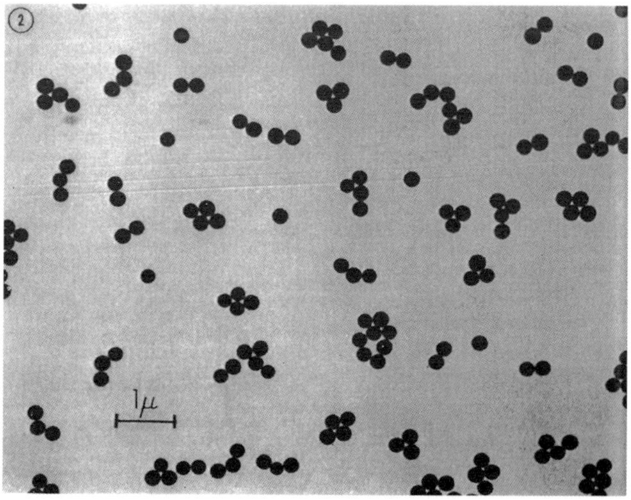

[그림 3.20] 에탄올-에틸 에스테르 계에서 합성된 구형 실리카의 SEM 현미경 사진 [W. Stober, A. Fink, and E. Bohn, J. Colloid Interf. Sci. 26, 62 (1968).]

따라서도 유사한 반응 속도 및 입자 크기 관계가 있음이 밝혀졌다. 리간드가 작을수록 반응속도는 빨라졌고 입자 나노 크기는 작아졌다. 암모니아는 구형 실리카 입자 형성에 필요한 것으로 밝혀졌다. 산성 조건에서는 선형 고분자 사슬이 만들어지는 반면 염기성 조건 하에서의 응축 반응은 3차원의 입체구조를 만들어내기 때문이다.[118]

모든 다른 화학 반응에서와 마찬가지로 가수분해 및 응축 반응은 온도에 크게 의존한다. 고온에서는 반응 속도가 급격히 증가한다. 강제적 가수분해 공정의 또 다른 예는 나노 크기가 100 nm인 구형 $\alpha-Fe_2O_3$ 나노입자 콜로이드를 합성하는 공정이다.[128] 우선 $FeCl_3$ 용액을 염산과 혼합한 후 희석한다. 이 혼합물을 95–99℃에서 예열된 물(H_2O)에 추가하며 일정하게 저어준다. 용액은 100°C에서 예열된 병에 밀봉하여 24시간 동안 보관한 후 차가운 물에 급랭시킨다. 높은 온도는 가수분해가 빨리 일어나도록 해주어서 높은 과포화 상태를 만들며, 이는 다시 다수의 작은 핵을 형성시킨다. 높은 온도로 가열하기 전에 희석시켜주는 것은 핵생성을 제어하고, 이후에 확산 제어 성장이 일어나도록 보장하기 위해 매우 중요하다. 장기 숙성 기간은 오스트발트 조대화가 일어날 수 있도록 허용하여 입도 분포를 더욱 좁혀준다.

산화철 나노입자 및 그 수성 분산액은 자성 나노 소자 및 생체 자기에서의 활용에 대한 가능성으로 엄청난 관심을 끌어왔다.[129] 순(Sun) 등은 금속 아세틸아세토네이트(acetylacetonate)와 1,2–hexadecanediol의 반응의 유기 상공정(organic phase process)을 통해 다양한 단분산 MFe_2O_4(M=Fe, Co, Mn) 입자를 제조하였다. 입자의 나노 크기는 3내지 20 nm 범위로 제어할 수 있다. 또한, 이러한 나노입자는 바이폴라 계면 활성제인 테트라메틸암모늄클로라이드(tetramethylammonium) 11–aminoundecanoate과 섞어서 소수성에서 친수성으로 바꿀 수 있다. 이러한 수용성 나노입자는 자기와 생체 자기 나노 소자에 활용 할 수 있다. 한 용기 내에서 반응하는 반응물의 농도를 변화시키면서 그 형상을 제어하는 연구가 $MnFe_2O_4$를 대상으로 수행되었다.[130]

3.2.5.3 이온 방출 제어

구성하는 음이온 및 양이온의 방출을 제어하는 것은 산화물 나노입자의 핵생성과 후속 성장의 속도론에 큰 영향을 미치는데, 이는 유기 분자로부터 음이온이 자연 방출되어 일어나게 된다. 잘 알려진 예는 우레아 용액 $CO(NH_2)_2$을 가열하면 수산화 이온을 방출하는데, 이는 금속 산화물 또는 수산화물의 침전이 만들어지는 원인이 될 수 있다.[131-133] 예를 들어, 우레아의 분해는 Y_2O_3:Eu 나노입자를 합성하는데 있어서 핵생성 공정을 제어하는 데 사용된다.[132] Y 및 Eu이 염화물을 물에 녹이고 염산이나 수산화칼륨으로 pH를 ~1로 조정한다. 과량(보통 15배)의 우레아를 용액에 용해시킨 후 80°C 이상으로 상승시켜 2시간 동안 유지한다. 우레아가 천천히 분해하면서 pH가 ~4–5에 도달했을 때 핵생성이 집중적으로 일어난다.

일반적으로 특정 유형의 음이온이 촉매제로 도입된다. 음이온은 촉매 효과 외에도 공정과 입자 형태에 다른 영향을 미친다.[134] [그림 3.21]은 $FeCl_3$ 및 HCl 용액으로부터 [표 3.4]에 나와 있는 여러 조건에서 얻어진 입자의 TEM 이미지이다.[134,135] A, B, C는 적철광(hematite; α–Fe_2O_3) 분산을 보여주고, D는 막대 모양의 akageneite(β–FeO(OH))를 보여준다. 음이온이 존재하면 나노입자의 표면 특성과 계면 에너지의 변화를 초래하여 이후의 성장 거동에 영향을 줄 수 있다. 음이온은 나노입자의 구조 안으로 들어가거나 나노입자의 표면에 흡착될 수 있다. 음이온은 또한 나노입자가 정전기적 안정화 메커니즘으로 정화되는 경우에는 콜로이드 분산액의 안정성에 큰 영향을 줄 수 있다.

[표 3.4] [그림 3.19]의 Fe_2O_3(A, B, C) 및 β–FeO(OH) (D) 나노입자를 합성하기 위한 온도 및 시간 등의 합성 변수 조건[134,135]

	Fe^{3+} (M)	Cl^- (M)	Initial pH	Final pH	Temp(℃)	Time
A	0.018	0.104	1.3	1.1	100	24 h
B	0.315	0.995	2.0	1.0	100	9 days
C	0.09	0.28	1.65	0.88	100	24 h
D	0.09	0.28	1.65	0.70	100	6 h

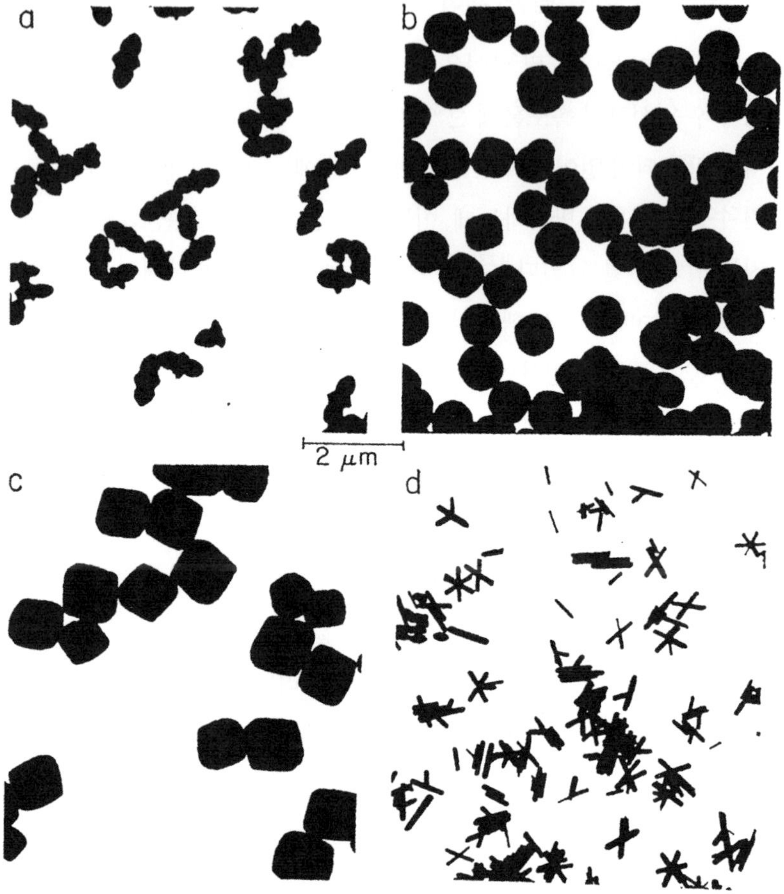

[그림 3.21] [표 3.4]에 나와 있는 다양한 조건에서 $FeCl_3$와 HCl 용액에서 얻은 다양한 산화철 및 수산화철 나노입자의 TEM 이미지 [E. Matijevic, J. Colloid Interf. Sci. 58, 374 (1977).]

결정질의 ZnO 나노입자의 제조는 음이온 방출 제어 방법의 또 다른 예이다. 우선 아연 아세테이트를 메탄올에 용해시켜 아연 알콕사이드 전구체 용액을 만든 후 이를 0°C 또는 상온에서 초음파와 수산화 리튬 촉매를 사용하여 가수분해 응축시킴으로써 산화 아연 콜로이드를 형성시킨다[136,137]. 초음파 처리는 OH^- 그룹의 방출을 가속시켜서 안정적인 ZnO 졸을 형성하는 반응이 즉각적으로 일어나도록 한다. 수산화나트륨(NaOH), 수산화칼륨(KOH) 또는 $Mg(OH)_2$ 등을 사용하면 모두 혼탁한 침전물을 생성한다. 산화아연(ZnO) 나노입자는 신선한 졸에서는 직경 ~3.5 nm, 5일 이상 오래된 졸에서는 ~5.5 nm를 나타낸다. 알코올 분산 ZnO 콜로이드를 숙성시키면 입자가 커지는 것으로 알려져 있다.[138-140] 아세테이트 계열은 ZnO 콜로이드의 표면에 부착하여 콜로이드 분산을 안정화시키는 것으로 믿고 있다.[136,140]

3.2.6 기상 반응

나노입자는 또한 기상 반응에 의해 합성할 수 있다. 액체에서 나노입자가 합성되는 메커니즘과 동일하다. 일반적으로 반응 및 합성은 높은 온도의 진공 속에서 수행된다. 확산 제어 과정으로 성장이 일어나도록 하기 위하여 필요한 낮은 성장종 농도를 사용하기 위해서는 진공 환경이 필요하다. 성장된 나노입자는 일반적으로 비교적 낮은 온도에서 끈적이지 않는 기판을 입자 흐름에 위치시켜 포집하는데, 물론 형성된 나노입자의 일부분만 기판 상에 안착하게 된다. 더욱이 기판 표면에 모인 나노입자가 실제의 입자 나노 크기 분포를 나타내고 있지 않을 수 있다. 합성 중에 응집을 방지하기 위한 안정화 기구를 도입하기 어렵다. 이러한 문제점에도 불구하고 각종 나노입자가 기상 반응에 의해 합성 되었다. 예를 들어 가스 집적(gas aggregation) 기법을 적용하여 2–3 nm의 은 나노입자를 합성하였다.[141] 또 다른 방법은 사염화 규소(silicon tetrachloride)를 수소 토치에 연소시켜 직경 100 nm 이하의 고분산된 실리카 입자를 제조하였다.[142]

균일 핵생성과 후속 기판에의 증착을 통해 형성된 나노입자는 표면을 이동하며 응집할 수 있다.[143] 두 종류의 응집체가 보이는데 하나는 큰 나노 크기의 구형입자이고 다른 하나는 침상입자이다. 길쭉한 입자는 일반적으로 계단의 선을 따라 형성되는 것을 관찰할 수 있는데 (100) 염화나트륨(NaCl)이나 (111) CaF 위에 금(Au)입자,[144,145] 또 NaCl 기판 위에 은(Ag)입자[141] 등이다. 그러나 침상결정을 형성하는데 계단의 모서리가 항상 필요한 것은 아니다. 예를 들어 결정질 황화카드뮴(CdS) 나노 막대가 수백 마이크로미터(μm) 길이로 합성되었다.[146] 수 나노미터의 직경을 갖는 Au 입자가 산화철,[147] γ-알루미나,[148] 티타니아[149] 등의 다양한 산화물 기판 위에 성장하였다.

GaAs 나노입자가 유기금속 전구체로부터 증기 상에서의 균일 핵생성으로 합성될 수 있다.[150] 트리메틸 갈륨(trimethyl gallium)과 AsH_3를 전구체로, 수소를 캐리어 가스 및 환원제로 사용하였다. 반응과 핵생성은 대기압 700°C에서 일어났다. GaAs 나노입자는 350°C의 온도에서 열영동적으로(thermophoretical) 다공성 탄소막에 포집된다. 나노입자는 매우 다면적인 단결정 비소화갈륨(GaAs)이었고 10–20 nm의 직경을 나타냈다. 반응 및 핵생성 온도를 상승시키면 입자 크기가 커졌고, 전구체의 농도 증가도 입자에 유사한 영향을 미쳤다. 그러나 온도 및 전구체 농도의 변화는 나노입자의 형태에는 거의 영향을 주지 않았다.

3.2.7 고상 석출

유리 기지 내에 있는 금속과 반도체 양자점은 일반적으로 고상에서의 균일 핵생성으로 형성한다.[151,152] 우선 원하는 금속 또는 반도체 전구체를 고온의 유리 용융물에 균일하게 분포시킨 후 실온으로 급랭시킨다. 그런 다음 유리 전이 온도 정도로 가열하여 미리 설계된 시간 동안 유지시킨다. 열처리 중에 금속 또는 반도체 전구체는 금속과 반도체로 변환되며, 결과적으로 과포화된 금속 또는 반도체는 고체 확산하여 핵생성과 성장 과정을 통해 나노입자를 형성하게 된다.

균질한 유리는 금속을 이온 형태로 유리 용융물에 녹인 후 실온으로 냉각시켜서 만든다. 이러한 유리에서 금속은 이온 형태로 남아있다.[153] 중간 온도로 재가열하면 금속 이온은 안티몬 산화물 등의 주입된 환원제에 의해 금속 원자로 환원된다. 금속 나노입자는 또한 자외선, X-선, 또는 방사선에 민감한 이온인 세륨이 존재할 경우는 γ-선 방사선 등에 의해서도 핵생성이 유발될 수 있다.[153] 이후 핵의 성장은 고체 상태의 확산에 의해 일어난다.[154] 예를 들어 금,[153] 은,[155]

구리[156] 등의 나노입자를 포함하는 유리는 모두 이러한 방식으로 제조될 수 있다. 금속 이온은 유리 용융 또는 유리에 다량 용해될 수 있지만 금속 원자는 용해되지 않는다. 고온으로 가열하면 금속 원자는 확산할 수 있게 되어 유리를 통해 이동하여 핵을 형성한다. 이 핵은 더욱 성장하여 다양한 나노 크기의 나노입자를 형성한다. 고체 상태 확산은 상대적으로 느리게 일어나므로 단분산 입자를 만들기 위한 확산 제어 성장을 도모하기가 비교적 용이하다. [그림 3.22]는 유리 기지 내에 분산된 구리(Cu)와 은 나노입자의 TEM 현미경 사진이다.

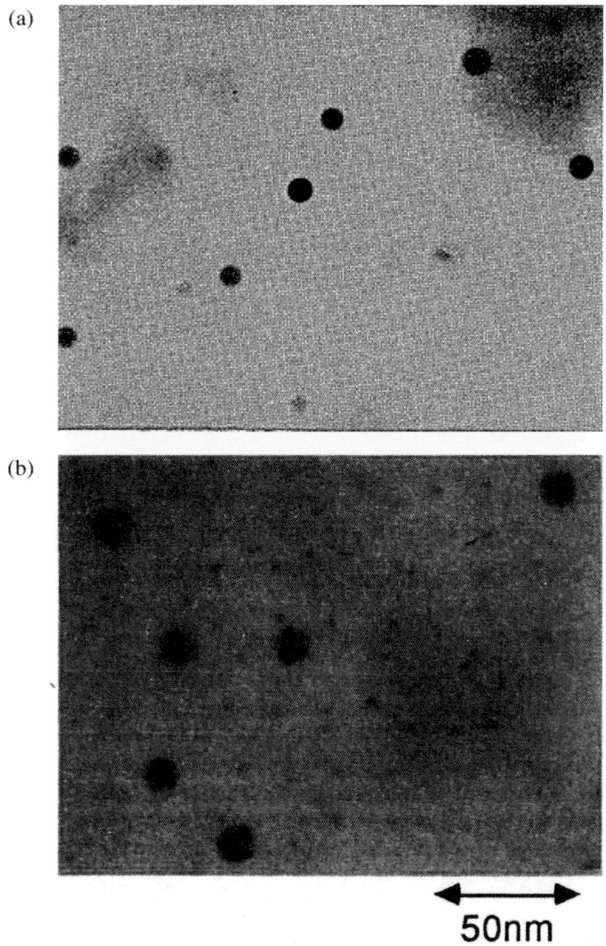

[그림 3.22] $BaO-P_2O_5$ 유리 안에 형성된 구리 및 은 나노입자 TEM 현미경 사진:

(a) $50P_2O_5$–50BaO–6SnO–$6Cu_2O$, (b) $50P_2O_5$–50BaO– 4SnO–$4Ag_2O$ [K. Uchida, S. Kaneko, S. Omi, C. Hata, H. Tanji, Y. Asahara, and A.J. Ikushima, J. Opt. Soc. Am. B11, 1236 (1994).]

유리 기지에 분산된 나노입자는 졸-겔 공정을 통해 합성할 수도 있다. 두 가지 방법으로 (1) 미리 합성한 콜로이드 분산액을 졸 상태의 기지와 혼합하여 겔화하는 것과 (2) 나노입자 형성을 위해 원하는 이온을 함유하는 균질의 졸을 만든 후에 이 고체 생성물을 고온으로 담금질하는 방법이다.

예를 들어 tetraethoxylsilane[$Si(OC_2H_5)_4$], TEOS, 카드뮴 아세트산[$Cd(CH_3COO)_2 \cdot 2H_2O$], 아연 아세트산[$Zn(CH_3COO)_2 \cdot 2H_2O$]를 용매 및 황 전구체역할을 하는 dimethylsufphoxide(DMSO)에서 가수분해 및 중합 반응을 거침으로써 $Cd_xZn_{1-x}S$로 도핑된 실리카 유리를 제조하였다[158]. 우선 카드뮴과 아연을 DMSO에 녹인다. 균질한 용액이 만들어지면 TEOS와 물을 추가한다. 혼합물은 이틀 동안 80 °C에서 환류시켰다. 건조한 겔은 일차적으로 공기 중 350°C에서 가열하여 잔류 유기물을 제거하고, 질소 분위기에서 500 및 700℃로 가열하여 각 온도에서 30분 동안 유지한다. 겔은 높은 온도에서 소성하기 전에는 무색투명하여 $Cd_xZn_{1-x}S$ 나노입자 없이 균일한 유리 상임을 보여준다. 500 °C 질소 분위기에서 소성하면 유리는 노란색으로 변하여 $Cd_xZn_{1-x}S$ 나노입자가 형성된 것을 알 수 있다.

중합체 모재에 존재하는 금속 나노입자는 고분자 사슬 라디칼을 성장시켜서 금속 이온을 환원시켜 합성할 수 있다.[159-162] 전형적인 합성 방법을 폴리메칠메타크릴레이트[poly(methylmethacrylate), PMMA]에서 은 나노입자를 형성하는 것을 예로 하여 설명할 수 있다. 실버 트리플루오로아세테이트(silver trifluoroacetate, $AgCF_3CO_2$, AgTfa)와 라디칼 중합 개시제로 2,2'-azobisisobuyronitrile(AIBN) 또는 과산화 벤조일(BPO)을 메틸메타크릴레이트(methylmethacrylate, MMA)에 용해시켰다. 용액은 MMA의 중합이 완료되기까지 60°C에서 20시간 동안 가열시킨다. 얻어진 Ag-PMMA는 PMMA의 유리 전이 온도보다 약간 높은 120°C에서 다시 20시간 동안 열처리한다. 이러한 과정 중에서 중합체 사슬 라디칼이 성장하면서 금속 이온을 환원시켜 금속 원자를 만들게 되고, 궁극적으로 금속 원자는 핵생성 하여 나노입자를 형성하게 된다.

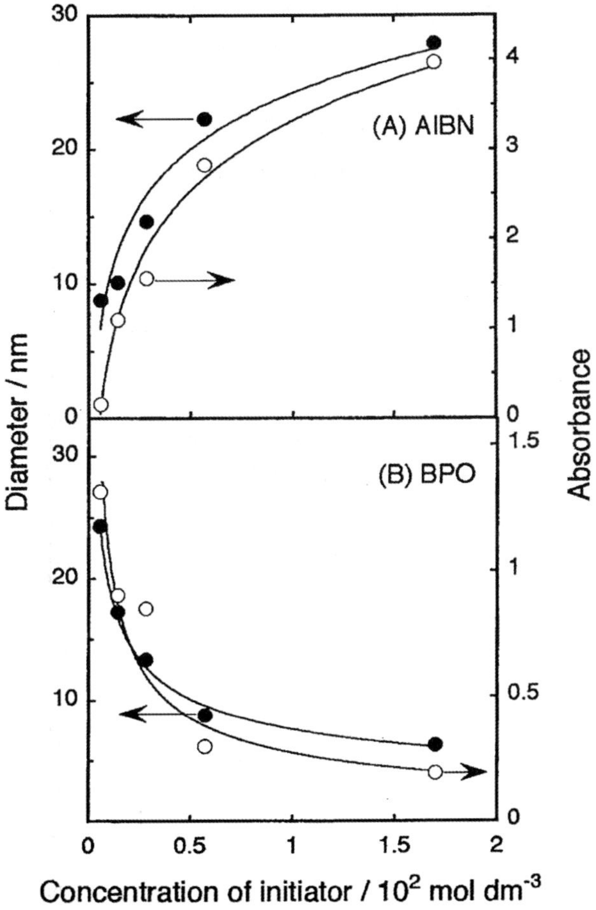

[그림 3.23] 개시제의 농도에 따른 은 입자의 평균 직경(검정색 원)과 420 nm 파장에서 측정한 은 클러스터의 표면 플라스몬 흡수의 피크 강도(흰색 원) [N. Yanagihara, K. Uchida, M. Wakabayashi, Y. Uetake, and T. Hara, Langmuir 15, 3038 (1999).]

나중에 더 높은 온도에서 가열해 주는 것은 이미 형성된 핵이 더 크게 성장하는 것을 촉진시키기 위한 것으로 간주된다. 그러나 그러한 후 열처리에 의해 나노입자의 나노 크기와 입도 분포가 얼마나 더 좋아지는지는 분명치 않다.

[그림 3.23]에 보인 바와 같이 중합 개시제의 종류와 농도가 합성된 금속 나노입자의 나노 크기와 나노 크기 분포에 큰 영향을 미치는 것으로 밝혀졌다.[160] 다른 모든 실험 조건을 동일하게 유지하고 중합체 라디칼의 종류와 농도를 변화시킴으로써 은 입자의 나노 크기에 큰 영향을 미친다는 것을 보여주었다. 위에

기술한 Ag–PMMA 복합체 합성 시에 적용한 정상 상태 조건에서 고분자 라디칼의 농도는 개시제의 초기 농도에 비례하였다.[163] 따라서 고분자 개시제의 농도 증가는 중합체 사슬의 양 증가를 초래할 것으로 예상되고, 이는 다시 금속 이온의 환원을 촉진시켜 핵생성을 위한 더 많은 금속 원자(더 높은 농도 또는 과포화)를 만들어낸다. 앞에서의 논의(식 (3.5)와 (3.9))에 의하면 높은 과포화는 핵의 크기는 작지만 많은 수의 핵을 허용한다. 이는 [그림 3.22(b)]에 제시된 결과, 즉 BPO 개시제의 농도 증가에 따른 나노입자의 크기 감소를 설명해 준다. 그러나 [그림 3.22(a)]는 반대의 결과를 보여주고 있는데 AIBN 개시제의 농도 증가와 함께 나노입자의 크기도 함께 증가하고 있다. 이들 결과들에 대한 가능한 설명은 벤조일옥시(benzoyloxy) 라디칼이 금속 이온에 대하여 산화력을 가지고 있는 반면, 이소부티로니트릴(isobutyronitrile) 라디칼은 산화력이 없다는 점이다.[163,164] 또한 금속 원자의 농도가 높은 경우 표면 공정 제어 성장이 더 잘 일어나서 크기 분포가 넓어진다는 것이 밝혀졌다.

금속 나노입자는 또한 침전법, 즉 비정질 금속 합금을 고온에서 담금질하여 결정화시키는 방법으로 합성하였다.[165,166] 용융 회전(melt spinning) 기술로 폭 10 mm, 두께 25 μm의 리본 형태 초상자성 나노결정인 $Fe_{63.5}Cr_{10}Si_{13.5}B_9Cu_1Nb_3$를 만든 후 아르곤(Ar) 분위기의 높은 온도에서 열처리를 하였다.[167] 평균 입자 크기는 5–10 nm 범위였고 775–850 K 범위에서의 담금질로 평균 입자 크기는 증가하였다.[167]

3.3 불균일 핵 형성을 통한 나노입자 합성

3.3.1 불균일 핵생성 이론

새로운 상이 이종의 재료 표면에 형성될 때 이 과정을 불균일 핵생성이라고 한다. 고체 평면 기판에서의 불균일 핵생성을 생각해 보자. 기체 상의 성장종이 기판 표면에 충돌하는 경우를 가정하면, 이들 성장종은 확산하고 응집하여 [그림 3.24]에 보인 것 같이 캡 모양의 핵을 형성한다. 균일 핵생성과 마찬가지로 깁스 자유 에너지의 감소와 표면 또는 계면 에너지의 증가가 있다. 핵의 형성과 관련된 전체 화학 에너지의 변화, ΔG는

$$\Delta G = a_3 r^3 \Delta\mu_v + a_1 r^2 \gamma_{vf} + a_2 r^2 \gamma_{fs} - a_2 r^2 \gamma_{sv}, \tag{3.43}$$

여기서 r은 핵의 평균 크기이고, $\Delta\mu_v$는 단위 부피당 깁스 자유 에너지의 변화, γ_{vf}, γ_{fs}, γ_{sv}는 각각 기상-핵, 핵-기판, 기판-기상 사이의 표면 에너지이다. 각각의 기하학적 상수는 다음과 같이 주어진다.

$$a_1 = 2\pi(1 - \cos\theta), \tag{3.44}$$

$$a_2 = \pi \sin^2\theta, \tag{3.45}$$

$$a_3 = 3\pi(2 - 3\cos\theta + \cos^2\theta), \tag{3.46}$$

여기서 θ는 접촉각인데 관련된 표면 또는 계면의 특성에만 의존하며 다음의 영(Young)의 식으로 정의된다.

$$\gamma_{sv} = \gamma_{fs} + \gamma_{vf} \cos\theta. \tag{3.47}$$

균일 핵생성과 유사하게 새로운 상의 형성은 부피 자유 에너지를 감소시키지만 전체 표면 에너지를 증가시킨다. 핵은 그 크기가 임계치(r^*)

$$r^* = \frac{-2(a_1\gamma_{vf} + a_2\gamma_{fs} - a_2\gamma_{sv})}{3a_3\Delta G_v} \tag{3.48}$$

보다 큰 경우에만 안정하며 임계 장벽 에너지는

$$\Delta G^* = \frac{4(a_1\gamma_{vf} + a_2\gamma_{fs} - a_2\gamma_{sv})^3}{27{a_3}^2\Delta G_v} \tag{3.49}$$

이다. 모든 기하학적 상수를 대입하면

$$r^* = \frac{2\pi\gamma_{vf}}{\Delta G_v}\left(\frac{\sin^2\theta\cos\theta + 2\cos\theta - 2}{2 - 3\cos\theta + \cos^3\theta}\right)$$

$$\Delta G^* = \left\{\frac{16\pi\gamma_{vf}}{3(\Delta G_v)^2}\right\}\left\{\frac{(2 - 3\cos\theta + \cos^3\theta)}{4}\right\} \tag{3.50}$$

을 얻는다. 본 식을 식 (3.6)과 비교하면 첫 번째 항이 균일 핵생성 시의 임계 장벽 에너지와 같음을 알 수 있고, 두 번째 항은 접촉계수(wetting factor)이다. 접촉각이 180°일 때, 즉 새로운 상이 기판에 전혀 젖어들지 않을 경우, 접촉계수는 1이며 임계 장벽 에너지는 균일 핵생성 시의 값과 같다. 접촉각이 180° 미만일 경우 불균일 핵생성에 대한 장벽 에너지는 항상 균일 핵생성 시의 장벽 에너지보다 작다. 이는 대부분의 경우 불균일 핵생성이 균일 핵생성보다 쉽게 일어난다는 것을 설명해준다. 접촉각이 0°인 경우 접촉계수는 영이 되고 새로운 상을 형성하기 위한 장벽 에너지는 없다. 이러한 경우의 일례는 기판과 동일한 재료를 증착시키는 경우이다.

기판 상에 나노입자 또는 양자점을 합성시키는 경우 $\theta > 0$인 조건이 필요하고 영의 방정식은 다음과 같이 된다.

$$\gamma_{sv} < \gamma_{fs} + \gamma_{vf}. \tag{3.51}$$

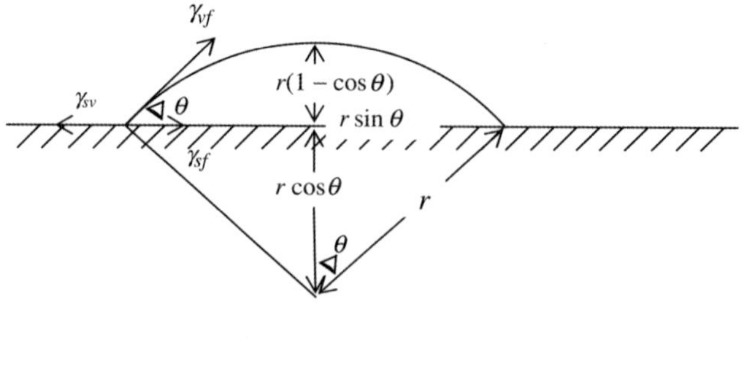

[그림 3.24] 평형 상태에 있는 모든 관련된 표면 에너지를 포함하여 개략적 불균일 핵생성 과정을 나타낸 모식도

이러한 불균일 핵생성은 박막 분야에서는 일반적으로 섬 성장(island growth 또는 Volmer–Weber 성장)이라 지칭하고 있다.[143] 또 다른 두 가지 핵생성 모드는 층 성장(layer growth 또는 Frank–van der Merwe 성장)과 섬–층 성장(또는 Stranski–Krastanov 성장)이다. 자세한 설명은 5장에서 논의할 것이다.

3.3.2 나노입자의 합성

핵생성 중심의 역할을 하기 위한 표면 결함을 균일하게 생성시키기 위한 다양한 방법이 제안되어 왔는데 열 산화법,[168] 스퍼터링 및 열 산화법,[169] 아르곤 플라스마 및 열 산화법[170] 등이다. 증발된 금이나 은 등의 금속은 고방향성 열분해 흑연(highly oriented pyrolitic graphite; HOPG) 기판 상에서 작은 입자를 형성한다.[171] 이렇게 형성된 금속 나노입자는 표면 결함과 밀접하게 관련되어 있다.[169,171,172] 기판 표면에 있는 끝머리가 유일한 결함일 경우 입자는 이들 끝머리 근처에 집중된다. 예를 들어 기판 상의 금속 원자는 기판 상에서 확산하여 계단의 모서리에 집중적으로 입자를 형성하는데, 기판의 계단 모서리는 높은 에너지 상태에 있으므로 핵생성에 유리한 장소가 된다. 그러나 [그림 3.25]에 보인 바와 같이 피트 홀(pit hole) 등의 다른 결함이 존재하면 기판 표면 전체에 걸쳐 나노입자가 분포하는 것으로 확인되었다.[172]

수소 공진화 전기화학 증착법(hydrogen coevolution electrochemical deposition)을 사용하여 20 내지 600 nm의 직경을 갖는 좁은 나노 크기 분포의 니켈(Ni) 나노입자를 HOPG 기판 상에 합성했다.[173] 합성에 사용한 약품은 $Ni(NO_3)_2 \cdot 6H_2O$, NH_4Cl, NaCl, NH_4OH 등이며 수용액은 합성 과정 중에 pH 8.3을 유지하였다.

분자선 에피택시(molecular beam epitaxy; MBE) 방법으로 2.5 내지 60 nm 크기 범위의 갈륨비소(GaAs) 나노입자를 넓은 표면적의 ~100 nm 비정질 실리카 구체 위에 성장시켰다.[174] GaAs 나노입자는 일반적으로 고품질의 에피층을 성장시키는 조건인 580°C에서 합성되었다. 3.5 nm보다 큰 GaAs 나노입자는

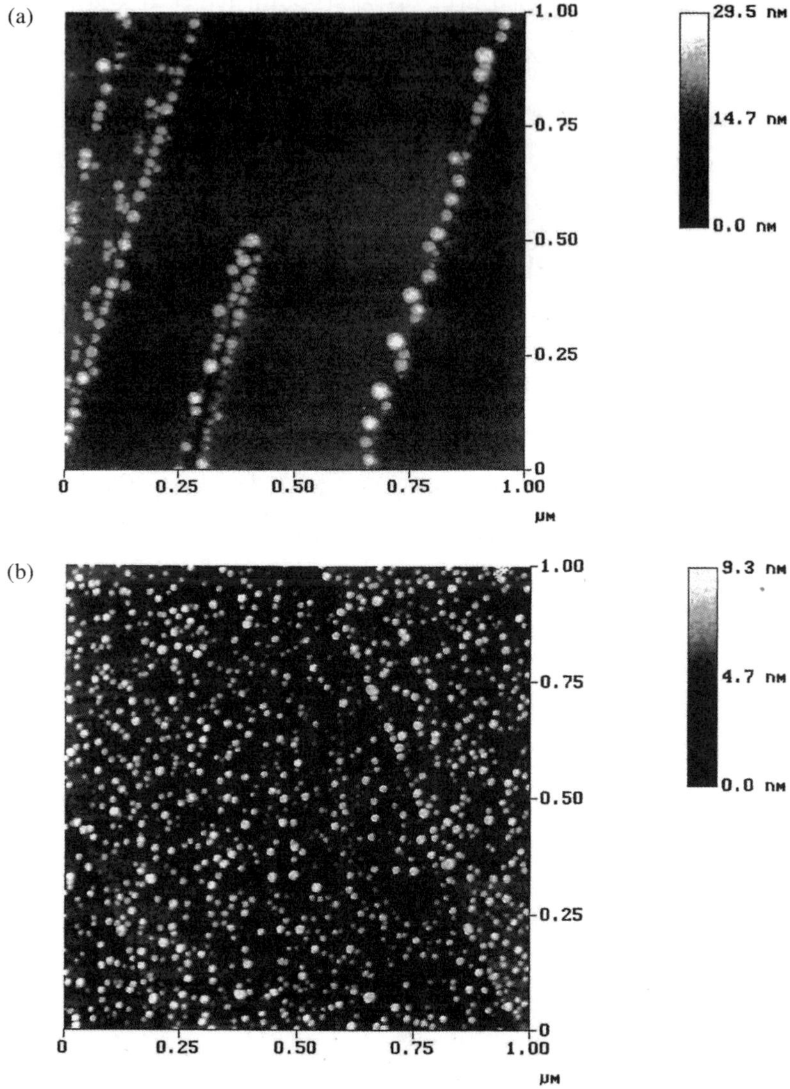

[그림 3.25] HOPG-298 흑연 기판 상에 있는 나노입자의 주사 힘 현미경 이미지 : (a) 성장이 원래 기판의 끝머리 결함에서만 발생하고 있으며 (b) 성장이 표면 결함이 있는 모든 곳에서 발생하고 있다. [A. Stabel, K. Eichhorst-Gerner, J.P. Rabe, and A.R. Gonz lez-Elipe, Langmuir 14, 7324 (1998).]

벌크 재료와 동일한 격자 상수와 함께 좋은 결정성을 보였다. 이렇게 제조된 GaAs 나노입자는 두께 1.0-1.5 nm의 자연 산화막인 Ga_2O_3 및 As_2O_3 껍질로 둘러싸여져 있다.

또한 불균일 핵생성에 의한 나노입자 형성은 기상 반응에 의한 합성(3.2.6절)과 다르다는 것을 주목해야 한다. 기상에서의 균일 핵생성의 경우 입자는 우선 증기 상에서 형성한 후 기판 표면에 집적되는 한편 불균일 핵생성에서는 성장종이 기판 표면에 충돌하면서 핵을 형성한다.

3.4 나노입자의 동역학적 밀폐 합성

동역학적 제어 성장(kinetically controlled growth)은 공간적으로 성장을 제한하는 것으로써 제한적인 성장 원료가 소진되거나 가용 공간이 꽉 채워지게 되면 성장이 멈추게 된다. 나노입자를 형성하기 위해서 많은 공간적 제한 방법이 고안되었다. 일반적으로 공간 제한 방법은 몇 가지 그룹으로 나눌 수 있다. (1) 기체 상 내의 액체 방울로 에어로졸 합성이나 분무 열분해(spray pyrolysis) (2) 액상 내의 액체 방울로 미셀 마이크로에멀전(micelle microemulsion) 합성 (3) 주형 기반 합성 (4) 자가종료(selfterminating) 합성 등이다. 이러한 모든 방법을 간략하게 논의할 것이다.

3.4.1. 미셀 내부 또는 마이크로에멀전을 사용한 합성

제한된 공간 내에서 반응을 국한시킴으로써 나노입자를 합성할 수 있다. 이 방법은 미셀 내부 또는 마이크로에멀전에서 나노입자를 합성하는 것이 좋은 예가 된다. 마이크로에멀전은 섞이지 않는 두 액체가 유화제 또는 계면 활성제의 도움을 받아 열역학적으로 안정된 분산을 형성한 것을 말한다.[175] 예를 들어 물이 유기 매체에 균일하게 분산될 때 물-기름 마이크로에멀전(water-in-oil(w/o) microemulsion)이 나타난다. 이 w/o 마이크로에멀전은 금속 나노입자 합성,[176,177] 반도체 양자점[178] 및 고분자 나노입자[179] 등의 합성에 응용되기 때문에 상당한 관심을 받아 왔다. 마이크로에멀전을 기반으로 한 방법은 고가의 또는 특별한 장치가 필요없이 마이크로 영역에서 화학 양론적으로 균일한 결과물을 합성하는데 사용될 수 있다.

역 미셀(reverse micelle, [H_2O]/[계면 활성제]< 15인 마이크로에멀젼)이 1982년의 이른 시기에 Pt, Rh, Pd 및 Ir 등의 금속 나노입자를 제조하는데 주형으로 이용되었다. 얻어진 금속 나노입자의 형태와 크기에 영향을 미치는 요인이 차페크(Capek)에 의해 논의되었다.[180] 금속 Pd 나노입자는 물의 양을 증가시킴으로써 구형으로부터 벌레와 같은 나노구조로 변화시킬 수 있다.[181] 구리 나노입자의 모양과 크기가 물의 양, 덮개 물질, 환원제 농도에 의해 영향을 받는 것으로 보고되었다.[182] 마이크로에멀젼 방법은 또한 Fe/Pt[183] 및 Cu/Ni[184] 바이메탈 합금 나노입자를 합성하는데 사용될 수 있는데, 벌크에 비해 개선된 특성을 보여준다. 나아가서 마이크로에멀젼 방법의 도움을 받아 여러 가지 산화물 나노입자를 합성할 수 있다. CeO_2,[185] ZrO_2,[185] Fe_2O_3[186] 등의 이성분계와 $BaTiO_3$,[185] $SrZrO_3$,[185] $LaMnO_3$[187] 등의 복잡한 삼성분계 등이다. 또한 약 5 nm의 직경을 갖는 극히 작은 텅스텐 산화물을 마이크로에멀젼을 이용한 방법으로 합성할 수 있는데 반응 온도가 종래 방법에서보다 낮았다.[188]

미셀 합성에서 반응은 미셀 안에 있는 가용 반응물 사이에서만 진행하여 반응물이 소진되면 입자의 성장이 끝난다. 미셀의 형성에 대해서는 나중에 6장에서 상세히 설명할 것이나 여기서 간단히 설명하고자 한다. 전형적으로 한 쪽은 친수성이고 다른 한 쪽은 소수성의 두 부분으로 구성된 계면 활성제나 블록 중합체(block polymer)를 용매에 용해시킬 때, 이들은 공기/수용액 또는 탄화수소/수용액 계면에서 우선적으로 자기조립하려고 한다. 친수성 부분이 수용액 쪽으로 방향을 튼다. 계면 활성제나 블록 중합체의 농도가 임계치를 넘게 되면 이들은 자기조립하여 미셀을 형성하게 된다. 계면 활성제 또는 블록 중합체는 탄화수소와 수용액을 구분하면서 그 경계에 놓이게 된다. 마이크로에멀젼은 미세한 유기 용액의 방울이 수용액 내에 분산된 것이다. 이러한 마이크로에멀젼 시스템을 나노입자의 합성에 사용할 수 있다. 두 섞이지 않는 용액으로 반응물이 별도로 공급되었을 경우에는 화학 반응이 유기 방울과 수용액 사이의 경계에서 일어날 수 있으며, 반응물이 모두 유기 방울 안으로 용해될 경우에는 화학 반응이 유기 방울 내에서 일어날 수 있다.

일반적인 합성 과정을 예시하기 위한 예로 슈타이거발트(Steigerwald) 등[87]이 역 미셀 용액에 유기 금속 시약을 이용하여 카드뮴셀레나이드(CdSe)를 합성한 과정을 살펴보자. 계면 활성제 bis(2-ethylhexyl) 설포숙시네이트(sulfo-succinate, 에어로졸(aerosol)-OT; AOT) 33.3 g을 헵탄(heptane) 1,300 mL에 용해한 후 탈산소화한 물 4.3 mL을 첨가한다. 혼합물은 균질하게 될 때까지 자기적으로 교반시켜 비율 $W=[H_2O]/[AOT]=3.2$인 마이크로에멀전을 얻는다. $Cd(CiO_4)_2 \cdot 6H_2O$와 탈산소 물로써 1.0M Cd^{2+} 용액 1.12 mL를 상기 마이크로에멀전에 추가하고 교반하여 W=4.0의 광학적으로 균일한 마이크로에멀젼 용액을 얻는다. Bis(trimethylsily)셀레늄(selenium) 솔루션[$Se(TMS)_2$ 210 μL + 헵탄 50 mL]을 주사기로 마이크로에멀젼에 신속하게 추가한다. 반도체 입자가 형성되면서 균질한 마이크로에멀젼에 색깔이 나타나게 된다. 비율 $W=[H_2O] / [AOT]$가 CdSe 결정체 크기를 제어한다. 이온 시약으로부터 콜로이드 결정체를 형성하는 데에도 동일한 결과가 보고되었다.[189,190]

역 미셀 용액에서 제조한 반도체 나노입자의 표면을 추가적으로 개질할 수 있는데 일반적으로 silylorganoselenide을 도입하는데 금속염과 쉽게 반응하여 금속 셀레늄 공유결합을 만든다.[87,191] 예를 들면 계면 활성제로 안정화된 CdSe는 처음에는 1.0 M의 Cd^{2+} 용액 0.5 mL를 추가한 다음 phenyl(trimethylsilyl) selenium(PhSeTMS + 50 mL 헵탄) 350 μL에 담가 Cd^{2+}로 코팅시킨다. 그 혼합물은 흐려지고 유색의 침전물을 원심 분리 또는 여과하여 가려낸다. 이 과정에서 처음에는 CdSe 결정체에 Cd이 많은 표면이 만들어지다가 다음에 PhSeTMS과 반응하여 페닐 리간드층을 형성하고, 이 층이 표면과 공유결합 하여 CdSe 표면을 덮게 된다.[87]

여러 가지 단분산 중합체 입자가 에멀젼 중합 반응(emulsion polymerization)

을 주의 깊게 제어함으로써 제조할 수 있다.[192-194] 일반적으로 수용성 중합 개시제와 계면 활성제를 물과 단량체 혼합물에 추가한다. 소수성 단량체 분자들은 보통 0.5–10 μm의 직경을 갖는 큰 방울을 형성하며 계면 활성제로 안정화되어 있다. 계면 활성제의 친수성 끝은 바깥쪽을 향하는 반면 소수성 끝은 단량체 방울의 안쪽으로 향해 있다. 미셀의 농도는 통상 10^{18}/mL 로 단량체 방울의 농도 $10^{10}-10^{11}$/mL보다 훨씬 높다. 중합 개시제는 단량체 방울과 미셀에 모두 유입된다. 중합 반응은 단량체 방울로부터 온 단량체가 단량체 방울과 미셀 모두에서 반응하며 진행된다. 얻어진 고분자 입자는 보통 50 nm 내지 0.2 μm의 직경을 갖는다.[192] 이러한 고분자 콜로이드는 상당히 좁은 크기 분포를 가지며 구형을 나타냈다.[195,196]

3.4.2 에어로졸 합성

에어로졸(aerosol) 방법에 의한 나노입자의 형성은 여러 가지 측면에서 다른 방법들과 다르다. 우선 에어로졸 방법은 다른 상향식 접근 방식과 달리 하향식 접근법으로 생각할 수 있다. 둘째, 나노입자는 다른 방법에 의해 제조된 나노입자가 단결정 또는 비정질 구조인데 반하여 다결정일 수 있다. 셋째, 만들어진 나노입자는 수집하여야 하며 많은 응용을 위해서 재분산시킬 필요가 있다. 이 방법에서는 우선 액상 전구체를 준비하게 된다. 전구체는 간단히 말하면 원하는 구성 요소의 혼합 용액 즉 콜로이드 분산액이다. 그 다음에 이러한 액상 전구체는 분무하여 액상 에어로졸을 만든다. 액상 에어로졸은 기체 상에 분산되어 있는 균일한 액체 방울로 단순히 용매가 증발되며 고체화되거나 또는 기체에 존재하는 다른 화학종과 이차적인 반응을 한다. 만들어지는 입자는 구형으로 그 크기는 초기 액체 방울의 크기와 고형 성분의 농도에 의해 결정된다. 에어로졸은 초음파 또는 방사(spinning)로 비교적 용이하게 제조할 수 있다.[197] 예를 들어 TiO_2입자는 $TiCl_4$나 티탄 알콕사이드 에어로졸로부터 제조할 수 있다.[198] 우선 구형의 비정질 산화 티타늄입자를 형성한 다음 고온에서 하소시켜 아나타제(anatase) 결정으로 변환시킨다. 분체를 900°C에서 가열하면 루틸(rutile) 상을 얻게 된다. Al-2'-butoxide 방울로 동일하게 처리하면 구형의 알루미나 입자를 얻을 수 있다.[199]

에어로졸 기술은 또한 고분자 콜로이드를 제조하는 데 사용되어 왔다. 출발물질은 유기 단량체 방울로 기체 상태에서 개시제와 접촉하여 고분자화되어 있거나,[200] 다른 유기 반응물과 공중합되어 있다.[201] 예컨대 poly(p-tertiary-butylstyrene) 콜로이드 입자를 제조하는 데 헬륨 가스에 분산된 단량체를 중합개시제인 trifluoromethanesulfonic산의 기체 상과 같이 중합시켰다.[200] 스티렌(styrene)과 디비닐벤젠(divinylbenzene) 고분자 입자는 두 단량체 스티렌과 디비닐벤젠의 공중합을 통해 합성하였다.[201] 에어로졸을 사용하여 형성된 고분자 입자는 1~20 μm의 큰 직경을 갖는다.

3.4.3 성장 종료 합성

나노입자의 합성에 있어서 크기는 소위 성장 종료(growth termination)에 의해 제어 될 수 있다. 이 방식은 개념적으로는 간단하다. 유기 성분 또는 외부 이온이 성장면에 부착되어 모든 가능한 성장 사이트가 덮이면 성장이 중지된다. 헤론(Herron) 등은[202] 티오페놀(thiophenol) 표면 덮개 물질 하에서 CdS 종이 경쟁적으로 성장하며 종료되도록 하여 CdS 콜로이드 입자를 합성하였다. 카드뮴 아세테이트, 티오페놀, 무수 황화나트륨이 합성에 사용되었고 모든 합성 절차와 조작은 질소로 채워진 건조 상자에서 수행하여 세 가지 용액을 제조하였다. (A) 카드뮴 아세테이트를 메탄올에 용해시킨 것으로 [Cd]=0.1 M, (B) 황화나트륨을 1:1 부피비의 물과 메탄올 혼합물에 용해하여 $[S^{2-}]$=0.1 M로 만들고, (C) 티오페놀과 메탄올 용액으로 [PhSH]=0.2 M을 준비한다. 우선 원액 B와 C를 철저히 혼합하고, 교반시키면서 원액 A를 추가시키는데 A:B:C의 부피비율을 2:1:1로 한다. 용액을 15분 동안 교반하고 여과하고, 질소로 필터를 통해 흡입 건조시킨다. 이렇게 마련된 CdS 입자는 결정질로써 XRD 스펙트럼은 벌크

[그림 3.26] 나노입자의 합성을 위한 성장 종료. 유기 성분이 표면의 모든 성장 사이트를 차지하면 나노입자의 성장이 중지된다. 나노입자의 최종 크기는 도입된 유기 리간드의 농도에 의해 제어할 수 있다. [N. Herron, Y. Wang, and H. Eckert, J. Am. Chem. Soc. 112, 1322 (1990).]

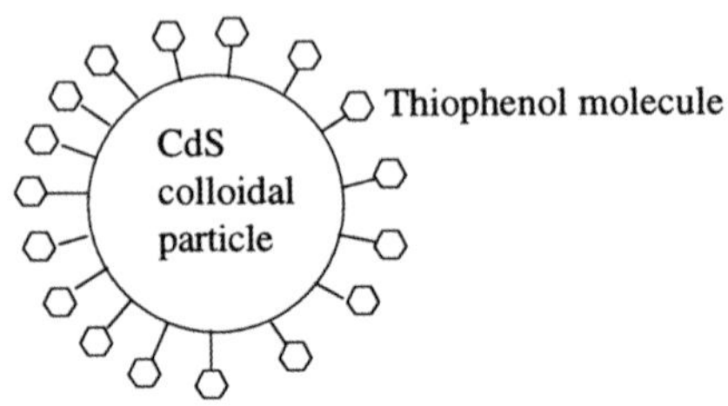

CdS의 섬아연광 구조와 일치하였다. CdS 입자의 표면은 [그림 3.26]에 도식화한 것처럼 티오페놀 분자로 덮여있다[202]. CdS 입자의 크기는 설파이드와 티오페놀의 상대적인 비율에 따라 변하며 1.5 내지 3.5 nm의 크기였다. 황화물 전구체에 대해 상대적으로 덮개 물질 분자량이 증가할수록 입자의 크기가 작아지는 것이 밝혀졌다. 따라서 이러한 나노입자의 크기는 전구체와 덮개 물질 분자의 상대적인 농도를 조절함으로써 쉽게 제어될 수 있다. 비슷한 합성 방법을 금속 산화물 나노입자의 형성에 적용할 수 있다. 예를 들어 직경 2 nm의 정방정계 ZrO_2 결정 입자를 나노입자는 파라톨루엔 술폰산(para-toluene sulfonic acid)의 존재하에 acac-변성 지르코늄 프로폭시드(acac-modified zirconium propoxide)를 가수분해하고 60-80°C에서 시효시켜 형성한다.[203]

3.4.4 분무 열분해 합성

분무 열분해(spray pyrolysis)는 기본적으로 용액 공정으로 금속 및 금속 산화물 가루를 만드는데 널리 사용되어 왔다.[204,205] 공정은 단순히 전구체 또는 전구체 혼합의 마이크로 크기 액체 방울을 가열을 통해 고체 입자로 변환시키는 것으로 설명될 수 있다. 실제로 분무 열분해는 몇 가지 단계를 포함하는데, (1) 마이크로 크기의 액체 전구체 또는 전구체 용액 방울의 형성, (2) 용매의 증발, (3) 용질의 응축, (4) 용질의 분해 및 반응, (5) 고체 입자의 소결이다.

키에다(Kieda)와 메싱(Messing)은[206] 400°C 이하의 온도에서 Ag_2CO_3, Ag_2O, $AgNO_3$, NH_4HCO_3 전구체 용액을 써서 은 입자를 제조하였다. 이러한 저온에서의 분무 열분해 공정에서는 은 이온이 암민(ammine) 합성물을 형성하는 능력이 나노입자 형성에 매우 중요한 역할을 한다는 것이 밝혀졌다. 이러한 공정은 Cu, Ni, Zn 등 대부분의 전이금속 이온이 암민과 합성물을 형성할 수 있음에 가정한 것이다.

브레넌(Brennan) 등은[207] $Cd(SePh)_2$나 $[Cd(SePh)_2]_2[Et_2PCH_2CH_2PEt_2]$를 320–400°C의 온도 범위에서 24시간 동안 진공 고체 열분해하여 CdSe 나노입자를 제조하였다. 유사한 공정이 ZnS와 CdS,[208] 또 CdTe와 HgTe[209] 나노입자를 생산하는 데 사용되었다.

산화물 나노입자도 분무 열분해에 의해 제조될 수 있다. 강(Kang) 등은[210] Eu이 도핑된 Y_2O_3 나노입자를 졸–겔 공정과 분무 열분해 방법을 결합시켜 제조하였다. 콜로이드 용액은 우레아를 환원제로 사용하여 만들었고 분무 열분해는 1,300°C에서 진행하였다. 나노입자는 매끄러운 표면을 갖는 구형으로 속이 빈 구조였다.

3.4.5 주형 기반 합성

고체 고분자 모재에 분산된 산화철, Fe_3O_4, 나노입자는 염화철 용액을 침윤(infiltration)시켜 제조할 수 있다.[211] 양이온 교환 수지인 고분자 기지는 100–300 μm 직경의 비드(bead)로 구성되어 미세기공(micropore)을 포함하고 있다. 산화철 나노입자의 합성은 질소 분위기 중에서 염화철 용액에 수지를 분산시킴으로써 수행된다. 모재 양이온인 Na^+나 H^+는 Fe^{2+}나 Fe^{3+}로 교환된다. 교환 후 알칼리성 매질의 65°C에서 가수분해 및 중합에 의해 수지의 거대기공(macropore) 내에 Fe_3O_4 나노입자를 형성한다. 이 공정을 반복함으로써 Fe_3O_4의 공급을 늘려서 나노입자의 크기를 크게 한다. 일정한 모양의 3–15 nm의 직경 범위에 있는 구형 Fe_3O_4가 얻어진다. CdSe 나노입자를 제올라이트를 주형으로 사용하여[212] 또 ZnS 나노입자는 규산유리 안에 합성하였다.[213] 주형은 또한 가스 증착에 의한 나노입자의 합성 시 쉐도우 마스크로 사용할 수 있다. 예를 들어 다공성 양극 산화 알루미나 막을 마스크로 사용하여 기상 증착시킴으로써 실리콘 기판 상에 규칙적인 금속 나노입자 배열을 형성시켰다.[214]

3.5 에피택셜 코어-쉘 나노입자

나노입자는 유기 성분 및 생리 활성종의 자기조립, 유전체-금속 코어-쉘 나노구조 등 다양한 표면 공학에 활용되고 있다. 본 주제는 특별히 주목할 필요가 있어 6장에서 자세히 논의될 것이다. 그러나 반도체-반도체 코어-쉘 구조는 여기서 설명할 것이다. 이러한 코어-쉘 구조는 에피택시 성장을 하며 쉘은 화학 성분이 다른 코어 구조의 연장으로 간주될 수 있기 때문이다. 또한, 이들의 코어와 쉘의 성장은 매우 밀접하게 관련되어 있다.

반도체 나노입자는 양자 효과를 가지고 있을 수 있으며 가시광선 및 근적외선(NIR) 스펙트럼에 걸쳐 높은 방출 수율을 보인다. 그런 나노입자나 양자점의 표면이 양자 수율과 띠간격 발광의 수명을 주로 결정한다. 표면 보호막을 사용함으로써 전하 캐리어의 비복사성(nonradiative) 표면 재결합을 줄여서 발광 수율을 높일 수 있다. 두 가지 표면 보호 방법이 일반적으로 사용되는데 하나는 이른바 띠간격 엔지니어링을 통해 코어와 격자 정합이 좋으나 큰 띠간격을 갖는 반도체를 코어 위에 에피택시 성장하는 것이고,[215] 다른 방법은 표면에 루이스(Lewis) 염기를 흡착하는 것이다.[216,217] 후자의 예는 CdSe와 CdSe/ZnS 양자점의 표면을 보호하기 위해 otylamine을 사용하는 것이다.[218]

나노입자의 표면에 넓은 띠간격 반도체층을 성장하기 위해서는 균일 핵생성이 일어나지 않고 나노입자의 표면에서만 성장이 일어나도록 성장 조건을 제어해야 한다. 따라서 성장종의 농도를 핵생성이 일어날 만큼 과포화도가 높지는 않으나 성장이 일어날 만큼 높게 제어할 필요가 있다. 성장종의 과포화를 제어하기 위해 두 가지 방법이 있다. 한 가지는 성장용 전구체 용액을 성장된 나노입자, 즉 코어가 있는 반응 혼합물에 방울방울 떨어뜨리는 방법이다. 다른 방법은 성장 온도를 변화시키는 방법이다. 예를 들어 CdSe/ZnS의 코어-쉘 나노구조체 합성에서 다른 크기의 나노입자를 오버코팅하는 온도는 다음과 같다. 2.3–3.0 nm 직경의 경우 140°C, 3.5 nm의 경우 160°C, 4.0 nm의 경우 180°C, 4.8 nm의 경우 200°C, 5.5 nm의 경우 220°C 등이다.[219] 더 작은 나노입자의 성장에는 더 낮은 온도가 필요한데, 용해도 및 과포화도가 이전 장에서 논의된 바와 같이 표면의 곡률에 따라 달라지기 때문이다. 또한 코어 입자의 표면에 있는 원자 또는 이온이 덮개 물질과 너무 강하게 연결되어서는 안 된다. 그래서 성장종이 그 틈새로 들어왔을 때 덮개 물질의 분자를 밀어내고 치환할 수 있도록 하여야 한다.

이하에서 코어-쉘 나노구조체를 제조하는 일반적인 방법을 설명하기 위해 몇 가지 예를 더 들게 될 것이다. 첫 번째로 ZnS가 덮힌 CdSe 나노구조체 제작이다.[215] CdSe 나노결정체는 앞서 3.2.4절에 서술한 방법으로 제조하였다.[86] Zn와 S의 원액은 질소 분위기 건조 상자에서 bistrimethylsilyl sulfide[$(TMS)_2S$ 0.0025 M] 0.52 mL와 TOP 4.5 mL를 섞고, dimethylzin(Me_2Zn 0.0035M) 3.5 mL를 추가한 후, TOP 16 mL에 희석시켜 만든다. TOP가 캐핑된 CdSe 콜로이드 분산액을 준비하고 ~300°C로 냉각시키고, Zn/S/TOP 용액을 CdSe 콜로이드 분산에 대략 20초 간격으로 다섯 번 주입한다. 주입된 시약의 전체 몰 비율은 Cd/Se:Zn/S=1:4이었다. 반응 혼합물을 냉각하여 100°C에서 1시간 동안 교반하였다. ZnS층 ~0.6 nm 정도가 CdSe 나노입자의 표면에 코팅된 것을 X-선 광전자 분광법 및 투과 전자 현미경으로 확인하였다. [그림 3.27]은 ZnS가 덮인 CdSe 나노결정의 TEM 사진을 보여준다.[215]

코어 나노결정체 위에 쉘 재료를 에피택시 성장시킴으로써 표면의 음이온 및 양이온성 불포화 결합(dangling bond)을 제거할 수 있으며, 펭(Peng) 등이[220]

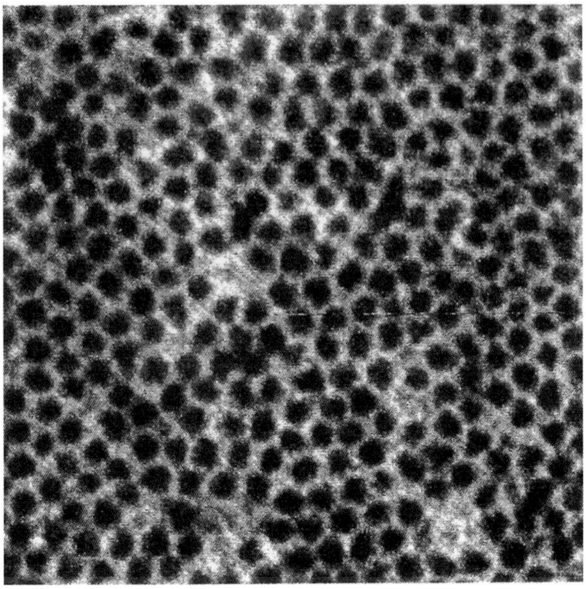

[그림 3.27] ZnS가 덮인 CdSe 나노결정의 TEM 사진. 이 사진은 95 ×95 nm이다. [M.A. Hines and P. Guyot-Sionnest, J. Phys. Chem. 100, 468 (1996).]

설명한 바와 같이 새로운 나노결정 시스템을 생성할 수도 있다. 우르자이트 CdSe/CdS 구조는 여러 측면에서 이상적이다. 격자 부정합 3.9%는 이종에피 성장이 가능할 만큼 충분히 작은 반면 합금화를 방지할 만큼 충분히 크며, 띠간격의 차이는 충분히 커서 쉘 성장에 따라 양자 수율과 코어의 안정성이 높다. CdSe/CdS 코어-쉘 구조체의 합성 과정을 아래에 기술하였다.[220] 우선 CdSe 나노결정 합성을 위한 원액을 만든다. CdSe 원액은 질소 분위기 건조 용기 내에서 원하는 양의 $Cd(CH_3)_2$를 tributylphophine(TBP)에 용융된 Se 분말 용액에 첨가하되 Cd:Se 몰 비를 1:0.7 또는 1:0.9로 유지한다. TOPO를 고비점 용매와 안정화제로 사용하여 아르곤 분위기에서 360°C로 가열한 후 위에서 마련한 원액을 빠르게 주입한다. 반응은 재빨리 가열원을 제거함으로써 즉시 중단시키거나 온도를 300°C로 낮춘 후 계속 반응이 일어나도록 한다. 나노결정은 냉각시켜 실온 상태에 있는 반응 혼합물에 메탄올을 첨가하여 침전시킴으로써 얻는다. 질소 분위기에서 원심 분리하고 건조한 후 TOPO로 캡핑된 직경 3.5 nm의

CdSe 나노결정을 얻었다. 쉘 성장을 위하여 만들어진 CdSe 나노결정을 무수 피리딘(pyridine)에 용해한 후 아르곤 분위기에서 밤새 환류시킨다. 질소 분위기에서 $Cd(CH_3)_2$를 용해시킨 용액에 $(TMS)_2S$를 추가하되 Cd:S 몰 비를 1:2.1로 유지시키며 만든 CdS 원액을 100°C에 유지되는 반응 용액에 매 초 한 방울씩 떨어뜨린다. CdS 원액 첨가를 중지하고 가열원을 제거하면 쉘 성장이 종료된다. 상온에서 나노결정이 침전될 때까지 반응 용액에 도데실아민(dodecylamine)을 추가한다. CdSe 나노입자를 피리딘에서 밤새 환류하면 나노결정 구조에 영향을 주지 않고 CdSe 나노결정으로부터 TOPO를 거의 완전히 제거할 수 있다. 피리딘은 TOPO를 대치하면서 표면 Cd 원자와 약한 결합을 형성하여 화학적 안정성과 표면에 대한 접근을 동시에 허용하며, CdS 쉘이 CdSe 코어 위에 성장이 일어나도록 한다. 이 반응을 [그림 3.28]에 개략적으로 도시하였다.[220]

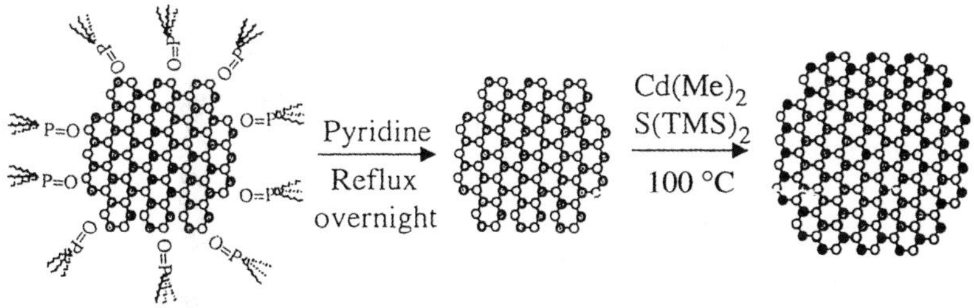

[그림 3.28] CdSe/CdS 코어-쉘 나노결정의 합성 개략도. [X. Peng, M.C. Schlamp, A.V. Kadavanich, and A.P. Alivisatos, J. Am. Chem. Soc. 119, 7019 (1997).]

3.6 요약

단분산 나노입자는 균일 또는 불균일 핵생성이나 기체, 액체, 고체 매개체 등 많은 다른 방법을 통하여 합성될 수 있다. 단분산 나노입자의 합성에는 어떤 공통적인 기본 사항이 있다. (1) 순간 핵생성, 즉 핵생성은 아주 짧은 시간에 일어나야 한다. 이러한 순간 핵생성은 급격한 과포화 상태를 만듦으로써 달성된다. 불균일 핵생성과 성장에 단분산 핵 씨앗을 공급하는 것도 또 다른 방법이다. (2) 이후의 성장은 확산 제어 성장이 되어야 한다. 이는 성장면의 고분자 단층, 낮은 성장종 농도, 또는 성장종을 천천히 생성하는 등 확산 장벽을 도입함으로써 이루어진다. (3) 오스트발트 조대화는 종종 크기 분포를 더욱 축소하는 데 사용된다. (4) 크기 선택적 침전은 합성한 후에 큰 입자를 작은 입자들로부터 분리하는 데 사용한다. 단분산 나노입자가 자발적으로 합성되도록 하는 것 외에 공간적으로 제한하는 방법을 나노입자 제조에 활용한다. 기술적인 접근 방식은 매우 간단한데 어떤 주어진 양의 성장종이나 제한된 공간이 개별 나노입자 형성에 주어진다.

참고문헌

[1] E.H.C. Parker (ed.), The *Technology and Physics of Molecular Beam Epitaxy*, Plenum, New York, 1985.

[2] J.J. Jewell, J.P. Harbison, A. Scherer, Y.H. Lee, and L.T. Florez, IEEE J. *Quantum Electron*. **27**, 1332 (1991).

[3] M. Haruta and B. Delmon, *J. Chim. Phys*. **83**, 859 (1986).

[4] A.E. Nielsen, *Kinetic of Precipitation*, MacMillan, *New York*, 1964.

[5] R. Williams, P.M. Yocom, and F.S. Stofko, *J. Colloid Interf. Sci*. **106**, 388 (1985).

[6] A. Henglein, *Chem. Rev*. **89**, 1861 (1989).

[7] Z.L. Wang, *Adv. Mater*. **10**, 13 (1998).

[8] G. Schmid, *Chem. Rev*. **92**, 1709 (1992).

[9] G. Schmid (ed.), *Clusters and Colloids*, VCH, New York, 1994.

[10] G. Schon and U. Simon, *Colloid Polym Sci*. **273**, 101 (1995).

[11] M. Faraday, *Phil. Trans*. **147**, 145 (1857).

[12] J. Turkevich, J. Hillier, and P.C. Stevenson, Discuss. *Faraday Soc*. **11**, 55 (1951).

[13] J. Turkevich, *Gold Bull.* **18**, 86 (1985).

[14] H. Hirai, Y. Nakao, N. Toshima, and K. Adachi, *Chem. Lett.* 905 (1976).

[15] H. Hirai, Y. Nakao, and N. Toshima, J. Macromol, *Sci. Chem.* **A12**, 1117 (1978).

[16] A. Henglein, B.G. Ershov, and M. Malow, *J. Phys. Chem.* **99**, 14129 (1995).

[17] J. Turkevich and G. Kim, *Science* **169**, 873 (1970).

[18] J. Turkevich, K. Aika, L.L. Ban, I. Okura, and S. Namba, *J. Res. Inst. Catal.* **24**, 54 (1976).

[19] L.D. Rampino and F.F. Nord, *J. Am. Chem. Soc.* **63**, 2745 (1941).

[20] F.A. Cotton and G. Wilkison, *Advanced Inorganic Chemistry*, 5th edn. John Wiley, New York, 1988.

[21] R.A. Salkar, P. Jeevanandam, S.T. Aruna, Y. Koltypin, and A. Gedanken, *J. Mater. Chem.* **9**, 1333 (1999).

[22] M. Gutierrez and A. Henglein, *J. Phys. Chem.* **91**, 6687 (1987).

[23] M.T. Reetz and W. Helbig, *J. Am. Chem. Soc.* **116**, 7401 (1994).

[24] J.A. Becker, R. Schafer, R. Festag, W. Ruland, J.H. Wendorff, J. Pebler, S.A. Quaiser, W. Helbig, and M.T. Reetz, *J. Chem. Phys.* **103**, 2520 (1995).

[25] K.H. Lieser, *Angew. Chem. Int. Ed. Engl.* **8**, 188 (1969).

[26] V.K. La Mer, *Ind. Eng. Chem. Res.* **44**, 1270 (1952).

[27] W.O. Miligan and R.H. Morriss, *J. Am. Chem. Soc.* **86**, 3461 (1964).

[28] M.T. Reetz and M. Maase, *Adv. Mater.* **11**, 773 (1999).

[29] D.G. Duff, P.P. Edwards, and B.F.G. Johnson, *J. Phys. Chem.* **99**, 15934 (1995).

[30] K. Chou and C. Ren, *Mater. Chem. Phys.* **64**, 241 (2000).

[31] A. Henglein, *Chem. Mater.* **10**, 444 (1998).

[32] T.S. Ahmadi, Z.L. Wang, T.C. Green, A. Henglein, and M.A. El-Sayed, *Science* **272**, 1924 (1996).

[33] Y. Yin, Z. Li, Z. Zhong, B. Gates, Y. Xia, and S. Venkateswaran, *J. Mater. Chem.* **12,** 522 (2002).

[34] A.G. Ingalls, *Amateur Telescope Making* (*Book One*), Scientific American Inc., New York, p. 101, 1981.

[35] P. Toneguzzo, G. Viau, O. Acher, F. Fiévet-Vincent, and F. Fiévet, *Adv. Mater*. **13**, 1032 (1998).

[36] Q.A. Pankhurst, J. Connolly, S.K. Jones, J. Dobson, and J. Phys. D: *Appl. Phys*. **36**, R167 (2003).

[37] K.M. Nam, J.H. Shim, H. Ki, S. Choi, G. Lee, J. Jang, Y. Jo, M. Jung, H. Song, and J. T. Park, *Angew. Chem. Int. Ed*. **47**, 9504 (2008).

[38] C. Desvaux, C. Amiens, P. Fejes, P. Renaud, M. Respaud, P. Lecante, E. Snoeck, and B. Chaudret, *Nat Mater* **4**, 750 (2005).

[39] Y. Bao, K.M. Krishnan *J. Magn. Magn. Mater*. **15**, 293 (2005).

[40] W-r. Lee, M.G. Kim, J-r. Choi, J-I. Park, S.J. Ko, S.J. Oh, and J. Cheon, *J. Am. Chem. Soc*. **127** (**46**), 16090 (2005).

[41] H. Kim, M. Achermann, L.P. Balet, J.A. Hollingsworth, and V.I. Klimov, *J. Am. Chem. Soc*. **127**, 544 (2005).

[42] M.L. Vadala, M.A. Zalich, D.B. Fulks, T.G.S. Pierre, J.P. Dailey, J.S. Riffle, and *J. Magn. Magn. Mater*. **162**, 293 (2005).

[43] G.S. Chaubey, C. Barcena, N. Poudyal, C. Rong, J. Gao, S. Sun, and J. Ping. Liu, *J. Am. Chem. Soc*. **129**, 7214 (2007).

[44] W.S. Seo, J.H. Lee, Z. Sun, Y. Suzuki, D. Mann, Z. Liu, M. Terashima, P. Yang, M.V. Mcconnell, D.G. Nishimura, and H. Dai, *Nat. Mater*. **5**, 971 (2006).

[45] Z. Turgut, J.H. Scott, M.Q. Huang, S.A. Majetich, and M.E. McHenry, *J. Appl. Phys*. **83**, 6468 (1998).

[46] J. Bai and J.-P. Wang, *Appl. Phys. Lett*. **87**, 152502 (2005).

[47] L.R. Hirsch, R.J. Stafford, J.A Bankson, S.R. Sershen, B. Rivera, R.E. Price, J.D. Hazle, N.J. Halas, and J.L. West, *Proc. Natl. Acad. Sci. USA* **100**, 13549 (2003).

[48] X. Huang, I.H. El-Sayed, W. Qian, and M.A. El-Sayed, *J. Am. Chem. Soc*. **128**, 2115 (2006).

[49] C.-C. Chen, Y.-P. Lin, C.-W. Wang, H.-C. Tzeng, C.-H. Wu, Y.-C. Chen, C.-P. Chen, L.-C. Chen, and Y.-C. Wu, *J. Am. Chem. Soc*. **128**, 3709 (2006).

[50] N.W.S. Kam, M. O'Connell, J.A. Wisdom, and H. Dai, *Proc. Natl. Acad. Sci*. USA. **102**, 11600 (2005).

[51] S. Peng, J. Xie, and S. Sun, *J. Solid State Chem*. **181** (**7**), 1560 (2008).

[52] S. Sun, H. Zeng, D.B. Robinson, S. Raoux, P.M. Rice, S.X. Wang, and G. Li, *J. Am. Chem. Soc*. **126**, 273 (2004).

[53] A.R. West, *Basic Solid State Chemistry*, John Wiley and Sons: New York, 356–359 (1988).

[54] R.C. O'Handley, *Modern Magnetic Materials — Principles and Applications*, John Wiley and Sons: New York, 126–132 (2000).

[55] S. Peng, C. Wang, J. Xie, and S. Sun, *J. Am. Chem. Soc*. **128**, 10676 (2006).

[56] Q.A. Pankhurst, J. Connolly, S.K. Jones, and J. Dobson, *J. Phys. D: Appl. Phys*. **36**, 167 (2003).

[57] C.H. Griffiths, M.P. O'Horo, and T.W. Smith, *J. Appl. Phys*. **50**, 7108 (1979).

[58] J. van Wonterghem, S. Mørup, S.W. Charles, and S. Wells, Villadsen, *J. Phys. Rev. Lett*. **55**, 410 (1985).

[59] K.S. Suslick, M. Fang, and T. Hyeon, *J. Am. Chem. Soc*. **118**, 11960 (1996).

[60] S.-J. Park, S. Kim, S. Lee, Z.G. Khim, K. Char, and T. Hyeon, *J. Am. Chem. Soc*. **122**, 8581 (2000).

[61] D. Farrell, S. A. Majetich, and J.P. Wilcoxon, *J. Phys. Chem. B* **107**, 11022 (2003).

[62] W. Pei, S. Kakibe, I. Ohta, and M. Takahashi, IEEE Trans. *Magn*. **41**, 3391 (2005).

[63] H. Shao, H. Lee, Y. Huang, I. Ko, and C. Kim, IEEE Trans. *Magn.* **41**, 3388 (2005).

[64] F. Dumestre, B. Chaudret, C. Amiens, P. Renaud, and P. Fejes, *Science* **303**, 821 (2004).

[65] J.P. Wilcoxon and P.P. Provencio, *J. Phys. Chem*. B **103**, 9809 (1999).

[66] S. Yamamuro, T. Ando, K. Sumiyama, T. Uchida, and I. Kojima, *Jpn. J. Appl. Phys*. **43**, 4458 (2004).

[67] D. Kim, J. Park, K. An, N.-K. Yang, J.-G. Park, and T. Hyeon, *J. Am. Chem. Soc*. **129** (18), 5812 (2007).

[68] M. Chen, J. Kim, J. P. Liu, H. Fan, and S. Sun, *J. Am. Chem. Soc*. **128**, 7132 (2006).

[69] S. Yamamoto, Y. Morimoto, T. Ono, and M. Takano, *Appl. Phys. Lett*. **87**, 032503 (2005).

[70] K. Inomata, T. Sawa, and S. Hashimoto, *J. Appl. Phys*. **64**, 2537 (1988).

[71] D. Weller and A. Moser, IEEE Trans. *Magn*. **35**, 4423 (1999).

[72] M. Hasegawa, K. Uchida, Y. Nozawa, M. Endoh, S. Tanigawa, S.G. Sankar, and M. Tokunaga, *J. Magn. Magn. Mater*. **124**, 325 (1993).

[73] T. Budde, H. H. Gatzen, J. Magn. Magn. Mater. **272–276**, 2027 (2004).

[74] E. Pina, F.J. Palomares, M.A. Garcia, F. Cebollada, A. de Hoyos, J.J. Romero, A. Hernando, and J.M. Gonzalez, J. Magn. Magn. Mater. **290**, 1234 (2005).

[75] J. Sayama, K. Mizutani, Y. Yamashita, T. Asahi, and T. Osaka, IEEE Trans. *Magn*. **41**, 3133 (2005).

[76] H. Raisigel, O. Cugat, and J. Delamare, Sens. Actuators A**130**, 438 (2006).

[77] T. Budde and H.H. Gatzen, *J. Appl. Phys*. **99**, 08N304 (2006).

[78] Y. Hou, Z. Xu, S. Peng, C. Rong, J. Liu, and S. Sun, *Adv. Mater*. **19**, 3349 (2007).

[79] C.N. Chinnasamy, J.Y. Huang, L.H. Lewis, B. Latha, C. Vittoria, and V.G. Harris, *Appl. Phys. Lett*. **93**, 032505 (2008).

[80] M.L. Steigerwald, and L.E. Brus, *Acc. Chem. Res*. **23**, 183 (1990).

[81] A.P. Alivisatos, *Science* **271**, 933 (1996).

[82] M.G. Bawendi, M.L. Steigerwald, and L.E. Brus, *Annu. Rev. Phys. Chem*. **41**, 477 (1990).

[83] Y. Wang, Acc. *Chem. Res*. **24**, 133 (1991).

[84] C.B. Murray, C.R. Kagan, and M.G. Bawendi, *Ann. Rev. Mater. Sci*. **30**, 545 (2000).

[85] S.A. Majetich and A.C. Carter, *J. Phys. Chem*. **97**, 8727 (1993).

[86] C.B. Murray, D.J. Norris, and M.G. Bawendi, *J. Am. Chem. Soc*. **115**, 8706 (1993).

[87] M.L. Steigerwald, A.P. Alivisatos, J.M. Gibson, T.D. Harris, R. Kortan, A.J. Muller, A.M. Thayer, T.M. Duncan, D.C. Douglas, and L.E. Brus, *J. Am. Chem. Soc*. **110**, 3046 (1988).

[88] S.M. Stuczynski, J.G. Brennan, and M.L. Steigerwald, *Inorg. Chem*. **28**, 4431(1989).

[89] L. Spanhel, M. Haase, H. Weller, and A. Henglein, *J. Am. Chem. Soc*. **109**, 5649 (1987).

[90] M.G. Bawendi, A. Kortan, M.L. Steigerwald, and L.E. Brus, *J. Chem. Phys*. **91**, 7282 (1989).

[91] A.L. Smith, *Particle Growth in Suspensions*, Academic Press, New York, 1983.

[92] H. Reiss, *J. Chem. Phys*. **19**, 482 (1951).

[93] A.A. Guzelian, J.E.B. Katari, A.V. Kadavanich, U. Banin, K. Hamad, E. Juban, A.P. Alivisatos, R.H. Wolters, C.C. Arnold, and J.R. Heath, *J. Phys. Chem*. **100**, 7212 (1996).

[94] A. Guinier, *X-Ray Diffraction*, W.H. Freeman, San Francisco, CA, 1963.

[95] O.I. Mićić, J.R. Sprague, C.J. Curtis, K.M. Jones, J.L. Machol, A.J. Nozik, H. Giessen, B. Fluegel, G. Mohs, and N. Peyghambarian, *J. Phys. Chem.* **99**, 7754 (1995).

[96] O.I. Mićić, C.J. Curtis, K.M. Jones, J.R. Sprague, and A.J. Nozik, *J. Phys. Chem.* **98**, 4966 (1994).

[97] R.L. Wells, M.F. Self, A.T. MaPhail, S.R. Auuchon, R.C. Wandenberg, and J.P. Jasinski, *Organometallics* **12**, 2832 (1993).

[98] S.R.Aubuchon, A.T. McPhail, R.L. Wells, J.A. Giambra, and J.R. Bowser, *Chem. Mater.* **6**, 82 (1994).

[99] E.K. Byrne, L. Parkanyi, and K.H. Theopold, *Science* **241**, 332 (1988).

[100] M.A. Olshavsky, A.N. Goldstein, and A.P. Alivisatos, *J. Am. Chem. Soc.* **112**, 9438 (1990).

[101] R.L. Wells, C.G. Pitt, A.T. McPhail, A.P. Purdy, S. Shafieezad, and R.B. Hallock, *Chem. Mater.* **1**, 4 (1989).

[102] M. Guglielmi, A. Martucci, E. Menegazzo, G.C. Righini, S. Pelli, J. Fick, and G. Vitrant, *J. Sol-Gel Sci. Technol.* **8**, 1017 (1997).

[103] L. Spanhel, E. Arpac, and H. Schmidt, *J. Non-Cryst. Solids* **147&148**, 657 (1992).

[104] W.C. Johnson, J.B. Parsons, and M.C. Crew, *J. Phys. Chem.* 36, 2561 (1932).

[105] A. Addaniano, *J. Electrochem. Soc.* **108**, 1072 (1961).

[106] J.W. Hwang, S.A. Hanson, D. Britton, J.F. Evans, K.F. Jensen, and W.L. Gladfelter, *Chem. Mater.* **7**, 517 (1995).

[107] J.E. Andrews and M.A. Littlejohn, *J. Electrochem. Soc.* **122**, 1273 (1975).

[108] Y. Xie, Y. Qian, W. Wang, S. Zhang, and Y. Zhang, *Science* **272**, 1926 (1996).

[109] O.I. Miććićć, S.P. Ahrenkiel, D. Bertram, and A. *J. Nozik, Appl. Phys. Lett.* **75**, 478 (1999).

[110] A. Manz, A. Birkner, M. Kolbe, and R.A. Fischer, *Adv. Mater.* **12**, 569 (2000).

[111] J.F. Janik and R.L. Wells, *Chem. Mater.* **8**, 2708 (1996).

[112] J.L. Coffer, M.A. Johnson, L. Zhang, and R.L. Wells, *Chem. Mater.* **9**, 2671 (1997).

[113] R.K. Iler, *The Chemistry of Silica: Solubility, Polymerization, Colloid and Surface Properties*, and Biochemistry, Wiley, New York, 1979.

[114] E. Matijevićć, *Chem. Mater*. **5**, 412 (1993).

[115] E. Matijevićć, *Langmuir* **10**, 8 (1994).

[116] S.T. Selvan, C. Bullen, M. Ashokkumar, and P. Mulvaney, *Adv. Mater*. **13**, 985 (2000).

[117] F. Caruso, *Adv. Mater*. **13**, 11 (2001).

[118] C.J. Brinker and G.W. Scherer, *Sol-Gel Science: The Physics and Chemistry of Sol-Gel Processing*, Academic Press, San Diego, CA, 1990.

[119] Alain C. Pierre, *Introduction to Sol-Gel Processing*, Kluwer, Boston, MA, 1998.

[120] J.D. Wright and N. A.J.M. Sommerdijk, *Sol-Gel Materials: Chemistry and Applications*, Gordon and Breach Science Publishers, Amsterdam, 2001.

[121] J. Livage, F. Babonneau, and C. Sanchez, in *Sol-Gel Optics*: *Processing and Applications*, ed. L.C. Klein, Kluwer, Boston, MA, p. 39, 1994.

[122] B.E. Yoldas, *J. Non-Cryst. Solids* **38-39**, 81 (1980).

[123] C.M. Chan, G.Z. Cao, H. Fong, M. Sarikaya, T. Robinson, and L. Nelson, *J. Mater. Res*. **15**, 148 (2000).

[124] H. Matsuda, N. Kobayashi, T. Kobayashi, K. Miyazawa, and M. Kuwabara, *J. Non-Cryst. Solids*, **271**, 162 (2000).

[125] E. Matijević, *Acc. Chem. Res*. **14**, 22 (1981).

[126] E. Matijević, Prog. *Colloid Polym. Sci*. **57**, 95 (1976).

[127] W. Stöber, A. Finx, and E. Bohn, *J. Colloid Interf. Sci*. **26**, 62 (1968).

[128] E. Matijević and P. Scherner, *J. Colloid Interf. Sci*. **63**, 509 (1978).

[129] S. Sun, H. Zeng, D. B. Robinson, S. Raoux, P. M. Rice, S. X. Wang, and X. Guan, *J. Am. Chem. Soc*. **126**, 273 (2004).

[130] H. Zeng, P. M. Rice, S. X. Wang, and S. Sun, *J. Am. Chem. Soc*. **126** (**37**), 11458 (2004).

[131] E. Matijević and W.P. Hsu, *J. Colloid Interf. Sci*. **118**, 506 (1987).

[132] D. Sordelet and M. Akinc, *J. Colloid Interf. Sci.* **122**, 47 (1988).

[133] G. Wakefield, E. Holland, P.J. Dobson, and J.L. Hutchison, *Adv. Mater*. **13**, 1557 (2001).

[134] E. Matijević, *Ann. Rev. Mater. Sci*. **15**, 483 (1985).

[135] E. Matijević, *J. Colloid Interf. Sci*. **58**, 374 (1977).

[136] L. Spanhel and M.A. Anderson, *J. Am. Chem. Soc*. **113**, 2826 (1991).

[137] S. Sakohara, M. Ishida, and M.A. Anderson, *J. Phys. Chem*. **B102**, 10169 (1998).

[138] U. Koch, A. Fojtik, H. Weller, and A. Henglein, *Chem. Phys. Lett*. **122**, 507 (1985).

[139] M. Haase, H. Weller, and A. Henglein, *J. Phys. Chem*. **92**, 482 (1988).

[140] D.W. Bahnemann, C. Karmann, and M.R. Hoffmann, *J. Phys. Chem*. **91**, 3789 (1987).

[141] S.A. Nepijko, D.N. Levlev, W. Schulze, J. Urban, and G. Ertl, Chem. Phys. Chem **3**, 140 (2000).

[142] E. Wagner and H. Brünner, Angew. Chem. **72**, 744 (1960).

[143] M. Ohring, *The Material Science of Thin Films, Academic Press*, San Diego, CA, 1992.

[144] S.A. Nepijko, H. Hofmeister, H. Sack-Kongehl, and R. Schlögl, *J. Cryst. Growth* **213**, 129 (2000).

[145] J. Viereck, W. Hoheisel, and F. Trager, *Surf. Sci*. **340**, L988 (1995).

[146] A.E. Romanov, I.A. Polonsky, V.G. Gryaznov, S.A. Nepijko, T. Junghannes, and N.I, Vitryhovski, *J. Cryst. Growth* **129**, 691 (1993).

[147] M. Haruta, Catal. *Today* **36**, 153 (1997).

[148] R.J.H. Grisel and B.E. Nieuwenhuys, *J. Catal*. **199**, 48 (2001).

[149] M. Valden, X. Lai and D.W. Goodman, *Science* **281**, 1647 (1998).

[150] P.C. Sercel, W.A. Saunders, H.A. Atwater, and K.J. Vahala, *Appl. Phys. Lett.* **61**, 696 (1992).

[151] M. Yamane and Y. Asahara, *Glasses for Photonics, Cambridge University*. Press, Cambridge, 2000.

[152] R.H. Doremus, *Glass Science*, 2nd edn., John Wiley and Sons, New York, 1994.

[153] S.D. Stookey, *J. Am. Ceram. Soc*. **32**, 246 (1949).

[154] R.H. Doremus, in *Nucleation and Crystallization in Glasses and Melts*, The American Ceramic Society, Columbus, OH, p. 117, 1967.

[155] R.H. Doremus, *J. Chem. Phys*. **41**, 414 (1965).

[156] R.H. Doremus, S.-C. Kao, and R. Garcia, *Appl. Opt*. **31**, 5773 (1992).

[157] K. Uchida, S. Kaneko, S. Omi, C. Hata, H. Tanji, Y. Asahara, and A.J. Ikushima, *J. Opt. Soc.*

Am. **B11**, 1236 (1994).

[158] E. Cordoncillo, J.B. Carda, M.A. Tena, G. Monros, and P. Escribano, *J. Sol-Gel Sci. Technol.* **8**, 1043 (1997).

[159] N. Yanagihara, *Chem. Lett.* 305 (1998)

[160] N. Yanagihara, K. Uchida, M. Wakabayashi, Y. Uetake, and T. Hara, *Langmuir* **15**, 3038 (1999).

[161] Y. Nakao, J. Chem. Soc., *Chem. Commun.* 826 (1993).

[162] Y. Nakao, *J. Colloid Interf. Sci.* **171**, 386 (1995).

[163] F.W. Billmeyer, *Textbook of Polymer Science*, 3rd edn., John Wiley and Sons, New York, 1984.

[164] H.G. Elias, *Macromolecules*, 2nd edn. Plenum, New York, 1984.

[165] J.J. Becker, Trans. Am. Inst. Mining Met. *Petrol. Engr.* **209**, 59 (1957).

[166] A.E. Berkowitz and P.J. Flanders, *J. Appl. Phys.* **30**, 111S (1959).

[167] V.Franco, C.F. Conde, A. Conde, L.F. Kiss, D. Kaptás, T. Kemény, and I. Vincze, *J. Appl. Phys.* **90**, 1558 (2001).

[168] H. Change and A. Bard, *J. Am. Chem. Soc.* **113**, 5588 (1991).

[169] H. Hövel, Th. Becker, A. Bettac, B. Reihl, M. Tschudy, and E.J. Williams, *J. Appl. Phys.* **81**, 154 (1997).

[170] X.Q. Zhong, D. Luniss, and V. Elings, *Surf. Sci.* **290**, 688 (1993).

[171] Y.O. Ahn and M. Seidl, *J. Appl. Phys.* **77**, 5558 (1995).

[172] A. Stabel, K. Eichhorst-Gerner, J.P. Rabe, and A.R. González-Elipe, *Langmuir* **14**, 7324 (1998).

[173] M.P. Zach and R.M. Penner, *Adv. Mater.* **12**, 878 (2000).

[174] C.J. Sandroff, J.P. Harbison, R. Ramesh, M.J. Andrejco, M.S. Hegde, D.M. Hwang, C.C. Change, and E.M. Vogel, *Science* **245**, 391 (1989).

[175] Ashok K. Ganguli, Aparna Ganguly and Sonalika Vaidya, *Chem. Soc. Rev.* **39**, 474 (2010).

[176] M. Boutonnet, J. Kizling, P. Stenius, and G. Maire, *Colloids Surf.* **5**, 209–225 (1982).

[177] K. Naoe, C. Petit, and M. P. Pileni, *Langmuir* **24**, 2792 (2008).

[178] C. Petit, P. Lixon, and M. P. Pileni, *J. Phys. Chem.* **94**, 1598 (1990).

[179] J. Eastoe, M. J. Hollamby, and L. Hudson, Adv. *Colloid Interface Sci.* **128**, 5 (2006).

[180] I. Capek, *Adv. Colloid Interface Sci*. 110, 49 (2004).

[181] K. Naoe, C. Petit, and M. P. Pileni, *Langmuir* **24**, 2792 (2008) .

[182] I. Lisiecki, *J. Phys. Chem*. B **109**, 12231 (2005).

[183] A. R. Malheiro, L. C. Varanda, J. Perez, and H. M. Villullas, *Langmuir* **23**, 11015 (2007).

[184] J. Ahmed, K. V. Ramanujachary, S. E. Lofland, A. Furiato, G. Gupta, S.M. Shivaprasad, and A.K. Ganguli, *Colloids Surf.* A **331**, 206 (2008).

[185] A.K. Ganguli, T. Ahmad, S. Vaidya, and J. Ahmed, *Pure Appl. Chem*. **80**, 2451 (2008).

[186] A.K. Ganguli, T. Ahmad, and J. Nanosci. *Nanotechnol*. **7**, 2029 (2007).

[187] T. Ahmad, K. V. Ramanujachary, S. E. Lofland, and A. K. Ganguli, *J. Chem. Sci*. **118**, 513 (2006).

[188] L. Xiong and T. He, *Chem. Mater*. **18**, 2211 (2006).

[189] M. Meyer, C. Wallberg, K. Kurihara, and J.H. Fendler, *J. Chem. Soc. Chem. Commun.* 90 (1984).

[190] J.H. Fendler, Chem. Rev. **87**, 877 (1987).

[191] J.W. Anderson, G.K. Banker, J.E. Drake, and M. Rodgers, *J. Chem. Soc*., Dalton Trans. 1716 (1973).

[192] J.R. Fried, *Polymer Science and Technology*, Prentice Hall, Upper Saddle River, NJ, P. 51, 1995.

[193] I Piirma (ed.), *Emulsion Polymerization*, Academic Press, New York, 1982.

[194] G.W. Poehlein, R.H. Ottewill, and J.W. Goodwin, (eds.), *Science and Technology of Polymer Colloids*, Vol. II, Martinus Nijhoff, Boston, MA, 1983.

[195] R.C. Backus and R.C. Williams, *J. Appl. Phys*. **20**, 224 (1949).

[196] E. Bradford and J. Vanderhoff, *J. Appl. Phys*. **26**, 864 (1955).

[197] N.A. Fuchs and A.G. Sutugin, in *Aerosol Science*, ed. C.N. Davies, Academic Press, New York, p. 1, 1966.

[198] M. Visca and E. Matijević, *J. Colloid Interf. Sci*. **68**, 308 (1978).

[199] B.J. Ingebrethsen and E. Matijević, *J. Aerosol Sci*. **11**, 271 (1980).

[200] R. Partch, E. Matijević, A.W. Hodgson, and B.E. Aiken, *J. Polymer Sci. Polymer Chem. Ed.* **21**, 961 (1983).

[201] K. Nakamura, R.E. Partch, and E. Matijević, *J. Colloid Interf. Sci*. **99**, 118 (1984).

[202] N. Herron, Y. Wang, and H. Eckert, *J. Am. Chem. Soc.* **112**, 1322 (1990).

[203] M. Chatry, M. In, M. Henry, C. Sanchez, and J. Livage, *J. Sol-Gel Sci. Technol.* **1**, 233 (1994).

[204] G.L. Messing, S.C. Zhang, and G.V. Jayanthi, *J. Am. Ceram. Soc.* **76**, 2707 (1993).

[205] A. Gurav, T. Kodas, T. Pluym, and Y. Xiong, *Aerosol Sci. Technol.* **19**, 411 (1993).

[206] N. Kieda and G.L. Messing, *J. Mater. Res.* **13**, 1660 (1998).

[207] J.G. Brennan, T. Siegrist, P.J. Carroll, S.M. Stuczynski, L.E. Brus, and M.L. Steigerwald, *J. Am. Chem. Soc.* **111**, 4141 (1989).

[208] K. Osakada and T. Yamamoto, *J. Chem. Soc., Chem. Commun.* 1117 (1987).

[209] M.L. Steigerwald and C.R. Sprinkle, *J. Am. Chem. Soc.* **109**, 7200 (1987).

[210] Y.C. Kang, H.S. Roh, and S.B. Park, *Adv. Mater.* **12**, 451 (2000).

[211] A.M. Testa, S. Foglia, L. Suber, D. Fiorani, LI. Casas, A. Roig, E. Molins, J.M. Grenéche, and J. Tejada, *J. Appl. Phys.* **90**, 1534 (2001).

[212] Y. Wang and N. Herron, *J. Phys. Chem.* **91**, 257 (1987).

[213] M.G. Bawendi, M.L. Steigerwald, and L.E. Brus, *Annu. Rev. Phys. Chem.* **41**, 477 (1990).

[214] H. Masuda, K. Yasui, and K. Nishio, *Adv. Mater.* **12**, 1031 (2000).

[215] M.A. Hines and P. Guyot-Sionnest, *J. Phys. Chem.* **100**, 468 (1996).

[216] S.A. Majetich and C. Carter, *J. Phys. Chem.* **97**, 8727 (1993).

[217] F. Seker, K. Meeker, T.F. Kuech, and A.B. Ellis, *Chem. Rev.* **100**, 2505 (2000).

[218] S.T. Selvan, C. Bullen, M. Ashokkumar, and P. Mulvaney, *Adv. Mater.* **13**, 985 (2001).

[219] B.O. Dabbousi, J. Rodriguez-Viejo, F.V. Mikulec, J.R. Heine, H. Mattoussi, R. Ober, K.F. Jensen, and M.G. Bawendi, *J. Phys. Chem.* **B101**, 9463 (1997).

[220] X. Peng, M.C. Schlamp, A.V. Kadavanich, and A.P. Alivisatos, *J. Am. Chem. Soc.* **119**, 7019 (1997).

Chapter 4

일차원 나노구조체: 나노선 및 나노막대

Nanostructures and Nanomaterials

4.1. 서론

일차원 나노구조체는 다음을 포함하는 다양한 이름들로 불리고 있다. 휘스커(whisker), 파이버(fibers) 또는 피브릴(fibrils), 나노선(nanowires) 및 나노막대(nanorods). 많은 경우에 나노튜브와 나노케이블도 일차원 구조로 간주된다. 나노튜브는 텅 빈 형태 때문에 보통 나노 규모 주인 물질과 관련된다.[1] 탄소 나노튜브에 관하여 많은 연구가 진행되어 왔다. 그러나 산화물 나노튜브는 실용적인 응용에 더욱 장점을 가지는 새로운 특성들을 보여준다. 바나듐 산화물은 기능성 세라믹 화합물로 촉매와 전기화학 에너지 저장에 사용되어 왔다.[1] 바나듐 산화물 나노튜브(VO_x–NTs)는 탄소 나노튜브[2] 또는 긴 알카리 사슬을 가지는 아민 분자를 이용하여 합성될 수 있다.[3] VO_x–NTs의 길이는 0.5 μm 에서 15 μm 까지 변하며 외경은 15 nm에서 150 nm까지 변할 수 있다.[1] VO_x–NTs는 다양한 교환 반응을 가능하게 하는 유연한 구조를 가진다. 예를 들면, VO_x–NTs 속에 삽입된 모노아민은 다이아민,[4] 나트륨 이온(Na^+), 칼륨 이온(K^+), 2가 칼슘 이온(Ca^{2+}), 2가 스트론튬 이온(Sr^{2+}), 2가 철 이온(Fe^{2+}) 또는 2가 코발트 이온(Co^{2+})으로 쉽게 교체될 수 있다.[5] VO_x–NTs는 리튬 이온을 전기화학적으로 삽입/방출할 수 있는 능력 때문에 전지 전극재료로의 잠재적인 응용을 가짐을 주목해야 한다.[6] VO_x–NTs는 또한 합성의 가수분해 단계 중에 암모니아를 첨가함으로써 만들어질 수 있다.[7] 이러한 VO_x-NTs의 직경은 200 nm까지 이른다. 티타늄 산화물 나노튜브(TiO_2-NTs)는 또 다른 일반적인 산화물 나노튜브인데 VO_x-NTs보다 열처리 과정에서 더 안정하기 때문에 촉매 금속 입자의 지지 재료로 자주 사용된다.[1] TiO_2-NTs는 다공성 알루미나(porous alumina)[8] 또는 고분자 파이버(fiber)[9]를 주형으로 사용하여 만들어질 수 있다. 양극산화도 또한 TiO_2-NTs를 만드는데 사용되어 왔다.[10] 이러한 나노튜브의 길이는 10 μm까지 될 수 있으며 직경은 100 nm에서 200 nm까지 변한다. 10 nm 근처의 직경을 가지는 극단적으로 얇은 TiO_2-NTs는 티타늄 산화물(아나타제(anatase) 또는 루타일 구조(rutile))을 수산화나트륨과 염산으로 연속하여 처리하여 합성할 수 있다.[11] VO_x-NTs와 TiO_2-NTs 이외에도 매우 다양한 산화물 나노튜브가 있다. 탄소 나노튜브는 산화규소(SiO_2), 알루미나(Al_2O_3)[12], 산화몰리브덴(MoO_3), 산화루테늄(RuO_2)[13] 또는 산화지르코늄(ZrO_2)[14] 나노튜브와 같은 다양한 나노튜브를 만드는 주형으로 흔히 사용될 수 있다. 비록 휘스커와 나노막대가 일반적으로 파이버나 나노선보다 짧은 것으로 여겨지지만 그 정의는 약간 임의적이다. 또한 초기 문헌에서는 수 나노미터에서 수백 마이크로 범위의 직경을 가지는 일차원 구조가 휘스커나 파이버로 언급되었으나 최근 문헌에서는 수백 나노미터를 넘지 않는 직경을 가지는 나노선과 나노막대가 사용된다. 이 장을 읽으면서 일차원 나노구조의 성장에 대한 많은 기본적인 이해와 기술들이 비록 나노미터 규모에 대한 강조가 적더라도 휘스커와 파이버의 성장에 관한 초기 연구결과에 기초함을 발견하게 될 것이다. 이 장에서는 비록 일반적으로 나노선이 나노막대보다 큰 종횡비를 가지지만 일차원 구조의 다양한 용어들이 교대로 쓰일 것이다.

어떤 기술들은 많이 탐구되고 다른 기술들은 극히 적은 관심을 끌었을지라도 일차원 나노구조 재료의 합성과 형성에 있어 많은 기술들이 개발되고 있다. 이러한 기술들은 일반적으로 네 가지 분류로 묶을 수 있다.

(1) 자발 성장(Spontaneous growth)

(a) 증발(또는 용해)–응축(Evaporation or dissolution–condensation)

(b) 기상(또는 용액)–액상–고상(VLS 또는 SLS) 성장(Vapor or solution –liquid–solid growth)

(c) 응력 유도 재결정화(Stress–induced recrystallization)

(2) 주형 기반 합성(Template–based synthesis):

(a) 전기도금과 전기영동 증착(Electroplating and electrophoretic deposition)

(b) 콜로이드 분산, 용융 또는 용액 충전(Colloid dispersion, melt, or solution filling)

(c) 화학 반응으로 전환(Conversion with chemical reaction)

(3) 전기방사(Electrospinning)

(4) 리소그래피(Lithography).

자발 성장과 주형 기반 합성은 상향식 접근으로 간주되나 리소그래피는 하향식 기술이다. 자발 성장은 보통 결정구조나 나노선 재료의 표면 특성에 의존하여 선호되는 결정 성장 방향을 따르는 단결정 나노선 또는 나노막대를 야기한다. 주형 기반 합성은 주로 다결정 또는 비정질 생성물까지도 제조한다. 일차원 나노구조 재료의 제조를 위한 위의 모든 기술들은 단순히 명료성을 위하여 위의 순서를 따라서 이 장에서 논의될 것이다. 리소그래피는 기술의 성숙을 고려하여 오직 간단하게 논의될 것이다. 앞 장과 유사하게 이 장은 모든 나노선, 나노막대, 금속, 반도체, 고분자, 절연 산화물을 포함하는 다양한 재료들의 나노튜브를 포함할 것이다. 이 장은 주요 합성 방법들의 기초와 원리에 집중한다. 특별한 재료의 자세한 정보를 위해서는 독자들은 일차원 나노구조의 합성, 평가, 그리고 응용에 대한 포괄적인 리뷰를[15] 참조한다. 나노재료의 특별한 가족으로서 탄소 나노튜브는 특별한 주목을 받으므로 6장에서 별도로 논의될 것이다.

4.2 자발 성장

자발 성장은 깁스 자유 에너지 또는 화학 전위의 감소에 의해 구동되는 과정이다. 깁스 자유 에너지의 감소는 보통 상변화, 화학 반응 또는 응력 해소에 의하여 실현된다. 나노선이나 나노막대의 형성을 위해서는 이방성 성장 즉, 결정이 다른 방향에 비하여 특정 방향으로의 빠른 성장이 필요하다. 균일한 크기의 나노선 즉, 주어진 나노선의 세로 방향으로의 직경이 같은 나노선은 결정 성장이 한 방향으로 진행되고 다른 방향들로는 성장되지 않을 때 얻어질 수 있다. 자발 성장에서는 주어진 재료와 성장 조건에서 성장 표면의 결함과 불순물이 최종 생산물의 형태를 결정하는데 커다란 역할을 할 수 있다.

4.2.1 증발(용해)-응축 성장

4.2.1.1 증발(용해)-응축 성장의 기본

증발-응축 과정은 기상-고상(vapor-solid, VS) 과정으로도 불린다. 그러나 이 절에서의 논의는 단순한 증발-응축 과정에 국한되지 않을 것이다. 원하는 재료를 생산하기 위하여 다양한 전구체들 간의 화학 반응들이 아마도 관여된다. 물론 용액으로부터의 나노막대의 성장도 포함된다. 자발 성장에 의한 나노막대와 나노선 합성의 구동력은 재결정화나 과포화 감소로 생기는 깁스 자유 에너지의 감소이다. 증발-응축 방법들로 성장되는 나노선과 나노막대는 보통 적은 결함을 가지는 단결정이다. 증발(또는 용해)-응축을 통한 나노선, 나노막대 또는 나노튜브의 형성은 이방성 성장에 기인한다. 여러 메커니즘들이 이방성 성장을 야기하는 것으로 알려졌다. 예를 들면

(1) 결정 내의 다른 면은 다른 성장속도를 가진다. 예를 들면 다이아몬드구조를 가지는 실리콘에서 {111} 면들의 성장속도는 {100} 면들의 성장속도보다 작다.

(2) 특별한 결정 방향들로의 나선 전위와 같은 결함의 존재

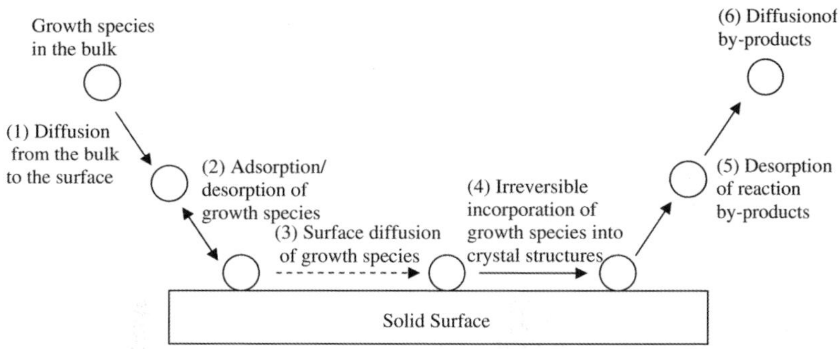

[그림 4.1] 일반적으로 불균일 반응으로 고려될 수 있는 결정 성장의 6가지 단계를 보여주는 개략도. 일반적인 결정 성장은 다음의 순서 따라 진행된다.

(3) 특별한 면들에서의 불순물의 선호적 축적 또는 위치

증발-응축 방법에 의한 다양한 나노선의 성장을 자세히 논의하기 전에 결정 성장의 기본을 우선 살펴보자. 결정 성장은 일반적으로 불균일 반응으로 고려될 수 있으며 일반적인 결정 성장은 [그림 4.1]에 그려진 것과 같은 순서를 따라 진행된다.

(1) 벌크(기상 또는 액상)로부터 성장 표면으로의 성장 화학종의 확산은 일반적으로 충분히 빠른 것으로 생각되므로 속도제한 과정(율속 과정)이 아니다.
(2) 성장 표면으로 그리고 성장 표면으로부터의 성장 화학종의 흡착과 탈착. 이 과정은 과포화 또는 성장 화학종의 농도가 낮을 경우 속도 제한 과정이 될 수 있다.
(3) 흡착된 성장 화학종의 표면 확산. 표면 확산 중에 흡착된 화학종은 성장 자리에 합체되어 결정 성장에 기여하거나 표면에서 탈출한다.
(4) 흡착된 성장 화학종의 결정구조 속으로의 비가역 합체에 의한 표면 성장. 충분한 과포화 또는 성장 화학종의 농도가 높을 때 이 단계는 속도제한 과정이 될 것이며 성장속도를 결정한다.

(5) 성장 중에 부산물 화학물질이 표면에 생성되면 부산물은 성장 표면에서 탈착됨으로써 성장 화학종이 표면에 흡착될 수 있으며 성장 과정이 지속될 수 있다.

(6) 부산물 화학물질은 성장을 지속하기 위한 성장 자리를 비우려고 표면으로부터 확산되어 떠난다.

대부분의 결정 성장에서 속도 제한 단계는 성장 표면에서의 성장 화학종의 흡착–탈착 단계(단계 2) 또는 표면 성장 단계(단계 4)이다. 단계 2가 속도 제한이면 성장속도는 응축 속도 J(atoms/cm^2.s)에 의하여 결정된다. 응축 속도 J는 성장 표면에 흡착되는 성장 화학종의 수에 의존하며 이는 기상 내 성장 화학종의 기압 또는 농도 P에 직접적으로 비례하며 다음과 같이 주어진다.

$$J = \alpha\sigma P_0 (2\pi mkT)^{-1/2}, \tag{4.1}$$

여기서 α는 수용계수이고, $\sigma = (P-P_0)/P_0$는 기상 내 성장 화학종의 과포화인데, 여기서 P_0는 온도 T에서 결정의 평형 증기압이고 m은 성장 화학종의 원자량, k는 볼츠만 상수이다. α는 성장 표면에 합체하게 되는 충돌하는 화학종의 분율이며 이는 표면 국한 특성이다. 높은 수용계수 α를 가지는 표면은 낮은 α 표면에 비하여 높은 성장속도를 가질 것이다. 다른 면에 있어서 수용계수의 커다란 차이는 이방성 성장을 유발할 것이다. 화학종의 농도가 매우 낮을 경우 흡착은 더욱 속도 제한 단계가 된다. 주어진 계에서 성장속도는 성장 화학종의 농도 증가에 선형적으로 증가한다. 성장 화학종의 추가적인 증가는 흡착 제한 과정에서 표면성장 제한 과정으로의 변화를 가져올 것이다. [그림 4.2]에서 개략적으로 보인 바와 같이 표면 성장이 속도 제한 단계가 되면 성장속도는 성장 화학종의 농도에 무관하게 된다. 기상 내의 성장 화학종의 높은 농도나 증기 압력은 불순물 도입이나 적층결함과 같은 결함 형성의 확률을 높일 것이다. 더 나아가 높은 농도는 성장 표면에서의 2차 핵생성 또는 균일 핵생성도 야기할 수 있으며 이러한 것은 에피택시(epitaxy) 성장 또는 단결정 성장으로 효과적으로 끝날 것이다.

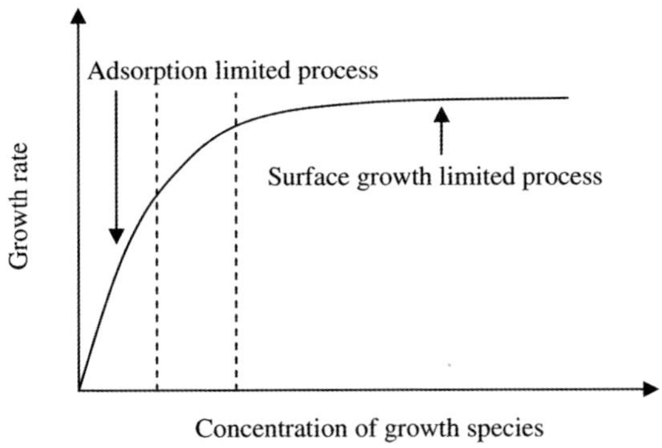

[그림 4.2] 성장속도와 반응물 농도의 관계. 낮은 농도에서는 성장은 확산 제한이고 따라서 증가하는 반응물 농도에 따라 선형적으로 증가한다. 높은 농도에서는 표면 반응이 속도 제한 단계이고, 따라서 성장속도는 반응물 농도에 무관하게 된다.

성장 표면 위로 충돌하는 성장 화학종은 잔류 시간 및 또는 기상으로 다시 탈출하기까지의 확산 거리로 기술될 수 있다. 표면에서의 성장 화학종의 잔류 시간 τ_s는 다음과 같이 기술된다.

$$\tau_s = \frac{1}{\nu}\exp\left(\frac{E_{\mathrm{des}}}{kT}\right), \tag{4.2}$$

여기서 ν는 표면 위의 흡착 원자(adatom) 즉, 흡착된 성장 화학종의 진동 주파수이고 E_{des}는 성장 화학종이 기상으로 다시 탈출하는데 필요한 탈착 에너지이다. 성장 표면에 머무는 동안 성장 화학종은 다음의 식으로 주어지는 표면 확산 계수 D_s를 가지고 표면을 따라 확산할 것이다.

$$D_s = \frac{1}{2}a_0\nu\exp\left(\frac{-E_s}{kT}\right), \tag{4.3}$$

여기서 E_s는 표면 확산을 위한 활성화 에너지이고 a_0는 성장 화학종의 크기이다. 따라서 충돌된 자리로부터 성장 화학종의 평균 확산 거리 X는 다음의 식으로 주어진다.

$$X = \sqrt{2} D_s \tau_s = \frac{1}{\sqrt{2}} a_0 \exp\left(\frac{E_{des} - E_s}{kT}\right). \tag{4.4}$$

결정 표면에서 만약 평균 확산 거리가 꺾임(kink) 자리와 선반(ledge) 자리와 같은 두 개의 성장 자리들 사이의 거리보다 훨씬 길면 모든 흡착된 성장 화학종은 결정구조에 포함되고 수용계수는 1이 될 것이다. 만약 평균 확산 거리가 성장 자리들 사이의 거리보다 훨씬 짧으면 모든 흡착원자들은 기상으로 되돌아 탈출하고 수용계수는 0일 것이다. 수용계수는 탈착 에너지, 표면 확산의 활성화 에너지, 그리고 성장 자리들의 밀도에 의존한다.

단계 2가 충분히 빠르게 진행되면 표면 성장, 즉 단계 4가 속도 제한 과정이 된다. 2장에서 결정 내에서 다른 면들은 다른 표면 에너지를 가지는 사실을 논의하였다. 주어진 결정에서 다른 면들은 다른 원자밀도를 가지고 다른 면에 있는 원자들은 다른 수의 불충족 결합(끊어진 결함 또는 불포화 결합으로도 불림)을 가지며 이는 다른 표면 에너지를 가지게 한다. 이러한 표면 에너지의 차이 또는 끊어진 화학 결합수의 차이는 다른 성장 메커니즘과 변화된 성장속도를 야기한다. 하트만(Hartman)과 페르도크(Perdok)에 의해 개발된 주기적 결합 사슬(Periodic Bond Chain, PBC) 이론에 따르면,[16] 모든 결정면들은 주어진 면들 위의 끊어진 주기적 결합 사슬들의 수에 기초하여 세 그룹으로 분류될 수 있다. 평평한 표면(flat surface), 계단형 표면(stepped surface), 꺾인 표면(kinked surface). 끊어진 주기적 결합 사슬의 수는 단순한 방법으로 주어진 면 위의 원자당 끊어진 결합의 수로 이해될 수 있다. 우선 평평한 면에서의 성장 메커니즘을 살펴보자.

평평한 면의 경우 고전적인 계단–성장 이론이 코셀(Kossl), 스트란스키(Stranski), 그리고 볼머(Volmer)에 의하여 개발되었고 이는 KSV 이론으로 불린다.[17] 그들은 결정 표면이 원자 규모에서 매끄럽거나 평평하거나 연속적이지 않으며 그러한 불연속성이 결정 성장을 책임진다는 것을 깨달았다. 계단 성장

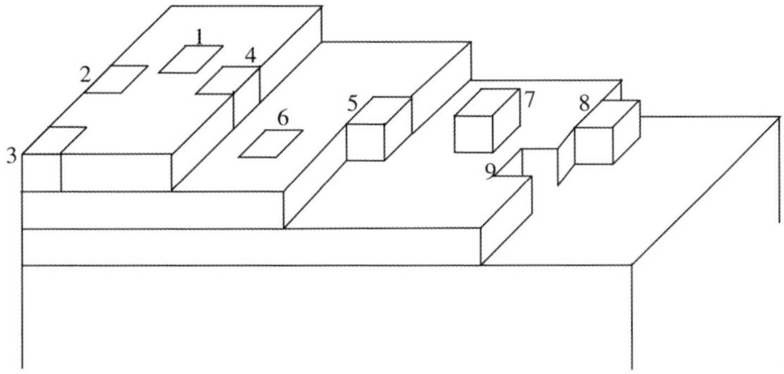

[그림 4.3] 단순 입방 결정의 {100} 면을 예로써 고려하고 각 원자를 덩어리 결정 내에서 6개의 배위수(6개의 화학결합)를 가지는 입방체로 고려한 계단 성장 메커니즘의 개략적인 설명

메커니즘을 설명하기 위해서 우리는 [그림 4.3]에 개략적으로 그려진 바와 같이 단순 입방 결정의 {100} 면을 예로써 고려하고 각 원자를 6개의 배위수(6개의 화학결합)를 가지는 입방체로 고려한다. 한 개의 원자가 표면에 흡착하면 원자는 표면 위에서 무작위로 확산한다. 원자가 에너지적으로 유리한 자리로 확산하면 그것은 결정구조에 비가역적으로 포함될 것이며 이는 표면의 성장을 유발한다. 그러나 원자는 표면에서부터 기상으로 되돌아 탈출할 수도 있다. 평평한 표면 위에서는 흡착된 원자는 다른 에너지 준위를 가지는 다른 자리를 찾기도 한다. 단(terrace) 위에 흡착된 한 개 원자는 원자와 표면 사이에 한 개의 화학결합을 형성할 것이다. 그러한 한 개의 원자는 하나의 흡착 원자로 불리며 이는 열역학적으로 불리한 상태이다. 만약 한 개의 흡착 원자가 하나의 선반 자리로 확산하면 그것은 두 개의 화학결합을 형성할 것이며 안정하게 될 것이다. 만약 한 원자가 한 개의 선반-꺾임 자리에 포함되면 세 개의 화학결합이 생성될 것이다. 꺾임 자리에 포함된 한 개의 원자는 네 개의 화학결합을 생성할 것이다. 선반, 선반-꺾임 그리고 꺾임 자리들은 모두 성장 자리들로 여겨진다. 이러한 자리들로의 원자들의 포함은 비가역적이며 표면의 성장을 유발한다. 평평한 표면의 성장은 계단들(또는 선반들)의 전진에 기인한다. 주어진 결정면들과 주어진 성장 조건에서 성장속도는 계단밀도에 의존할 것이다. 방향 이탈(misorientation)은 계단들의 밀도 증가를 야기할 것이며, 따라서 높은 성장속도를 유발할 것이다. 증가

한 계단밀도는 흡착 원자가 기상으로 되돌아 탈출하기 전에 충돌 자리와 성장 자리 사이의 표면 확산 거리를 줄임으로써 흡착 원자의 비가역적 포함에 유리하게 할 것이다.

이 성장 메커니즘의 명확한 한계는 모든 가능한 계단들이 소모되었을 때 이루어지는 성장 자리의 재생성이다. 버튼(Burton), 카브레라(Cabrera), 그리고 프랑크(Frank)는[18] 나선 전위가 성장 자리들을 생성하는 연속적인 소스 역할을 함으로써 계단 성장이 계속될 수 있음을([그림 4.4]에 보인 바와 같이) 제안하였다. 결정 성장은 나선 성장으로 진행되고 이 결정 성장 메커니즘은 이제 BCF 이론으로 알려졌다. 나선 전위의 존재는 성장 표면의 연속적인 진전을 보장할 뿐만 아니라 성장속도를 증가시킬 것이다. 주어진 실험 조건에서 주어진 결정면의 성장속도는 성장 방향에 평행한 나선 전위들의 농도 증가에 따라 증가할 것이다. 서로 다른 면들은 크게 다른 전위 수용력을 가질 수 있음이 알려져 있다. 어떤 면 위의 나선 전위의 존재는 나노선이나 나노막대의 생성을 이끄는 이방성 성장을 야기할 수 있다.

PBC 이론은 다른 성장속도와 다른 면에서의 거동을 이해하는데 다른 관점을 제공한다.[19,20] [그림 4.5]와 같이 PBC 이론을 설명하기 위한 예로 단순 입방 결정을 택하자.[19] PBC이론에 따르면 {100} 면들은 하나의 면을 통하여 하나의

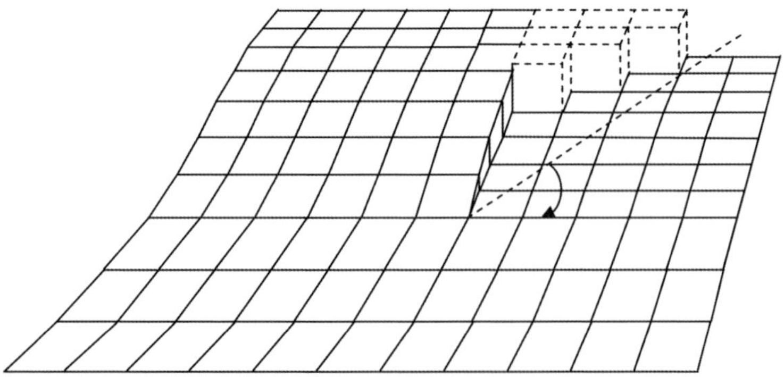

[그림 4.4] 결정 성장은 나선 성장으로 진행되고, 나선 전위가 성장 자리들을 생성하는 연속적인 원천 역할을 함으로써 계단 성장이 계속될 수 있는 BCF 이론으로 알려져 있다.

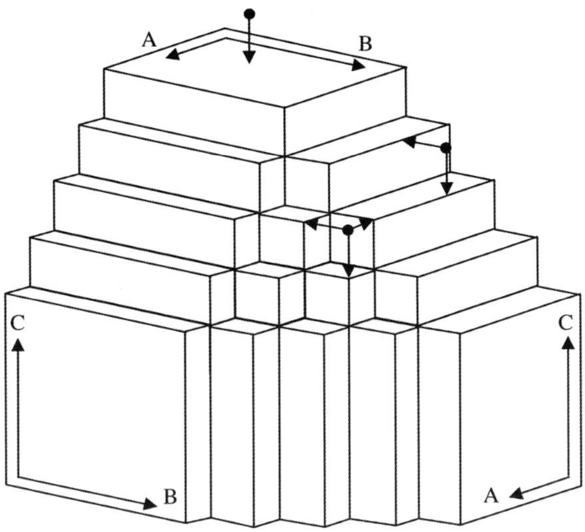

[그림 4.5] PBC 이론을 설명하는 개략도. {100} 면들은 하나의 면을 통하여 하나의 PBC를 가지는 평탄면(F–면으로 지칭)이고, {110} 면들은 두개의 PBC를 가지는 계단식 표면(S–면)이며, {111} 면들은 세 개의 PBC를 가지는 꺾인 면(K–면으로 지칭)이다. [P. Hartman and W.G. Perdok, Acta Crystal. 8, 49 (1955).]

PBC를 가지는 평탄면(F–면으로 지칭)이고, {110} 면들은 두개의 PBC를 가지는 계단식 표면 (S–면)이며, {111} 면들은 세 개의 PBC를 가지는 꺾인 면(K–면으로 지칭)이다. {110} 면들의 경우, 각 면 자리는 계단 또는 선반이므로 임의의 충돌 원자는 흡착되는 어디든지 포함될 것이다. {111} 면의 경우 각 면 자리는 꺾인 자리이며 그 면에 흡착된 임의의 도착 원자를 비가역적으로 포함할 것이다. {100}과 {111} 두 면들에 대하여 위의 성장은 무작위 첨가 메커니즘으로 언급되고 흡착된 원자들은 기상으로 되돌아 탈출할 수 없을 것이다. 단순 입방 결정에서 {110}과 {111} 면들이 {100} 면보다 더 빠른 성장속도를 가지는 것은 명확하다. 일반적인 용어로 S–면과 K–면 들은 F–면들보다 더 높은 성장속도를 가진다. S–면과 K–면의 경우, 이러한 형태의 면들에서는 모든 충돌 원자들이 포획되고 성장 표면에 포함되어 수용계수가 1이므로 성장 과정은 항상 흡착 제한적이다. F–면들의 경우는 꺾임과 선반 자리들의 가용 여부에 의존하여 수용계수가 0(전혀 성장 없음)과 1(흡착 제한) 사이에서 변한다.

위 이론들은 주어진 결정에서 왜 어떤 면들은 다른 면들보다 훨씬 빠르게 성장하는지를 잘 이해하게 해준다. 그러나 빠른 성장속도를 가지는 면들은 사라지는 경향이 있다. 즉, 높은 표면 에너지를 가지는 면들은 사라질 것이다. 열역학적으로 평형인 결정에서는 울프 도표(Wulff plot)에 의하여 결정되는 바와 같이 가장 작은 전체 표면 에너지를 가지는 면들만이 살아남을 것이다.[21,22] 그러므로 다양한 면들의 다른 성장속도에 전적으로 기초하는 높은 종횡비를 가지는 나노막대나 나노선의 생성은 특별한 결정구조들을 가지는 재료들에 제한된다. 일반적으로 나노막대 또는 나노선의 축을 따른 연속 성장을 위해서는 결함 유도 성장과 불순물 억제 성장과 같은 다른 메커니즘들이 요구된다.

이방성 성장을 위해서는 낮은 과포화가 요구된다는 것을 주의해야 한다. 이상적으로 농도는 성장 표면의 평형농도(포화)보다는 더 높고, 그러나 다른 무성장 표면들의 평형농도와 같거나 더 낮다. 낮은 과포화는 이방성 성장을 위하여 요구되는 반면에 중간 과포화는 덩어리 결정 성장을 지원하고 높은 과포화는 다결정이나 분말의 생성을 이끄는 2차 또는 균일 핵생성을 야기한다.

4.2.1.2 증발-응축 성장

시어스(Shears)는[23] 1955년에 축에 위치하는 나선 전위 유도 이방성 성장에 의한 수은 휘스커(또는 직경 ~200 nm와 길이 1-2 mm를 가지는 나노선)의 성장을 설명한 최초의 사람이었다. 수은 휘스커 또는 나노선은 간단한 증발-응축 방법에 의하여 진공 중, 응축 온도 -50℃에서 성장되었으며 추측된 축 방향 성장속도는 평형압력에 대한 압력의 비로 정의되는 과포화 100에서 대략 1.5 μm/s이었다. 그러나 휘스커 또는 나노선이 축 방향 성장을 통하여 일정한 반경으로 유지되는 것이 밝혀졌으며, 따라서 측면 성장은 없거나 무시할 수 있을 정도라는 것이 암시되었다. 이어지는 논문에서 시어스는[24] 또한 아연, 카드뮴, 은 그리고 황화카드뮴과 같은 다른 재료들의 미세한 휘스커들이 증발-응축 방법에 의하여 성장될 수 있음을 입증하였다. 실험 조건들은 카드뮴의 경우 250℃에서 은의 경우 850℃까지 변하였으며, 과포화는 황화카드뮴의 경우 ~2에서부터 카드뮴의 경우 ~20까지의 범위였다.

그 뒤에 나노선의 성장에 있어서 축상 나선 전위의 존재를 확인하기 위하여 많은 연구가 진행되어지고 있다. 그러나 대부분의 경우에 축상 나선 전위의 존재를 드러내는데 전자 현미경과 식각을 포함하는 다양한 기술들이 모두 실패하였다.[25] 미세쌍정 또는 적층결함은 증발-응축 방법으로 성장된 많은 나노선 또는 나노막대들에서 관찰되었고, 미세쌍정 또는 적층결함이 이방성 성장의 원인으로 제안되었다. 그러나 많은 다른 연구자들은 성장된 나노선과 나노막대들에서 축상의 결함을 전혀 찾지 못하였다. 비록 쌍정의 생성이 최종 결정형태를 결정하는데 매우 중요하나 나노막대와 나노선의 성장이 미세쌍정의 존재에 의해 조절될 필요가 없다는 것은 명확하다.[26] 그러한 이방성 성장은 역시 이방성 결정구조에 의하여 설명하는 것이 가능하지 않다. 확실히, 증발-응축 방법에 의한 나노선과 나노막대의 성장을 이해하기 위해서는 더 많은 연구가 필요하다.

또 다른 관련 쟁점은 관찰된 나노선들의 성장속도가 평탄면에 대한 식(식(4.1))을 사용하여 수용계수 1을 가정하고 계산된 응축속도를 초과한다는 사실이다. 그것은 나노선들의 성장속도가 성장 표면에 도착한 모든 성장 화학종보다 더 빠르다는 것을 의미한다. 휘스커 또는 나노선의 그러한 크게 증가한 성장속도를 설명하기 위하여 전위-확산 이론이 제안되었다.[27] 이 모델에서 빠른 성장속도는 다음과 같이 설명되었다. 끝 부분에 쌓이는 물질은 두 가지 자원에서 근원한다. 기상으로부터 성장 화학종들의 직접적인 응축과 측면들에 흡착된 성장 화학종들의 성장 끝으로의 이동. 그러나 측면에서 모서리를 넘어 뾰족한 끝의 성장 표면으로의 흡착 원자의 이동은 모서리가 그러한 이동에 대한 에너지 장벽으로 작용하고 있음직하지 않다.[28-30]

왕(Wang)과 그의 공동연구자는[31] 300 torr 진공도, 고온에서 상업적으로 가용한 금속산화물들을 단순히 증발시킴으로써 알루미나 튜브로 내에 상대적

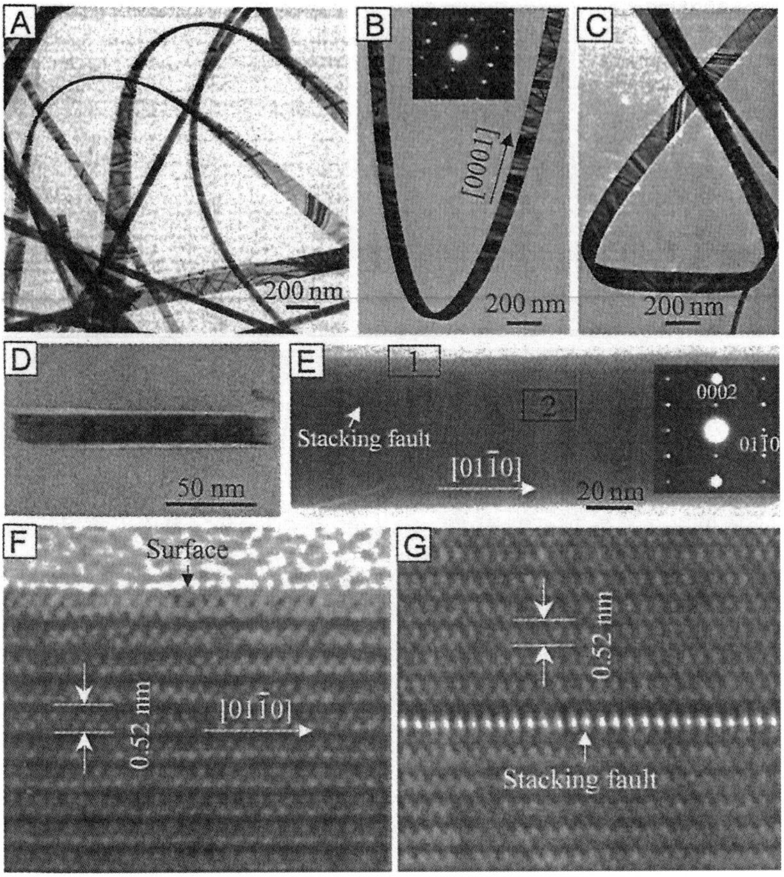

[그림 4.6] ZnO 나노벨트의 주사 전자 현미경(SEM) 및 투과 전자 현미경(TEM) 사진 [Z. W. Pan, Z. R. Dai, and Z. I. Wang, Science 291, 1947 (2001).]

으로 낮은 온도에 놓여있는 알루미나 기판 위에 다양한 반도체 산화물의 단결정 나노벨트의 성장을 보고하였다. 이렇게 성장한 산화물은 우르짜이트 육방정 구조의 산화아연(ZnO), 루타일 구조의 산화주석(SnO_2), C-휘토류 결정구조를 가지는 산화인듐(In_2O_3), 그리고 염화나트륨 입방 구조를 가지는 산화카드뮴(CdO)이다. 비슷한 현상들이 모든 네 가지 산화물에서도 발견되었으므로 우리는 그들의 발견을 보이기 위하여 단지 ZnO 나노벨트의 성장에만 집중할 것이다. [그림 4.6]은 ZnO 나노벨트의 주사 전자 현미경(SEM) 및 투과 전자 현미경(TEM) 사진을 보여준다.[31] ZnO 나노벨트의 일반적인 두께와 폭-두께비는 각각 10에서 30 nm와 ~5에서 10 사이의 범위이다. 두 개의 성장 방향이 관찰되었다. [0001]과 [0110], [0110] 방향으로 성장한 나노벨트에서 성장 축에 평행하게 한 개의 적층결함 이외에 나노벨트의 전체 길이를 통틀어 나선 전위는 발견되지 않았다. 나노벨트의 표면은 깨끗하고 원자적으로 선명하며 어떤 비정질 상도 싸여있지 않다. 그들의 추가적인 투과 전자 현미경 분석도 역시 나노벨트의 끝 위에 비정질 방울이 없음을 나타내었다. 이 관찰은 나노벨트의 성장이 이 장에서 뒤에 논의될 VLS 메커니즘에 기인하지 않음을 암시한다. 나노벨트의 성장은 나선 전위 유발 이방성 성장이나 불순물 억제 성장에 기인할 수 없다. 더욱이 네 가지 산화물이 전부 다른 결정구조를 가지므로 나노벨트의 성장이 그들의 결정구조와 직접적으로 관련되기 어렵다. 단사정 구조를 가지는 갈륨산화물(Ga_2O_3)과 루타일 구조를 가지는 납산화물(PbO_2)과 같은 다른 산화물 나노벨트도 역시 동일한 기술로 합성되었다.[32] 나노선이나 나노벨트의 모양이 아마도 성장온도에 의존하는 것은 주목할 가치가 있어 보인다. 초기 연구는 다른 온도에서 성장한 단결정 수은이 작은 판 모양 또는 휘스커 유형을 가질 수 있음을 보여주었다.[23,33] CdS 산화물 리본도 또한 증발-응축법에 의하여 성장되었다.[24]

콩(Kong)과 왕(Wang)[34]은 성장 동역학을 조절함으로써 단결정 ZnO 나노벨트를 말아 올려 왼손 나선형 나노구조와 나노링이 형성될 수 있음을 추가적으로 입증하였다. 이 현상은 자발 분극과 탄성에 의하여 생긴 총에너지를 최소화하기 위한 결과에 기인한다. 자발 분극은 ZnO 결정구조의 중심 대칭의 부재에 기인한다. (0001) 면 위주 단결정 나노벨트에서 양극과 음극 이온 하전이 자발적으로 아연 및 산소 종결 ±(0001) 면들에 각각 생긴다. [그림 4.7]은 합성된 상태로의 산화아연 나노벨트 나선형 나노구조의 SEM 이미지를 보여준다.[34]

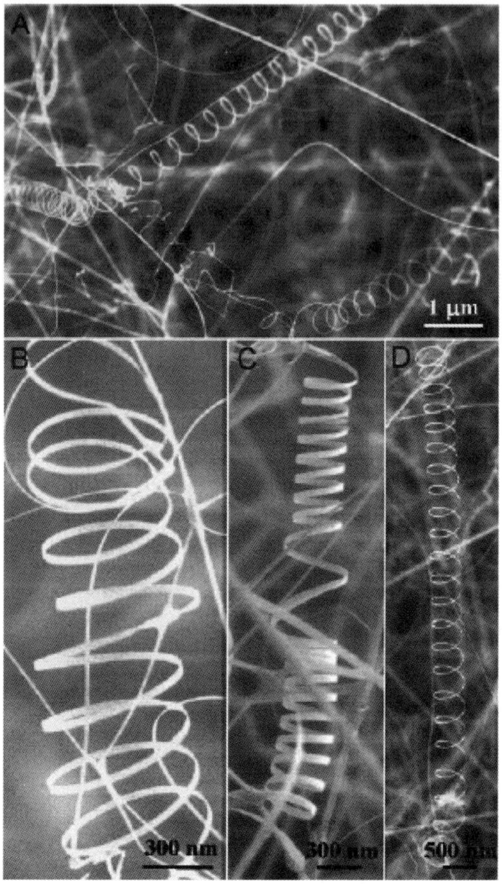

[그림 4.7] 합성된 상태로의 산화아연 나노벨트 나선형 나노구조의 주사 전자 현미경 이미지. 나노벨트의 일반적인 폭은 ~30 nm이고 간격 거리는 꽤 균일하다. 나선은 왼손잡이 형이다. [X. Y. Kong and Z. l. Wang, Nano Lett. 3, 1625 (2003).]

루(Liu) 등은[35] 산화주석 나노막대를 고온에서 나노입자를 전환시킴으로써 합성하였다. 나노입자는 비이온 계면 활성제를 사용하여 역유화에 의하여 염화주석($SnCl_4$)으로부터 화학적으로 합성하였고, 평균 크기 10 nm를 가지고 많이 뭉쳐있다. 산화주석 나노입자는 비정질일 것이다. 공기 중에서 780℃에서 820℃ 범위의 온도로 가열하면 루타일 구조를 가지는 단결정 산화주석 나노막대가 형성되었다. 나노막대는 직선적이며 소둔 온도와 시간에 따라 20에서 90 nm 범위의 균일한 직경을 가지고 길이는 5에서 10 μm이다. 산화아연, 산화갈륨, 산화마그네슘(MgO)과 일산화구리(CuO)와 같은 다양한 산화물 나노선

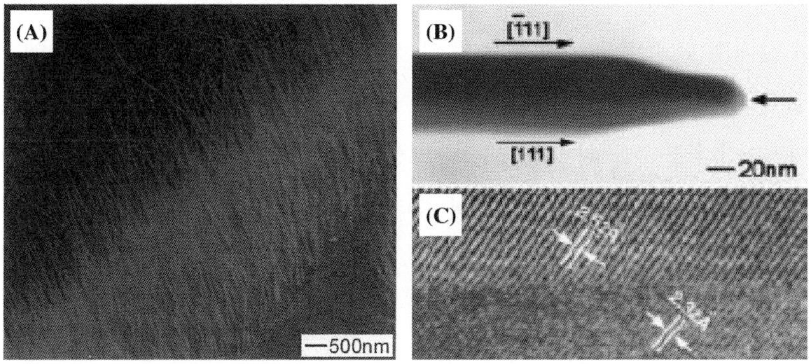

[그림 4.8] (A) 투과 전자 현미경 (B) 공기 중에서 구리선(0.1 mm 직경)을 500℃까지 4시간 동안 가열하여 합성된 일산화구리 나노선의 주사 전자 현미경과 사진들. 각 일산화구리 나노선은 전자회절 도형과 고분해능 투과 전자 현미경 분석이 (C)로 보인 바와 같이 쌍결정이었다. [X. Jiang, T. Herricks, and Y. Xia, Nano Lett. 2, 1333 (2002).]

이 이러한 증발-응축 방법에 의하여 합성되었다.[36-38] [그림 4.8]은 공기 중에서 구리선을 500℃까지 4시간 동안 가열하여 성장한 일산화구리 나노선을 보여준다.[37] 더불어 질화규소(Si_3N_4)와 탄화규소(SiC) 나노선들이 단순히 이러한 물질의 상업용 분말을 고온으로 가열하여 합성되었다.[38]

화학 반응과 중간 화합물의 생성은 증발-응축 방법에 의하여 다양한 나노선을 합성하는 데 중요한 역할을 한다. 환원 반응은 휘발성 증착 전구체를 생성하는 데 종종 쓰이고, 수소, 물, 그리고 탄소가 환원제로 흔히 사용된다. 예를 들면, 수소와 물은 2단계 공정(환원과 산화)을 통하여 산화알루미늄(Al_2O_3), 산화아연, 그리고 산화주석과 같은 2성분계 산화물 나노선의 성장에 쓰인다.[39,40] 실리콘 나노선은 일산화규소(SiO)를 환원 분위기에서 열증발시켜 합성될 수 있었다.[41] 일산화규소를 단순히 1,300℃로 가열하고 일산화규소 증기가 아르곤과 5% 수소 혼합 가스에 섞여 전달되었다. (100) 실리콘 기판은 성장을 위하여 930℃에서 유지되었다. 성장된 나노선은 20 nm 직경의 실리콘 코어와 5 nm 두께의 이산화규소 쉘로 구성된 30 nm 직경이었다. 실리콘 코어는 수소에 의하여 일산화규소가 환원됨으로써 형성된 것으로 믿어진다. 이산화규소 쉘은 아마도 측면 성장 정지기로 작용하여 나노선 전체를 통하여 균일한 직경을 만들었을 것이다. 탄소는 산화마그네슘 나노선의 합성에 사용되었다.[42]

비록 주어진 결정 내의 다양한 결정면에서 불순물은 다른 흡착성을 가지는 것으로 알려져 있고 불순물의 흡착은 성장 과정을 지연시킬 것이나, 설계에 의한 불순물 위치 잡기에 기초한 기체 응축 방법으로 나노막대들이 성장되지 않고 있다. 그러나 불순물 위치 잡기는 나노선이나 나노막대의 합성 중 이방성 성장을 야기하는 것으로 자주 인용되어 왔다.

4.2.1.3 용해-응축 성장

용해-응축 과정은 증발-응축과 성장 매체에 있어서 다르다. 용해-응축 과정에서는 성장 화학종은 우선 용매 또는 용액으로 용해되고, 그 다음에 용매 또는 용액을 통하여 확산되어 표면에 증착됨으로써 나노막대나 나노선의 성장을 야기한다.

게이츠(Gates) 등은[43] 균일한 단결정 셀레늄 나노선을 용해-응축 방법으로 준비하였다. 첫 번째 단계에서는 수용액 속에 ~300 nm 크기를 가지는 비정질 셀레늄의 구형 콜로이드 입자가 잉여 하이드라진을 가지는 셀렌산의 환원을 통하여 100℃에서 준비되었다. 용액이 상온으로 냉각되면 삼방정 구조를 가지는 나노결정 셀레늄이 일부 석출되었다. 두 번째 단계에서는 용액이 상온, 암소에서 시효되면 비정질 셀레늄 콜로이드입자가 용액 속으로 용해되는 반면에 셀레늄 결정이 성장하였다. 이 고체-용액-고체 변환에서 결정질 셀레늄 생성물의 형태는 이방성 성장에 의해 결정되었는데, 이것은 삼방정 결정구조에서 무한한 나선형 사슬들의 일차원적 특성 때문이다. 삼방정 셀레늄 결정은 두드러지게 [001] 방향을 따라서 성장하는 것으로 알려졌다.[44] 이 방법으로 성장된 셀레늄 나노선은 꺾임과 전위와 같은 결함이 없는 것으로 알려졌다.

화학 용액법은 결정 Se_xTe_y 화합물[45] 나노막대의 합성을 위하여 또한 탐구되었다. 수용성 매체에서(~100℃에서 환류된) 셀렌산과 오르토텔루르산 혼합물이 잉여 하이드라진에 의하여 환원되었다.[46]

$$x\mathrm{H_2SeO_3} + y\mathrm{H_6TeO_6} + \left(x + \frac{3y}{2}\right)\mathrm{N_2H_4}$$
$$\rightarrow \mathrm{Se}_x\mathrm{Te}_{y(s)} + \left(x + \frac{3y}{2}\right)\mathrm{N}_{2(g)} + \left(x + \frac{3y}{2}\right)\mathrm{H_2O}. \qquad (4.5)$$

텔루륨은 균일 핵생성 과정을 통하여 실험 조건 아래서 결정성 육각형 나노판으로 쉽게 석출될 수 있었다.[47] 위 환원 반응에 의하여 나중에 생산된 셀레늄과 텔루륨 원자들이 나노판 텔루륨 씨앗 위에서 [001] 성장 방향으로 나노막대로 성장하였을 것으로 상정되었다. 합성된 나노막대는 일반적으로 500 nm보다 작은 평균 길이와 ~60 nm의 평균 직경을 가지고, SeTe의 화학양론적 화학조성을 가지고 셀레늄과 텔루륨의 구조와 비슷하게 삼방정 결정구조를 가진다. 하이드라진은 또한 용액 내에 있는 금속 분말로부터 직접 나노막대의 성장을 촉진할 수 있다. 예를 들면, 30–100 nm의 직경과 500–1,200 nm의 길이를 가지는 단결정 ZnTe 나노막대가 아연(Zn)과 텔루륨(Te) 분말을 반응물로 하고 하이드라진 수화물을 용매로 하여 용매열 합성 과정에 의하여 합성되었다.[48] 하이드라진이 환원제로의 역할에 더하여 이방성 성장을 촉진할 수 있었다고 상정되었다.

왕(Wang) 등은 40–80 nm의 두께와 150 μm 까지의 길이를 가지는 단결정 Mn_3O_4 나노선을 용융된 NaCl 융제에서 성장하였다.[49] $MnCl_2$와 Na_2CO_3를 NaCl과 노닐페더에더(NP–9)와 섞어 850℃로 가열하였다. 냉각 후 NaCl은 증류수로 세척하여 제거하였다. NP–9는 나노선 대신 작은 입자들이 생성되는 것을 막기 위하여 사용되었다. 나노선은 NP–9가 시스템의 공정온도(eutectic temperature)를 낮추고 작은 전구체를 안정화하여 오스트발트 조대화를 통하여 성장하는 것으로 믿어진다.

나노선은 이종 에피택시 성장의 씨앗으로 사용되는 이질성 결정 나노입자 위에 용액 공정으로 성장할 수 있다. 선(Sun) 등은[50] 30–40 nm의 직경과 ~50 μm의 길이를 가지는 결정성 은 나노선을 백금 나노입자를 성장 씨앗으로 사용하

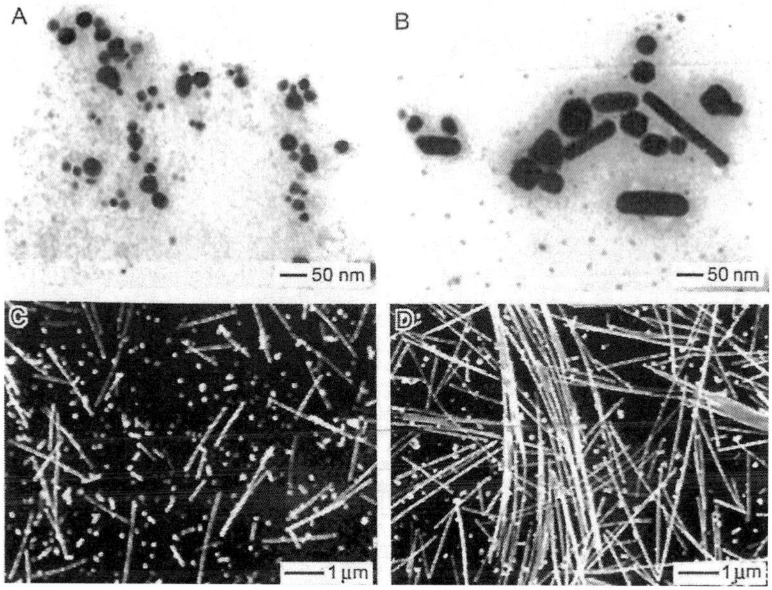

[그림 4.9] 백금 나노입자를 성장 씨앗으로 사용하여 용액 내에서 성장된 은 나노선의 SEM 이미지. [Y. Sun, B. Gates, B. Mayer, and Y. Xia, Nano Lett. 2, 165 (2002).]

여 성장하였다. Ag 성장 화학종은 에틸렌글리콜과 $AgNO_3$의 환원에 의하여 생성되나, 이방성 성장은 용액 내에 폴리비닐피롤리돈(PVP)와 같은 계면활성제에 의하여 이루어졌다. 고분자 계면 활성제는 일부의 성장 표면에 흡착되어 동역학적으로 성장을 막아서 (혹은 위치시켜서) 균일한 결정성 은 나노선의 형성을 야기하였다. TEM 분석은 면심입방 은 나노선의 성장방향이 $[2\bar{1}\ \bar{1}]$과 $[01\bar{1}]$임을 추가로 드러내었다. [그림 4.9]는 백금 나노입자를 성장 씨앗으로 사용하여 용액 내에서 성장된 은 나노선을 보여준다.[50] 용해-응축은 또한 기판 위에 나노선을 성장할 수 있다. 고벤더(Govender) 등은 아연 아세테이트 또는 아연 포름산염과 헥사메틸렌테트라민의 용액으로부터 상온에서 산화아연 나노막대를 유리기판 위에 성장하였다.[51] 이러한 면체의 나노막대는 직경 약 266 nm와 길이 ~3 μm를 가지고 [0001] 방향으로 (즉, c-축으로) 우선적으로 방향지어졌다.

나노선은 나노결정을 합성하는 데 통상적으로 쓰이는 것과 동일한 방법 즉, 유기 금속 화합물을 조정 유기물의 존재하에 분해하는 것으로 성장될 수 있다.

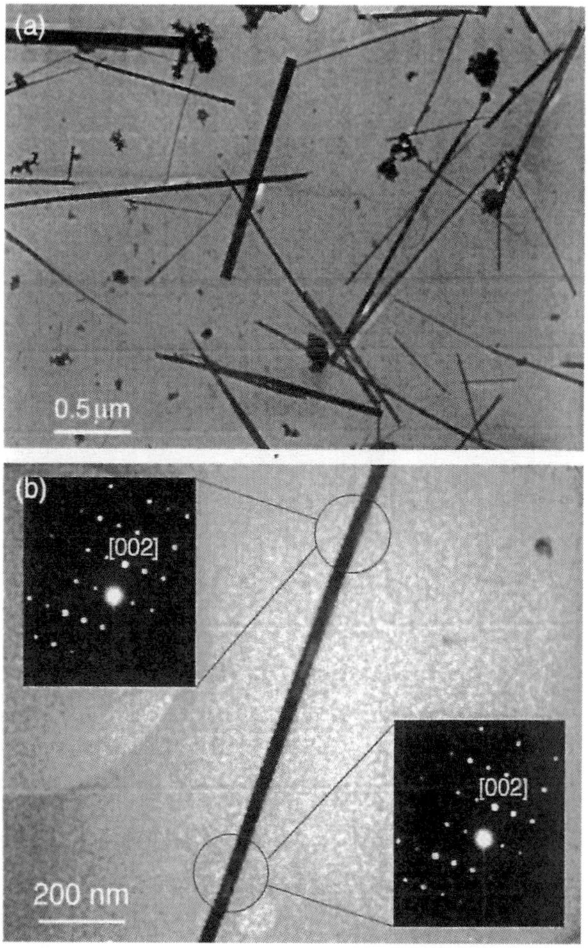

[그림 4.10] (a) 반응이 주로 나노선과 작은 양 (~10%)의 나노입자 응집체를 생성함을 보여주는 $BaTiO_3$ 나노선의 TEM 이미지 (b) $BaTiO_3$ 나노선의 TEM 이미지와 두 개의 수렴-빔 전자회절 상 [J. J. Urban, J. E. Spanier, L. Ouyang, W. S. Yun, and H. Park, Adv. Mater. 15, 423 (2003).]

예를 들면 우르반(Urban)과 공동연구자는[52,53] 5에서 70 nm의 직경과 10 μm가 넘는 길이까지의 단결정 $BaTiO_3$ 나노선을 바륨 티타늄 이소프로폭사이드, $BaTi[OCH(CH_3)_2]_6$의 용액-상 분해에 의하여 합성하였다. 일반적인 반응에서 잉여의 30% H_2O_2가 100℃에서 $BaTi[OCH(CH_3)]$와 올레산의 몰 비가 10:1인 헵타데칸(heptadecane) 용액에 추가되었다. 그 다음에 반응 혼합물은 280℃로 6시간 동안 가열되었고 나노선 응집체로 구성된 하얀 석출물을 초래하였다. 잘 고립된 나노선은 물과 헥산 사이의 초음파 분해와 분할에 의하여 얻어졌다. [그림 4.10]은 $BaTiO_3$ 나노선의 TEM 이미지와 수렴-빔 전자회절 상을 보여준다.[53] 원소 분석, 엑스선 회절과 전자 회절은 모두 성장된 나노선이 선축이 [001] 방향으로 정렬된 단결정 페로브스카이트(perovskite) $BaTiO_3$임을 지시한다. 성장된 나노선의 직경과 길이는 매우 크게 변하며 균일한 크기를 가지는 나노선의 조절 성장에 대한 전략이 사용될 수 없음을 주목해야 한다.

수열 성장은 무기염류로부터의 나노막대 형성에 대해 탐구되어 온 또 다른 방법이다. 단사정 결정구조를 가지는 $CdWO_4$ 나노막대가 130℃, pH 3에서 11까지의 범위에서 5시간 동안 카드뮴 클로라이드($CdCl_2$)와 나트륨 텅스테이트($NaWO_4$)의 반응에 의하여 합성되었다. 그렇게 성장된 카드뮴 텅스테이트 나노막대는 직경 20-40 nm와 80에서 280 nm의 길이를 가진다.[54] 나노막대의 성장은 특정한 성장 방향이 확인되지 않더라도 이방성 성장에 기인한다. $H_2Ti_3O_7$ 나노튜브는 NaOH 수용액에 용해된 TiO_2 분말로부터 130℃에서 첸(Chen) 등에 의해 수열법으로 합성되었다.[55] 합성된 생성물은 직경 약 9 nm, 100에서 수백 나노미터까지의 길이를 가지는 텅 빈 튜브였다.

증발(용해)-응축 증착에 의한 나노선 또는 나노막대는 특히 액체 매개체에서 상장될 때 아마도 면체의 형상을 가지고 일반적으로 길이가 짧으며 상대적으로 작은 종횡비를 가진다. 그러나 나선전위, 미세쌍점, 적층결함과 같은 축상 결함 또는 불순물 위치화에 의해 유도된 이방성 성장은 매우 큰 종횡비를 가지는 나노선의 성장을 야기할 수 있다.

4.2.2 증기(또는 용액)-액체-고체(VLS 또는 SLS) 성장

4.2.2.1. VLS와 SLS의 기본

VLS 성장에서는 불순물 또는 촉매로 언급되는 2차상 물질이 결정 성장을 특정한 방향과 국한된 면적 내에 정향시키고 국한시키기 위하여 고의로 도입된다. 촉매는 스스로 또는 성장 물질과 합금화되어 액체 방울을 형성하고, 이것은 성장 화학종의 덫으로 작용한다. 촉매 방울 내의 풍부한 성장 화학종은 성장 표면에서 연속적으로 석출되어 1차원 성장을 야기한다. 와그너(Wagner) 등은[56,57] 증발-응축 이론으로는 설명될 수 없는 실리콘 나노선 또는 휘스커의 성장에 있어 실험 결과와 관찰을 설명하기 위하여 VLS 이론을 40년 이상 전에 처음으로 제안하였다. 이러한 현상은 다음을 포함한다.

(1) 성장 방향으로 나선 전위 또는 다른 결함이 없다.
(2) 성장 방향 〈111〉은 실리콘에서 〈100〉과 같은 다른 저지수 방향들과 비교하여 가장 성장속도가 작은 방향이다.
(3) 불순물이 항상 필요하다.
(4) 액체 같은 작은 방울이 나노선의 끝에 항상 발견된다.

와그너는 실험의 상세 내용, 결과와 VLS 이론을 고전적 논문에서 진정으로 명쾌한 방법으로 요약하였고,[58] 기바기조브(Givargizov)는[25] 실험적 관찰을 더 자세히 상술하여 VLS 공정에 관한 모델과 이론을 발전시켰다. 이 주제에 대하여 더 배우기를 원하는 독자는 그 문헌들을 읽을 것을 강력히 추천한다. 이 분야에서 많은 연구가 최근에 수행되어 왔으나 VLS의 기본은 크게 변하지 않았다. 와그너는 VLS 성장에 대한 요구 조건을 30년 전에 요약하였고,[58] 그것은 오늘날의 이해에서도 여전히 유효하다.

(1) 촉매 또는 불순물은 증착 온도에서 성장되는 결정성 물질과 액체 용액을 형성하여야만 한다.
(2) 촉매 또는 불순물의 분포계수는 증착 온도에서 1보다 작아야만 한다.
(3) 액체 방울에 비하여 촉매 또는 불순물의 평형 증기압은 매우 작아야만 한다. 비록 촉매의 증발이 포화된 액체 조성을 변화시키지는 않지만 액체 방울의 총부피는 감소시킨다. 더 많은 촉매가 공급되지 않으면 촉매 방울의 부피는 감소할 것이다. 그 결과 나노선의 직경은 감소할 것이고, 모든 촉매가 증발되면 성장은 결국 멈출 것이다.
(4) 촉매 또는 불순물은 화학적으로 비활성이어야 한다. 그것은 성장 용기 내 존재하는 부산물같은 화학종과 반응하지 말아야만 한다.

(5) 계면 에너지는 매우 중요한 역할을 한다. 젖음 특성은 성장된 나노선의 직경에 영향을 미친다. 주어진 부피의 액체 방울에 대하여 작은 젖음 각은 큰 성장 면적을 야기하고 큰 직경의 나노선을 유도한다.

(6) 화합물 나노선 성장의 경우에는 구성물의 하나가 촉매로 사용될 수 있다.

(7) 조절된 단방향 성장을 위해서는 고체-액체 계면이 결정학적으로 잘 정의되어야만 한다. 가장 간단한 방법들 중의 하나는 원하는 결정 방향을 가지는 단결정 기판을 선택하는 것이다.

VLS 성장에서는 [그림 4.11]에 그려진 바와 같이 성장 과정이 간단하게 기술될 수 있다. 성장 화학종은 맨 처음 증발한다. 그런 다음에 확산하고 액체 방울 속으로 용해된다. 액체의 표면은 큰 수용계수를 가지고, 따라서 증착의 우선 자리이다. 액체 방울 내의 포화된 성장 화학종은 확산할 것이고 기판과 액체 사이의 계면에서 석출될 것이다. 석출은 최초의 핵생성과 후속 결정 성장을 따를 것이다. 계속된 석출 또는 성장은 기판과 액체 방울을 분리시킬 것이고 나노선의 성장을 야기한다.

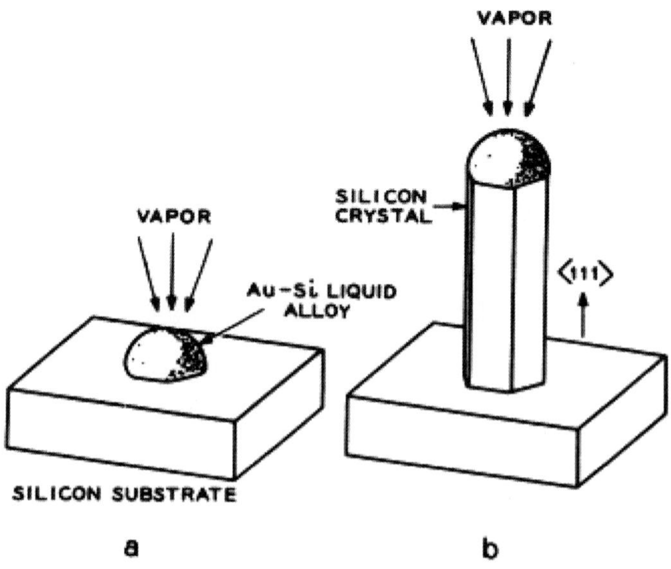

[그림 4.11] 증기-액체-고체 성장 기술의 기본 단계를 보여주는 개략도 (a) 초기 핵생성 (b) 계속되는 성장

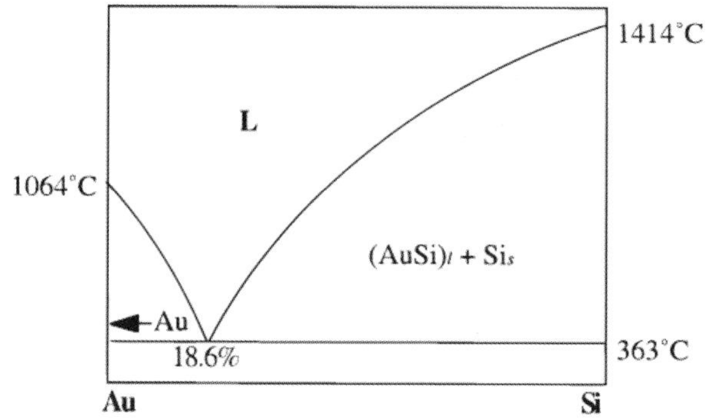

[그림 4.12] 금-실리콘 2성분계의 상태도

VLS 성장의 실험적 과정을 보여주기 위해 금을 촉매로 하는 실리콘 나노선의 성장을 예로 하자. 실리콘 기판에 얇은 금 층을 스퍼터링(sputtering)으로 증착하고 고온[실리콘-금의 공정(eutectic)온도인 385℃ 이상]에서 설담금(annealing)한다. 이 온도는 통상 성장 온도와 같다. 설담금 중에 실리콘과 금은 반응하고 액체 혼합물을 형성하며, 이것은 실리콘 기판 표면 위에 방울을 형성한다. 성장 중에 [그림 4.12]에 보인 2성분계 상태도에 의해 결정되는 것처럼 성장 온도에서 평형 조성이 도달 된다. 실리콘 화학종이 소스에서 증발되고 액체 방울의 표면에서 우선적으로 응축될 때 액체 방울은 실리콘으로 과포화 될 것이다. 그 뒤에 과포화된 실리콘은 액체-증기 계면으로부터 고체-액체 계면으로 확산하여 석출될 것이며, 실리콘의 성장을 야기한다. 성장은 고체-액체 계면에 수직하게 단방향으로 진행될 것이다. 화학종이 액체 표면에 일단 흡착되면 그것은 액체 속으로 용해될 것이다. 액체 내에서의 물질 전달은 확산 제어 반응이고 근본적으로 등온 조건에서 일어난다. 액체 방울과 성장 표면 사이의 계면에서 결정 성장은 쵸클라스키(Czochraski) 결정 성장에서의 그것과 근본적으로 동일하게 진행된다.

나선 전위와 같은 결정 결함은 VLS 성장을 위해 필수적인 것은 아니다. 그러나 계면에 존재하는 결함은 성장을 촉진할 것이고 필요한 과포화를 낮출 것이다. 위의 논의로부터 VLS 방법에 의한 나노선의 성장은 기판 재료의 종류와 촉매의 종류에 제한받지 않는다는 것이 명백하다. 나노선은 기판과 성장 조건에 의존하여 단결정, 다결정 또는 비정질이 될 수 있다.

액체 방울 표면 위로의 성장 화학종의 우선적 흡착은 이렇게 이해될 수 있다. 완전 또는 불완전 결정표면의 경우, 충돌하는 성장 화학종은 표면을 따라 확산한다. 확산 중에 성장 화학종은 성장 자리(선반, 선반-꺽임, 또는 꺽임)에 아마도 비가역적으로 수용된다. 성장 화학종이 주어진 시간(잔류 시간) 안에 우선적 자리를 찾지 못했다면 성장 화학종은 증기 상으로 되돌아 탈출할 것이다. 액체 표면은 완전 또는 불완전 결정 표면과 명백하게 다르며 '거친' 표면으로 여겨질 수 있다. 거친 표면은 오직 선반, 선반-꺽임, 또는 꺽임 자리로만 구성된다. 그것은 전체 표면에 대하여 모든 자리가 충돌하는 화학종을 포획하는 것이다. 수용 계수는 1이다. 그 결과 VLS 방법에 의한 나노선 또는 나노막대의 성장 속도는 액체 촉매가 없는 것보다 매우 높다. 와그너(Wagner)와 엘리스(Ellis)는[59] 액체 Pt-Si 합금을 사용한 실리콘 나노선의 성장속도가 900℃에서 실리콘 기판 위에 직접 한 경우보다 약 60배 높다고 보고하였다. 증기 상에서 성장 화학종의 싱크로 작용하는 것에 더하여 성장 물질과 액체를 형성하는 촉매 또는 불순물은 이종 반응 또는 증착의 촉매로 작용할 수 있는 가능성이 있다.

2장에서 토의된 것처럼, 평형 증기압 또는 용해도는 주어진 조건에서 켈빈(Kelvin) 식으로 정의되는 표면 에너지와 반경(또는 표면 곡률반경)에 의존한다.

$$\ln\left(\frac{P}{P_0}\right) = -\frac{2\gamma\Omega}{kTr}, \tag{4.6}$$

여기서 P는 곡면 표면의 증기압이고, P_0는 평평한 표면의 증기압, γ는 표면 에너지, 그리고 Ω는 원자 부피, r은 표면 반경, 그리고 k는 볼츠만 상수이다. 나노선의 성장에 대하여, 만약 성장 중에 면이 발달되면 나노선 또는 나노막대의 종방향과 측면의 성장속도는 개별 면들의 성장 거동에 의하여 오로지 결정될 것이다. 그러나 만약 나노선이 원통형 모양인 경우에는 모든 표면들이 동일한 표

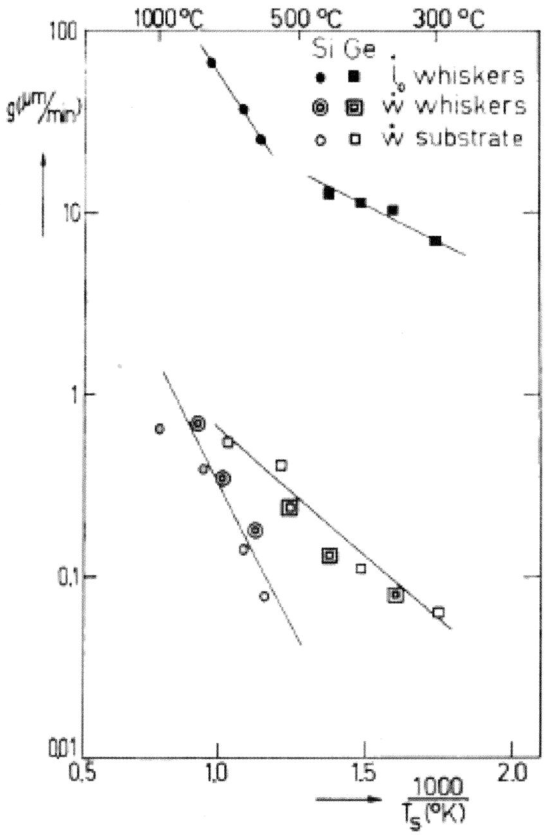

[그림 4.13] SiH_4와 GeH_4를 전구체로 하고 많은 금속(Au, Ag, Cu, Ni, Pd)을 촉매로 한 Si와 Ge 나노선의 축방향 ($V_{\parallel}$)와 측면 ($V_{\perp}$) 성장속도와 이러한 물질의 기판(즉, 막) 성장속도의 비교 [G. A. Bootsma and H. J. Gassen, J. Crystal Growth 10, 223 (1971).]

면 에너지를 가진다고 가정하면 측면 성장속도는 종 방향 성장속도보다 크게 작을 것이다. 매우 작은 반경 (< 100 nm)을 가지는 볼록한 표면(옆 표면)은 평평한 성장 표면의 증기압에 비하여 크게 높은 증기압을 가질 것이다. 성장하는 표면에 대한 과포화 증기압 또는 성장 화학종의 농도는 얇은 나노선의 볼록한 표면 평형 증기압보다 아래일 것이다. 균일한 고품질 결정성 나노선 또는 나노막대의 성장을 위해서 일반적으로 과포화는 상대적으로 낮게 유지되어 옆 표면에서는 성장이 없을 것이다. 높은 과포화는 앞에서 토의된 증기-고체 성장에서와 같이 다른 면들의 성장을 야기할 것이다. 더 높은 과포화는 성장 표면에 2차 핵생성 또는 균질 핵생성을 유도할 것이고 에피택시 성장의 종료를 야기한다.

[그림 4.13]은 SiH_4와 GeH_4를 전구체로 하고 많은 금속(Au, Ag, Cu, Ni, Pd)을 촉매로 한 Si와 Ge 나노선의 축방향(V_{II}) 및 측면($V_{\perp}$) 성장속도와 이러한 물질의 기판(즉, 막) 성장속도를 비교하였다.[60] 이 그림은 측면과 기판 성장속도는 필연적으로 동일한 반면에 Si와 Ge 나노선 모두 VLS 과정에 의한 축방향 속도는 동일한 조건하의 VS 성장속도보다 대략적으로 100배 높음을 가리킨다.

증가된 성장속도는 VLS 성장에서 성장 화학종에 대한 응축 표면적이 결정성장의 표면적보다 크다는 사실에 부분적으로 기인할 수 있다. 성장 표면이 액체 방울과 고체 표면 사이의 계면인 반면에 응축 표면은 액체 방울과 기상 사이의 계면이다. 젖음 각도에 의존하여 액체 표면적은 성장 표면의 몇 배가 될 수 있다.

4.2.2.2 다양한 나노선의 VLS 성장

단일 원소 Si와 Ge 나노선의 성장은 잘 정립되어 왔다.[61-63] [그림 4.14]는 VLS 방법에 의해 성장된 전형적인 Si 나노선을 보여준다.[62] 비록 금이 초기에 VLS 방법으로 실리콘 나노선의 성장에 쓰였지만 다른 촉매들이 다양한 재료의 나노선 형성에 효과적이라는 것이 발견되어 왔다. 예를 들면 Si 나노선은 1,200℃의 높은 성장 온도에서 Fe를 촉매로 사용하여 합성될 수 있다.[64,65] 실리콘 분말과 5wt.% Fe의 혼합물이 레이저 또는 1,200℃로 단순 가열(이것이 또한 성장 온도이었다)에 의해 융제되었다. 나노선은 ~15 nm의 명목상 직경과 수십에서 수백 마이크로미터에 걸쳐 변하는 길이를 가진다. ~2 nm의 두께를 가지는 실리콘 산화물 비정질층이 실리콘 나노선의 바깥을 덮어 쌌다. 비정질 산화물 층은 고온에서 성장 중에 작은 양의 산소가 증착실로 새어 들어갔을 때 생성되었을 것이다.

화합물 물질의 나노선도 역시 VLS 방법으로 성장할 수 있다. 예를 들어 듀안(Duan)과 리버(Liber)는[66] III–V 물질 GaAs, GaP, GaAsP, InAs, InP, InAsP, II–VI 물질 ZnS, ZnSe, CdS, CdSe 그리고 IV–IV 합금 SiGe의 반도체 나노선을 성장하였다. GaAs 나노선은 금, 은, 그리고 구리를 촉매로 사용하여 성장되었으나, 다른 나노선은 금을 촉매로 사용하여 성장되었다. [표 4.1]로부터 [100] 또는 [002] 방향으로 우선적으로 자라는 CdS, 그리고 [110]의 성장 방향을 가지는

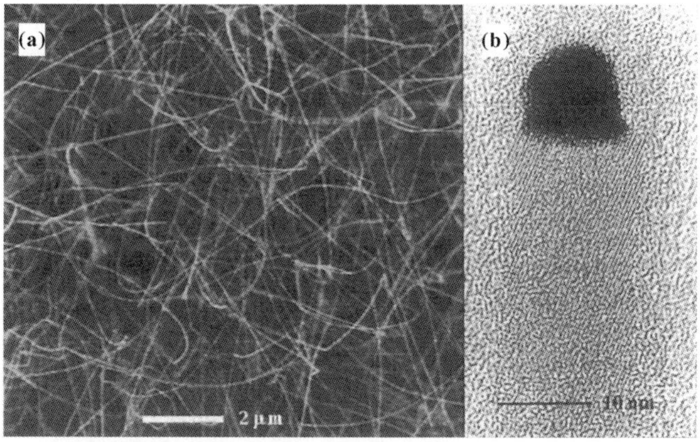

[그림 4.14] (a) VLS 방법으로 생성된 실리콘 나노선의 전계 방출 SEM 사진 (b) Si 격자면과 Au 나노클러스터를 가지는 15nm 직경 나노선 끝의 고분해능 TEM 이미지 [J. Hu, T. W. Odom, and C. M. Lieber, Acc. Chem. 32, 435 (1999).]

CdSe를 제외하고 대부분의 결정이 [111]의 우선적 성장 방향을 가짐은 명확하다. 모든 나노선이 희망하는 화학양론적 조성으로 성장하였음이 추가로 알려졌다. Si_xGe_{1-x} 합금의 경우, 동일한 $(Si_{0.7}Ge_{0.3})_{0.95}Au_{0.05}$ 타겟으로 한 번의 실험에서 x가 0.95에서 0.13까지 변하고 조성이 증착 온도에 따라 변하였다. 성장된 나노선에서 이러한 화학조성의 변화는 두 개의 각 나노선 물질의 최적 성장 온도가 꽤 다르다는 사실로 설명되었다. [그림 4.15]는[66] VLS 방법으로 성장된 화합물 반도체 나노선의 SEM 이미지를 보여준다. 저자들은 또한 나노선 구성

[표 4.1] 합성된 단결정 나노선의 요약

물질	성장온도(℃)	최소직경(nm)	평균직경(nm)	구조	성장 방향	성분 비
GaAs	800–1030	3	19	ZB	⟨111⟩	1.00:0.97
GaP	870–900	3–5	26	ZB	⟨111⟩	1.00:0.98
$GaAs_{0.6}P_{0.4}$	800–900	4	18	ZB	⟨111⟩	1.00:0.58:0.41
InP	790–830	3–5	25	ZB	⟨111⟩	1.00:0.98
InAs	700–800	3–5	11	ZB	⟨111⟩	1.00:1.19
$InAs_{0.5}P_{0.5}$	780–900	3–5	20	ZB	⟨111⟩	1.00:0.51:0.51
ZnS	990–1050	4–6	30	ZB	⟨111⟩	1.00:1.08
ZnSe	900–950	3–5	19	ZB	⟨111⟩	1.00:1.01
CdS	790–870	3–5	20	W	⟨100⟩, ⟨002⟩	1.00:1.04
CdSe	680–1000	3–5	16	W	⟨110⟩	1.00:0.99
$Si_{1-x}Ge_x$	820–1150	3–5	18	D	⟨111⟩	$Si_{1-x}Ge_x$

원소가 금속의 액상에서 녹을 수 있으나 희망하는 나노선 상보다 더 안정한 고체 화합물은 형성하지 않는 금속 즉, 이상적인 금속 촉매가 물리적으로 활동적이어야 하나 화학적으로 안정하거나 비활성인 금속을 알아냄으로써 VLS 성장을 위한 촉매가 상세한 상태도 없이 선택될 수 있음을 지적하였다.

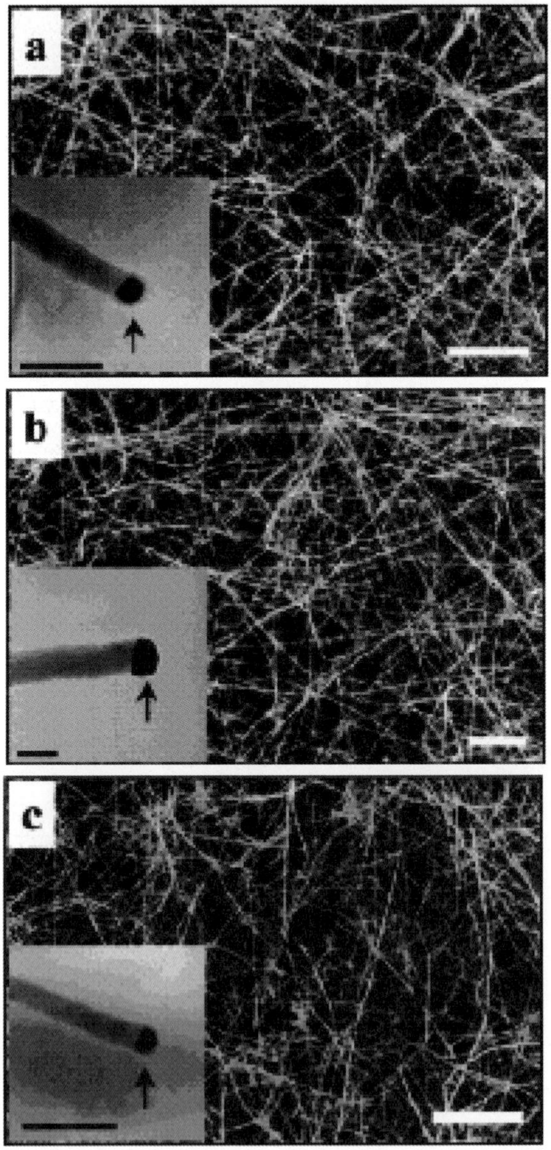

[그림 4.15] VLS 방법으로 성장된 화합물 반도체 나노선의 전계 방출 SEM 이미지 (a) GaAs (b) GaP (c) $GaAs_{0.6}P_{0.4}$ 기준자는 2 μm. [X. Duan and C. M. Lieber, Adv. Mat. 12, 298 (2000).]

4.2.2.3 나노선의 크기 제어

VLS 방법으로 성장된 나노선의 크기는 오로지 액체 촉매 방울의 크기에 의하여 결정된다. 더 얇은 나노선을 성장하기 위해서는 단순히 액체 방울의 크기를 줄일 수 있다. 작은 액체 촉매 방울을 형성하기 위한 전형적인 방법은 성장 기판에 촉매의 얇은 층을 코팅하고 고온에서 설담금 하는 것이다.[67] 설담금 중에 촉매는 공정(eutectic) 액체를 형성하기 위하여 기판과 반응하고, 전체적인 표면 에너지를 줄이기 위하여 더 둥글게 된다. 촉매로는 금이, 기판으로는 실리콘이 전형적인 예이다. 액체 촉매 방울의 크기는 기판 위의 촉매 막의 두께에 의하여 조절될 수 있다. 일반적으로 더 얇은 막은 나중에 성장되는 더 작은 직경의 나노선을 제공하는 더 작은 방울을 형성한다. 예를 들면, 10 nm Au막은 직경 150 nm의 단결정 게르마늄 나노선을 만드나 5 nm Au막은 80 nm 크기의 게르마늄 나노선을 야기한다.[68] 그러나 촉매막 두께의 추가적인 감소는 게르마늄 나노선의 감소된 직경을 야기하지 않았다.[68] 나노선의 추가적인 직경 감소가 없음은 박막을 적용하여 얻을 수 있는 최소 크기의 액체 방울이 있음을 의미한다.

나노선 직경의 추가적인 감소는 박막 촉매 대신에 단일 크기 촉매 콜로이드를 기판 표면에 분산시킴으로써 얻을 수 있었다.[69,70] GaP 나노선이 금 콜로이드를 사용하여[70] 레이저 촉매 성장 합성 방법으로 성장되었다.[63] 금 콜로이드 또는 나노클러스터는 실리카 기판에 지지되었고, 반응물 Ga과 P는 레이저 융제에 의하여 GaP 고체 타겟으로부터 생성되었다. 단결정 GaP 나노선은 [111] 성장 방향을 보여주고 EDAX로 확인된 화학양론적 조성 1:0.94를 가진다. GaP 나노선의 직경은 촉매 Au 나노클러스터의 직경에 의해 결정되었다. 8.4, 18.5 그리고 28.2 nm 직경 Au 콜로이드로부터 성장된 GaP 나노선은 각각 11.4, 20 그리고 30.2 nm로 밝혀졌다. 비슷한 기술이 InP 나노선의 성장에 적용되었다.[69] 성장 기판 온도는 대략 500–600℃로 조절되었고 성장 중에 200 torr의 압력에서 100sccm의 일정한 유량의 Ar이 유지되었다. 융제를 위해 사용된 레이저는 193 nm의 파장을 가지는 ArF 엑시머 레이저였다. InP 나노선은

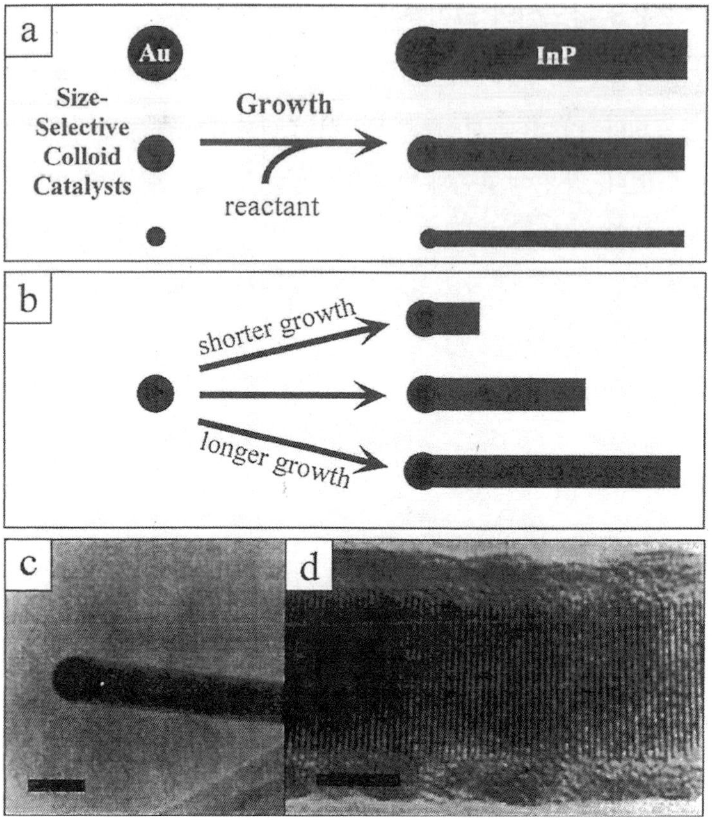

[그림 4.16] 성장 시간과 촉매 콜로이드의 크기에 의하여 나노선의 직경과 길이를 조절하는 일반적인 개념을 보여주는 개략적인 예시 [M. S. Gudiksen, J. Wang, and C. M. Lieber, J. Phys. Chem. B 105, 4062 (2001).]

단결정으로 밝혀졌고 [111] 방향을 따라 성장하였다. [그림 4.16]은 성장 시간과 촉매 콜로이드의 크기에 의하여 나노선의 직경과 길이를 조절하는 일반적인 개념을 보여준다.[69] 더 자세한 분석은 모든 나노선에서 2–4 nm 두께의 비정질 산화물 층을 드러내었다. 비정질 산화물 층의 존재는 측면에서의 비정질 InP의 재성장과 시료가 대기 중에 노출된 후의 뒤이은 산화로 설명되었다. 측면에서의 재성장은 촉매 활성이 아니고 시스템 내의 성장 구성물의 과포화된 증기 응축을 시사한다.

VLS 방법에 의한 나노선의 직경은 오로지 액체 촉매 방울의 크기에 의해 조절되기 때문에 더 얇은 나노선은 더 작은 액체 방울을 사용하여 성장될 수 있다. 그러나 이 접근은 한계를 가진다. 식 (4.6)으로부터 우리는 이미 고체 표면의 평형 증기압이 표면 곡률반경에 의존한다는 것을 안다. 동일한 의존성이 용매 내의 용질의 용해도에 대하여 발견되었다. 방울의 크기가 작아지면 용해도는 증가할 것이다. 매우 얇은 나노선의 성장을 위해서는 매우 작은 방울이 필요하다. 그러나 매우 작은 반경을 가지는 볼록한 표면은 매우 높은 용해도를 가질 것이다. 그 결과 증기 상 내에 높은 과포화가 생성되어야만 한다. 증기 상 내의 높은 과포화는 나노선의 측 표면에서 증기–고체 메커니즘으로 측면 성장을 촉진할 것이다. 더욱이 높은 과포화는 기체상 내에 균질 핵생성 또는 나노선의 표면에 2차 핵생성을 시작시킬 것이다.

VLS 방법의 또 다른 특징을 주목해야 한다. 켈빈(Kelvin) 식에 의하면, 더 큰 액체 촉매 방울 내의 성장 화학종의 평형 용해도와 과포화는 더 작은 방울에서 더 쉽게 얻어질 수 있다. 나노선의 성장은 성장 화학종의 농도가 평형 용해도를 넘을 때만 진행될 것이다. 증기 상 내의 농도 또는 과포화가 대략적으로 조절될 때 증기압은 작은 액체 방울 내의 평형 용해도 아래로 유지될 수 있었고 가장 얇은 나노선의 성장은 끝날 것이다. 성장이 고온에서 진행되고 성장된 나노선이 매우 얇으면 [그림 4.17]에 보인 바와 같이 방사상 크기 불안정성이 종종 관찰되었다.[25] 이러한 불안정성은 성장 끝단에서에서의 액체 방울 크기와 액체 방울 내의 성장 화학종의 진동에 의해 설명되었다.[25] 이러한 불안정성은 아마도 높은 증착 온도를 요구하는 매우 얇은 나노선의 합성에 대한 또 다른 걸림돌이 될 수 있다.

VLS 방법에 의해 성장된 나노선의 직경은 평형 조건 하의 액체 촉매 방울의 최소 크기에 의해 결정된다.[58] 작은 크기의 액체 촉매 방울을 얻는 방법은 간단하다. 예를 들면, 조절된 압력과 온도에서 나노미터 직경 클러스터를 가열된 기판에 촉매 물질을 증착하기 위하여 레이저 융제가 사용될 수 있다.[71] 비슷한 방법에서 많은 다른 증발 기술이 나노선의 성장을 위한 나노미터 촉매 클러스터를 기판에 증착시키기 위하여 사용될 수 있었다.

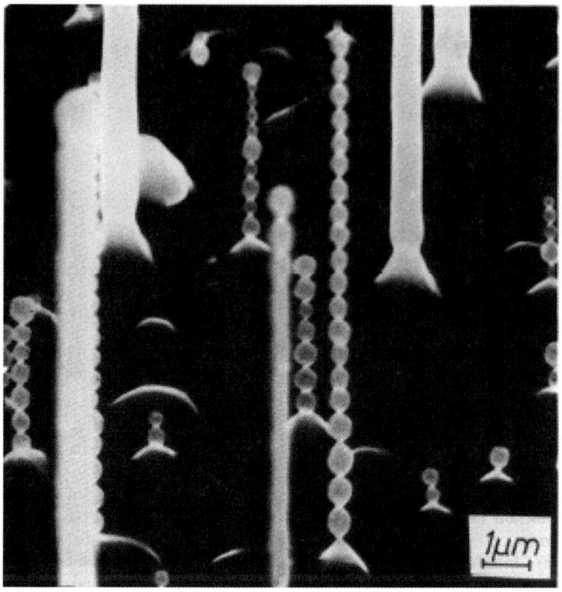

[그림 4.17] VLS 방법으로 성장된 나노선에서의 방사상 크기 불안정성 [E. I. Givargizov, Highly Anisotropic Crystals, D. Reidel, Dordrecht, 1986]

VLS 방법에 의해 성장된 나노선 또는 나노막대는 일반적으로 원통 모양 즉, 측면의 표면에 면(facet)이 없고 균일한 직경을 가지는 모양을 가진다. 쵸클라스키와 VLS 방법은 매우 유사하다. 성장이 융점 또는 액체-고체 평형 온도에 가깝게 진행된다. 표면은 거칠어지기 전이라서 알려진 면체(매끄러운)에서 '거친' 표면으로의 전이를 겪는다.[72] 거칠어짐 온도 아래에서 표면은 면체(faceted)가 되고, 그 온도를 넘어서 표면 원자의 열적 움직임은 계면 에너지를 극복하여 면체의 결정이 거칠어지게 만든다. 용해물에서 실리콘과 비스무트를 포함하는 오직 제한된 그룹의 재료만이 면체 단결정으로 자랄 수 있다.[73] 그러나 만약 측면의 표면에서 증기-고체(VS) 증착이 있으면 면이 발전할 것이다. 비록 주어진 온도에서 VS 증착속도가 VLS 성장속도보다 많이 작지만 그것은 모양을 조절하는데 계속 유효하다. 두 증착속도의 차이가 온도가 증가함에 따라 감소하기 때문에 VS 증착은 고온 영역에서 모양에 크게 영향을 줄 것이다. 성장 조건이 변하거나 또는 촉매가 증발하거나 나노선 속으로 포함되어지면 나노선의 직경이 변할 것이라는 점을 주목해야 한다.

4.2.2.4 전구체와 촉매

증발-응축 방법에서와 같이 다양한 전구체들이 VLS 성장을 위하여 사용되어 왔다. 실리콘 나노선을[67] 위한 $SiCl_4$와 같은 가스 전구체는 편리한 소스이다. 고온 가열에 의한 고체의 증발은 또 다른 흔한 실례이다.[74] 고체 타겟의 레이저 융제는 이제 증기 전구체를 만드는데 사용되는 또 다른 방법이다.[63,75] 고체 전구체의 증발을 촉진하기 위하여 중간 화합물의 형성은 아마도 적절한 접근이다. 예를 들면, 우(Wu)와 양(Yang)은[68] Ge와 GeI_4의 혼합물을 Ge 나노선의 성장을 위한 전구체로 사용하였다. 전구체는 다음의 화학 반응을 통하여 휘발성 화합물을 형성하여 증발한다.

$$\mathbf{Ge}_{(s)} + \mathbf{GeI}_{4(g)} \rightarrow \mathbf{2GeI}_{2(g)}. \qquad (4.7)$$

GeI_2 증기는 성장 용기로 이송되고 액체 촉매(여기서는 Au/Si) 방울 속으로 응축되어 다음 식을 따라 불균형화된다.

$$\mathbf{2GeI}_{2(g)} \rightarrow \mathbf{Ge}_{(1)} + \mathbf{GeI}_{4(g)}. \qquad (4.8)$$

나노선의 VLS 성장을 위하여 GaN 나노막대를 위한 암모니아와 갈륨 아세틸아세토네이트,[76] B_4C 나노막대를 위한 밀폐형 1, 2-디카바도데카보레인(dicarbadodecaboranc, $C_2B_{10}H_{12}$),[77] 그리고 SiC를 위한 메틸트리클로로시레인(methyltrichlorosilane)[78]을 포함하는 다른 전구체들이 또한 탐색되어 왔다.

ZnO 나노선은 Au 코팅된(2에서 50 nm 범위의 두께) 실리콘 기판에 일정한 유량의 아르곤 하에서 5-30분 동안 ZnO와 흑연 분말 1:1 혼합물을 900-925℃로 가열함으로써 성장되어 왔다.[79] 성장된 ZnO 나노선은 초기 Au 코팅의 두께에 따라 변한다. 5 nm의 Au 코팅인 경우 나노선의 직경은 보통 80에서 120 nm 범위이고 길이는 10-20 μm이다. 길이 5-10 μm인 40-70 nm의 더 얇은 나노선이 3 nm Au 코팅된 기판 위에 성장되었다. 성장된 ZnO 나노선은 ⟨100⟩ 우선적 성장 방향을 가지는 단결정이다. ZnO의 성장 과정은 단일 원소 나노선의 그것과 다른 것으로 믿어졌다. 그 과정은 고온(900℃ 이상)에서 Zn와 CO 증기를 만드는 흑연에 의한 ZnO의 환원을 포함한다. ZnO 증기는 이송되어 Zn–Au–Si 합금 방울을 형성하기 위하여, 아래 쪽 저온에 위치한 실리콘 기판 위에서 공정(eutectic) Au–Si 액체를 형성하기 위해 실리콘과 이미 반응한 Au 촉매와 반응된다. 방울이 Zn로 과포화됨에 따라 결정성 ZnO 나노선이 Zn와 CO 사이의 반응에 의해 저온에서 형성될 것이다. 위 과정은 다음의 반응이 900℃ 근처 온도에서 가역적이라는 사실에 의하여 쉽게 이해될 수 있었다.

$$\mathrm{ZnO + C \leftrightarrow Zn + CO} \tag{4.9}$$

비록 작은 양의 CO의 존재가 상태도를 크게 바꿀 것으로 예상되지는 않지만 흑연 없이는 ZnO 나노선이 기판 위에 성장되지 않았다.

나노선의 VLS 성장을 위하여 다양한 재료가 촉매로 사용될 수 있다. 예를 들면, 실리콘 나노선은 철을 촉매로 사용하여 성장되었다.[63] 어떤 재료 또는 혼합물도 와그너(Wagner)에[58] 의해 기술된 요구 조건을 만족하면 촉매로 쓰일 수 있다. 예를 들면, Au와 Si의 혼합물이 게르마늄 나노선의 성장을 위하여 사용되었다.[68]

단결정 단사정 갈륨산화물(β–Ga_2O_3) 나노선이 통상적인 DC 아크 방전 방법으로 합성되었다.[81] 5wt.%의 천이 금속 분말(Ni/Co=1:1 그리고 Ni/Co/ Y =4.5:4.5:1)과 혼합된 GaN 분말이 흑연 양극의 작은 구멍 속으로 압착되었다. 아르곤과 산소의 가스비가 4:1인 500 torr의 총 압력이 성장 중에 유지되었다. [100] 성장 방향을 가지는 나노선의 일반적인 직경은 약 33 nm이고 표면에 비정질 층이 발견되지 않았다. Ga_2O_3의 형성을 위한 가능한 화학 반응이 다음과 같이 제안되었다.

$$2\mathrm{GaN} + \left(\frac{3}{2} + x\right)\mathrm{O}_{2(g)} \rightarrow \mathrm{Ga_2O_3} + 2\mathrm{NO}_{x(g)} \tag{4.10}$$

단결정 GaO_2 나노선이 820℃에서 200 torr 압력 하에 아르곤 유량(130 sccm)에서 Ge 분말과 8wt.% Fe 혼합물을 증발시킴으로써 성장되었다.[82] 나노선은 15에서 80 nm 범위의 직경을 가진다. 비록 Fe가 나노선의 성장을 지배하기 위하여 촉매로 첨가되었으나 성장된 나노선의 끝단에서 구형태의 방울이 발견되지 않았다. 저자들은 GeO_2 나노선이 VLS 방법과는 다른 메커니즘에 의하여 성장되었다고 주장하였다. 실험 중에 산소가 의도적으로 시스템 내로 도입되지 않았음이 또한 주목되어야 한다. 산소는 반응실로 새어 들어가서 게르마늄과 반응하여 게르마늄 산화물을 형성할 것이다.

촉매는 실시간으로도 도입될 수 있다. 이 경우 성장 전구체는 촉매와 섞이고 고온에서 동시에 증발된다. 성장 전구체 또는 화학종과 촉매는 둘 다 증발 온도보다 낮은 온도에서 과포화에 도달될 때 기판 표면에 응축한다. 성장 화학종과 촉매의 혼합물은 기체 상 또는 기판 표면 위에서 액체 방울을 형성하기 위하여 반응한다. 그 다음의 나노선 성장은 앞에서 논의된 바와 같이 진행될 것이다.

유(Yu) 등은[83] VLS 방법에 의하여 비정질 실리카 나노선의 합성을 보고하였다. 20wt.% 실리카, 8wt.% Fe와 실리콘의 혼합물이 246 nm 파장의 엑시머 레이저를 사용하여 100 torr 아르곤 유량 하에 융제되었다. Fe는 촉매로 쓰였고 성장 온도는 1,200℃이었다. 나노선은 Si:O=1:2의 화학 조성과 직경 15 nm와 수백 마이크로미터까지의 길이로 균일한 크기 분포를 가진다.

GaN 나노선이 단일 원소 인듐을 촉매로 사용하여 갈륨과 암모니아의 반응에서 만들어졌다.[84] 나노선은 20에서 50 nm 범위의 두께와 수 마이크로미터까지의 길이를 가지고 우선적 〈100〉 성장 방향을 가진 고품질 결정성이다. GaN 나노선이 Fe를 촉매로 사용하여 성장되어 왔음이 또한 주목되어야 한다.[85] 그러나 금이 촉매로 사용될 때는 GaN 나노선이 성장되지 않았다.[84]

NiO와 FeO도 또한 GaN 나노선의 성장을 위한 촉매로 작용한다고 보고되어 왔다.[86] 고체 갈륨이 920–940℃의 온도에서 암모니아와 반응하였다. 단결정 GaN 나노선은 10–40 nm의 직경과 최대 길이 ~500 μm, [001] 우선 성장 방향을 가진다. 성장 조건 하에서 NiO와 FeO가 우선 금속으로 환원되고, VLS 방법으로 GaN 나노선의 성장을 허용하는 액체 방울을 형성하기 위하여 그 금속이 갈륨과 반응하는 것으로 가정되었다.

4.2.2.5 용액-액체-고체 성장

일반적으로 고온과 진공이 VLS 방법에 의한 나노선의 성장에서 요구된다. 용액-액체-고체(SLS) 성장 방법으로 불리는 대체 방법이 부흐로(Buhro)의 연구 그룹에서 개발되었고,[87-89] 상대적으로 더 낮은 온도 (≤ 203℃)에서 InP, InAs, 그리고 GaAs 나노선의 합성을 위하여 처음으로 적용되었다. SLS 방법은 VLS 이론과 매우 유사하다. [그림 4.18]은 이 두 방법 차이의 유사성을 비교한다.[87] 나노선은 10－150 nm의 직경과 수 마이크로미터까지의 길이를 가지는 다결정 또는 거의 단결정인 것으로 밝혀졌다. SLS 성장 과정을 설명하기 위하여 InP 나노선의 성장을 예로 택하자. 사용된 전구체는 MeOH, PhSH, Et_2NH_2 또는 $PhCO_2H$와 같은 프로틴 촉매와 같이 탄화수소 용매 속으로 녹아든 전형적인 유기 금속 화합물 $In(t-Bu)_3$와 PH_3이었다. 용액 속에서 화학 기상 증착에서 흔히 쓰이는 다음의 유기 금속 반응을 따라 InP 나노선의 성장을 위한 In과 P 화학종을 형성하기 위해 전구체는 반응한다.[90]

$$\mathbf{In(}t\mathbf{\text{-}Bu)_3 + PH_3 \rightarrow InP + 3\ (}t\mathbf{\text{-}Bu)H}\,. \qquad (4.11)$$

인듐 금속은 InP 나노선의 성장을 위한 액체 상 또는 촉매로 기능한다. 인듐은 157℃에서 녹고 액체 방울을 형성한다. P와 In 모두 In 방울 속으로 녹고, InP 나노선을 형성하기 위해 석출되는 것으로 상정되었다. InP 나노선의 성장 방향은 VLS 방법의 그것과 유사하게 지배적으로 〈111〉인 것으로 밝혀졌다.

홀메스(Holmes) 등은[91] 용액-액체-고체 성장에 의한 실리콘 나노선의 직경을 조절하기 위하여 콜로이드 촉매를 사용하였다. 4–5 nm 범위의 균일한 직경을 가지는 거의 결함이 없는 실리콘 나노선의 덩어리가 수 마이크로미터

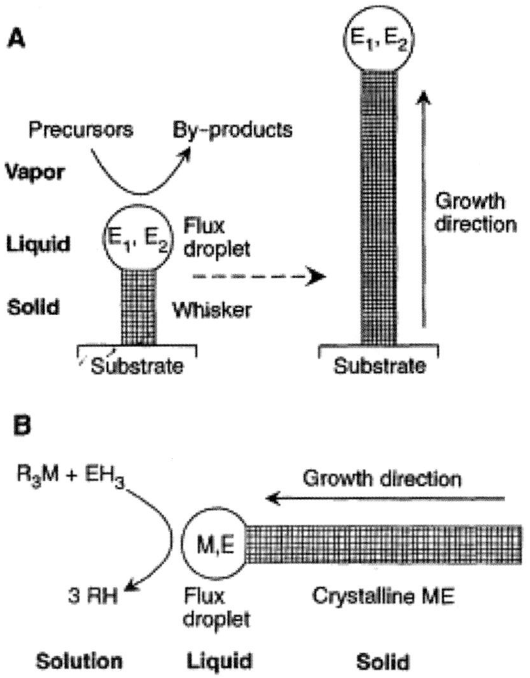

[그림 4.18] VLS (A)와 SLS (B) 성장기술 사이의 차이의 유사성 비교 [T. J. Trentler, K. M. Hickman, S. C. Goel, A. M. Viano, P. C. Gobbons, and W. E. Burho, Science, 270, 1791 (1995).]

의 길이로 성장되었다. 2.5 nm의 직경을 가지는 알칸티올 Au 나노클러스터가 가열되어 임계점 위로 가압된 용액 안에서 실리콘 나노선의 성장을 지배하기 위해 사용되었다. 실리콘 전구체로 헥산과 디페니시레인(diphenysilane)으로 구성된 용액은 500℃로 가열되었고 200 또는 270bar로 가압되었다. 위 성장 조건 하에서 디페니시레인은 실리콘 원자로 분해된다. 실리콘 원자는 Au 나노클러스터로 확산되고 반응하여 실리콘-금 합금 방울을 만든다. 실리콘 농도가 과포화에 도달하면 실리콘은 합금 방울로부터 석출되어 나와서 실리콘 나노선의 성장을 초래한다. 합금 방울을 형성하고 실리콘 결정화를 촉진하기 위하여 초임계 조건이 요구된다. 실리콘 나노선의 성장 방향은 압력에 의존하는 것으로 밝혀졌다. 200bar에서 형성된 나노선은 [100] 방향의 우세함을 보여주었으나, 270bar에서 합성된 시료는 거의 배타적으로 [111] 방향을 따라 정향되었다.

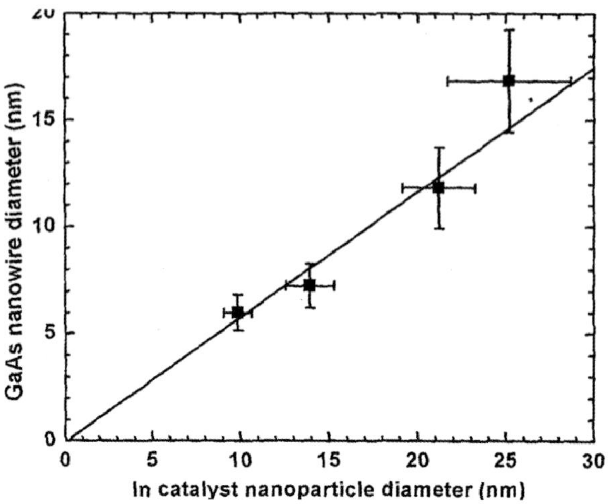

[그림 4.19] 성장된 GaAs 나노선의 직경과 In 촉매 나노입자 크기 사이의 선형적 관계 [H. Yu and W. E. Burho, Adv. Mater. 15, 416 (2003).]

비록 성장 중 또는 성장 후에 코팅이 형성되었다고 말하는 것은 불가능하나, 모든 나노선에서 산화물 또는 탄화수소의 얇은 코팅이 발견되었다. SLS 방법에 의해 성장된 나노선의 직경과 길이는 VLS 방법에서와 같은 방식으로 액체 촉매의 크기와 성장 시간을 조절함으로써 조절될 수 있다. [그림 4.19]는 성장된 GaAs 나노선의 직경과 In 촉매 나노입자 크기 사이의 선형적 관계를 보여준다.[89]

4.2.3 응력 유도 재결정

비록 나노기술 공동체에서 거의 매력을 끌지는 않지만 나노선이 응력 유도 재결정에 의하여 합성될 수 있다는 점은 주목할 가치가 있다. 고온에서 고체 위에 전구체의 적용은 50nm로 작은 직경을 가지는 휘스커 또는 나노선의 성장을 야기하는 것으로 알려졌다.[92] 주석 휘스커의[94] 성장속도가 가해진 압력에 비례하여 증가하는 것이 입증되었고,[92] 7,500psi의 압력이 가해졌을 때[93] 성장 바닥에 있는 전위에 기초하여 성장은 끝단에서부터가 아닌 바닥에서부터 진행된다.[95] 금속성 나노선의 형성은 금속성 막과 성장된 나노선 사이의 표면에 국한된 성장에 기인할 개연성이 있으나 다른 방향(나노선의 측면)에서는 성장이 가능하지 않다. 이 기술은 나노막대와 나노선의 성장에 관한 최근의 연구에서 넓게 탐색되지 않았음을 주목해야 한다.

4.3 주형 기반 합성

나노구조 재료의 주형 기반 합성은 매우 일반적인 방법이며 고분자, 금속, 반도체 그리고 산화물의 나노막대, 나노선, 그리고 나노튜브의 제조에 사용될 수 있다.[96] 나노 크기 통로를 가지는 다양한 주형이 나노막대와 나노튜브의 주형 기반 성장을 위해 탐색되어 왔다. 가장 흔히 사용되고 상업적으로 가용한 주형은 양극 알루미나 막(membrane)과[97] 방사 트랙이 식각된 고분자 막이다.[98] 나노채널 배열 유리,[99] 방사 트랙 식각 운모,[100] 그리고 다공성 물질 재료,[101] 실리콘 웨이퍼의 전기화학 식각에 의한 다공성 실리콘,[102] 제올라이트[103]와 탄소 나노튜브[104,105]와 같은 다른 막들도 템플릿으로 사용되어 왔다. 균일하고 평행한 다공성 구조 알루미나 막은 황산, 옥살산, 또는 인산 용액 안에서 알루미늄 판의 양극 산화에 의해 만들어진다.[97,106] 기공은 규칙적인 육각형 배열로 정렬되고 10^{11}pores/cm^2 만큼 높은 밀도가 얻어질 수 있다.[107] 10 nm에서 100 μm 범위의 기공 크기가 만들어 질 수 있다.[107,108] 폴리카보네이트(polycarbonate) 막은 6에서 20 μm 범위의 일반적인 두께를 가지는 비다공성 폴리카보네이트 판을 손상 트랙을 생성하기 위한 핵분열 파편으로 부딪히고 그 다음에 이 트랙을 기공으로 화학적 식각하여 만들어 진다.[98] 방사 트랙 식각 막에서 기공은 비록 무작위로 분포되지만 10 nm정도로 작은 균일한 크기를 가진다. 기공밀도는 10^9/cm^2 만큼 높을 수 있다.

원하는 기공이나 통로 크기, 형태, 크기 분포와 기공밀도에 더하여 주형 재료는 특정 요구 조건을 만족해야만 한다. 예를 들면, 전기화학 증착에 사용되는 주형은 전기적 절연이 요구된다. 주형 기반 합성을 제외하고, 주형 재료는 합성과 뒤따르는 가공 단계 중에 화학적으로 그리고 열적으로 불활성이어야 한다. 두 번째로 증착 물질 또는 용액은 내부 기공 벽에 젖어야만 한다. 세 번째로 나노막대와 나노선의 합성을 위해서는 증착이 주형 통로의 밑 또는 한쪽 끝에서부터 시작하고 한쪽에서 다른 쪽으로 진행되어야 한다. 그러나 나노튜브의 성장을 위해서는 증착이 기공 벽에서 시작하고 안쪽으로 진행되어야 한다. 안쪽으로의 성장은 기공 막힘을 일으키므로 '고형의' 나노막대 또는 나노선의 성장에서는 피해야 한다. 동력학적으로 충분한 표면 완화는 최대의 충진밀도를 허용하여 확산제어 과정이 선호된다. 다른 고려들은 주형으로부터 나노선 또는 나노막대 방출의 용이함 및 실험 중 취급의 용이함이다.

4.3.1. 전기화학 증착

전기 증착으로 알려진 전기화학 증착은 전극 위에 고체 물질의 증착을 일으키는 특별한 전기분해로 이해될 수 있다. 이 과정은 (1) 외부 전기장이 작용할 때 용액을 통하여 하전된 성장 입자(일반적으로 양으로 하전된 양이온)의 방향 확산 (2) 전극으로도 사용되는 성장 또는 증착 표면에서 하전된 성장 화학종의 환원에 관여한다. 일반적으로 전기화학 증착은 초기 증착 후에 전극이 증착물에 의해 증착 용액으로부터 분리되고, 증착 과정이 계속되도록 전류가 증착물을 통해 흘러야 하므로 금속, 합금, 반도체, 그리고 전기 전도성 고분자와 같은 전기적 도전성 물질에만 적용가능하다. 전기화학 증착은 금속성 코팅을 만드는데 넓게 쓰인다. 이 과정은 전기도금으로도 알려진다.[109] 증착이 주형 막의 기공 안으로 국한되면 나노복합체가 생성된다. 만약 주형 막이 제거되면 나노막대 또는 나노선이 만들어진다. 전기화학 증착에 의한 나노막대 성장의 자세한 논의에 앞서 전기화학의 기본을 간단히 살펴보자.

2장에서 우리는 고체 표면의 전기적 특성을 논의하였다. 고체가 극성 용매 또는 전해질 용액 안에 담겨지면 표면 전하가 발생할 것이다. 전극과 전해질 용액 사이의 계면에서 평형에 도달할 때까지 계면을 가로질러 전하 이동을 수반하여 표면 산화 또는 환원 반응이 일어난다. 주어진 시스템에서 전극 전위 또는 표면 하전밀도는 네른스트(Nernst) 식에 의해 기술된다.

$$E = E_0 + \frac{RT}{n_1 F}\ln(a_1), \tag{4.12}$$

여기서 E_0는 표준 전극 전위, 또는 이온의 활동도 a_i가 1일 때 전극과 용액 사이의 전위차, F는 페러데이(Faraday) 상수, R은 기체 상수 그리고 T는 온도이다. 전극 전위가 전해질 용액에서의 빈 분자궤도의 에너지 준위보다 더 음(더 높은)일 때 전자는 [그림 4.20(a)]에 보인 바와 같이 전극의 용해 또는 환원을 수반하며 전극에서 용액으로 이동할 것이다.[110] 만약 전극 전위가 채워진 분자궤도의 에너지 준위보다 더 양(더 낮은)이면 전자는 전해질 용액에서 전극으로 이동할 것이고 [그림 4.20(b)]에 그려진 바와 같이 전극 위에 전해질 이온의 증착 또는 산화가 동시에 진행될 것이다.[110] 반응은 평형에 도달될 때 멈춘다.

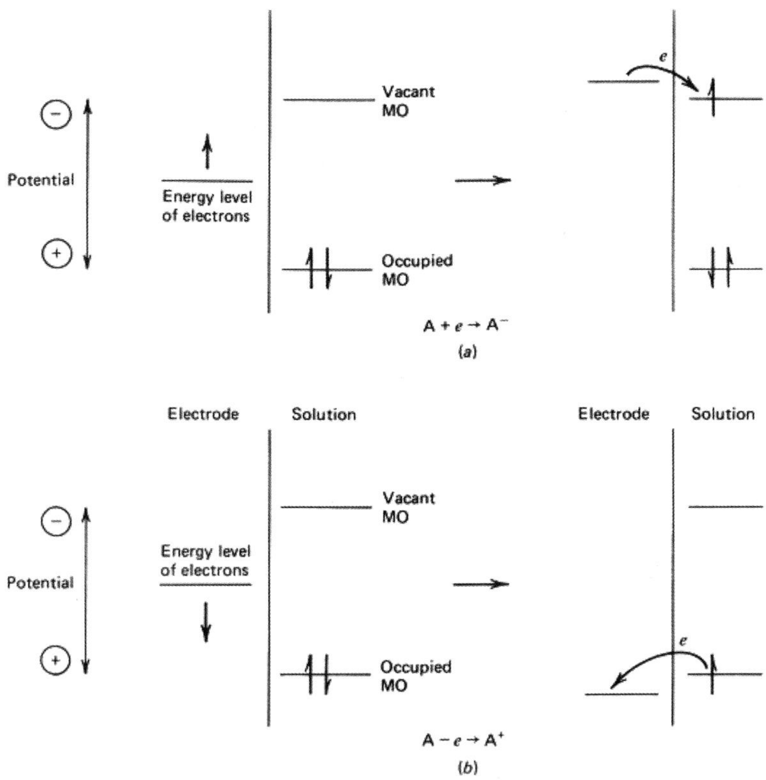

[그림 4.20] 용액 내 화학종 A의 (a) 환원 (b) 산화 과정의 묘사. 화학종 A에서 보여진 분자 궤도(MO)는 가장 높은 채워진 MO와 가장 낮은 빈 MO이다. 이는 A/A^-와 A^+/A 쌍 각각의 E^0로의 대략적인 길에 해당된다. [A. J. Bard and L. R. Faulkner, Electrochemical Methods, John Wiley and Sons, New York, 1980.]

다른 물질의 두 전극이 하나의 전해질 용액에 담겨지면, 각 전극은 전해질 용액과 평형에 도달할 것이다. 이러한 평형은 만약 두 전극이 외부 회로로 연결되면 깨질 것이다. 다른 전극은 다른 전극 전위를 가지기 때문에 이 전극 전위의 차이는 전자가 더 높은 전극 전위를 가지는 전극에서 더 낮은 전극으로 이동하도록 구동할 것이다. 전기화학 과정을 설명하는 예로 수용액에 담겨진 Cu와 Zn 전극을 택하자.[111] 수용액 내에서 구리와 아연 이온의 활동도가 모두 처음에는 1이라고 가정하면, 구리 전극은 아연 이온(−0.76V)보다 더 양의 전극 전위(0.34V)를 가진다. 외부 회로에서 전자는 더 음인 전극(Zn)에서 더 양인 전극(Cu)으로 흐른다. 아연–용액 계면에서 다음의 전기화학 반응이 일어난다.

$$Zn \rightarrow Zn^{2+} + 2e^{-}. \tag{4.13}$$

이 반응은 계면에 전자를 생성하고 전자는 외부 회로를 따라 또 다른 전극(Cu)으로 흐른다. 동시에 Zn은 전극에서 용액 속으로 계속하여 녹는다. 구리–용액 계면에서는 다음의 환원 반응을 통하여 전극 위에 Cu의 증착을 야기하는 환원 반응이 일어난다.

$$Cu^{2+} + 2e^{-} \rightarrow Cu. \tag{4.14}$$

이 자발적 과정은 새로운 평형에 도달할 때만 끝난다. 네른스트 식으로부터, 두 전기화학 반응이 진행됨에 따라 용액 내에서 구리 이온 이동도의 감소로 인해 구리 전극 전위가 감소하나 용액 내에서 아연 이온 이동도의 증가로 인해 아연 전극 전위가 증가하는 것을 알 수 있다. 이 계는 화학 전위가 전기로 바뀌는 갈바니 전지(galvanic cell)의 전형적인 예이다. 외부 전기장이 계에 도입되면 이 과정은 바뀌거나 역전될 수도 있다.

외부 전기장이 두 개의 상이한 전극에 가해질 때 전극 전위는 바뀔 수 있어 두 전극–용액 계면에서 전기화학 반응은 역전되고 전자는 더 양의 전극에서 더 음의 전극으로 흐른다. 이 과정은 전기 에너지를 화학 전위로 바꾸는 전기분해라 불리고 에너지 저장과 재료 공정에 넓게 쓰이는 과정이다. 전기분해 과정에 쓰이는 계는 전해 셀(electrolytic cell)이라 불린다. 이러한 계에서는 산화 반응이 일어나는 전원 공급기의 양극 쪽에 연결된 전극이 양극이고, 환원 반응이 일어나며 증착이 수반되는 전원 공급기의 음극 쪽에 연결된 전극이 음극이다. 그러므로 때때로 전기분해 증착은 음극 증착이라 불린다.

전해 셀에서는 양극이 전해질 용액 속으로 녹을 필요는 없으며 증착물질이 음극과 같은 물질일 필요도 없다. 어느 전기화학 반응이 전극(양극 또는 음극)에서 일어나느냐는 것은 계에 존재하는 물질의 상대적인 전극 전위에 의해 결정된다. 귀금속이 전해 셀에서 불활성 전극으로 종종 쓰인다. 일반적인 전기분해 과정은 일련의 단계로 구성된다. 각 단계는 속도 제어 과정이 될 수 있다.

(1) 하나의 전극에서 다른 전극으로 용액을 통한 물질 전달
(2) 전극-용액 사이의 계면에서 화학 반응
(3) 전극 표면에서 외부 회로를 통한 전자 이동
(4) 흡착, 증착, 또는 재결정과 같은 다른 표면 반응

전기화학 증착은 금속, 반도체와 전도성 고분자의 나노선 제작에서 탐색되어져 왔고, 전도성 재료의 나노선 성장은 자발 전파 과정이다.[112] 작은 동요가 일단 작은 막대를 만들면 나노선의 끝단과 반대 전극 사이의 전기장과 전류밀도가 두 전극 사이보다 더 크므로 막대나 선의 성장은 계속될 것이다. 성장 화학종은 나노선의 끝단 위에 더 성장될 것이며 연속 성장을 야기한다. 그러나 이 방법은 불가능하지는 않지만 매우 어렵기 때문에 나노선의 합성에 실제로 잘 쓰이지 않는다. 그러므로 원하는 통로를 가지는 주형이 전기화학 증착에 의한 나노선 성장에 쓰인다. [그림 4.21]은 전기화학 증착을 이용한 주형 기반 나노선의 성장을 위한 통상적인 구성을 보여준다.[113] 주형은 전극에 붙이고, 그 다음에 증착 용액에 접촉하게 된다. 양극은 음극에 평행하게 증착 용액에 놓여진다.

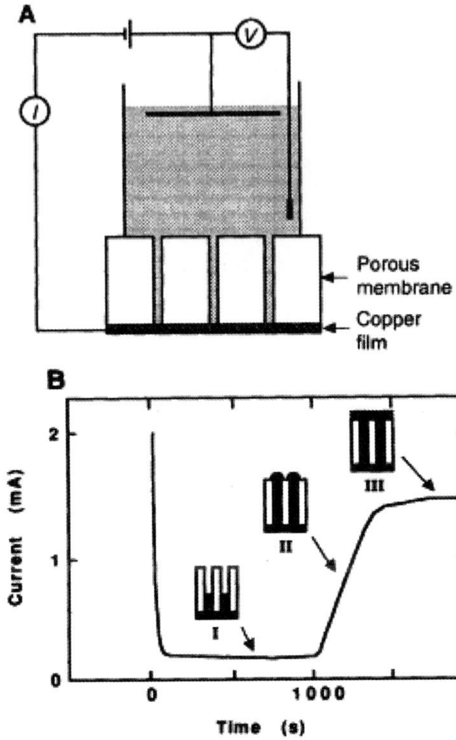

[그림 4.21] 전기화학 증착을 이용한 템플릿 기반 나노선의 성장을 위한 통상적인 실험 구성 (A) 나노선의 증착을 위한 전극 배열의 개략적인 예시 (B) −1.0V에서 60 nm 직경 기공을 가지는 폴리카보네이트 막 안에 Ni의 전기 증착에 대한 전류-시간 곡선. 삽도는 전기 증착의 다른 단계를 묘사한다. [T. M. Whitney, J. S. Jiang, P. C. Searson, and C. L. Chien, Science 261, 1316 (1993).]

전기장이 가해지면 양이온은 음극으로 향하고 환원되어 주형 기공 안에 나노선의 성장을 일으킨다. 이 그림은 또한 일정한 전기장이 가해졌을 때, 다른 증착 단계에서의 전류밀도를 개략적으로 보여준다. 포씬(Possin)은[100] 방사 트랙 식각 운모의 기공 안에 전기화학 증착으로 다양한 금속성 나노선을 준비하였다. 윌리엄스(Williams)와 지오르다노(Giordano)는[114] 10 nm 아래의 직경을 가지는 은 나노선을 성장하였다. 정전위 전기화학 주형 합성은 10에서 200 nm 사이의 명목 기공 직경을 가지며 Ni, Co, Cu 그리고 Au를 포함하는 다른 금속 나노선을 만들었다. 이 나노선은 그 기공의 진정한 복제인 것으로 밝혀졌다.[115]

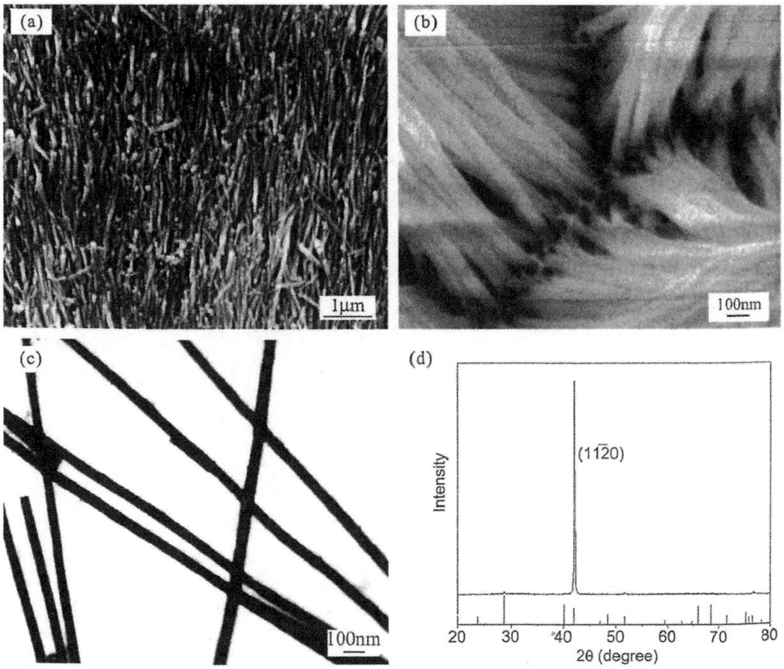

[그림 4.22] (a) 안티몬 나노선 정렬의 일반적인 형태를 보여주는 전계 방출 SEM 이미지 (b) 나노선의 채워진 정도와 높이 변화를 보여주는 전계 방출 SEM 이미지 (c) 개별 나노선의 형태를 보여주는 안티몬 나노선의 TEM 이미지 (d) 안티몬 나노선의 XRD 패턴; 단독의 회절 피크는 모든 나노선의 동일 방향을 지시한다. [Y. Zhang, G. Li, Y. Wu, B. Zhang, W. Song, and L. Zhang, Adv. Mater. 14, 1227 (2002).]

휘트니(Whitney) 등은[113] 트랙 식각 주형 속으로 금속의 전기화학 증착에 의하여 니켈과 코발트 나노선의 정렬을 제작하였다.[115] 단결정 안티몬 나노선이 펄스형 전기 증착을 사용하여 양극 알루미나 막 안에 장(Zhang) 등에 의해 성장되었다.[116] 단결정 그리고 다결정 초전도 납 나노선 역시 펄스형 전기 증착으로 준비되었다.[117] 단결정 납 나노선이 다결정 나노선의 성장보다 평형 조건에서 더 큰 벗어남(더 큰 초과 전위)을 요구할 지는 예상되지 않았다. 전기 증착에 의한 CdSe와 CdTe를 포함하는 반도체 나노막대의 합성은 클레인(Klein) 등에 의하여 양극 산화 주형 안에 합성되었고,[118] 쉐넨베르거(Schonenberger) 등은[119] 전기화학적으로 다공성 폴리카보네이트 안에 전도성 폴리포롤(polyporrole)을 만들었다. [그림 4.22]는 주형 안에 전기화학 증착에 의해 성장된 금속 나노선의 SEM 이미지를 보여준다.[116]

속이 텅 빈 금속 튜브도 전기화학 증착을 이용하여 만들어질 수 있다.[120,121] 금속 튜브의 성장을 위해서는 주형의 기공 벽이 우선 화학적으로 유도되어 금속이 하부 전극 대신에 기공 벽 위에 우선적으로 증착할 필요가 있다. 이러한 기공 벽의 표면화학은 실레인 분자를 정착시킴으로써 이루어 질 수 있다. 예를 들면, 양극 알루미나 주형의 기공 표면은 시아노시레인으로 덮였고, 그 다음의 전기화학 증착은 금 튜브의 성장을 야기하였다.[122]

무전해 전기분해 과정이 나노선 또는 나노막대의 제조에 응용되어 왔다.[120,123-125] 무전해 증착은 실제로 화학 증착이고 주형 표면 주변의 상으로부터 물질을 도금하는 화학제의 사용을 포함한다.[126] 전기화학 증착과 무전해 증착의 큰 차이는 전자에서는 증착이 하부 전극에서 시작하고 증착된 물질이 전기적으로 전도성이어야만 하나, 후자에서는 증착된 물질이 전기적으로 전도성일 필요가 없으며 증착이 기공 속에서부터 시작하고 안쪽으로 진행한다. 그러므로 일반적으로 전기화학 증착은 전도성 물질의 '속이 꽉 찬' 나노막대 또는 나노선의 형성을 야기하나, 무전해 증착은 종종 속이 텅 빈 섬유 또는 나노튜브를 성장한다. 전기화학 증착의 경우에 나노선 또는 나노막대의 길이는 증착 시간에 의해 조절될 수 있으나 나노튜브의 길이는 종종 막의 두께와 같은 증착 통로 또는 기공의 길이에만 의존한다. 증착 시간의 변화는 나노튜브의 다른 벽 두께를 야기할 것이다. 증착 시간의 증가는 나노튜브의 두꺼운 벽을 유도하고 연장된 증착은 아마도 속이 꽉 찬 나노막대를 형성한다. 그러나 연장된 증착은 속이 꽉 찬 나노막대의 형성을 책임지지는 않는다. 예를 들면, 폴리아닐린(Polyaniline) 튜브는 연장된 중합 반응에도 절대로 구멍이 막히지 않는다.[127]

일반적으로 전기화학 증착을 사용하여도 '속이 꽉 찬' 금속 나노막대 또는 나노선과 달리 고분자 나노튜브가 형성되는 것이 주목되어진다. 주형 기공 안의 고분자의 증착 또는 응고는 표면에서 시작하고 안으로 진행한다. 마틴(Martin)은[128] 이 현상을 성장하는 다중 양이온 고분자와 폴리카보네이트 막의 기공 벽을 따라서 음이온 자리 사이의 정전기 끌림으로 설명 제안하였다.[128] 더불어

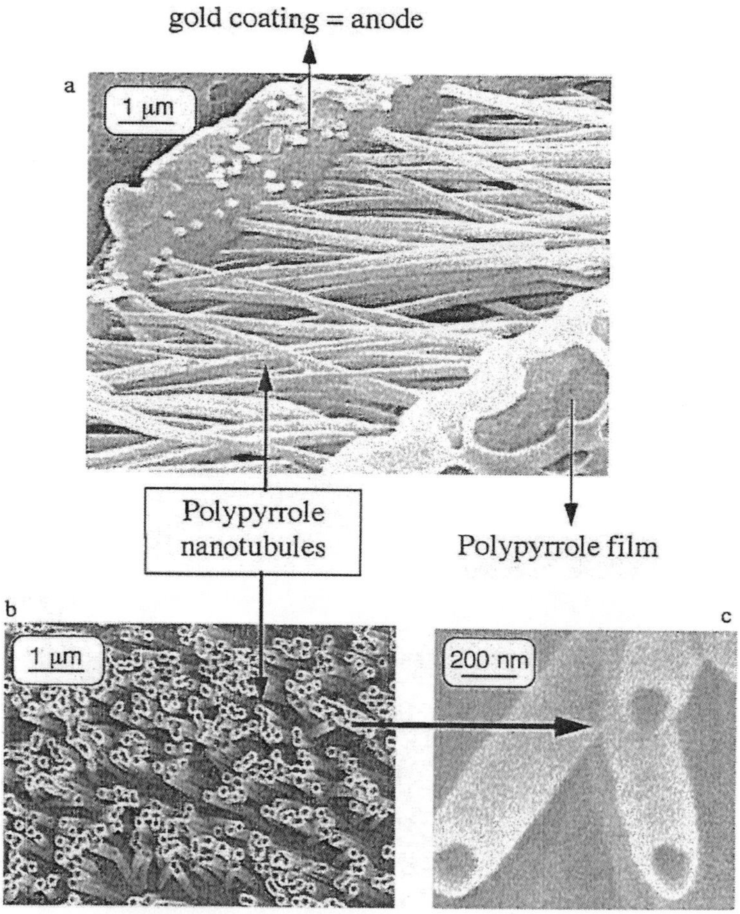

[그림 4.23] 고분자 나노튜브의 SEM 이미지 [L. Piraux, S. Dubois, and S. Demoustier-Champagne, Nucl. Instrum. Meth. Phys. Res. B 131, 357 (1997).]

서 단량체가 대단히 가용성이어도 고분자의 다중 양이온 형태는 완전히 불용성이다. 그러므로 기공의 표면에서 증착을 이끄는 불용해 요소가 있다.[129,130] 게다가 기공을 통한 단량체의 확산은 제한적이 되고 기공 내의 단량체는 빠르게 고갈될 수 있었다. 기공 내의 고분자의 증착은 멈추고 입구는 막히게 되며 [그림 4.23]은 이러한 고분자 나노튜브의 SEM 이미지를 보여준다.[131]

비록 많은 연구 그룹이 폴리카보네이트 주형 막에 성장된 균일한 크기의 나노막대와 나노선의 성장을 보고하였지만, 쉐넨베르거(Schonenberger) 등은[119]

카보네이트 막의 통로가 항상 직경이 균일하지는 않다고 보고하였다. 그들은 10에서 200 nm 사이의 명목 기공 직경을 가지는 폴리카보네이트 막을 이용하여 Ni, Co, Cu 그리고 Au를 포함하는 금속과 폴리포롤 나노선을 전기 분해로 성장하였다. 성장 과정의 정전위 연구와 나노선 형태의 SEM 분석 두 가지로 부터 그들은 기공이 일반적으로 일정한 단면을 가지는 원통이 아니고 궐련과 매우 유사하다고 결론지었다. 명목 직경 80 nm를 가지는 분석한 기공의 경우 기공의 중간 부분은 3배까지 더 넓었다. [그림 4.24]는 전기화학 증착에 의해 폴리카보네이트 막 안에 성장한 이러한 불균일한 크기의 금속 나노선을 보여준다.[119]

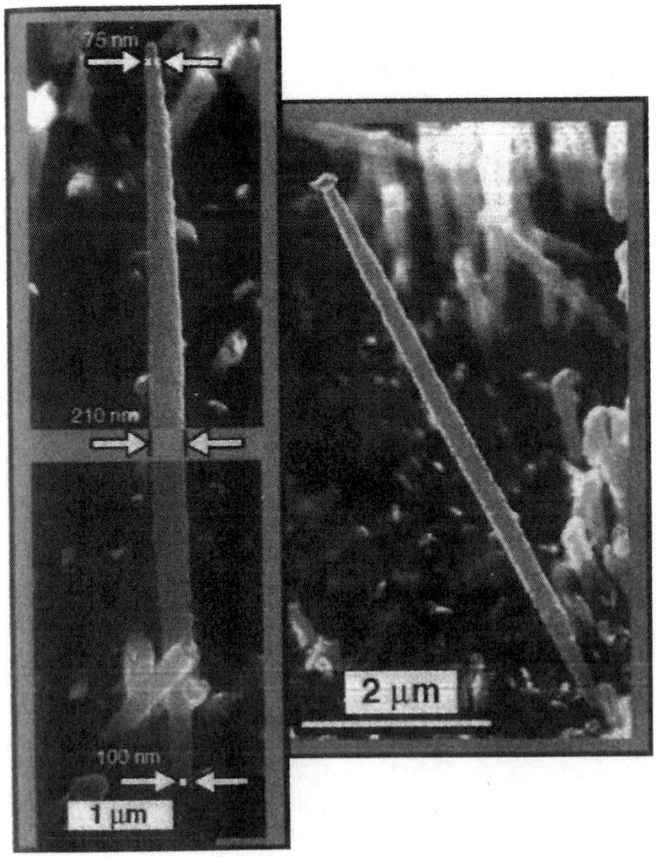

[그림 4.24] 전기화학 증착에 의해 폴리카보네이트 막 안에 성장한 이러한 불균일한 크기의 금속 나노선의 SEM 이미지 [C. Schonenberger, B. M.I. van der Zande, L. G. J. Fokkink, M. Hennu, C. Schmid, M. Kruger, A. Bachtold, R. Huber, H. Birk, and U. Staufer, J. Phys. Chem. B 101, 5497 (1997).]

CdSe와 CdTe 같은 반도체 나노선과 나노막대 정렬은 양극 알루미나 막 주형을 이용하여 합성될 수 있다.[46] 비스무트 텔루르(Bi_2Te_3) 나노선 정렬은 전기화학 증착에 의해 화합물 나노선의 합성을 보여주는 좋은 예로 쓰일 수 있다. Bi_2Te_3는 열전 재료로 특별한 관심이 있으며, Bi_2Te_3 나노선은 열-전기 에너지 변환에 대한 더 높은 성능지수를 제공할 것으로 믿어진다.[47,48] 다결정과 단결정 Bi_2Te_3 나노선 정렬 둘 다 양극 알루미나 막 안에 전기화학 증착에 의해 성장되었다.[49,50] 샌더(Sander)와 공동연구자는[50] ~25nm로 작은 직경을 가지는 Bi_2Te_3 나노선 정렬을 Hg/Hg_2SO_4 표준 전극에 대하여 −0.46V에서 전기화학 증착으로 1M HNO_3 내 0.075M Bi와 0.1 M Te 용액으로부터 제조하였다. 그 결과로 생긴 Bi_2Te_3 나노선 정렬은 사실상 다결정이고 그 다음의 용해-재결정은 단결정 Bi_2Te_3 나노선을 생산하는 데 실패하였다. 더 최근에 단결정 Bi_2Te_3 나노선 정렬이 0.035M $Bi(NO_3)_3 \cdot 5H_2O$와 0.05M $HTeO_2^+$(후자는 5M HNO_3에 Te 분말을 전기화학 증착으로 녹임으로써 준비되었다)로 구성된 용액으로부터 성장되었다. [그림 4.25]와 [그림 4.26]은 Bi_2Te_3 나노선 정렬 보여주는 SEM이미지, XRD 패턴, TEM 결과이다. 고분해능 TEM과 전자회절 패턴은 XRD와 함께 [110]이 Bi_2Te_3 나노선의 우선적 성장 방향임을 보여주었다. 단결정 나노선 또는 나노막대 정렬은 초기 증착의 주의 깊은 조절을 통하여 만들어질 수 있다.[51] 비슷하게, 대면적 Sb_2Te_3 나노선 정렬이 주형 기반 전기화학 증착에 의해 성공적으로 성장되었으나, 성장된 나노선은 다결정이고 명확한 우선 성장 방향을 보여주지 않는다.[52]

초음파 유도 주형 기반 전기 증착이 단결정 나노선 정렬의 합성을 위한 효과적인 접근법이라는 점이 입증되었다. 예를 들면, 50–200 nm 범위의 직경과 화학양론적 조성(Cu:Si=1:1)을 가지는 단결정 p-형 반도체 황화구리 나노막대 정렬이 이 방법을 통하여 합성되었다.[53] 사용된 전해질은 $Na_2S_2O_3$(400 mM)과 $CuSO_4$(60 mM)을 DI H_2O에 녹여 준비되었다. 주석산(75 mM)이 용액의 pH를 2.5 아래로 유지하기 위하여 사용되었다. 액체 금속 GaIn이 작동 전극으로 쓰

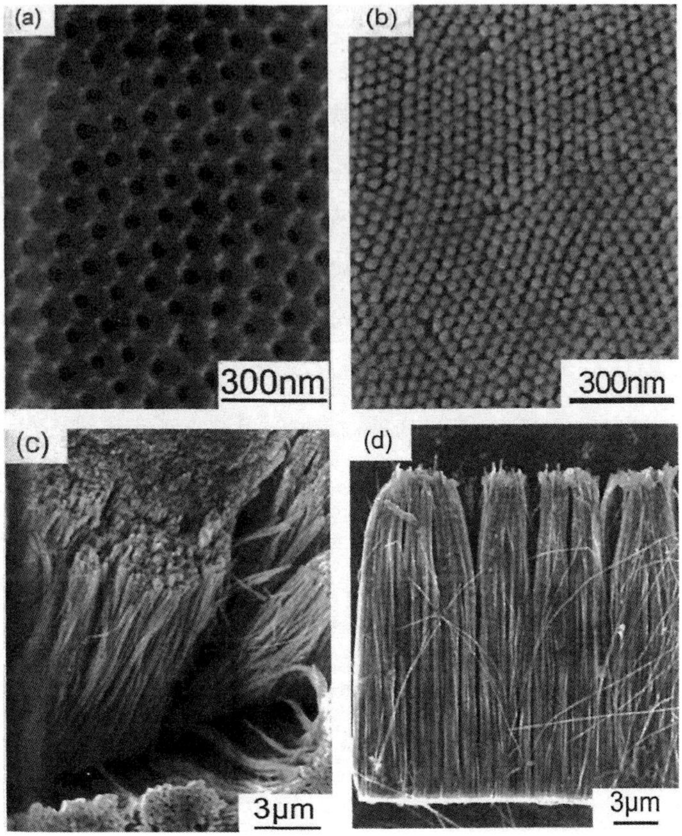

[그림 4.25] 양극 알루미나 막 주형과 Bi_2Te_3 나노선 정렬의 SEM 사진 (a) 전형적인 양극 알루미나 막 주형의 SEM 사진 (b) Bi_2Te_3 나노선 정렬의 표면 관찰(침식 시간: 5min). (c) Bi_2Te_3 나노선 정렬의 표면 관찰 (침식 시간: 15min) (d) Bi_2Te_3 나노선 정렬의 단면 관찰 (침식 시간: 15min) [C. Lin, X. Xiang, C. Jia, W. Liu, W. Cai, L. Yao, and X. Li, J. Phys. Chem. B 108, 1844 (2004).]

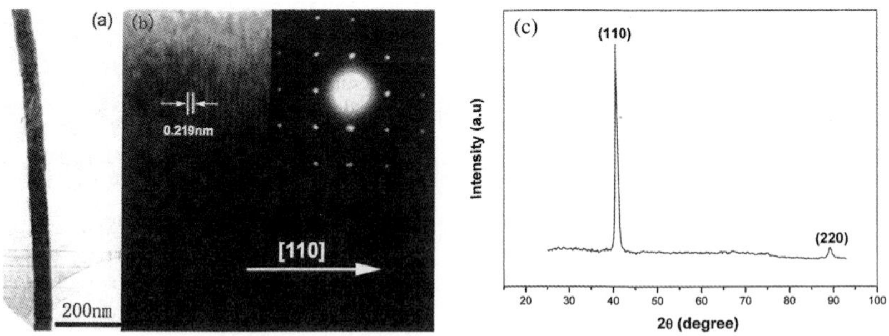

[그림 4.26] 단일 Bi_2Te_3 나노선의 TEM 이미지와 XRD 패턴 (a) TEM 이미지 (b) 같은 나노선의 HRTEM 이미지. 삽도는 해당 ED 패턴 (c) Bi_2Te_3 나노선 정렬의 XRD 패턴(전기 증착 시간 : 5min) (d) Bi_2Te_3 나노선 정렬의 단면 관찰(침식 시간: 15min) [C. Lin, X. Xiang, C. Jia, W. Liu, W. Cai, L. Yao, and X. Li, J. Phys. Chem. B 108, 1844 (2004).]

였고 Pt 나선막대가 상대 전극으로 쓰였다. CuS의 전기 증착은 정전위 조건에서 수행되었고, 전체 전기화학 증착 셀은 물을 담은 초음파 분쇄기에 담겨졌다. 더 높은 전류는 전해질 용액에서 더 낮은 물질 전달 저항을 가리킨다.[54]

4.3.2. 전기영동 증착

전기영동 증착 기술은 특히 콜로이드 분산으로부터 음극 위에 세라믹과 유기 세라믹 재료의 막 증착에 넓게 탐색되어 왔다.[132-134] 전기영동 증착은 여러 측면에서 전기화학 증착과 다르다. 첫 번째로 전기영동 증착 방법에 의한 증착은 전기적으로 전도성일 필요가 없다. 두 번째로 콜로이드 분산 내의 나노 크기 입자가 일반적으로 정전기 또는 전기 입체 메커니즘에 의하여 안정화된다. 앞 절에서 논의된 바와 같이 극성 용매 또는 전해질 용액에 분산되면 나노입자의 표면은 다음의 하나 또는 여러 메커니즘을 통하여 전기적 전하를 발전시킨다. (1) 우선적 용해 (2) 전하 또는 하전된 화학종의 축적 (3) 우선적 환원 (4) 산화 (5) 고분자와 같은 하전된 화학종의 흡착. 하전된 표면은 용매 또는 용액 내 반대로 하전된 화학종(일반적으로 반대 이온으로 불리는)을 정전기적으로 끌어당길 것이다. 정전기 힘, 브라운 운동과 삼투력의 조합은 2장에서 자세히 논의하였고, [그림 2.13]에 개략적으로 예시된 것처럼 소위 이중층 구조의 형성을 야기할 것이다. 그 그림은 양으로 하전된 입자 표면, 음이온(반대 이온)과 양이온(표면-하전-결정-이온)의 농도 프로파일과 정전위 프로파일을 묘사한다. 반대 이온의 농도는 입자 표면에서의 거리에 따라 서서히 감소하나 전하결정 이온의 농도는 증가한다. 그 결과 정전위는 거리에 따라 감소한다. 입자 표면 근처에서 정전위는 스턴(Stern) 층으로 알려진 지역에서 거리에 따라 감소한다. 스턴층 밖과 스턴 층과 정전위가 영이 되는 확산 층이라 불리는 지점 사이 지역에서는 감소가 지수 함수적 관계를 따른다. 스턴 층과 확산 층 둘 다 정전기 안정화의 고전적 이론에서는 이중층 구조로 불린다.

콜로이드 계 또는 졸에 외부 전기장을 가하면 구성하는 하전된 입자는 전기

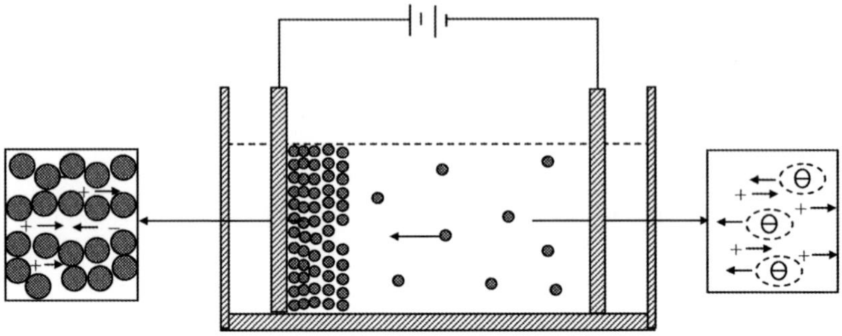

[그림 4.27] 전기영동의 개략. 콜로이드 계 또는 졸에 외부 전기장을 가하면 구성하는 하전된 입자 또는 나노클러스터는 전기장에 반응하여 움직이게 되지만 반대 이온은 반대 방향으로 확산한다.

장에 반응하여 [그림 4.27]에 개략적으로 예시된 것처럼 움직이게 된다.[138] 이러한 종류의 운동이 전기영동으로 언급된다. 하전된 입자가 운동 중에 있으면 입자를 둘러싸는 용매 또는 용액의 일부는 용매 또는 용액의 일부가 입자에 단단히 붙어 있으므로 따라서 움직일 것이다. 단단히 붙은 액체 층과 나머지 액체를 분리하는 면을 슬립 면이라 부른다. 슬립 면에서의 정전위는 제타 전위로 알려진다. 제타 전위는 콜로이드 분산 또는 졸의 안정성을 결정하는 중요한 매개변수이다. 계를 안정시키기 위하여 약 25mV보다 큰 제타 전위가 일반적으로 요구된다.[135] 제타 전위는 입자 표면 전하밀도, 용액 내 상대 이온의 농도, 용매 극성과 온도와 같은 여러 요소에 의하여 결정된다. 구형 입자 주위의 제타 전위는 다음과 같이 기술될 수 있다.[136]

$$\zeta = \frac{Q}{4\pi\varepsilon_r a(1+\kappa a)}$$

$$\kappa = \left(\frac{e^2 \sum n_i z_i^{\,2}}{\varepsilon_r \varepsilon_0 kT} \right)^{1/2}, \qquad (4.15)$$

여기서 Q는 입자 위 전하, a는 전단 면 밖의 입자 반경, ε_r은 매질의 상대적 유전 상수, 그리고 n_i와 z_i는 각각 계에 있는 i번째 이온의 덩어리 농도와 가전자이다. 묽은 계에서 양으로 하전된 표면은 양의 제타 전위를 초래한다는 점에 주목할 가치가 있다. 그러나 반대 이온의 높은 농도는 반대 부호의 제타 전위를 초래할 수 있다.

콜로이드 분산 또는 졸에서의 나노입자의 이동도 μ는 액체 매질의 유전 상수 ε_p, 나노입자의 제타 전위 ζ, 그리고 유체의 속도 η에 의존한다. 이 관계에 대하여 헤켈(Hückel) 식과[136] 같은 다양한 형식이 제안되었다.

$$\mu = \frac{2\varepsilon_r \varepsilon_0 \zeta}{3\pi\eta}. \tag{4.16}$$

이중층 안정화와 전기영동은 널리 연구된 주제이다. 독자들은 졸-겔 공정과[137-139] 콜로이드 분산에[136,140] 관한 책에서 추가적인 자세한 정보를 얻을 수 있을 것이다.

전기영동 증착은 단순히 하전된 입자들의 정향된 운동을 사용하여 콜로이드 분산 또는 졸로부터 전극 표면으로 이동하는 고체 입자를 풍부하게 함으로써 막 또는 기둥을 성장시킨다. 만약 입자가 양으로 하전되면(더 정확히 말하면 양의 제타 전위를 가지면) 음극에서 고체 입자의 증착이 일어날 것이다. 그렇지 않으면 증착은 양극에서 일어날 것이다. 전극에서 표면 전기화학 반응은 전자를 생성하거나 받으면서 진행된다. 정전기 이중층은 성장 표면 위 증착층에서 붕괴되며 입자들은 엉킨다. 성장 표면에서 입자의 증착 거동에 대한 정보가 많지 않다. 어떤 표면 확산과 완화가 예상된다. 두 개의 입자 사이에 화학결합의 형성을 포함하는 상대적으로 강한 인력이 입자들이 엉키면서 발생한다. 콜로이드 분산 또는 졸로부터 전기영동 증착에 의해 성장된 막 또는 기둥은 필연적으로 나노 크기 입자들이 꽉 채워진 것이다. 이러한 막 또는 기둥은 다공성인데, 즉 기공이 내부에 있다. 고체의 분율로 규정되는 일반적인 충진 밀도(또한 녹색 밀도로 불리는)는 균일한 크기의 구형 입자의 가장 높은 충진 밀도인 74% 미만이다.[141] 전기영동 증착에 의한 막 또는 기둥의 녹색 밀도는 졸 또는 콜로이드 분산 내의 입자의 농도, 제타 전위, 외부에서 인가된 전기장과 입자 표면 사이의 반응 동역학에 크게 의존한다. 나노입자의 느린 반응과 표면으로의 느린 도착 덕분에 증착 표면에서 충분한 입자 완화가 가능할 것이고, 따라서 높은 충진 밀도가 예상된다.

전기영동 증착 중 증착 표면에서 일어나는 과정을 설명하기 위해 많은 이론들이 제안되었다. 증착 표면 또는 전극에서의 전기화학 과정은 복잡하고 계마다 변한다. 그러나 일반적으로 전기영동 증착 중에 전류가 존재하고, 이것은 전극 또는 증착 표면에서 환원과 산화 반응이 일어남을 나타낸다. 많은 경우에 전기영동 증착에 의해 성장된 막 또는 기둥은 전기적 절연체이다. 그러나 막 또는 기둥은 다공성이고 표면 전하는 고체 물질과 용액에 의존하므로 기공의 표면은 나노입자 표면과 똑같이 전기적으로 하전될 것이다. 게다가 기공은 반대 이온과 전하 결정 이온을 포함하는 용매 또는 용액으로 채워진다. 성장 표면과 하부 전극 사이의 전기 전도는 표면 전도 또는 용액 전도를 통하여 진행될 수 있다.

림머(Limmer) 등은[142-144] 지르콘산 티탄산납과 티탄산 바륨 같은 복잡한 산화물을 비롯한 다양한 산화물의 나노막대를 성장시키는 데 졸-겔 준비와 전기영동 증착을 결합하였다. 그들의 접근법에서는 통상적 졸-겔 공정이 다양한 졸의 합성을 위해 적용되었다. 졸 준비를 적절히 조절함으로써 원하는 화학양론적 조성을 갖는 나노미터 입자들이 형성되었고, 적절한 pH로 조정함으로써 그 입자들은 정전기적으로 안정화되었으며 용매 속에 균일하게 분산되었다. 외부 전기장이 가해지면 이러한 정전기적으로 안정화된 나노입자는 나노입자의 표면 전하(더 정확히 말해서 제타 전위)에 의존하여 반응하고 음극 또는 양극 위로 이동하여 증착될 것이다. ~1.5 V/m의 전기장으로 방사 트랙 식각 폴리카보네이트 막을 사용하여 그들은 40에서 175 nm 범위의 직경을 가지고 막의 두께에 해당되는 10 μm의 길이를 갖는 나노선을 성장시켰다. 이러한 재료는 아나타제 TiO_2, 비정질 SiO_2, 페로브스카이트 구조 $BaTiO_3$와 Pb(Zr,Ti)O_3, 층상 구조 페로브스카이트 $Sr_2Nb_2O_7$를 포함한다. 졸 전기영동 증착으로 성장된 나노막대는 다결정 또는 비정질이다.

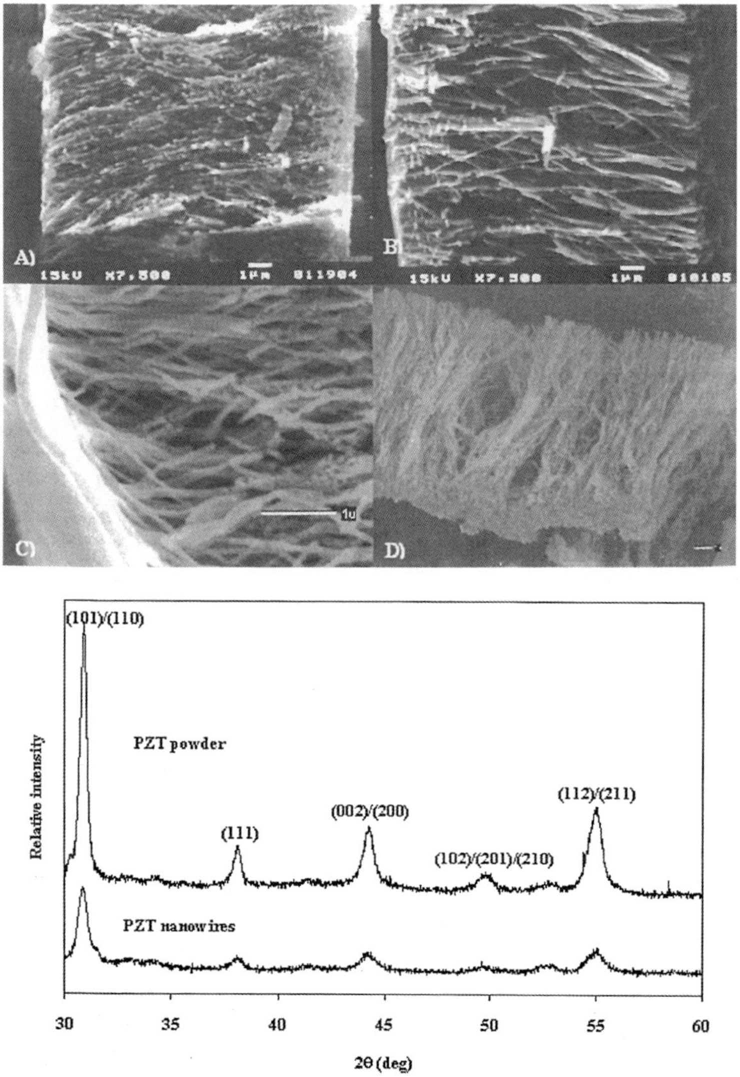

[그림 4.28] (a) 나노막대의 SEM 사진 (b) 주형 기반 졸-겔 전기영동 증착에 의해 성장된 Pb(Zr, Ti)O_3의 X-선 회절 스펙트럼 [S. J. Limmer, S. Seraji, M. J. Forbess, Y. Wu, T. P. Chou, C. Nguyen, and G. Z. Cao, Adv. Mater. 13, 1269 (2001).]

이 기술의 장점 중의 하나는 원하는 화학양론적 조성을 갖는 복잡한 산화물과 유기-무기 혼성체의 합성 능력이다. [그림 4.28]은 Pb(Zr,Ti)O_3 나노막대와 X-선 회절 스펙트럼을 보여준다.[142] 다른 장점은 다양한 재료에의 응용성이다[145]; [그림 4.29]는 SiO_2, TiO_2, $Sr_2Nb_2O_7$, 그리고 $BaTiO_3$의 나노막대를 보여준다.[143]

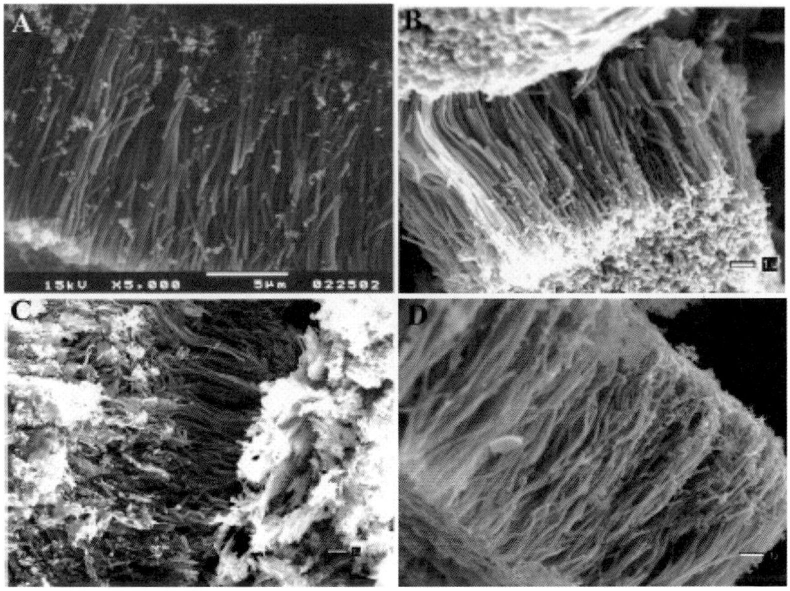

[그림 4.29] 주형 기반 졸-겔 전기영동 증착에 의해 성장된 (A) SiO_2 (B) TiO_2 (C) $Sr_2Nb_2O_7$ (D) $BaTiO_3$ 나노막대의 SEM 이미지 [S. J. Limmer, S. Seraji, M. J. Forbess, Y. Wu, T. P. Chou, C. Nguyen, and G. Z. Cao, Adv. Func. Mater. 12, 59 (2002).]

왕(Wang) 등은[146] 콜로이드 졸로부터 ZnO 나노막대를 형성하기 위하여 전기영동 증착을 사용하였다. ZnO 콜로이드 졸은 NaOH를 포함하는 아연 아세테이트의 알코올 용액이 결합제로써 첨가된 작은 양의 아연 질산염과 가수분해하여 준비되었다. 그 다음에 이 용액은 10–400V 범위의 전압에서 양극 알루미나 막의 기공 속으로 증착되었다. 더 낮은 전압은 치밀한 단단한 나노막대를, 반면에 더 높은 전압은 텅 빈 튜브를 만들어내는 것으로 밝혀졌다. 제안된 메커니즘은 더 높은 전압이 양극 알루미나의 유전 파괴를 일으켜서 그것이 음극과 비슷하게 하전되게 한다는 것이다. 그 다음에 ZnO 나노입자와 기공 벽 사이의 정전기 인력이 튜브 형성으로 이어진다.

미아오(Miao) 등은[147] 단결정 TiO_2 나노선을 주형 기반 전기화학 유도 졸-겔 증착에 의해 준비하였다. 이산화티탄 전해질 용액은 나타라잔(Natarajan)과 노가미(Nogami)에[148] 의해 개발된, Ti 분말을 H_2O_2와 NH_4OH 수용액에 녹여 TiO^{2+} 이온성 클러스터를 형성하는 방법을 사용하여 준비되었다. 외부 전기장이 가해지면 TiO^{2+} 이온성 클러스터는 음극으로 확산하였고, 가수분해와 응축 반응을 겪은 다음에 비정질 TiO_2 젤의 나노막대 증착을 초래하였다. 공기 중에서 240℃, 24시간 동안 열처리 후에 아나타제 티타니아 구조를 갖는 직경 10, 20, 그리고 40 nm, 길이 2에서 10 μm 범위의 단결정 TiO_2 나노선이 합성되었다. 그러나 축 결정 방향은 확인되지 않았다. 여기서 단결정 TiO_2 나노막대의 형성은 마틴(Martin) 그룹[149]에 의해 보고된 것과 다르다. 그런데 단결정 TiO_2 나노막대의 형성은 고온에서 비정질 상의 재결정화를 통해서 이루어지거나, 또는 나노 규모 결정질 TiO_2 입자가 에피택시로 조립되어 단결정 나노막대가 형성되는 것으로 믿어진다. 비록 커다란 단결정이 나노 결정질 입자의 조립에 의해 산출되지는 않았지만, 두 나노 규모 결정질 입자의 에피택시 응집이 보고되었다.[150] [그림 4.30]은 주형 기반 전기화학 유도 졸-겔 증착에 의해 성장된 단결정 TiO_2 나노막대의 사진을 보여준다.[147]

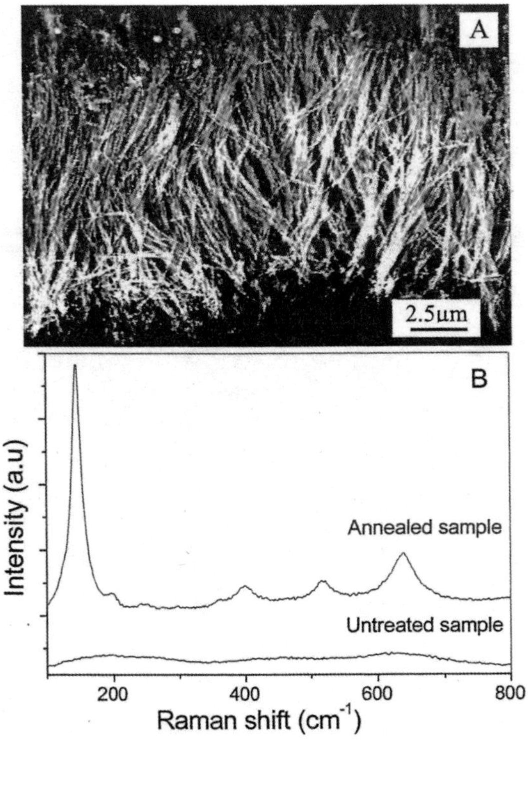

[그림 4.30] 주형 기반 전기화학 유도 졸-겔 증착에 의해 성장된 단결정 TiO_2 나노막대의 SEM 사진 [Z. Miao, D. Xu, J. Ouyang, G. Guo, Z. Zhao, and Y. Tang, Nano Lett. 2, 717 (2002).]

4.3.3 주형 충진

직접적인 주형 충진은 나노막대와 나노튜브를 준비하는 데 있어서 가장 간단한 다용도의 방법이다. 가장 흔하게 액체 전구체 또는 전구체 혼합물이 기공을 채우기 위하여 사용된다. 주형 충진에는 여러 관심사가 있다. 무엇보다도 기공 벽의 젖음 능력이 액체 전구체나 전구체 혼합물의 침투와 완전한 충진을 허용하기에 충분히 좋아야 한다. 저온에서의 충진을 위해 기공 벽의 표면은 유기 분자의 단층을 형성함으로써 소수성으로 쉽게 수정될 수 있다. 두 번째로 주형 재료가 화학적으로 불활성이어야 한다. 세 번째로 응고 중 수축 조절이 필요하다. 기공 벽과 충진 물질 사이의 접착이 약하거나 응고가 중앙에서 또는 기공의 한 쪽 끝에서 균일하게 시작하면 단단한 나노막대가 생성되기 쉽다. 그러나 접착이 매우 강하거나 응고가 계면에서 시작되어 안으로 진행되면 텅 빈 나노튜브가 생성되기 쉽다.

4.3.3.1 콜로이드 분산 충진

마틴(Martin)과 그의 공동연구자들은[149,151] 콜로이드 분산으로 주형을 간단히 충전함으로써 다양한 산화물 나노막대와 나노튜브를 형성하는 것에 대해 연구해왔다. 콜로이드 분산은 적절한 졸-겔 공정에 의하여 준비되었다. 주형의 충진은 주형을 다양한 시간 동안 안정한 졸 내에 위치시키는 것이었다. 주형 기공의 표면화학이 졸에 대한 좋은 젖음 능력을 가지도록 적절히 수정되었을 때 모세관 힘이 졸을 기공 안으로 미는 것으로 믿어진다. 기공이 졸로 채워진 후 주형은 졸로부터 빼내어 고온 소성에 앞서 건조되었다. 고온 소성은 두 가지 목적을 수행한다. 주형을 제거하여 자유로운 나노막대가 얻어질 수 있는 것과 졸-겔 유도 녹색 나노막대의 치밀화이다. [그림 4.31]은 졸-겔로 주형을 충진하여 만든 TiO_2와 ZnO 나노막대의 SEM 사진을 보여준다.[149]

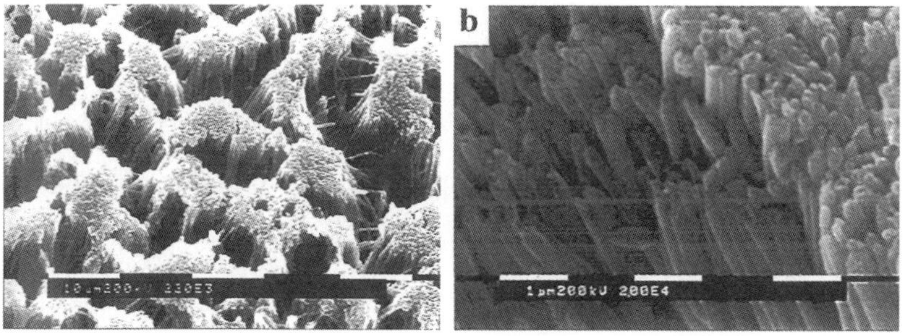

[그림 4.31] 졸-겔로 주형을 충진하여 만든 산화물 나노막대의 SEM 사진 (a) ZnO (b) TiO_2 [B. B. Lakshmi, P. K. Dorbout, and C. R. Martin, Chem. Mater, 9, 857 (1997).]

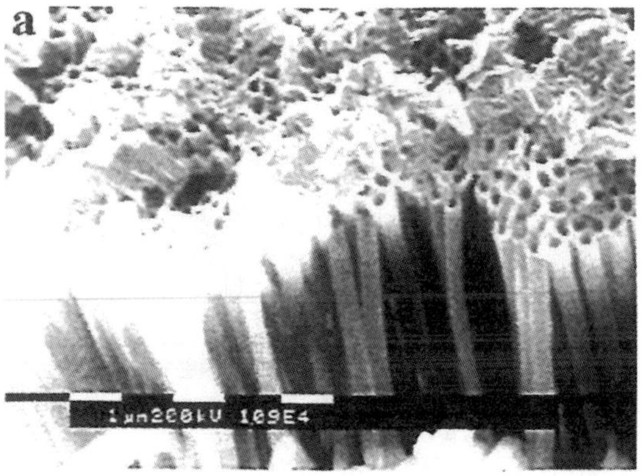

[그림 4.32] 주형의 불완전 충진에 의해 형성된 텅 빈 V_2O_5 나노튜브 [B. B. Lakshmi, P. K. Dorbout, and C. R. Martin, Chem. Mater, 9, 857 (1997).]

앞 장에서 우리는 졸-겔 공정에 대하여 논의했는데, 전형적인 졸이 90% 이상의 큰 부피 분율의 용매를 포함하고 있음을 알았다.[137] 비록 모세관 힘이 주형의 기공 안으로 콜로이드 분산의 완전한 충진을 보장하더라도 기공 안으로 채워진 고체의 양은 매우 작을 수 있다. 건조와 이어지는 소성 과정에서 큰 양의 수축이 예상된다. 그러나 결과는 대부분의 나노막대가 주형 기공의 크기에 비하여 약간만 수축되었음을 보여주었다. 예를 들면, 결과는 기공 내 고체의 농도를 진하게 하는 어떤 알려지지 않은 메커니즘이 있음을 나타낸다. 한 가지 가능한 메커니즘은 막을 통한 용매의 확산일 수가 있는데, 이것은 세라믹 슬립 주조에서 사용되는 과정으로써 주형 기공의 내부 표면을 따라 발생하는 고체의 농축으로 이어진다.[152] 이러한 졸 충진 과정에 의한 나노튜브 형성의 관찰은 ([그림 4.32]에 보인 것처럼[149]) 그러한 공정이 정말로 존재함을 암시할 수 있다. 그러나 주형이 일반적으로 몇 분 만에 졸 내에서 나타난다는 사실을 고려하면 막을 통한 확산과 기공 내의 고체의 농축은 꽤 빠른 과정이어야만 한다. 이것은 만능의 방법이고, 그래서 졸-겔 공정으로 만들어질 수 있는 어떤 재료에도 적용될 수 있다. 그러나 단점은 주형 기공의 완전한 충진을 보장하기 어렵다는 것이다. 또한 주형 충진에 의해 만들어진 나노막대는 보통 다결정 또는 비정질인 것으로 인지되었다. 나노막대의 직경이 20 nm보다 작은 경우에는 단결정 TiO_2 나노막대가 만들어지는 예외적 사례가 발견되었다.[149]

4.3.3.2 용융 및 용액 충진

용융된 금속으로 주형을 충진함으로써 금속 나노선도 합성할 수 있다.[26,153] 한 가지 예는 양극 알루미나 주형의 나노 통로 속으로 용융된 비스무트(bismuth)의 압력 주입에 의한 비스무트 나노선의 제조이다.[154] 양극 알루미나 주형은 탈가스 되고, 325℃에서 액체 비스무트에 담긴 다음에(Bi의 $T_m =$ 271.5℃) 액체 Bi가 주형의 나노 통로로 주입되도록 ~4,500psi의 고압 Ar 가스가 5시간 동안 가해졌다. 13-110 nm의 직경과 수백의 큰 종횡비를 갖는 Bi 나노선이 얻어졌다. 개개의 나노선은 단결정으로 믿어진다. 공기에 노출되면 비스무트 나노선은 쉽게 산화된다. 48시간 후에 ~4 nm 두께의 비정질 산화물 층이 관찰되었다. 4주 후에 65 nm의 직경을 갖는 비스무트 나노선이 완전히 산화되는 것으로 밝혀졌다. 다른 금속 In, Sn, Al과 반도체 Se, Te, GaSb, Bi_2Te_3의 나노선이 양극 알루미나 주형 속으로 용해물 액체를 주입하여 만들어졌다.[25]

원하는 단분자와 중합 반응물을 포함하는 단분자 용액을 주형 기공 속으로 채운 다음에 단분자 용액을 중합하여 고분자 섬유가 만들어졌다.[155-158] 고분자는 기공 벽에 우선적으로 핵생성되고 성장하는데, 전기화학 증착에 의한 전도성 고분자 나노선 또는 나노튜브의 성장에 대해 앞에서 논의했듯이, 증착 시간이 짧으면 튜브가 만들어지고 증착 시간이 길면 섬유가 만들어진다. 카이(Cai) 등은[159] 이 기술을 사용하여 고분자 섬유를 합성하였다.

비슷하게 금속과 반도체 나노선이 용액 기술을 통하여 합성되었다. 예를 들면, 한(Han) 등은[160] 메조포러스 실리카 주형 내 Au, Ag와 Pt 나노선을 합성하였다. 메조포러스 주형은 적절한 금속염($HAuCl_4$ 같은)의 수용액으로 채워졌고, 건조와 CH_2Cl_2 처리를 거친 후에 시료는 염을 순수 금속으로 바꾸기 위하여 H_2 흐름 하에 환원되었다. 첸(Chen) 등은 메조포러스 실리카 주형의 기공을 Cd와 Mn 염 수용액으로 채우고 건조하였으며, (Cd, Mn)S로 바꾸기 위하여 그것을 H_2S 가스로 반응시켰다.[161] $Ni(OH)_2$ 나노막대가 마츠이(Matsui) 등에 의하여 주형을 에탄올 $Ni(NO_3)_2$ 용액으로 채우고, 건조하며, 시료를 NaOH 용액 안에서 150℃에서 수열적으로 처리함으로써 탄소 코팅된 양극 알루미나 막 안에서 성장되었다.[162]

4.3.3.3 화학기상 증착

어떤 연구자들은 화학기상 증착(CVD)을 나노선을 형성하기 위한 수단으로 사용하여 왔다. 레온(Leon) 등에 의하여 Ge_2H_6 가스를 메조포러스 실리카 속으로 확산시키고 가열함으로써 Ge 나노선이 성장되었다.[163] 그들은 전구체가 Ge와 H_2를 형성하는 주형 안의 잔류 표면 수산기 그룹과 반응한 것으로 믿었다. 리(Lee) 등은[164] 백금 유기 금속 화합물을 메조포러스 실리카 주형의 기공을 채우기 위하여 사용하였고, H_2/N_2 흐름 하에서 열분해 후에 Pt 나노선을 얻었다.

4.3.3.4 원심 분리 증착

나노클러스터의 원심력 활용 주형 충진은 나노막대 집합체 양산을 위한 또 다른 저렴한 방법이다. [그림 4.33]은 크기가 균일하고 한 방향으로 정렬된 티탄산 지르콘산 납(PZT, lead zirconate titanate) 나노막대 집합체의 SEM 이미지를 보여준다.[165] 이러한 나노막대 집합체는 PZT 졸로부터 1,500rpm에서 60분 동안 원심 분리하여 폴리카보네이트 막 안에 성장되었다. 시료는 실리카

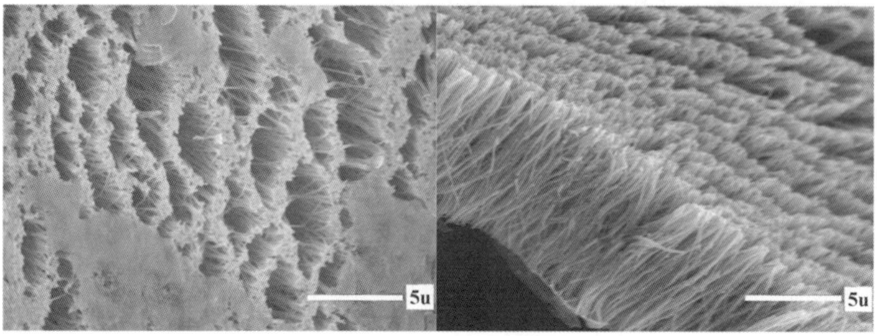

[그림 4.33] PZT 졸로부터 1,500rpm에서 6분 동안 원심 분리하여 폴리카보네이트 막 안에 성장된 티탄산 지르콘산 연(PZT) 나노막대 배열의 평면(왼쪽) 및 단면(오른쪽) SEM 이미지. 시료는 실리카 유리에 부착되어 공기 중 650℃에서 60분 동안 소성되었다. [T. L. Wen, J. Zhang, T. P. Chou, S. J. Limmer, and G. Z. Cao, J. Sol-Gel Sci. Technol. 33, 193–200 (2003).]

유리에 부착되어 650℃에서 60분 동안 공기 속에서 소성되었다. 실리카와 티타니아를 포함하는 다른 산화물의 나노막대 집합체도 이 방법으로 성장되었다. 원심 분리의 장점으로는 전해질에 민감한 나노클러스터 또는 분자를 포함하는 시스템을 비롯한 임의의 콜로이드 분산에 적용할 수 있다. 그러나 나노선 집합체를 성장하기 위해서는 원심력이 두 나노입자 또는 나노클러스터 사이의 반발력보다 커야만 한다.

4.3.4 화학 반응을 통한 변환

또한 나노막대 또는 나노선은 소모성 주형을 사용하여 합성될 수 있다.[166] 화합물 나노선이 주형 방향성 반응을 이용하여 합성되거나 만들어질 수 있다. 우선 구성 원소의 나노선 또는 나노막대가 준비된 다음에 최종 생산물을 형성하기 위해 원하는 원소를 포함하는 화학 물질과 반응시켰다. 게이트(Gates) 등은[167] 단결정 삼방정 셀레늄 나노선을 상온에서 $AgNO_3$ 수용액과 반응시켜 단결정 Ag_2Se 나노선으로 변환하였다. 또한 삼방정 셀레늄 나노선은 먼저 용액 합성 방법으로 준비되었다.[43] 셀레늄 나노선은 물에 분산되거나 수용액 $AgNO_3$와

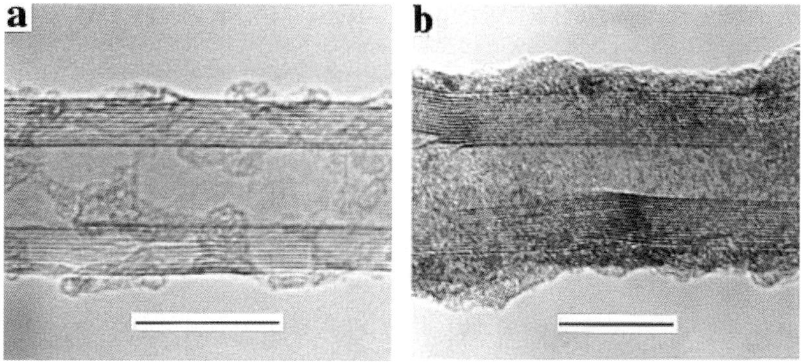

[그림 4.34] 2와 30 nm 사이의 직경과 20 μm까지의 길이를 가지는 고형 티타늄 카바이드 나노막대를 형성하기 위하여 먼저 얻어진 탄소 나노튜브를 휘발성 금속 할로겐화물 또는 산화물 화학종과 반응시켜 합성된 나노막대의 TEM 이미지 (a) 반응하지 않은 탄소 나노튜브 (b) 티타늄 카바이드. 눈금자는 10 nm [E. W. Wong, B. W. Maynor, L. D. Burns, and C. M. Lieber, Chem. Mater. 8, 2041 (1996).]

반응 중에 TEM 그리드 위에 부착되었다. 다음의 화학 반응이 제안되었다.

$$3Se_{(s)}+6Ag^{+}{}_{(aq)}+3H_2O \rightarrow 2Ag_2Se_{(s)}+Ag_2SeO_{3(aq)}+6H^{+}{}_{(aq)}. \tag{4.17}$$

생산물은 옳바른 화학양론적 조성을 지니고, 나노선은 정방정(저온 상) 또는 사방정(고온 상, 덩어리 상 변태 온도는 133℃) 구조를 갖는 단결정이다. 40 nm보다 큰 직경을 갖는 나노선은 사방정 구조를 나타내는 경향이 있다는 것이 추가로 인지되었다. 주형의 결정성과 형태는 매우 충실하게 유지되었다. 비슷한 접근법을 사용하여 셀레늄 나노선을 원하는 화학 물질들과 합성함으로써 다른 화합물 나노선들이 합성될 수 있다. 예를 들면, Se 나노선을 Bi 증기와 반응시켜 Bi_2Se_3 나노선이 만들어질 수 있다.[168]

[그림 4.34]에 개략적으로 보인 바와 같이, 2와 30 nm 사이의 직경과 20 μm까지의 길이를 갖는 카바이드 나노막대를 형성하기 위하여 먼저 얻어진 탄소 나노튜브를 휘발성 금속 할로겐화물 또는 산화물 화학종과 반응시켜 합성될 수 있다.[169,170] 탄소 나노튜브는 실리콘과 보론 질화물의 합성에 있어서 제거

가능한 주형으로 사용되었다.[171] 또한 4–40 nm 직경의 실리콘 질화물 나노막대가 실리콘 일산화 증기와 흐르는 질소의 혼합물을 탄소 나노튜브와 1,500℃에서 반응시켜 준비되었다.[172]

$$3SiO_{(g)}+3C_{(s)}+2N_{2(g)} \rightarrow Si_3N_{4(s)}+3CO_{(g)} \tag{4.18}$$

실리콘 일산화물이 1,500℃에서 알루미나 도가니 안에 있는 실리콘과 실리카의 고체 혼합물을 가열하여 생성된다. 탄소 나노튜브 전체가 실리콘 질화물로 변환된 것으로 관찰되었다.

ZnO 나노선은 금속 아연 나노선을 산화시켜 준비하였다.[173] 첫 번째 단계에서는 우선 결정 방향이 없는 다결정 아연 나노선을 양극 알루미나 막을 주형으로 사용하여 전기 증착을 통해 준비하였고, 두 번째 단계에서는 성장된 아연 나노선을 350℃에서 35시간까지 공기 중에서 산화시켜 15에서 90 nm 범위의 직경과 ~50 μm의 길이를 갖는 다결정 ZnO 나노선을 얻었다. 비록 ZnO 나노선이 양극 알루미나 막에 삽입되었지만, 자유로운 나노선을 알루미나 주형을 선택적으로 분해하여 얻을 수도 있다.

~30 μm 길이와 벽 두께 10 nm를 갖는 50 nm 외경의 텅 빈 MoS_2 나노튜브가 분자 전구체 용액 혼합물, 즉 $(NH_4)_2MoS_4$와 $(NH_4)_2Mo_3S_{13}$를 알루미나 막 주형의 기공 속으로 채워서 만들어졌다. 그 다음에 분자 전구체로 채워진 주형은 고온으로 가열되고, 분자 전구체는 MoS_2로 열에 의해 분해되었다.[174]

어떤 고분자와 단백질은 금속 또는 반도체 나노선의 성장을 유도하기 위하여 쓰일 수도 있음을 주목하는 것은 흥미롭다. 브라운(Braun) 등은[175] DNA를 12 μm 길이와 100nm 직경을 갖는 은 나노막대의 방향성(vectorial) 성장을 위한 주형으로 사용하는 2단계 절차를 보고하였다. 고분자 제어 성장에 의해 CdS 나노선이 만들어졌다.[176] CdS 나노선의 합성을 위해서 카드뮴 이온은 폴리아크릴아미드 모체에 잘 분산되었다. Cd^{2+} 포함 고분자는 170℃에서 에틸렌디아민 내에서 용매열 공정을 통해 티오요소(NH_2CSNH_2)로 처리되었는데, 그 결과 폴리아크릴아미드의 열화를 초래하였다. 다음에 [001] 우선 방향의 40 nm 직경과 100μm까지의 길이를 갖는 단결정 CdS 나노선이 용매로부터 쉽게 걸러졌다.

팔라듐 나노선 같은 금속 나노선이 한 개의 DNA 분자 위에 얇은 팔라듐 막의 연속적 화학 증착에 의하여 얻어질 수 있다.[177] Pd 나노선의 비전도율은 덩어리 팔라듐의 그것보다 크기가 열 배 정도 낮다. 더욱이 DNA 분자는 금속화될 때 고온에서 더 안정하게 된다. 스퍼터링은 균일한 금속 나노선의 제조를 위하여 떠 있는 DNA 분자 위에 금속을 코팅하는 다른 한 방법이다.[178] 이 공정은 TEM 안에서 집속된 전자빔으로 시각적으로 조절될 수 있고, 그 결과로 생성되는 나노선의 직경은 매우 미세할 수 있다(10 nm 미만). 세이델(Seidel) 등에 의해 수행된 또 다른 연구에서 DNA 주형이 나노 크기의 귀금속 클러스터를 준비하기 위하여 사용되었다.[179] 저자들은 Pt 염, DNA, 그리고 클러스터 사슬의 성장을 위한 환원제 같은 반응물의 최적 농도를 조사하였다. Pt(II) 복합체와 이중 나선 DNA 분자 다발은 클러스터가 뭉치는 것을 방지할 수 있다.

DNA 주형은 피롤리디논(pyrrolidinone)으로 덮인 Fe_2O_3, $CoFe_2O_3$, 또는 폴리리신이 코팅된 Au 나노입자로 구성된 자성 나노선의 제조에 또한 쓰일 수 있다.[180] 그 결과로 생성되는 철 기반 나노구조체는 상온에서 초상자성 특성을 보이지만, $CoFe_2O_3$ 나노 클러스터는 10K에서 강자성체이다. DNA 주형의 자성도 조사되었다. 주형은 실리콘 산화물 표면에 증착된 후에 꽤 향상된 자성을 나타낸다.

DNA 단분자의 활용과는 별개로, 케렌(Keren) 등은 최근에 DNA 골격 분자를 주형으로 사용하여 자기조립 탄소 나노튜브 전계 효과 트랜지스터의 합성을 보고하였다.[181] DNA 분자에 덧붙여, 80% DNA와 20% 세틸피리디늄 그룹(PVPy-20)으로 구성된 새로운 DNA 복합체가 양으로 하전되어 강하게 선형 분극된 광발광(photoluminescence)을 나타내는 CdS 나노막대 같은 일차원 나노재료를 합성하기 위하여 사용될 수 있다.

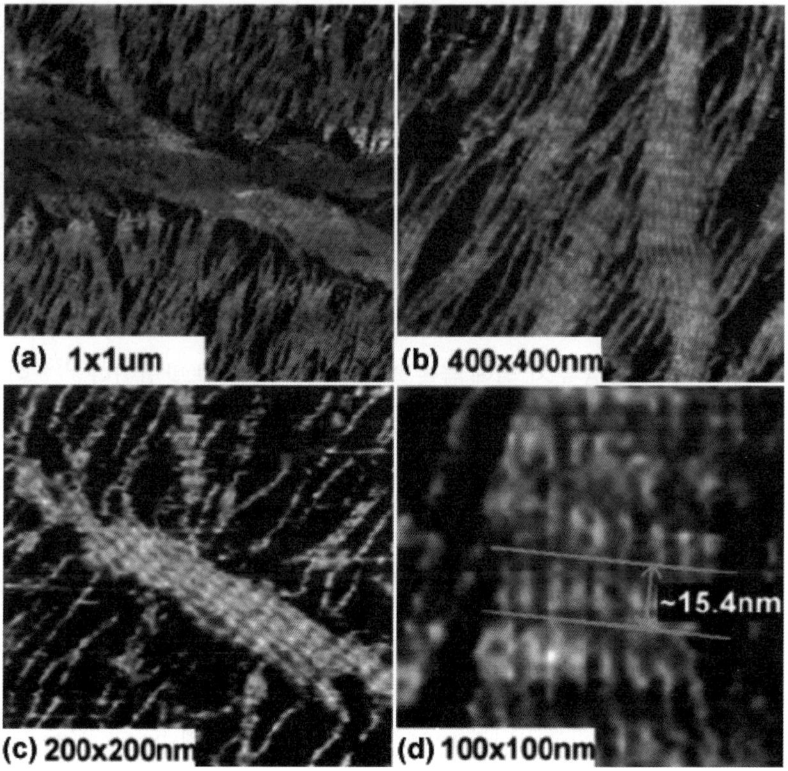

[그림 4.35] (a)–(d) 2D-3HB 격자의 AFM 이미지. 이미지의 주사 크기는 (a) 1 μm X 1 μm, (b) 400 nm X 400 nm, (c) 200 nm X 200 nm (d) 100 nm X 100 nm. 2D-3HB 타일이 명확히 보이고 타일의 평균 길이는 ~15.4 nm이다. [S. H. Park, R. Barish, H. Li, J. H. Rief, G. Finkelstein, H. Yan, and T. H. LaBean, Nano Lett. 5, 693 (2005).]

반복되는 연쇄 기저(motif)를 갖는 DNA 분자는 회전-원 증폭(RCA)에 의하여 제조될 수 있다.[182] 게다가 자기 조립 공정이 세 개의 이중 나선 DNA로 구성된 기묘한 나노구조체의 DNA 주형을 합성하는데 쓰일 수 있다.[183] [그림 4.35]는 DNA 주형의 2D 격자의 고분해능 AFM 이미지를 보여준다. 삼중 나선 DNA는 자기조립체를 격자 또는 필라멘트로 덮어 은 나노선 같은 다른 나노물질을 제조하는 주형을 제공할 수 있다.[184] 얻어진 은 나노선은 매우 높은 전도성과 균일한 폭을 갖는 것으로 입증되었다. 다른 DNA 주형은 삼중 교차 DNA 타일을 기본적인 구성 요소로 사용하여 제작될 수 있는 DNA 나노튜브를 포함한다.[185] 이러한 나노튜브는 ~25 nm의 직경을 가지고 직경은 20μm까지 된다. DNA 나노튜브는 분자 규모에서 소자의 연결체로 쓰일 수 있는 금속성 나노구조를 만들기 위하여 추가로 금속화될 수 있다.

선형적 λ-DNA 분자는 늘어지거나 평행 또는 교차된 모양으로 배열될 수 있으며, 이는 무전해 팔라듐 증착 공정을 통하여 1D 평행 또는 2D 교차된 금속성 나노선 집합체를 제작하기 위하여 활용될 수 있다.[186] 완전히 늘어진 DNA 분자는 실리콘 칩 위에 폴리아닐린 나노선 집합체를 합성하기 위한 주형으로도 쓸 수 있다.[187] 이러한 늘어지고 고정된 DNA 분자의 응집은 폴리아닐린/DNA 복합체가 용액 내에서 형성될 때 DNA 분자 위의 전하가 차폐됨에 따라 저지된다.

4.4. 전기 방사

정전기 섬유 공정으로도 알려진 전기 방사 기술은 원래 매우 얇은 고분자 섬유를 만들기 위하여 개발되었다.[188,189] 전기 방사는 나노미터 크기 직경을 갖는 고분자 섬유를 생산하기 위하여 전기력을 사용한다. 전기 방사를 통하여 얻어진 고분자 나노섬유는 광학, 미세전자공학, 보호의복, 그리고 약물 방출 시스템에서 응용 가능성이 넓게 탐색되었다. 전기 방사는 고분자 용액 또는 용융액의 표면에서 전기력이 표면 장력을 극복하여 전기적으로 하전된 사출(jet)의 방출을 초래할 때 일어난다. 사출이 마르거나 응고될 때 전기적으로 하전된 섬유가 남게 된다. 하전된 섬유는 전기력에 의하여 유도되거나 가속된 다음에 판상 또는 다른 유용한 기하학적인 형태로 모인다. 40 nm에서 500 nm 범위의 직경을 갖는 30종류 이상의 고분자 섬유가 전기 방사를 통해 성공적으로 생산되었다.[190,191] 섬유의 형상은 용액 농도, 인가된 전계 강도, 그리고 전구체 용액의 급송 속도를 포함하는 공정 매개변수에 의존한다. 또한 최근에 전기 방사는 초박 유기-무기 혼성 섬유의 합성을 위하여 탐색되었다.[192-194] 예를 들면, 기공성 아나타제 티타니아 나노섬유는 폴리(비닐피롤리돈, Vivyl pyrrolidone) (PVP)와 티타늄 테트라이소프로폭사이드를 둘 다 포함하는 에탄올 용액을 강한 전계 하에서 바늘을 통하여

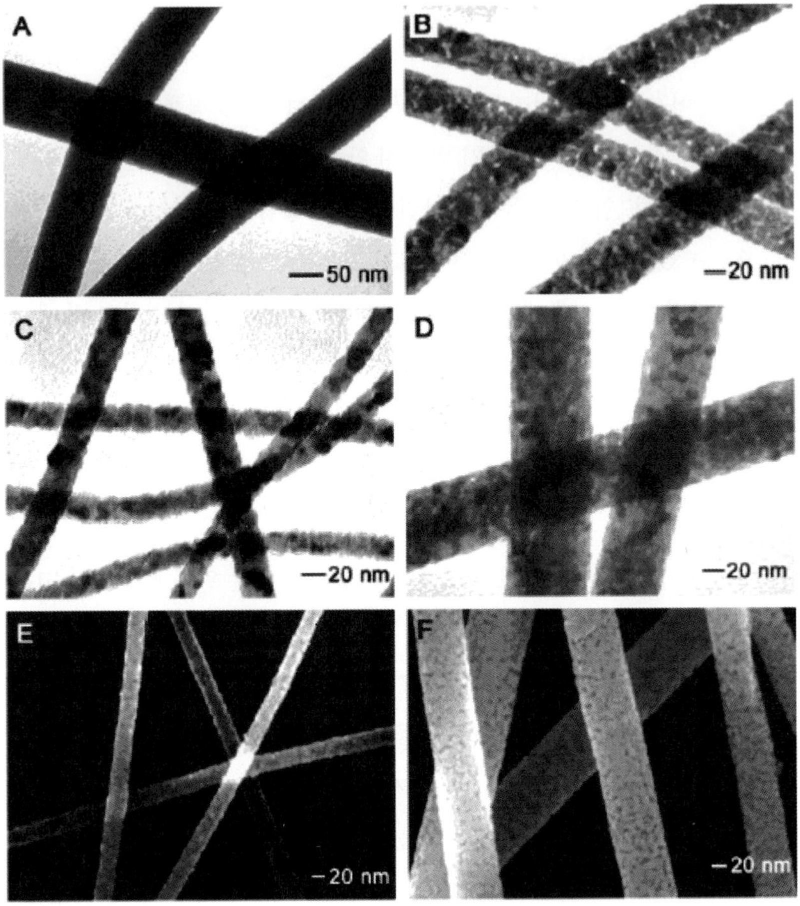

[그림 4.36] (a) 0.03 g/mL PVP와 0.1 g/mL Ti(OiPr)$_4$를 포함하는 에탄올 용액을 전기 방사하여 제조된 TiO_2/PVP 복합체 나노섬유의 TEM 이미지. (b) 대기 중 500℃에서 3h 하소된 후의 동일 시료의 TEM 이미지. (c), (d) 0.025 g/mL (c)와 0.15 g/mL Ti(OiPr)4를 포함하는 전구체 용액의 차이이외는 동일한 조건에서 준비된 아나타제로 만들어진 나노섬유의 TEM 이미지. (e), (f) (c)와 (d)에서 보인 시료의 고배율 SEM 이미지. 모든 SEM 관찰에는 시료에 금 코팅을 하지 않았다. [D. Li and Y. Xia, Nano Lett. 3, 555 (2003).]

배출함으로써 제조되는데, [그림 4.36]에 보인 바와 같이 이것은 비정질 TiO_2/PVP 복합체 나노섬유를 형성하게 된다.[194] 공기 중 500℃에서 PVP의 열분해를 통해 공정변수에 따라서 20에서 200 nm 범위의 직경을 갖는 기공성 TiO_2 섬유가 얻어진다. 호우(Hou)와 레네커(Reneker)의 최근 연구에서 전기 방사된 폴리아크릴로나이트릴 나노섬유가 탄화되었는데, 이것은 다중벽 탄소 나노튜브의 성장을 위한 기판으로 쓰였다.[195] 나노튜브의 끝에는 튜브 성장 촉매인 금속입자가 있다.

전기 방사는 나노섬유를 준비하는 효과적인 방법일 뿐만 아니라, 나노섬유 속으로 나노입자 같은 다른 나노물질을 넣기 위한 편리한 기술이기도 하다.[196-202] Au 나노입자의 일차원 배열을 나타내는 고분자 나노섬유를 합성하기 위하여 전기 방사가 사용되었다.[203] 나노입자의 나노 규모 조직화는 반결정 고분자 폴리(에틸렌 산화물)(PEO)를 주형으로 사용하여 조절된다. [그림 4.37]은 전기 방사된 순수한 PEO와 PEO/Au 나노클러스터의 SEM 사진과 직경 분포를 보여준다. PEO 용액으로 Cds 양자선을 전기 방사함으로써 동심의 양자선들이 묻어 들어가 있는 나노섬유가 제작되었다.[204] 게다가 이 나노섬유는 회전하는 휠 위에 수집되었는데, 이것은 정전기장 때문에 일차원 나노기공을 형성하였다. 이 규칙적 양자선은 선형 분극을 나타내는데, 분극광의 원천으로 잠재적 응용성을 갖는다. 전기 방사는 불안정한 생명의학 제제를 보호하거나 지속적인 방법으로 약물을 전달하는 것과 같은 생물의학 분야에서의 잠재적인 응용성을 나타내는 코어-쉘 나노구조체를 합성하는 데에도 활용될 수도 있다.[205]

4.5 리소그래피

리소그래피는 나노선을 합성하는 또 다른 길을 대표한다. 전자빔 리소그래피,[206,207] 이온빔 리소그래피, 주사 터널 현미경(STM) 리소그래피, X-선 리소그래피, 인접 탐침 리소그래피와 인접장 광 리소그래피[208] 같은 다양한 기술들이 탐색되어 왔다. 100 nm 미만의 직경과 종횡비 100을 갖는 나노선이 쉽게 만들어질 수 있다. 여기서 우리는 일반적인 접근법과 생산물을 보여주는 예로서 윈(Yin) 등에 의하여 보고된[209] 단결정 실리콘 나노선의 제조만을 취급하다. [그림 4.38]은 단결정 실리콘 나노선의 제조를 위하여 사용된 개략적인 절차를 기술한다.[209] 나노 규모 형상은 폴리디메틸실록산(dimethysiloxane), (PDMS) 같은 투명한 탄성 중합체로 만들어진 상 이동 마스크를 통하여 UV 빛에 노출시킨 감광막의 박막 안에 규정된다. 이 상 마스크를 통하여 지나가는 빛은 PDMS

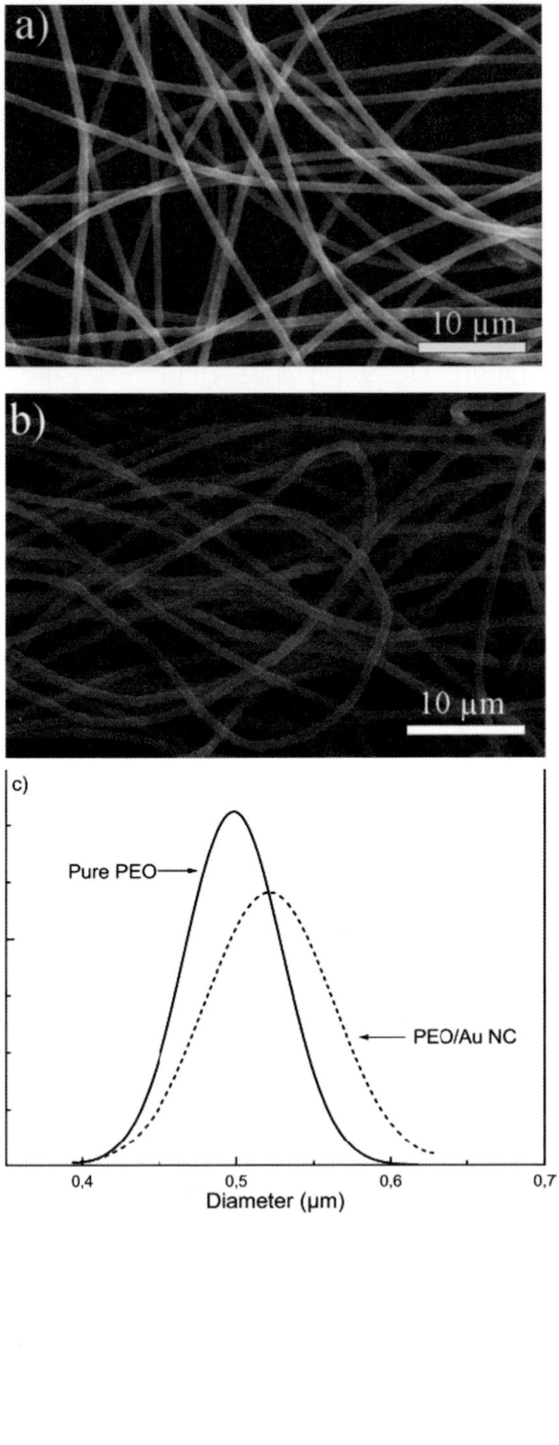

[그림 4.37] SEM 사진 (a) 전기 방사된 PEO 섬유 (b) 전기 방사된 PEO/Au NC 섬유 (c) 직경 분포 [M. Bashouti, W. Salalha, M. Brumer, E. Zussman, and E. Lifshitz, Chem. Phys. Chem. 7, 102 (2006).]

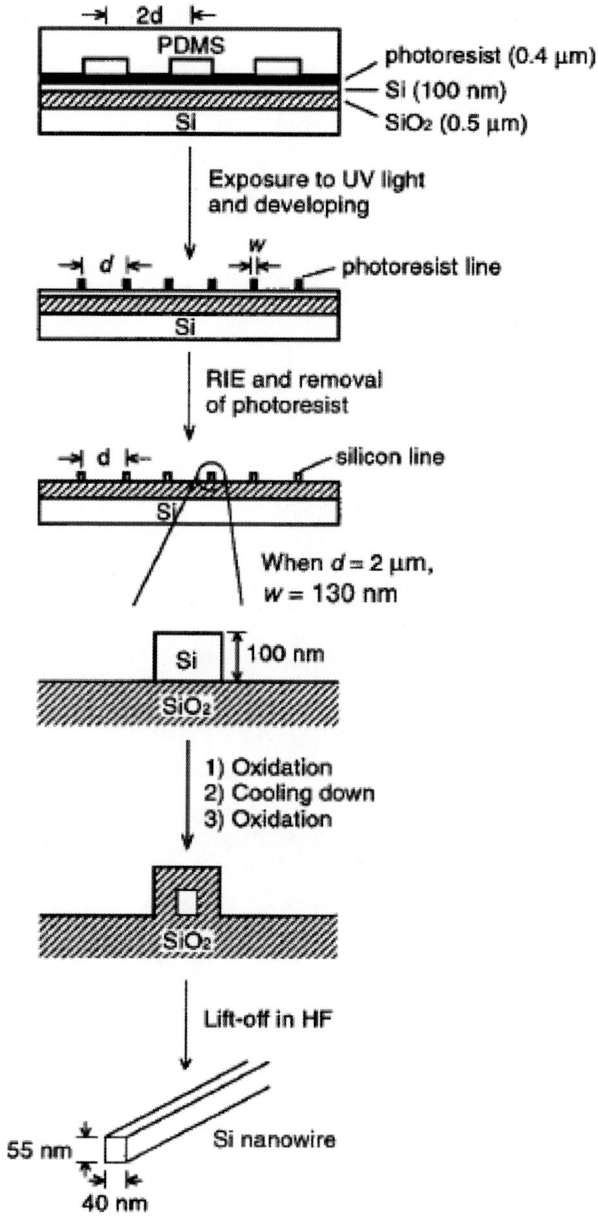

[그림 4.38] 단결정 실리콘 나노선의 준비를 위하여 사용된 개략적인 절차 [Y. Yin, B. Gates, and Y. Xia, Adv. Mater. 12, 1426 (2000).]

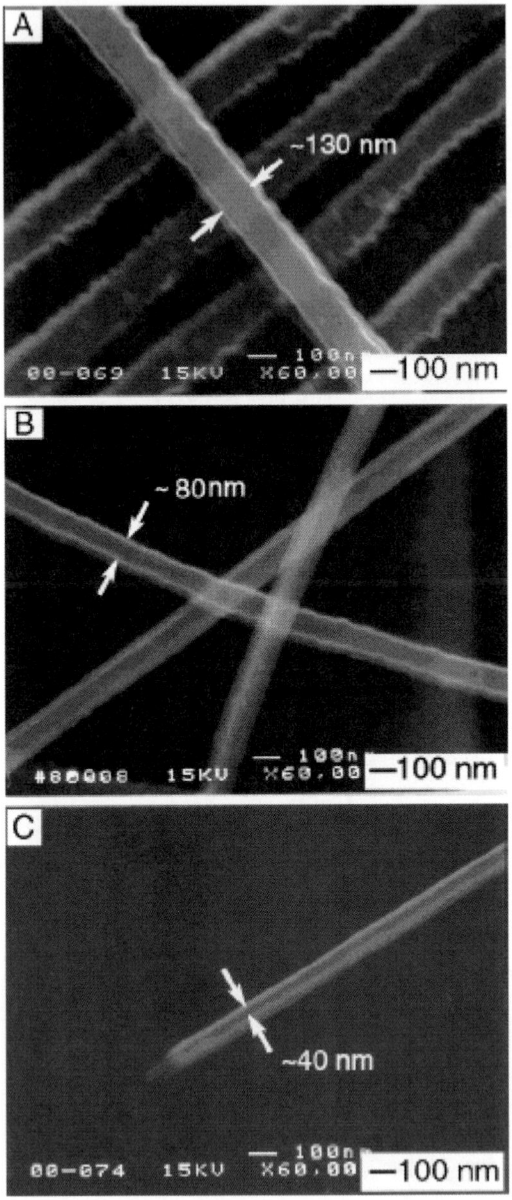

[그림 4.39] 인접장 광 리소그래피와 반응성 이온 식각을 거쳐, 대기 중 850℃에서 ~1시간 동안 산화된 후에 최종적으로 HF 용액에서의 박리를 통하여 제조된 실리콘 나노구조의 SEM 이미지 [Y. Yin, B. Gates, and Y. Xia, Adv. Mater. 12, 1426 (2000).]

마스크 위에 새겨진 양각 구조의 끝에서 강도가 영인 배열이 형성되도록 인접장 안에서 변조되었다. 그러므로 나노 규모 형상은 감광막 박막 안에 생성되고, 패턴은 반응성 이온 식각 또는 습식 식각 공정을 사용하여 아래에 있는 기판 위로 전사된다. 약간의 과잉 식각에 의하여 실리콘 나노구조체가 아래에 있는 기판으로부터 분리되었다. [그림 4.39]는 이러한 인접장 광 리소그래피와 반응성 이온 식각을 거쳐, 대기 중 850℃에서 ~1시간 동안 산화된 후에 최종적으로 HF 용액에서의 박리를 통하여 제조된 실리콘 나노구조의 SEM 이미지를 보여준다.[209]

4.6 요약

이 장은 일차원 나노구조체의 제조를 위한 원리와 일반적인 접근법을 요약한다. 주어진 근본 개념에 대하여 다양한 다른 접근법이 취해질 수 있으며 실제로 개발되어 왔다. 그러나 이 장에서 모든 합성 방법이 다루어지지는 않았다. 지면이 한정되었기에 흔히 사용되는 다양한 합성기술의 중요한 원리와 개념이 포함되었다.

참고문헌

[1] G.R. Patzke, F. Krumeich, and R. Nesper, *Angew. Chem. Int. Ed.* **41**, 2446 (2002).

[2] P.M. Ajayan, O. Stephan, P. Redlich, and C. Colliex, *Nature* **375**, 564 (1995).

[3] H.-J. Muhr, F. Krumeich, U.P. Schônholzer, F. Bieri, M. Niederberger, L.J. Gauckler, and R. Nesper, *Adv. Mater.* **12**, 231 (2000).

[4] F. Krumeich, H.-J. Muhr, M. Niederberger, F. Bieri, M. Reinoso, and R. Nesper, *Mater. Res. Soc. Symp. Proc.* **581**, 393 (2000).

[5] J.M. Reinoso, H.-J. Muhr, F. Krumeich, F. Bieri, and R. Nesper, *Helv. Chim. Acta* **83**, 1724 (2000).

[6] A. Dobley, K. Ngala, S.Yang, P.Y. Zavalij, and M.S. Whittingham, *Chem. Mater.* **13**, 4382 (2001).

[7] K.S. Pillai, F. Krumeich, H.-J. Muhr, M. Niederberger, and R. Nesper, *Solid State Ionics* **141–142**, 185 (2001).

[8] S.M. Liu, L.M. Gan, L.H. Liu, W.D. Zhang, and H.C. Zeng, *Chem. Mater.* **14**, 1391 (2002).

[9] R.A. Caruso, J.H. Schattka, and A. Greiner, *Adv. Mater.* **13**, 1577 (2001).

[10] D. Gong, C.A. Grimes, O.K. Varghese, W. Hu, R.S. Singh, Z. Chen, and E.C. Dickey, *J. Mater. Res.* **16**, 3331 (2001).

[11] T. Kasuga, M. Hiramutsu, A. Hoson, T. Sekino, and K. Niihara, *Adv. Mater.* **11**, 1307 (1999).

[12] B.C. Satishkumar, A. Govindaraj, E.M. Vogl, L. Baumallick, and C.N.R. Rao, *J. Mater. Res.* **12**, 604 (1997).

[13] B.C. Satishkumar, A. Govindaraj, M. Nath, and C.N.R. Rao, *J. Mater. Chem.* **10**, 2115 (2000).

[14] C.N.R. Rao, B.C. Satishkumar, and A. Govindaraj, *Chem. Commun.* **16**, 1581 (1997).

[15] Y. Xia, P. Yang, Y. Sun, Y. Wu, B. Mayers, B. Gates, Y. Yin, F. Kim, and H. Yan, *Adv. Mater.* **15**, 353 (2003).

[16] P. Hartman and W.G. Perdok, *Acta Cryst.* **8**, 49 (1955).

[17] A.W. Vere, *Crystal Growth: Principles and Progress, Plenum, New York, 1987.*

[18] W. Burton, N. Cabrera, and F.C. Frank, *Phil. Trans. Roy. Soc.* **243**, 299 (1951).

[19] P. Hartman and W.G. Perdok, *Acta Crystal.* **8**, 49 (1955).

[20] P. Hartman, *Crystal Growth: An Introduction, North Holland, Amsterdam, 1973.*

[21] C. Herring, *Structure and Properties of Solid Surfaces,* University of Chicago, Chicago, IL, 1952.

[22] W.W. Mullins, Metal Surfaces: Structure Energetics and Kinetics, *Am. Soc. Met. Metals Park, OH, 1962.*

[23] G.W. Sears, *Acta Metal.* **3**, 361 (1955).

[24] G.W. Sears, *Acta Metal.* **3**, 367 (1955).

[25] E.I. Givargizov, *Highly Anisotropic Crystals, D. Reidel, Dordrecht, 1986.*

[26] G. Bogels, H. Meekes, P. Bennema, and D. Bollen, *J. Phys. Chem.* **B103**, 7577 (1999).

[27] W. Dittmar and K. Neumann, in *Growth and Perfection of Crystals, eds., R.H. Doremus, R.W. Roberts, and D. Turnbull, John Wiley, New York, p. 121, 1958.*

[28] R.L. Schwoebel and E.J. Shipsey, *J. Appl. Phys.* **37**, 3682 (1966).

[29] R.L Schwoebel, *J. Appl. Phys.* **40**, 614 (1969).

[30] Z.Y. Zhang and M.G. Lagally, *Science* **276**, 377 (1997).

[31] Z.W. Pan, Z.R. Dai, and Z.L. Wang, *Science* **291**, 1947 (2001).

[32] Z.L. Wang, *Adv. Mater.* **15**, 432 (2003).

[33] M. Volmer and I. Estermann, *Z. Physik.* **7**, 13 (1921).

[34] X.Y. Kong and Z.L. Wang, *Nano Lett.* **3**, 1625 (2003).

[35] Y. Liu, C. Zheng, W. Wang, C. Yin, and G. Wang, *Adv. Mater.* **13**, 1883 (2001).

[36] Y. Yin, G. Zhang, and Y. Xia, *Adv. Funct. Mater.* **12**, 293 (2002).

[37] X. Jiang, T. Herricks, and Y. Xia, *Nano Lett.* **2**, 1333 (2002).

[38] Y. Zhang, N. Wang, S. Gao, R. He, S. Miao, J. Liu, J. Zhu, and X. Zhang, *Chem. Mater.* **14**, 3564 (2002).

[39] E.G. Wolfe and T.D. Coskren, *J. Am. Ceram. Soc.* **48**, 279 (1965).

[40] S. Hayashi and H. Saito, *J. Cryst. Growth* **24/25**, 345 (1974).

[41] W. Shi, H. Peng, Y. Zheng, N. Wang, N. Shang, Z. Pan, C. Lee, and S. Lee, *Adv. Mater.* **12**, 1343 (2000).

[42] P. Yang and C.M. Lieber, *Science* **273**, 1836 (1996).

[43] B. Gates, Y. Yin, and Y. Xia, *J. Am. Chem. Soc.* **122**, 12582 (2000).

[44] B. Wunderlich and H.-C. Shu, *J. Cryst. Growth* **48**, 227 (1980).

[45] B. Mayers, B. Gates, Y. Yin, and Y. Xia, *Adv. Mater.* **13**, 1380 (2001).

[46] A.A. Kudryavtsev, *The Chemistry and Technology of Selenium and Tellurium, Collet''s, London, 1974.*

[47] B. Gates, Y. Yin, and Y. Xia, *J. Am. Chem. Soc.* **122**, 582 (1999).

[48] Y. Li, Y. Ding, and Z. Wang, *Adv. Mater.* **11**, 847 (1999).

[49] W. Wang, C. Xu, G. Wang, Y. Liu, and C. Zheng, *Adv. Mater.* **14**, 837 (2002).

[50] Y. Sun, B. Gates, B. Mayers, and Y. Xia, *Nano Lett.* **2**, 165 (2002).

[51] K. Govender, D.S. Boyle, P. O''Brien, D. Brinks, D. West, and D. Coleman, *Adv. Mater.* **14**, 1221 (2002).

[52] J.J. Urban, W.S. Yun, Q. Gu, and H. Park, *J. Am. Chem. Soc.* **124**, 1186 (2002).

[53] J.J. Urban, J.E. Spanier, L. Ouyang, W.S. Yun, and H. Park, *Adv. Mater.* **15**, 423 (2003).

[54] H.W. Liao, Y.F. Wang, X.M. Liu, Y.D. Li, and Y.T. Qian, *Chem. Mater.* **12**, 2819 (2000).

[55] Q. Chen, W. Zhou, G. Du, and L.-M. Peng, *Adv. Mater.* **14**, 1208 (2002).

[56] R.S. Wagner and W.C. Ellis, *Appl. Phys. Lett.* **4**, 89 (1964).

[57] R.S. Wagner, W.C. Ellis, K.A. Jackson, and S.M. Arnold, *J. Appl. Phys.* **35**, 2993 (1964).

[58] R.S. Wagner, in *Whisker Technology, ed. A.P. Levitt, Wiley, New York, 1970.*

[59] R.S. Wagner and W.C. Ellis, *Tans. Metal. Soc. AIME* **233**, 1053 (1965).

[60] G.A. Bootsma and H.J. Gassen, *J. Cryst. Growth* **10**, 223 (1971).

[61] C.M. Lieber, *Solid State Commun.* **107**, 106 (1998).

[62] J. Hu, T.W. Odom, and C.M. Lieber, *Acc. Chem. Res.* **32**, 435 (1999).

[63] A.M. Morales and C.M. Lieber, *Science* **279**, 208 (1998).

[64] D.P. Yu, Z.G. Bai, Y. Ding, Q.L. Hang, H.Z. Zhang, J.J. Wang, Y.H. Zou, W. Qian, G.C. Xoing, H.T. Zhou, and S.Q. Feng, *Appl. Phys. Lett.* **72**, 3458 (1998).

[65] D.P. Yu, C.S. Lee, I. Bello, X.S. Sun, Y. Tang, G.W. Zhou, Z.G. Bai, and S.Q. Feng, *Solid State Commun.* **105**, 403 (1998).

[66] X. Duan and C.M. Lieber, *Adv. Mater.* **12**, 298 (2000).

[67] E.I. Givargizov, *J. Vac. Sci. Technol. B* **11**, 449 (1993).

[68] Y. Wu and P. Yang, *Chem. Mater.* **12**, 605 (2000).

[69] M.S. Gudiksen, J. Wang, and C.M. Lieber, *J. Phys. Chem.* **B105**, 4062 (2001).

[70] M.S. Gudiksen and C.M. Lieber, *J. Am. Chem. Soc.* **122**, 8801 (2000).

[71] T. Dietz, M. Duncan, M. Liverman, and R.E. Smalley, *J. Chem. Phys.* **73**, 4816 (1980).

[72] H.N.V. Temperley, *Proc. Combridge Phil. Soc.* **48**, 683 (1952).

[73] K.A. Jackson, *Growth and Perfection of Crystals, John Wiley and Sons, New York, 1958.*

[74] Y. Wang, G. Meng, L. Zhang, C. Liang, and J. Zhang, *Chem. Mater.* **14**, 1773 (2002).

[75] Y.Q. Chen, K. Zhang, B. Miao, B. Wang, and J.G. Hou, *Chem. Phys. Lett.* **358**, 396 (2002).

[76] K.-W. Chang and J.-J. Wu, *J. Phys. Chem.* **B106**, 7796 (2002).

[77] D. Zhang, D.N. McIlroy, Y. Geng, and M.G. Norton, *J. Mater. Sci. Lett.* **18**, 349 (1999).

[78] I.-C. Leu, Y.-M. Lu, and M.-H. Hon, *Mater. Chem. Phys.* **56**, 256 (1998).

[79] M.H. Huang, Y. Wu, H. Feick, N. Tran, E. Weber, and P. Yang, *Adv. Mater.* **13**, 113 (2001).

[80] D.R. Askkeland, *The Science and Engineering of Materials, PWS, Boston, MA, 1989.*

[81] Y.C. Choi, W.S. Kim, Y.S. Park, S.M. Lee, D.J. Bae, Y.H. Lee, G.-S. Park, W.B. Choi, N.S. Lee, and J.M. Kim, *Adv. Mater.* **12**, 746 (2000).

[82] Z.G. Bai, D.P. Yu, H.Z. Zhang, Y. Ding, Y.P. Wang, X.Z. Gai, Q.L. Hang, G.C. Xoing, and S.Q. Feng, *Chem. Phys. Lett.* **303**, 311 (1999).

[83] D.P. Yu, Q.L. Hang, Y. Ding, H.Z. Zhang, Z.G. Bai, J.J. Wang, Y.H. Zou, W. Qian, G.C. Xoing, and S.Q. Feng, *Appl. Phys. Lett.* **73**, 3076 (1998).

[84] C.C. Chen and C.C. Yeh, *Adv. Mater.* **12**, 738 (2000).

[85] X.F. Duan and C.M. Lieber, *J. Am. Chem. Soc.* **122**, 188 (2000).

[86] X. Chen, J. Li, Y. Cao, Y. Lan, H. Li, M. He, C. Wang, Z. Zhang, and Z. Qiao, *Adv. Mater.* **12**, 1432 (2000).

[87] T.J. Trentler, K.M. Hickman, S.C. Goel, A.M. Viano, P.C. Gobbons, and W.E. Buhro, *Science* **270**, 1791 (1995).

[88] W.E. Buhro, *Polyhedron* **13**, 1131 (1994).

[89] H. Yu and W.E. Buhro, *Adv. Mater.* **15**, 416 (2003).

[90] M.J. Ludowise, *J. Appl. Phys.* **58**, R31 (1985).

[91] J.D. Holmes, K.P. Johnston, C. Doty, and B.A. Korgel, *Science* **287**, 1471 (2000).

[92] J. Franks, *Acta Metal.* **6**, 103 (1958).

[93] R.M. Fisher, L.S. Darken, and K.G. Carroll, *Acta Metal.* **2**, 368 (1954).

[94] J.D. Eshelby, *Phys. Rev.* **91**, 775 (1953).

[95] S.E. Koonce and S.M. Arnold, *J. Appl. Phys.* **24**, 365 (1953).

[96] G.Z. Cao and D.W. Liu, (Review Article), *Adv. Coll. Inter. Sci.* **136**, 45 (2008).

[97] R.C. Furneaux, W.R. Rigby, and A.P. Davidson, *Nature* **337**, 147 (1989).

[98] R.L. Fleisher, P.B. Price, and R.M. Walker, *Nuclear Tracks in Solids, University of California Press, Berkeley, CA, 1975.*

[99] R.J. Tonucci, B.L. Justus, A.J. Campillo, and C.E. Ford, *Science* **258**, 783 (1992).

[100] G.E. Possin, *Rev. Sci. Instrum.* **41**, 772 (1970).

[101] C. Wu and T. Bein, *Science* **264**, 1757 (1994).

[102] S. Fan, M.G. Chapline, N.R. Franklin, T.W. Tombler, A.M. Cassell, and H. Dai, *Science* **283**, 512 (1999).

[103] P. Enzel, J.J. Zoller, and T. Bein, *Chem. Commun. 633 (1992).*

[104] C. Guerret-Piecourt, Y. Le Bouar, A. Loiseau, and H. Pascard, *Nature* **372**, 761 (1994).

[105] P.M. Ajayan, O. Stephan, P. Redlich, and C. Colliex, *Nature* **375**, 564 (1995).

[106] A. Despic and V.P. Parkhuitik, *Modern Aspects of Electrochemistry, Vol. 20, Plenum, New York, 1989.*

[107] D. AlMawiawi, N. Coombs, and M. Moskovits, *J. Appl. Phys.* **70**, 4421 (1991).

[108] C.A. Foss, M.J. Tierney, and C.R. Martin, *J. Phys. Chem.* **96**, 9001 (1992).

[109] J.B. Mohler and H.J. Sedusky, *Electroplating for the Metallurgist, Engineer and Chemist, Chemical Publishing Co., Inc. New York, 1951.*

[110] A.J. Bard and L.R. Faulkner, *Electrochemical Methods,* John Wiley and Sons, New York, 1980

[111] J. W. Evans and L.C. De Jonghe, *The Production of Inorganic Materials,* Macmillan, New York, 1991.

[112] F.R.N. Nabarro and P.J. Jackson, in *Growth and Perfection of Crystals,* eds. R.H. Doremus, B.W. Roberts, and D. Turnbull, John Wiley, New York, p. 13, 1958.

[113] T.M. Whitney, J.S. Jiang, P.C. Searson, and C.L. Chien, *Science* **261**, 1316 (1993).

[114] W.D. Williams and N. Giordano, *Rev. Sci. Instrum.* **55**, 410 (1984).

[115] B.Z. Tang and H. Xu, *Macromolecules* **32**, 2569 (1999).

[116] Y. Zhang, G. Li, Y. Wu, B. Zhang, W. Song, and L. Zhang, *Adv. Mater.* **14**, 1227 (2002).

[117] G. Yi and W. Schwarzacher, *Appl. Phys. Lett.* **74**, 1746 (1999).

[118] J.D. Klein, R.D. Herrick, II, D. Palmer, M.J. Sailor, C.J. Brumlik, and C.R. Martin, *Chem. Mater.* **5**, 902 (1993).

[119] C. Schönenberger, B.M.I. van der Zande, L.G.J. Fokkink, M. Henny, C. Schmid, M. Krüger, A. Bachtold, R. Huber, H. Birk, and U. Staufer, *J. Phys. Chem. B* **101**, 5497 (1997).

[120] C.J. Brumlik, V.P. Menon, and C.R. Martin, *J. Mater. Res.* **268**, 1174 (1994).

[121] C.J. Brumlik and C.R. Martin, *J. Am. Chem. Soc.* **113**, 3174 (1991).

[122] C.J. Miller, C.A. Widrig, D.H. Charych, and M. Majda, *J. Phys. Chem.* 92, 1928 (1988).

[123] C.-G. Wu and T. Bein, *Science* **264**, 1757 (1994).

[124] P.M. Ajayan, O. Stephan, and Ph. Redlich, *Nature* **375**, 564 (1995).

[125] W. Han, S. Fan, Q. Li, and Y. Hu, *Science* **277**, 1287 (1997).

[126] G.O. Mallory and J.B. Hajdu (eds.), *Electroless Plating: Fundamentals and Applications, American Electroplaters and Surface Finishers Society, Orlando, FL, 1990.*

[127] C.R. Martin, Chem. *Mater.* **8**, 1739 (1996).

[128] C.R. Martin, *Science* **266**, 1961 (1994).

[129] C.R. Martin, *Adv. Mater.* **3**, 457 (1991).

[130] J.C. Hulteen and C.R. Martin, *J. Mater. Chem.* **7**, 1075 (1997).

[131] L. Piraux, S. Dubois, and S. Demoustier-Champagne, *Nucl. Instrum. Meth. Phys. Res.* **B131**, 357 (1997).

[132] I. Zhitomirsky, *Adv. Colloid Interf. Sci.* **97**, 297 (2002).

[133] O.O. Van der Biest and L.J. Vandeperre, *Annu. Rev. Mater. Sci.* **29**, 327 (1999).

[134] P. Sarkar and P.S. Nicholson, *J. Am. Ceram. Soc.* **79**, 1987 (1996).

[135] J.S. Reed, *Introduction to the Principles of Ceramic Processing, John Wiley and Sons, New York, 1988.*

[136] R.J. Hunter, *Zeta Potential in Colloid Science: Principles and Applications, Academic Press, London, 1981.*

[137] C.J. Brinker and G.W. Scherer, *Sol-Gel Science: The Physics and Chemistry of Sol-Gel Processing,* Academic Press, San Diego, CA, 1990.

[138] A.C. Pierre, *Introduction to Sol-Gel Processing,* Kluwer, Norwell, MA, 1998.

[139] J.D. Wright and N.A.J.M. Sommerdijk, *Sol-Gel Materials: Chemistry and Applications,* Gordon and Breach, Amsterdam, 2001.

[140] D.H. Everett, *Basic Principles of Colloid Science,* The Royal Society of Chemistry, London, 1988.

[141] W.D. Callister, *Materials Science and Engineering: An Introduction,* John Wiley and Sons, New York, 1997.

[142] S.J. Limmer, S. Seraji, M.J. Forbess, Y. Wu, T.P. Chou, C. Nguyen, and G.Z. Cao, *Adv. Mater.* **13**, 1269 (2001).

[143] S.J. Limmer, S. Seraji, M.J. Forbess, Y. Wu, T.P. Chou, C. Nguyen, and G.Z. Cao, *Adv. Func. Mater.* **12**, 59 (2002).

[144] S.J. Limmer and G.Z. Cao, *Adv. Mater.* **15**, 427 (2003).

[145] G.Z. Cao (Invited Feature Article), *J. Phys. Chem.* **B108**, 19921 (2004).

[146] Y.C. Wang, I.C. Leu, and M.N. Hon, *J. Mater. Chem.* **12**, 2439 (2002).

[147] Z. Miao, D. Xu, J. Ouyang, G. Guo, Z. Zhao, and Y. Tang, *Nano Lett.* **2**, 717 (2002).

[148] C. Natarajan and G. Nogami, *J. Electrochem. Soc.* **143**, 1547 (1996).

[149] B.B. Lakshmi, P.K. Dorhout, and C.R. Martin, *Chem. Mater.* **9**, 857 (1997).

[150] R.L. Penn and J.F. Banfield, *Geochim. Cosmochim. Ac.* **63**, 1549 (1999).

[151] B.B. Lakshmi, C.J. Patrissi, and C.R. Martin, *Chem. Mater.* **9**, 2544 (1997).

[152] J.S. Reed, *Introduction to Principles of Ceramic Processing, Wiley, New York, 1988.*

[153] C.A. Huber, T.E. Huber, M. Sadoqi, J.A. Lubin, S. Manalis, and C.B. Prater, *Science* **263**, 800 (1994).

[154] Z. Zhang, D. Gekhtman, M.S. Dresselhaus, and J.Y. Ying, *Chem. Mater.* **11**, 1659 (1999).

[155] W. Liang and C.R. Martin, *J. Am. Chem. Soc.* **112**, 9666 (1990).

[156] S.M. Marinakos, L.C. Brousseau, III, A. Jones, and D.L. Feldheim, *Chem. Mater.* **10**, 1214 (1998).

[157] P. Enzel, J.J. Zoller, and T. Bein, *Chem. Commun., 633 (1992). 158. H.D. Sun, Z.K. Tang, J. Chen, and G. Li, Solid State Commun.* **109**, 365 (1999).

[159] Z. Cai, J. Lei, W. Liang, V. Menon, and C.R. Martin, *Chem. Mater.* **3**, 960 (1991).

[160] Y.-J. Han, J.M. Kim, and G.D. Stucky, *Chem. Mater.* **12**, 2068 (2000).

[161] L. Chen, P.J. Klar, W. Heimbrodt, F. Brieler, and M. Fröba, *Appl. Phys. Lett.* **76**, 3531 (2000).

[162] K. Matsui, T. Kyotani, and A. Tomita, *Adv. Mater.* **14**, 1216 (2002).

[163] R. Leon, D. Margolese, G. Stucky, and P.M. Petroff, *Phys. Rev. B* **52**, R2285 (1995).

[164] K.-B. Lee, S.-M. Lee, and J. Cheon, *Adv. Mater.* **13**, 517 (2001).

[165] T.L. Wen, J. Zhang, T.P. Chou, S.J. Limmer, and G.Z. Cao, *J. Sol-Gel Sci. Technol.*

33, 193–200 (2005).

[166] C.-G. Wu and T. Bein, *Science* **264**, 1757 (1994).

[167] B. Gates, Y. Wu, Y. Yin, P. Yang, and Y. Xia, *J. Am. Chem. Soc.* **123**, 11500 (2001).

[168] Y. Xia, *Lecture Note of SPIE Short Course 496, 7 July 2002.*

[169] H. Dai, E.W. Wong, Y.Z. Lu, S. Fan, and C.M. Lieber, *Nature* **375**, 769 (1995).

[170] E.W. Wong, B.W. Maynor, L.D. Burns, and C.M. Lieber, *Chem. Mater.* **8**, 2041 (1996).

[171] W. Han, S. Fan, Q. Li, B. Gu, X. Zhang, and D. Yu, *Appl. Phys. Lett.* **71**, 2271 (1997).

[172] A. Huczko, *Appl. Phys.* **A70**, 365 (2000).

[173] Y. Li, G.S. Cheng, and L.D. Zhang, *J. Mater. Res.* **15**, 2305 (2000).

[174] C.M. Zelenski and P.K. Dorhout, *J. Am. Chem. Soc.* **120**, 734 (1998).

[175] E. Braun, Y. Eichen, U. Sivan, and G. Ben-Yoseph, *Nature* **391**, 775 (1998).

[176] J. Zhan, X. Yang, D. Wang, S. Li, Y. Xie, Y. Xia, and Y. Qian, *Adv. Mater.* **12**, 1348 (2000).

[177] J. Richter, M. Mertig, W. Pompe, I. Mon¨ch, and H.K. Schackert, *Appl. Phys. Lett.* **78** (2001).

[178] M. Remeika and A. Bezryadin, *Nanotechnology* **16**, 1172 (2005).

[179] R. Seidel, L.C. Ciacchi, M. Weigel, W. Pompe, and M. Mertig, *J. Phys. Chem. B* **108**, 10801 (2004).

[180] J. M. Kinsella and A. Ivanisevic, *Langmuir* **23**, 3886 (2007).

[181] K. Keren, R.S. Berman, E. Buchstab, U. Sivan, and E. Braun, *Science* **302**, 1380 (2003).

[182 S. Beyer, P. Nickels, and F. C. Simmel, *Nano Lett.* **5**, 719 (2005).

[183] S.H. Park, R. Barish, H. Li, J.H. Reif, G. Finkelstein, H. Yan, and T.H. LaBean, *Nano Lett.* **5**, 693 (2005).

[184] H. Yan, S.H. Park, G. Finkelstein, J.H. Reif, and T.H. LaBean, *Science* **301**, 1882 (2003).

[185] D. Liu, S. Ha Park, J.H. Reif, and T.H. LaBean, *PNAS* **101**, 717 (2004).

[186] Z. Deng and C. Mao, *Nano Lett.* **3**, 1545 (2003).

[187] Y. Ma, J. Zhang, G. Zhang, and H. He, *J. Am. Chem. Soc.* **126**, 7097 (2004).

[188] A. Frenot and I.S. Chronakis, *Current Opin. Coll. Interf. Sci.* **8**, 64 (2003).

[189] D.H. Reneker and I. Chun, *Nanotechnology* **7**, 216 (1996).

[190] H. Fong, W. Liu, C.S. Wang, and R.A. Vaia, *Polymer* **43**, 775 (2002).

[191] J.A. Mathews, G.E. Wnek, D.G. Simpson, and G.L. Bowlin, *Biomacromolecules* **3**, 232 (2002).

[192] G. Larsen, R. Velarde-Ortiz, K. Minchow, A. Barrero, and I.G. Loscertales, *J. Am. Chem. Soc.* **125**, 1154 (2003).

[193] H. Dai, J. Gong, H. Kim, and D. Lee, *Nanotechnology* **13**, 674 (2002).

[194] D. Li and Y. Xia, *Nano Lett.* **3**, 555 (2003).

[195] H. Hou and D.H. Reneker, *Adv. Mater.* **16**, 69 (2004).

[196] J. Doshi and D.H. Reneker, *J. Electrostat.* **35**, 151 (1995).

[197] A. Formhals, US Patent No. 1,975,504.

[198] R. Sen, B. Zhao, D. Perea, M.E. Itkis, M. Hu, J. Love, E. Bekyarova, and R.C. Haddon, *Nano Lett.* **4**, 459 (2004).

[199] F. Ko, *et al., Adv. Mater.* **15**, 1161 (2003).

[200] M. Wang, H. Singh, A. Hatton, and G.C. Rutledge *Polymer* **45**, 5505 (2004).

[201] C. Shao, H.Y. Kim, J. Gong, B. Ding, D.R. Lee, and S.J. Park, *Mater. Lett.* **57**, 1579 (2003).

[202] Q.B. Yang, D.M. Li, Y.L. Hong, C. Wang, S.L. Qiu, and Y. Wei, *Synth. Met.* **137**, 973 (2003).

[203] G.-M. Kim, A. Wutzler, H.-J. Radusch, G.H. Michler, P. Simon, R.A. Sperling, and W.J. *Parak, Chem. Mater.* **17**, 4949 (2005).

[204] M. Bashouti, W. Salalha, M. Brumer, E. Zussman, and E. Lifshitz, *Chem. Phys. Chem.* **7**, 102 (2006).

[205] Y. Zhang, Z.-M. Huang, X. Xu, C.T. Lim, and S. Ramakrishna, *Chem. Mater.* **16**, 3406 (2004).

[206] K. Kurihara, K. Iwadate, H. Namatsu, M. Nagase, and K. Murase, *J. Vac. Sci. Technol.* **B13**, 2170 (1995).

[207] H.I. Liu, D.K. Biegelsen, F.A. Ponce, N.M. Johnson, and R.F. Pease, *Appl. Phys. Lett.* **64**, 1383 (1994).

[208] Y. Xia, J.A. Rogers, K.E. Paul, and G.M. Whitesides, *Chem. Rev.* **99**, 1823 (1999).

[209] Y. Yin, B. Gates, and Y. Xia, *Adv. Mater.* **12**, 1426 (2000).

Chapter 5

이차원 나노구조체: 박막

Nanostructures and Nanomaterials

5.1 서론

박막 증착은 거의 한 세기 동안 집중적인 연구의 주제가 되어왔으며 박막 성장을 위해 많은 방법들이 개발되고 개선되어 왔다. 그러한 기술들은 산업에서 넓게 사용되었으며, 이것은 다시 증착 기술의 추가적인 개발과 개선에 대한 커다란 구동력을 제공한다. 이용 가능한 많은 훌륭한 교과서와 전공 논문이 있다. 이 장에서 우리는 기본을 간단히 소개하고 박막 성장의 다양한 잘 정립된 기술들의 전형적인 실험적 접근을 요약한다.[1-3] 박막 성장 방법은 일반적으로 두 개의 그룹으로 나누어질 수 있다. 전자는 예를 들면 증발, 분자빔 에피택시(MBE), 스퍼터링, 화학기상 증착(CVD), 그리고 원자층 증착(ALD)을 포함한다. 후자의 예는 전기화학 증착, 화학용액 증착(CSD), 랭뮤어–블로젯 막과 자기조립 단층 막(SAM)이다.

박막 성장은 주로 불균일 화학 반응, 증발, 성장 표면에서의 흡착과 탈착, 불균일 핵생성과 표면 성장을 포함하는 불균일 공정이 관여한다. 더불어 대부분의 막 증착과 측정 공정은 진공 하에서 진행된다. 그러므로 이 장에서는 박막 증착과 성장에 대한 다양한 방법들의 상세한 설명에 앞서 진공 과학과 기술에 대한 일반적인 소개와 불균일 핵생성의 기본에 대한 간단한 토의가 있을 것이다. 불균일 공정의 다른 면들과 관련된 진공 이슈들은 주제가 관련되는 다양한 증착 방법에 포함될 것이다.

5.2 박막 성장의 기본

모든 상변화와 같이 박막의 성장은 기판 위와 성장 표면에서의 핵생성과 성장이 관여한다. 핵생성 과정은 결과적인 막의 결정성과 미세구조를 결정하는데 있어 매우 중요한 역할을 한다. 나노미터 범위에서의 두께를 가지는 박막의 증착에 있어 초기 핵생성 과정은 더더욱 중요하다. 막 형성에서의 핵생성은 불균일 핵생성이고, 이것의 에너지 장벽과 임계 핵 크기는 3장에서 간단히 논의되었다. 그러나 논의는 가장 간단한 경우로 제한되었다. 초기 핵의 크기와 모양은 과포화와 영(Young)의 식에 의해 지배되는 표면과 계면 에너지의 결합된 효과에 의한 부피 깁스 에너지의 변화에 오로지 의존하는 것으로 가정된다. 막 또는 핵과 기판과의 다른 상호작용은 고려되지 않는다. 실제로는 막과 기판 사이의 상호작용은 초기 핵생성과 막 성장을 결정하는데 있어 매우 중요한 역할을 한다. 많은 실험적 관찰이 세 가지 기본적인 핵생성 방식이 있음을 드러내었다.

(1) 섬 또는 볼머–웨버(Volmer–Weber) 성장
(2) 층 또는 프랑크–반데르 머위(Frank–van der Merwe) 성장
(3) 섬–층 또는 스트란스키–크라스토노프(Stranski–Krastonov) 성장

[그림 5.1]은 막 성장에 있어 초기 핵생성의 이 세 가지 기본 방식을 설명한다. 섬 성장은 성장 화학종이 기판과의 결합보다 서로 더 강하게 결합할 때 일어난다. 절연체 기판, 염기 할로겐화물, 흑연, 그리고 운모 기판 위에서 많은 금속 시스템이 초기 막 증착 중에 이 형태의 핵생성을 보여준다. 이어지는 성장은 섬들이 연속적인 막을 성장하기 위하여 합쳐지도록 한다. 층 성장은 섬 성장의 반대이며 성장 화학종이 서로 결합하는 것보다 더 강하게 기판과 결합한다. 두 번째 층의 증착이 일어나기 전에 첫 번째 완전한 단층이 형성된다. 층 성장 방식의 가장 중요한 예는 단결정 막의 에피택시 성장이다. 섬–층 성장은 층 성장과 섬 성장의 중간조합이다. 이러한 성장 방식은 핵이나 막의 형성 중에 발전된 응력이 보통 관여한다.

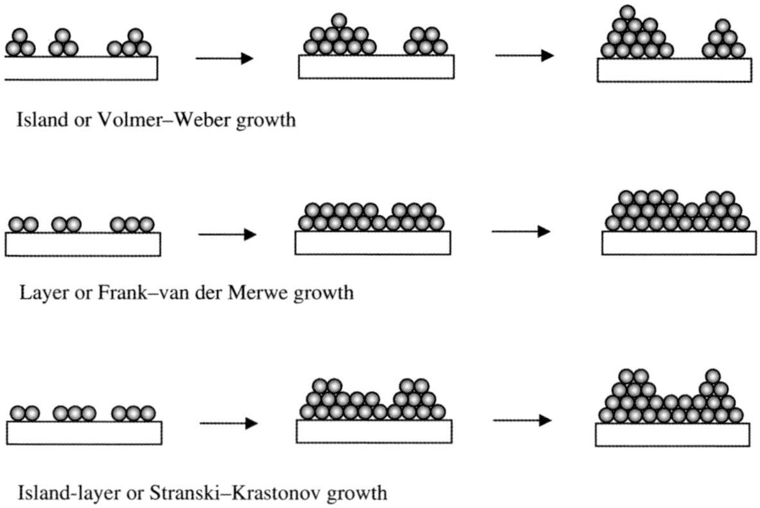

[그림 5.1] 막 성장에 있어 초기 핵생성의 세 가지 기본 방식에 대한 개략적인 설명. 섬 성장은 성장 화학종이 기판과의 결합보다 서로 더 강하게 결합할 때 일어난다.

3장에서 우리는 식 (3.47)과 (3.49)에 주어진 임계 핵 크기, r^*와 해당되는 에너지 장벽, ΔG^*를 유도하였고, 아래에 다시 인용하였다.

$$r^* = \frac{2\pi\gamma_{vf}}{\Delta G_v} \bullet \frac{(\sin^2\theta \bullet \cos\theta + 2\cos\theta - 2)}{(2 - 3\cos\theta + \cos^3\theta)}, \tag{5.1}$$

$$\Delta G^* = \frac{16\pi\gamma_{vf}}{3(\Delta G_v)^2} \bullet \frac{(2 - 3\cos\theta + \cos^3\theta)}{4}, \tag{5.2}$$

섬성장의 경우는 접촉각이 영보다 커야만 한다. 즉, $\theta > 0$. 영(Young)의 식에 따르면 우리는 다음을 얻는다.

$$\gamma_{sv} < \gamma_{fs} + \gamma_{vf}. \tag{5.3}$$

만약 증착물이 기판에 전혀 젖지 않거나 또는 $\theta = 180°$이면, 핵생성은 균일 핵생성이다. 층 성장의 경우는 증착물이 기판을 완전히 젖히고 접촉각은 영과 같다. 해당되는 영(Young)의 식은 다음과 같이 된다.

$$\gamma_{sv} = \gamma_{fs} + \gamma_{vf}. \tag{5.4}$$

가장 중요한 층 성장은 증착하는 막이 기판과 동일한 구조와 화학조성을 가지는 동종 에피택시 또는 증착하는 막이 기판과 가깝게 일치되는 구조를 가지는 이종 에피택시를 통한 단결정 막의 증착이다. 동종 에피택시는 기판의 단순한 연장이므로 사실상 기판과 증착하는 막 사이에 계면이 없고 핵생성 공정이 없다. 비록 증착물이 기판과 다른 화학적 조성을 가지더라도 성장 화학종은 서로 결합하는 것보다 기판과 결합하기를 선호한다. 화학적 조성의 차이 때문에 증착물의 격자상수는 기판의 그것과 아마도 다를 것이다. 이러한 차이는 흔히 증착물 내에 응력을 유발한다. 응력은 섬-층 성장의 흔한 원인 중의 하나이다.

섬-층 성장은 좀 더 복잡하고 본래의 장소에 발전된 응력이 관여한다. 초기에 증착은 층 성장 방식을 따라서 진행될 것이다. 증착물이, 예를 들면 증착물과 기판 사이의 격자 부정합 때문에 탄성적으로 변형될 때 변형 에너지가 발달할 것이다. 증착물의 각 층이 더해짐에 따라 응력이 더 발전되고, 따라서 변형 에너지도 더 발전된다. 이러한 변형 에너지는 소성 완화가 없다고 가정하면 증착물의 부피에 비례한다. 그러므로 부피 깁스 자유 에너지의 변화는 변형 에너지를 포함하여야 하고, 따라서 식 (5.2)는 다음과 같이 수정된다.

$$\Delta G^* = \frac{16\pi\gamma_{vf}}{3(\Delta G_v + \varpi)^2} \cdot \frac{(2 - 3\cos\theta + \cos^3\theta)}{4}, \tag{5.5}$$

여기서 ω는 증착물 내에서 응력에 의하여 생성되는 단위 부피당 변형 에너지이다. ΔG_v의 부호가 음이므로 ω의 부호는 양이고 핵생성에 대한 전체적인 에너지 장벽은 증가한다. 응력이 임계점을 넘어서고 완화될 수 없으면 증착물의 단위 면적당 변형 에너지는 Υ_{vf}에 비하여 크고 핵이 초기 층상의 증착물 위에 형성되는 것을 허용한다. 이 경우 기판의 표면 에너지는 증착물의 표면 에너지와 기판과 증착물 사이의 계면 에너지의 두 조합을 초과한다.

$$\gamma_{sv} > \gamma_{fs} + \gamma_{vf}. \tag{5.6}$$

전체적인 부피 깁스 자유 에너지가 변하는 다른 경우가 있음이 주목되어야 한다. 예를 들면 벽계 계단과 나선 전위가 있는 기판 위에서의 초기 증착 또는 핵생성은 응력 방출을 야기할 것이고, 따라서 전체 깁스 자유 에너지의 증가를 일으킨다. 그 결과 초기 핵생성에 대한 에너지 장벽이 감소되고 핵의 임계 크기는 작아지게 된다. 기판 전하와 불순물은 표면, 정전기, 그리고 비슷한 방법으로 화학 에너지의 변화를 통하여 ΔG^*에 영향을 미칠 것이다.

앞서 언급된 핵생성 모델과 메커니즘은 단결정, 다결정, 비정질 증착물의 형성, 무기, 유기, 그리고 하이브리드 증착물의 형성에 적용될 수 있음이 주목되어야 한다. 증착물이 단결정, 다결정 또는 비정질이냐 하는 것은 성장 조건과 기판에 의존한다. 증착 온도와 성장 화학종의 충돌 속도가 가장 중요한 두 요소이고 아래에 간단히 요약되었다.

(1) 단결정 막의 성장은 가장 어렵고 다음의 조건을 요구한다. ① 가까운 격자 정합을 가지는 단결정 기판, ② 가능한 2차 핵생성을 피하기 위한 깨끗한 기판 표면, ③ 성장 화학종의 충분한 이동도를 보장하기 위한 높은 성장 온도, ④ 표면 확산과 다음의 성장 화학종의 도착 전에 성장 화학종의 결정구조 속으로의 혼합과 구조적 완화를 보장하기 위한 성장 화학종의 낮은 충돌 속도

(2) 비정질 막의 증착은 다음의 경우에 흔히 일어난다. ① 낮은 성장 온도가 적용되어 성장 화학종의 이동도가 불충분할 때, ② 기판위로 성장 화학종의 주입유량이 매우 높아 성장 화학종이 가장 작은 에너지를 가지는 성장 자리를 찾을 충분한 시간을 가지지 못할 때

(3) 다결정 막의 성장을 위한 조건은 단결정 성장과 비정질 막 증착 조건 사이에 놓여있다. 일반적으로 증착 온도는 성장 화학종의 합당한 표면 이동도를 보장하도록 적당하고 성장 화학종의 충돌 유량은 적당히 높다.

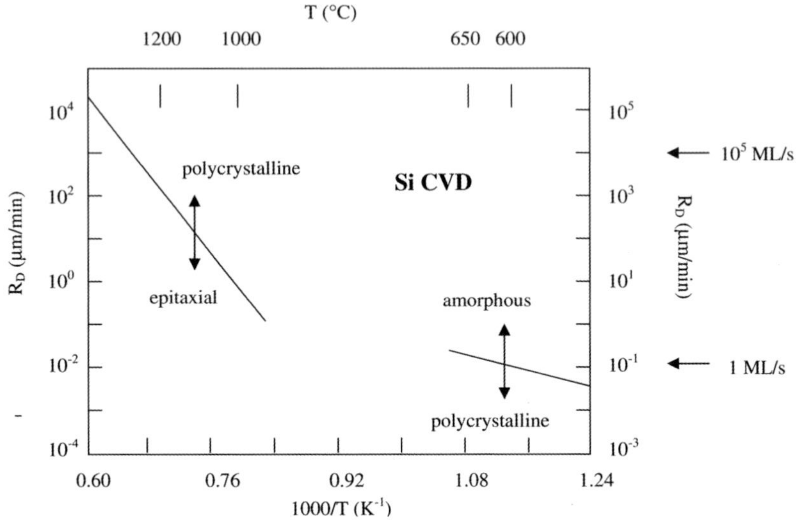

[그림 5.2] 화학기상 증착에 위한 단결정, 다결정, 그리고 비정질 실리콘 막에 대한 성장 조건. [J. Bloem, Proceedings of the Seventh Conference on CVD, ed. T. O. Sedgwick and H. Lydtin, (ECS PV 79-3), p. 41, 1979]

한 예로 [그림 5.2]는 화학기상 증착에 위한 단결정, 다결정 그리고 비정질 실리콘 막에 대한 성장 조건을 보여준다.[4] 위의 논의는 단원자 막에 적용할 수 있다, 그러나 불순물과 첨가물이 존재하는 경우와 복수의 구성 물질 시스템의 경우에는 성장 공정이 복잡하다.

에피택시는 매우 특별한 공정이고, 단결정 기판 또는 씨앗층의 꼭대기 위에 단결정의 성장이나 형성을 말한다. 동종 에피택시는 두 개가 같은 물질인 기판 위에 막을 성장하는 것이다. 동종 에피택시 성장은 흔히 더 좋은 질의 막을 성장하거나 성장된 막 속으로 도판트(dopant)를 도입하기 위하여 쓰인다. 이종 에피택시는 막과 기판이 다른 물질인 경우를 말한다. 동종 에피택시 막과 이종 에피택시 막 사이의 한 가지 명백한 차이는 막과 기판 사이의 격자 정합이다. 동종 에피택시에 의해서는 막과 기판 사이에 격자 부정합이 없다. 반면에 이종 에피택시 성장에서는 막과 기판 사이에 격자 부정합이 있을 것이다. 격자 부정합은 또한 불일치로도 불리며 다음으로 주어진다.

$$f = \frac{a_s - a_f}{a_f}, \tag{5.7}$$

여기서 a_s는 기판의 변형되지 않은 격자상수이고 a_f는 막의 변형되지 않은 격자상수이다. 만약 $f > 0$이면 막은 인장으로 변형되고, 반면에 $f < 0$이면 막은 압축으로 변형된다. 변형에너지 E_s는 변형된 막에서 발전한다.

$$E_s = 2\mu_f \left(\frac{1+\nu}{1-\nu} \right) \varepsilon^2 hA, \tag{5.8}$$

여기서 μ_f는 막의 전단계수이고, ν는 포아송(Poisson)의 비(대부분의 물질에 대하여 $< 1/2$), ε는 면 또는 측면 변형, h는 두께, 그리고 A는 표면 면적이다. 변형 에너지는 두께에 따라 증가함이 주목된다. 변형 에너지는 부정합이 상대적으로 작을 때 막과 기판 모두를 변형시킴으로써 수용될 수 있거나, 부정합이 클 때 전위를 생성함으로써 완화될 수 있다. [그림 5.3]은 격자 정합된 동종 에피택시 막과 기판, 변형된, 그리고 완화된 이종 에피택시 구조를 개략적으로 보여준다. 막의 동종 에피택시와 이종 에피택시 성장은 잘 정립된 기술이 되어 왔고 특히 전자산업에서 넓은 응용을 찾아 왔다.

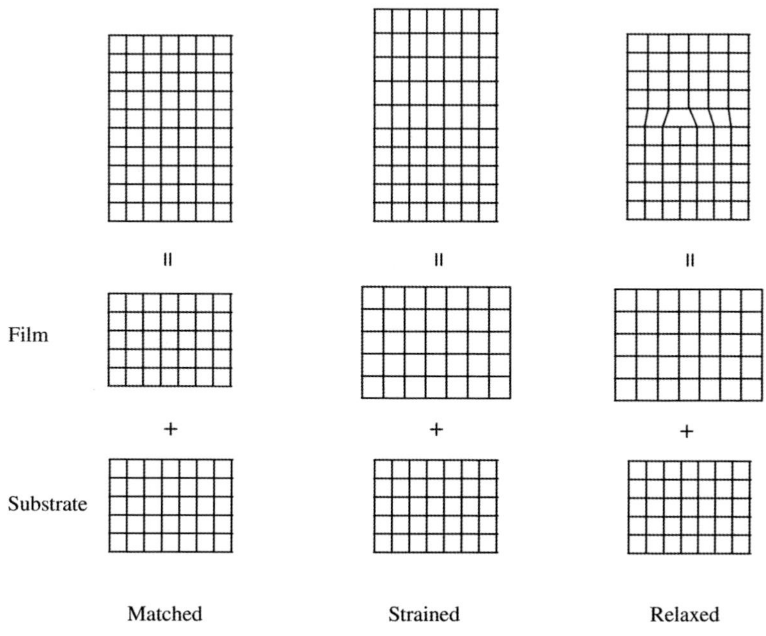

[그림 5.3] 격자 정합된 동종 에피택시 막과 기판, 변형된, 그리고 완화된 이종 에피택시 구조를 보여주는 개략도

5.3 진공 과학

대부분의 막 증착과 공정은 진공에서 수행된다. 이에 더하여 막의 거의 모든 측정은 진공 하에서 수행된다. 비록 진공에 대한 매우 풍부한 문헌이 있으나 관련되는 주제에 대한 간단한 논의가 필요해 보인다. 특별히 우리는 평균 자유행로와 선속 체제, 그리고 그것들의 압력과 온도 의존성과 같은 박막 증착과 측정에 가장 흔히 만나는 개념을 소개할 것이다. 진공의 추가적인 기본 원리와 기술적인 자세한 내용을 더 배우고 싶은 독자에게는 참고문헌을 추천한다.[5-7]

기체 상에서 기체 분자는 항상 움직이고 용기 벽뿐만 아니라 서로 충돌한다. 기체의 압력은 기체 분자로부터 벽으로의 운동량 전달의 결과이고 진공 기술에서 가장 넓게 인용되는 시스템 변수이다. 연속적인 충돌 사이에 분자들에 의해 여행된 평균거리는 평균 자유 행로로 불리고 다음으로 주어지는 압력에 의존하는 기체의 중요한 성질이다.

$$\lambda_{mfp} = \frac{5\times10^{-3}}{P}, \tag{5.9}$$

여기서 λ_{mfp}는 센티미터 단위의 평균자유행로이고 P는 torr 단위의 압력이다. 압력이 10^{-3} torr 아래이면 전형적인 막 증착 시스템과 측정 시스템에서의 기체 분자는 사실상 진공 용기의 벽하고만 충돌한다. 즉 기체 분자 사이의 충돌은 없다.

막 증착에서 기체 충돌 선속은 기체 분자가 표면에 충돌하는 빈도의 척도이고 가장 중요한 매개변수이다. 이는 막 증착을 위해서는 성장 표면에 충돌하는 분자만이 성장 과정에 기여할 수 있을 것이기 때문이다. 단위 시간, 단위 면적당 표면을 때리는 기체 분자의 수는 기체 충돌 선속, Φ로 정의된다.

$$\Phi = \frac{3.513\times10^{22} P}{(MT)^{1/2}}, \tag{5.10}$$

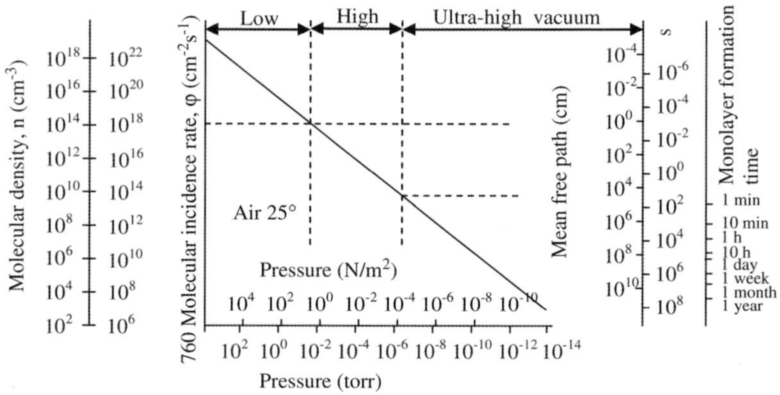

[그림 5.4] 압력의 함수에 따른 분자밀도, 입사 속도, 평균자유행로, 그리고 단분자층 형성 시간의 요약. [A. Roth, Vacuum Technology, North-Holland, Amsterdam, 1976]

여기서 P는 torr 단위의 압력이고 M은 분자중량, T는 온도이다.

[그림 5.4]는 압력의 함수에 따른 분자 밀도, 입사 속도, 평균 자유 행로, 그리고 단층 형성 시간을 요약한다.[5] 다음 절에서 더 논의될 막 증착 공정에서 알게 되겠지만, 증발은 고진공과 초고진공 체제를 요구하나 스퍼터링과 저진공 화학기상 증착은 중간과 고진공 범위 사이의 경계에서 이루어진다. 분석기기 중에서 전자현미경은 고진공에서 동작하고, 표면분석 장비는 가장 엄격한 청결 요구를 가지며 초고진공 조건 아래에서만 동작한다.

기체 흐름은 기체 분자의 쉼 없는 운동 및 충돌과는 다름이 주목되어야 한다. 기체 흐름은 시스템에서 기체의 순방향 이동으로 정의되고 압력 강하가 있을 때 일어난다. 압력, 온도, 기체의 종류, 그리고 관련된 시스템의 구조에 의존하여 기체 흐름은 세 가지 체제로 나뉠 수 있다. 분자 흐름, 중간 흐름, 점성 흐름. 자유 분자 흐름은 낮은 기체밀도 또는 고진공에서 상호 분자 충돌 간 평균 자유 행로가 시스템의 크기보다 커서 분자들이 시스템의 벽하고만 충돌할 때 일어난다. 높은 압력에서는 평균 자유 행로가 감소하여 상호 분자 충돌이 지배적이 되고 기체 흐름은 점성 흐름 체제로 불린다. 자유 분자 흐름과 점성 흐름 사이에서는 천이 체제가 있다. 중간 흐름. 위의 기체흐름은 다음으로 주어지는 크누센(Knudsen) 수, K_n의 크기로 정의된다.

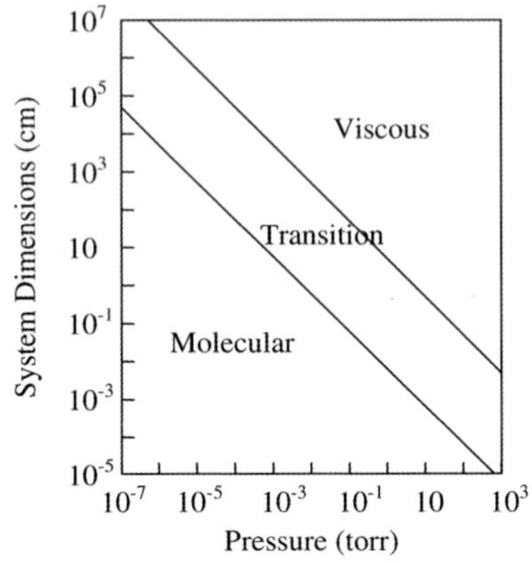

[그림 5.5] 시스템의 크기와 압력의 함수로 튜브 내에서 기체 흐름 체제를 보여주며, 기체 흐름 체제에 해당되는 크누센 수의 범위는 [표 5.1]에 요약된다.

$$K_n = \frac{D}{\lambda_{mfp}}, \tag{5.11}$$

여기서 D는 시스템의 특성 크기, 예를 들면 파이프의 직경이고 λ_{mfp}는 기체 평균 자유 행로이다. [그림 5.5]는 시스템의 크기와 압력의 함수로 튜브 내에서 기체 흐름 체제를 보여주며, 기체 흐름 체제에 해당되는 크누센 수의 범위는 [표 5.1]에 요약된다.

점성 흐름은 꽤 복잡하고 층류, 난류와 천이 흐름으로 더 나뉠 수 있다. 낮은 기체 흐름 속도에서 흐름은 층의 평행한 흐름선이 상상될 수 있으며, 수직의속도가 없는 층류이고 기체 안에서의 혼합은 확산만으로 일어난다. 이 흐름에

[표 5.1] 기체 흐름 체제의 요약

기체 흐름 체제	크누센 수	*D.P*
분자 흐름	$K_n < 1$	$D.P < 5\times10^{-3}$cm. torr
중간 흐름	$1 < K_n < 110$	$5\times10^{-3} < D.P < 5\times10^{-1}$cm. torr
점성 흐름	$K_n > 110$	$D.P > 5\times10^{-1}$cm. torr

서는 속도는 파이프 안에서의 흐름인 경우, 기체–벽 계면에서 영이고 계면에서 벗어나 이동함에 따라 점진적으로 증가하여 중앙에서 최대에 도달한다. 흐름거동은 소위 레이놀즈(Reynolds) 수, R_e에 의해 정의될 수 있으며, 파이프 안에서의 기체흐름인 경우 R_e는 아래와 같이 주어진다.

$$R_e = \frac{D \cdot v \cdot \rho}{\eta}, \tag{5.12}$$

여기서 D는 파이프의 직경이고 v는 속도, ρ는 밀도, 그리고 η는 기체의 점성이다. 층류는 작은 $R_e < 2100$에 해당한다. 높은 기체 속도에서 흐름은 난류이고, 기체는 끊임없이 상호혼합 하에 있으며 $R_e > 4000$이다. $2100 < R_e < 4000$에서는 층류에서 난류로의 천이가 일어나고 천이 흐름으로 불린다. 난류와 천이 흐름에서, 고체 표면 근처에서는 마찰 점성이 표면에서 기체의 감속을 시켜 항상 층류가 존재한다.

또한 액체와 고체에서 일어나는 확산은 기체에서 물질전달 메커니즘들 중의 하나이다. 확산은 높은 농도 지역에서 낮은 농도 지역으로 원자 또는 분자의 운동이고, 따라서 시스템의 엔트로피를 증가시킨다. 또 다른 메커니즘은 덩어리 기체 흐름 과정인 대류이다. 대류는 중력, 원심력, 전기력, 그리고 자력에 대응하여 일어난다. 대류는 고압력 막 증착에서 중요한 역할을 할 수 있다. 예를 들면 뜨거운 기판 위에서 더 뜨겁고 덜 밀집한 기체에서 일어날 수 있으며, 반면에 더 차갑고 더 밀집한 기체는 간극을 대체할 것이다. 이러한 경우는 차가운 벽 CVD 반응기에서 흔히 마주친다.

5.4 물리기상 증착(PVD)

PVD(Physical Vapor Deposition)는 원료 또는 타깃으로부터 성장 화학종을 막을 형성하기 위한 기판으로 이동시켜 증착하는 공정이다. 공정은 원자론적으로 진행되며 대부분 화학 반응이 관여하지 않는다. 원료 또는 타깃으로부터 성장 화학종을 제거하기 위하여 다양한 방법들이 개발되어 왔다. 증착물의 두께는 옹스트롬에서 밀리미터까지 변할 수 있다. 일반적으로 그러한 방법은 두 그룹으로 나뉠 수 있다. 증발과 스퍼터링. 증발에서는 성장 화학종은 열적인 수단으로 원료로부터 제거된다. 스퍼터링에서는 원자 또는 분자가 기체의 이온(플라스마)의 충돌을 통하여 고체 타깃으로부터 억지로 벗어나게 된다. 각 그룹은 원료 또는 타깃 원자 또는 분자를 활성화하기 위해 적용되는 특정한 기술과 적용된 증착 조건에 의존하여 다시 다수의 방법들로 나뉜다.

5.4.1 증발

증발은 거의 틀림없이 가장 단순한 증착방법이고 단일원소 막의 증착에 특히 유용한 것으로 입증되어 왔다. 비록 증발에 의한 박막의 형성이 약 150년 전에 알려졌으나[8] 산업적 규모의 진공기술이 개발되었을 때 50년 이상 넓은 범위의 응용을 얻었다.[9] 많은 훌륭한 책과 소개 논문들이 증발된 막에 대하여 출판되어 왔다.[10] 전형적인 증발 시스템이 [그림 5.6]에 개략적으로 보인다. 시스템은 원하는 물질을 기화하기 위한 증발 원료와 증발 원료를 마주보고 적절한 거리에 위치한 기판으로 구성한다. 원료와 기판은 모두 진공 용기 안에 놓여진다. 기판은 가열되거나 전기적으로 편향되거나 증착 중에 회전될 수 있다. 원료 물질의 원하는 증기압은 단순히 원료를 고온으로 가열하여 생성될 수 있고, 기체 상에서의 성장 화학종의 농도는 원료 온도와 이동 기체의 유량을 변화시켜 쉽게 조절될 수 있다. 원소의 평형 증기압은 다음으로 추정될 수 있다.

$$\ln P_e = \frac{-\Delta H_e}{RT} + C, \tag{5.13}$$

여기서 ΔH_e는 증발의 몰비열이고 R은 기체상수, T는 온도, C는 상수이다. 그러나 고온에서 증발하는 동안에 화합물은 열분해, 분해, 그리고 분리와 같은

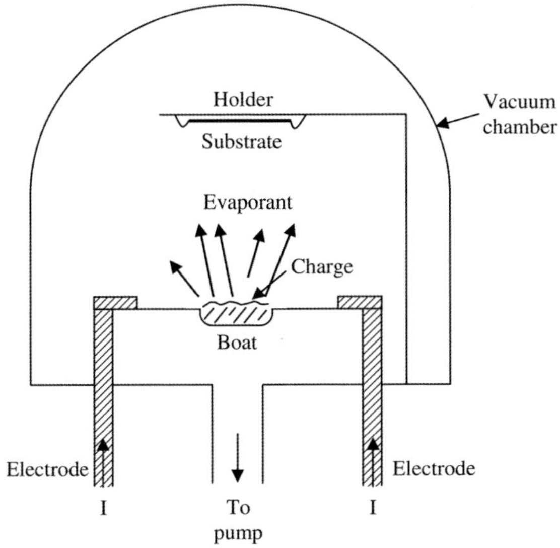

[그림 5.6] 원하는 물질을 기화하기 위한 증발원료와 증발원료를 마주보고 적절한 거리에 위치한 기판으로 구성된 전형적인 증발 시스템. 원료와 기판은 모두 진공 챔버 안에 놓여진다.

화학 반응을 겪음으로써 결과적인 증기 조성이 종종 원료 조성과 다르므로 화물의 증발은 더 복잡하다.

증발 속도는 논의되는 물질에 의존한다.

$$\Phi_e = \alpha_e N_A \frac{(P_e - P_h)}{\sqrt{2\pi mRT}}, \tag{5.14}$$

여기서 Φ_e는 증발 속도이고, α_e는 0에서 1사이에 변하는 증발계수이고, N_A는 아보가드로 상수, P_e는 증기압, P_h는 원료에 가해지는 정수압, m은 분자중량, R은 기체상수, T는 온도이다. 원소의 혼합물이나 화합물이 복잡한 막의 성장을 위한 원료로 사용될 때 기상의 조성은 원료의 조성과 다를 것이다. 원료 구성물의 몰 비율이나 조성을 조정하는 것은 도움이 될 것이다. 그러나 한 원소가 다른 원소보다 훨씬 빠르게 증발하여 첫 번째 원소의 소모를 야기하므로 증발이 진행됨에 따라 원료의 조성은 변할 것이고, 그 결과 기상의 조성은 변할 것이다. 다성분계에서 증발된 막의 조성은 원료의 조성과 다를 것이고 두께에 따라 변한다.

그러므로 증발 방법을 사용하여 복잡한 막을 증착하는 것은 일반적으로 어렵다.

증발에 의한 박막의 증착은 낮은 압력($10^{-3}-10^{-10}$ torr)에서 수행된다. 원료–기판 거리에 비하여 평균 자유 행로가 매우 크므로 기상 속의 원자와 분자는 성장 표면에 도달되기에 앞서 서로 충돌하지 않는다. 원료로부터 성장 기판으로 원자 또는 분자의 전달은 가시선을 따라 직선적이고, 그러므로 등각 덮힘율(conformal coverage)이 상대적으로 나쁘고 넓은 면적에 걸쳐 균일한 막을 얻기가 어렵다. 이러한 단점을 극복하기 위하여 어떤 특별한 배열이 개발되어 왔다; 이러한 것은 (1) 단일점 원료 대신 다중 원료의 사용, (2) 기판 회전, (3) 원료와 기판을 모두 구의 표면에 장착, (4) 위 모든 것의 조합을 포함한다.

저항 열에 의한 원료의 증발에 더하여 다른 기술들이 개발되어 왔는데, 더 큰 관심을 끌었고 더 인기를 얻었다. 예를 들면, 물질을 증발하기 위하여 레이저빔이 사용되었다. 증발될 물질의 흡수 특성은 사용될 레이저 파장을 결정한다. 많은 경우에 요구되는 높은 파워 밀도를 얻기 위하여 펄스형 레이저선이 일반적으로 사용된다. 이러한 증착 공정은 종종 레이저 융제로 불린다. 레이저 융제는 높은 T_c 초전도 막과 같은 복잡한 금속 산화물을 포함하는 복잡한 막의 증착에 효과적인 기술로 입증되었다. 레이제 융제가 제공하는 커다란 장점 중의 하나는 기상 조성의 조절이다. 원리적으로 기상의 조성은 원료의 조성과 동일하게 조절될 수 있다. 레이저 융제의 단점은 복잡한 시스템 디자인, 증발을 위해 원하는 레이저 파장을 찾는 것이 항상 가능하지는 않다는 것, 그리고 낮은 에너지 변환 효율을 포함한다. 전자선 증발은 또 다른 기술이나 원료가 전기적으로 도체인 경우로 제한된다. 전자선 증발의 장점은 높은 파워 밀도 때문에 넓은 범위의 조절된 증발 속도와 낮은 오염을 포함한다. 아크 증발은 전도성 원료를 증발하기 위하여 흔히 사용되는 또 다른 방법이다.

5.4.2 분자선 에피택시(MBE)

MBE(Molecular beam epitaxy)는 전형적으로 $\sim 10^{-10}$ torr의 초고진공에서

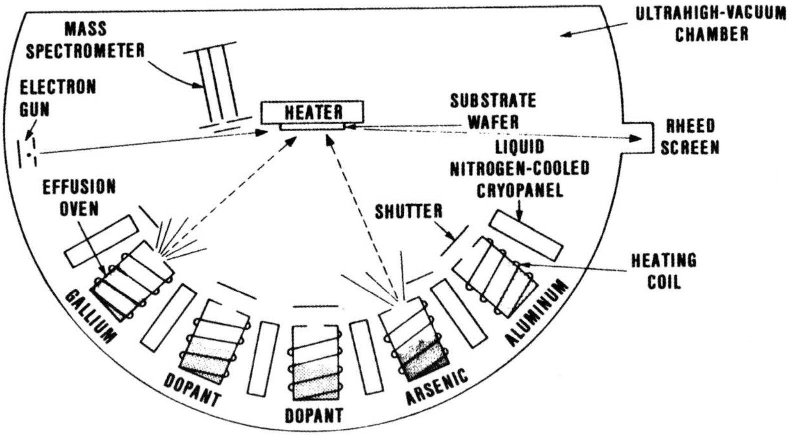

[그림 5.7] 기판에 대하여 방사상으로 정렬된 여러 개의 분출 셀을 보여주는 개략도.

다양한 원료들의 크게 조절된 증발로 단결정 막 성장을 위한 특별한 경우의 증발로 간주될 수 있다.[11-13] 초고진공 시스템 이외에 MBE는 대부분 반사 고에너지 전자 회절(RHEED), X－선 광전자 분광기(XPS), 오제 전자 분광기(AES)를 포함하는 실시간 구조 및 화학 분석 능력을 가진다. 다른 분석 기기가 성장 용기에, 또는 성장 막이 성장 용기에서 대기에 노출되지 않고 이송될 수 있는 별도의 분석 용기에 장착되기도 한다. 초고진공과 다양한 구조 및 화학 분석 기구는 둘 다 전형적인 MBE 반응기가 쉽게 백만 달러를 초과할 수 있는 사실의 원인이다.

MBE에서는 하나 또는 여러 개의 원료로부터 증발된 원자 또는 분자는 그렇게 낮은 압력의 기상 안에서 서로 반응하지 않는다. 비록 어떤 기체 원료들이 MBE에서 사용되지만, 대부분의 분자선은 분출 셀 또는 크누센 셀로 불리는 원료 셀 안에 놓인 고체 물질을 가열하여 생성된다. [그림 5.7]에 보인 바와 같이 여러 개의 분출 셀이 기판에 대하여 방사상으로 정렬된다. 원료 물질은 가장 흔하게 저항 열에 의하여 원하는 온도로 올라간다. 원자 또는 분자의 평균 자유 행로(～100 m)는 증착 용기 내의 원료와 기판 사이의 거리(흔히 ～30 cm)를 크게 넘는다. 단결정 기판에 부딪히는 원자 또는 분자는 원하는 에피택시 막의 형성을 야기한다. 극도로 깨끗한 환경, 느린 성장 속도, 그리고 개별 원료 증발의 독립적인 조절은 단원자층에서 나노구조와 나노 물질의 정교한 제작을 가능하게 한다. 초고진공 환경은 불순물 또는 오염의 부재를 보장하고, 따라서 고순도 막이 쉽게 얻어질 수 있다. 개별적으로 조절된 원료의 증발은 주어진 시간에서 증착물의 화학적 조성의 정교한 조절을 가능케 한다. 느린 성장 속도는 충분한 표면 확산과 완화를 보장하여 결정 결함의 생성이 최소로 유지된다.

MBE의 주된 속성은 다음을 포함한다.

(1) 확산을 제한하고 과도하게 가파른 계면을 유지하는 낮은 성장 온도(예를 들면, GaAs의 경우 550℃). 이것은 2차원 나노구조 또는 양자우물과 같은 다층구조를 제작하는데 있어 매우 중요하다.
(2) 1 μm/h의 전형적인 성장 속도에서 잘 조절된 2차원 성장을 보장하는 느린 성장 속도. 단원자층 수준에서 성장을 조절함으로써 매우 매끄러운 표면과 계면이 얻어질 수 있다.
(3) 원료의 개별적으로 조절된 증발 능력 때문에 다른 막 성장기술에 비하여 간단한 성장 메커니즘은 더 나은 이해를 보장한다.
(4) 실제 상황 분석 능력의 다양성은 공정의 이해와 개선에 대한 매우 유용한 정보를 제공한다.

5.4.3 스퍼터링

스퍼터링은 하나의 전극으로 작용하는 타깃으로부터 원자 또는 분자를 떼어내어 또 다른 전극으로 작용하는 기판 위에 그것들을 증착하기 위하여 에너지를 가지는 이온을 사용하는 것이다. 비록 다양한 스퍼터링 기술이 개발되어 왔지만 스퍼터링 공정의 원리는 거의 동일하다. [그림 5.8]은 DC와 RF 스퍼터링 시스템의 원리를 개략적으로 보여준다.[1] 공정을 설명하기 위한 예로 DC 방전을 택하자. 타깃과 기판은 전극으로 쓰이고 전형적인 스퍼터링 용기에서 서로 마주본다. 전형적으로 보통 수에서 100 mtorr 범위의 압력의 아르곤인 불활성 기체가 방전을 일으키고 유지하기 위한 매개체로 시스템에 도입된다. 센티미터당

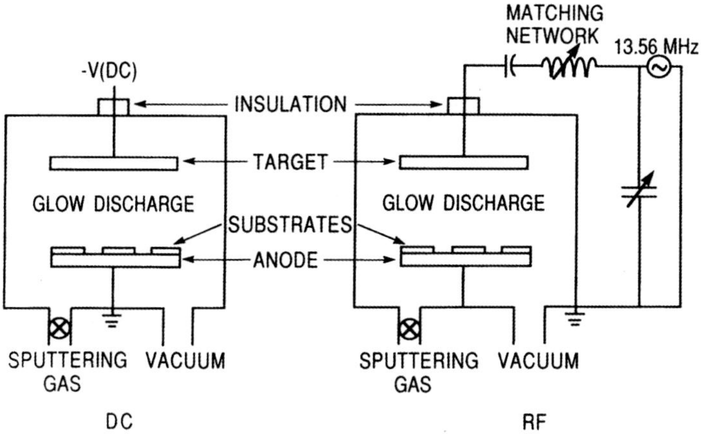

[그림 5.8] dc와 RF 스퍼터링 시스템의 원리를 보여주는 개략도

수 킬로볼트의 전기장이 도입되거나 DC 전압이 전극에 가해지면 글로우 방전이 시작되고 전극 사이에서 유지된다. 자유 전자는 전기장에 의하여 가속될 것이고 아르곤 원자를 이온화하기에 충분한 에너지를 얻는다. 기체 밀도 또는 압력은 너무 낮지 말아야 하고 그렇지 않으면 전자는 아르곤 원자를 가지는 기체상의 충돌 없이 단순히 전극을 때릴 것이다. 그러나 기체 밀도 또는 압력이 너무 높으면 전자는 이온화하기 위하여 기체 원자를 때릴 때 충분한 에너지를 얻지 못할 것이다. 방전 안에서 음극(원료 표적)을 때리는 양이온 Ar^+는 운동량 전달을 통하여 중성 표적 원자의 방출을 야기한다. 이러한 원자들은 방전을 통하여 지나가고 반대 전극(성장하는 막을 가지는 기판)위에 증착한다. 성장 화학종, 즉 중성 원자에 더하여 전기장 하에서 음으로 하전된 다른 종도 기판 또는 성장된 막의 표면과 충돌하고 반응할 것이다.

절연 막의 증착을 위해서는 교차하는 전기장이 두 전극 사이에 플라스마를 생성하기 위하여 가해진다. 사용되는 전형적인 RF 주파수는 5에서 30MHz까지의 범위이다. 그러나 13.56MHz가 미국의 연방통신위원회에 의하여 플라스마 공정을 위하여 지정되어 넓게 사용된다. RF 스퍼터링의 핵심 요소는 타깃이 음 전위로 자기편향되어 DC 표적처럼 작용하는 것이다. 이러한 음 표적 자기

편향은 전자가 이온보다 훨씬 더 이동하기 쉽고 전기장의 주기적인 변화를 따르는데 어려움이 없다는 사실의 결과이다. 성장 막 또는 기판의 동시 스퍼터링을 막기 위하여 스퍼터링 타깃은 절연체이어야 하고 RF 발전기와 축전기적으로 결합되어야 한다. 이 축전지는 낮은 RF 임피던스를 가질 것이고 전극에 DC 바이어스의 생성을 허락할 것이다.

박막 공정 기술과 시스템에서 만나는 플라스마의 형태는 전형적으로 대기압보다 훨씬 낮은 압력에서 기체를 부분적으로 이온화하여 형성된다는 점이 주목되어야 한다. 대부분의 경우 이 플라스마는 10^{-5}에서 10^{-1}의 분율로 매우 약하게 이온화된다. 비록 위의 논의가 스퍼터링에 의한 박막의 증착에 집중되지만 플라스마 또는 글로우 방전은 플라스마 식각과 같은 다른 막 공정에 넓게 쓰인다.[14] 예로는 플라스마 화학기상 증착(PECVD), 이온 도금과 반응 이온 식각(RIE)이다. 플라스마 기반 막 공정은 플라스마 공정이 열적이지 않고 평형 열역학으로 기술될 수 없으므로 증발과 같은 다른 막 증착기술과 다르다.

혼합 원소 또는 화합 물질 스퍼터링은 타깃에서 조성의 변화를 야기하지 않을 것이고, 따라서 기상 조성이 타깃 조성과 같을 것이고 증착 중에 동일하게 남는다. 스퍼터링의 속도는 증착 공정을 개선하거나 강화하기 위한 많은 변형에 의해 주어지며 하이브리드와 변형 PVD 공정을 야기한다. 예를 들면, 성장 화학종이 기상에서 잔류하는 시간을 늘리기 위해 스퍼터링 공정에 자기장이 도입되어 왔다. 이러한 스퍼터링을 마그네트론 스퍼터링이라 부른다. 화합물 막을 형성하기 위해 증착 용기에 반응 기체가 또한 도입되어 왔으며 반응성 스퍼터링으로 알려진다.

5.4.4 증발과 스퍼터링의 비교

증발과 스퍼터링의 주요 차이는 아래에 간단히 요약된다.

(1) 증착 압력이 현저하게 다르다. 증발은 통상 10^{-3}에서 10^{-10} torr 범위의 낮은 압력을 사용하나, 스퍼터링은 통상 ~100 torr의 상대적으로 높은 압력

을 요구한다. 증발 용기 내의 원자 또는 분자는 서로 충돌하지 않으나, 스퍼터링에서 원자 또는 분자는 성장 표면에 도달하기에 앞서 서로 충돌한다.

(2) 증발은 열역학적 평형으로 기술할 수 있는 공정이지만 스퍼터링은 아니다.

(3) 증발에서 성장 표면은 활성화되지 않으나 스퍼터링에서 성장 표면은 항상 전자 충돌 하에 있고, 따라서 크게 에너지적이다.

(4) 증발된 막은 커다란 입자를 구성하나, 스퍼터링 막은 기판에 더 좋은 부착력을 가지는 더 작은 입자를 구성한다.

(5) 다중 성분 시스템의 제작은 증발에서는 심각한 도전이나 스퍼터링에서는 타깃과 막의 조성이 동일할 수 있다.

5.5 화학기상 증착(CVD)

CVD는 적절하게 놓인 기판에 원자적으로 증착하는 비휘발성 고체를 생산하기 위해 증착될 물질의 휘발성 화합물과 다른 기체의 화학적 반응 공정이다.[1] CVD 공정은 주로 고체-상태 미세전자와의 밀접한 관련 때문에 광범위하게 연구되어 왔고 매우 잘 기록되어 왔다.[15-17]

5.5.1 전형적인 화학 반응

화학은 매우 풍부하고 CVD의 다양성 때문에 다양한 형태의 화학 반응이 관여된다. 기상(균일) 반응과 표면(불균일) 반응은 복잡하게 섞인다. 기상 반응은 온도와 반응물의 분압이 증가함에 따라 점차 중요하게 된다. 반응물의 극단적인 높은 농도는 기상 반응이 우세하게 만들 것이고 균일 핵생성으로 이끈다. 양질 막의 증착을 위해서 균일 핵생성은 절대로 피해야만 한다. 화학 반응의 넓은 다양성은 사용된 전구체와 적용된 증착 조건에 의존하여 열분해, 환원, 산화, 화합물 형성, 불균형과 가역 전달로 묶여질 수 있다. 위 화학 반응의 예는 아래에 주어진다.

(A) 열분해

$$SiH_4(g) = Si(s) + 2H_2(g) \quad \text{at } 650°C, \tag{5.15}$$

$$Ni(CO)_4(g) = Ni(s) + 4CO(g) \quad \text{at } 180°C. \tag{5.16}$$

(B) 환원

$$SiCl_4(g) + 2H_2(g) = Si(s) + 4HCl(g) \quad \text{at } 1200°C, \tag{5.17}$$

$$WF_6(g) + 3H_2(g) = W(s) + 6HF(g) \quad \text{at } 300°C. \tag{5.18}$$

(C) 산화

$$SiH_4(g) + O_2(g) = SiO_2(s) + 2H_2(g) \quad \text{at } 450°C, \tag{5.19}$$

$$4PH_3(g) + 5O_2(g) = 2P_2O_5(s) + 6H_2(g) \quad \text{at } 450°C. \tag{5.20}$$

(D) 화합물 형성

$$SiCl_4(g) + CH_4(g) = SiC(s) + 4HCl(g) \quad \text{at } 1400°C, \tag{5.21}$$

$$TiCl_4(g) + CH_4(g) = TiC(s) + 4HCl(g) \quad \text{at } 1000°C. \tag{5.22}$$

(E) 불균형

$$2GeI_2(g) = Ge(s) + GeI_4(g) \quad \text{at } 300°C. \tag{5.23}$$

(F) 가역 전달

$$\begin{aligned} &As_4(g) + As_2(g) + 6GaCl(g) + 3H_2(g) \\ &\quad = 6GaAs(s) + 6HCl(g) \quad \text{at } 750°C. \end{aligned} \tag{5.24}$$

CVD 공정의 다양한 화학적 특성은 주어진 막의 증착을 위해 많은 다른 반응물 또는 전구체가 사용될 수 있고 다른 화학 반응이 적용될 수 있다는 사실로 또한 입증된다. 예를 들면, 실리카 막이 다음의 다양한 반응물을 사용하는 어느 화학 반응을 통해서도 얻어질 수 있다.[18-21]

$$SiH_4(g) + O_2(g) = SiO_2(s) + 2H_2(g), \tag{5.25}$$

$$SiH_4(g) + 2N_2O(g) = SiO_2(s) + 2H_2(g) + 2N_2(g), \tag{5.26}$$

$$SiH_2Cl_2(g) + 2N_2O(g) = SiO_2(s) + 2HCl(g) + 2N_2(g). \tag{5.27}$$

$$Si_2Cl_6(g) + 2N_2O(g) = SiO_2(s) + 3Cl_2(g) + 2N_2(g), \tag{5.28}$$

$$Si(OC_2H_5)_4(g) = SiO_2(s) + 4C_2H_4(g) + 2H_2O(g). \tag{5.29}$$

동일한 전구체와 반응물로 반응물의 비와 증착 조건이 변하면 다른 막이 증착될 수 있다. 예를 들면 실리카와 실리콘 질화물 막이 둘 다 Si_2Cl_6와 N_2O의 혼합물로부터 증착될 수 있으며 [그림 5.9]는 반응물의 비와 증착 조건의 함수로 실리카와 실리콘 질화물의 증착 속도를 보여준다.[20]

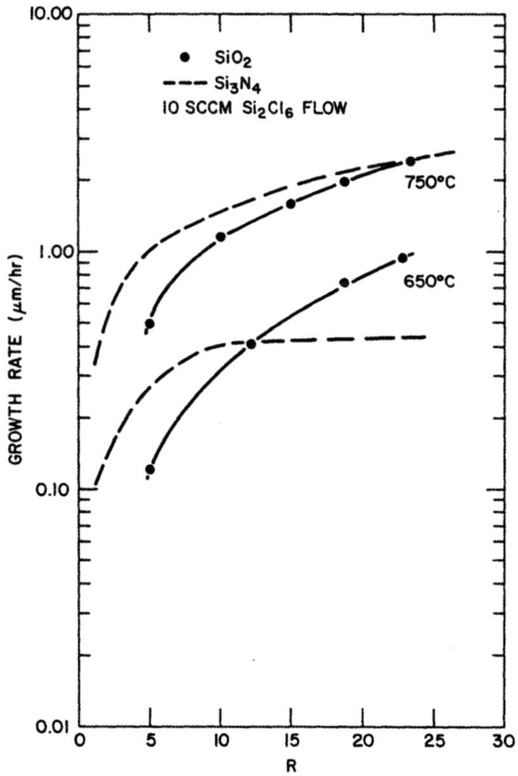

[그림 5.9] 반응물의 비와 증착 조건의 함수로 실리카와 실리콘 질화물의 증착 속도. [R. C. Taylor and B. A. Scott, J. Electrochem. Soc. 136, 2382 (1989).]

5.5.2 반응 동역학

비록 CVD가 화학적 동역학과 전달 현상에 의해 조절되는 비평형 공정이지만 CVD 공정을 이해하는데 있어 평형 해석이 계속 유용하다. 화학 반응과 상평형은 특별한 공정의 실행가능성과 도달할 수 있는 최종 상태를 결정한다. 주어진 시스템에서 다단계 복잡한 반응이 종종 관여된다. 기본적인 반응 경로와 동역학은 오직 몇 개의 잘 특징지어진 산업적으로 중요한 시스템에 대해서만 조사되었다. 우리는 그러한 표면상 간단한 시스템과 증착 공정에 관련된 반응 경로와 동역학의 복잡성을 보여주는 예로써 수소에 의한 클로로시래인의 환원을 택할 것이다. 이 Si−Cl−H 시스템에서 적어도 8개의 기체종이 존재한다. $SiCl_4$, $SiCl_3H$, $SiCl_2H_2$, $SiClH_3$, SiH_4, $SiCl_2$, HCl, H_2. 이 8개 기체종은 6개의 화학 평형의 식에 의해 지배되는 증착 조건 아래에서 평형상태에 있다. 가능한 열역학 데이터를 사용하여 몰 비율 Cl/H=0.01이고 총압력이 1atm에 대하여 반응기 온도의 함수로 기체 상의 조성이 계산되었고 [그림 5.10]에 제시되었다.[22]

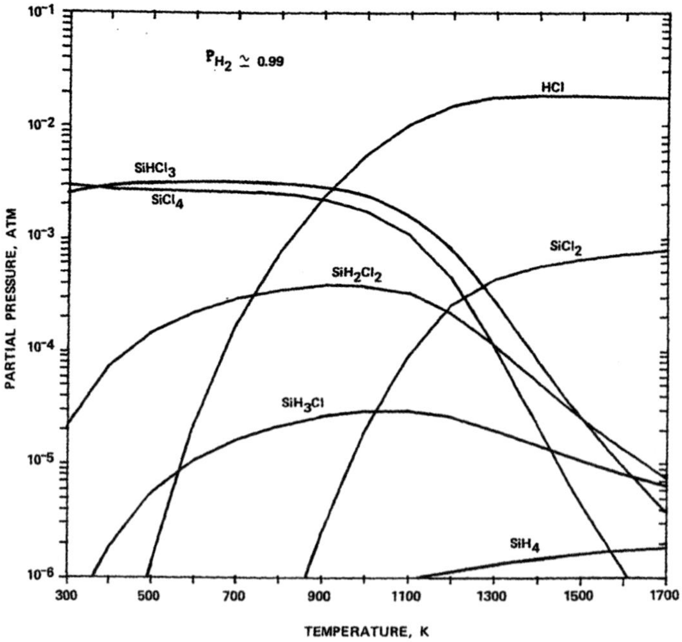

[그림 5.10] 가능한 열역학 데이터를 사용하여 계산된 몰 비율 Cl/H = 0.01이고 총압력이 1 atm에 대하여 반응기 온도의 함수로 기체 상의 조성 [E. Sirtl, L. P. Hunt, and D. H. Sawyer, J. Electrochem. Soc. 121, 2382 (1974).]

5.5.3 물질 이동 현상

물질 이동 현상은 기판으로의 막 전구체의 접근을 지배하고 증착에 앞서 일어나는 원하고 원하지 않는 기체 상의 반응의 정도에 영향을 줌으로써 CVD에서 결정적인 역할을 한다. 복잡한 반응기 구조와 CVD 용기의 큰 열적 구배 특성은 막 두께, 조성 균일도, 그리고 불순물 정도에 영향을 주는 다양한 흐름 구조를 일으킨다.[15]

기상의 평균 자유 행로가 반응기의 특성 길이보다 열 배 큰 저압에서 동작하는 CVD 반응기의 경우 기체 분자 사이의 충돌이 없고, 따라서 기체의 이동은 자유 분자 흐름 체제이다. 대부분의 CVD 시스템의 경우, 특성 압력은 0.01atm 또는 이상이고 평균 자유 행로는 특성 시스템 규모보다 훨씬 크다. 이에 더하여 대부분의 CVD 반응기에서 기체 속도는 통상 수십 cm/s로 낮아 레이놀즈(Reynolds) 수는 100 미만이며 흐름은 선형적이다. 그 결과 성장 표면 근처의 정체된 경계층의 두께 δ가 증착 중에 발달된다. 이 경계층에서 성장종의 조성은 벌크 농도 P_i로부터 성장하는 막 위의 표면 농도 P_{io}로 감소하고, 3장에서 논의된 바와 같이, 성장종은 증착에 앞서 경계층을 통하여 성장 표면 위로 확산한다. 전형적인 CVD 시스템에서 기체 조성이 꽤 묽으므로 이상 기체 법칙이 적용되면 경계층을 통한 기체 또는 성장종의 확산 유속은 다음으로 주어진다.

$$J_i = \frac{D(P_i - P_{io})}{\delta RT} \tag{5.30}$$

여기서 D는 확산계수이고 압력과 온도에 의존한다.

$$D = D_0 \frac{P_0}{P}\left(\frac{T}{T_0}\right)^n \tag{5.31}$$

여기서 n은 대략 1.8이 되는 것으로 실험적으로 밝혀졌다. 분량 D_0는 표준 온도 T_0(273 K)와 표준 압력 P_0(1 atm)에서 측정된 D의 값이고 관심 있는 기체

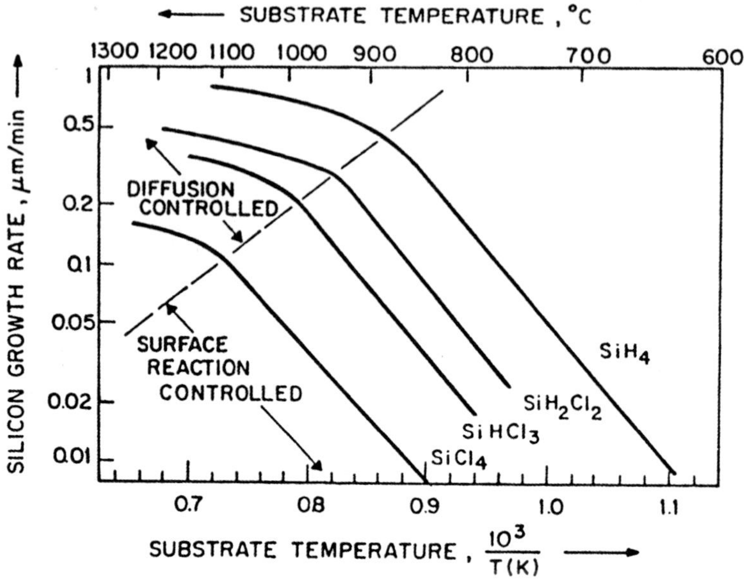

[그림 5.11] 온도의 함수로 네 가지 다른 전구체 기체로부터의 실리콘의 증착 속도 [W. Kern, in Microelectronic Materials and Processed, ed. R. A. Levy, Kluwer, Boston, MA, p. 203, 1989.]

조합에 의존한다. [그림 5.11]은 온도의 함수로 네 가지 다른 전구체 기체로부터의 실리콘의 증착 속도를 보여준다.[23] 이 그림은 또한 실리콘 막의 증착이 높은 기판 온도에서는 확산 제어 과정이 되나 비교적 낮은 기판 온도에서는 표면 반응 제어 과정이 됨을 보여준다.

성장 속도가 높고 반응기 용기 내 압력이 높을 때 경계층을 통한 성장 종의 확산은 율속 과정이 될 수 있다. 식 (5.31)이 나타내는 바와 같이 기체 확산계수는 압력에 역으로 변하고, 따라서 경계층을 통한 기체의 확산 선속은 반응기 내의 압력을 감소시킴으로서 간단히 증가할 수 있다. 대면적 막의 증착의 경우에는 성장 표면 위에서의 성장 종 또는 반응물의 고갈은 막의 불균일 증착을 야기한다. 증착된 막에서의 이러한 불균일성을 극복하기 위해서 경계층을 통한 기체-덩어리 물질 이동을 개선하여 다양한 반응기 디자인이 개발되어 왔다. 예로는 낮은 압력 사용과 반응기 용기와 기판 받침대의 새로운 디자인이 포함된다.

5.5.4. CVD 방법

사용된 전구체의 형태, 적용된 증착 조건, 그리고 기판 위에 고체 막의 증착을 위하여 요구되는 화학 반응을 활성화하기 위해 시스템에 도입되는 에너지의 형태에 의존하여 다양한 CVD 방법과 CVD 반응기가 개발되어 왔다. 예를 들면, 금속 유기 화합물이 전구체로 쓰이면 공정은 일반적으로 MOCVD(금속 유기 CVD)로 불리고, 플라스마가 화학 반응을 촉진하기 위하여 사용되면 이것은 플라스마 CVD 또는 PECVD이다. LPCVD(저압 CVD), 레이저 CVD, 그리고 에어로졸 CVD 또는 AACVD와 같은 많은 다른 개조된 CVD 방법이 있다.

CVD 반응기는 일반적으로 뜨거운 벽과 차가운 벽 CVD로 나뉜다. [그림 5.12]는 CVD 반응기의 몇 가지 공통 구성을 묘사한다. 뜨거운 벽 CVD 반응기는 보통 원통형이고 저항체로 반응기를 둘러쌈으로서 가열이 이루어진다.[24] 전형적인 차가운 벽 CVD 반응기에서는 기판은 그라파이트 기판 받침대를 직접 유도 가열 되고 챔버 벽은 공기 냉각 또는 물 냉각 된다.[25] LPCVD는 통상적으로 0.5에서 1 torr의 낮은 기체 압력이 쓰이는데 있어서 전통적인 CVD와 다르다; 낮은 압력은 층류 기체 흐름과 기판 사이에서 경계층을 통하여 기체의 반응물과 생산물의 물질 흐름을 증가시킨다. PECVD 공정에서는 플라스마는 CVD 반응이 동시에 일어나는 용기 안에서 지속된다. 전형적으로 플라스마가 50 mtorr와 5 torr 사이의 기체 압력에서 100kHz에서 40MHz 범위의 주파수를 가지는 RF 장이나 통상 2.45GHz의 주파수를 가지는 마이크로파에 의하여 여기된다. 종종 마이크로파 에너지가 정전 자기장의 존재 하에 플라스마 전자의 자연 공명 주파수와 결합하고 그러한 플라스마는 전자 사이클로트론 공명(ECR) 플라스마로 불린다.[26] 플라스마의 도입은 많이 증가된 증착 속도를 야기하여 비교적 낮은 기판 온도에서 막의 성장을 허락한다. [그림 5.13]은 플라스마 증강의 있고 없음에 따라 증착된 다결정 실리콘 막의 성장 속도를 비교한다.[27] 유기 금속 기상 에피택시(OMVPE)로도 알려진 MOCVD는 전구체 기체의 화학적 특

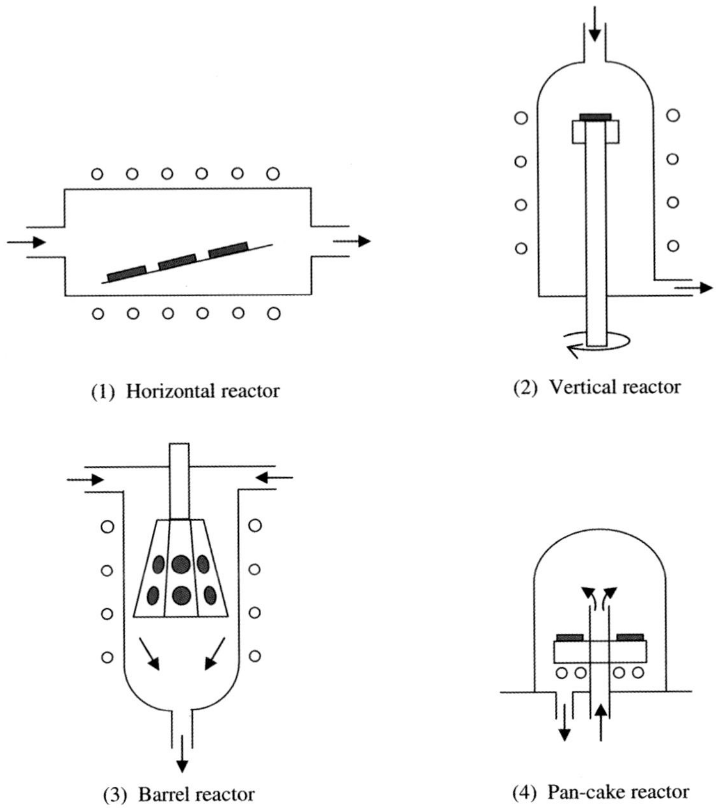

[그림 5.12] CVD 반응기의 몇 가지 공통 구성

성에 의하여 다른 CVD 공정과 다른데, 금속 유기 화합물이 사용된다.[28,29] 레이저가 화학 반응 또는 증착을 증강하거나 지원하기 위해 사용되어 왔으며 열분해와 광분해 공정[30,31] 두 가지 메커니즘이 관련된다. 열분해 공정에서는 레이저는 기체를 그 위에서 분해하기 위해 기판을 가열하고, 거기서 화학 반응의 속도를 증가시키나 광분해 공정에서는 레이저 광자가 기체 상에서 전구체 분자를 직접 분해하기 위하여 쓰인다. 에어로졸 CVD는 기체의 전구체가 가능하지 않고 액체 및 고체 전구체의 증기압이 너무 낮은 시스템을 위해 개발되었다.[32-34] 이 공정에서 액체 전구체는 액체 방울을 형성하기 위하여 분무되고 이동 기체 안에 퍼져 증착 용기로 배달된다. 증착 용기 안에서 전구체 방울은 분해하고, 반응하고 기판 위에 막을 성장한다.

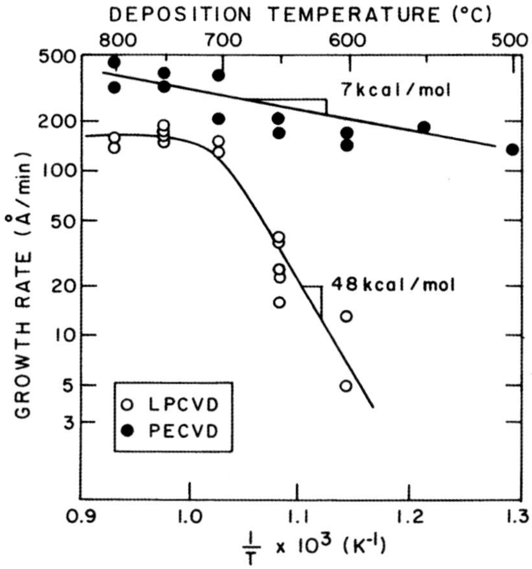

[그림 5.13] 플라스마 증강의 있고, 없음에 따라 증착된 다결정 실리콘 막의 성장 속도. [J. J. Haijar, R. Rief, and D. Adler, J. Electronic Mater. 15, 279 (1986).]

평면의 기판 위에 박막의 성장에 더하여 높은 다공성의 기판 위에 또는 다공성 매질 안에 고체 상을 증착하기 위하여 CVD 방법은 개조되고 개발되어 왔다. 두 가지 가장 눈에 띄는 증착 방법은 전기화학 증기 증착(EVD)과 화학 증기 침투(CVI) 이다. EVD는 기공성 기판 위에 기체 밀폐형 치밀한 고체 전해 막을 만들기 위하여 탐구되어 왔고,[35,36] 가장 많이 연구된 시스템은 고체 산화물 연료 전지 응용과 치밀한 막을 위한 다공성 알루미나 기판 위에 이트리아 안정 지르코니아 막이다.[35-38] 고체 산화물 전해 막 성장을 위한 EVD 공정에서는 다공성 기판이 금속 전구체와 산소 소스를 분리한다. 전형적으로 클로라이드가 금속 전구체로 쓰이나 물 증기, 산소 또는 공기, 또는 이들의 혼합물이 산소의 소스로 사용된다. 초기에 두 반응물은 기판 기공 안에서 상호확산하고 해당되는 고체 산화물을 증착하기 위하여 만나는 경우에만 서로 반응한다. 증착 조건이 적절하게 조절될 때 고체 증착은 금속 전구체를 마주하는 측면에서 기공의 입구에 위치될 수 있고 기공을 막는다. 고체 증착물의 위치는 기공 속의 반응물의 확산 속도와 증착 용기 내의 반응물의 농도에 주로 의존한다. 전형적인 증착 조건 하에서 기공 속에서의 반응물 분자 확산은 확산 속도가 분자량의 제곱근에 역으로 비례하는 크누센 확산 지역 안에 있다. 산소 전구체는 금속 전구체보다 훨씬 빠르게 확산하고, 그 결과 증착은 보통 금속 전구체 용기를 마주보는 기공의 입구 근처에 일어난다. 만약 증착 고체가 절연체이면, 기공이 증착에 의해 막힐 때 두 반응물 사이에 더 이상의 직접적인 반응이 일어나지 않으므로 CVD 공정에 의한 증착은 멈춘다. 그러나 고체 전해질의 경우에는, 특히 이온성-전자성 혼합 도체인 경우, 증착은 EVD의 방법에 의하여 더 진행되고 막은 금속 전구체 증기에 노출된 표면 위에 성장할 것이다. 이 공정에서 산소 또는 물은 산소/막 계면에서 환원되고 산소 공공이 반대 방향으로 확산함에 따라 산소 이온은 막에서 이동하고 연속적으로 금속 산화물을 형성하기 위하여 막/금속 전구체 계면에서 금속 전구체와 반응한다.

CVI는 기공성 매질 위에 고체 생산물의 증착이 관여하고 CVI의 제1의 초점은 탄소-탄소 복합체를 만들기 위한 기공성 흑연과 섬유 매트 내 구멍의 충진에 있다.[39,40] 다양한 CVI 기술이 증착 시간을 줄이고 균일한 증착을 이루는 주요 목표를 가지고 침투 다공성 기판을 위해 개발되었다.

(a) 등온 및 등압 침투
(b) 열적 구배 침투[39]
(c) 압력 구배 침투[39]
(d) 강제 흐름 침투[41]
(e) 펄스 침투[42]
(f) 플라스마 강화 침투[41]

다양한 탄화수소가 CVI를 위한 전구체로 사용되어 왔으며 전형적인 증착 온도는 850에서 1,100℃ 범위이고, 증착 시간은 10에서 70시간 범위로 다른 증착 방법에 비하여 꽤 길다. 긴 증착 시간은 상대적으로 낮은 화학 반응도와 다공성 매질로의 기체 확산 때문이다. 더욱이 기체 확산은 다공성 기판 안에 고체가 더 증착됨에 따라 점진적으로 더 작아질 것이다. 기체 확산을 증가시키기 위하여 다양한 기술이 도입되어 왔으며 강제 흐름, 열 구배 및 압력 구배 등이 포함된다. 플라스마가 반응도를 증가시키기 위하여 사용되어 왔다. 그러나 표면 근처에서의 우선적 증착은 불균일한 충진을 야기한다. 완전한 충진은 어려우며 작은 기공 안에서 기체 확산은 매우 느려지므로 매우 긴 시간이 걸린다.

5.5.5 CVD법에 의한 다이아몬드 박막 성장

다이아몬드는 상온에서 열역학적으로 준안정 상이므로 합성 다이아몬드는 Ni, Fe, 그리고 Co와 같은 천이 금속 촉매의 도움으로 고압, 고온에서 만들어진다.[44,45] 낮은 압력 (1 atm 또는 미만)과 낮은 온도(~800℃) 하에서 다이아몬드 막의 성장은 열역학적으로 평형 공정이 아니며 다른 CVD 공정과 다르다. 낮은 압력에서 기체 상으로부터의 다이아몬드 생성은 1960년대 후반에 처음 보고되었다.[46,47] 다이아몬드 막의 전형적인 CVD 공정은 [그림 5.14]에 개략적으로 보였고,[48] 다음과 같이 기술될 수 있다. 탄화수소가 없는 라디칼 및 원자 수소를 형성하는 탄화수소와 수소 분자의 분해를 일으키기 위하여 활성화 에너지가 혼합물에 도입되는 증착 용기의 활성 구역에 탄화수소(전형적으로 메탄)와 수소의 기체 혼합물이 공급된다. 많은 다른 활성화 체제가 다이아몬드 막을 증착하는데 효과적인 것으로 밝혀졌고 이러한 것으로 뜨거운 필라멘트, RF와 마이크로파 플라스마, 그리고 화염이 포함된다. 성장 표면에 도달하면 일반적인 표면 반응이 일어날 것이다.[48]

$$C_DH + H^\bullet \rightarrow C_D^\bullet + H_2, \tag{5.32}$$

$$C_D^\bullet + {}^\bullet CH_3 \rightarrow C_D\text{-}CH_3, \tag{5.33}$$

$$C_D^\bullet + C_xH_y \rightarrow C_D\text{-}C_xH_y. \tag{5.34}$$

반응 (5.32)는 다이아몬드 표면 위에서 탄소 원자와 연결된 표면 수소 원자의 제거에 의하여 표면 자리를 활성화시키는 것이다. 활성화된 표면 자리는 탄화

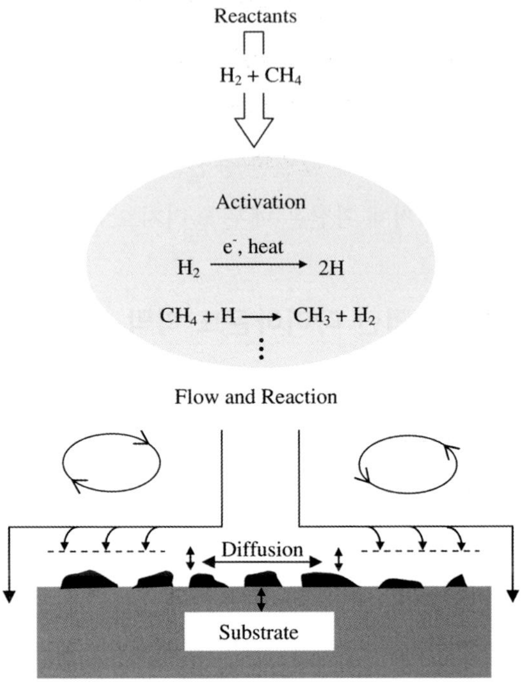

[그림 5.14] 복잡한 다이아몬드 CVD 공정에서 중요한 요소를 보여주는 개략도. 반응기로의 흐름 또는 반응물, 열적, 그리고 플라스마 공정에 의한 반응물의 활성화, 성장 표면으로의 화학종의 이동과 반응, 그리고 다이아몬드와 탄소의 다른 형태를 증착시키는 표면 화학 공정. [J. E. Butler and D. G. Goodwin, in Properties, Growth and Applications of Diamond, eds. M. H. Nazare and A. J. Neves, INSPEC, London, p. 262, 2001.]

수소 라디칼이나(반응 5.33) 불포화된 탄화수소 분자(예, C_2H_2, 반응 5.34)와 쉽게 결합한다. 높은 농도의 원자 수소가 다이아몬드 막의 성공적인 성장에 있어서 핵심 요소로 입증되었고, 원자 수소는 다이아몬드 성장 표면 위의 흑연 증착물을 지속적으로 제거하여 다이아몬드의 계속적인 증착을 보증하는 것으로 믿어진다.[47] 산소와 아세틸렌을 사용한 대기 연소 화염에 의하여 다이아몬드 막의 증착에 있어 산소 종도 또한 중요한 것으로 입증되었다.[49,50] 에틸렌, 프로필렌, 그리고 메틸 아세틸렌을 포함하는 다른 탄화수소 연료도 다이아몬드 막의 성장을 위한 전구체로 모두 쓰일 수 있다.[51-54]

5.6 원자층 증착법

원자층 증착(ALD)은 독특한 박막 성장법이며 다른 박막 성장 방법과 크게 다르다. ALD의 가장 특색 있는 특징은 매번 한 원자층 또는 분자층만이 자랄 수 있는 자기 제한 성장 특성이다. 그러므로 ALD는 정말로 나노미터 또는 나노미터 아래의 범위에서 막 두께와 표면 평탄도를 조절하는 최상의 가능성을 제공한다. ALD에 대한 훌륭한 소개 논문이 리타라(Ritala)와 레스케라(Leskela)에 의하여 출판되었다.[55,56] 문헌에서 ALD는 또한 원자층 에피택시(ALE), 원자층 성장(ALG), 원자층 CVD(ALCVD), 그리고 분자층 에피택시(MLE)로 불린다. 다른 박막 증착 기술과 비교하여 ALD는 상대적으로 새로운 방법이고 ZnS 막을 성장하기 위하여 처음으로 사용되었다.[57] 1980년대 초반에 더 많은 공개 문헌이 출판되었다.[58-60] ALD는 CVD의 특별한 개조 또는 기체 상 자기조립과 표면 반응의 조합으로 고려될 수 있다. 전형적인 ALD 공정에서 표면은 우선 화학 반응에 의하여 활성화된다. 전구체 분자가 증착 용기에 도입되면 그것들은 활동적인 표면 화학종들과 반응하고 기판과 화학결합을 형성한다. 전구체 분자는 서로 반응하지 않으므로 이 단계에서는 오직 한 분자층만 증착될 수 있다. 다음에, 기판과 화학적으로 결합한 전구체 분자의 단일층은 표면 반응을 통하여 다시 활성화된다. 동일한 또는 다른 전구체 분자가 이어서 증착 용기에 도입되고 전에 증착되고 활성화된 단일층과 반응한다. 단계가 반복됨에 따라 추가적인 분자 또는 원자층이 한 번에 한 층의 방식으로 증착된다.

[그림 5.15]는 ALD에 의한 티타니아 막 성장의 과정을 개략적으로 보여준다. 기판은 티타늄 전구체, 티타늄 테트라클로라이드(tetrachloride)를 도입하기에 앞서 우선 수산화 된다. 티타늄 테트라클로라이드는 표면 응축 반응을 통하여 표면 수산기 그룹과 반응할 것이다.

$$TiCl_4 + HO\text{-}Me \rightarrow Cl_3Ti\text{-}O\text{-}Me + HCl, \tag{5.35}$$

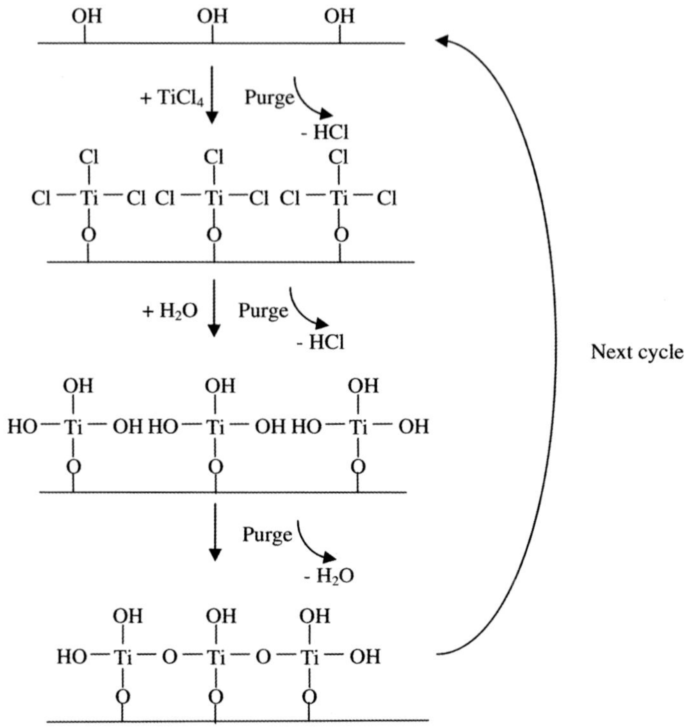

[그림 5.15] ALD에 의한 티타니아 막의 형성을 위한 중요한 반응과 공정 단계를 보여주는 개략도

여기서 Me는 금속 또는 금속 산화물 기판을 뜻한다. 반응은 모든 표면 수산기 그룹이 티타늄 테트라클로라이드와 반응하면 멈출 것이다. 그 다음에 기체의 부산물, HCl, 그리고 여분의 전구체 분자가 제거되고 수증기가 이어서 시스템에 도입된다. 트리클로라이드 티타늄 클러스터는 가수분해 반응으로 기판 표면 위에 화학적으로 결합한다.

$$Cl_3Ti\text{-}O\text{-}Me + H_2O \rightarrow (HO)_3Ti\text{-}O\text{-}Me + HCl. \qquad (5.36)$$

이웃하는 가수분해 된 Ti 전구체는 이어서 Ti–O–Ti 결합을 형성하며 응축한다.

$$(HO)_3Ti\text{-}O\text{-}Me + (HO)_3Ti\text{-}O\text{-}Me$$
$$\rightarrow Me\text{-}O\text{-}Ti(OH)_2\text{-}O\text{-}Ti\ (HO)_2\text{-}O\text{-}Me + H_2O. \qquad (5.37)$$

부산물 HCl과 여분의 H_2O는 반응 용기로부터 제거될 것이다. TiO_2의 한 층이 화학 반응의 한 순환의 완료에 의하여 성장되어진다. 표면 수산기 그룹은 다음의 순환에서 티타늄 전구체 분자와 다시 쉽게 반응한다. 위 단계를 반복함으로써 두 번째와 많은 추가적인 TiO_2층이 매우 정교하게 조절된 방식으로 증착될 수 있다.

ZnS 막의 성장은 ALD 공정의 원리를 보여주는 또 다른 흔히 사용되는 고전적인 예이다. $ZnCl_2$와 H_2S가 전구체로 쓰인다. 우선 $ZnCl_2$가 기판 위에 화학흡착 되고 그 다음에 $ZnCl_2$와 반응하여 ZnS 한 층을 기판 위에 증착하고, HCl이 부산물로 방출되기 위하여 H_2S가 도입된다. ALD에 의한 박막 증착을 위하여 넓은 스펙트럼의 전구체 물질과 화학 반응이 연구되어 왔다. ALD에 의하여 에피택시, 다결정 또는 비정질 형태로 증착된 다양한 산화물, 질화물, 불화물, 원소, II–VI, 그리고 III–V 화합물을 포함하는 다양한 물질의 박막이 [표 5.2]에 요약되었다.[55,56]

[표 5.2] ALD에 의해 증착된 박막 물질[55,56]

분류	물질
II–VI 화합물	Zns, ZnSe, ZnTe, $ZnS_{1-x}Se_x$, CaS, SrS, BaS, $SrS_{1-x}Se_x$ CdS, CdTe, MnTe, HgTe, $Hg_{1-x}Cd_xTe$, $Cd_{1-x}Mn_xTe$
II–VI–기초 인화합물	ZnS:M(M=Mn, Tb, Tm), CaS:M(M=Eu, Ce, Tb, Pb), SrS:M(M=Ce, Tb, Pb, Mn, Cu)
III–V 화합물	GaAs, AlAs, AlP, InP, GaP, InAs, $Al_xGa_{1-x}As$, $Ga_xIn_{1-x}As$, $Ga_xIn_{1-x}P$
질화물	AlN, GaN, InN, SiN_x, TiN, TaN, Ta_3N_5, NbN, MoN, W_2N, Ti-Si-N
산화물	Al_2O_3, TiO_2, ZrO_2, HfO_2, Ta_2O_5, Nb_2O_5, Y_2O_3, MgO, CeO_2, SiO_2, La_2O_3, $SrTiO_3$, $BaTiO_3$, $Bi_xTi_yO_z$, In_2O_3, In_2O_3,:Sn, In_2O_3:F, $In2O_3$,:Zr, SnO_2:Sb, ZnO, ZnO:Al, Ga_2O_3, NiO, CoO_x, YBa_2CuO_{7-x}, $LaCoO_3$, $LaNiO_3$
불화물	CaF_2, SrF_2, ZnF_2
원소	Si, Ge, Cu, Mo, Ta, W
기타	La_2S_3, PbS, In_2S_3, $CuGaS_2$, SiC

[표 5.3] ALD 전구체에 대한 요구 조건[55]

요구조건	설명
휘발성	효율적인 전송을 위하여 적용할 수 있는 최고 소스 온도에서 0.1 torr의 대략적인 제한
자기 분해 없음	자기 제한 막 성장 메커니즘을 파괴할 것이다
적극적인 그리고 완벽한 반응	표면 반응의 빠른 완료와 그로 인한 짧은 순환 시간 높은 막 순도로 유도 기상 반응의 문제가 없음
막 또는 기판재료의 식각 없음	경쟁하는 반응 경로 없음 막 성장을 막을 것이다.
막으로의 용해 없음	자기 제한 막 성장 메커니즘을 파괴할 것이다
반응하지 않는 부산물	부식을 방지 부산물 재증착이 성장 속도를 감소시킬 것이다
충분한 순도	각 공정에 특정된 요구 조건을 만족하기 위함
비싸지 않음	
합성하고 다루기 쉬움	
무독성이고 환경 친화적	

적절한 전구체의 선택이 ALD 공정의 성공적인 설계에 있어 핵심 쟁점이다. [표 5.3]은 ALD 전구체에 대한 요구 조건을 요약한다.[55,56] 다양한 전구체가 ALD에 사용되어 왔다. 예를 들면, 원소 아연과 황이 ZnS 성장을 위한 최초의 ALD 실험에서 사용되었다.[61] 유기 금속 화합물과 금속 알콕시드를 둘 다 포함하는 금속 유기 화합물이 넓게 쓰인다. 비금속에 대해서는 간단한 수소화물이 주로 사용되어 왔다. H_2O, H_2O_2, H_2S, H_2Se, H_2Te, NH_3, N_2H_4, PH_3, AsH_3, SbH_3, 그리고 HF.

다른 기상 증착 방법과 비교하여 ALD는 특히 다음의 면에서 장점을 제공한다. (1) 막 두께의 정교한 조절, (2) 등각 덮힘율. 막 두께의 정교한 조절은 자기 제한 공정의 특성 때문이고, 막의 두께는 반응 사이클의 수를 셈으로써 디지털적으로 정해질 수 있다. 등각 덮힘율은 막 증착이 반응 구역에서 증기의 불균일 분포 또는 온도에 의한 변동에 영향을 받지 않는다는 사실 때문이다. [그림 5.16]은 패턴된 실리콘 웨이퍼 위에 160 nm Ta(Al)N(C) 막의 X-선 회절 스펙

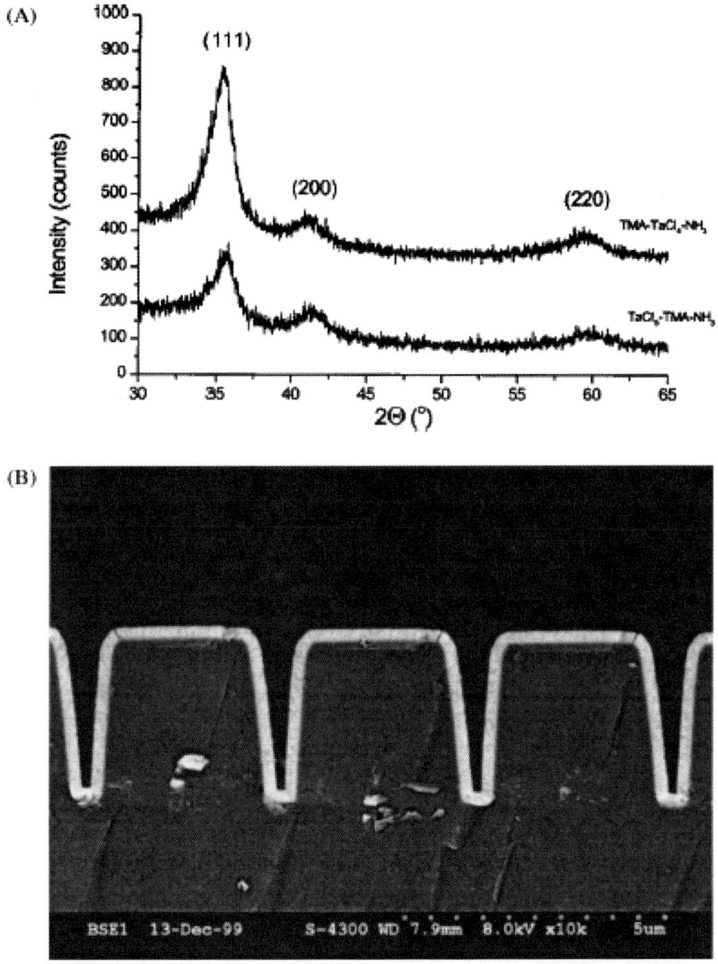

[그림 5.16] 패턴된 실리콘 웨이퍼 위에 160 nm Ti(Al)N(C) 막의 (A) X-선 회절 스펙트럼, (B) 단면 SEM 이미지 [P. Allen, M. Ritala, T. Sajavaara, J. Keinonen, and M. Leskela, J. Electrochem. Soc. 148, G566 (2001).]

트럼과 단면 SEM 이미지를 보여준다.[62] 막은 다결정이고 완벽한 등각성을 보여준다. 증착 온도는 350℃이었고 사용된 전구체는 $TaCl_5$, 트리메틸알루미늄(TMA), 그리고 NH_3이었다. 그러나 훌륭한 등각 덮힘율은 전구체 투입량과 펄스 시간이 각 단계에서 모든 표면에서 포화 상태에 이르도록 충분하고 많은 전구체 분해가 일어나지 않는 경우에만 얻어질 수 있음이 주목되어야 한다. ALD는 다층 구조 또는 나노 박판을 증착하는 능력을 입증하였고 [그림 5.17]은 한 예

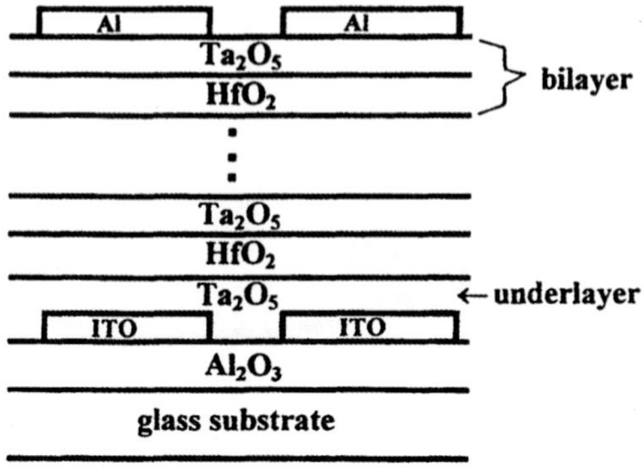

[그림 5.17] ALD에 의하여 5×5 cm^2 유리 기판위에 제조된 나노 박판의 개략적인 묘사. Al_2O_3 층은 소다 라임 유리 기판으로부터 나트륨의 확산에 대한 이온 장벽으로 쓰인다. [K. Kukli, J. Ihanus, M. Ritala, and M. Leskela, Appl. Phys. Lett. 68, 3737 (1996).]

로써 ALD에 의하여 유리 기판 위에 제조된 나노 박판의 개략적인 묘사를 보여준다.[63]

ALD는 대면적 전기발광 디스플레이의 생산을 위해 설립된 기술이고,[64] 미세전자에서 요구되는 매우 얇은 막의 생산을 위한 미래의 방법일 것이다.[65] 그러나 ALD의 많은 다른 잠재적인 응용은 전형적으로 순환당 0.2 nm(단일층의 반 미만) 미만의 낮은 증착 속도 때문에 실현되지 못했다. 실리카 증착의 경우, 한 순환 반응을 완료하는 것은 보통 1분 이상을 요구한다.[66,67] 최근의 일부 노력은 빠른 ALD 증착 방법의 개발에 집중되었다. 예를 들면, 비정질 실리콘 이산화물과 알루미늄 산화물 나노 박판의 높은 등각층이 각 순환 당 12 nm 또는 32 단일층 이상의 속도로 증착되었고, 이 방법은 '교대층 증착'으로 불리었다.[68] 그러한 각 순환당 다층 증착에 대한 정확한 메커니즘은 알려지지 않았으나 위에서 논의된 자기 제한 성장과는 명확히 다르다. 이 실험에서 사용된 전구체, 트리스(테르트-브록실)실라놀은 서로 반응할 수 있고, 따라서 성장은 자기 제한적이지 않다.

5.7 초격자

이 장에서 초격자는 특히 반복적으로 교차하는 단결정 막층으로 구성된 박막 구조를 말한다. 그러나 초격자라는 용어는 원래 균일한, 규칙적인 합금을 기술하는데 쓰였다. 복합체 막 초격자는 여러 가지 흥미 있는 양자 효과 뿐만 아니라 넓은 스펙트럼의 전통적인 특성을 보여줄 수 있다. 두 층이 상대적으로 두꺼우면 성능 혼합 법칙의 흔한 상승 확장이 동작하여 덩어리재료의 특성이 관찰된다. 그러나 층이 매우 얇으면 인접한 얇은 층 안의 하전된 나르개의 파동함수가 장벽을 통과하여 서로 연결되므로 양자 효과가 나타난다. 그러한 구조는 대부분 MBE로 제작된다; 그러나 CVD 방법도 초격자를 만들 수 있다. 유기 초격자도 다음 장에서 논의될 LB 기술 또는 자기조립을 사용하여 제조될 수 있다. 다소의 반도체 초격자 시스템이 [표 5.4]에 나열되었다.[69] 반도체 초격자는 조성적 초격자와 조절 도핑, 즉, 선택적 주기 도핑 초격자로 분류될 수 있다. 반도체 초격자의 제조는 기본적으로 띠간격 공학으로도 또한 알려진 띠간격 구조의 조절된 합성이다.[70-72] 에사키(Esaki)와 츄(Tsu)는 1970년에 반도체 박막 초격자의 합성에 있어 개척자였다.[73] [그림 5.18]은 $InGaO_3(ZnO)_5$ 초격자 구조의 TEM 이미지를 보여준다.[74]

[표 5.4] 초격자 시스템의 예[69]

막 물질	격자 부정합	증착 방법
$GaAs\text{-}As_xGa_{1-x}As$	0.16% for x=1	MBE, MOCVD
$In_{1-x}Ga_xAs\text{-}GaSb_{1-y}As_y$	0.61%	MBE
GaSb-AlSb	0.66%	MBE
$InP\text{-}Ga_xIn_{1-x}As_yP_{1-y}$		MBE
$InP\text{-}In_{1-x}Ga_xAs$	0%, x=0.47	MBE, MOCVD, LPE
$GaP\text{-}GaP_{1-x}As_x$	1.86%	MOCVD
$GaAs\text{-}GaAs_{1-x}P_x$	1.79%, x=0.5	MOCVD, CVD
Ge-GaAs	0.08%	MBE
$Si\text{-}Si_{1-x}Ge_x$	0.92%, x=0.22	MBE, CVD
CdTe-HgTe	0.74%	MBE
MnSe-ZnSe	4.7%	MBE
$PbTe\text{-}Pb_{1-x}Sn_xTe$	0.44%, x=0.2	CVD

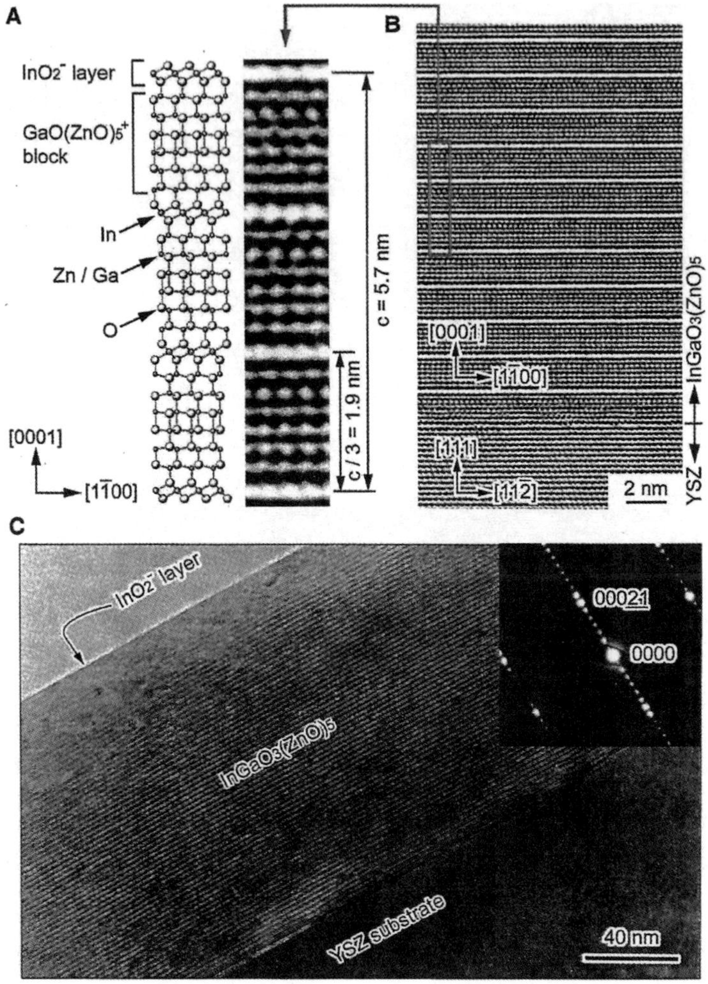

[그림 5.18] $InGaO_3(ZnO)_5$의 구조 (A) 결정구조의 개략도. HRTEM 격자 이미지가 비교를 위하여 보여 진다. InO_2^- 층(In^{3+} 이온이 산소로 이루어진 8면체 자리에 위치)과 $GaO^+(ZnO)_5$ 블록 (Ga^{3+}와 Zn^{2+} 이온이 삼각형-양추와 사면체 자리를 공유)이 1.9nm(d_{0003})의 주기로 0001 방향을 따라서 교대로 쌓였다. (B와 C) YSZ(111) 위에 반응 고체 에피택시에 의해 성장된 $InGaO_3(ZnO)_5$ 박막의 단면 HRTEM 이미지. InO_2^- 층과 $GaO+(ZnO)_5$ 블록의 주기적 적층이 명확히 보이며 전자 회절 패턴에서도 또한 확인된다[(C), 삽도)]. 전체 관찰 지역에서 단결정 막이 형성되었다. 막의 최상위층은 InO_2^- 층이다. [K. Nomura, H. Ohta, K. Ueda, T. Kamiya, M. Hirano, and H. Hosono, Science 300, 1269 (2003)].

지금까지 논의된 모든 방법은 기상 증착 방법이다. 박막은 습식 화학 공정으로도 만들어 질 수 있다. 많은 방법들이 개발되었고 예로는 전기화학 증착, 졸-겔 공정, 그리고 자기조립이 있다. 진공 증착 방법과 비교하여 용액 기반 막 증착은 온화한 공정 조건으로 온도에 민감한 재료의 박막 제조에 넓게 응용되고 사용될 수 있는 것을 포함하여 넓은 범위의 장점을 제공한다. 온화한 공정 조건은 또한 응력 없는 막으로 이끈다.

5.8 자기조립

자기조립은 화학 반응, 정전기 인력, 그리고 모세관 힘과 같은 어떤 힘의 영향 하에 분자와 작은 입자같은 작은 요소의 규칙적인 정렬이 자발적으로 일어나는 공정을 기술하기 위하여 쓰이는 일반적인 용어이다. 이 장에서는 자기조립을 통한 분자의 단층 또는 다층의 형성에 논의를 집중할 것이다. 일반적으로 인접한 층 내의 분자 사이뿐만 아니라 조립된 분자와 기판 표면 사이에 화학 결합이 형성된다. 그러므로 여기서 주된 구동력은 전체 화학 퍼텐셜의 감소이다. 나노입자와 나노선의 자기조립에 대한 논의는 7장에서 제시될 것이다. 기본적인 구성 요소로써 나노미터 물체의 자기조립을 위한 구동력으로 다양한 상호작용 또는 힘이 탐구되어 왔다.

자기조립된 단층은 유기 용매 내 활동적인 계면활성제의 용액 속으로 적절한 기판의 담금에 의하여 자발적으로 형성되는 분자 조립체이다.[75,76] 전형적인 자기조립 계면활성제 분자는 [그림 5.19]에 그려진 바와 같이 세 부분으로 나뉠 수 있다. 첫 번째 부분은 대부분의 발열 과정, 즉 기판 표면 위에 화학흡착을 제공하는 머리 그룹이다. 매우 강한 분자–기판 상호작용은 Si–O와 S–Au 공유결합과 $CO_2^-Ag^+$ 이온결합과 같은 화학결합을 통하여 기판 위 특정한 자리로 머리 그룹의 분명한 고정을 야기한다. 두 번째 부분은 알킬 사슬이고 상호사슬 반데르발스 상호작용과 관련된 발열 에너지는 기판 위 머리 그룹의 화학흡착보다 열배 작다. 세 번째 분자 부분은 말단의 기능성이다. 자기조립 단일층 내의 이 표면 기능 그룹은 상온에서 열적으로 불규칙해진다. 자기조립에서 가장 중요한 과정은 화학흡착이고 관련된 에너지는 수십 kcal/mol 정도이다(예를 들어, 금 위 티올레이트의 경우 ~40–45 kcal/mol[77,78]). 발열 머리 그룹–기판 상호작용의 결과로 분자는 기판 위 모든 가능한 결합 자리를 차지하려고 하고 흡착된 분자는 표면을 따라 확산할 것이다. 일반적으로 자기조립 단층은 비록 많은 결함이 있으나 2차원 결정과 같은 구조를 가지는 규칙적이고 조밀 충진된 분자 조립체로 고려된다.

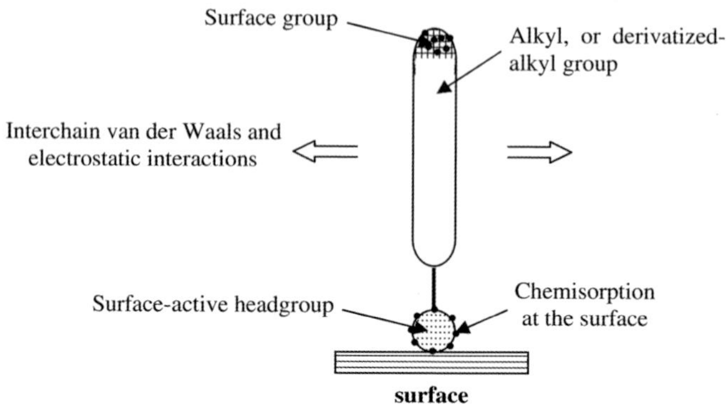

[그림 5.19] 세 부분을 구성하는 전형적인 자기조립 계면활성제 분자: 표면 그룹, 알킬 또는 유도 알킬 그룹, 그리고 표면-활동 머리그룹

자기조립의 구동력은 다음을 포함한다. 정전기력, 소수성과 친수성, 모세관 힘, 그리고 화학흡착. 다음의 논의에서 우리는 기판 위에 화학흡착하는 자기조립 단층의 형성에 집중 할 것이다. 유기 단층의 자기조립 방법으로 여러 종류가 있으며 이는 다음을 포함한다. (1) Si 위 SiO_2, Al, 유리 위 Al_2O_3 등과 같은 수산화 기판 위에 유기 실리콘,[79-81] (2) 금, 은, 그리고 구리 위의 알칸티올,[82-85] (3) 금 위 디알킬 황화물,[86] (4) 금 위 디알킬 이황화물,[87] (5) 백금 위 알콜과 아민,[86] (6) 알루미늄 산화물과 은 위의 탄산기 산.[88,89] 자기조립을 묶는 다른 방법은 머리 그룹과 기판 사이에 형성된 화학결합의 종류에 기초하는 것일 수 있다. (1) 금속과 산화물을 포함하는 수산화 기판 위에 유기실리콘 사이의 공유 Si–O 결합, (2) 알칸티올, 황화물과 금, 은, 백금, 그리고 구리와 같은 귀금속 사이의 극성 공유 S–Me 결합, (3) 금속 또는 이온성 화합물 기판 위 탄산기 산, 아민, 알콜 사이의 이온 결합이 있다.

많이 연구된 자기조립의 중요한 응용 중의 하나는 유기재료에 다양한 원하는 기능성 과 기판 화학의 도입이다. 나노재료와 나노구조의 합성과 제조에서, 특히 코어–쉘구조에서 자기조립된 유기 단일층은 다른 물질을 함께 연결하기 위하여 넓게 사용되다.

5.8.1 유기 실리콘 또는 알킬실란 파생 단일층

알킬실란(alkylsilanes)의 전형적인 식은 $RSiX_3$, R_2SiX_2, 또는 R_3SiX이고, 여기서 X는 클로라이드 또는 알콕시이고 R은 아민 또는 피리딜과 같은 다른 기능을 가질 수 있는 탄소 고리이다. 유기 실리콘 파생의 화학은 프루데만(Plueddemann)에 의하여 대단히 자세히 논의되어 왔다.[90] 단층의 형성은 단순히 알킬실란 파생을 SiO_2, TiO_2와 같은 수산기 표면과 반응시키는 것이다. 전형적인 과정에서 수산기 표면은 유기 용매(예, 80/20 이소파–G/CCl_4의 혼합물) 안에 알킬트리클로로실란 용액(예; $\sim 5 \times 10^{-3}$ M)으로 몇 분 (예; 2–3 min) 동안 도입된다. 기다란 알킬 고리를 가지는 계면활성제의 경우 더 긴 담금 시간이 요구된다. 용액 내 계면활성제 농도에서의 환원은 [그림 5.20]에 유리 슬라이드 위에 스테아르산($C_{17}H_{35}COOH$)의 결과를 보인 바와 같이 완전한 단일층을 형성하기 위하여 더 긴 시간 소요된다.[91] 완전한 단층을 형성하는 능력은 명백히 기판 또는 단층 분자와 기판 표면 사이의 상호작용에 의존한다. 담금 후에 기판은 메탄올, 탈이온화수로 씻어내고 나서 건조된다. 유기 용매는 실란 그룹이 물과 접촉할 때 가수분해와 응축 반응을 겪어 결집되므로 일반적으로 알킬실란 파생의 자기조립을 위하여 요구된다. 일반적으로 알킬실란 단층은 알칸티올의 그것보다 본래적으로 더 불규칙적이고 분자들이 장범위 규칙을 만들도록 더 자유를 가진다. 하나 이상의 클로라이드 또는 알콕시 그룹을 가지는 알킬실란의 경우 [그림 5.21]에 그려진 바와 같이 표면 고분자화는 통상적으로 수분의 추가에 의해 인접한 분자 사이에 실리콘–산소–실리콘 결합을 형성하기 위하여 파생적으로 야기된다.

유기 실리콘의 단층은 효소 고정에서의 응용을 위하여 60년대 말에 일찍 연구되었다.[92] LB 막을 위한 소수성 표면의 준비를 위한 표면 실란화.[93] 이것 또한 대기압 하에서 무기 에어로젤의 준비와[94] 저유전상수 다공성 무기 물질의 제조를 위하여 연구되어 왔다.[95] 다음 장에서 논의될 것처럼, 산화물–금속 코어–쉘 나노구조의 제조는 코어와 쉘 물질을 연결하는 유기 단일층의 형성에

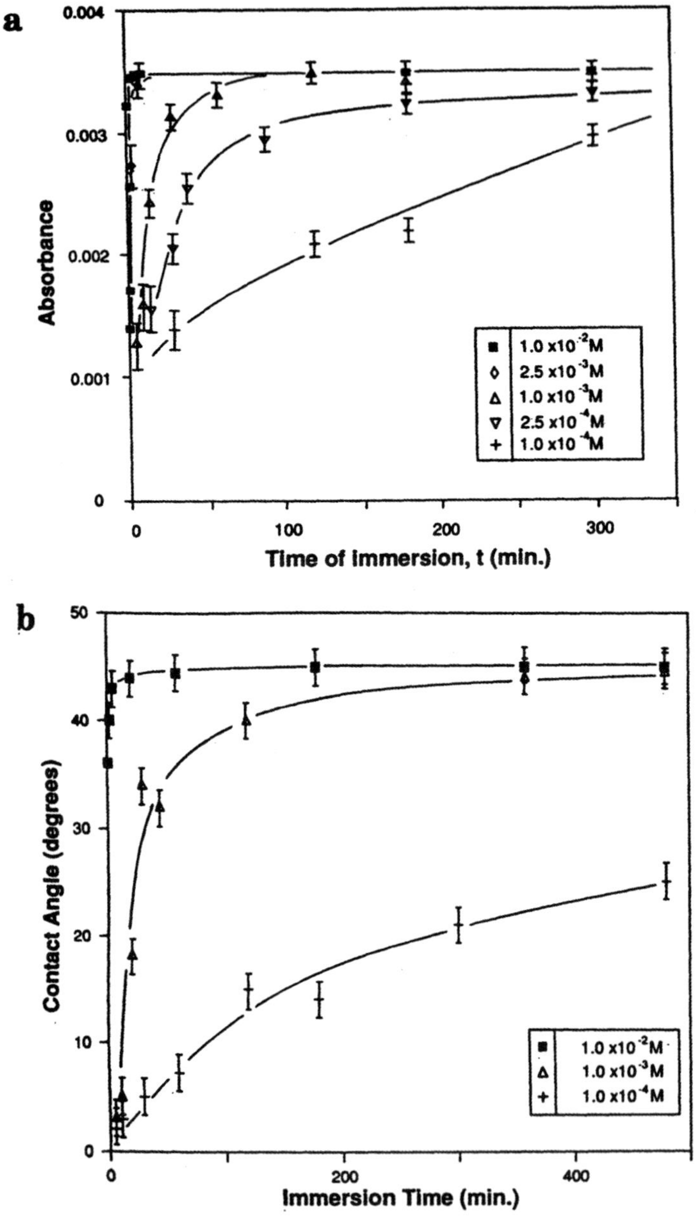

[그림 5.20] 용액 내 계면활성제 농도에서의 환원은 유리 슬라이드 위에 스테아르산($C_{17}H_{35}COOH$)의 결과에 의해 보인 바와 같이 완전한 단일층을 형성하기 위하여 더 긴 시간 소요된다. [S. H. Chen and C. F. Frank, Langmuir 5, 978 (1989)].

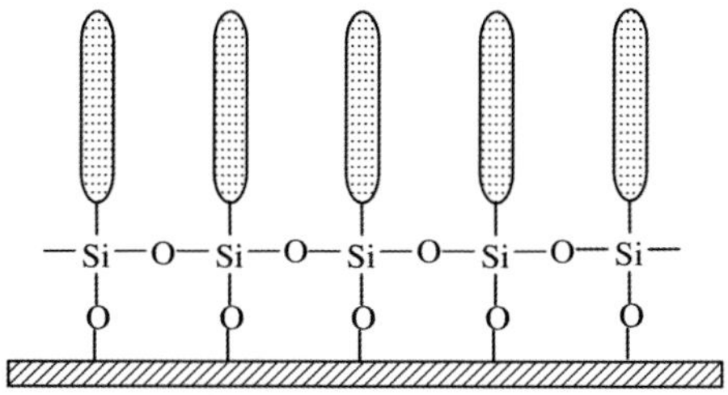

[그림 5.21] 하나 이상의 클로라이드 또는 알콕시 그룹을 가지는 알킬실란, 표면 고분자화는 통상적으로 수분의 추가에 의해 인접한 분자 사이에 실리콘-산소-실리콘 결합을 형성하기 위하여 파생적으로 야기된다.

크게 의존한다. 예를 들면, 실리카-금 코어-쉘 나노구조의 제조를 위한 전형적인 접근은 실리카 나노입자의 표면에 자기조립에 의하여 단일층을 형성하기 위하여 아민을 기능성 그룹으로 가지는 유기 실리콘이 사용되는 것이다. 표면 아민 그룹은 다음에 용액 내 금 나노클러스터를 끌어당겨 금 쉘의 형성을 야기한다.

자기조립 막을 사용하는 궁극적인 목표 중의 하나는 유용한 물리적 특성을 가지고 기능성 그룹을 가지는 다층막을 적층 방식으로 건설하는 것이다. 그러한 기능성 그룹의 예는 전자 주개 또는 전자 받개 그룹, 비선형 광학 염색체, 짝지어지지 않은 스핀을 가지는 반족(moiety)을 포함한다. 자기조립 다층의 건설은 다른 자기조립 단층이 표면 응축을 통하여 형성될 수 있도록 단층 표면이 수산화 표면으로 개조되는 것을 요구한다. 그러한 수산화 표면은 화학 반응과 비극성 말단 그룹의 수산화 그룹으로의 전환에 의하여 준비될 수 있다. 예로는 표면 에스테르 그룹의 환원, 보호된 표면 수산기 그룹의 가수분해, 그리고 말단 이중결합의 수산화붕소-산화를 포함한다.[96,97] 산소 플라스마 식각 후의 탈이온화수 담금도 표면 수산기를 효과적으로 만든다.[98] 활성화된 또는 수산화 된 단층 위에 그 다음의 단층이 동일한 자기조립 과정을 통하여 더해지고, 단지 이 과정의 반복에 의하여 다층이 만들어질 수 있다. [그림 5.22]는 그러한 자기조립 다층 구조를 보여준다. 그러나 다층의 건설에 있어서 자기조립에 의하여 형성된 단층의 품질은 막의 두께가 증가함에 따라 빠르게 열화될 것이라는 점이 주목되어야 한다.[80,99]

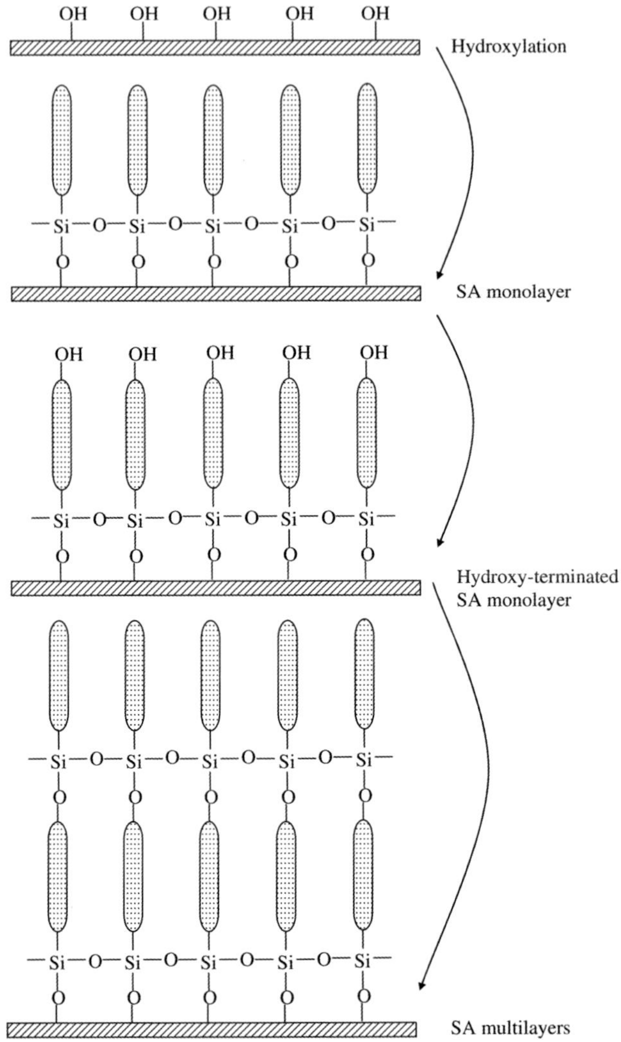

[그림 5.22] 자기조립된 다층 구조의 형성 과정을 보여주는 개략도

5.8.2 알칸티올과 황화물의 단층

금 표면 위 알칸티올 단층은 1983년 이래 광범위하게 연구된 자기조립 시스템이다.[100] 황 화합물은 금,[101,102] 은,[84] 구리,[103] 그리고 백금[86] 표면에 강한 화

[표. 5.5] 금 위의 에탄올로부터 말단 기능화된 알킬 사슬의 흡착[104]

	$\theta(H_2O)^a$	$\theta(HD)^b$	관찰된 두께(Å)Obsd[c]	계산치[d]
$CH_3(CH_2)_{17}NH_2$	90	12	6	22-24
$CH_3(CH_2)_{16}OH$	95	33	9	21-23
$CH_3(CH_2)_{16}CO_2H$	92	38	7	22-24
$CH_3(CH_2)_{16}CONH_2$	74	18	7	22-24
$CH_3(CH_2)_{16}CN$	69	0	3	22-24
$CH_3(CH_2)_{21}Br$	84	31	4	28-31
$CH_3(CH_2)_{14}CO_2Et$	82	28	6	h
$[CH_3(CH_2)_9CC]_2Hg$	70	0	4	17-19
$[CH_3(CH_2)_{15}]_3P^e$	111	44	21	21-23
$CH_3(CH_2)_{22}Nc$	102	28	30	29-33
$CH_3(CH_2)_{15}SH^f$	112	47	20	22-24
$[CH_3(CH_2)_{15}S]_2$	110	44	23	22-24
$[CH_3(CH_2)_{15}]_2S^g$	112	45	20	22-24
$CH_3(CH_2)_{15}OCS_2Na$	105	45	21	24-26

주: [a]물의 전진 접촉각. [b]헥사데케인의 전진 접촉각. [c]n=1.45를 사용하여 엘립소미터 데이터로부터 계산됨. [d]사슬은 조밀 충전되고 표면 수직으로부터 30도와 0도 사이에서 트랜스 확장과 기울어진 것으로 가정. [e]아세톤나이트릴로부터 흡착. [f]참고문헌 105. [g]참고문헌 106. [h]에스테르 그룹은 조밀 충전된 단일층을 형성하기에는 너무 크다.

학결합을 형성할 수 있다. 신선하고 깨끗한 친수성 금 기판이 유기 용매 내 유기황 화합물의 묽은 용액(예; 10^{-3} M)에 담겨질 때 조밀 충진되고 방향성의 단층이 형성될 것이다. 그러나 담금 시간은 알칸티올의 경우 몇 분에서 몇 시간이다. 또는 황화물과 탈황화물의 경우 며칠만큼 길게 변한다. 알칸티올 단층의 자기조립을 위해서는 10^{-3} M이 대부분의 실험에서 넓게 사용되는 편리한 농도이나 10^{-2} M과 같은 더 높은 농도가 간단한 알칸티올을 위하여 쓰일 수 있다.

비록 에탄올이 대부분의 실험에서 선호하는 용매로 사용되어 왔으나 다른 용매가 쓰일 수도 있다. 용매를 고르는데 한 가지 중요한 고려는 알칸티올 파생물질의 용해도이다. 바인(Bain) 등은[101] 알칸티올 단층의 형성에 상당한 용매 효과가 없음을 보였다. 그러나 2차원 시스템으로 결합되는 경향을 보이지 않는 용매를 사용하는 것이 추천되고 예로는 에탄올, THF, 아세톤나이트릴 등이다.

[표 5.5]는 금 표면 위 단층의 형성에 있어 다양한 머리 그룹의 영향을 요약한다.[104] 그들은 물과 헥사데케인의 전진 접촉각, 그리고 엘립소미터를 사용

하여 측정한 두께를 연구하였다. 황, 인 화합물이 금 표면과 강하게 반응하여 조밀 충진된 규칙적인 단층을 야기하는 것은 명백하다. 티올과 인화수소에 의해 형성된 단층과 비교하여 이소나이트릴이 오직 나쁘게 충진된 단층을 형성함이 주목되어야 한다. 같은 연구에서 그들은 경쟁 실험을 수행하였고 티올 그룹이 연구된 모든 머리 그룹에 대하여 금 표면과 가장 강한 상호작용을 형성한다고 결론지었다.

5.8.3 카르복실산, 아민, 알콜의 단층

산화물과[107,88] 금속[89] 기판 위의 긴 사슬 알칸산의 자발적인 흡착과 자기정렬은 또 다른 넓게 연구된 자기조립 시스템이다. 가장 흔히 사용되는 머리 그룹은 용액 내에서 먼저 이온화되고, 그 다음에 기판과 이온결합을 형성하는 $-COOH$, $-OH$, 그리고 $-NH_2$를 포함한다. 비록 머리 그룹과 기판 사이의 상호작용이 자기조립에서 가장 중요한 역할을 하고, 그러므로 결과적인 SA 단층의 품질을 결정하지만 알킬 사슬도 또한 중요한 역할을 한다. 사슬 간 반데르발스와 정전기 상호작용에 더하여 알킬 사슬은 알킬 사슬의 분자구조에 의존하여 자기조립에서 조밀 충진된 SA 단층 또는 제한된 충진과 규칙을 야기하는 머리 그룹의 더 나은 정렬을 위한 공간을 제공한다.[108,110]

SA 단층은 표면 화학 개조, 표면 위에 기능성 그룹의 도입, 다층 구조의 제작 응용을 위하여 개발되어 왔다. SA 단층은 또한 계면에서 부착성을 증가시키기 위하여 사용되어 왔다.[90] 다양한 기능성 그룹이 계면활성제 분자에서 알킬 사슬을 부분적으로 치환하거나 속으로 통합될 수 있다. SA 단일층은 또한 산화물에 연결하는 실란 그룹과 금속에 연결하는 아민을 가지는 코어-쉘 나노구조의 합성과 제조에 사용되어 왔다.[109]

자기조립은 박막, 주로 유기 또는 무기-유기 하이브리드 막의 합성을 위한 습식 화학 수단이다. 이 방법은 보통 자기조립 단층(SAM)으로 불리는 분자 단층의 형성에 의한 표면 개조를 위하여 자주 사용된다. 또한 이 방법은 배열 또는 광자 띠간격 결정과 같은 규칙적인 거시적 구조 속으로의 나노입자같은 나노구조 물질을 조립하기 위해 탐구되어 왔다. 이론의 여지는 있지만, 단결정 성장 또는 박막 증착과 같은 물질 형성의 모든 자발적 성장 공정은 자기조립 공정으로 고려될 수 있다. 그러한 공정에서 성장종은 낮은 에너지 자리에 자기조립한다. 여기서 자기조립을 위한 성장종은 보통 원자이다. 자기조립의 더 전통적인 정의의 경우 성장종은 보통 분자이다. 그러나 나노입자 또는 마이크로 크기 입자까지도 자기조립을 위한 성장 종으로 또한 사용된다.

5.9 랭뮤어-블로젯 박막

랭뮤어-블로젯 막(LB 막)은 액체-기체 계면(통상 물-공기 계면)으로부터 고체 기판으로 전사되는 친 양쪽성 분자의 단층 또는 다층이며, 공정은 일반적으로 랭무어-블로젯 기술(LB 기술)로 불린다.[110] 랭뮤어(Langmuir)는 처음으로 물-공기 계면에서 친 양쪽성 분자의 단층에 대하여 체계적으로 연구하였고 고체 기판 위에 긴-사슬 카복실산의 다층 증착에 대하여 최초의 연구를 수행하였다.[111]

LB 막에 대하여 더 자세히 논의하기에 앞서 친 양쪽성이 무엇인지 간단히 살펴보자. 친 양쪽성은 한쪽 끝은 친수성이어서 선택적으로 물속에 잠기고, 다른 쪽은 소수성이어서 선택적으로 공기 중에 잔류하거나 비극성 용액 안에 있게 되는 물에 녹지 않는 분자이다. 친 양쪽성 분자의 고전적인 예는 스테아르산, $C_{17}H_{35}CO_2H$이다. 이 분자에서 긴 탄화수소 꼬리, $C_{17}H_{35}$-는 소수성이고 카복실산 머리 그룹 $-CO_2H$는 친수성이다. 친 양쪽성 분자는 친수성인 한쪽 끝과 소수성인 다른 쪽을 가지고 있으므로 공기와 물 또는 기름과 물 사이와 같은 계면에 위치하려 한다. 이것이 계면활성제로도 또한 불리는 이유이다. 그러나 물에서의 친 양쪽성 분자의 용해도는 알킬 사슬 길이와 그것의 소수성 머리의 강도 사이의 균형에 의존함이 주목되어야 한다. 친수성 머리의 특정한 강도가

[표 5.6] C_{16}-화합물의 LB 막의 형성에 미치는 다른 기능성 그룹의 효과[112]

매우 약함(막 없음)	약함(불안정한 막)	강함(안정한 LB 막)	매우 강함(녹을 수 있음)
Hydrocarbon	$-CH_2OCH_3$	$-CH_2OH$	$-SO_3^-$
$-CH_2I$	$-C_6H_4OCH_3$	-COOH	$-OSO_3^-$
$-CH_2Br$	$-COOCH_3$	-CN	$-C_6H_4SO_4^-$
$-CH_2Cl$		$-CONH_2$	$-NR_4^+$
$-NO_2$		-CH=NOH	
		$-C_6H_4OH$	
		$-CH_2COCH_3$	
		$-NHCONH_2$	
		$-NHCOCH_3$	

LB 막을 형성하기 위하여 요구된다. 만약 친수성이 너무 약하면 LB 막이 형성될 수 없다. 그러나 친수성 머리의 강도가 너무 강하면 친 양쪽성 분자가 물에 너무 잘 녹아 단층을 형성할 수 없다. [표 5.6]은 다른 머리 그룹의 특성을 요약한다.[112] 녹는 친 양쪽성 분자는 그 농도가 임계 콜로이드 입자 농도를 넘어서면 아마도 물속에 콜로이드 입자를 형성할 것이다. 이 부분은 다음 장에서 규칙적 메조포러스 재료의 합성에서 더 논의될 것이다.

단층이 많은 다른 기판으로 전사될 수 있으므로 LB기술은 독특하다. 대부분의 LB 증착은 단층이 수축 모드에서 전사되는 친수성 기판과 연관되어 왔다.[113] 유리, 석영, 그리고 산화 표면을 가지는 다른 금속 기판이 기판으로 사용되나 실리콘 이산화물의 표면을 가지는 실리콘 웨이퍼가 가장 흔하게 쓰인다. 금은 산화물이 없는 기판이고 흔히 쓰이는 기판이다. 그러나 금은 높은 표면 에너지(~1,000 mJ/m^2)를 가지고 쉽게 오염되어 균일하지 않은 질의 LB 막을 야기한다. 기판의 청결성은 높은 품질의 LB 막을 얻는데 있어 결정적이다. 더불어서 친 양쪽성 분자의 오염물은 단층 막으로 포함될 것이므로 연구되는 유기 친 양쪽성 분자의 순도가 매우 중요하다.

[그림 5.23]은 $CHCl_3$과 같은 휘발성 용매 내의 친 양쪽성 분자의 묽은 용액 방울이 물-공기 계면의 골 위에 펴진 물-공기 계면에서의 분자 막을 나타내는

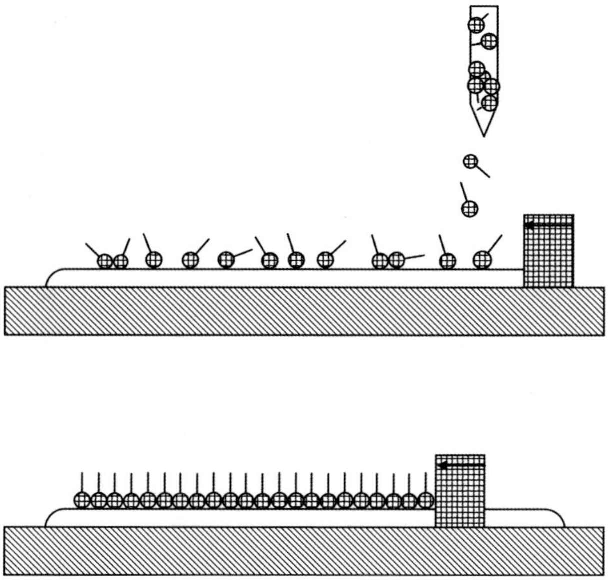

[그림 5.23] $CHCl_3$과 같은 휘발성 용매내의 친 양쪽성 분자의 묽은 용액 방울이 물-공기 계면의 골 위에 펴진 물-공기 계면에서의 분자 막을 나타내는 랭뮤어 막의 형성을 보여주는 개략도

랭뮤어 막의 형성을 개략적으로 보여준다. 용매가 증발함에 따라 친수성 분자는 계면 위에 퍼진다. 장벽은 이동하고 물-공기 계면 위에서 분자를 압축한다; 분자 간 거리는 감소하고 표면 압력은 증가한다. '가스'에서 '액체' 상태로 지정되는 상전이가 일어날 것이다. 액체 상태에서는 응축 상보다 더 넓은 면적을 차지하는 분자를 제외하고는 단일층은 결맞음(coherent)이다. 장벽이 막을 더 압축하면 '액체'에서 '고체' 상태로 2차 상전이가 관찰될 수 있다. 이 응축 상에서는 분자는 조밀하게 충진되고 균일하게 방향지어진다.

물-공기 계면에서 고체 표면 위로 분자를 전사하기 위하여 두 가지 방법이 보통 쓰인다. 더 일반적인 방법은 [그림 5.24]에 그려진 바와 같은 수직 증착이다. 기판이 물-공기 계면 분자를 통하여 이동하면 단층은 꺼냄(수축 또는 상승) 또는 담금(적심 또는 하강)을 하는 동안 전사될 수 있다. 단층은 보통 기판 표면이 소수성이고 친수성 그룹이 기판과 반응할 때 수축 중 전사될 것이다. 그러나 만약 기판 표면이 소수성이면 단층은 담금 중에 전사될 것이고 소수성 알킬 사슬은 표면과 반응한다. 증착 공정이 친수성 기판으로 시작되면 첫 번째 단

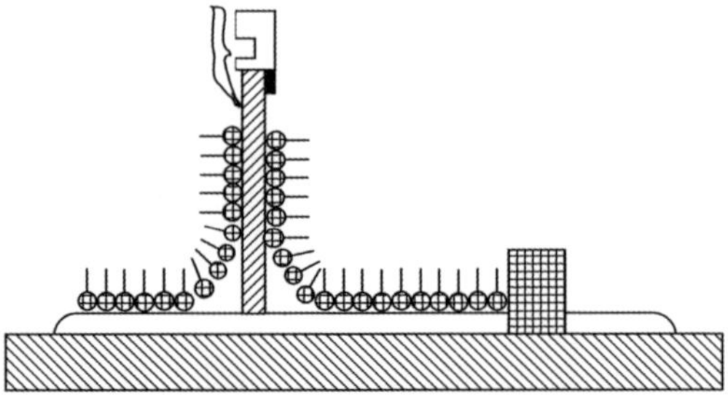

[그림 5.24] 기판 위에 LB 막의 증착을 위해 더 일반적인 수직 증착 방법

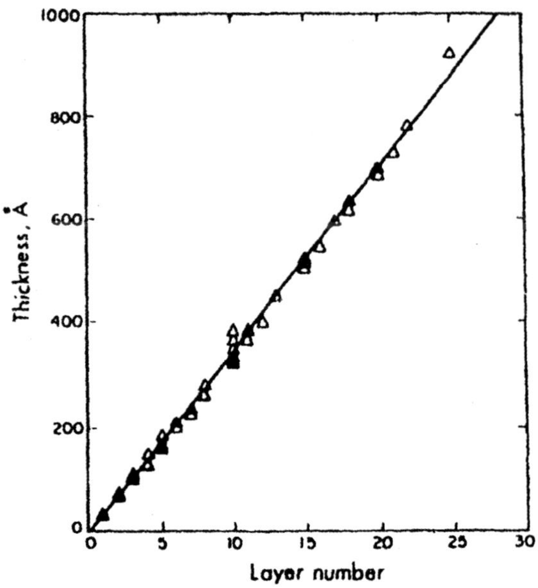

[그림 5.25] 층 수 증가에 따른 두께의 비례성 [N. Tillman, A. Ulman, and T. L. Penner, Langmuir 5, 101 (1989).]

층 전사 후 소수성이 된다. 다층 막은 단지 이 공정을 반복하여 합성될 수 있다. [그림 5.25]는 층 수 증가에 따른 두께의 비례성을 보여준다.[114]

LB 다중 구조를 건축하는 다른 방법은 쉐퍼(Schaefer)의 방법으로도 불리는 수평 들어올리기(horizontal lifting)이다. 쉐퍼의 방법은 매우 단단한 막의 증착에 유용하다. [그림 5.26]에 그려진 것처럼 이 방법에서는 압축된 단층이 물과 공기 계면에서 먼저 형성되고 평평한 기판이 단층 막 위에 수평으로 놓인다. 기판이 올려지고 물 표면에서 분리되면 단층이 기판 위에 전사된다.

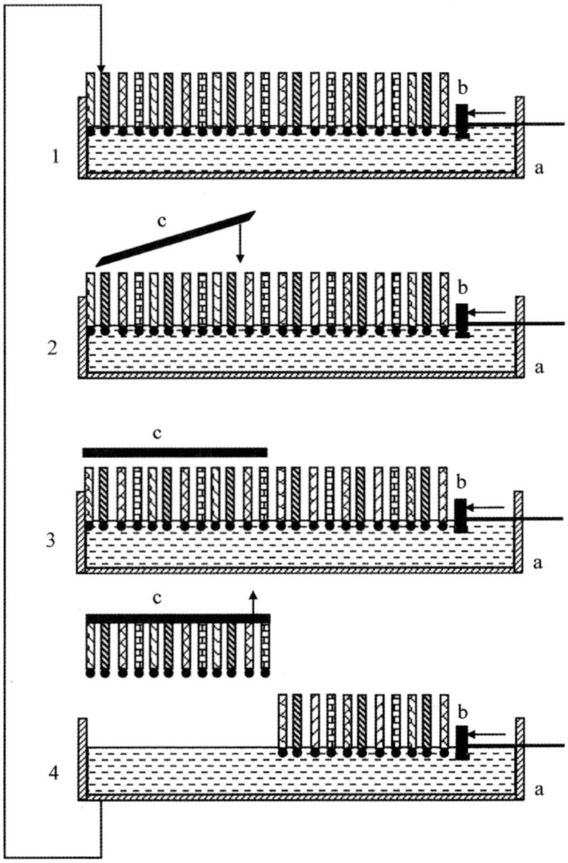

[그림 5.26] 압축된 단층이 물과 공기 계면에서 먼저 형성되고 평평한 기판이 단층 막 위에 수평으로 놓이는, 매우 단단한 막의 증착에 유용한 쉐퍼의 방법

LB 막의 어떤 실제적인 응용을 위해서 열적 안정성과 규칙–불규칙 전이는 두 가지 중요한 쟁점이다. 비록 많은 연구가 지난 20년간 되어 왔지만 많은 쟁점들이 풀리지 않고 남아 있고 LB 막의 구조와 안정성에 대한 우리의 이해는 아직 매우 제한적이다.

자기조립과 LB기술은 안정한 유기 초격자의 제작과 설계의 가능성을 제공한다. 예를 들면 자기조립은 잘 정의된 거리로 분리된 전자 주개와 전자 받개를 조립하는데 – 광학적 흥분을 따르는 전자를 교환할 수 있는 – 응용될 수 있다.

이것은 예를 들면, 분자 전자 이동 반응에 기초한 전자 이동 저항 메모리의 제작이 가능할 수 있다.

5.10 전기화학 증착

전기화학 증착 또는 전기 증착은 매우 잘 정립된 박막 성장 방법이다. 앞 장에서 우리는 이 방법을 이용한 나노선의 성장을 논의하였고 어느 정도 공정의 원리가 이미 소개 되었다. 이 절에서 우리의 초점은 막의 증착에 놓일 것이다. 단일 원소 막의 전기 증착에서 중요 매개변수는 열역학적 고려와 동력학적 고려로 편리하게 묶일 수 있다.

앞 장에서 논의된 것처럼 금속 전극의 전기화학 퍼텐셜은 네른스트 식에 의해 주어진다.

$$E = E_0 + \frac{RT}{n_i F}\ln(a_i), \tag{5.38}$$

여기서 E_0는 표준 전극 전위, 또는 이온의 활동도 a_i가 1일 때 전극과 용액 사이의 전위차, F는 페러데이(Faraday) 상수, R은 기체 상수, 그리고 T는 온도이다. 네른스트 식은 평형 상태를 묘사한다. 전기화학 전위가 평형값에서 벗어나면, 예를 들면 외부 전기장을 가하여, 환원(고체의 증착을 이끄는) 또는 산화(고체의 용해) 반응이 새로운 평형 상태가 도달될 때까지 표면 또는 금속 전극 위에서 일어날 것이다. 전위의 차이는 초과 전위 또는 초과 전압으로 불린다. 초과 전위의 주의 깊은 조절은 용매 또는 불순물 상의 증착의 전기분해를 피하기 위하여 매우 중요하다. 전극 전위가 평형 전위보다 더 음이면 M의 전기증착이 일어난다. 전위에서 이 차이가 초과 전위 또는 초과 전압 η으로 불린다. 더불어서 용질 이온 M^{m+}의 용매와의 반응 또는 리간드를 형성하는 복합체와의 반응이 고려되어야 한다. 이러한 반응과 용액의 이온성 세기와 같은 요소가 주의 깊게 조절되어야 한다. 열역학 이외에 단일 원소 막의 증착에 영향을 주는 많은 동력학 요소가 있다. 전자 전달 반응의 속도, 즉 산화-환원 동력학은 증착의 특성과 형태에 영향을 미친다. 결정의 핵생성 속도는 초과 전위의 함수이며,[116] 또한 증착의 특성에 영향을 미친다. 확산 제어 증착의 경우 용질 화학종의 전극 표면으로의 물질 전달 속도는 얻어질 수 있는 증착 속도에 큰 영향이 있다. 전해질 교반은 확산층 두께를 줄일 수 있으며 빠른 증착에 유리하나, 최고 안정 성장은 일반적으로 비교적 높은 용매 활동도, 높은 확산 계수(낮은 용액 점도), 그리고 낮은 성장 속도의 용액에서 생산된다.[117] 용매화된 또는 복잡한 이온의 분해 동력학은 전극 표면에서의 금속 이온 활동도에 영향을 미치고 원하는 증착 형태를 위하여 얻어질 수 있는 증착 속도를 제한할 것이다.

합금과 화합물의 전기 증착은 훨씬 더 복잡하다.[118-120] 합금 및 화합물 전기 증착에서는 합금 또는 화합물 성분의 평형 퍼텐셜, 용액 내 이온의 활동도, 그리고 결과적인 증착의 안정성 모두 중요한 열역학적 고려이다. 화합물 M_nN_m 에 대하여 음극에서 두 가지 다른 종류 이온의 동시 증착을 얻기 위한 조건은 다음과 같다.

$$E_M + \eta^m \rightarrow E_N + \eta^n, \tag{5.39}$$

여기서 E_M과 E_N은 M가 N의 상대적인 평형 전위, η^m과 η^n는 각각 M과 N을 전기 증착하기 위해 요구되는 초과 전위이다. 화합물 또는 합금에서의 금속 M과 N의 활동도가 용액에서의 농도, 증착의 열역학적 안정성에 의해 결정되고 증착 중에 자주 변한다는 사실을 고려하면 증착 화학양론을 조절하는 것은 매우 어렵다. 더불어서 이온성 세기와 용질 농도가 균일한 증착을 위하여 중요하다.

전기 증착에 의한 막의 성장을 위해서 몇 가지 실질적인 관심사를 여기서 간단히 논의할 가치가 있다.

(1) 수용액이 자주 사용되지만 비수용성 용매 또는 녹은 염이 또한 쓰인다. 물의 전기 분해는 비수용성 용매 또는 녹은 염이 사용되는 주된 이유이다.

(2) 증착물의 전기 전도도는 계속적인 층 증착을 허용하기에 충분히 높아야 한다. 전기 증착은 금속, 반도체, 그리고 전도성 고분자 막의 성장에만 적용된다.

(3) 증착은 일정 전류 또는 일정 전위에서, 또는 펄스 전류 또는 전압과 같은 다른 수단으로 이루어 질 수 있다.

(4) 증착물의 특성을 개선하기 위하여 후처리가 사용될 수 있다.

5.11 졸-겔 박막

졸-겔 공정은 무기와 유기-무기 하이브리드 재료의 합성에 넓게 쓰이고 나노입자, 나노막대, 박막, 그리고 모노리스를 생산할 수 있다. 앞 장에서 우리는 졸-겔 공정을 사용한 나노입자와 나노막대의 제조를 논의하였다. 졸-겔 공정에 대한 일반적인 소개는 3장에 제시되었다. 더 자세한 정보를 위해서는 독자들에게 브린커(Brinker)와 쉐러(Scherer),[121] 피에르(Pierre),[122] 그리고 라이트(Wright)와 좀머딕(Sommerdijk)의[123] 훌륭한 책들을 추천한다. 산화물 코팅을 위한 졸-겔 방법은 프랜시스(Francis)에 의하여 고찰되었다.[124] 여기서 우리는 논의를 졸-겔 박막의 형성 원리와 방법에 대해서만 집중할 것이다. 졸-겔 전이 또는 콜로이드화에 앞서 졸은 용액 내 나노 클러스터의 매우 묽은 부유물이고, 전형적으로 졸-겔 막은 기판 위에 졸을 코팅함으로써 만들어진다. 비록 기판에 액체 코팅을 적용하기 위하여 많은 방법이 가능하지만, 가장 좋은 선택은 용액 점도, 요구되는 코팅 두께, 그리고 코팅 속도와 같은 여러 요소에 의존한다.[125] 스프레이와 초음파 분무 스프레이도 또한 사용되지만[128,129] 스핀 코팅과 담금 코팅이[126,127] 졸-겔 막 증착을 위한 가장 흔하게 사용되는 방법이다.

담금 코팅에서는 기판이 일정한 속도로 용액 내에 담겨지고 회수된다. 기판이 위쪽으로 회수됨에 따라 용액의 층이 끌어지고 점도 끌기와 중력의 조합이 막 두께 H를 결정한다.[130]

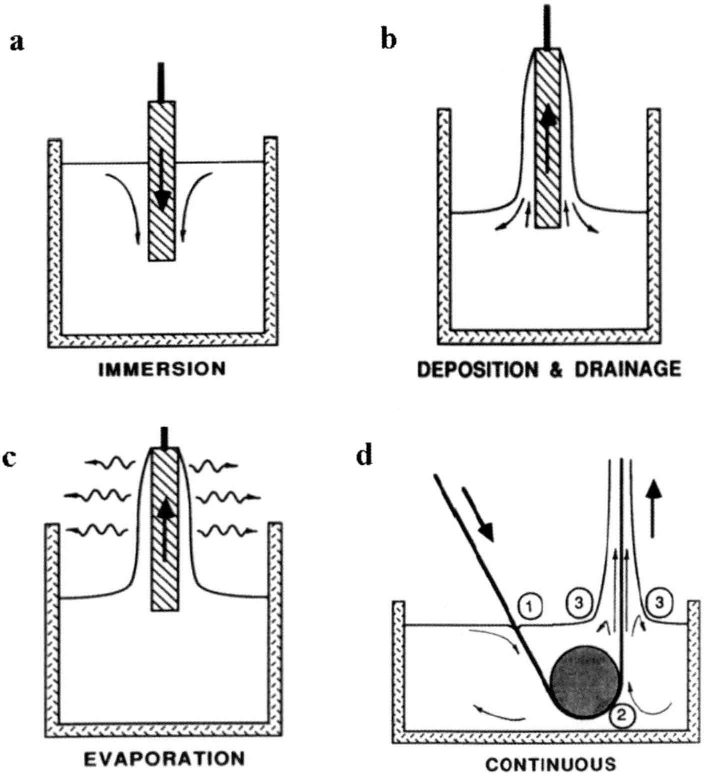

[그림 5.27] 담금 코팅 공정의 단계: (a)–(e) 일괄과 (f) 연속 [L. E. Scriven, in Better Ceramics through Chemistry III, eds. C. J. Brinker, D. E. Clark, and D. R. Ulrich, The Materials Research Society, Pittsburgh, PA, p. 717, 1988.]

$$H = c_1 \left(\frac{\eta U_0}{\rho g} \right)^{1/2} \tag{5.40}$$

여기서 η는 점도, U_0는 회수 속도, ρ는 코팅 졸의 밀도, 그리고 c_1은 상수이다. [그림 5.27]은 담금 코팅 공정의 다양한 단계를 보여준다. 식은 [그림 5.28]에 예시된 것처럼 용매의 증발과 졸 내에 분산된 나노 클러스터 사이의 연속적인 응축을 설명하지 않음을 주목해야 한다.[128] 그러나 두께와 코팅변수 사이의 관계는 동일하고 비례상수는 다르지만 실험적 결과에 의해 뒷받침된다.[133] 담금 코팅 막의 두께는 코팅당 ~8 nm의 더 얇은 막이 또한 보고되었으나 보통 50–500 nm 범위이다.[135]

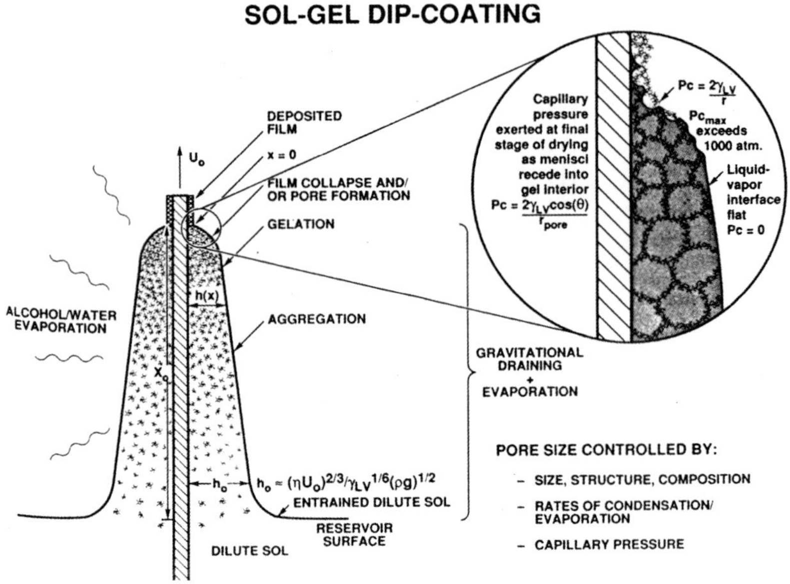

[그림 5.28] 담금-코팅 중의 용매의 증발과 졸 내에 분산된 나노 클러스터 사이의 연속적인 응축을 보여주는 개략도 [C. J. Brinker and A. J. Hurd, J. Phys. III (Fr.) 4, 1231 (1994).]

스핀 코팅은 미세전자공학에서 감광막과 특수 고분자를 증착하기 위하여 일상적으로 쓰이고 잘 연구되어 왔다.[136,137] 전형적인 스핀 코팅은 네 가지 단계로 구성한다. 기판 중앙 위로 용액 또는 졸의 운반, 스핀 상승, 스핀 끄기, 그리고 증발(모든 단계들의 중복). 액체를 기판으로 운반 후 원심력이 기판을 가로질러 구동한다(스핀 상승). 과잉의 액체는 스핀 끄기 중에 기판을 떠난다. 얇은 코팅 내의 흐름이 더 이상 가능하지 않을 때 증발이 막 두께의 추가적인 감소를 견인한다. 균일한 막은 액체의 점도가 전단 속도에 의존하지 않고(즉, 뉴턴의), 증발 속도가 위치에 의존하지 않을 때 얻어질 수 있다. 스핀 코팅된 막의 두께 H는 다음으로 주어진다.[138]

$$H = \left(1 - \frac{\rho_A{}^0}{\rho_A}\right)\left(\frac{3\eta e}{2\rho_A{}^0 \varpi^2}\right), \qquad (5.41)$$

여기서 ρ_A는 단위 부피당 휘발성 용매의 질량이고, $\rho_A{}^0$는 초기 부피, ω는 각속도, η는 액체 점도, 그리고 e는 질량 전달 계수와 관련되는 증발 속도이다. 식으로부터 막 두께가 용액 특성과 증착 조건을 조정함으로써 조절될 수 있음은 명확하다.

졸-겔 코팅을 만드는 공정에서 용매의 제거 또는 코팅의 건조는 겔 망상 조직의 연속적인 응축과 응고와 동시에 진행된다. 완전한 공정은 강제적인 수축에 의해 야기된, 다공성 겔 구조의 붕괴를 일으키고 또한 막 내의 크랙 형성으로 이끄는 모세관 압력과 응력을 일으킨다. 건조 속도는 후반 단계에서 응력의 발전과 크랙의 형성에 매우 중요한 역할을 하고 용매 또는 휘발성 성분이 코팅물의 자유 표면으로 확산하는 속도와 증기가 가스 내에서 이송되어 나가는 속도에 의존한다.

강제적인 수축 때문에 응고된 코팅의 건조 중에 응력이 발전한다. 용매 주조 고분자 코팅에 있어 응고 후의 용매 손실은 응력의 흔한 원천이고 크롤(Croll)은 그러한 응력을 다음과 같이 정의한다.[139,140]

$$\sigma = \frac{E(\sigma)(\phi_s - \phi_r)}{(1-\nu)3(1-\phi_r)} \tag{5.42}$$

여기서 $E(\sigma)$는 비선형 탄성 계수이고, ν는 코팅의 포아송 비, ϕ_s와 ϕ_r은 각각 응고 시 용매와 건조 후 잔류의 부피 분율이다. 이 관계는 응고에 있어 용매 양이 코팅에서 응력을 낮추기 위하여 최소이어야 함을 보여준다. 졸-겔 코팅의 형성에서 건조에 의해 용매의 제거 중 응축 반응 속도를 제한하여 응고 시 용매의 부피 분율을 작게 유지하는 것이 매우 중요하다. 응력을 완화하기 위하여 재료는 분자 운동에 의해 내부적으로 이완할 수 있거나 혹은 변형될 수 있다. 내부 이완은 재료가 탄성 고체에 접근하고 변형이 기판에 고착되어 제한됨에 따라 느려진다. 응고 중 무응력 상태 수축과 기판 고착은 코팅에서 수축을 두께 방향으로 제한하여 면내 인장 응력이 야기된다. 크랙은 응력 완화의 또 다른 형태이다. 졸-겔 코팅에서 크랙의 형성은 코팅 두께를 통상 1마이크로 미만으로 제한한다. 임계 코팅 두께 T_c는 다음과 같이 정의된다.[141,142]

$$T_c = \frac{EG_c}{A\sigma^2}, \tag{5.43}$$

여기서 E는 막의 영(Young)의 계수이고, A는 단위 없는 비례상수, 그리고 G_c는 두 개의 새로운 크랙 표면을 형성하는데 필요한 에너지이다. 임계 두께라는 개념은 실험적 결과로 뒷받침된다. 예를 들면, 600 nm의 임계 두께가 산화세륨 졸-겔 막에서 보고되었고, 크랙은 이 두께를 넘어서 형성되었다.[143]

또한 졸-겔 코팅이 보통 다공성이고 비정질이라는 것이 주목되어야 한다. 많은 응용에서 이후의 열처리가 완전한 치밀화를 이루고 비정질을 결정질로 바꾸기 위해 요구된다. 졸-겔 코팅물과 기판의 열팽창 계수의 불일치는 응력의 또 다른 중요한 원천이고 졸-겔 코팅에서의 잔류응력이 350MPa 만큼이나 높을 수 있다.[144]

유기-무기 하이브리드는 자연에는 존재하지 않는 새로운 형태의 재료이고 졸-겔은 그것을 합성하는 고마운 방법이다.[145,122] 유기와 무기 성분은 나노미터 규모에서 서로 침투할 수 있다. 유기와 무기 성분 사이의 반응에 의존하여 하이브리드는 두 등급으로 나뉜다. (1) 유기 분자, 저중합체 또는 낮은 분자 중량 고분자가 무기 기지 속에 묻혀 약한 수소결합 또는 반데르발스 힘에 의해 잡혀진 하이브리드, (2) 유기와 무기 성분이 강한 공유 또는 특별히 공유성 화학 결합에 의해 서로 결합된 하이브리드. 유기 성분은 무기 성분의 기계적 특성을 크게 개조할 수 있다.[146] 다공성도 친수성과 소수성 균형에 의하여 조절될 수 있다.[147] 새로운 광학적[148,149] 또는 전기적[150] 특성을 가지는 하이브리드가 재단될 수 있다. 어떤 하이브리드는 새로운 전기화학 반응과 특별한 화학 또는 생화학 반응성을 보일 수 있다.[151,152]

다공성은 졸-겔 막의 또 다른 중요한 특성이다. 비록 많은 응용에서 고온에서의 열처리가 다공성을 제거하기 위하여 적용되지만 본래의 다공성은 촉매의 기지, 유기 또는 생물학적 성분을 감지하는 주인, 태양전지에서의 전극과 같은 많은 응용을 위한 졸-겔 막이 가능하게 한다. 다공성 자체는 또한 낮은 유전상수, 낮은 열전도성 등의 다른 고유한 물리적 성질을 나타내게 한다. 계면활성제와 블록 종합체와 같은 유기 분자가 다음 장에서 또 다른 논의 주제가 될 규칙적인 메조포러스 재료의 합성에 있어 주형을 형성하기 위하여 사용되어 왔다.

많은 다른 화학 용액 증착(CSD) 방법이 있다. 위에서 논의된 원리는 일반적으로 다른 CSD 방법에 적용될 수 있다. 예를 들면 건조 중의 경쟁 공정, 응력의 발전, 그리고 크랙의 형성은 졸-겔 막에서의 그것과 유사하다.

5.12 요약

박막 증착을 위한 다양한 방법이 요약되고 간단히 논의되었다. 비록 모든 방법이 100 nm 미만의 두께를 가지는 막을 만들 수 있지만, 그것들은 두께 조절과 표면 평탄도의 다른 정도를 제공한다. MBE와 ALD는 둘 다 단일 원자 수준에서 증착의 가장 정교한 조절과 가장 좋은 품질로 성장된 막을 제공한다. 그러나 그것들은 복잡한 증착 기기와 느린 성장 속도로 고생한다. 자기조립은 단일 원자층 수준 조절을 제공하는 또 다른 방법이다. 그러나 그것은 일반적으로 유기 또는 무기-유기 하이브리드 박막의 제조에 제한된다.

참고문헌

[1] M. Ohring, *The Materials Science of Thin Films, Academic Press, San Diego, CA, 1992.*

[2] J.L. Vossen and W. Kern (eds.), *Thin Film Processes II,* Academic Press, San Diego, CA, 1991.

[3] H.S. Nalwa (ed.), *Handbook of Thin Film Materials, Vol. 1: Deposition and Processing of Thin Films, Academic Press, San Diego, CA, 2002.*

[4] J. Bloem, *Proceedings of the Seventh Conference on CVD,* eds. T.O. Sedgwick and H. Lydtin (ECS PV 79-73), p. 41, 1979.

[5] A. Roth, *Vacuum Technology,* North-Holland, Amsterdam, 1976.

[6] S. Dushman, *Scientific Foundations of Vacuum Techniques,* Wiley, New York, 1962.

[7] R. Glang, in *Handbook of Thin Film Technology,* eds. L.I. Maissel and R. Glang, McGraw-Hill, New York, 1970.

[8] M. Faraday, *Phil. Trans.* **147**, 145 (1857).

[9] L. Holland, *Vacuum Deposition of Thin Films, Chapman and Hall, London, 1957.*

[10] C.V. Deshpandey and R.F. Bunshah, in *Thin Film Processes II,* eds. J.L. Vossen and W. Kern, Academic Press, San Diego, CA, 1991.

[11] M.A. Herman and H. Sitter, *Molecular Beam Epitaxy — Fundamentals and Current Status,* Springer-Verlag, Berlin, 1989.

[12] E. Kasper and J.C. Bean (eds.), *Silicon-Molecular Beam Epitaxy I and II,* CRC Press, Boca Raton, FL, 1988.

[13] E.H.C. Parker (ed.), *The Technology and Physics of Molecular Beam Epitaxy,* Plenum Press, New York, 1985.

[14] J.A. Mucha and D.W. Hess, in *Introduction to Microlithography,* eds., L.F. Thompson, C.G. Willson, and M.J. Bowden, The American Chemical Society, Washington, DC, p. 215, 1983.

[15] K.F. Jensen and W. Kern, in *Thin Film Processes II,* eds. J.L. Vossen and W. Kern, Academic Press, San Diego, CA, 1991.

[16] K.L. Choy, *Prog. Mater. Sci.* **48**, 57 (2003).

[17] P. Ser, P. Kalck and R. Feurer, *Chem. Rev.* **102**, 3085 (2002).

[18] N. Goldsmith and W. Kern, *RCA Rev.* **28**, 153 (1967).

[19] R. Rosler, *Solid State Technol.* **20**, 63 (1977).

[20] R.C. Taylor and B.A. Scott, *J. Electrochem. Soc.* **136**, 2382 (1989).

[21] E.L. Jordon, *J. Electrochem. Soc.* **108**, 478 (1961).

[22] E. Sirtl, L.P. Hunt, and D.H. Sawyer, *J. Electrochem. Soc.* **121**, 919 (1974).

[23] W. Kern, in *Microelectronic Materials and Processes, ed. R.A. Levy, Kluwer, Boston, MA, p.203, 1989.*

[24] A.C. Adams, in *VLSI Technology, 2nd edn., ed. S.M. Sze, McGraw-Hill, New York, 1988.*

[25] S.M. Sze, *Semiconductor Devices: Physics and Technology, John Wiley and Sons, New York, 1985.*

[26] S. Matuso, *Handbook of Thin Film Deposition Processes and Techniques,* Noyes, Park

Ridge, NJ, 1982.

[27] J.J. Hajjar, R. Reif, and D. Adler, *J. Electronic Mater.* **15**, 279 (1986).

[28] R.D. Dupuis, *Science* 226, 623 (1984).

[29] G.B. Stringfellow, *Organo Vapor-Phase Epitaxy: Theory and Practice, Academic Press, New York, 1989.*

[30] R.M. Osgood and H.H. Gilgen, *Ann. Rev. Mater. Sci.* **15**, 549 (1985).

[31] R.L. Abber, in *Handbook of Thin-Film Deposition Processes and Techniques, ed., K.K. Schuegraf, Noyes, Park Ridge, NJ, 1988.*

[32] L.D. McMillan, C.A. de Araujo, J.D. Cuchlaro, M.C. Scott, and J.F. Scott, *Integ. Ferroelec.* **2**, 351 (1992).

[33] C.F. Xia, T.L. Ward, and P. Atanasova, *J. Mater. Res.* **13**, 173 (1998).

[34] P.C. Van Buskirk, J.F. Roeder, and S. Bilodeau, *Integ. Ferroelec.* **10**, 9 (1995).

[35] A.O. Isenberg, in *Electrode Materials and Processes for Energy Conversion and Storage, eds. J.D.E. McIntyre, S. Srinivasan, and F.G. Will, Electrochem. Soc. Proc.* **77**–6, 572 (1977).

[36] M.F. Carolan and J.M. Michaels, *Solid State Ionics* **25**, 207 (1987).

[37] Y.S. Lin, L.G.J. de Haart, K.J. de Vries, and A.J. Burggraaf, *J. Electrochem. Soc.* **137**, 3960 (1990).

[38] G.Z. Cao, H.W. Brinkman, J. Meijerink, K.J. de Vries, and A.J. Burggraaf, *J. Am. Ceram. Soc.* **76**, 2201 (1993).

[39] W.V. Kotlensky, *Chem. Phys. Carbon* **9**, 173 (1973).

[40] P. Delhaes, in *Proceedings of Fourteenth Conference on Chemical Vapor Deposition, Electrochem. Soc. Proc.* **97–25**, 486 (1997).

[41] S. Vaidyaraman, W.J. Lackey, G.B. Freeman, P.K. Agrawal and M.D. Langman, *J. Mater. Res.* **10**, 1469 (1995).

[42] P. Dupel, X. Bourrat and R. Pailler, *Carbon* **33**, 1193 (1995).

[43] R. Berman, in *Physical Properties of Diamond, ed. R. Berman, Clarendon Press, Oxford, p. 371, 1965.*

[44] H.P. Bovenkerk, F.P. Bundy, H.T. Hall, H.M. Strong, and R.H. Wentorf, *Nature* **184**, 1094 (1959).

[45] J. Wilks and E. Wilks, *Properties and Applications of Diamonds, Butterworth-Heinemann,*

Oxford, 1991.

[46] B.V. Derjaguin and D.V. Fedoseev, *Sci. Am.* **233**, 102 (1975).

[47] J.C. Angus, H.A. Will, and W.S. Stanko, *J. Appl. Phys.* **39**, 2915 (1968).

[48] J.E. Butler and D.G. Goodwin, in *Properties, Growth and Applications of Diamond, eds. M.H. Nazare and A.J. Neves, INSPEC, London, p. 262, 2001.*

[49] L.M. Hanssen, W.A. Carrington, J.E. Butler, and K.A. Snail, *Mater. Lett.* **7**, 289 (1988).

[50] D.E. Rosner, *Annu. Rev. Mater. Sci.* **2**, 573 (1972).

[51] J.J. Schermer, F.K. de Theije, and W.A.L.M. Elst, *J. Cryst. Growth* **243**, 302 (2002).

[52] S.J. Harris, H.S. Shin, and D.G. Goodwin, *Appl. Phys. Lett.* **66**, 891 (1995).

[53] K.L. Yarina, D.S. Dandy, E. Jensen, and J.E. Butler, *Diamond Relat. Mater.* **7**, 1491 (1998).

[54] D.M. Gruen, *Annu. Rev. Mater. Sci.* **29**, 211 (1999).

[55] M. Ritala and M. Leskelä, in *Handbook of Thin Film Materials, Vol. 1: Deposition and Processing of Thin Films, ed. H.S. Nalwa, Academic Press, San Diego, CA, p. 103, 2002.*

[56] M. Ritala and M. Leskelä, *Nanotechnology* **10**, 19 (1999).

[57] T. Suntola and J. Antson, US Patent No. 4,058,430, 1977.

[58] M. Ahonen and M. Pessa, *Thin Solid Films* **65**, 301 (1980).

[59] M. Pessa, R. Mäkelä, and T. Suntola, *Appl. Phys. Lett.* **38**, 131 (1981).

[60] T. Suntola and J. Hyvärinen, *Ann. Rev. Mater. Sci.* **15**, 177 (1985).

[61] T. Suntola, J. Antson, A. Pakkala, and S. Lindfors, *SID 80 Dig.* **11**, 108 (1980).

[62] P. Allén, M. Juppo, M. Ritala, T. Sajavaara, J. Keinonen, and M. Leskelä, *J. Electrochem. Soc.* **148**, G566 (2001).

[63] K. Kukli, J. Ihanus, M. Ritala, and M. Leskela, *Appl. Phys. Lett.* **68**, 3737 (1996).

[64] T. Suntola and M. Simpson (eds.), *Atomic Layer Epitaxy, Blackie, London, 1990.*

[65] A.I. Kingon, J.P. Maria, and S.K. Streiffer, Nature **406**, 1032 (2000).

[66] J.D. Ferguson, A.W. Weimer, and S.M. George, *Appl. Surf. Sci.* **162–163**, 280 (2000).

[67] S. Morishita, W. Gasser, K. Usami, and M. Matsumura, *J. Non-Cryst. Solids* **187**, 66 (1995).

[68] D. Hausmann, J. Becker, S. Wang, and R.G. Gordon, *Science* **298**, 402 (2002).

[69] L. Esaki, in *Symposium on Recent Topics in Semiconductor Physics, eds. H. Kamimura and Y. Toyozawa, World Scientific, Singapore, 1982.*

[70] F. Capasso, *Science* **235**, 172 (1987).

[71] F. Capasso and S. Datta, *Physics Today* **43**, 74 (1990).

[72] H. Ichinose, Y. Ishida, and H. Sakaki, *JOEL News* **26E**, 8 (1988).

[73] L. Esaki and R. Tsu, *IBM J. Res. Dev.* **14**, 61 (1970).

[74] K. Nomura, H. Ohta, K. Ueda, T. Kamiya, M. Hirano, and H. Hosono, *Science* **300**, 1269 (2003).

[75] W.C. Bigelow, D.L. Pickett, and W.A. Zisman, *J. Coll. Interf. Sci.* 1, 513 (1946).

[76] W.A. Zisman, *Adv. Chem. Ser.* **43**, 1, (1964).

[77] L.H. Dubois, B.R. Zegarski, and R.G. Nuzzo, *Proc. Natl. Acad. Sci.* **84**, 4739 (1987).

[78] L.H. Dubois, B.R. Zegarski, and R.G. Nuzzo, *J. Am. Chem. Soc.* **112**, 570 (1990).

[79] R. Maoz and J. Sagiv, *Langmuir* **3**, 1045 (1987).

[80] L. Netzer and J. Sagiv, *J. Am. Chem. Soc.* **105**, 674 (1983).

[81] N. Tillman, A. Ulman, and T.L. Penner, *Langmuir* **5**, 101 (1989).

[82] I. Rubinstein, S. Teinberg, Y. Tor, A. Shanzer, and J. Sagiv, *Nature* **332**, 426 (1988).

[83] G.M. Whitesides and P.E. Laibinis, *Langmuir* **6**, 87 (1990).

[84] A. Ulman, *J. Mater. Ed.* **11**, 205 (1989).

[85] L.C.F. Blackman, M.J.S. Dewar, and H. Hampson, *J. Appl. Chem.* **7**, 160 (1957).

[86] E.B. Troughton, C.D. Bain, G.M. Whitesides, R.G. Nuzzo, D.L. Allara, and M.D. Porter, *Langmuir* **4**, 365 (1988).

[87] R.G. Nuzzo, F.A. Fusco, and D.L. Allara, *J. Am. Chem. Soc.* **109**, 2358 (1987).

[88] H. Ogawa, T. Chihera, and K. Taya, *J. Am. Chem. Soc.* **107**, 1365 (1985).

[89] N.E. Schlotter, M.D. Porter, T.B. Bright, and D.L. Allara, *Chem. Phys. Lett.* **132**, 93 (1986).

[90] E.P. Plueddemann, *Silane Coupling Agents, Plenum Press, New York, 1982.*

[91] S.H. Chen and C.F. Frank, *Langmuir* **5**, 978 (1989).

[92] H.H. Weetall, *Science* **160**, 615 (1969).

[93] R.R. Highfield, R.K. Thomas, P.G. Cummins, D.P. Gregory, J. Mingis, J.B. Hayter, and O. Schärpf, *Thin Solid Films* **99**, 165 (1983).

[94] S.S. Prakash, C.J. Brinker, A.J. Hurd, and S.M. Rao, *Nature* **374**, 439 (1995).

[95] S. Seraji, Y. Wu, M.J. Forbess, S.J. Limmer, T.P. Chou, and G.Z. Cao, *Adv. Mater.* **12**, 1695 (2000).

[96] R. Maoz and J. Sagiv, *Langmuir* **3**, 1045 (1987).

[97] N. Tillman, A. Ulman, and T.L. Penner, *Langmuir* **5**, 101 (1989).

[98] T.P. Chou and G.Z. Cao, *J. Sol-Gel Sci. Technol.* **27**, 31 (2003).

[99] L. Netzer, R. Iscovici, and J. Sagiv, *Thin Solid Films* **99**, 235 (1983).

[100] R.G. Nuzzo and D.L. Allara, *J. Am. Chem. Soc.* **105**, 4481 (1983).

[101] C.D. Bain, E.B. Troughton, Y.T. Tao, J. Evall, G.M. Whitesides, and R.G. Nuzzo, *J. Am. Chem. Soc.* **111**, 321 (1989).

[102] M.D. Porter, T.B. Bright, D.L. Allara, and C.E.D. Chidsey, *J. Am. Chem. Soc.* **109**, 3559 (1987).

[103] K.R. Stewart, G.M. Whitesides, H.P. Godfried, and I.F. Silvera, *Surf. Sci.* **57**, 1381 (1986).

[104] C.D. Bain, J. Evall, and G.M. Whitesides, *J. Am. Chem. Soc.* **111**, 7155 (1989).

[105] N. Tillman, A. Ulman, and T.L. Penner, *Langmuir* **5**, 01 (1989).

[106] L. Netzer, R. Iscovici, and J. Sagiv, *Thin Solid Films* **100**, 67 (1983).

[107] D.L. Allara and R.G. Nuzzo, *Langmuir* **1**, 45 (1985).

[108] D.Y. Huang and Y.T. Tao, *Bull. Inst. Chem. Acad. Sinica* **33**, 73 (1986).

[109] L.M. Liz-Marzán, M. Giersig, and P. Mulvaney, *J. Chem. Soc. Chem. Commun., 731 (1996).*

[110] A. Ulman, *An Introduction to Ultrathin Organic Films: From Langmuir–Blodgett to Self-Assembly,* Academic Press, San Diego, CA, 1991.

[111] G.L. Gaines, *Insoluble Monolayers Liquid-Gas* Interfaces, Interscience, New York, 1966.

[112] N.K. Adam, *The Physics and Chemistry of Surfaces,* 3rd edn. Oxford University Press, London, 1941.

[113] I.R. Peterson, G. Veale, and C.M. Montgomery, *J. Coll. Interf. Sci.* **109**, 527 (1986).

[114] N. Tillman, A. Ulman, and T.L. Penner, *Langmuir* **5**, 101 (1989).

[115] J.J. Hopfield, J.N. Onuchic, and D.N. Beratan, *Science* **241**, 817 (1988).

[116] E.B. Budevski, in *Comprehensive Treatise of Electrochemistry, Vol. 7, eds.B.E. Conway, J.O"M. Bockris, E. Yeagers, S.U.M. Khan, and R.E. White, Plenum, New York, p. 399, 1983.*

[117] D. Elwell, *J. Cryst. Growth* **52**, 741 (1981).

[118] G.F. Fulop and R.M. Taylor, *Annu. Rev. Mater. Sci.* **15**, 197 (1985).

[119] K.M. Gorbunova and Y.M. Polukarov, in *Advances in Electrochemistry and Electrochemical Engineering, Vol. 5, eds. C.W. Tobias and P. Delahay, Wiley, New York, p. 249, 1967.*

[120] A.R. Despic, in *Comprehensive Treatise of Electrochemistry,* Vol. 7, eds. B.E. Conway, J.O"M. Bockris, E. Yeagers, S.U.M. Khan, and R.E. White, Plenum, New York, p. 451, 1983.

[121] C.J. Brinker and G.W. *Scherer, Sol-Gel Science: The Physics and Chemistry of Sol-Gel Processing,* Academic Press, San Diego, CA, 1990.

[122] A.C. *Pierre, Introduction to Sol-Gel Processing,* Kluwer, Norwell, MA, 1998.

[123] J.D. Wright and N.A.J.M. Sommerdijk, *Sol-Gel Materials,* Gordon and Breach Science Publishers, Amsterdam, 2001.

[124] L.F. Francis, *Mater. Manufac. Proc.* **12**, 963 (1997).

[125] E.D. Cohen, in *Modern Coating and Drying Technology, eds. E.D. Cohen and E.B. Gutoff, VCH, New York, p. 1, 1992.*

[126] C.J. Brinker, A.J. Hurd, and K.J. Ward, in *Ultrastructure Processing of Advanced Ceramics,* eds. L.L. Hench and D.R. Ulrich, John Wiley and Sons, New York, p. 223 (1988).

[127] C.J. Brinker, A.J. Hurd, P.R. Schunk, G.C. Frye, and C.S. Ashley, *J. Non-Cryst. Solids* **147-148**, 424 (1992).

[128] P. Hinz and H. Dislicj, *J. Non-Cryst. Solids* **82**, 411 (1986).

[129] P. Marage, M. Langlet, and J.C. Joubert, *Thin Solid Films,* **238**, 218 (1994).

[130] R.P. Spiers, C.V. Subbaraman, and W.L. Wilkinson, *Chem. Eng. Sci.* **29**, 389 (1974).

[131] L.E. Scriven, in *Better Ceramics through Chemistry III, eds. C.J. Brinker, D.E. Clark, and D.R. Ulrich, The Materials Research Soceity, Pittsburgh, PA, p. 717, 1988.*

[132] C.J. Brinker and A.J. Hurd, *J. Phys. III (Fr.)* **4**, 1231 (1994).

[133] M. Guglielmi, P. Colombo, F. Peron, and L.M. Degliespoti, *J. Mater. Sci.* **27**, 5052 (1992).

[134] S, Sakka, K. Kamiya, K. Makita, and Y. Yamamoto, *J. Non-Cryst. Solids* **63**, 223 (1984).

[135] J.G. Cheng, X.J. Meng, J. Tang, S.L. Guo, J.H. Chu, M. Wang, H. Wang, and Z. Wang. *J. Am. Ceram. Soc.* **83**, 2616 (2000).

[136] A.G. Emslie, F.T. Bonner, and G. Peck, *J. Appl. Phys.* **29**, 858 (1958).

[137] D. Meyerhofer, *J. Appl. Phys.* **49**, 3993 (1978).

[138] D.E. Bomside, C.W. Macosko, and L.E. Scriven, *J. Imaging Technol.* 13, 122 (1987).

[139] S.G. Croll, *J. Coatings Technol.* **51**, 64 (1979).

[140] S.G. Croll, *J. Appl. Polymer Sci.* **23**, 847 (1979).

[141] F.F. Lange, in *Chemical Processing of Advanced Materials, eds. L.L. Hench and J.K. West, John Wiley and Sons, New York, p. 611, 1992.*

[142] M.S. Hu, M.D. Thouless, and A.G. Evans, *Acta Metallurgica* **36**, 1301 (1988).

[143] A. Atkinson and R.M. Guppy, *J. Mater. Sci.* **26**, 3869 (1991).

[144] T.J. Garino and M. Harrington, *Mater. Res. Soc. Symp. Proc.* **243**, 341 (1992).

[145] C. Sanchez and F. Ribot, *New J. Chem.* **18**, 1007 (1994).

[146] A. Morikawa, Y. Iyoku, M. Kakimoto, and Y. Imai, *J. Mater. Chem.* **2**, 679 (1992).

[147] K. Izumi, H. Tanaka, M. Murakami, T. Degushi, A. Morita, N. Toghe, and T. Minami, *J. Non-Cryst. Solids* **121**, 344 (1990).

[148] D. Avnir, D. Levy, and R. Reisfeld, *J. Phys. Chem.* **88**, 5956 (1984).

[149] B. Dunn and J.I. Zink, *J. Mater. Chem.* **1**, 903 (1991).

[150] S.J. Kramer, M.W. Colby, J.D. Mackenzie, B.R. Mattes, and R.B. Kaner, in *Chemical Processing of Advanced Materials,* eds. L.L. Hench and J.K. West, Wiley, New York, p. 737, 1992.

[151] L.M. Ellerby, C.R. Nishida, F. Nishida, S.A. Yamanaka, B. Dunn, J.S. Valentine, and J.I. Zink, Science **255**, 1113 (1992).

[152] P. Audebert, C. Demaille, and C. Sanchez, *Chem. Mater.* **5**, 911 (1993).

Chapter 6

특수 나노재료

Nanostructures and Nanomaterials

6.1 서론

앞장에서는 나노입자, 나노선, 그리고 박막을 포함하는 다양한 나노구조와 나노재료의 합성과 제조를 위한 원리와 일반적인 방법을 소개하였다. 그러나 그 합성이 독특하여 소개하지 않은, 중요한 여러 나노재료이 있다. 그러한 나노재료의 예는 탄소 풀러렌과 탄소 나노튜브, 규칙적 메조포러스 물질, 그리고 산화물-금속 코어-쉘 구조이다. 게다가 나노결정립 세라믹과 나노복합체와 같이 나노 크기의 구성요소로 구성된 벌크 물질도 아직 논의되지 않았다. 이 장에서는 이러한 특수 나노재료의 합성을 논의할 것이다. 탄소 풀러렌과 탄소 나노튜브와 같은 몇몇 독특한 나노재료에 대해서는 특유한 구조와 특성에 대한 간단한 소개가 또한 논의되었다. 모든 논의가 일반적이도록 하였으나 독자들이 필요할 때 그러한 주제에 대하여 추가적인 이해를 얻기 위한 문헌을 쉽게 찾을 수 있도록 자세한 참고문헌을 첨가하였다.

6.2 탄소 풀러렌과 탄소 나노튜브

탄소는 독특한 물질로 흑연(graphite)구조일 때는 좋은 금속성 전도체이나, 다이아몬드 구조일 때는 넓은 띠간격 반도체가 되고, 고분자 구조에서는 수소와 반응한다. 탄소는 영차원 나노입자인 풀러렌부터 일차원 나노선인 나노튜브, 이차원 층상의 이방성 물질인 흑연, 결정질 상의 풀러렌을 구성 요소로 하여 삼차원 벌크 물질로 만들어진 풀러렌 고체에 이르기까지 전범위에서 고유의 나노미터 크기 구조를 보여주는 물질의 예이다. 이 절에서는 풀러렌, 풀러렌 결정, 그리고 탄소 나노튜브의 합성과 특성을 간단히 논의할 것이다. 탄소 과학에 대한 추가적인 일반적 연구 정보 또는 탄소 풀러렌과 탄소 나노튜브에 대한 자세한 정보를 위해서는 독자들은 드레셀하우스(Dresselhaus)의 훌륭한 소개 논문 등과 책, 그리고 그 안의 참고문헌을 참조하길 바란다.

6.2.1 탄소 풀러렌

탄소 풀러렌은 흔히 60개 탄소 원자를 가진 분자와 20면체 대칭을 가진 분자로 언급되지만,[3] 또한 더 큰 분자량을 갖는 풀러렌 C_n($n > 60$)을 포함한다. 더 큰 분자량 풀러렌의 예는 C_{70}, C_{76}, C_{78}, C_{80} 등인데 이들은 다른 기하학적 구조를 갖는다.[4-6] 예로 C_{70}은 럭비공 모양 대칭을 가진다. [그림 6.1]은 풀러렌 분자의 구조와 형상을 보여준다.[7] 풀러(Fuller)가 설계 건축한 측지선 돔과[8] 이 분자들이 닮았기 때문에 탄소 분자 가족에 풀러렌이라는 이름이 주어졌는데, 버크민스터 풀러렌 또는 버키볼이라는 이름은 풀러렌 가족 중에서 가장 널리 연구되고 구조와 특성에 있어 좀 더 논의할 가치가 있는 C_{60} 분자에 특별히 주어졌다.

C_{60} 내 60개 탄소 원자는 규칙적으로 끝이 잘린 20면체의 꼭지점에 위치되고 C_{60} 위 모든 탄소 자리는 모든 다른 자리와 동등하다. C_{60} 내 평균 최인접 이웃 C−C 거리(1.44 Å)[9]는 흑연에서의 그것(1.42 Å)과 거의 동일하다. C_{60} 내의 각 탄소 원자는 흑연의 그것과 동일하게 다른 탄소 원자와 삼각형으로 결합되고 규칙적으로 끝이 잘린 20면체 위의 대부분의 면은 육각형이다.

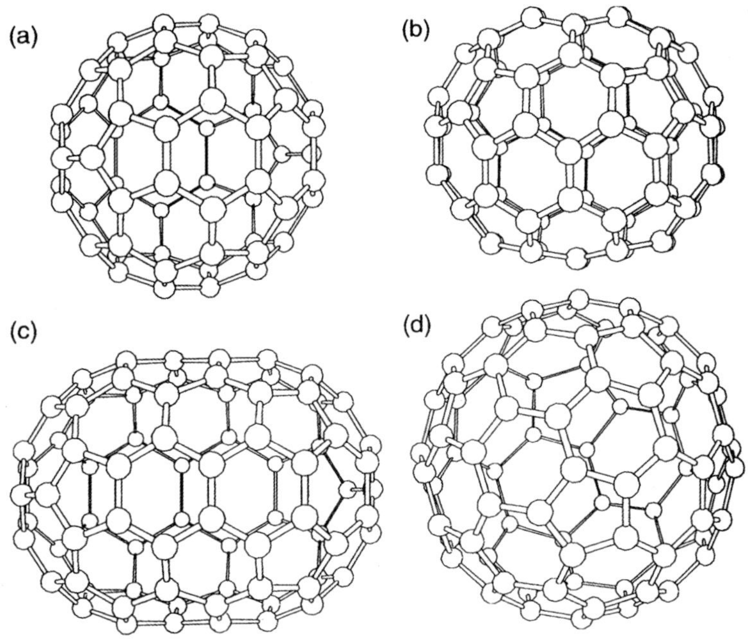

[그림 6.1] (a) 20면체 C_{60} 분자 (b) 럭비공 모양 분자로 C_{70} 분자 확장된 럭비 공 모양 분자로서 C_{80} 분자 (d) 20면체로 C_{80} 분자[M. S. Dresselhaus and G. Gresselhaus, Annu. Rev. Mater. Sci. 25, 487 (1995).]

C_{60} 분자의 직경은 7.10 Å인데 20개의 육각형 면과 12개의 오각형 면으로 구성되어 있다.[3,10] 비록 C_{60} 내의 각 탄소 원자가 모든 다른 탄소 원자와 동등하지만, 각 원자에서 나온 3개의 결합은 동등하지 않다. 각 탄소 원자는 4개의 가전자를 가지고 3개의 화학결합을 형성하므로 2개의 단일결합과 1개의 이중결합이 있다. 육각형 면은 단일 및 이중결합이 교대로 반복되지만 오각형 면은 단일결합에 의해서만 구성된다. 게다가 단일결합의 길이는 1.46 Å로 평균 결합 길이 1.44 Å보다 길고 이중결합은 1.40 Å로 더 짧다.[11,12] 다른 풀러렌 분자 구조는 오일러(Euler) 이론에[13] 위배되지 않은 한 육각형 면의 수를 변화시킨 C_{60}의 변형으로 생각할 수 있는데, 오일러 이론은 모든 폐쇄된 표면은 정확히 12개의 오각형과 임의의 육각형 개수로 만들어진다는 것이다. 예를 들면, C_{70} 구조는 한 5중 대칭축에 수직하는 C_{60} 분자의 적도선을 따라 5개의 육각형 벨트가 더해진 구조로 생각될 수 있다.

일반적으로 풀러렌은 1990년에 크래슈머(Kräschmer)와 공동연구자에 의해 처음으로 입증된 바,[14] 200 torr 정도의 He 기체 내에서 흑연 전극 사이의 아크 방전을 이용하여 합성된다. 전극 사이의 접촉점에서 발생된 열에 의해 탄소는 증발하여 검댕과 풀러렌을 형성하며 이것은 반응기의 수냉된 벽에 응축한다. 이 방전 과정은 ~15%까지 풀러렌을 함유하는 탄소 검댕을 생산한다. C_{60}(~13%)와 C_{70}(~2%). 그 다음에 풀러렌은 액체 크로마토그래피와 톨루엔과 같은 용매를 사용하여 그들의 질량에 따라 검댕으로부터 분리된다. 그러나 풀러렌의 성장 메커니즘에 대한 분명한 이해는 없다. 풀러렌 화학은 C_{60} 분자의 독특함과 다양한 화학 반응성을 가지는 능력 때문에 매우 활발한 연구 분야가 되어 왔다.[15,16]

6.2.2 풀러렌 파생 결정

고체 상태에서 풀러렌 분자는 약한 분자 간 힘을 통하여 결정화되고 각 풀러렌 분자는 결정질 상을 구성하는 기본 구성요소로 쓰인다. 예를 들면, C_{60} 분자는 14.47 Å의 격자상수와 10.02 Å의 $C_{60}-C_{60}$ 거리를 가지는 면심입방(FCC) 구조로 결정화한다.[17] NMR 방법으로 보인 바와 같이 분자는 상온에서 3개의 회전 자유도를 가지고 거의 자유롭게 회전한다. 풀러렌의 결정질 상은 종종 풀러라이트로 불린다.[18] 단결정은 CS_2와 톨루엔 같은 용매를 사용하는 용액법이나 진공 승화법으로 성장시킬 수 있는데, 승화법이 결정성이 좋아서 일반적으로 선택한다.[19]

6.2.3 탄소 나노튜브

탄소 나노튜브의 합성과 물리적 특성에 대한 훌륭한 소개 논문과 책이 있으므로,[20-23] 이 절에서는 탄소 나노튜브의 합성 원리와 일반적 접근법에 대해 간단히 요약한다. 단일벽 탄소 나노튜브(SWCNT)와 다중벽 탄소 나노튜브(MWCNT)가 있다. 근본적인 탄소 나노튜브는 단일벽 구조이고 [그림 6.2]를 통하여 이해할 수 있다.[1] 이 그림에서 우리는 점 O와 A가 결정학적으로 동등한 점임을 알 수

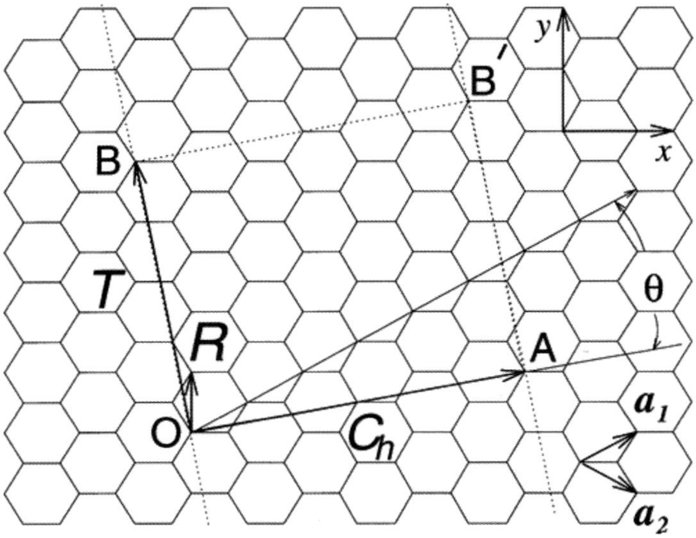

[그림 6.2] 키랄 벡터 OA 즉 $C_h = na_1 + ma_2$는 탄소 원자의 벌집 격자 상의 단위 벡터 a_1과 a_2, 그리고 지그재그 축에 대한 키랄각 θ에 의해 정의된다. 지그재그 축을 따르면 $\theta = 0°$. 또한 일차원 나노튜브 단위정의 격자 벡터 OB = T를 보여준다. 회전각 ψ와 이동 τ(보이지 않음)으로 탄소 나노튜브의 기본 대칭 동작 $R = (\psi \mid \tau)$을 나타낸다. 그림은 $(n, m) = (4, 2)$에 대하여 나타낸 것이다. 직사각형(OAB' B)에 의해 정의되는 면적은 나노튜브의 일차원 단위정의 면적이다. [M. S. Dresselhaus and G. Gresselhaus, Annu. Rev. Mater. Sci. 27, 1 (1997).]

있는데, 여기서 X-축은 벌집 격자의 한 변과 평행하다. 점 O와 A는 벡터 $C_h = na_1 + ma_2$으로 (여기서 a_1과 a_2는 그래핀 시트의 벌집 격자의 단위 벡터), 연결되어 있다. 다음에 점 O와 A에서 C_h에 수직선을 그려서 선 OB와 AB'을 얻는다. 이제 OB와 AB'를 중첩하여 만든 실린더에 풀러렌 반쪽을 양쪽 끝에 붙이면 탄소 나노튜브가 만들어진다. 이러한 단일벽 탄소 나노튜브는 정수 지수(n, m)로 유일하게 정의된다. 그러나 실험적 견지에서는 각 탄소 나노튜브를 직경 $d_t = C_h/\pi$와 키랄 각(chiral angle) θ로 표시하는 것이 더 편리하다. 단일벽 탄소 나노튜브는 [그림 6.3]에 보인 바와 같이 키랄 각에 따라 세 가지 기하학적 유형을 가진다. $\theta = 30°$인 안락의자(armchair)형, $\theta = 0°$인 지그재그형, 그리고 $0 < \theta < 30°$인 키랄형이다.[24]

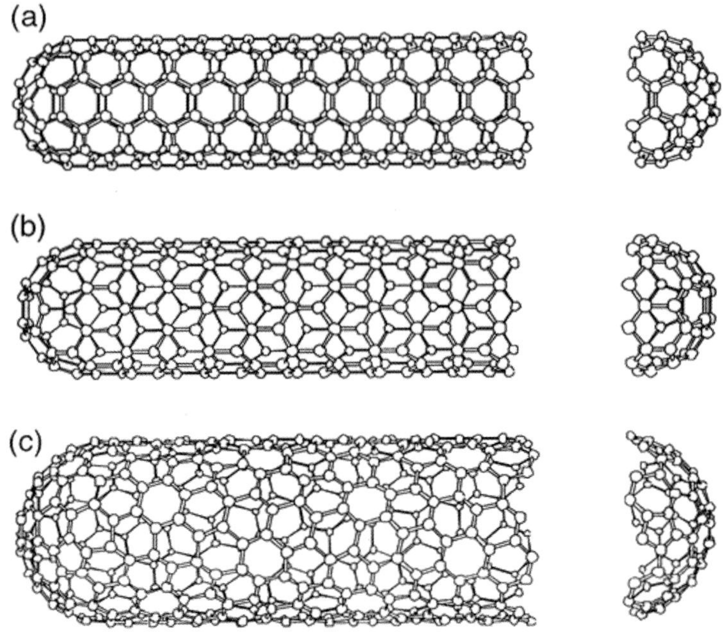

[그림 6.3] (a) $\theta = 30°$ 방향 [안락의자(n, m) 나노튜브]; (b) $\theta = 0°$ 방향 [지그재그 $(n, 0)$ 나노튜브]; 그리고 (c) $0 < \theta < 30°$ 인 임의 방향 OB [키랄 (n, m) 나노튜브]에 수직한 나노튜브 축을 가지는 단일벽 탄소 나노튜브의 개략적인 모델. 그림에 보인 실제 나노튜브는 (n, m) 값이 (a) (5, 5), (b) (9, 0), 그리고 (c) (10, 5). [M. S. Dresselhaus, G. Gresselhaus and R. Saito, Carbon 33, 883 (1995).]

다중벽 나노튜브는 여러 층이 동축으로 포개진 단일벽 튜브 구조이다. 다중벽 탄소 나노튜브에서 육각형 조직의 탄소 원자 배열은 종종 나선형으로 키랄 튜브를 형성한다.[31] 그러나 면이 ABAB 배열로 쌓이는 흑연에서 보듯이 규칙성이 다중벽 탄소 나노튜브를 형성하는 개별 실린더 면 사이에는 없다. 다시 말하면, 다중벽 탄소 나노튜브는 다른 나선성을 가지거나 또는 나선성이 없는, 실리더 튜브의 혼합체로 구성되어 터보스트래틱 흑연과 유사하게 된다. 다중벽 탄소 나노튜브의 크기는 일반적으로 외경: 2–20 nm, 내경: 1–3 nm, 그리고 길이: 1–100 μm이다. 튜브 간 간격은 0.340 nm이고, 이는 흑연의 면 간 거리보다 약간 크다.

탄소 나노튜브는 아크 증발,[25] 레이저 융제,[26] 열분해,[27] PECVD,[28] 그리고 전기화학 방법[29,30]으로 만들 수 있다. 탄소 나노튜브는 1991년 이지마(Iijima)에 의해 처음으로 아크 방전에 의해 탄소 음극에서 합성되었다.[31] 그러나 단일벽 탄소 나노튜브의 실험적 발견은 1993년에 이루어졌으며, 1996년 흑연을 레이저 기화하여 정렬된 단일벽 탄소 나노튜브를 합성한 것과 같은 효율적인 합성 방법의 발견으로[34] 탄소 나노튜브에 대한 정량적인 실험 연구가 본격적으로 시도되었다.

대부분의 경우 탄소 나노튜브가 성장하기 위해서는 '열린 끝' 상태가 되어 기체 상으로부터 도달하는 탄소 원자가 결맞게 안착되어 구조에 포함될 수 있어야 한다. 겹겹이 포개진 다중벽 탄소 나노튜브의 성장은 크게 동요하는, 새로운 원자가 접근하기 쉬운 동축 끝 간의 응력이 개재된 '주둥이–주둥이(lip–lip)' 결합으로 안정화될 수 있다. 일반적으로 열린 끝은 높은 전기장, 규칙적 덮임에 반하는 엔트로피, 또는 금속 클러스터의 존재에 의해 유지될 수 있다.

아크 방전에서 전기장은 탄소 나노튜브의 성장을 촉진하는 것으로 믿어져 왔다.[35,37] 나노튜브는 전류가 흐르는 가운데 더 큰 음 전극 위에서 형성된다. 전형적인 양극 증착 속도는 전류와 전압이 각각 100 A와 20 V 범위이고 2,000–3,000℃의 고온을 유지할 때 분당 약 1 밀리미터이다. 예를 들면, 에베센(Ebbesen)과 아자얀(Ajayan)은[36] 고수율 탄소 나노튜브를 생산하기 위하여 탄소 아크 증발을 사용하였다. 그들은 He과 같은 불활성 분위기에서 두 탄소 전극 사이에 전압 ~20 V와 DC 전류 밀도 ~150 A/cm^{2}를 인가하여 아크 플라스마를 형성시켰다. 아크 방전 실험에서 요구되는 극단적으로 높은 성장온도 때문에 성장된 탄소 나노튜브는 소결을 일으킬 수 있으며 탄소 나노튜브의 소결은 유력한 결함의 원인으로 믿어져왔다.[37]

Co, Ni 또는 Fe와 같은 천이 금속을 작은 양 첨가하면 단일벽 탄소 나노튜브의 성장이 원활해진다.[32,33] 테스(Thess) 등은[34] ~1,200℃의 낮은 온도에서 레이저 기화된 탄소 촉매 혼합물을 응축시켜 높은 수율로 균일한 직경의 (10, 10) 나노튜브를 성장시켰다. 합금 클러스터가 적합하지 않는 모든 구조를 육각형으로 만들고, 이것은 다시 새로 오는 것들을 받아들여 직선 나노튜브가 계속 직선적으로 성장하도록 촉진한다. [그림 6.4]는 성장의 에너지, 나노튜브, 흑연, 그리

[그림 6.4] '음식 사슬'은 금속(Ni/Co) 클러스터가 만나는 임의의 탄소 재료를 먹고서 나노튜브의 끝으로 소화된 탄소 조각을 공급하여 성장하는 것을 보여준다. 수직축은 나노튜브 성장에 사용된 다른 형태의 탄소에 대한 원자당 응집 에너지를 보여준다. 그래핀 시트를 (10, 10) 튜브의 실린더로 구부리는데 필요한 에너지 소모는 오직 0.045 eV로 임의의 직경 d의 튜브에 대하여 0.08 eV nm^2/d^2의 에너지가 필요하다. 15%의 탄성 적인장으로 튜브를 만드는 데는 그래핀 한 원자당 대략 0.66 eV를 더 필요로한다. [R. E. Smalley and B. I. Yakoboson, Solid State Commun. 107, 597 (1998).]

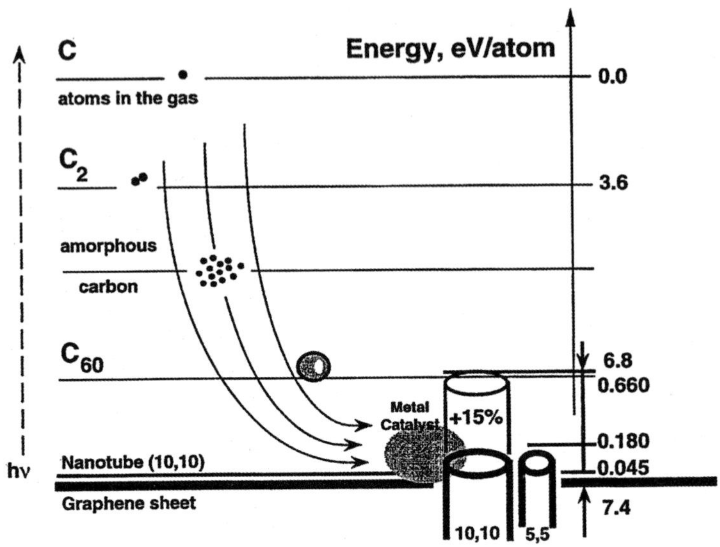

고 공급원료 성분의 상대적인 결합 에너지를 보여준다.[18]

최초의 정렬된 탄소 나노튜브는 CVD 방법으로 메조포러스 실리카 안에 박힌 Fe 나노입자 위에 직접 성장시켰다.[38]0 수직으로 정렬된 탄소 나노튜브의 직경, 성장 속도, 그리고 밀도는 촉매의 크기에 의존하는 것으로 밝혀졌다.[39] 플라스마로 유도하여 탄소 나노튜브를 굴곡진 표면 위에 잘 정렬시켜 성장시킬 수 있고, [그림 6.5]에 보인 바와 같이 성장 방향은 국소판 표면에 항상 수직이다.[40] 정렬은 일차적으로 플라스마 환경에서 기판 표면 위에 형성된 자기 인가(self-bias) 전기장에 의해 이루어진다. [그림 6.6]에 보인 바와 같이 플라스마를 끄게 되면 효과적으로 정렬 메커니즘을 끄게 되어 플라스마 성장에 의한 직선 나노튜브로부터 열적 성장에 의한 구부러진 나노튜브로의 점진적인 천이가 일어나는 것이 발견되었다.[40] DC 바이어스가 정렬된 탄소 나노튜브의 핵 생성과 성장을 향상시키는 것이 발견되었다.[41]

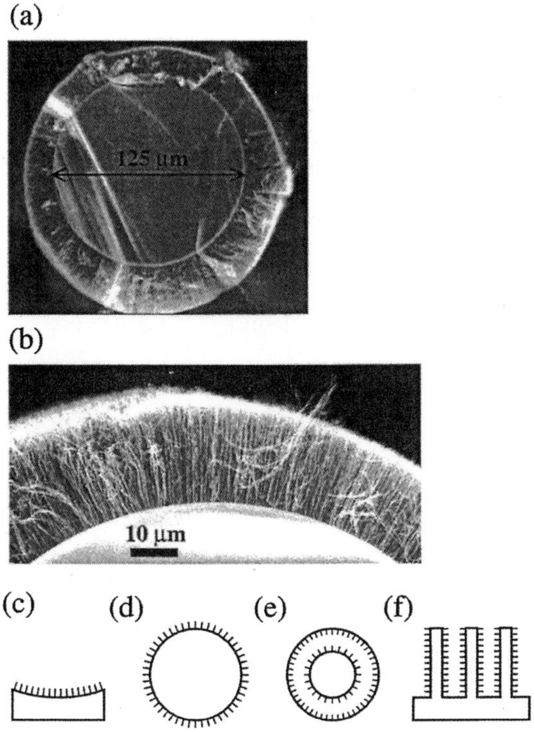

[그림 6.5] (a) 125 μm 직경 광섬유의 표면 위에 방사상으로 성장된 나노튜브를 보여주는 SEM 사진. (b) 섬유 위에 나노튜브가 수직 성장된 특성을 보여주는 근접 사진. (c) – (f)는 나노튜브가 평평하지 않은 여러 가지 복잡한 표면의 국소 표면에 수직하게 정각으로 성장될 수 있는 예이다. [C. Brown, W. Zhu, S. Jin, and O. Zhou, Appl. Phys. Lett. 77, 830 (2000).]

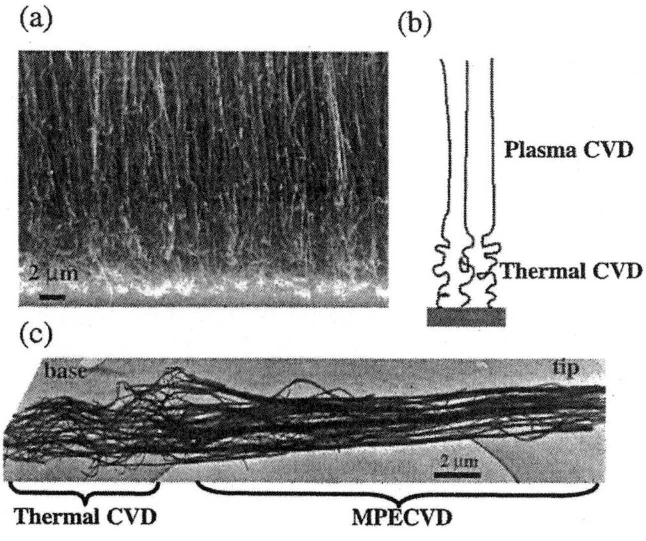

[그림 6.6] 장-유발 정렬효과와 기초 성장 메커니즘을 모두 보여주는 플라스마와 열적 공정 (2분 플라스마 공정과 뒤따르는 70분 열적 공정)에 의해 생성된 직선/곡선 나노튜브구조의 (a) SEM 사진, (b) 개략도, (c) 상부 직선과 하부 곡선을 가지는 나노튜브 다발을 보여주는 TEM 사진 [C. Brown, W. Zhu, S. Jin, and O. Zhou, Appl. Phys. Lett. 77, 830 (2000).]

탄소 나노튜브의 촉매 성장 메커니즘은 4장에서 논의된 나노선 또는 나노막대의 VLS 성장의 그것과 유사함을 주목하라. 베이커(Baker)와 해리스(Harris)는 촉매에 의한 탄소 필라멘트 성장에 대한 이 모델을 제안하였다.[42] 탄소 원자는 금속 방울 속으로 녹아든 후 확산하여 성장 표면에 증착함으로써 탄소 나노튜브의 성장을 야기한다. 촉매 성장은 추가적인 장점을 제공한다. 표준 리소그래피기술을 활용함으로써 패턴된 탄소 나노튜브 막을 만들기 쉽고[43,44] 기판이 있건 없건 정렬된 탄소 나노튜브를 성장하기 쉽다.[45,46] 천이 금속 촉매에 의한 탄소 나노튜브의 CVD 성장 방법 또한 대량 생산 방법으로 고려된다.[47] CVD 방법은 700 또는 800℃와 같은 훨씬 낮은 온도에서 탄소 나노튜브의 성장이 가능하다.[48-49] 성장된 상태의 나노튜브는 일반적으로 나쁜 결정성을 보이나 아르곤 분위기의 2,500–3,000℃에서 열처리함으로써 크게 개선될 수 있다.[50]

실험적으로 관찰된 촉매 성장에 대하여 설명하기 위하여 두 가지 모델이 제안되었다. 원래 탄소 필라멘트의 촉매 성장을 설명하기 위해 개발되었던,[51] 기저 성장(base growth)과 끝 성장(tip growth), 두 모델이 탄소 나노튜브의 성장을 설명하기 위하여 사용된다. PECVD와 열분해 성장의 경우, 촉매 입자가 보통 끝에서 발견되어 팁 성장 모델로 설명된다.[52-55] 기저 모델은 철을 촉매로 사용한 열적 CVD에 의한 수직 정렬된 탄소 나노튜브의 성장을 설명하기 위하여 사용되었다.[56-59] 그러나 실험은 정렬된 탄소 나노튜브의 수직 성장이 반드시 기저 성장 모델을 따를 필요가 없음을 보여주었다.[60] 정렬된 탄소 나노튜브의 성장은 증착 방법에 사용된 촉매와 기판에 따라서 끝 성장과 기저 성장 모두를 통하여 가능하다. 더욱이 성장된 탄소 나노튜브의 높은 밀도와 큰 길이(100 μm까지)를 고려하면 성장하는 나노튜브의 바닥에서 전구체 분자가 촉매로 확산하며 성장하는 것은 어려울 것이다. 그러나 이 문제를 설명하기 위한 연구는 아직까지 없다.

탄소 나노튜브 성장에 대해 제안된 또 다른 메커니즘은 나노튜브 끝이 항상 뚜껑으로 막힌 것을 가정한다.[61] 성장은 증기 성장된 탄소 섬유의 활성 지점에서 핵생성되어 성장하는데, 나노튜브의 뚜껑에 있는 오각형 근처에서의 C_2 2분자체 흡착이 관여한다. 곧이어 재구조화가 일어나서 추가적인 탄소 육각형이 형성되고 이것이 나노튜브에 더해져서 튜브의 성장을 이끈다.

거의 모든 합성 방법에서 탄소 나노튜브는 비정질 탄소, 그리고 탄소 나노입자와 같은 다른 탄소 물질과 함께 발견된다. 일반적으로 정제가 요구되는데 다른 물질로부터 탄소 나노튜브를 분리하는 것을 말한다. 정제를 위하여 세 가지 기본적인 방법이 사용된다. 기체 상, 액체 상, 그리고 삽입 방법.[62] 기체 상 정제 방법은 산화 공정에 의하여 나노튜브에 존재하는 나노입자와 비정질 탄소를 제거한다.[63,64] 기체 상 정제 공정은 또한 많은 나노튜브, 특히 작은 직경의 나노튜브를 태워 없애는 경향이 있다. 나노입자와 다른 원하지 않는 탄소 액체 상 제거에는 과망간산칼륨, $KMnO_4$ 처리가 사용된다.[65] 이 방법은 대부분의 탄소 나노튜브를 유지시키므로 기상 정제보다 수율이 높으나 길이는 짧아진다. 탄소 나노입자와 다른 탄소 종은 $CuCl_2$−KCl과 반응하여 삽입되어지나 나노튜브는 닫힌 새장 구조를 가지므로 삽입되지 않을 것이다. 이어지는 화학 반응으로 삽입된 종을 제거할 수 있다.[66]

탄소 나노튜브의 특성은 광범위하게 연구되어 왔다. 랑거(Langer) 등은[67] 탄소 나노튜브의 수송 특성을 처음으로 연구하였고 추가적인 측정이 다른 연구 그룹에 의해 행해졌다.[68-70] 탄소 나노튜브는 흑연 내 탄소−탄소 결합이 자연에서 가장 강한 결합 중의 하나이므로 강하고 튼튼한 구조를 위한 훌륭한 후보이다. TEM 관찰은 탄소 나노튜브가 휘기 쉬우며 휠 때 부서지지 않음을 드러내었다.[71] 다이아몬드와 흑연(면 내)의 열전도도가 극단적으로 높다는 것을 고려하면 탄소 나노튜브의 열전도도는 극단적으로 높을 수 있고,[72] 개별 탄소 나노튜브의 열전도도는 흑연과 벌크 나노튜브의 그것 보다 훨씬 높은 것으로 밝혀졌다.[73] 탄소 나노튜브는 넓은 범위의 응용가능성이 있다. 예로는 촉매,[74] 수소와 다른 기체의 저장,[75] 생물학적 셀 전극,[76] 양자 저항,[77] 주사 탐침,[80] 유량 센서와[81] 나노복합체[82] 등이다.

6.3 미세다공성 및 메조포러스 재료

IUPAC에 의해 만들어진 분류에 따르면,[83] 다공성 고체는 그들의 기공 직경에 따라서 세 가지 범주로 나눌 수 있다. 미세다공성($d < 2$ nm), 메조포러스(2 nm$< d < 50$ nm), 그리고 거시다공성($d > 50$ nm) 물질. 거의 모든 제올라이트와 그들의 파생물은 미세다공성이나 계면활성제 주형 메조포러스 재료와 대부분의 크세로겔과 에어로겔은 메조포러스 재료이다. 이 절에서는 우리는 이러한 메조포러스 및 미세다공성 재료와 그들 각각의 합성기술을 간단히 소개한다. 이 분야는 훌륭한 소개 논문들이 매우 많다.[84,85]

6.3.1 규칙적 메조포러스 구조

규칙적 메조포러스 재료는 자기조립 계면활성제를 주형으로 사용함과 동시에 주형 주위에서 졸-겔 응축의 조합으로 만들어진다. 메조포러스 재료는 지지물, 흡착제, 체, 또는 나노크기 화학 반응기 등 많은 중요한 기술적 응용처를 가지고 있다. 그러한 물질은 3 nm에서 수십 나노미터까지의 직경과 마이크로 길이, 그리고 종종 매우 큰 기공 부피(70% 까지)와 매우 높은 표면적(>700 m^2/g)을 가지는 균일한 크기와 모양의 기공을 가진다. 규칙적 메조포러스 재료 합성의 자세한 내용을 논의하기 전에 계면활성제와 콜로이드 입자의 형성에 대하여 간단히 소개한다.

계면활성제는 다른 극성을 가지는 두 부분으로 구성되는 유기 분자이다.[86] 한 부분은 탄화수소 사슬(고분자 꼬리로 종종 언급됨)로 비극성이고 따라서 소수성이고 친유성이나, 다른 부분은 극성이고 친수성(종종 친수성 머리로 불림)이다. 이러한 분자구조 때문에 계면활성제는 용액의 표면 또는 수용액과 탄화수소 용매 사이의 계면으로 몰리는 경향이 있고 친수성 머리가 수용액 용액 쪽으로 향하여 돌 수 있게 되어 표면 또는 계면 에너지를 감소시킨다. 그러한 농도 분리는 자발적이고 열역학적으로 잘 일어날 수 있다. 계면활성제 분자는 일반적으로 네 가지 범주로 나눌 수 있는데, 그것들은 음이온성, 양이온성, 비이온성, 그리고 양쪽성(amphoteric)의 계면활성제이며 아래에 간단히 논의하였다.

(1) 전형적인 음이온성의 계면활성제는 일반식 R−SO_3Na를 가지는 술폰화 화합물과 R−OSO_3Na 황산 화합물이다. R이 11에서 21개 탄소 원자로 구성하는 알킬 사슬이다.
(2) 양이온성 계면활성제는 보통 알킬 소수성 꼬리와 세틸 트리메틸 암모늄 브로마이드(CTAB), $C_{16}H_{33}N(CH_3)_3Br$과 세틸 트리메틸 암모늄 클로라이드(CTAC), $C_{16}H_{33}N(CH_3)_3Cl$ 같은 메틸−암모늄 이온성 화합물 머리로 구성된다.
(3) 비이온성 계면활성제는 음이온의 계면활성제와 양이온의 계면활성제처럼 용매에 녹을 때 이온으로 분해되지 않는다. 그들의 친수성 머리는 에테르, R−O−R, 알코올, R−OH 카르보닐, R−CO−R, 그리고 아민, R−NH−R과 같은 극성 그룹이다.
(4) 양쪽성 계면활성제는 비이온성 계면활성제 또는 이온성 계면활성제와 유사한 특성을 가진다. 예로는 베타인과 인지질이다.

계면활성제가 용매 속으로 녹아 용액을 형성할 때 용액의 표면 에너지는 농도 증가에 따라 선형적으로 빠르게 감소할 것이다. 이 감소는 계면활성제 분자

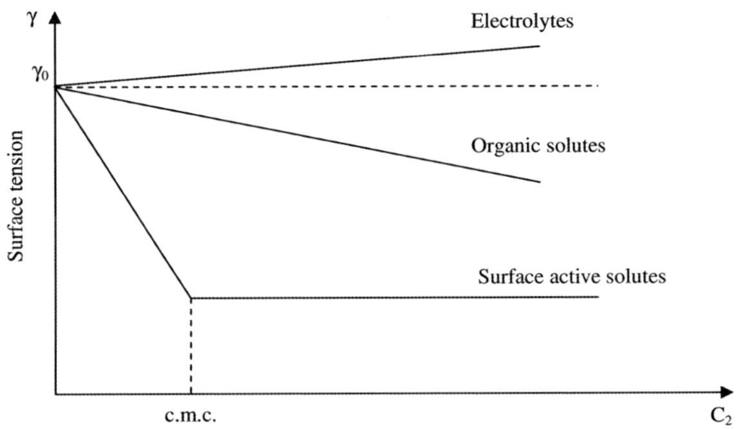

[그림 6.7] 서로 다른 용질이 용액의 표면 장력에 미치는 효과. 계면활성제, 즉 표면 활성 분자는 표면에 선택적으로 배치될 것이고 임계 교질입자 농도(CMC)에 도달될 때가지 농도가 증가함에 따라 표면 장력의 감소를 야기한다. 더 이상의 계면활성제 농도의 증가는 표면 장력을 감소시키지 않을 것이다.

의 표면이 규칙적으로 배열하며 농축되기 때문인데, 이는 친수성 머리가 수용액 안으로 잠기거나 또는 극성 용액 공기에서 멀어지려 하기 때문이다. 그러나 그러한 감소는 임계 농도에 도달되면 멈추고, [그림 6.7]에 보인 바와 같이 계면활성제 농도가 그 이상으로 증가하여도 표면 에너지는 일정하게 머무른다. 이 그림은 또한 용액의 표면 에너지가 일반적인 유기 또는 무기 용질의 첨가에 따라 변하는 것을 보여준다. [그림 6.7]에서 임계 농도는 임계 콜로이드입자 농도 또는 CMC로 지칭되었다. CMC 이하 농도에서는 표면 에너지는 농도가 증가함에 따라 표면 위에서 계면활성제 분자의 덮임이 증가하기 때문에 감소한다. CMC에서는 표면은 계면활성제 분자로 충분히 덮여있다. CMC 이상에서 계면활성제를 더 첨가하면 상 분리가 일어나며 콜로이드 집합체, 즉 미셀(micelle)이 된다.[87] 초기 미셀은 구형으로 용액 내에 개별적으로 분산되고 계면활성제 농도의 추가적인 증가에 따라 실린더 형 막대 모양으로 전이할 것이다. 계속해서 계면활성제 농도를 증가시키면 실린더형 교질입자는 규칙적으로 평행한 육각형 충진을 야기한다. 계속 더 높은 농도에서는 판상의 미셀이 형성될 것이다. 한층 더 높은 농도에서는 역미셀(inverse micelle)이 형성될 것이다. [그림 6.8]은 CMC 이상의 다양한 계면활성제 농도에서 형성된 다양한 교질입자의 개략도를 보여준다.

미셀, 특히 실린더형 미셀의 육각형 입방 충진은 규칙적인 메조포러스 재료를 졸-겔 공정을 통하여 합성하기 위한 주형으로 사용되어 왔다.[88] 이 새로운 물질 가족은 1992년에 처음으로 보고되었다.[89,90] 합성된 최초의 규칙적 메조포러스 재료는 MCM-41과 MCM-48로 표시되었다. MCM-41은 1.5에서 10 nm 범위 직경을 가지는 알루미노 규산염 공정 육각형 정렬 일차원 기공이고, MCM-48은 3 nm 수준의 직경을 가지는 알루미노 규산염의 삼차원 기공 시스템이다. 메조포러스 재료 MCM-41과 MCM-48의 무기 부분이 비정질 알루미노 규산염임을 주목하라.

공정은 개념적으로 명료하고 아래에 간단히 기술하였다. 어떤 분자 길이를 가지는 계면활성제를 CMC를 초과하는 농도로 극성 용매에 녹이면 육각형 또

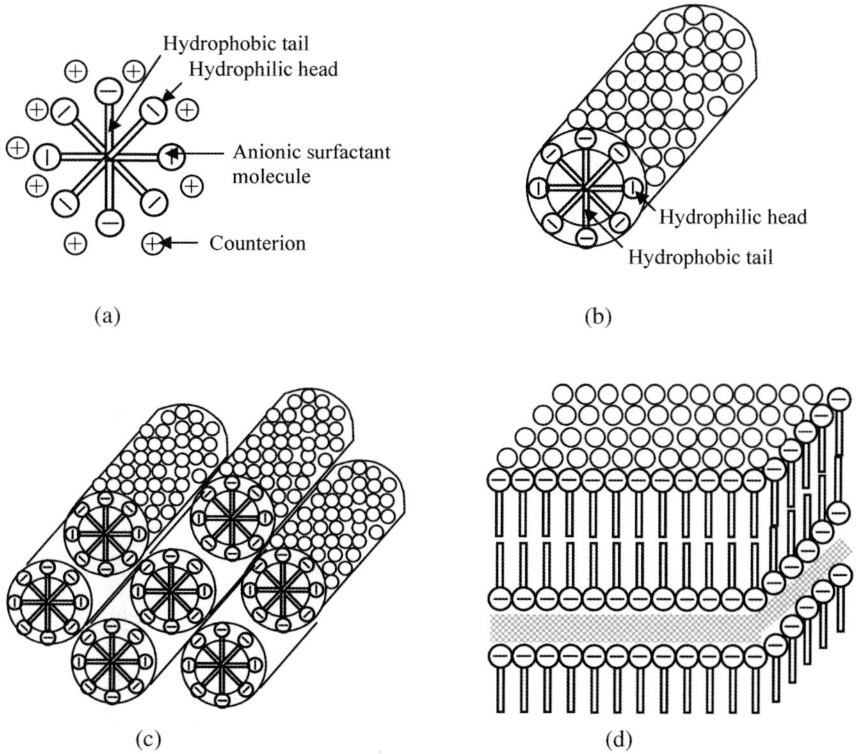

[그림 6.8] (a) 계면활성제의 농도가 CMC를 넘어섬에 따라 구형의 미셀을 처음 형성한다. (b) 더 증가한 계면활성제의 농도에서 개별적인 실린더형의 미셀을 형성한다. (c) 더 증가된 계면 활성제의 농도는 육각형으로 충진된 실린더형의 미셀을 야기한다. (d) 계면활성제의 농도가 한층 더 올라가면 판상의 미셀이 형성될 것이다.

는 입방 충진 실린더형 미셀이 형성된다. 동시에 원하는 산화물을 형성하기 위한 전구체를 촉매와 같은 다른 필요한 화학 물질과 함께 같은 용매에 또한 녹인다. 용액 안에서는 여러 반응이 동시에 진행된다. [그림 6.9]에 개략적으로 보인 바와 같이 계면활성제는 분리되고 미셀을 형성하는 한편 산화물 전구체는 미셀 주위에서 가수분해와 응축이 동시에 진행된다.

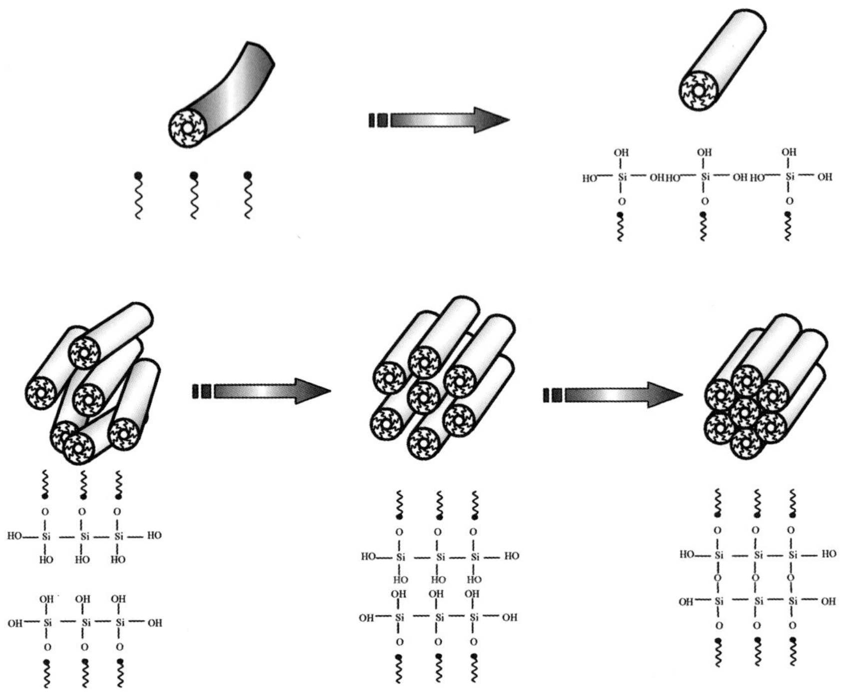

[그림 6.9] 메조포러스 재료의 형성 과정을 보여주는 개략도. 계면활성제 분자는 육각형 충진을 가지는 실린더형 미셀을 형성하나 무기 전구체는 가수분해와 응축반응을 통하여 미셀 주위에 뼈대를 형성한다.

메조포러스 재료를 합성하는 간단하고 기발한 방법은 브린커(Brinker) 그룹에 의해 도입된 증발 유발 자기조립(evaporation-induced self-assembly: EISA)이다.[91] 이 EISA 공정은 막, 섬유 또는 분말의 형태로 패턴 된 다공성 또는 나노복합 재료의 빠른 생산을 가능하게 한다. 자기조립은 외부 개입과 공유 작용없이 물질이 자발적으로 조직화하는 것이다. 전형적으로 양쪽성 계면활성제나 소수성과 친수성 부분으로 구성된 고분자가 이 공정에 도입될 수 있으며 잘 정의된 초분자 조립체로 조직화 될 수 있다. 계면활성제는 임계 미셀 농도(CMC) 이상의 수용액에 있을 때 미셀로 조립된다. 계면활성제 농도의 추가적인 증가는 미셀의 규칙적 육각형, 입방 또는 판상형 메조 상으로의 자기조직화로 이끈다. 박막 메조 상의 형성을 위한 손쉬운 방법은 졸-겔 담금 코팅이다. 이 방법은 가용성 실리카와 농도 C_0 《 CMC의 계면활성제가 에탄올/물 용매에 녹아있는 균질한 용액으로 시작한다. [그림 6.10]에 보인 바와 같이 이어서 증착된 막은 에탄올이 선택적으로 증발하기 때문에 수분과 비휘발성 계면활성제와 실리카 종등이 농축된다.

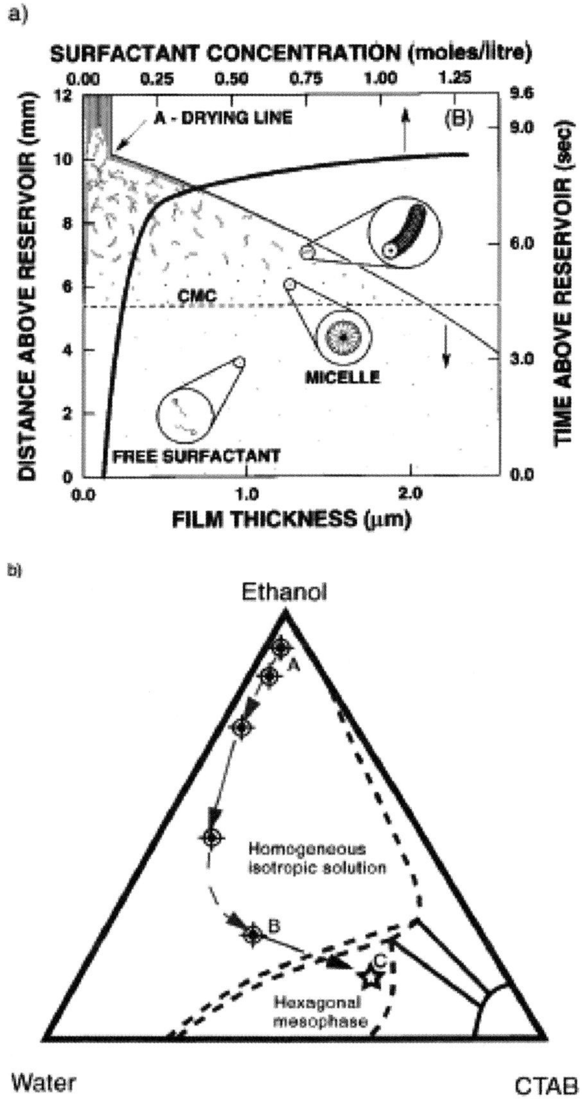

[그림 6.10] (a) 가용성 실리카, 계면활성제, 알코올, 그리고 물로 구성된 복잡한 유동액의 담금 코팅 중 성립된 정상 상태의 막 얇아지기 양상 (b) 담금 코팅 중 에탄올/물/CTAB 상 공간에서 택한 대략적인 궤도 [C. J. Brinker, Y. Lu, A. Selinger and H. Fan, Adv. Mater. 11, 579 (1999).]

점차 계면활성제 농도가 증가하면서 실리카—계면활성제 미셀이 자기조립하고 나아가서 액체-결정질 메조 상으로 조직화한다. 메조 상은 이미 존재하는 초기의 실리카-계면활성제 메조 구조를 핵으로 삼아 성장하기 시작하며 마침내 기판 표면과 크게 방향성이 매우 좋은 메조 상의 박막을 신속히 형성한다. [그림 6.10(b)]에 보인 바와 같이 초기 알코올/물/계면활성제 몰비의 변화를 통하여 조성 공간에서 다른 궤도를 따라서 최종적으로 다른 메조 구조를 형성하는 것이 가능하다. 예를 들면, 세틸 트리메틸 암모늄 브로마이드(CTAB)는 1D 육각형, 입방, 3D 육각형과 판상형 실리카-계면활성제 메조 구조 등을 형성시킬 수 있다.[92-94]

계면활성제와 블록 공중합체를 포함하는 다양한 유기 분자가 규칙적 메조포러스 물질을 형성하는데 사용되어 왔다.[95-98] 실리카와 알루미노 규산염 이외의 다양한 산화물이 규칙적 메조포러스 구조를 형성하는 것으로 밝혀졌다.[99-105] 많은 중요한 물리적 특성으로 혼합 금속 산화물로도 불리는 규칙적 메조포러스 복합 금속 산화물의 합성에 많은 연구가 수행되어 왔는데, 이들은 많은 중요한 물리적 특성으로 넓은 범위에 응용될 수 있고, 특히 현대의 화학 산업에서 이종 촉매로 쓰인다. 규칙적 메조포러스 복합 금속 산화물의 합성에 있어 가장 중요한 도전은 졸-겔 공정에서 복합 금속 산화물 나노입자 또는 나노선의 형성할 때의 문제와 동일한데, 이종 응축을 통하여 균질한 화학양론적 조성을 확보하는 것이다. 앞서 논의된 모든 일반적 고려 사항이 여기서 적용가능하다. 그러나 여기에서의 상황은 좀 더 복잡한데, 용액 내 계면활성제의 존재가 가수분해와 응축 반응의 반응 동력학을 복잡하게 하기 때문이다. 어떤 계면활성제는 가수분해와 응축 반응을 촉진하는 촉매로 작용할 것이다. 용액 내에 계면활성제 분자와 미쉘이 상대적으로 많으면 틀림없이 확산 공정에 있어 공간적 배치효과가 있을 것이다. 비록 이 모든 계면활성제 효과가 단일 금속 산화물 메조포러스 재료의 합성에 영향을 주지만 주어진 계면활성제는 다른 전구체에 다른 정도의 효과를 미칠 것이다. 그러므로 규칙적 메조포러스 복합 금속 산화물의 형성에서의 가수분해와 응축 반응에 대한 계면활성제의 영향은 주

[표 6.1] 메조포러스 복합 산화물의 물리적 특성

산화물	기공 크기(nm)	BET 표면적(m^2/g)	BET 표면적(m^2/cm^3)	기공도(%)
$SiAlO_{3.5}$	6	310	986	59
$Si_2AlO_{5.5}$	10	330	965	55
$SiTiO_4$	5	495	1638	63
Al_2TiO	8	270	1093	59
$ZrTiO_4$	8	130	670	46
ZrW_2O_8	5	170	1144	51

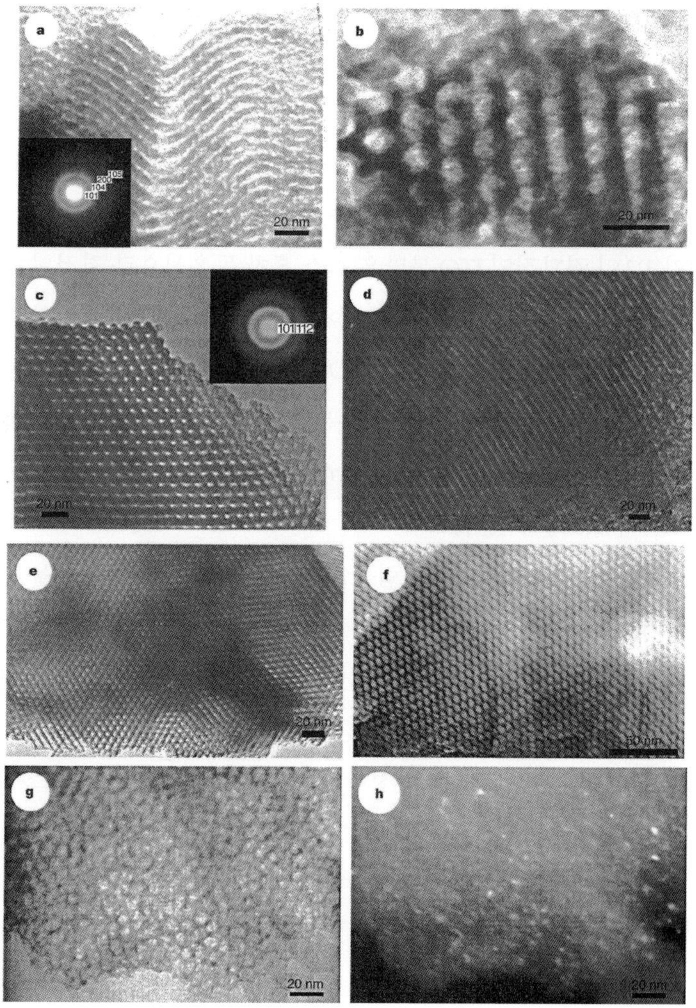

[그림 6.11] 이차원 육각형 메조포러스 TiO_2 (a), (b), ZrO_2 (c), (d), Nb_2O_5 (e) 그리고 $SiAl_{3.5}$ (f)의 TEM 사진. (a), (d)는 [110] 정대축으로 관찰하였고 (b), (c), (e), (f)는 [001] 정대축이다. (a)와 (c)의 삽도는 이미지 지역에서 얻은 제한시야 전자회절패턴이다. (g) 메조포러스 TiO_2 시료의 얇은 조각의 명시야 TEM 이미지. (h) 동일한 TiO_2 시료의 동일한 지역에서 얻은 암시야 이미지. 이미지 내의 밝은 점은 TiO_2 나노결정에 해당한다. 이미지는 200 kV JEOL-2000 TEM으로 얻었다. 블록 공중합체 계면활성제 종을 제거하기 위하여 모든 시료는 공기 중 400℃에서 5시간 동안 하소되었다. [P. D. Yang, D. Y. Zhao, D. I. Margoless, B. F. Chemelka, and G. D. Stucky, Nature, 396, 152 (1998).]

의 깊게 고려되어야 한다. [표 6.1]은 메조포러스 복합 산화물의 물리적 성질을 요약하고 [그림 6.11]은 다양한 메조포러스 재료의 TEM 이미지를 보여준다.[99]

광학적으로 투명하고 전기적 전도성의 복합 산화물인, 인듐 주석 산화물(ITO)의 메조포러스 구조를 만들기 위하여 역시 연구되어왔다.[108] 메조포러스 ITO의 제조에 있어 제1의 장애는 경쟁하는 가수분해와 응축 반응을 조절하는 것인데, 아트레인 복합체를 가수분해의 반응속도를 느리게 하는 전구체로 사용하면 가능하다. 희망하는 화학양론비를 가지는 인듐 아세테이트와 주석 이소프로폭사이드를 비활성 질소 분위기에서 10배 몰 과량의 트리에탄올아민에 녹인다. 점도를 낮추기 위하여 대략 10vol.%의 건조 포름아미드가 또한 더해진다. 용액을 4시간 동안 섞은 후 전체 금속 농도에 대하여 몰비 3.5:1의 CTAB를 용액에 혼합하고, 4M 수산화나트륨을 넣어 pH를 8로 조절된다. 생산물을 여과하여 제거하기에 앞서 혼합물은 80℃에서 96시간 동안 유지된다. In:Sn 몰비가 1:1인 결과적인 ITO 분말은 질소 흡착 등온선으로 결정된 바와 같이 BET 표면적 273 m^2/g을 가지고 기공 직경은 ~2 nm이다. 명시되지 않은 온도에서 가소 후 XRD 측정으로 결정성 ITO가 형성되었음을 알고 TEM 이미지는 벌레 구멍 지형을 보여준다. 그러나 수분 없는 압축된 환에서 측정한 전기 전도성은 상온에서 평균 $\sigma = 1.2 \times 10^{-3}$ S/cm이었고 이것은 동일한 조건에서의 ITO 박막보다 약 1,000배 낮다.

게다가 코팅, 접목, 그리고 자기조립을 포함하는 다양한 표면 개질을 통해 규칙적 메조포러스 재료에 물리적 및 화학적 특성을 도입할 수 있다.[109-115]

전형적인 메조포러스 재료는 분말(또는 벌크 메조포러스 재료)과 막의 형태이다. 벌크 메조포러스 재료는 거시적 크기의 입자(수백 마이크로미터까지의)가 집적되어 구성된다. 각 입자는 결정학적으로 규칙적인 메조포러스 구조를 가지나 모든 입자는 무작위로 쌓인다. 이것은 메조포러스 구조로의 확산을 통한 접근성을 방해하고 따라서 실제에 있어 규칙적 메조포러스 물질의 응용을 제한한다. 몇몇 그룹이 넓은 면적에 걸쳐 기판 표면에 평행하게 또는 마이크로 채널 안에 메조포러스 막을 정렬하는데 성공하였다.[116-121] 그러나 이상적인 수직 정렬이 아닌 기판에 평행한 정렬 때문에 기공으로의 접근성이 제한적이다. 기판에 수직한 메조포러스 실리카의 정렬(즉, 죽은 끝 기공)을 이루기 위하여 노력해왔으며, 이것은 작은 시료 크기에 대하여 강한 자기장으로 수행되었으나 실제적인 가능성은 매우 제한적이다.[122] 방향성의 또는 계층적 구조의 메조포러스 재료의 합성이 또한 보고되어왔다.[123-125]

최근에 메조포러스 재료는 환경 및 의학 응용 때문에 꽤 많은 관심을 끌었다.[126] 예를 들면, 메조포러스 실리카는 약품의 생물에 대한 작용과 조절된 약물 투여를 위한 가능성 때문에 매우 매력적인 물질이다. 용액과 기판이 인회석(apatite) 핵생성과 결정화에 영향을 주는 것으로 제안되었다.[127] 용액의 pH, 온도, 그리고 이온 농도가 얻어지는 칼슘 인산염의 형태와 석출을 결정한다.[128] 그리고 실라놀 그룹과 다공성 때문에 인회석은 층상으로 형성된다. 실록산과 실라놀 그룹으로 구성된 메조포러스 MCM-41은 높은 다공성과 넓은 표면적(> 1,000 m^2/g)을 가지는 실린더형 메조포러스의 육각형 배열 때문에 가능성 있는 대생물 활성 물질이다.[129] 그러나 본래의 MCM-41은 대생물 활성을 보이지 않는다. MCM-41에서 인회석 층 핵생성 과정은 너무 느려 2개월 동안의 시험관 내 분석 후에도 대생물 작용의 기미가 보이지 않았다. 이 과정을 가속시키기 위하여 어떤 결함 생성기가 추가되어야만 했다. MCM-41 속에 유리를 첨가한 후에 그 표면 위에서 인회석과 유사한 층이 자랐다. 이 MCM-41과 유리의 복합물은 대 생물 작용을 보였다. MCM-41을 활성화시키는 또 다른 방법은 수열 공정을 통하여 인을 도핑 하는 것이다.[130] 인이 도핑된 MCM-41은 약물 전달체로 쓰이는 능력뿐만 아니라 대생물 작용을 보였다.

어떤 메조포러스 재료는 살아있는 뼈와 화학적으로 결합할 수 있는 대생물 작용 유리(bioactive glasses: BGs)로 작용할 수 있고 임상적 응용을 위하여 넓게 연구되었다.[131,132] 수산화탄산 인회석의 동력학적 증착 공정은 BGs의 비표면적과 기공 부피를 증가시킴으로써 가속될 수는 한편 BGs의 뼈 형성 또한 개선된다. 매우 규칙적인 메조포러스 대생물 작용 유리(MBGs)가 블록 공중합체를 주형

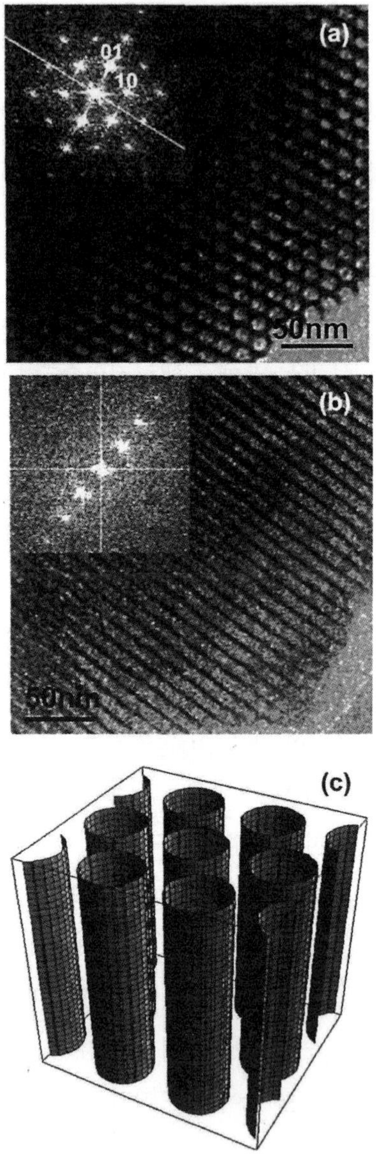

[그림 6.12] (a) [001] 방향과 (b) [100] 방향에서 얻어진 메조포러스 대생물 작용 유리의 TEM 이미지와 푸리에 페턴; (c) 메조구조의 c-축을 따라 평행한 채널의 정렬을 보여주는 개략도 [I. Izquierdo-Barba, D. Arcos, Y. Sakamoto, O. Terasaki, A. Lopez-Noriega, and M. Vallet-Regi, Chem. Mater. 20, 3191 (2008).]

으로 사용하여 제조되었다.[133] MGBs의 대 생물 작용은 전통적인 BGs에 비하여 크게 개선되었다. 이지퀴에르도-바바(Izquierdo-Barba) 등의 연구에서 칼슘 인삼염 핵생성과 발달은 생체 내 메조포러스 바이오세라믹에서 뼈 미네랄 성숙을 모방하는 것으로 입증되었다.[134] [그림 6.12]는 SiO_2(58 mol.%)−CaO(36 mol.%)−P_2O_5(6 mol.%) 메조포러스 대 생물 작용 유리의 고도로 규칙적인 구조를 보여준다. 기공은 p6 mm 대칭 단위정을 가지는 2D 육각형 배열을 따라 규칙적이다. 이 메조 구조는 c−축을 따라 평행한 채널이 정렬되며([그림 6.12(c)] 참조) 전통적인 졸−겔 유리보다 더 넓은 표면적과 더 큰 다공성을 갖는다.

6.3.2 불규칙 메조포러스 구조

메조포러스 구조는 다양한 다른 방법으로 만들어질 수 있다. 예로는 상 분리 유리를 걸러내기,[135] 산성 전해질에서 얇은 금속 포일의 양극 산화,[136] 조사−흔적 식각,[137] 그리고 졸−겔 공정이[138] 있다. 이절에서는 논의가 졸−겔 파생 메조포러스 재료에 집중될 것이다. 건조 중 용매의 제거를 위해 적용하는 조건에 따라 두 가지 형태의 메조포러스 재료가 얻어질 수 있다. 하나는 용매가 대기 조건에서 제거될 때의 크세로겔(xerogel)이다. 다른 하나는 매우 높은 다공성과 표면적을 가지고 일반적으로 초임계 건조로 만들어지는 메조포러스 재료를 말하는 에어로겔(aerogel)이다. 크세로겔과 에어로겔 둘 다 수 나노미터의 전형적인 평균 기공 크기를 가지며 크게 다공성이다. 그러나 에어로겔은 75%에서 99% 범위의 더 높은 다공성을 가지며 크세로겔은 전형적으로 50%의 다공성을 가지나 1% 미만을 가질 수도 있다.

크세로겔: 졸−겔 공정에 의한 다공성 구조의 형성은 개념적으로 명료하다. 졸−겔 공정 중에 전구체 분자는 가수분해와 응축 반응을 겪으면서 나노클러스터가 형성된다. 그러한 나노클러스터가 숙성되면 겔이 형성되어 3차원의 용매와 고체가 상호 침투된 망을 구성한다. 건조 중에 용매가 뒤이어서 제거되면 겔 망은 라플라스(Laplace) 식으로 주어지는 모세관력, P_c 때문에 부분적으로 붕괴될 것이다.[139]

$$P_c = -\gamma_{LV} \cos\theta \left(\frac{1}{R_1} + \frac{1}{R_2} \right), \tag{6.1}$$

여기서 γ_{LV}는 액체-기체 계면의 표면 에너지, θ는 고체표면 위 액체의 젖음각, R_1과 R_2는 구부러진 액체-기체 표면의 주 반경이다. 구형의 계면인 경우 $R_1 = R_2$이다. 모세관력에 의한 졸-겔 망의 붕괴는 다공성과 표면적의 상당한 손실을 야기할 것이다. 그러나 일반적으로 그러한 과정이 조밀한 구조를 형성시키지는 않을 것이다. 이는 겔 망의 붕괴가 표면 응축을 촉진하고 겔 망을 강화시키기 때문이다. 모세관력에 저항할 정도로 겔 망의 강도가 충분히 클 때 겔 망의 붕괴는 멈추고 다공성이 유지될 것이다. 비록 동력학과 겔 망의 강도가 크게 다르지만 비슷한 과정이 졸이 숙성 겔로 되는 모놀리식 형성과 용매가 겔화에 앞서 증발하는 막 형성의 두 경우에 모두 일어난다. [표 6.2]는 졸-겔 공정에 의해 합성된 다공성 산화물의 특성을 나열하였다.[140] 졸-겔 파생 다공성 물질의 전형적인 기공 크기는 졸-겔 공정 조건과 이어지는 열 처리에 따라서 나노미터 이하에서부터 수십 나노미터에 이른다. 주어진 시스템에 대하여 열 처리 온도가 높을수록 기공 크기가 더 크다. 초기 기공 크기는 졸에 형성된 나노클러스터의 크기와 이러한 나노클러스터가 얼마나 잘 충진되었느냐에 크게 의존한다. 가장 작은 기공은 일반적으로 실리카 시스템으로부터 얻어진다. 실리콘 알콕시드 전구체가 산을 촉매로 하여 가수분해되고 응축되면 선형의 실리카 사슬이 형성될 것이다. 그러한 선형적으로 구조화된 실리카 사슬은 용매 제거 시 거의 완전히 붕괴될 것이고 비교적 조밀한 구조의 형성을 이끈다. 염기가 촉매로 쓰이면 가지가 많은 나노클러스터 구조가 형성되어 높은 다공성 물질을 형성하게 된다. 기공 크기와 다공성을 용이하게 하기 위하여 종종 유기 성분을 겔 망에 포함시킨다. 예를 들면, 비교적 조밀한 유기실리카 하이브리드를 형성하기 위하여 알킬 사슬을 실리카 망 속으로 포함시킨다. 다공성 구조는 유기 성분이 열분해 될 때 얻어진다. 졸-겔 공정에 의해 형성된 다공성 구조는 비록 기공의 크기 분포는 좁지만 불규칙적이고 기공의 구불구불함이 주목되어야 한다.

[표 6.2] 졸-겔 파생 다공성 물질의 구조 특성[140]

물질	소성 온도(℃)	소성 시간(h)	기공 직경(nm)	기공도(%)	BET 표면적(m^2/g)
γ-AlOOH	200	34	2.5	41	315
γ-Al_2O_3	300	5	5.6	47	131
	500	34	3.2	50	240
	550	5	6.1	59	147
	800	34	4.8	50	154
θ-Al_2O_3	900	34	5.4	48	99
α-Al_2O_3	1000	34	78	41	15
TiO_2	300	3	3.8	30	119
	400	3	4.6	30	87
	450	3	3.8	22	80
	600	3	20	21	10
CeO_2	300	3	2	15	41
	400	3	2	5	11
	600	3		1	1
Al_2O_3-CeO_2	450	3	2.4	39	164
	600	3	2.6	46	133
Al_2O_3-TiO_2	450	3	2.5	38-48	20-260
Al_2O_3-ZrO_2	450	5	2.6	43	216
	750	5	2.6	44	179
	1000	5	≥ 20		

에어로겔: 에어로겔은 1930년 대 초에 처음으로 만들어졌고[141] 1960년대부터 다양한 응용을 위하여 연구되어왔다.[142,143] 에어로겔의 화학과 응용은 훌륭한 소개 논문에 요약되어 있다.[144] 전형적으로 젖은 겔은 어떤 기간 동안 숙성시켜 겔 망을 강화시킨 후 오토클레이브에서 용매의 초임계점 이상의 온도와 압력을 가하여 용매를 겔 망에서 제거시킨다. 초임계점 이상에서는 고체와 액체의 차이가 사라지고 따라서 모세관력이 작동하지 않는다. 그 결과 큰 다공성 구조의 겔 망이 유지된다. 그렇게 준비된 에어로겔은 99%의 높은 다공성과 1,000 m^2/g을 초과하는 표면적을 가질 수 있다. 초임계 건조 과정은 오토클

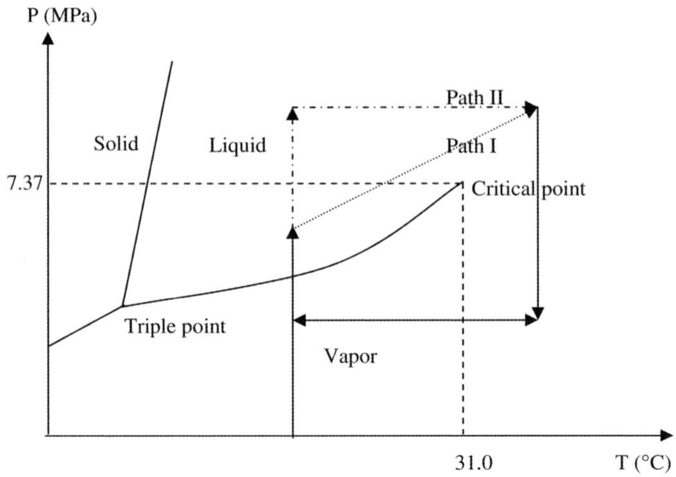

[그림 6.13] CO_2의 가능한 초임계 건조 경로의 예. 두 가지 실질적인 접근이 있다: (a) 압력을 용매의 초임계점 위로 증가시킨 다음에 압력을 일정하게 유지하면서 시료를 초임계 온도 가열한다. (b) 상온에서 압력을 증기압 위로 증가시킨 다음에 가열에 의해 온도와 압력 둘 다 동시에 증가시킨다.

[표 6.3] 통상적인 용매의 임계점 계수[145]

용매	식	T_c(℃)	P_c(MPa)
물	H_2O	374.1	22.04
이산화탄소	CO_2	31.0	7.37
프레온 116	$(CF_3)_2$	19.7	2.97
아세톤	$(CH_3)_2O$	235.0	4.66
아산화질소	N_2O	36.4	7.24
메탄올	CH_3OH	239.4	8.09
에탄올	C_2H_5OH	243.0	6.3

레이브내에서 압력과 온도가 모두 용매의 초임계점 위로 젖은 겔을 가열하는 것과 그 다음에 온도를 용매의 임계점 위로 유지하면서 압력을 감소시켜 액체상을 천천히 빼내는 것으로 구성된다. [그림 6.13]은 용매 CO_2로 두 가지 일반적인 초임계 건조 경로를 보여주고 [표 6.3]은 통상적인 용매의 임계점 계수를 나열한다.[145]

졸-겔 공정에 의해 젖은 겔로 합성할 수 있는 모든 물질은 초임계 건조로 에어로겔을 형성할 수 있다. 실리카 에어로겔에 더하여, 다른 흔히 연구되는 무기 에어로겔의 예는 TiO_2,[146] Al_2O_3,[147] Cr_2O_3[148]과 혼합된 실리카-알루미나[149]이다. 초임계 조건에 도달하기 위하여 요구되는 온도와 압력을 낮추기 위하여 용매 교환이 넓게 쓰이고 있다. 고도의 다공성 구조를 대기 건조를 사용하여 얻을 수 있다. 겔 망 본래의 다공성 구조의 붕괴를 막기 위하여 두 가지 접근 방법이 있다. 하나는 위에서 논의된 초임계 건조를 사용하는 기본 개념인 모세관력을 제거하는 것이다. 다른 하나는 거대한 모세관력과 겔 망의 작은 기계적 강도 사이의 불균형을 조작하여 용매 제거 중에 모세관력에 저항하기에 충분하도록 겔 망을 강화시키는 것이다. 실리카 겔 망의 표면 화학을 변화시켜 모세관력을 최소화하고 겔 망의 붕괴를 막기 위하여 유기 성분을 무기 겔 망에 포함시킨다. 유기 성분은 유기 전구체의 형태로 도입되는 유기 성분과의 혼성 중합 반응[150,151]을 통하거나 또는 용매 교환을 수반하는 자기조립을[152] 통하여 도입될 수 있다. 실리카 겔 망에 유기 성분을 포함시키면 대기 조건에서 75% 또는 그 이상의 다공성과 1,000 m^2/g의 특정 표면적을 가지는 큰 다공성의 실리카를 얻을 수 있다. 유기 에어로겔은 유기 전구체의 중합 반응과 뒤이어 숙성된 젖은 겔을 초임계 건조하여 얻을 수 있다. 가장 널리 연구된 유기 에어로겔은 레조르시놀 포름알데히드(RF)와 포름알데히드(MF) 에어로겔이다.[153,154] 탄소 에어로겔은 전형적으로 500℃ 이상의 온도에서 유기 에어로겔의 열분해에 의해 형성된다. 탄소 에어로겔은 그들의 모태인 유기 에어로겔의 높은 표면적과 기공 부피를 계속 유지한다.[155]

6.3.3 결정성 미세다공성 재료: 제올라이트

제올라이트는 결정성 알루미노실리케이트이고 1756년에 처음으로 발견되었다.[156,157] 34가지의 자연적으로 형성되는 제올라이트와 거의 100가지의 합성된 제올라이트가 있다. 제올라이트는 통상 ~0.3에서 1 mm의 직경을 가지고 기공 부피가 약 0.1에서 0.35 cc/g로 변하는 분자 크기의 균일한 크기 기공을 가지는 3차원 뼈대 구조이다. 제올라이트는 폭넓고 다양한 응용을 가지며 예로는 촉매, 흡착 물질, 그리고 분자 체(sieve)이다. 많은 소개 논문과 책이 출판되었다.[158-160] 다양한 제올라이트의 자세한 구조와 고유한 이름은 문헌에 요약되어 있다.[161-163] 아래에 오직 간단한 기술을 하였다.

제올라이트는 정식 조성 $M_{2/n}O \cdot Al_2O_3 \cdot xSiO_2 \cdot yH_2O$($n$은 움직이는 양이온의 가전자 상태, M^{n+}이고 $x \geq 2$)이고 TO_4 사면체(T는 사면체 원자, 즉 Si, Al)를 구성하며 각 산소 원자는 인접하는 사면체 사이에서 공유되며, 이것은 뼈대비 O/T가 모든 제올라이트에 대하여 2가 되도록 한다.[164] 1차원 뼈대가 네 개의 모서리를 연결하는 TO_4 사면체에 의하여 형성된다. 제올라이트가 어떤 결함 없이 순순한 실리카로 만들어지면 모서리의 각 산소 원자는 두 개의 SiO_4 사면체에 의해 공유되고 전하는 균형을 이룬다. 실리콘이 알루미늄, K^+, Na^+와 같은 염기 금속 이온, Ba^{2+}, Ca^{2+}와 같은 알카리성 희토류 이온, 그리고 양자에 의해 대체되면 H^+가 보통 전하를 균형잡기 위하여 도입된다. 그렇게 형성된 뼈대는 비교적 열려있으며 채널과 구멍으로 특징 지워진다. 기공의 크기와 채널 시스템의 입체화는 TO_4 사면체의 정렬에 의해 결정된다. 더 구체적으로 기공 크기는 다양한 수의 TO_4 사면체 또는 T 원자의 연결에 의해 형성되는 고리의 크기에 의해 결정된다. 8-고리는 8개의 TO_4 사면체로 구성된 고리를 지칭하는데, 고리가 찌그러짐이 없는 경우 작은 기공 (직경 0.41 nm)이며, 10-고리는 중간 크기(0.55 nm), 그리고 12-고리는 큰 기공(0.74 nm) 이다. 다양한 고리의 배열 또는 연결에 따라서 채널, 사슬, 그리고 시트와 같은 다른 구조 또는 기공 개방이 형성될 수 있다. [그림 6.14]는 명쾌함을 위하여 각 교차점은 TO_4 사면체로 지정하였다. 이러한 하부 단위를 보여주고 있는데[163] 그림에서 이러한 하부 단위의 면을 정의하는 n-고리에 의한 명시도 또한 포함되었다. 예를 들면, 칸크리나이트 골조 하부 단위는 6개의 4-고리와 5개의 6-고리로 정의되며 따라서 $[4^6 6^5]$로 명시된다. 골조에 대하여 쓰인 것과 유사한 명명법이 또 한 채널, 사슬,

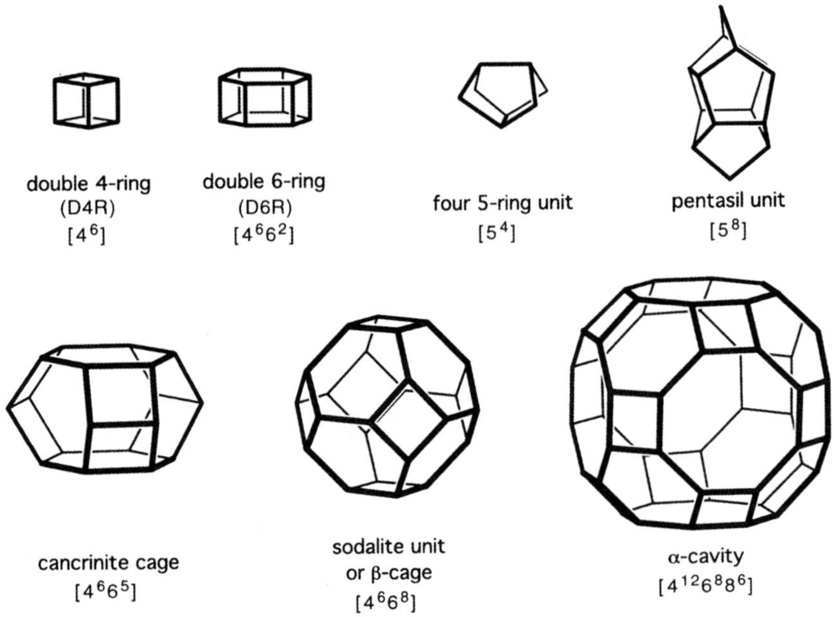

[그림 6.14] 제올라이트의 여러 뼈대 형태에서 반복되는 하부 단위와 골조; 각 교차점은 TO_4 사면체로 명시되었고 T는 실리콘 또는 알루미늄과 같은 금속이다. [L. B. McCusjer and C. B. Baerlocher, in Introduction to Zeolite Science and Practice, 2nd edn. H. van Bekkum, E. M. Flanigen, P. A. Jacobs, and J. C. Jansen, Elsevier, Amsterdam, p. 37, 2001.]

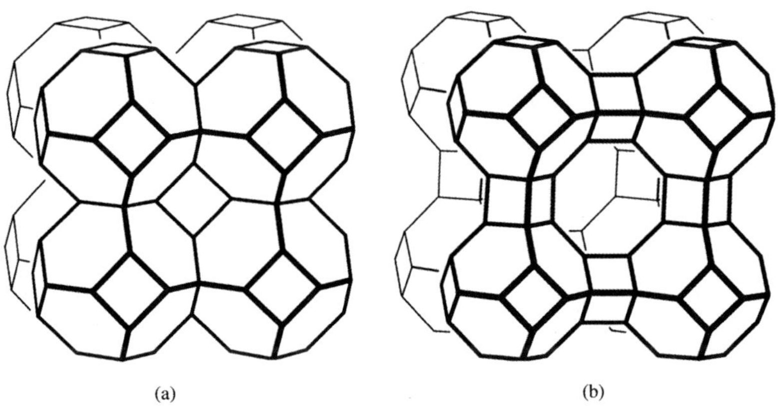

[그림 6.15] (a) β 또는 소다라이트 골조의 체심 입방 배열을 가지는 SOD 뼈대 형태([그림 6.12] 참조). (b) 단일의 8-고리를 통하여 연결된 α-골조의 기본 입방 배열을 가지는 LTA 뼈대 형태. [L. B. McCusjer and C. B. Baerlocher, in Introduction to Zeolite Science and Practice, 2nd edn. H. van Bekkum, E. M. Flanigen, P. A. Jacobs, and J. C. Jansen, Elsevier, Amsterdam, p. 37, 2001.]

그리고 시트를 기술하기 위하여 개발되었다. 다양한 하부 단위를 적층하거나 다른 적층 순서로 쌓으면 다른 뼈대가 형성된다. 133가지의 제올라이트 뼈대가 확인되었다. [그림 6.15]는 두 가지 개략적인 제올라이트 뼈대를 보여준다. SOD와 LTA 뼈대 형태.[163]

제올라이트는 보통 수열 합성 기술로 만든다.[165,166] 전형적인 합성 과정에 물, 실리카 원료, 알루미나 원료, 광물화 약품, 그리고 구조 유도체(structure-directing agent) 등을 사용한다. 실리카 원료는 매우 많은데, 콜로이드 실리카, 훈증된 실리카, 석출된 실리카, 그리고 실리콘 알콕시드가 포함된다. 전형적인 알루미나 원료는 알루민산나트륨, 베마이트, 수산화알루미늄, 질산알루미늄, 그리고 알루미나가 포함된다. 전형적인 광물화제는 수산기 이온, OH^-, 그리고 불소 이온, F^-이다. 구조 유도체는 4차 암모늄이온과 같은 가용성 유기 종으로 실리카 망의 형성을 돕고 궁극적으로 결정상 간 기공 안에 잔류한다. 염기 금속 이온도 또한 결정화 과정에서 구조 지정 역할을 할 수 있다. [표 6.4]는 제올라이트 Na-A와 TPA-ZSM-5의 반응물, 합성 온도, 그리고 물리적 및 화학적 특성을 나열한 것이다.[166] [그림 6.16]은 몇몇 제올라이트의 SEM 이미지를 보여준다.[166]

[표 6.4] 제올라이트 Na-A와 TPA-ZSM-5의 합성 혼합물(몰비율), 물리적 및 화학적 특성[166]

물질 및 특성	Na-A	TPA-SZN-5
SiO_2	1	1
Al_2O_3	0.5	<0.14
Na_2O	1	0.16
TPA_2O	-	0.3
H_2O	17	49
T(℃)	<100	>150
기공구조	3D	2D,
밀도(g/cm^3)	1.28	1.77
기공 부피(cm^3/g)	0.37	0.18
격자 안정화	Na^+, H_2O	TPA^+
Si/Al 비	1	0.12
브뢴스테드 활성	낮음	높음
친화력	친수성	소수성

[그림 6.16] 제올라이트의 결정성 특성을 보여주는 SEM 이미지. (a) 제올라이트 A, (b) 방비석, (c) 소다 비석의 단결정, (d) 제올라이트 L의 집단, (e) 제올라이트 모데나이트의 전형적인 바늘 집합체 [J. C. Jansen, in Introduction to Zeolite Science and Practice, 2nd edn. H. van Bekkum, E. M. Flanigen, P. A. Jacobs, and J. C. Jansen, Elsevier, Amsterdam, p. 175, 2001.]

합성은 반응물 형태, 첨가 순서, 혼합 정도, 결정화 온도 및 시간, 그리고 조성에 민감할 수 있다. 합성 과정에는 매우 많은 복잡한 화학 반응과 유기-무기 상호작용이 있다. 혼합물 조성, 반응의 정도, 그리고 합성 온도에 따라서 적어

도 네 가지 형태의 액체가 생산될 수 있다.[166]

(1) 분자, 단량체, 그리고 이온 종만으로 구성된 투명한 용액
(2) 개방된 구조를 가지는 비정질 클러스터로 구성된 졸 또는 콜로이드(분산된 저밀도 겔로도 불린다)
(3) 조밀한 구조를 가지는 분산된 비정질 클러스터로 구성된 졸 또는 콜로이드(분리된 고밀도 겔로도 불린다)
(4) 준안정 결정성 고체 나노입자를 가지는 졸 또는 콜로이드(고체상으로도 불린다).

제올라이트는 이러한 시스템으로부터 핵생성과 결정화 과정을 통하여 형성된다. 분자 레벨과 결정구성 단위에서 결정 성장 메커니즘을 이해하기 위하여 다양한 연구가 수행되어 왔다.[165,166] 제올라이트의 성장에 대하여 적어도 세 가지 형태의 결정 구성 단위가 제안되었다. (1) 사면체 단량체 종이 제1의 건축 단위로 여겨진다. (2) 두 번째 구성 단위는 결정 구성 단위이다. (3) 포접 화합물이 제올라이트의 핵생성과 결정화에 있어 구성 단위이다. [그림 6.17]은 버켓(Burkett)과 데이비스(Davis)에 의해 제안된 TPA-Si-ZSM-5의 합성에 있어 구조 지정과 결정 성장의 메커니즘을 보여준다.[167] 합성 중에 무기 및 유기 성분으로 구성된 소수성 수산화 구체를 중첩시켜 이어지는 규칙적 물의 방출에 의하여 무기-유기 복합체 클러스터를 처음 형성한 후, 반데르발스 상호작용을 확립하기 위한 그러한 무기-유기 복합체 클러스터는 초기 핵생성과 이어지는 제올라이트 결정 성장 모두를 위한 성장종으로 쓰인다. 핵생성은 이러한 복합체 클러스터의 에피택시 응집을 통하여 일어나나 결정 성장은 동일한 종의 성장 표면으로의 확산을 통하여 층 성장 메커니즘으로 진행된다. '나노석판(nanoslab)' 가설로 불리는 다른 메커니즘이[168] 위에 논의된 메커니즘 위에 확립되었는데 차이는 무기-유기 복합체 클러스터가 우선 에피택시 응집을 통하여 나노석판을 형성하는 것이다. 그렇게 형성된 나노석판은 [그림 6.18]에 보인 바와 같이 다른 나노석판과 뭉쳐 더 큰 석판을 형성한다.[168]

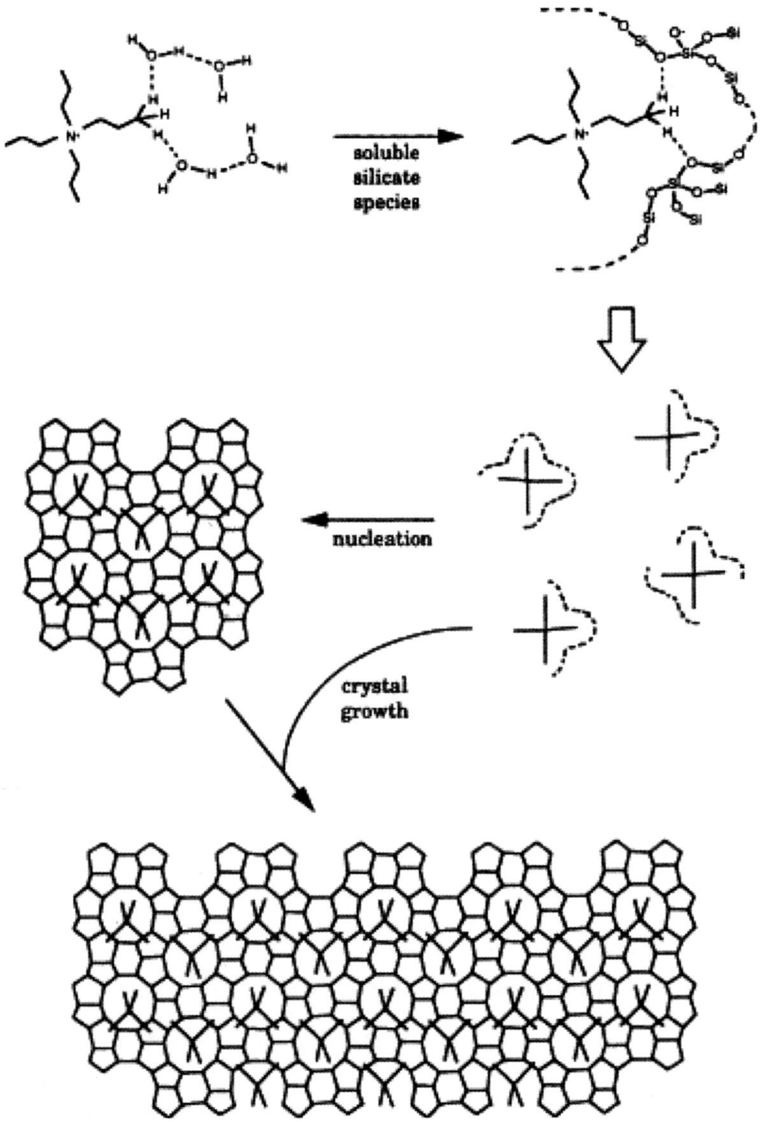

[그림 6.17] TPA^+를 구조 유도제로 사용한 순수한 실리카 ZSM-5 제올라이트의 합성에 있어 유기-무기 복합체가 관여하는 구조유도 결정 성장의 메커니즘. [S. L. Burkett and M. E. Davis, J. Phys. Chem. 98, 4647 (1994).]

구조-지정 약품의 효과: 다른 유기 분자를 구조 유도제로 혼합된다면 완전히 다른 결정구조를 가지는 제올라이트가 형성될 수 있다. 예를 들면 N,N,N-트리메틸 1-아다만트암모늄 수산화물을 구조 유도제로 사용하면 제올라이트

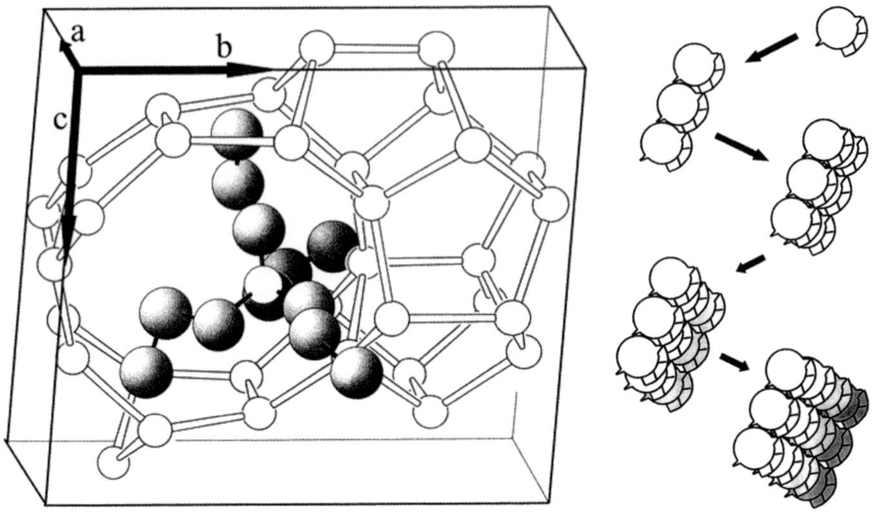

(a) (b)

[그림 6.18] '나노석판' 가설: (a) 한 개의 TPA 양이온을 가지는 전구체 단위 (b) 전구체 단위의 집합에 의한 나노석판 형성의 개략적인 묘사 [C. E. A. Kirschhock, R. Ravishankar, L. Van Looveren, P. A. Jacobs, and J. A. Martens, J. Phys. Chem. B103, 4972 (1999).]

SSZ-24가 형성되나 테트라프로필암모늄 수산화물을 구조 유도제로 사용하면 ZSM-5가 생산된다. 게다가 구조 유도제의 선택은 합성 속도에 영향을 미칠 수 있다.[169]

구조 유도제의 기하학적 배열은 합성되는 제올라이트의 기하학에 직접적인 영향을 준다. 예를 들면, SSZ-26은 10-고리 및 12-고리 기공이 교차하는 제올라이트이고,[170] 프로펠레인 기반의 구조 유도제를 이용한 선험적 고안으로 합성되었다.[171] 실험적으로 그리고 분자력 장 계산을 통하여 입증된 바 SSZ-26의 기공 단면의 기하학이 유기 구조 유도 분자의 그것과 매우 잘 일치하였으며 한 개의 구조 유도 분자가 각 채널 교차점에 존재하였다.[172] ZSM-18은 세 개의 고리를 가지는 알루미노실리케이트 제올라이트이고[173] 분자 모델링을 사용하여 고안된 구조 유도제를 약품을 사용하여 합성되었다.[174] 제올라이트 골

[표 6.5] 제올라이트의 구조 또는 유기구조-지정 약품을 사용하여 얻어지는 다른 화합물에 미치는 알루미늄, 붕소, 그리고 아연의 영향[157]

유기용제	SiO_2	$SiO_2/Al_2O_3<50$	$SiO_2/B_2O_3<30$	$SiO_2/ZnO<100$
C8H20N	ZSM-12	제올라이트 베타	제올라이트 베타	VPI-8
C16H32N4	ZSM-12	제올라이트 베타	제올라이트 베타	VPI-8
C13H24N*	ZSM-12	모데나이트	제올라이트 베타	층상 물질
C13H24N*	SSZ-24	SSZ-25	SSZ-33	–
C13H23N*	SSZ-31	모데나이트	SSZ-33	VPI-8
C12H20N	SSZ-31	SSZ-37	SSZ-33	–

* 다른 분자구조를 가짐.

조와 유기 구조-지정 약품은 매우 잘 합치하였다.

이종원자의 효과: 합성 혼합물에 Al, Zn, B 등과 같은 사면체 양이온을 작은 양 첨가하면 극적인 효과를 나타내며 동일한 구조 유도제를 사용하였을 때에도 매우 다른 제올라이트구조가 형성된다.[175] [표 6.5]에 몇몇 시스템을 비교하였다. 예를 들면, 테트라에틸암모늄 양이온, TEA^+를 구조 유도제로 하고 다른 합성 매개변수를 동일하게 유지하였을 때, Al_2O_3에 대한 SiO_2의 비가 50보다 크면 ZSM-12가 형성된다. 작은 양의 알루미나가 첨가되면 제올라이트 베타가 형성된다. SiO_2/Al_2O_3 비가 15에 이르도록 추가적인 알루미나를 첨가하면 ZSM-20이 합성된다. 합성 혼합물에서 $Si4^+$를 2가와 3가 사면체 양이온으로 치환할 경우 음으로 하전된 제올라이트 뼈대가 만들어지며 이것은 유기 구조 유도 양이온과 염기성 금속 양이온과 같은 무기 양이온 둘 다에 대하여 더 강한 배위결합을 할 것이다. 게다가 양이온-산소 결합길이 및 양이온-산소-양이온 결합각의 변화는 건축 단위의 형성에 상당한 영향을 줄 것이다.[176]

염기 금속 양이온의 효과: 기본 조건에서 제올라이트를 합성하는 대부분의 경우에 염기 금속 양이온이 필요하다.[177] 수용액 내에 작은 농도의 염기 금속 양이온이 존재하면 증류수에서의 용해 속도보다 15배 만큼 석영의 용해 속도를 증가시킨다.[178,179] 염기 금속 양이온이 존재하면 고-실리카 제올라이트의 핵생성과 결정 성장 속도를 가속시킬 수 있는 것으로 알려져 있다.[177,180] 그러나 염기 금속 양이온이 너무 많으면 실리카와의 반응에서 유기 구조 유도제와 경쟁하게 되어 층 구조의 생산물이 형성되는 것이 밝혀졌다.[181]

유기-무기 하이브리드 제올라이트: 최근에 야마모토(Yamamoto) 등은[182] 격자 산소 원자를 부분적으로 메틸렌 그룹으로 대체함으로써 유기 뼈대를 가지는 유기-무기 하이브리드 제올라이트의 합성에 성공하였다. 그러한 하이브리드 제올라이트는 늘어지는 유기 그룹을 가지는 제올라이트와 크게 다르다.[183] 실리콘 원료로 메틸렌 가교 유기 시레인을 사용할 경우 유기 그룹을 격자로 가지며 MFI와 LTA구조와 같은 여러 제올라이트 상으로 이루어진 제올라이트 물질을 형성한다. 그러한 하이브리드 제올라이트에서 일부 실록산 결합, (Si-O-Si)은 메틸렌 뼈대 (Si-CH_2-Si)로 대체된다.

6.4 코어-쉘 구조

3장에서 우리는 이종 에피택시 반도체 코어-쉘 구조의 합성을 논의하였다. 비록 코어와 쉘의 화학조성이 다르지만 그들은 비슷한 결정구조와 격자상수를 가진다. 그러므로 성장된 나노미터-크기 입자(코어)의 표면 위에 쉘 물질을 형성하는 것은 다른 화학조성을 가지는 입자 성장으로 화장하는 것이다. 이 절에서 논의하는 코어-쉘구조는 크게 다르다. 첫 번째, 코어-쉘이 종종 완전히 다른 결정구조를 가질 것이다. 예를 들면, 하나는 단결정이 될 수 있고 다른 하나는 비정질이 될 수 있다. 두 번째, 코어-쉘의 물리적 특성이 종종 서로 크게 다르다. 하나는 금속성이거나 다른 하나는 유전체이다. 게다가 각 코어-쉘 구조에서 코어-쉘의 합성 공정이 크게 다르다. 비록 다양한 코어-쉘 구조가 코팅, 자기조립, 그리고 기상 증착 등과 같은 다양한 기술로 제조될 수 있으나, 이절에서의 논의는 주로 귀금속-산화물, 귀금속-고분자, 그리고 산화물-고분자 시스템의 코어-쉘 구조에 주로 집중될 것이다. 게다가 나노입자의 표면 위에 조립된 단층 분자는 논의에 포함되지 않을 것이다. 고분자 단층은 종종 나노입자의 확산 제어 성장을 유도하여 나노입자를 안정화시키는 데 사용되었으며, 이는 이미 3장에서 논의되었다. 분자 단층의 자기조립은 앞장에서 논의된 주제 중의 하나이다.

6.4.1 금속-산화물 구조

공정을 설명하기 위하여 금-실리카 코어-쉘 구조를 예로 택할 것이다.[184,185] Au은 용액 안에서 보호막 산화물층을 형성하지 않으므로 Au 표면은 실리카에 대하여 매우 작은 정전기 친화력을 갖는다. 입자 표면 위에 실리카층이 직접 형성되지 않을 것이다. 게다가 응집을 방지하여 입자를 안정화시키기 위하여 표면 위에는 보통 유기 단층이 흡착되어 있다. 이러한 안정제는 또한 Au 표면이 유리질과 잘 접착되지 않도록 소유리질성화한다. 다양한 시오알칸과 아미노알칸 파생이 Au 나노입자를 안정화시키기 위하여 사용된다.[186] 그러나 코어-쉘 구조의 형성을 위해서는 안정제는 표면에 단층을 형성하여 Au 나노입자를 안정화시키기 위하여 필요한 것뿐만 아니라 실리카 쉘과 반응하기 위하여도 요구된다. 한 가지 접근 방법은 두 끝에 두 가지 기능성을 가지는 유기 안정제를 사용하는 것이다. 하나는 Au 입자 표면에 연결되고 다른 하나는 실리카 쉘에 연결될 것이다. 실리카에 연결하는 가장 쉬운 방법은 실란 결합제를 사용하는 것이다.[187] (3-아미노프로필)트리메톡시실란(APS)은 Au 코어를 실리카 쉘과 연결시키기 위하여 가장 널리 사용되는 복합제이다.

[그림 6.19]는 금-실리카 코어-쉘 구조를 제조하는 중요한 공정을 보여준다. 거기에는 전형적으로 세 가지 단계가 있다. 첫 번째 단계는 원하는 입자 크기와 입자 분포를 가지는 Au 코어를 형성한다. 두 번째 단계는 Au입자의 표면에 유기 단층을 입혀서 소유리질성에서 친유리질성으로 변경시킨다. 세 번째 단계는 산화물 쉘의 증착다. 처음으로 개발된 제조공정을 소개하면서,[184,185]

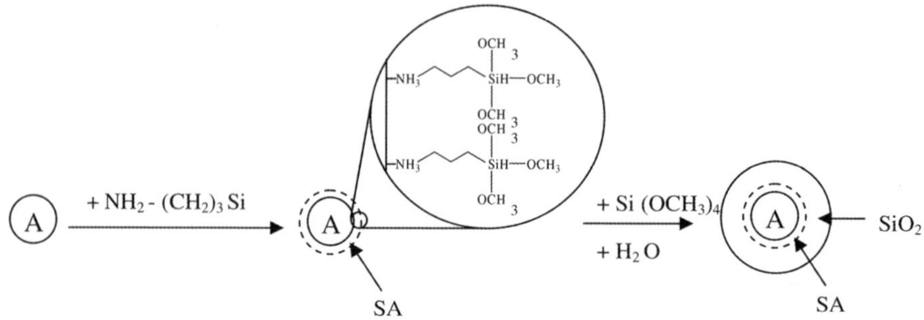

[그림 6.19] 금-실리카 코어-쉘 구조를 제조하는 중요한 공정. (a) 단일 크기 Au 입자의 형성 (b) 자기조립을 통한 유기 분자의 단층을 도입하여 Au 나노입자의 표면을 변경 (c) 실리카 쉘의 증착 [L. M. Liz-Marzan, M. Giersig, and P. Mulvaney, Langmuir 12, 4329 (1996).]

우선 구연산나트륨 환원 방법[188]을 사용하여 ~15 nm와 10% 분산도를 갖는 Au 나노입자가 안정한 콜로이드 용액을 형성한다.

두 번째 단계에서는, 새롭게 준비된 APS(2.5 mL, 1 mM) 수용액을 500 mL의 Au 콜로이드 용액에 첨가하며 15분 동안 격렬하게 교반해준다. Au 입자 표면에는 한 층의 APS가 덮인다. 이 공정 중에 앞서 흡착되어, 음으로 하전된 구연산 그룹이 APS 분자로 치환되는데, 이 때 실라놀 그룹은 용액 속으로 향한다. 이 공정은 Au의 큰 복합체화 상수에 의하여 구동된다. 수용액 내 APS 분자 내의 실란 그룹은 빠른 가수분해를 통해 실라놀 그룹으로 바뀌며, 이들은 응축 반응을 통하여 서로 반응하며 3차원 망을 형성한다. 그러나 응축속도는 낮은 농도에서 꽤 느리다.[187] Au입자 표면 위에서 APS가 자기조립하는 중에 pH는 2-3정도로 실리카의 등전위 점 이상으로 유지되어 실라놀 그룹이 음으로 하전될 필요가 있다는 것을 주목하라.[189] 이에 더하여 Au 나노입자 위에 적절한 음의 표면 전하가 보장되도록 pH를 조절하여 양으로 하전된 아미노 그룹이 Au 표면으로 이끌리도록 할 필요가 있다.

세 번째 단계에서는 0.54 wt.% 나트륨 실리케이트 용액의 pH를 10-11로 천천히 환원시켜 만든 실리카 졸을 Au 콜로이드 용액에 적어도 24시간 동안 격렬

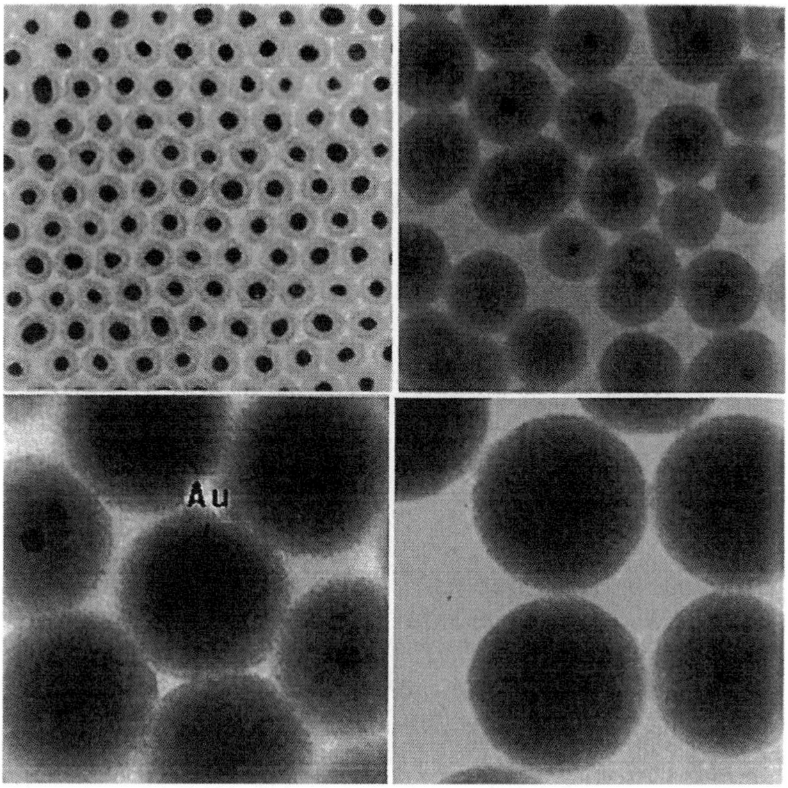

[그림 6.20] 4:1 에탄올/물 혼합물의 TES를 가지는 15 nm Au 입자 주위의 실리카 쉘의 대규모 성장 중에 얻어진 금-실리카 코어-쉘 나노구조의 TEM 이미지. 쉘 두께는 (a, 왼쪽 위) 10 nm, (b, 오른쪽 위) 23 nm, (c, 왼쪽 아래) 58 nm, 그리고 (d, 오른쪽 아래) 83 nm. [L. M. Liz-Marzan, M. Giersig, and P. Mulvaney, Langmuir 12, 4329 (1996).]

히 교반하며 첨가하는데 pH는 ~8.5 정도가 된다. 2-4 nm 두께의 실리카층이 Au 나노입자의 변경된 표면 위에 형성된다. 이 단계에서는 pH를 조절함으로써 느린 응축 또는 중합 반응을 촉진시켜 Au 입자 주위에 얇고, 조밀하고, 그리고 비교적 균일한 실리카층의 형성이 생길 수 있다.[189,190] 추가적인 실리카층의 성장이 코어-쉘 나노구조를 에탄올 용액에 옮겨 종종 스퇴버(Stöber) 방법으로 불리는, 추가적으로 실리카층을 성장시키기 위하여 확산이 지배적인 성장 조건이 되도록 조절하였다.[191] [그림 6.20]은 금-실리카 코어-쉘 나노구조의 TEM 이미지를 보여준다.[185]

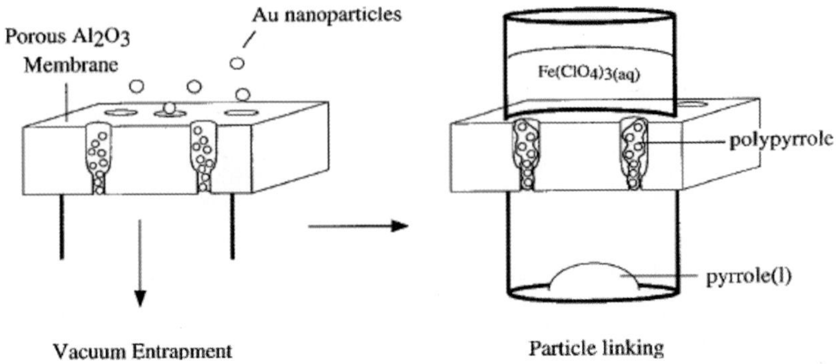

[그림 6.21] 금속–고분자 코어–쉘 구조의 제조 과정의 개략적인 묘사. [S. M. Marinakos, D. A. Shultz, and D. L. Feldheim, Adv. Mater. 11, 34 (1999).]

6.4.2 금속–고분자 구조

유제 중합 반응(emulsion polymerization)은 금속–고분자 코어–쉘 구조를 만들기 위해서 널리 사용되는 전략이다.[192] 예를 들면, 은–폴리스티렌/메타크릴산염 코어–쉘 구조가 스티렌 그리고 또는 메타아크릴산을 올레산 내에서 유제 중합반응하여 만들었다. 이 시스템에서 Ag입자는 2–10 nm 범위의 두께를 가지는 균일한 층으로 코팅된다.[193] 층 두께는 단량체의 농도를 변화시켜 쉽게 조절될 수 있다. 농축된 염화물 용액에서 식각 테스트를 함으로써 고분자 코팅이 강한 방지 효과를 가짐이 밝혀졌다.

금속–고분자 코어–쉘 구조 형성의 다른 예는 막 기반 합성이다.[194-196] 이 방법에서는 [그림 6.21]에 개략적으로 보인 바와 같이 금속 입자가 진공 여과법에 의해 막의 기공 안에 잡혀서 정렬되며, 그 다음에 기공 안의 전도성 고분자의 중합 반응이 뒤따른다.[196] 200 nm의 기공 크기를 가지는 다공성 알루미나 막이 Ag 나노입자를 잡기 위하여 사용되었으며, $Fe(ClO_4)_3$ 중합 반응 기폭제로 사용되어 막 위에 붓는다. 몇 방울의 피롤 또는 N–메틸피롤이 막 아래에 놓였다. 증기 형태의 단량체 분자가 기공 안으로 확산되면서 기폭제와 접촉하여 고분자를 형성하였다. 고분자는 우선적으로 Ag 나노입자의 표면 위에 증착한다. 고분자 쉘의 두께는 중합 반응 시간에 의해 조절될 수 있으며 5 nm에서 100 nm까지

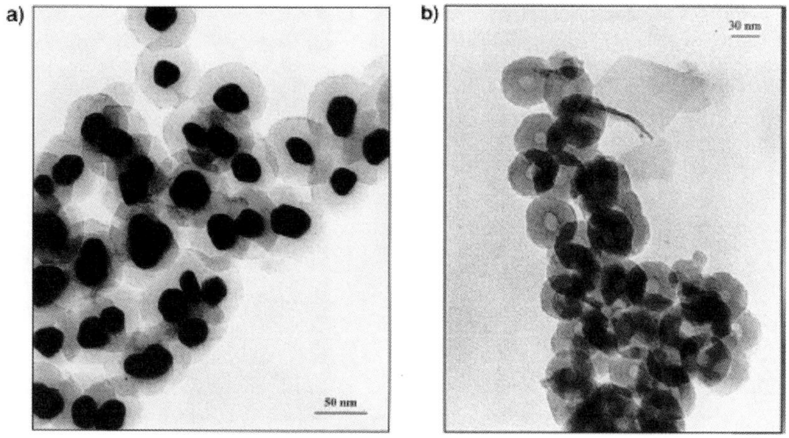

[그림 6.22] 금-폴리(피롤)과 복합체 폴리(N-메틸피롤)/폴리(피롤) 코어-쉘 구조의 TEM 이미지: (a) Ppy로 코팅된 ~30 nm 직경 금 입자와 (b) 0.002 M $K_4[Fe(CN)_6]$과 0.1 M KCN의 혼합물로 Au를 제거한 후의 고분자 쉘. [S. M. Marinakos, D. A. Shultz, and D. L. Feldheim, Adv. Mater. 11, 34 (1999).]

쉽게 변할 수 있다. 그러나 더 이상의 긴 중합 반응 시간은 응집된 코어-쉘 구조를 형성하였다. [그림 6.22]는 금-폴리(피롤)과 복합체 폴리(N-메틸피롤)/폴리(피롤) 코어-쉘 구조의 TEM 이미지를 보여준다.[196]

6.4.3 산화물-고분자 나노구조

고분자 코팅 산화물 입자를 생산하는 합성 방법은 두 가지로 묶일 수 있다. 입자 표면에서의 중합 반응 또는 입자 위로의 흡착.[197,198] 중합 반응을 기반으로 한 방법은 입자 위로의 단량체 흡착에 이어지는 중합 반응과[194,195,199] 유제 중합반응을 포함한다.[192,193] 흡착과 단량체의 중합 반응 방법에서, 중합 반응은 기폭제 또는 산화물 자체의 첨가에 의해 활성화될 수 있다. 예를 들면, 알루미늄-수화-산화물로 개질된 실리카 입자를 폴리(디비닐벤젠) (PDVB)층으로 코팅하기 위하여 4-비닐피리딘 또는 1-비닐-2-피롤리돈과 같은 결합제로 실리카 입자를 전처리한 후 디비닐벤젠과 라디칼 중합 반응 기폭제를 혼합한다.[200] 비슷한 접근 방법이 폴리(비닐벤젠 염화물) (PVBC), PDVB-PVBC 공중합체,

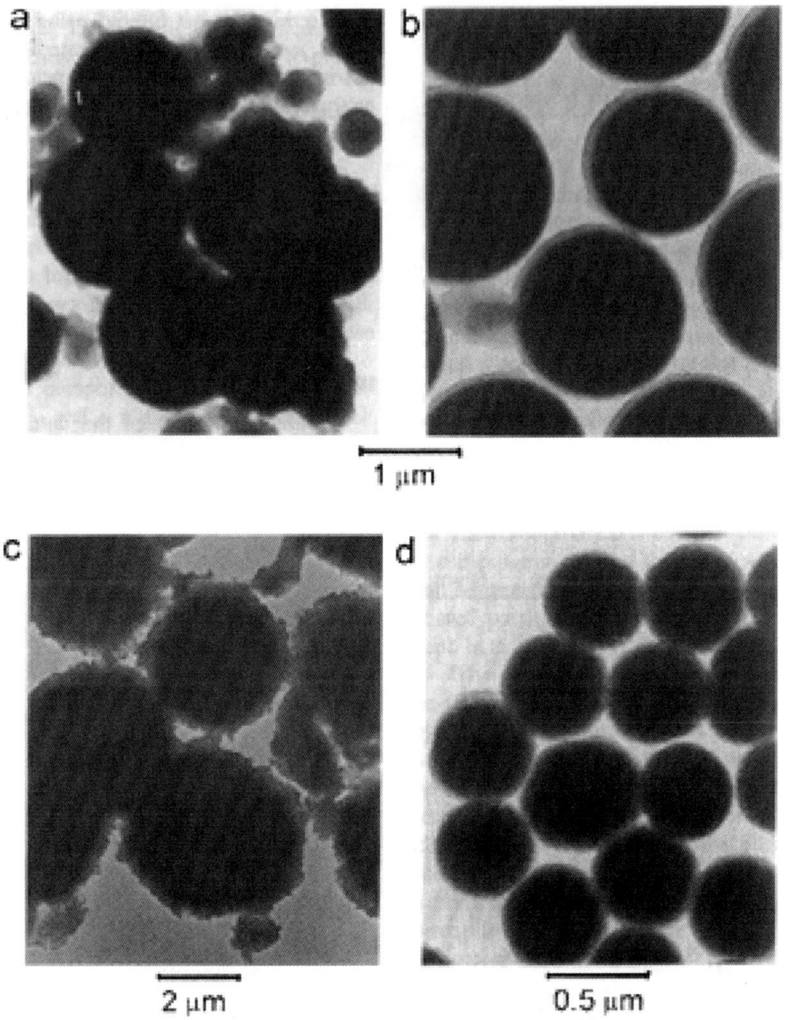

[그림 6.23] 동일한 질량의 금속 산화물(1.0 mgcm^{-3}), 피롤(0.039 gcm^{-3}), 그리고 에탄올(5%)과 0.0016 gcm^{-3} PVA를 사용 (b)와 다른 경우는 PVA 미사용에 의해 준비된 폴리피롤로 코팅된 (a), (b) CuO, (c) NiO, (d) SiO_2 입자의 TEM 이미지. [C. L. Huang and E. Metijevic, J. Mater. Res. 10, 1327 (1995).]

그리고 PDVB와 PVBC의 이중 쉘의 고분자층을 합성하는데 사용될 수 있다.[201] 흡착된 단량체의 중합 반응은 또한 산화물 나노입자의 표면 자리에 의해 개시될 수 있다. 예를 들면, 금속 산화물 입자 위에 폴리(피롤) 코팅이 이 방법으로 형성되었다.[199,202] $\alpha-Fe_2O_3$, SiO_2, 그리고 CeO_2에 폴리(피롤)로 코팅하기 위하여 에탄올–물 혼합물 안에서 중합 반응 매개체인 피롤에 산화물을 노출시키고 100℃로 가열하였다.[202] 더불어 고분자 코팅의 두께는 중합 반응 용액에 코어를 접촉시키는 시간의 변화로 조절할 수 있고, 무기질 코어의 조성과 용액 내 첨가제에도 의존한다는 것이 밝혀졌다. [그림 6.23]은 폴리(피롤)로 코팅된 실리카의 TEM 이미지를 보여준다.[202] 무기 나노입자 위의 고분자층은 유제 중합 반응을 통해서도 또한 얻어질 수 있다.

자기조립이 박막 합성에 널리 연구되어 왔다.[203,204] 클로이드 입자를 안정화시키기 위하여 용액에서 자기조립된 얇은 고분자층이 입자 표면에 직접 흡착되도록 하였으며,[205] 이것은 2장과 3장에서 간략히 논의되었다. 정전기적 자기조립에 의해 다층의 고분자 전해질을 형성하는 것이 또한 가능하다.

6.5 유기-무기 하이브리드

유기-무기 하이브리드는 유기와 무기 성분이 나노미터 규모에서 서로 상호 침투하고 두 성분 모두 3차원 망을 형성하는 물질이다. 그러한 유기-무기 하이브리드는 문헌에 오르모실(유기물로 변형된 실리케이트) 또는 오르모세르(유기적으로 변형된 세라믹)으로도 불린다. 하이브리드는 일반적으로 두 종류로 나누어진다. (1) 유기 분자, 저중합체가 약한 수소결합 또는 반데르발스 힘으로 무기질 모재에 심어진 하이브리드와, (2) 유기와 무기 성분이 공유결합을 통하여 서로 결합된 하이브리드. 1종 하이브리드는 유기 성분이 물리적으로 무기 모재에 트랩된 분자 크기 나노복합체로 생각할 수 있다. 반면에 2종 하이브리드는 진정한 화학결합을 통하여 유기와 무기 성분을 결합하는 거대 분자로 생각할 수 있다.

6.5.1 1종 하이브리드

1종 하이브리드의 합성을 위하여 개발된 몇 가지 방법에는 가용성 유기 고분자 내에서의 알콕시드의 가수분해와 응축, 통상의 용매에서 알콕시드와 유기 화합물의 혼합, 그리고 유기 화합물의 다공성 산화물 겔에의 주입이 포함된다. 다양한 유기–무기 하이브리드의 형성을 위하여 모두 세 가지 기술이 널리 탐구되어왔다. 예를 들면, 실리카, 알루미노실리케이트, 그리고 천이금속 산화물과 같은 무기 졸 –겔 파생 모재에 박힌 유기 염료, 폴리(N–비닐 피롤리돈)–실리카,[208] 폴리(메틸메타크릴산염)–실리카[209] 등의 무기 모재 내 고분자 하이브리드가[206,207] 가용성 유기 고분자 내의 알콕시드의 가수분해–응축에 의해 만들어진다. 알콕시드와 유기 성분을 통상의 용매 내에 혼합시켜 유기와 무기 성분을 동시에 겔화시키는 방법은 유기와 무기 성분 모두가 상호침투된 3차원 망을 확실하게 형성해 준다. 그러나 문제점은 가수분해와 응축 공정 중에 상분리와 유기 성분의 석출을 막는 것이어서 어떤 전구체의 변경이 요구된다.[210] 폴리파라페닐렌과 폴리아닐린 등의 유기물을 포함하는 다양한 실리카 기반 하이브리드가 이 방법을 사용하여 합성되었다.[211] 크게 다공성인 무기 겔 망 속으로 유기 성분을 침투시키는 것은 PMMA–실리카와 같은 1종 하이브리드를 만드는 다른 방법이다.[212]

점토 실리케이트, 금속 인산염, 층상 금속 산화물. 할로겐화물 또는 칼코게나이드 등의 규칙적 무기 숙주(주인) 내에 유기 성분을 삽입하여 규칙적 하이브리드를 만들 수 있다.[213] 예를 들면, $VO(OPr^n)_3$을 n–프로파놀 안에서 가수분해와 응축시켜 만든 바나듐 산화물층 사이에 알킬 아민을 삽입시킬 수 있다. 삽입 물질은 6.6절에서 더 논의될 것이다.

6.5.2 2종 하이브리드

2종 하이브리드는 서로 화학적으로 결합한 유기와 무기 성분으로 구성되는데 유기–무기 나노복합체와는 확실히 다르다. 일반적으로 그러한 하이브리드는 유기와 무기 전구체를 동시에 가수분해하고 중합 반응시켜 합성된다. 무기 전구체는 $SiCl_4$와 $ErCl_3$와 같은 무기염, $Cd(acac)_2$와 같은 유기염, $Al(OR)_3$와 $Ti(OR)_4$

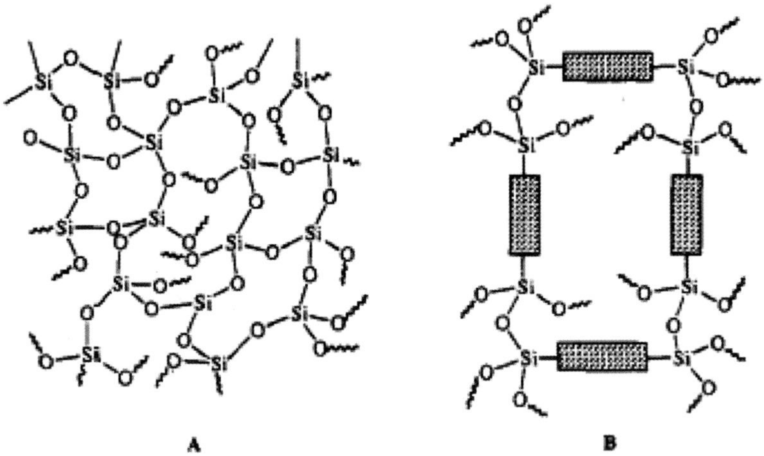

[그림 6.24] 무기와 하이브리드 구조의 비교: (a) 어떤 가수분해 될 수 있는 유기 리간드를 가지는 실리카 망 (b) 두 개의 실리콘 원자를 연결하는 유기 그룹을 가지는 유기알콕실란의 예. 이 구조에서 유기와 무기 성분은 화학적으로 결합되어 단일상 물질을 만든다. [K. Shea, D. A. Loy, and O. Webster, J. Am. Chem. Soc. 114, 6700 (1992).]

같은 알콕시드(여기서 R은 알킬 그룹)등을 말한다. 무기 전구체 내 금속 양이온과 관련된 모든 배위 그룹은 가수분해될 수 있다. 즉, 가수분해와 응축 공정 중에 쉽게 수산기와/또는 옥소 그룹에 의해 치환될 수 있다. 유기 전구체는 적어도 한 개의 가수분해되지 않는 배위 그룹을 구성하는데, 예로써 유기 알콕실란으로도 알려진 $Si(OR)_3R'$ 과 $Si(OR)_2R'_2$이다. 유기 알콕실란의 경우 각 실리콘 원자에 한 개 이상의 부속 유기 그룹이 붙어있게 되면 3차원 망이 형성되지 않을 것이다. 가수분해되지 않는 유기 그룹이 두 개의 실리콘 원자를 연결하는 다른 형태의 유기 전구체가 있다. 그러한 유기 알콕실란의 예는 [그림 6.24]에 보여준다.[215,216] 졸-겔 공정 중에 금속-탄소결합은 매우 안정하고 가수분해 되지 않으므로 전구체와 관련된 유기 그룹 R'은 무기 졸-겔 망 속에 금속 양이온과 함께 직접 포함될 것이다. 그러한 하이브리드의 형성에 있어 전형적인 가수분해와 응축 반응은 실리카 기반 하이브리드를 예로 들면 다음과 같이 기술될 수 있다.

$$Si(OR)_4 + 4H_2O === (Si(OH)_4 + 4HOR, \quad (6.2)$$

$$Si(OR)_3R' + 3H_2O === Si(OH)_3R' + 3HOR, \quad (6.3)$$

$$Si(OH)_4 + Si(OH)_3R' \Longrightarrow (HO)_3Si–O–Si\ (OH)_2R', \qquad (6.4)$$

$$Si(OH)_3R' + Si(OH)_3R' \Longrightarrow R'(HO)_2Si–O–Si\ (OH)_2R'. \qquad (6.5)$$

비록 유기 알콕실란이 하이브리드 산화물–유기 재료의 합성을 위하여 가장 유용하고 널리 사용된 유기 금속의 종류이지만, 응축에 의한 유기–무기 하이브리드의 합성을 위하여 다른 유기 금속이 또한 합성되어 사용되고 있다.[217] 예를 들면, 부테닐 사슬이 C–Sn 결합으로 주석 원자와 직접 결합되었다.

물리적 포획 화학결합을 통해 유기 성분을 무기 모재 속으로 포함시키는 것이 단지 다양한 물리적 특성을 도입하거나 변경시키는 것에 그치지 않는다. 유기 성분의 존재는 또한 졸–겔 공정과 결과적인 미세구조에 상당한 영향을 미칠 것이다. 유기 그룹은 가수분해와 응축 반응을 촉진하는 촉매 효과를 가질 수 있다. 긴 사슬 유기 리간드도 입체의 확산 장벽을 도입하거나 졸의 점도를 증가시켜 확산 제어 공정을 이끌어 낼 수 있다. 시스템에 도입된 유기 성분의 특성과 양에 따라 높은 다공성이나[218] 또는 비교적 조밀한 하이브리드가[219,220] 고온에서의 열처리 없이 만들어 질 수 있다. 다공성이 높고 비교적 조밀한 구조를 결합하여 어떤 특별한 미세구조를 얻을 수 있다.[221] 비록 거의 모든 유기–무기 하이브리드가 가수분해–응축 공정을 통하여 만들어지지만 비가수분해 졸–겔 공정으로 하이브리드를 합성할 수 있음이 입증되었다.[222] 규칙적 나노구조를 가지는 유기–무기 하이브리드가 브린커(Brinker)와 그의 공동연구자에 의해 입증된 것처럼 증발 유도 자기조립에 의하여 쉽게 얻어질 수 있다.[223-226]

6.6 층간 삽입 화합물

층간 삽입(intercalation) 화합물은 재료의 특별한 가족이다. 층간 삽입은 결정성 주인 격자 속으로 유동성의 손님종(원자, 분자, 또는 이온)이 가역적으로 끼워 넣는 것을 말하는데, 주인 격자는 구조적 완전함이 정식으로 유지되면서도 적절

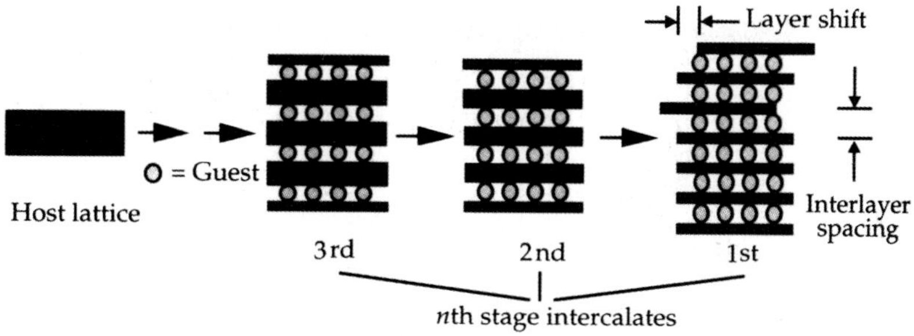

[그림 6.25] 손님종의 삽입에 따른 층상 주인 격자 모재의 중요한 기하학적 변화: (1) 층간 간격의 변화, (2) 층의 적층 모드의 변화, (3) 다단화를 보이는 낮은 손님 농도에서의 중간 상 형성 [R. Schollhorn, in Chemical Physics of Intercalation, eds. A. P. Legrand and S. Flandrois, Plenum, New York, NATO Ser. B172, 149 (1987).]

한 크기의 빈 격자가 상호 연결된 시스템이어야 한다.[227] 층간 삽입 반응은 전형적으로 상온 근처에서 일어난다. 다양한 주인 격자구조가 그러한 저온 반응이 일어나는 것으로 밝혀졌다.[228] 그러나 층상 주인 격자와 연관된 삽입 반응이 가장 널리 연구되어 왔는데, 이는 부분적으로는 구조적 유연성 때문에, 또 삽입된 손님 종의 모양에 따라서 층간 간격을 자유로이 조정할 수 있는 적응성 때문이다. 이절에서는 다소의 층간 삽입 화합물에 대한 간략한 요약만이 소개될 것이다. 더 자세한 논의를 위해서 독자들은 무기 삽입 화합물에 대한 포괄적이고 훌륭한 논문을 참조하기 바란다.[227] 다양한 화학조성과 격자 구조의 주인 시트가 있으나 모든 주인층은 층 내의 강한 공유결합과 약한 층 간의 상호작용으로 특징지워진다. 약한 층과 층 간의 상호작용은 반데르발스 힘이나 두 층 사이에 반대로 하전된 종간의 정전기 인력을 포함한다. 층간 삽입을 형성하기 위하여 다양한 주인 격자가 다양한 손님종과 반응할 수 있다. 주인 격자의 예는 금속 디칼코게나이드, 금속 옥시할라이드, 금속 인 3중 황화물, 금속 산화물, 금속 인산염, 수소 인산염, 포스포네이트, 흑연, 그리고 층상 점토 미네랄이다. 손님 물질은 금속 이온, 유기 분자, 그리고 유기 금속 분자를 포함한다. 손님종이 주인 격자에 포함되면 다양한 구조적 변화가 일어날 것이다. [그림 6.25]는 손님종의 삽입에 따른 층상 주인 격자 모재의 중요한 기하학적 변화를 보여준다. (1) 층간 간격의 변화, (2) 층의 적층 모드의 변화, (3) 다단화를 보이는 낮은

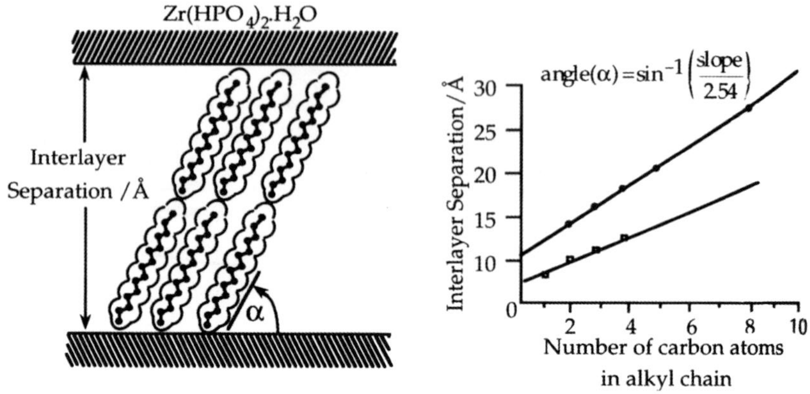

[그림 6.26] 지르코늄 수소 인산염의 삽입의 개략적인 구조와 유기 사슬 길이를 함수로 한 층간 간격 변화 [U. Costantino, J. Chem. Soc. Dalton Trans. 402 (1979).]

손님 농도에서의 중간 상 형성.[229] 한 예로써 [그림 6.26]은 지르코늄 수소 인산염 삽입의 개략적인 구조와 유기 사슬 길이의 함수로써 층간 간격 변화를 보여준다.[230]

층간 삽입 화합물의 형성을 위한 다양한 합성 방법이 있다.[227,231] 가장 흔히 사용되고 가장 간단한 방법은 주인 격자와 손님종의 직접 반응이다. V_2O_5와 LiI로부터 $Li_xV_2O_5(0 \leq x \leq 1)$를 형성시키는 것이 그러한 합성 방법의 전형적인 예이다.[232] 직접 반응을 위해서는 삽입 반응물이 주인 격자의 좋은 환원제이어야만 한다. 이온 교환은 삽입 화합물의 주인 이온을 다른 손님 이온과 치환하는 방법으로 이것은 직접 삽입되지 않는 큰 이온을 삽입하기 위한 유용한 방법이다.[233] 용매 또는 전해질을 적절하게 선택하면 주인 격자의 응집과 분리를 유도하여 이온 교환 반응을 도울 수 있을 것이다.[234] 전기 삽입(electrointercalation)은 주인 격자가 전기화학 전지의 음극으로 쓰이는 또 다른 방법이다.[235]

6.7 나노복합체 및 나노입상 재료

주로 물리적 특성을 개선하기 위하여 나노복합체와 나노입상 재료가 널리 연구되어왔다.[236,237] 나노복합체는 적어도 두 개의 상으로 구성되는 물질로써 하나의 상이 다른 상(즉, 모재)에 퍼져 있어 3차원 망을 형성하는 물질인 반면, 나노입상 재료는 일반적으로 단일 상이 여러 입자로 구성된 다결정 재료이다. 입자 크기가 작을수록 큰 표면적과 짧은 확산거리 때문에 확실히 복합체와 다결정 재료의 치밀화를 촉진할 것이다. 마찰 또는 밀링으로 작은 입자를 만드는 전통적인 방법은 입자 표면에 불순물을 유입시키기 쉬울 것이다. 그러한 불순물은 소결 보조제 역할을 할 수 있으며 공정(eutectic) 액체를 형성하여 액상 소결이 가능케 할 것이다. 마찰과 밀링은 또 한 입자 표면에 많은 손상과 결함을 만들어 입자의 표면 에너지가 높아지고 이것은 다시 치밀화에 유리하게 작용한다. 졸-겔 공정과 구연산염 연소와 같은 나노 크기 분말 제조 방법은 높은 순도와 적은 표면 결함의 입자를 만들어낼 수 있을 것이다. 8장에서 간략히 논의될 홀-페치(Hall-Petch) 관계는 마이크로미터 크기에서 기계적 특성이 입자 크기의 제곱근에 반비례하여 증가함을 제안한다. 그러나 기계적 특성과 입자 크기 사이의 관계가 홀-페치 관계를 따를 필요는 없다. 나노미터 규모에서 크기 의존성에 대한 더 나은 이해를 정립하기 위해 추가적인 연구가 명확히 요구된다. 분명히 나노복합체와 나노입상 다결정 재료에서 표면 또는 입계는 큰 입자로 구성된 벌크 재료보다 훨씬 더 큰 역할을 한다.

나노복합체와 나노입상재 료는 나노 크기 분말을 소결하여 만드는 벌크 재료에 국한될 필요는 없다. 다공성 기판 속에 기상 화학 반응으로 고체를 증착시켜 복합체를 합성하는 것은 하나의 확립된 기술이고, 화학 기상 침투(chemical vapor infiltration)로 불린다.[238-240] 이온 주입은 나노미터 크기의 클러스터와 모재 표면 근처에 결정질을 합성하기 위한 유용한 기술이다. 이 합성 기술의 중요한 특징과 다양한 재료는 멜드럼(Meldrum)과 공동연구자에 의하여 소개되었다.[241] 고분자와 금속 또는 고분자와 반도체의 나노복합체는 카세리(Caseri)에 의해 소개되었다.[242] 다양한 탄소 나노튜브 복합체에 대한 많은 연구가 테론스(Terrones)에 의해 리뷰되었다.[20] 이것을 포함하여 앞장에서 논의된 다양한 나노구조 재료는 나노복합체 또는 나노입상 재료로 완벽하게 묶일 수 있다. 예를 들면, 1종 유기–무기 하이브리드는 유기–무기 나노복합체, 금속 나노선으로 채워진 양극 산화 막은 금속–세라믹 복합체로 생각될 수 있다.

최근에 나노복합체 재료는 리튬 이온 재충전 배터리와 같은 에너지 변환 및 저장 시스템에서의 전극 재료로 응용하기 위해 더욱 관심을 끌어왔다. 예를 들면, 주인 모재(예: 탄소 블랙[243])에 Si를 균일하게 분산시키는 것이 Li 이온의 삽입/분리 과정 중 Si의 커다란 부피 변화를 줄이는 또 다른 효과적인 방법이다. 탄소는 전도성 첨가제일 뿐만 아니라 Si 나노입자를 분산시키기 위해 주인 모재에 연성을 부여한다.[243] 그 외에 탄소는 Li이 탄소 속으로 삽입될 수 있으므로 전기용량에 또한 기여한다.[244] 그러므로 Si–C 복합체는 순수 탄소질 재료보다 더 높은 전기용량을 나타내며 순수 Si 전극보다 더 좋은 반복 안정성을 보인다.[245] 슈(Shu) 등은 화학 기상 증착법을 사용하여 골조 형태와 유사한 CNTs/Si 복합체를 합성하였다.[246] 이 구조에서 Si 입자는 탄소 나노튜브(CNTs)가 꼬여 형성된 골조로 감싸져 있다. CNT는 전도성을 개선시키고 전극의 반복 안정성을 개선시키는 고체 전해질 중간상(SEI) 막에 의해 덮여졌다. 나노결정성 Si을 탄소 에어로겔에 분산시킴으로써 또한 Si–C 복합체를 만들 수 있다.[245] 이러한 형태의 Si–C 복합체는 첫 번째 순환에서 $C/10$ 속도에서 약 2,000 mAh/g의 방전 전기용량을 보이며 50회 순환 이후 1,450 mAh/g의 거의 일정한 전기용량을 보인다.

또한 다른 복잡한 구조와의 복합체가 전기용량을 증가시키고 양극 재료의 반복 안정성을 강화시키는 데 사용될 수 있다. 실리콘/흑연/CNT 구조를 가지는 복합체가 볼 밀링기술에 의해 제조되었다.[244] 이 제조 방법은 다중벽 탄소 나노튜브(MWNT)에 구조 결함을 생성시켜서 더 짧은 길이의 MWNT을 만들어 낸다. 구조 결함은 저장에 이롭게 작용하며 MWNT의 짧은 길이는 Li의 확산을 쉽게 한다.[247] MWNT가 그 뛰어난 복원력과[248,249] 좋은 전기전도성[250] 때문에 실리콘/그라파이트 복합체에 첨가되었다. 더욱이 MWNT 망은 조각난 흑연 입자를 단단히 감쌀 수 있으며, 이로써 부피 변화 효과를 경감시킨다. 리(Lee) 등은 탄소 코팅된 나노 Si이 분산된 산화물/흑연 복합체 재료를 합성하였다.[251] 흑연과 불활성 산화물은 탄성 모재로써 기능한다. 탄소 코팅은 전해질과 표면 흑연 입자가 관련되는 부차적인 반응을 막을 뿐만 아니라 실리콘과 흑연 사이의 전기적 접촉을 강화시킨다.

Si–C 복합체에 더하여, Sn–C 나노복합체도 또한 양극 재료로 훌륭한 전기화학적 성능을 보인다. 1 몰의 Sn이 4.4 몰의 Li를 저장할 수 있으므로 Sn은 매우 큰 이론적 전기용량 (944 mAh/g)을 가진다.[252] 그러나 Sn 전극은 나쁜 결정성을 가진다. 반복 안정성을 개선시키는 한 방법은 Sn을 완충물로 기능하는 탄소 모재 속에 분산시키는 것이다. 구오(Guo) 등은 최근에 Sn 나노입자를 단단한 탄소 구체의 메조 기공 속에 끼워 넣어 Sn–C 복합체를 합성하였다.[253] 초기 쿨롱 효율(방전 전기용량으로 나눈 충전 전기용량)이 나노 Sn으로 유발된 SEI 막의 증착 때문에 두드러지게 증가되었다. 쿠마르(Kumar) 등은 수열 환원 공정과 $NaBH_4$ 환원 공정을 통하여 주석이 채워진 탄소 나노튜브의 합성을 보고하였다.[254] [그림 6.27]은 나노주석과 주석이 채워진 탄소 나노튜브의 반복 성능을 보여준다.[254] 전체적인 전기용량과 반복 안정성 모두 Sn이나 MWNT에 비하여 개선된다.

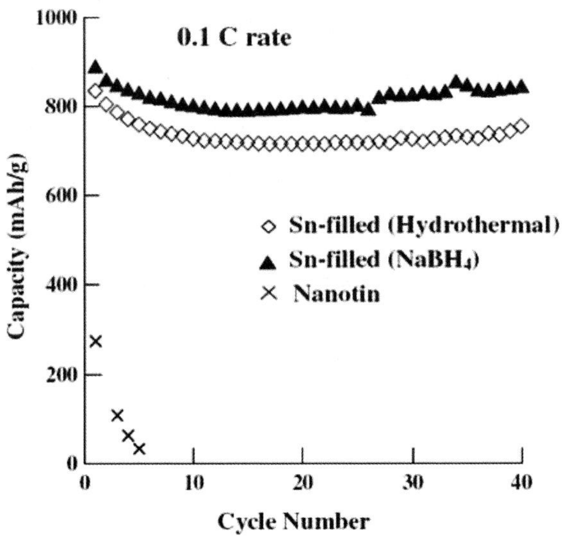

[그림 6.27] 나노주석과 주석이 채워진 탄소 나노튜브의 반복 성능. 주석이 채워진 탄소 나노튜브는 수열 환원 공정과 $NaBH_4$–환원 공정을 통하여 합성되었다. [T. P. Kumar, A. M. Stephan, P. Thaynanth, V. Subramanian, S. Enganathan, N. G. Renganathan, N. Muniyansi, and M. Raghavan, J. Power Sources 97–98, 118 (2001).]

주석 산화물의 전기화학적 성능은 또한 탄소계 재료와 복합체를 형성함으로써 개선될 수 있다. 탄소계 재료는 나노입자의 응집을 저지하는 완충 모재로 쓰이고 전기적 접촉을 강화시킨다. 그것은 또한 추가적인 전기용량을 부여한다.[255-259] 두(Du) 등은 다결정 SnO_2 나노튜브를 CNTs 위에 적층 성장하였다.[260] 이러한 나노튜브 전극은 높은 비표면적 때문에 큰 가역적 전기용량을 보인다. SnO_2는 치오글리콜산 습식 식각 방법을[261] 사용하거나 또는 초임계 탄소 이산화 메탄올 용액에서의 산화 공정을 통하여[262] 다중벽 CNT 내에 분산될 수 있다. 또한 다양한 천이 금속 산화물이 탄소질 물질과 나노복합체를 형성할 수 있다. 여기서 탄소는 주인 물질을 분산시키기 위한 완충 모재의 역할에 더하여, 전극의 전기적 접촉을 개선하기 위하여 주로 사용된다. 투(Tu)의 그룹은 망 구조의 구형[263] NiO를 수열 조건에서 탄화시켜 NiO–C 복합체를 합성하였다. 다공성 NiO 내에 채워진 탄소는 구조를 안정화시키고 NiO 모재의 전기전도도를 개선시킨다. NiO와 비슷하게 CoO는 715 mAh/g의 이론적 전기용량을 가지고 Co_3O_4의 이론적 전기용량은 1,100 mAh/g이다.[264] CoO와 Co_3O_4를 함유하는 나노구조화된 코발트 산화물은 메조포러스 탄소 구체와 복합체를 형성할 수 있다.[265] 다공성 탄소는 나노입자의 응집을 막을 뿐만 아니라 좋은 전기 전도도와 완충 공간을 제공한다. 그러한 전극은 30회 순환 후 550 mAh/g의 전기용량을 보여준다.

6.8 역오팔

역오팔(inverse opal)은 광학, 전자공학, 자성 재료, 생체 재료, 촉매 지지, 그리고 에너지 변환/저장 시스템에서의 다양한 응용을 위하여 상당한 관심을 끄는 3차원적으로 규칙적인 매크로포러스 물질(3–dimensionally ordered macro–porous: 3DOM)이다.[266-273] 역오팔을 준비하는 개념은 간단하다. 조밀충진 콜로이드 결정 주형(colloidal crystal template: CCT)이 용액 또는 기상 화학

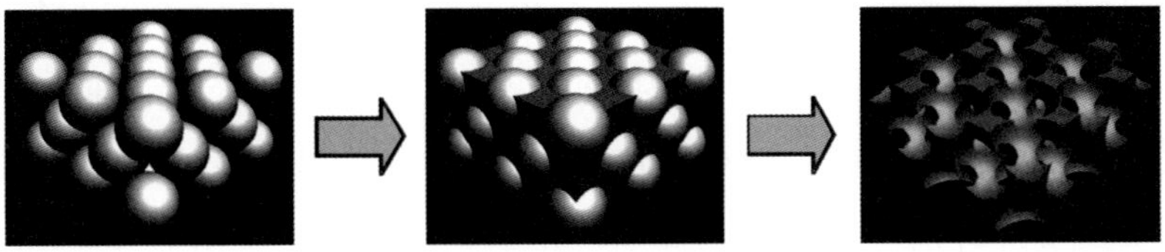

[그림 6.28] 콜로이드 결정 주형 방법에 의해 역오팔을 준비하는 일반적인 단계

전구체를 침투시킨 후 열적 공정, 용매 추출, 화학 식각 등에 의해 주형을 제거하는 것이다([그림 6.28]). 결과적인 형상은 그것이 자연의 오팔 보석을 구성하는 조밀 충진 구형 콜로이드의 역복제이므로 역오팔이라 한다. 역오팔 물질의 합성, 측정, 그리고 응용은 2001년에 광결정 구조에 집중한 「어드밴스드 머티리얼스(Advanced Materials)」 특별호를 비롯한 여러 소개 논문에 잘 정리되어 있다.[274-278]

역오팔의 제조에 있어 첫 번째 단계는 주형을 준비하는 것으로써 뒤이어 전구체의 침투를 위한 충분한 침입 부피를 가지는 콜로이드 결정을 준비한다. 전형적으로 단분산 구체가 콜로이드 결정을 제작하기 위한 구성 요소로 사용된다. CCT의 준비에 있어 가장 흔히 사용되는 콜로이드는 폴리스티렌(PS),[279,280] 폴리(메틸 메타크릴산염) (PMMA),[281,282] 그리고 수십 나노미터에서 수백 마이크로미터 범위의 직경을 가지는 실리카 구체가 있다. 단분산 구형 콜로이드는 FCC, BCC, 불규칙 HCP, 그리고 다이아몬드를 포함하는 다양한 형상으로 조립된다. 모든 이러한 형상 중에서 FCC가 에너지적으로 가장 유리한 배열이다.[283] 박막 또는 입자 형태의 콜로이드 결정 주형이 얻어진 후, CCT에 액체 전구체가 침투될 것이고, 전구체의 응고와 주형 제거가 뒤따른다. 매우 다양한 산화물과 금속이 졸-겔 공정, 원자층 증착, 전기 증착, 그리고 금속 용융과 같은 다른 침투 공정을 통하여 역오팔 구조로 합성될 수 있다.

전 세계 연구자들이 다양한 화학 조성을 가지는 역오팔구조를 결합하여 주기적인 구조로부터 이익을 보는 광결정, 상호 연결된 거대 기공에 의해 제공되는 큰 표면적으로부터 이익을 보는 전지 전극과 같은 많은 분야에서 획기적인 일을 이루었다. 예를 들면, V_2O_5, $LiNiO_2$, 그리고 SnO_2와 같은 다소의 Li 이온 전지 전극 재료가 콜로이드 결정 주형 방법을 사용하여 역오팔구조로 제조되었다.[284] 그러한 3DOM 구조는 전기화학적 삽입을 위한 넓은 표면적과 연속적인 망을 제공하여 전지 전극 재료의 전기화학 특성을 크게 개선시킨다.

역오팔은 흔히 광결정에 응용된다. 광반응 액정을 역오팔 구조 박막에 침투하여[285] 띠간격 조절이 가능한 광결정을 합성하였다. 그들의 광특성은 액정의 광-유도 상변화와 전기장을 적용하여 조절할 수 있다. 빛을 조사하는 가운데 일어나는 광 특성의 변화가 광 유도 상변화인데 온도와 빛 강도의 영향을 받는다. UV 광에 의해 생성된 이미지는 편광자 또는 다른 보조 물질의 사용 없이 이들 결정에 저장되고 표시된다.

콜로이드 결정 주형 방법은 기공 크기가 약 300 nm인 FCC 조밀충진 3차원 정렬을 가지는 매크로포러스 코발트를 만드는 데 사용되었다.[286] 이 재료의 교환 바이어스(exchange bias)와 보자력과 같은 자성 특성이 조사되었다. 교환 바이어스는 아마도 시료가 대기 중에 노출되었을 때 형성되는 반강자성 CoO 때문이다. 그리고 보자력은 온도에 따라 단조롭게 변하지 않는다.

조절할 수 있는 크기(10-1,000 nm 범위 기공 크기)의 기공이 규칙적 다공성 탄소가 콜로이드 실리카 결정을 주형으로 사용하고 또 페놀과 포름알데히드를 탄소 원료로 사용하여 가공되었다.[287] 얻어진 다공성 탄소는 직접 메탄올 연료전지(DMFC)에의 응용을 위하여 상업적으로 가용한 Pt(50)-Ru(50) 합금 촉매를 담는데 사용될 수 있다. 다공성 탄소 내에 기공 크기가 작을수록 메탄올 산화를 위한 촉매 활동도가 더 좋은 것이 밝혀졌다. [그림 6.29]는 25, 68, 245, 그리고 512 nm의 공 직경으로 제조된 다공성 탄소 복제의 SEM 이미지를 보여준다. DMFC에서 Pt(50)-Ru(50) 합금이 촉매로써 이러한 다공성 탄소에 채워진다. 더 다공성 탄소의 큰 표면적 때문에 촉매의 양극 성능은 두드러지게 개선되었다. 약 25 nm의 기공 크기를 가지는 다공성 탄소에 의해 지원된 Pt-Ru 합금 촉매는 가장 높은 촉매 활동도를 나타내었는데 그것의 전력밀도는 30과 70℃에서 각각 ~58과 ~167 mW/cm^{2}이다.

역오팔구조는 다른 나노구조와 결합하여 향상된 특성을 갖는 새로운 복합체 재료를 형성할 수 있다. 네마틱 액정(LC)이 SiO_2 역오팔 막 속으로 모세관력에 의하여 채워졌다.[288] 광결정 띠 구조는 LC의 열적 또는 광 유도에 의한 즉, 등온 상변화 LC 분자의 방향 변화에 따라서 조절될 수 있다. 따라서 반사 피크의 위치가 LC의 정렬을 변화시킴으로써 조절될 수 있다. 더불어 3차원적으로 규칙적인 매크로포러스 실리카 역오팔과 광반응성 아조벤젠으로 구성된 복합체 물질을 만드는 데 정전기적으로 적층 자기조립하는 방법이 활용되었다.[289] 아조벤젠 단층은 정지 띠에 영향을 주지 않으면서 소수성 역오팔의 광스위치 습윤성을 향상시킨다. 에르강(Ergang) 등은 콜로이드 결정 주형, 전기 산화 중착법과 폴리(페닐렌 산화물)(PPO) 또는 술폰화 PPO(SPPO)를 모놀리식한 3차원의 규칙적인 매크로포러스 탄소 위에 코팅하기 위한 졸-겔 방법을 조합하고 바나듐 알콕시드 겔을 다공성 탄소에 침투시키는 새로운 합성 공정을 도입하였다.[290] 이러한 3D 상호침투 복합체는 3차원적 전기화학 전지, 슈퍼 커패시터, 또는 센서로 쓰일 수 있다.

6.9 생체 유도 나노재료

단백질의 매우 규칙적인 구조 때문에 생체 재료가 균일한 크기, 모양과 예측할 수 있는 공간 분포를 가지는 입자, 막대, 그리고 튜브를 포함하는 나노구조를 합성하는데 활용될 수 있다.[291] 성장 공정은 아미노산, 폴리펩티드, 그리고 리간드 기능화된 DNA와 같은 결합제를 통하여 조절될 수 있다.[292] 그러나 이러한 생물학적 분자는 주어진 물질을 특별히 인지하지 않는다. 반면에 무기물을 위해 유전학적으로 가공된 단백질(GEPI)과 같은 표면 특이성 단백질은 특정한 나노 물질에 결합될 수 있고 따라서 형태와 균일성을 조절할 수 있다.[291] 예를 들면, 나노 크기 Ag 결정립의 형태는 GEPI에 의해 변형될 수 있다. 12 nm의 직경을 가지는 단분산 Ag 나노입자가 잘 알려진 페러데이(Faraday) 기술을 사용하여 합성되었다.[293] 금의 농도와 온도가 둘 다 낮은 한 GEPI는 나노입자의 성장 공정 중에 금 표면과 반응할 수 있다. 금 콜로이드가 연한 노란색에서 빨간색으로 변하는 것을 볼 수 있다. 한편, 입자의 형태는 입방형-8면체 모양에서 평탄한 삼각형 또는 유사육각형 모양으로 변한다.[294] 금 나노입자는 또한 GEPI가 코팅된 폴리스티렌의 평탄한 표면 위에 조립될 수 있다. 나노입자의 분포는 고진공 증착 기술을 사용하여 명확히 관찰될 수 있다.[295] GEPIs 이외에 폴리펩티드도 Ag 입자를 비슷한 형태로 변화시킬 수 있다. 그러나 이 공정은 끓는 가운데 살아 있는 조건 하에서 일어난다.[291] 더욱이 보통 상 분리가 되는 다른 무기물들이 폴리펩티드를 사용하여 결합될 수 있다. 단백질과 아미노산 열과 같은 어떤 생체 재료는 자기조립 및 공동조립의 과정에 의해 생물학적 분자를 규칙적 나노구조로 촉진할 수 있다.

6.10 요약

이장에서는 우리는 앞의 세 장에서는 포함되지 않은 다양한 특수 나노 재료를 논의하였다. 이장에서 논의된 대부분의 재료는 자연에는 존재하지 않는다. 이러한 재료 각각은 고유한 물리적 특성과 유망하고 중요한 응용의 장래성을 가져온다. 그러한 장래성은 이러한 재료 각각이 활발한 연구 분야가 되도록 만들었다. 비록 가까운 장래에 어떤 형태의 새로운 또는 인공 재료가 창조될지 알려지지 않았지만, 더 알려지지 않은 물리적 특성을 가지는 인공 재료들이 끊임없이 증가할 것이라는 것은 분명하다.

참고문헌

[1] M.S. Dresselhaus, *Annu. Rev. Mater. Sci.* **27**, 1 (1997).

[2] M.S. Dresselhaus, G. Dresselhaus, and P.C. Eklund, *Science of Fullerenes and Carbon Nanotubes, Academic Press, San Diego, CA, 1996.*

[3] H.W. Kroto, J.R. Heath, S.C. O''Brien, R.F. Curl, and R.E. Smalley, *Nature* **318**, 162 (1985).

[4] F. Dierderich and R.L. Whetten, *Acc. Chem. Res.* **25**, 119 (1992).

[5] K. Kikuchi, N. Nakahara, T. Wakabayashi, S. Suzuki, H. Shiromaru, Y. Miyake, K. Saito, I Ikemoto, M. Kainosho, and Y. Achiba, *Nature* **357**, 142 (1992).

[6] D.E. Manolopoulos and P.W. Fowler, *Chem. Phys. Lett.* **187**, 1 (1991).

[7] M.S. Dresselhaus and G. Gresselhaus, *Annu. Rev. Mater. Sci.* **25**, 487 (1995).

[8] R.B. Fuller, in *The Artifacts of R. Buckminster Fuller: A Comprehensive Collection of His Designs and Drawings, ed. W. Marlin, Garland, New York, 1984.*

[9] W.I.F. David, R.M. Ibberson, J.C. Matthewman, K. Prassides, T.J.S. Dennis, J.P. Hare, H.W. Kroto, R. Taylor, and D.R.M. Walton, *Nature* **353**, 147 (1991).

[10] P.W. Stephens, L. Mihaly, P.L. Lee, R.L. Whetten, S.M. Huang, R. Kane, F. Deiderich, and K. Holczer, *Nature* **351**, 632 (1991).

[11] J.E. Fischer, P.A. Heiney, A.R. McGhie, W.J. Romanow, A.M. Denenstein, J.P. McCauley, Jr., and A.B. Smith III, *Science* **252**, 1288 (1991).

[12] J.E. Fischer, P.A. Heiney, and A.B. Smith III, *Acc. Chem. Res.* **25**, 112 (1992).

[13] M.S. Dresselhaus, G. Dresselhaus, and P.C. Eklund, *J. Mater. Res.* **8**, 2054 (1993).

[14] W. Krätschmer, L.D. Lamb, K. Fostiropoulos, and D.R. Huffman, *Nature* **347**, 354 (1990).

[15] R. Taylor and D.R.M. Walton, *Nature* **363**, 685 (1993)

[16] G.A. Olaf, I. Bucsi, R. Aniszfeld, and G.K.S. Prakash, *Carbon* **30**, 1203 (1992).

[17] A.R. Kortan, N. Kopylov, S. Glarum, E.M. Gyorgy, A.P. Ramirez, R.M. Fleming, F.A. Thiel, and R.C. Haddon, *Nature* **355**, 529 (1992).

[18] R.E. Smalley and B.I. Yakobson, *Solid State Commun.* **107**, 597 (1998).

[19] R.L. Meng, D. Ramirez, X. Jiang, P.C. Chow, C. Diaz, K. Matsuishi, S.C. Moss, P.H. Hor, and C.W. Chu, *Appl. Phys. Lett.* **59**, 3402 (1991).

[20] M. Terrones, *Annu. Rev. Mater. Res.* **33**, 419 (2003).

[21] P.J.F. Harris, *Carbon Nanotubes and Related Structures, New Materials for the Twenty-First Century, Cambridge University Press, Cambridge, 1999.*

[22] K. Tanaka, T. Yamabe, and K. Fukui, *The Science and Technology of Carbon Nanotubes,* Elsevier, Amsterdam, 1999.

[23] R. Saito, G. Dresselhaus, and M.S. Dresselhaus, *Physical Properties of Carbon Nanotubes,* Imperial College Press, London, 1998.

[24] M.S. Dresselhaus, G. Dresselhaus, and R. Saito, *Carbon* 33, 883 (1995).

[25] T.W. Ebbesen, *Annu. Rev. Mater. Sci.* **24**, 235 (1994).

[26] T. Guo, P. Nikolaev, A. Thess, D.T. Colbert, and R.E. Smalley, *J. Phys. Chem.* **55**, 10694 (1995).

[27] M. Endo, K. Takeuchi, S. Igarashi, K. Kobori, M. Shiraishi, and H.W. Kroto, *J. Phys. Chem. Solids* **54**, 1841 (1993).

[28] O. Gröning, O.M. Kuttel, Ch. Emmenegger, P. Gröning, and L. Schlapbach, *J. Vac. Sci. Technol.* **B18**, 665 (2000).

[29] W.K. Hsu, J.P. Hare, M. Terrones, H.W. Kroto, D.R.M. Walton, and P.J.F. Harris, *Nature* **377**, 687 (1995).

[30] W.K. Hsu, M. Terrones, J.P. Hare, H. Terrones, H.W. Kroto, and D.R.M. Walton, *Chem. Phys. Lett.* **262**, 161 (1996).

[31] S. Iijima, *Nature* **354**, 56 (1991).

[32] S. Iijima and T. Ichihashi, *Nature* **363**, 603 (1993).

[33] D.S. Bethune, C.H. Kiang, M.S. de Vries, G. Gorman, R. Savoy, J. Vazquez, and R. Beyers, *Nature* **363**, 605 (1993).

[34] A. Thess, R. Lee, P. Nikolaev, H. Dai, P. Petit, J. Robert, C. Xu, Y.H. Lee, S.G. Kim, A.G. Rinzler, D.T. Colbert, G.E. Scuseria, D. Tomanek, J.E. Fischer, and R.E. Smalley, *Science* **273**, 483 (1996).

[35] R.E. Smalley, *Mater. Sci. Eng.* **B19**, 1 (1993).

[36] T.W. Ebbesen and P.M. Ajayan, *Nature* **358**, 220 (1992).

[37] D.T. Colbert, J. Zhang, S.M. McClure, P. Nikolaev, Z. Chen, J.H. Hafner, D.W. Owens, P.G. Kotula, C.B. Carter, J.H. Weaver, A.G. Rinzler, and R.E. Smalley, *Science* **266**, 1218 (1994).

[38] W.Z. Li, S.S. Xie, L.X. Qian, B.H. Chang, B.S. Zou, W.Y. Zhou, R.A. Zhano, and G.

Wang, *Science* **274**, 1701 (1996).

[39] Y.C. Choi, Y.M. Shin, Y.H. Lee, B.S. Lee, G.S. Park, W.B. Choi, N.S. Lee, and J.M. Kim, *Appl. Phys. Lett.* **76**, 2367 (2000).

[40] C. Bower, W. Zhu, S. Jin, and O. Zhou, *Appl. Phys. Lett.* **77**, 830 (2000).

[41] S.H. Tsai, C.W. Chao, C.L. Lee, and H.C. Shih, *Appl. Phys. Lett.* **74**, 3462 (1999).

[42] R.T.K. Baker and P.S. Harris, *Chem. Phys. Carbon* **14**, 83 (1978).

[43] J. Kong, H.T. Soh, A.M. Cassell, C.F. Quate, and H. Dai, *Nature* **395**, 878 (1998).

[44] S. Fan, M.G. Chapline, N.R. Franklin, T.W. Tombler, A.M. Cassell, and H. Dai, *Science* **283**, 512 (1999).

[45] W.Z. Li, S.S. Xie, L.X. Qian, B.H. Chang, B.S. Zou, W.Y. Zhou, R.A. Zhao, and G. Wang, *Science* **274**, 1701 (1996).

[46] M. Terrones, N. Grobert, I. Olivares, I.P. Zhang, H. Terrones, K. Kordatos, W.K. Hsu, J.P. Hare, P.D. Townsend, K. Prassides, A.K. Cheetham, H.W. Kroto, and D.R.M. Walton, *Nature* **388**, 52 (1997).

[47] C. Laurent, E. Flahaut, A Peigney, and A. Rousset, *New J. Chem.* **22**, 1229 (1998).

[48] X.Y. Liu, B.C. Huang, and N.J. Coville, *Carbon* **40**, 2791 (2002).

[49] W. Qian, H. Yu, F. Wei, Q. Zhang, and Z. Wang, *Carbon* 40, 2961 (2002).

[50] M. Endo, K. Takeuchi, S. Igarashi, K. Kobori, M. Shiraishi, and H.W. Kroto, *J. Phys. Chem. Solids* **54**, 1841 (1993).

[51] R.T.K. Baker, *Carbon* **27**, 315 (1989).

[52] Z.F. Ren, Z.P. Huang, J.W. Xu, J.H. Wang, P. Bush, M.P. Siegal, and P.N. Provencio, *Science* **282**, 1105 (1998).

[53] H. Murakami, M. Hirakawa, C. Tanaka, and H. Yamakawa, *Appl. Phys. Lett.* **76**, 1776 (2000).

[54] Y. Chen, D.T. Shaw, and L. Guo, *Appl. Phys. Lett.* **76**, 2469 (2000).

[55] D.C. Li, L. Dai, S. Huang, A.W.H. Mau, and Z.L. Wang, *Chem. Phys. Lett.* **316**, 349 (2000).

[56] S. Fan, M.G. Chapline, N.R. Franklin, T.W. Tombler, A.M. Cassell, and H. Dai, *Science* **283**, 512 (1999).

[57] C.J. Lee and J. Park, *Appl. Phys. Lett.* **77**, 3397 (2000).

[58] Z.W. Pan, S.S. Xie, B.H. Chang, C.Y. Wang, L. Lu, W. Liu, W.Y. Zhou, and W.Z. Li, *Nature,* **394**, 631 (1998).

[59] Z.F. Ren, Z.P. Huang, J.W. Xu, J.H. Wang, P. Bush, M.P. Siegal, and P.N. Provencio, *Science* **282**, 1105 (1998).

[60] M. Tanemura, K. Iwata, K. Takahashi, Y. Fujimoto, F. Okuyama, H. Sugie, and V. Filip, *J. Appl. Phys.* **90**, 1529 (2001).

[61] M. Endo and H.W. Kroto, *J. Phys. Chem.* **96**, 6941 (1992).

[62] T.W. Ebbessen, in *Carbon Nanotubes: Preparation and Properties,* ed. T.W. Ebbessen, CRC Press, Boca Raton, FL, p. 139, 1997.

[63] S.C. Tsang, P.J.F. Harris, and M.L.H. Green, *Nature* **362**, 520 (1993).

[64] P.M. Ajayan, T.W. Ebbessen, T. Ichihashi, S. Iijima, K. Tanigaki, and H. Hiura, *Nature* **362**, 522 (1993).

[65] H. Hiura, T.W. Ebbessen, and K. Tanigaki, *Adv. Mater.* **7**, 275 (1995).

[66] F. Ikazaki, S. Oshima, K. Uchida, Y. Kuriki, H. Hayakawa, M. Yumura, K. Takahashi, and K. Tojima, *Carbon* **32**, 1539 (1994).

[67] L. Langer, L. Stockman, J.P. Heremans, V. Bayot, C.H. Olk, C. Van Haesendonck, Y. Bruynseraede, and J.P. Issi, *J. Mater. Res.* **9**, 927 (1994).

[68] W.A. de Heer, A. Chatelain, and D. Ugarte, *Science* **270**, 1179 (1995).

[69] Y. Nakayama, S. Akita, and Y. Shimada, *Jpn. J. Appl. Phys.* **34**, L10 (1995).

[70] M. Terrones, W.K. Hsu, A. Schilder, H. Terrones, N. Grobert, J.P. Hare, Y.Q. Zhu, M. Schwoerer, K. Prassides, H.W. Kroto, and D.R.M. Walton, *Appl. Phys.* **A66**, 307 (1998).

[71] P.M. Ajayan, O. Stephan, C. Colliex, and D. Trauth, *Science* **265**, 1212 (1994).

[72] R.S. Ruoff and D.C. Lorents, *Carbon* **33**, 925 (1995).

[73] P. Kim, L. Shi, A. Majumdar, and P.L. McEuen, *Phys. Rev. Lett.* **87**, 215502 (2001).

[74] A.C. Dillon, *Nature* **386**, 377 (1997).

[75] G.E. Gadd, *Science* **277**, 933 (1997).

[76] P.J. Briffo, K.S.M. Santhanam, and P.M. Ajayan, *Nature* **406**, 586 (2000).

[77] S. Frank, P. Poncharal, Z.L. Wang, and W.A. de Heer, *Science* **280**, 1744 (1998).

[78] P.G. Collins, A. Zettl, H. Bando, A. Thess, and R.E. Smalley, *Science* **278**, 100 (1997).

[79] W.A. de Heer, A. Chetalain, and D. Ugarte, *Science* **270**, 1179 (1996).

[80] H.J. Dai, J.H. Halfner, A.G. Rinzler, D.T. Colbert, and R.E. Smalley, *Nature* **384**, 147 (1996).

[81] S. Ghosh, A.K. Sood, and N. Kumar, *Science* **299**, 1042 (2003).

[82] H.D. Wagner, O. Lourie, Y. Feldman, and R. Tenne, *Appl. Phys. Lett.* **72**, 188 (1998).

[83] K.S.W. Sing, D.H.W. Everett, R.A. Haul, L. Moscou, J. Pierotti, J. Rouquerol, and T. Siemieniewska, *Pure Appl. Chem.* **57**, 603 (1985).

[84] G.J. de A.A. Soler-ILLia, C. Sanchez, B. Lebeau, and J. Patarin, *Chem. Rev.* **102**, 4093 (2002).

[85] A. Galarneau, F. Di Renzo, F. Fajula, and J. Vedrine (eds.), *Zeolites and Mesoporous Materials at the Dawn of the 21st Century, Elsevier, Amsterdam, 2001.*

[86] A. Berthod, *J. Chim. Phys.* (Fr.) **80**, 407 (1983).

[87] K.L. Mittal and E.J. Fendler (eds.), *Solution Behavior of Surfactants, Plenum Press, New York, 1982.*

[88] A. Corma, *Chem. Rev.* **97**, 2373 (1997).

[89] C.T. Kresge, M.E. Leonowicz, W.J. Roth, J.C. Vartulli, and J.S. Beck, *Nature* **359**, 710 (1992).

[90] J.S. Beck, J.C. Vartuli, W.J. Roth, M.E. Leonowicz, C.T. Kresge, K.D. Schmitt, C.T.W. Chu, D.H. Olson, E.W. Sheppard, S.B. McCullen, J.B. Higgins, and J.L. Schlenker, *J. Am. Chem. Soc.* **114**, 10834 (1992).

[91] C.J. Brinker, Y. Lu, A. Sellinger, and H. Fan, *Adv. Mater.* **11**, 579 (1999).

[92] M. Ogawa, *Chem. Commun.* 1149 (1996).

[93] Y. Lu, R. Ganguli, C. Drewien, M. Anderson, C. Brinker, W. Gong, Y. Guo, H. Soyez, B. Dunn, M. Huang, and J. Zink, *Nature* **389**, 364 (1997).

[94] P. J. Bruinsma, A.Y. Kim, J. Liu, and S. Baskaran, *Chem. Mater.* **9**, 2507 (1997).

[95] P.T. Tanev and T.J. Pinnavaia, *Science* **267**, 865 (1995).

[96] S. Forster and M. Antonietti, *Adv. Mater.* **10**, 195 (1998).

[97] D. Zhao, J. Feng, Q. Huo, N. Melosh, G.H. Fredrickson, B.F. Chmelka, and G.D. Stucky, *Science* **279**, 548 (1998).

[98] A. Sayari and S. Hamoudi, *Chem. Mater.* **13**, 3151 (2001).

[99] P.D. Yang, D.Y. Zhao, D.I. Margoless, B.F. Chemelka, and G.D. Stucky, *Nature* **396**,

152 (1998).

[100] D.M. Antonelli and J.Y. Ying, *Chem. Mater.* **8**, 874 (1996).

[101] Z.R. Tian, W. Tong, J.Y. Wang, N.G. Duan, V.V. Krishnan, and S.L. Suib, *Science* **276**, 926 (1997).

[102] A. Sayari and P. Liu, *Microporous Mater.* **12**, 149 (1997).

[103] P.V. Braun, P. Oscar, and S.I. Stupp, *Nature* **380**, 325 (1996).

[104] N. Ulagappan and C.N.R. Rao, *Chem. Commun.* 1685 (1996).

[105] F. Schüth, *Chem. Mater.* **13**, 3184 (2001).

[106] M. Mamak, N. Coombs, and G. Ozin, *Adv. Mater.* **12**, 198 (2000).

[107] U. Ciesla, S. Schacht, G.D. Stucky, K.K. Unger, and F. Schuth, *Angew. Chem. Int. Ed. Engl.* **35**, 541 (1996).

[108] T.T. Emons, J. Li, and L.F. Nazar, *J. Am. Chem. Soc.* **124**, 8516 (2002).

[109] T. Asefa, C. Yoshina-Ishii, M.J. MacLachlan, and G.A. Ozin, *J. Mater. Chem.* **10**, 1751 (2000).

[110] A. Stein, B.J. Melde, and R.C. Schroden, *Adv. Mater.* **12**, 1403 (2000).

[111] S.H. Tolbert, T.E. Schaeffer, J. Feng, P.K. Hansma, and G.D. Stucky, *Chem. Mater.* **9**, 1962 (1997).

[112] M. Templin, A. Franck, A. Du Chesne, H. Leist, Y. Zhang, R. Ulrich, V. Schädler, and U. Wiesner, *Science* **278**, 1795 (1997).

[113] J. Liu, Y. Shin, Z. Nie, J.H. Chang, L.-Q. Wang, G.E. Fryxell, W.D. Samuels, and G.J. Exarhos, *J. Phys. Chem.* **A104**, 8328 (2000).

[114] X. Feng, G.E. Fryxell, L.Q. Wang, A.Y. Kim, and J. Liu, *Science* **276**, 923 (1997).

[115] J. Liu, X. Feng, G.E. Fryxell, L.Q. Wang, A.Y. Kim, and M. Gong, *Adv. Mater.* **10**, 161 (1998).

[116] I.A. Aksay, M. Trau, S. Manne, I. Honma, N. Yao, L. Zhou, P. Fenter, P.M. Eisenberger, and S.M. Gruner, *Science* **273**, 892 (1996).

[117] A.S. Brown, S.A. Holt, T. Dam, M. Trau, and J.W. White, *Langmuir* **13**, 6363 (1997).

[118] Y. Lu, R. Ganguli, C.A. Drewien, M.T. Anderson, C.J. Brinker, W. Gong, Y. Guo, H. Soyez, B. Dunn, M.H. Huang, and J.I. Zink, *Nature* **389**, 364 (1997).

[119] J.E. Martin, M.T. Anderson, J. Odinek, and P. Newcomer, *Langmuir* **13**, 4133 (1997).

[120] H. Yang, N. Coombs, I. Sokolov, and G.A. Ozin, *Nature* **381**, 589 (1996).

[121] H. Yang, A. Kuperman, N. Coombs, S. Mamiche-Afara, and G.A. Ozin, *Nature* **379**, 703 (1996).

[122] A. Firouzi, D.J. Schaefer, S.H. Tolbert, G.D. Stucky, and B.F. Chmelka, *J. Am. Chem. Soc.* **119**, 9466 (1997).

[123] H.W. Hillhouse, T. Okubo, J.W. van Egmond, and M. Tsapatsis, *Chem. Mater.* **9**, 1505 (1997).

[124] H.P. Lin, S.B. Liu, C.Y. Mou, and C.Y. Tang, *Chem. Commun. 583 (1999).*

[125] S.J. Limmer, T.L. Hubler, and G.Z. Cao, *J. Sol–Gel Sci. Technol.* **26**, 577 (2003).

[126] M.P. Kapoor and S. Inagaki, *Chem. Mater.* **14**, *3509 (2002).*

[127] I. Izquierdo-Barba, L. Ruiz-González, J.C. Doadrio, J.M. González-Calbet, and M. Vallet-Regí, *Solid State Sci.* **7**, 983 (2005).

[128] M.M. Pereira, A.E. Clark, and L.L. Hench, *J. Sol–Gel Sci. Technol.* **7**, 59 (1996).

[129] P. Horcajada, A. Rámila, K. Boulahya, J. González-Calbet, and M. Vallet- Regí, *Solid State Sci.* **6**, 1295 (2004).

[130] M. Vallet-Regí, I. Izquierdo-Barba, A. Rámila, J. Pérez-Pariente, F. Babonneau, and J.M. González-Calbet, *Solid State Sci.* **7**, 233 (2005).

[131] L.L. Hench, *J. Am. Ceram. Soc.* **81**, 1705 (1998).

[132] L.L. Hench and J.M. Polak, *Science* **295**, 1014 (2002).

[133] X. Yan, C. Yu, X. Zhou, J. Tang, and D. Zhao, *Angew. Chem. Int. Ed.* **43**, 5980 (2004).

[134] I. Izquierdo-Barba, D. Arcos, Y. Sakamoto, O. Terasaki, A. Lopez-Noriega, and M. Vallet-Regi, *Chem. Mater.* **20**, 3191 (2008).

[135] H. Tanaka, *J. Non-Cryst. Solid* **65**, 301 (1984).

[136] M.P. Thomas, R.R. Landham, E.P. Butler, D.R. Cowieseon, E. Burlow, and P. Kilmartin, *J. Membrane Sci.* **61**, 215 (1991).

[137] R.L. Fleisher, P.B. Price, and R.M. Walker, *Nuclear Tracks in Solids, University of California Press, Berkeley, CA, 1975.*

[138] S.S. Prakash, C.J. Brinker, and A.J. Hurd, *J. Non-Cryst. Solids* **188**, 46 (1995).

[139] F.A.L. Dullien, *Porous Media, Fluid Transport and Pore Structure, Academic Press, New York, 1979.*

[140] A.J. Burggraaf, K. Keizer, and B.A. van Hassel, *Solid State Ionics* **32/33**, 771 (1989).

[141] S.S. Kistler, *Nature* **127**, 741 (1931).

[142] J. Fricke (ed.), Aerogels, Springer, Berlin, 1986.

[143] R.W. Pekala and L.W. Hrubesh (guest editors), *J. Non-Cryst. Solids* **186** (1995)

[144] A.C. Pierre and G.M. Pajonk, *Chem. Rev.* **102**, 4243 (2002).

[145] D.W. Matson and R.D. Smith, *J. Am. Ceram. Soc.* **72**, 871 (1989).

[146] G. Dagan and M. Tomkiewicz, *J. Phys. Chem.* **97**, 12651 (1993).

[147] T. Osaki, T. Horiuchi, T. Sugiyama, K. Susuki, and T. Mori, *J. Non-Cryst. Solids* **225**, 111 (1998).

[148] A.E. Gash, T.M. Tillotson, J.H. Satcher, Jr., L.W. Hrubesh, and R.L. Simpson, *J. Non-Cryst. Solids* **285**, 22 (2001).

[149] C. Hernandez and A.C. Pierre, *J. Sol–Gel Sci. Technol.* **20**, 227 (2001).

[150] D.L. Ou and P.M. Chevalier, *J. Sol–Gel Sci. Technol.* **26**, 657 (2003).

[151] G.Z. Cao and H. Tian, *J. Sol–Gel Sci. Technol.* **13**, 305 (1998).

[152] S.S. Prakash, C.J. Brinker, A.J. Hurd, and S.M. Rao, *Nature* **374**, 439 (1995).

[153] R.W. Pekala, *J. Mater. Sci.* **24**, 3221 (1989).

[154] K. Barral, *J. Non-Cryst. Solids* **225**, 46 (1998).

[155] H. Tamon, H. Ishizaka, T. Yamamoto, and T. Suzuki, *Carbon* **37**, 2049 (1999).

[156] J.L. Schlenker and G.H. Kuhl, *Proc. Ninth Int. Zeolite Conf., eds. R. von Ballmoos, J.B. Higgins, and M.M. Treacy, Butterworth– Heinemann, Boston, MA, p. 3, 1993.*

[157] M.M. Helmkamp and M.E. Davis, *Annu. Rev. Mater. Sci.* **25**, 161 (1995).

[158] J.V. Smith, *Chem. Rev.* **88**, 149 (1988).

[159] J.M. Newsam, *Science* **231**, 1093 (1986).

[160] H. van Bekkum, E.M. Flanigen, P.A. Jacobs, and J.C. Jansen (eds.), *Introduction to Zeolite Science and Practice, 2nd edn., Elsevier, Amsterdam, 2001.*

[161] Ch. Baerlocher, W.M. Meier, and D.H. Olson (eds.), *Atlas of Zeolite Framework Types,* Elsevier, Amsterdam, 2001.

[162] W.M. Meier and D.H. Olson, *Atlas of Zeolite Structure Types, Butterworth–Heinemann, Boston, MA, 1992.*

[163] L.B. McCusker and C. Baerlocher, in *Introduction to Zeolite Science and Practice,* 2nd edn., (eds.) H. van Bekkum, E.M. Flanigen, P.A. Jacobs, and J.C. Jansen, Elsevier, Amsterdam, p. 37, 2001.

[164] M.E. Davis, *Ind. Eng. Chem. Res.* **30**, 1675 (1991).

[165] C.S. Cundy and P.A. Cox, *Chem. Rev.* **103**, 663 (2003).

[166] J.C. Jansen, in *Introduction to Zeolite Science and Practice, 2nd edn., eds. H. van Bekkum, E.M. Flanigen, P.A. Jacobs, and J.C. Jansen, Elsevier, Amsterdam, p. 175, 2001.*

[167] S.L. Burkett and M.E. Davis, *J. Phys. Chem.* **98**, 4647 (1994).

[168] C.E.A. Kirschhock, R. Ravishankar, L. Van Looveren, P.A. Jacobs, and J.A. Martens, *J. Phys. Chem.* **B103**, 4972 (1999).

[169] T.V. Harris and S.I. Zones, *Stud. Surf. Sci. Catal.* **94**, 29 (1994).

[170] S.I. Zones, M.M. Olmstead, and D.S. Santilli, *J. Am. Chem. Soc.* **114**, 4195 (1992).

[171] S.I. Zones and D.S. Santilli, in *Proc. Ninth Int. Zeolite Conf., edn. R. von Ballmoos, J.B. Higgins, and M.M.J. Treacy, Butterworth–Heinemann, Boston, MA, p. 171, 1993.*

[172] R.F. Lobo, M. Pan, I. Chan, S.I. Zones, P.A. Crozier, and M.E. Davis, *J. Phys. Chem.* **98**, 12040 (1994).

[173] S.L. Lawton and W.J. Rohrbaugh, *Science* **247**, 1319 (1990).

[174] K.D. Schmitt and G.J. Kennedy, *Zeolites* **14**, 635 (1994).

[175] R. Szostak, *Handbook of Molecular Sieves, Van Nostrand Reinhold, New York, 1992.*

[176] C.A. Fyfe, H. Gies, G.T. Kokotailo, B. Marler, and D.E. Cox, *J. Phys. Chem.* **94**, 3718 (1990).

[177] M. Goepper, H.X. Li, and M.E. Davis, *J. Chem. Soc. Chem. Commun.* **22**, 1665 (1992).

[178] P.M. Dove and D.A. Crerar, *Geochim. Cosmochim. Acta* **54**, 955 (1990).

[179] P. Brady and J.V. Walther, *Chem. Geol.* **82**, 253 (1990).

[180] J.B. Higgins, in *Reviews in Mineralogy: Silica Polymorphs, Vol. 29, ed. P.H. Ribbe, the Mineral. Soc. Am., Washington, DC, 1994.*

[181] S.I. Zones, *Microporous Mater.* **2**, 281 (1994).

[182] K. Yamamoto, Y. Sakata, Y. Nohara, Y. Takahashi, and T. Tatsumi, *Science* **300**, 470 (2003).

[183] C.W. Jones, K. Tsuji, and M.E. Davis, *Nature* **393**, 52 (1998)

[184] L.M. Liz-Marzán, M. Giersig, and P. Mulvaney, *J. Chem. Soc. Chem. Commun.* 731 (1996).

[185] L.M. Liz-Marzán, M. Giersig, and P. Mulvaney, *Langmuir* **12**, 4329 (1996).

[186] R.J. Puddephatt, *The Chemistry of Gold, Elsevier, Amsterdam, 1978.*

[187] E.P. Plueddermann, *Silane Coupling Agents,* 2nd edn., Plenum, New York, 1991.

[188] B.V. Enüstün and J. Turkevich, *J. Am. Chem. Soc.* **85**, 3317 (1963).

[189] R.K. Iler, *The Chemistry of Silica: Solubility, Polymerization, Colloid and Surface Properties, and Biochemistry, John Wiley and Sons, New York, 1979.*

[190] C.J. Brinker and G.W. Scherer, *Sol-Gel Science: The Physics and Chemistry of Sol-Gel Processing,* Academic Press, San Diego, CA, 1990.

[191] W. Stober, A. Fink, and E. Bohn, *J. Coll. Interf. Sci.* **26**, 62 (1968).

[192] W.D. Hergeth, U.J. Steinau, H.J. Bittrich, K. Schmutzler, and S. Wartewig, *Prog. Coll. Polym. Sci.* **85**, 82 (1991).

[193] L. Quaroni and G. Chumanov, *J. Am. Chem. Soc.* **121**, 10642 (1999).

[194] S.M. Marinakos, L.C. Brousseau, A. Jones, and D.L. Feldheim, *Chem. Mater.* **10**, 1214 (1998).

[195] S.M. Marinakos, J.P. Novak, L.C. Brousseau, A.B. House, E.M. Edeki, J.C. Feldhaus, and D.L. Feldheim, *J. Am. Chem. Soc.* **121**, 8518 (1999).

[196] S.M. Marinakos, D.A.Shultz, and D.L. Feldheim, *Adv. Mater.* **11**, 34 (1999).

[197] F. Caruso, *Adv. Mater.* **13**, 11 (2001).

[198] C.H.M. Hofman-Caris, *New J. Chem.* **18**, 1087 (1994).

[199] R. Partch, S.G. Gangolli, E. Matijevic, W. Cai, and S. Arajs, *J. Coll. Interf. Sci.* **144**, 27 (1991).

[200] H.T. Oyama, R. Sprycha, Y. Xie, R.E. Partch, and E. Matijevic, *J. Coll. Interf. Sci.* **160**, 298 (1993).

[201] R. Sprycha, H.T. Oyama, A. Zelenzev, and E. Matijevic, *Coll. Polym. Sci.* **273**, 693 (1995).

[202] C.L. Huang and E. Metijevic, *J. Mater. Res.* **10**, 1327 (1995).

[203] A. Ulman, *An Introduction of Ultrathin Organic Films: From Langmuir- Blodgett to Self-Assembly, Academic Press, San Diego, CA, 1991.*

[204] J.H. Fendler, *Nanoparticles and Nanostructured Films: Preparation, Characterization and Application,* Wiley-VCH, Weinhein, 1998.

[205] D.C. Blackley, *Polymer Lattices: Science and Technology,* 2nd edn., Vol. 1, Chapman and Hall, London, 1997.

[206] D. Avnir, D. Levy, and R. Reisfeld, *J. Phys. Chem.* 88, 5956 (1984).

[207] D. Levy, S. Einhorn, and D.J. Avnir, *J. Non-Cryst. Solids* 113, 137 (1989).

[208] M. Toki, T.Y. Chow, T. Ohnaka, H. Samura, and T. Saegusa, *Polym. Bull.* **29**, 653 (1992).

[209] B.E. Yodas, *J. Mater. Sci.* **14**, 1843 (1979).

[210] B.M. Novak and C. Davies, *Macromolecules* **24**, 5481 (1991).

[211] F. Nishida, B. Dunn, E.T. Knobbe, P.D. Fuqua, R.B. Kaner, and B.R. Mattes, *Mater. Res. Soc. Symp. Proc.* **180**, 747 (1990).

[212] R. Reisfeld, D. Brusilovsky, M. Eyal, E. Miron, Z. Bursheim, and J. Ivri, *Chem. Phys. Lett.* **160**, 43 (1989).

[213] E. Ruiz-Hitchky, *Adv. Mater.* **5**, 334 (1993).

[214] N. Gharbi, C. Sanchez, J. Livage, J. Lemerle, L. Nejem, and J. Lefebvre, *Inorg. Chem.* **21**, 2758 (1982).

[215] K. Shea, D.A. Loy, and O. Webster, *J. Am. Chem. Soc.* **114**, 6700 (1992).

[216] R.J.P. Corriu, J.J.E. Moreau, P. Thepot, and C.M. Wong, *Chem. Mater.* **4**, 1217 (1992).

[217] C. Bonhomme, M. Henry, and J. Livage, *J. Non-Cryst. Solids* **159**, 22 (1993).

[218] W.G. Fahrenholtz, D.M. Smoth, and D.W. Hua, *J. Non-Cryst. Solids* **144**, 45 (1992).

[219] B. Yoldas, *J. Sol–Gel Sci. Technol.* **13**, 147 (1998).

[220] C.M. Chan, G.Z. Cao, H. Fong, M. Sarikaya, T. Robinson, and L. Nelson, *J. Mater. Res.* **15**, 148 (2000).

[221] S. Seraji, Y. Wu, M.J. Forbess, S.J. Limmer, T.P. Chou, and G.Z. Cao, *Adv. Mater.* **12**, 1695 (2000).

[222] J.N. Hay and H.M. Raval, *Chem. Mater.* **13**, 3396 (2001).

[223] C.J. Brinker, Y.F. Lu, A. Sellinger, and H.Y. Fan, *Adv. Mater.* **11**, 579 (1999).

[224] Y. Lu, R. Ganguli, C. Drewien, M. Anderson, C.J. Brinker, W. Gong, Y. Guo, H. Soyez, B. Dunn, M. Huang, and J. Zink, *Nature* **389**, 364 (1997).

[225] A. Sellinger, P.M. Weiss, A. Nguyen, Y. Lu, R.A. Assink, W. Gong, and C.J. Brinker, *Nature* **394**, 256 (1998).

[226] Y. Lu, H. Fan, A. Stump, T.L. Ward, T. Rieker, and C.J. Brinker, *Nature* **398**, 223 (1999).

[227] D. O"Hare, in *Inorganic Materials, eds. D.W. Bruce and D. O"Hare, John Wiley and Sons, New York, p. 165, 1991.*

[228] R. Schöllhorn, *Angew Chem. Int. Ed. Engl.* **19**, 983 (1980).

[229] R. Schöllhorn, in *Chemical Physics of Intercalation, eds. A.P. Legrand and S. Flandrois, Plenum, New York, NATO Ser.* **B172**, 149 (1987).

[230] U. Costantino, *J. Chem. Soc. Dalton Trans., 402 (1979).*

[231] D.W. Murphy, S.A. Sunshine, and S.M. Zahurak, in *Chemical Physics of Intercalation,* eds. A.P. Legrand and S. Flandrois, Plenum, New York, NATO Ser. **B172**, 173 (1987).

[232] D.W. Murphy, P.A. Christian, F.J. Disalvo, and J.V. Waszczak, *Inorg. Chem.* **24**, 1782 (1985).

[233] R. Clement, *J. Am. Chem. Soc.* **103**, 6998 (1981).

[234] L.F. Nazar and A.J. Jacobson, *J. Chem. Soc. Chem. Commun., 570 (1986).*

[235] R. Schöllhorn, *Physics of Intercalation Compounds,* Springer-Verlag, Berlin, 1981.

[236] R.W. Siegel, S.K. Chang, B.J. Ash, J. Stone, P.M. Ajayan, R.W. Doremus, and L. Schadler, *Scripta Mater.* **44**, 2063 (2001).

[237] J.P. Tu, N.Y. Wang, Y.Z. Yang, W.X. Qi, F. Liu, X.B. Zhang, H.M. Lu, and M.S. Liu, *Mater. Lett.* **52**, 452 (2002).

[238] W.V. Kotlensky, *Chem. Phys. Carbon* **9**, 173 (1973).

[239] S. Vaidyaraman, W.J. Lackey, G.B. Freeman, P.K. Agrawal, and M.D. Langman, *J. Mater. Res.* **10**, 1469 (1995).

[240] P. Dupel, X. Bourrat, and R. Pailler, *Carbon* **33**, 1193 (1995).

[241] A. Meldrum, R.F. Haglund, Jr., L.A. Boatner, and C.W. White, *Adv. Mater.* **13**, 1431 (2001).

[242] W. Caseri, *Macromol. Rapid Commun.* **21**, 705 (2000).

[243] H.Li, X.J. Huang, L.Q. Chen, Z.G. Wu, and Y. Liang, *Electrochem. Solid- State Lett.* **2**, 547 (1999).

[244] Y. Zhang, X.G. Zhang, H.L. Zhang, Z.G. Zhao, F. Li, C. Liu, and H.M. Cheng, *Electrochim. Acta* **51**, 4994 (2006).

[245] G.X. Wang, J.H. Ahn, J. Yao, S. Bewlay, and H.K. Liu, *Electrochem. Commun.* **6**, 689 (2004).

[246] J. Shu, H. Li, R.Z. Yang, Y. Shi, and X.J. Huang, *Electrochem. Commun.* **8**, 51 (2006).

[247] C.S. Wang, G.T. Wu, X. B. Zhang, Z.F. Qi, and W.Z.J. Li, *Electrochem. Soc.* **145**, 2751 (1998).

[248] M. Endo, T. Hayashi, Y.A. Kim, K. Tantrakarn, T. Yanagisawa, and M.S. Dresselhaus, *Carbon* **42**, 2329 (2004).

[249] V. Khomenko, E. Frackowiak, and F. Beguin, *Electrochim. Acta* **50**, 2499 (2005).

[250] X.J. He, J.H. Du, Z. Ying, and H.M. Cheng, *Appl. Phys. Lett.* **86**, 062112 (2005).

[251] H.-Y. Lee and S.M. Lee, *Electrochem. Commun.* **6**, 465 (2004).

[252] G. Derrien, J. Hassoun, S. Panero, and B. Scrosati, *Adv. Mater.* **19**, 2336 (2007).

[253] B.K. Guo, J. Shu, K. Tang, Y. Bai, Z.X. Wang, and L.Q. Chen, *J. Power Sources* **177**, 205 (2008).

[254] T.P. Kumar, A.M. Stephan, P. Thayananth, V. Subramanian, S. Enganathan, N.G. Renganathan, N. Muniyandi, and M. Raghavan, *J. Power Sources* **97–98**, 118 (2001).

[255] K.T. Lee, Y.S. Jung, and S.M. Oh, *J. Am. Chem. Soc.* **125**, 5652 (2003).

[256] X. Sun, J. Liu, and Y. Li, *Chem. Mater.,* **18**, 3486 (2006).

[257] M.S. Park, Y.M. Kang, J.H. Kim, G.X. Wang, S.X. Dou, and H.K. Liu, *Carbon* **46**, 35 (2008).

[258] S.H. Ng, J. Wang, K. Konstantinov, D. Wexler, J. Chen, and H.K. Liu, *J. Electrochem. Soc.* **153**, A787 (2006).

[259] S.H. Ng, J. Wang, D. Wexler, S.Y. Chew, and H.K. Liu, *J. Phys. Chem.* **C111**, 11131 (2007).

[260] N. Du, H. Zhang, B.D. Chen, X.Y. Ma, X.H. Huang, J.P. Tu, and D.R. Yang, *Mater. Res. Bull.* **44**, 211 (2009).

[261] Z.Y. Wang, G. Chen, and D.G. Xia, *J. Power Sources* **184**, 432 (2008).

[262] G.M. An, N. Na, X.R. Zhang, Z.J. Miao, S.D. Miao, K.L. Ding, and Z.M. Liu, *Nanotechnology* **18**, 435707 (2007).

[263] X.H. Huang, J.P. Tu, C.Q. Zhang, X.T. Chen, Y.F. Yuan, and H.M. Wu, *Electrochim. Acta* **52**, 4177 (2007).

[264] R. Yang, Z. Wang, J. Liu, and L. Chen, *Solid-State Lett.* **7**, A496 (2004).

[265] H.J. Liu, S.H. Bo, W.J. Cui, F. Li, C.X. Wang, and Y.Y. Xia, *Electrochim. Acta* **53**, 6497 (2008).

[266] H. Marsh, E.A. Heintz, and F. Rodriguez-Reinoso, *Introduction to Carbon Technology, Universidad de Alicante, Secretariado de Publications, Alicante, Spain, 1997.*

[267] H. Marsh, E.A. Heintz, and F. Rodriguez-Reinoso, *Sciences of Carbon Materials,* Universidad de Alicante, Secretariado de Publications, Alicante, Spain, 2000.

[268] J.W. Patrick, *Porosity in Carbons: Characterization and Applications, Edward Arnold, London, 1995.*

[269] K. Kinoshita, *Carbon: Electrochemical and Physicochemical Properties,* Wiley, New York, 1988.

[270] H. Marsh, *Introduction to Carbon Science,* Butterworths, London, 1989.

[271] E. Frackowiak and F. Beguin, *Carbon* **39**, 937 (2001).

[272] M.A. Lillo-Rodenas, J. Carratala, D. Cazorla-Amoros, and A. Linares- Solano, *Fuel Process. Technol.* **77**, 331 (2002).

[273] M.A. Lillo-Rodenas, D. Lozano-Castello, D. Cazorla-Amoros, and A. Linares-Solano, *Carbon* **39**, 751 (2001).

[274] Special Issue on Photonic Crystals, *Adv. Mater.* **13** (2001).

[275] C.F. Blanford, H. Yan, R.C. Schroden, M. Al-Daous, and A. Stein, *Adv. Mater.* **13**, 401 (2001).

[276] O.D. Velev and E.W. Kaler, *Adv. Mater.* **12**, 531 (2000).

[277] Meseguer, A. Blanco, H. Miguez, F. Garcia-Santamaria, M. Ibisate, and C. Lopez, *Coll. Surf.* **A202**, 281 (2002).

[278] O.D. Velev and A.M. Lenhoff, *Curr. Opin. Coll. Inter. Sci.* **5**, 56 (2000).

[279] J.W. Goodwin, J. Hearn, C.C. Ho, and R.H. Ottewill, *Brit. Polym. J.* **5**, 347 (1973).

[280] A.S. Dimitrov and K. Nagayama, *Langmuir* **12**, 1303 (1996).

[281] S. Shen, E.D. Sudol, and M.S. El-Aasser, *J. Polym. Sci. Pol. Chem.* **31**, 1393 (1993).

[282] T. Tanrisever, O. Okay and I.C. Sonmezoglu, *J. Appl. Polym. Sci.* **61**, 485 (1996).

[283] L.V. Woodcock, *Nature* **385**, 141 (1997).

[284] H. Yan, S. Sokolov, J.C. Lytle, A. Stein, F. Zhang, and W.H. Smyrlb, *J. Electrochem. Soc.* **150**, A1102 (2003).

[285] S. Kubo, Z.-Z. Gu, K. Takahashi, A. Fujishima, H. Segawa, and O. Sato, *Chem. Mater.* **17**, 2298 (2005).

[286] I.N. Krivorotov, H. Yan, E.D. Dahlberg, and A. Stein, *J. Magn. Magn. Mater.* **226–230**, 1800 (2001).

[287] G. S. Chai, S. B. Yoon, J.-S. Yu, J.-H. Choi, and Y.-E. Sung, *J. Phys. Chem.* **B108**, 7074 (2004).

[288] S. Kubo, Z.-Z. Gu, K. Takahashi, A. Fujishima, H. Segawa, and O. Sato, *J. Am. Chem. Soc.* **126**, 8314 (2004).

[289] H. Ge, G. Wang, Y. He, X. Wang, Y. Song, L. Jiang, and D. Zhu, *Chem. Phys. Chem.* **7**, 575 (2006).

[290] N.S. Ergang, J.C. Lytle, K.T. Lee, S.M. Oh, W.H. Smyrl, and A. Stein , *Adv. Mater.* **18**, 1750 (2006).

[291] M. Sarikaya, C. Tamerler, A. Jen, K. Schulten, and F. Baneyx, *Nat. Mater.* **2**, 577 (2003).

[292] C. Niemeyer and M. Nanoparticles, *Angew. Chem. Int. Edn Engl.* **40**, 4128 (2001).

[293] J. Turkevich, P. C. Stevenson, and J. Hillier, *Trans. Faraday Soc.* **11**, 55 (1951).

[294] S. Brown, M. Sarikaya, and E. Johnson, *J. Mol. Biol.* **299**, 725 (2000).

[295] M. Sarikaya, H. Fong, D. Heidel, and R. Humbert, *Mater. Sci. Forum* **293**, 83 (1999).

Chapter 7

물리적 기법으로 제조되는 나노구조체

Nanostructures and Nanomaterials

7.1 서론

앞 장들에서는 다양한 나노재료를 합성하고 제작하는데 사용되는 여러 공정들을 논의했다. 그런데 적용된 합성 공정들은 주로 상향식 접근법에 집중되었다. 이 장에서는 다른 접근법, 즉 다양한 공정 기법을 활용하는 하향식 나노 크기 구조체 제작법을 논의할 것이다. 일반적인 상향식 제작 및 공정 방법들에 비해, 나노구조체를 만들어내기 위한 하향식 제작 기법들은 주로 미세구조체의 제작에 적용되는 기법들에서 비롯된다. 특히 기초적이고 기본적인 접근법들은 대체로 미세가공(microfabrication) 기술에 바탕을 두고 있다. 이 장에서는 나노구조체와 나노패턴을 제작하는데 활용되는 다음 기법들이 논의된다.

(1) 리소그래피 기법
- (a) 광리소그래피(Photolithography)
- (b) 위상 이동 광리소그래피(Phase-shifting photolithography)
- (c) 전자선 리소그래피(Electron beam lithography)
- (d) X-선 리소그래피(X-ray lithography)
- (e) 집속 이온빔 리소그래피(Focused ion beam lithography)
- (f) 중성 원자선 리소그래피(Neutral atomic beam lithography)

(2) 나노조작과 나노리소그래피

(a) 주사 터널링 현미경법(STM, Scanning tunneling microscopy)

(b) 원자 힘 현미경법(AFM, Atomic force microscopy)

(c) 근접장 주사 광학 현미경법(NSOM, Near-field scanning optical microscopy)

(d) 나노조작(Nanomanipulation)

(e) 나노리소그래피(Nanolithography)

(3) 연성 리소그래피

(a) 미세접촉 인쇄법(Microcontact printing)

(b) 주조(Molding)

(c) 나노임프린트(Nanoimprint)

(d) 딥-펜 나노리소그래피(Dip-pen nanolithography)

(4) 나노입자 또는 나노선의 자기조립

(a) 모세관력 유도 조립(Capillary-force-induced assembly)

(b) 분산 상호작용 활용 조립(Dispersion-interaction-assisted assembly)

(c) 전단력 활용 조립(Shear-force-assisted assembly)

(d) 전기장 인가 조립(Electric-field-assisted assembly)

(e) 공유결합성 조립(Covalently linked assembly)

(f) 중력장 활용 조립(Gravitational-field-assisted assembly)

(g) 주형 활용 조립(Template-assisted assembly)

(5) 다른 미세 가공법들

(a) LIGA

(b) 레이저 직접 묘화법(Laser direct writing)

(c) 엑시머 레이저 미세가공(Excimer laser micromachining)

이 장에서는 위에서 언급한 모든 공정들이 논의되지만, 모든 방법들이 나노 크기 구조체들을 제작할 수 있는 능력이 동일한 것은 아니다. 게다가, 다양한 제작 공정의 기초적인 측면들이 서로 상당히 다르다. 각 방법은 다른 기법들보다 몇몇 유리한 점들을 제공하는 한편, 다른 한계와 단점들에 시달린다. 나노구조 소자들을 제작하기 위한 기술적 세부내용이나 문헌에서 개발된 모든 방법들을 하나도 빠짐없이 나열하려는 그 어떤 시도도 이루어지지 않았다. 앞의 장들과 마찬가지로, 대체로 기초 개념들과 일반적인 기술적 접근법들에 주의가 집중되었다. 그런데 SPM 기반 나노조작과 나노리소그래피에 대해 더 상세한 논의가 이루어졌는데, 그것은 그런 공정들이 비교적 새로울 뿐만 아니라, 나노미터 크기의 구조체와 소자들을 실제로 제작할 수 있기 때문이다.

7.2 리소그래피

흔히 사진제판(photoengraving)으로 불리기도 하는 리소그래피는 레지스트(resist)라고 하는 감광성 고분자 박막에 어떤 패턴을 전사하는 과정인데, 여기서 레지스트는 아래에 놓여 있는 박막이나 기판에 그 패턴을 복사하는데 사용될 것이다.[1-5] 지난 반세기 동안 광자, X−선, 전자, 이온, 그리고 중성 원자들을 비롯한 다양한 노출 복사원과 렌즈 체계들을 활용하는 많은 리소그래피 기법들이 개발되었다. 다양한 리소그래피 방법에서 사용되는 상이한 노출 복사원과 세부 장치들에도 불구하고, 그것들은 모두 동일한 일반적인 기술적 접근법들을 공유하고 있으며 비슷한 기초적인 측면들에 바탕을 두고 있다. 광리소그래피는 미세전자공학적 가공, 특히 집적 회로의 대량 생산에 가장 널리 사용되는 기법이다.[2]

7.2.1. 광리소그래피

전형적인 광리소그래피 과정은 필요한 패턴 정보를 나르는 마스크 제작 공정과 그 다음에 그 패턴을 어떤 광학적 기법을 사용하여 감광성 고분자, 즉 감광막(또는 단순히 레지스트)으로 전사하는 공정으로 구성되어 있다. 두 가지 기본적인 광리소그래피 접근법이 존재한다. (1) 그림자 인쇄법(shadow printing), 이것은 다시 접촉식 인쇄법(contact-mode printing)과 근접 인쇄법(proximity printing)으로 나눌 수 있다. (2) 투영 인쇄법(projection printing). 문헌에서는 '인쇄법'이라는 술어와 '광리소그래피'라는 술어가 호환적으로 사용된다.

[그림 7.1]은 광리소그래피 과정의 기본 단계들을 개괄적으로 보여주는데, 어떤 기판 위에 레지스트 물질을 얇은 피막 형태로 입힌[도포(coat)] 다음에 레지스트 물질의 선택 영역들에 빛이 쪼이도록 마스크를 통해 어떤 이미지 형식으로 노출된다[노광(expose)]. 그 다음에 노출된 레지스트는 현상 단계를 거친다[현상(develop)]. 레지스트 물질의 화학적 특질에 따라서 빛에 노출된 영역이 노출되지 않은 영역보다 어떤 현상액에서 더 잘 용해될 수 있고, 그래서 마스크의 양화 이미지를 만들어낸다. 거꾸로, 마스크의 음화 이미지를 형성하도록 빛에 노출된 영역이 덜 용해될 수 있게 할 수 있다. 이 과정의 결과는 마스크의 투명한 영역과 불투명한 영역들의 사본인 삼차원 입체 이미지를 레지스트 물질에 새기는 것이다. 이미지 형성 과정과 현상 과정을 거친 후에 그대로 남은 레지스트의 영역들은 후속 식각 공정 또는 다른 이미지 전사 단계들을 위해 밑에 있는 기판을 가리는 데 사용된다. 레지스트 물질은 식각 용액에 견디고, 현상 후에 그것이 제자리에 그대로 있는 영역들에서는 밑에 있는 기판을 식각하지 못하게 막는다[식각(etch)]. 식각 공정을 거친 후에 레지스트는 밑에 있는 기판에 음화 또는 양화 입체 이미지를 만들어내기 위해 박리 공정으로 제거된다[박리(strip)].

얻을 수 있는 개별 화소들의 최대 해상도 또는 최소 크기의 한계는 회절에 의해 설정된다. 회절은 빛이 불투명한 모서리 같은 장벽을 통과할 때 직진에서 분명히 벗어나서 전파하는 것을 가리키는데, 회절 현상은 다음과 같이 정성적으로 이해될 수 있다. 기하광학에 따라서, 불투명한 물체가 점광원과 영사막 사이에 놓여 있으면, 그 물체의 모서리가 영사막 위에 예리한 그림자를 드리울 것

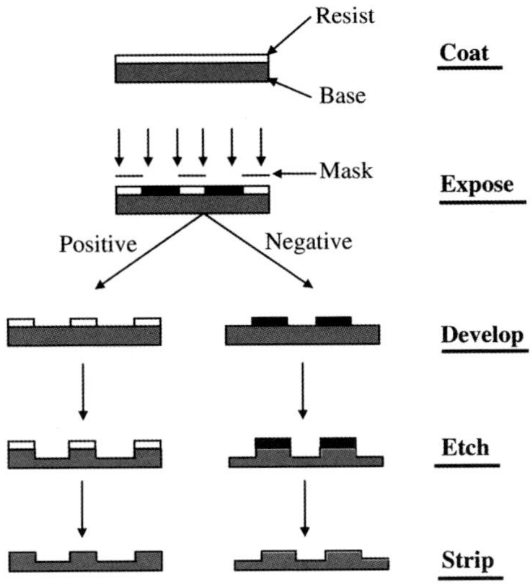

[그림 7.1] 마스크의 이미지들이 밑에 있는 기판의 표면에 전사되는 광리소그래피 과정 순서를 나타내는 모식도

이다. 기하학적 그림자 내의 지점들에서는 아무 빛도 영사막에 닿지 못하는 반면에, 그림자 밖에서는 영사막에 빛이 균일하게 비춰질 것이다. 실제로 모서리에 의해 드리우진 그림자는 번지게 되며, 기하학적 그림자로 확대되고 교대하는 밝은 띠와 어두운 띠들로 구성된다. 모서리 주변에서 빛이 분명히 구부러지는 이런 현상을 회절이라고 부르고, 그 결과로 얻어지는 세기 분포를 회절 패턴이라고 부른다. 명백히 회절 때문에 윤곽이 완벽한 모서리의 이미지가 레지스트 표면에서 번지거나 흐릿해지게 된다. 너비가 b인 동일한 공간과 선들로 구성된 마스크를 사용하는 그림자 광리소그래피의 이론적 분해능은 다음과 같이 주어진다.

$$2b_{\min} = 3\left[\lambda\left(s + \frac{d}{2}\right)\right]^{1/2}, \tag{7.1}$$

여기서 $2b$는 격자 주기(grating period)이고($1/2b$은 공간적 기본 진동수 ν이다), s는 마스크와 감광막 표면 사이에 유지되는 간극 너비이고, λ는 노출 복사의 파장이며, d는 감광막 두께이다. 경성 접촉식 인쇄술의 경우에 s는 0이고, 방정식으로부터 파장이 400 nm인 빛과 두께가 1 μm인 감광막에 대한 최대 해상도는 1 μm보다 약간 작을 것이다.

접촉식 광리소그래피에서 마스크와 웨이퍼는 서로 밀착하게 되고, 이 방법은 마스크 패턴을 거의 100%의 정확도로 감광막에 전사할 수 있으며 최고의 해상도를 제공한다. 다른 광리소그래피 기법들은 자체의 분해능에 근접할 수는 있지만 그것을 넘어설 수는 없다. 그런데 감광막 및 기판 두께의 불균일성과 기판 위의 먼지 때문에 최대 해상도는 거의 얻을 수 없다. 마스크와 웨이퍼 사이에 간극이 도입되는 근접 인쇄법에서는 그런 문제점들을 피할 수 있다. 그런데 간극이 증가하면 회절로 인해 발생하는 반암부가 확대됨으로써 해상도가 저하된다. 근접 인쇄법의 난점들에는 대단히 평탄한 웨이퍼와 마스크에 대해서만 달성될 수 있는 마스크와 웨이퍼 사이의 작고 매우 일정한 공간을 제어하는 문제가 포함된다.

투영 인쇄법은 그림자 인쇄법과 다르다. 투영 인쇄법에서 렌즈 요소들은 마스크 이미지를 마스크와 수 센티미터 떨어져 있는 웨이퍼 기판에 집중시키는데 사용된다. 렌즈결함과 회절 문제들 때문에 투영 기법은 일반적으로 그림자 인쇄법보다 더 낮은 분해능을 나타낸다. 통상적인 투영 광리소그래피의 해상도 한계는 잘 알려진 레일리 방정식에 의해 주로 결정된다. 해상도, 즉 최소 영상 분해 유효선폭(minimum resolvable feature) R과 해당 피사계 심도(DOF, depth of focus)는 다음과 같이 주어진다.[6]

$$R = \frac{k_1 \lambda}{NA}, \tag{7.2}$$

$$\mathrm{DOF} = \frac{k_2 \lambda}{NA^2}. \tag{7.3}$$

여기서 λ는 노출광 파장이고, k_1과 k_2는 사용되는 특정한 레지스트 물질, 공정 기술 그리고 이미지 형성 기술에 의존하는 상수이며, NA는 광학계의 개구수(numerical aperture)로 다음과 같이 규정된다.

$$NA = n \sin \theta, \tag{7.4}$$

여기서 이미지 공간에서의 굴절률 n은 일반적으로 1과 같고(공기 또는 진공), θ는 노광 빔의 최대 원뿔 각도(cone angle)이다. 회절 한계는 하이젠베르크(Heisenberg)의 불확정성 원리와 직접 관련되어 있는 매우 기본적인 물리학 법칙이다. 그것은 통상적인 이미지 형성 공정의 해상도를 대략 $\lambda/2$로 한정한다. 통상적인 광리소그래피는 200 nm 이상의 유효선폭을 제작할 수 있다.[7]

더 높은 해상도를 얻기 위해서는 파장이 더 짧은 빛과 개구수가 더 큰 렌즈계가 사용되어야 한다. 일반적으로 얻을 수 있는 최소 유효선폭 크기는, 개구수가 비교적 큰(대체적으로 0.5 이상) 렌즈가 사용될 때, 노광 공정에 사용되는 빛의 파장과 거의 같거나 그것보다 조금 작다. NA가 큰 렌즈계에서는 피사계 심도가 매우 작아져서 노광 공정은 레지스트층의 두께와 절대적 위치의 매우 작은 변화에도 민감해진다.[8]

파장이 300 nm 이하인 노출광에 기반을 둔 극자외선(DUV, deep ultra-violet) 리소그래피는 훨씬 더 어려운 기술적 난점들을 제기한다. 고전적 자외선 광원은 DUV에서 더 낮은 출력을 나타낸다. 엑시머 레이저는 DUV의 여러 파장에서 10에서 20와트의 출력을 제공할 수 있다. 특히 흥미로운 것은 KrCl 및 KrF 엑시머 레이저인데, 그것들은 각각 222 nm와 249 nm의 파장에서 출력을 나타낸다. 높은 세기의 마이크로파 동력 방출원은 고전적인 전극 방전 수은 램프보다 실질적으로 더 높은 DUV 출력을 제공한다.[9] 광리소그래피에 활용되는 파장이 더 짧은 광원에는 이런 레이저들, 즉 248 nm 파장의 KrF 엑시머 레이저, 193 nm 파장의 ArF 엑시머 레이저, 157 nm 파장의 F_2 엑시머 레이저가 포함된다. DUV를 사용함으로써 광리소그래피는 최소 크기가 대략 100 nm인 패턴을 형성할 수 있게 된다.[10,11] 크기가 훨씬 더 작은 유효선폭을 제작하기 위해 파장이 11–13 nm 범위에 있는 극단 자외선(EUV, extreme UV) 리소그래피도 탐구되었으며, 그것은 70 nm 이하의 임계 나노 크기를 달성하기 위한 강력한 후보 기법이다.[12,13] 그런데 EUV 리소그래피는 다른 문제점들이 있다. 이 파장 영역에서는 빛의 흡수가 매우 강해서 굴절렌즈계는 사용할 수 없다. 반사거울로부터의 반사율은 오히려 낮아서 반사 거울의 수는 가능한 한 적게, 즉 여섯 개보다 많지 않게 유지되어야 한다. 게다가, 이 기법이 실제로 실행될 수 있게 하려면 정밀도가 대단히 높은 계측 체계가 필요하다.[12]

실험적으로 슬릿의 너비가 파장보다 더 좁을 때 복사는 퍼지거나 회절되는 현상이 발견된다. 서로 매우 가까운 두 모서리는 단색광을 비추었을 때 매우 또렷한 회절 패턴을 만들어내는 슬릿을 구성한다. 관찰되는 특수한 세기 분포는 슬릿과 영사막 사이의 거리에 의존한다. 거리가 짧은 경우에 대한 회절은 프레넬(Fresnel) 회절인데, 이것은 그림자 인쇄법에 해당한다. 투영 인쇄법처럼 거리가 긴 경우에 대한 회절은 프라운호퍼(Fraunhofer) 회절이다.

통상적인 감광막 고분자에 덧붙여 랭뮤어–블로젯(Langmuir–Blodgett) 박막과 자기조립 단층들이 광리소그래피에서 레지스트로 사용되었다.[14,15] 그런 응용에서는 광화학적 산화, 교차결합 또는 반응성 원자단들의 생성이 마스크에서 단층으로 패턴을 전사하는데 사용된다.[16,17]

7.2.2 위상 이동 광리소그래피

위상 이동 광리소그래피는 레벤슨(Levenson) 등[18]에 의해 최초로 개발되었다. 이 방법에서는 투명한 마스크가 노광 공정에 사용되는 빛의 급격한 위상 변화를 유도하여 그런 위치들에서 광학적 감쇠를 일으킨다. 위상 이동기(phase shifter)로도 알려져 있는 이런 위상 마스크는 감광막에 대략 100 nm의 유효선폭을 만들어내었다.[19,20] [그림 7.2]는 위상 이동 리소그래피의 원리를 도식적으로 나타낸다. 두께가 $\lambda/2(n-1)$인 깨끗한 박막, 즉 위상 이동기 또는

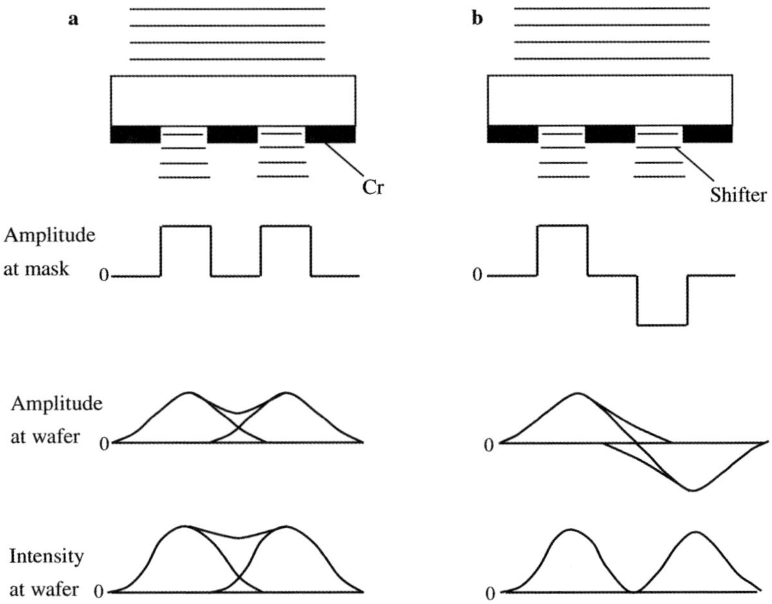

[그림 7.2] 위상 이동기 모서리에서 일어나는 광학적 위상 변화를 활용하는 위상 이동 리소그래피의 원리를 예시하는 모식도

위상 마스크는 등각 접촉(conformal contact)으로 감광막 위에 놓이게 되는데, 이 경우에 그 막을 통과하는 노출광의 위상 이동 각도는 노출광이 감광막의 표면에 도달할 때 입사광에 비해 π만큼 이동한다. 여기서 λ는 노출광의 파장이고 n은 위상 마스크의 굴절률이다. 위상 이동기와 감광막 사이의 빛 위상 각도가 반전되기 때문에, 위상 이동기 모서리에서 전기장은 0이다. 그래서 감광막 표면에서 노출광의 세기는 영이 될 것이다. 위상 이동기 모서리 근처에서는 세기가 영인 이미지가 형성될 수 있다. 위상 마스크는 투영식 및 접촉식 광리소그래피 기법 둘 다에 사용될 수 있다. 위상 이동 접촉식 광리소그래피의 경우에는 해상도를 높이기 위한 두 가지 가능한 접근법이 있다. (1) 노출 광원의 파장을 줄이는 방법, (2) 감광막의 굴절률을 높이는 방법. 얻을 수 있는 광리소그래피 해상도는 대충 $\sim\lambda/4n$인데, 여기서 λ는 노출광의 파장이고 n은 감광막의 굴절률이다. 위상 이동 마스크를 갖춘 접촉식 광리소그래피는 해상도가 더 높

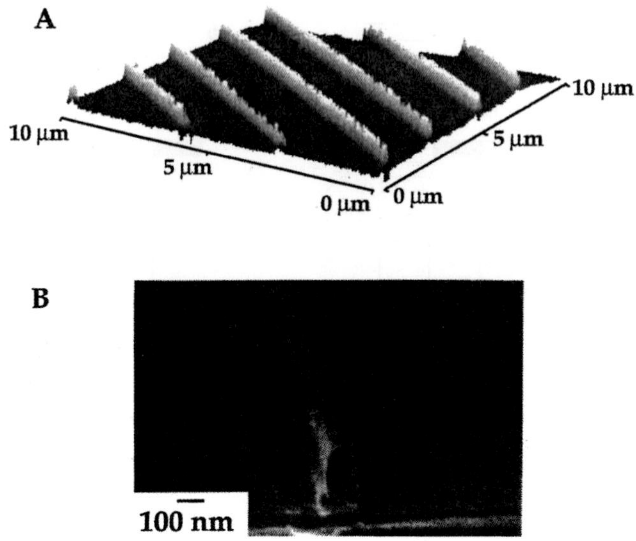

[그림 7.3 근접장 접촉식 광리소그래피를 사용하여 감광막에 형성된 평행선들은 두께가 100 nm 수준이고 높이는 ~300 nm 정도이다. (A) 평행선들의 AFM 이미지 (B) SEM 이미지 [J.A. Rogers, K.E. Paul, R.J. Jackman, and G.M. Whitesides, J. Vac. Sci. Technol. B16, 59 (1998).]

다. 하지만 먼지의 존재, 감광막 두께의 불균일성, 그리고 마스크나 기판의 휨 때문에 위상 이동 마스크와 웨이퍼 위의 감광막 사이의 등각 접촉은 이루어지기가 어렵다. 그런데 탄성 중합체 위상 이동 마스크를 도입함으로써 등각 접촉이 비교적 쉽게 이루어질 수 있어 50 nm만큼 좁은 유효선폭이 생성될 수 있다.[21,22] 얻어지는 해상도는 대략 λ/5에 해당한다. 등각 근접장 광리소그래피에 대한 개선된 접근법은 '연성' 유기 탄성 중합체로 제작된 마스크를 사용하는 것이다.[23-25] [그림 7.3]은 그런 접촉식 위상 이동 광리소그래피 과정을 사용하여 만들어진 패턴을 보여준다.[25]

7.2.3 전자선 리소그래피

미세하게 집속된 전자선은 표면 위에서 정확히 그리고 정밀하게 굴절될 수 있다. 표면이 감광성 고분자 물질로 도포되어 있을 때, 전자선은 해상도가 매우 높은 패턴을 기록하는 데 사용할 수 있다.[26-29] 최초의 실험적 전자선 기록 체계는 1960년대 말에 고해상도 능력을 이용하도록 설계되었다.[30] 전자선은 지름이 수 나노미터인 영역에 집속될 수 있고 전자기적으로 또는 정전기적으로 빠르게 굴절될 수 있다. 전자는 입자 특성과 파동 특성 둘 다를 갖는다. 그런데 전자의 파장은 수십 옹스트롬 수준이고, 해상도는 회절 현상에 의해 제한되지 않는다. 하지만 전자선 리소그래피의 해상도는 레지스트층에서 일어나는 전자의 전방 산란과 밑에 있는 기판으로부터의 후방 산란에 의해 제한된다. 그럼에도 전자선 리소그래피는 3–5 nm만큼 작은 유효선폭을 제작하기 위한 가장 강력한 도구이다.[31,32]

전자선이 고분자 막 또는 어떤 고체 물질에 진입할 때, 전자는 총체적으로 전자 산란으로 알려져 있는 탄성 충돌과 비탄성 충돌을 통해서 에너지를 잃는다. 탄성 충돌은 전자의 방향 변화를 초래할 뿐이지만, 비탄성 충돌은 에너지 손실을 초래한다. 이런 산란 과정들은 선폭의 확대를 초래하는데, 즉 전자들이 고체를 관통할 때 퍼지게 되어 입사선 방향에 수직인 가로 또는 수평 전자 선속을 만들어내고, 애초의 전자 입사점에서 먼 지점에 있는 레지스트의 노출을 야기한다. 그것은 결국 예상보다 더 넓은 레지스트 이미지를 현상하게 된다. 전자 산란의 크기는 전자의 속도나 가속 전압뿐 아니라 레지스트와 기판 둘 다의 밀도와 원자 번호에 의존한다.

전방 산란 및 후방 산란 전자들에 의한 레지스트의 노출은 전자선 에너지, 박막 두께, 그리고 기판 원자 번호에 의존한다. 전자선 에너지가 증가함에 따라 단위 경로 길이당 에너지 손실과 산란 단면적은 감소한다. 그러므로 전방 산란 전자들의 가로 수송과 전자당 소실되는 에너지는 감소하는 반면에, 후방 산란 전자들의 가로 규모는 증가된 전자 범위 때문에 증가한다. 레지스트 막 두께가 증가함에 따라 전방 산란 전자들에 의한 소각 충돌의 누적 효과는 증가한다. 그러므로 레지스트–기판 계면에서 산란되는 전자들에 의해 노출되는 영역은 박막보다 후막에서 더 넓다. 적절한 노출은 계면에서 레지스트의 노출을 보장하기 위해서 고분자 막에서의 전자 범위가 막 두께보다 더 클 필요가 있다. 기판 원자 번호가 증가함에 따라 전자 반사 계수는 증가하고, 그것은 결국 후방 산란 전자들의 기여를 증가시킨다.

전자선 체계는 간편하게 두 가지 넓은 범주로 간주될 수 있다. 연쇄적으로 웨이퍼를 노출시키는 주사된 집속 전자선을 사용하는 체계와 웨이퍼 위에 전체 패턴을 동시에 투영하는 체계가 있다. 주사 전자선 체계는 다시 가우스 또는 원형의 전자선 체계와 각진 원자선 체계로 나눌 수 있다. 모든 주사 전자선 체계는 전형적인 네 가지 하위 체계를 갖추고 있다. 그것들은 (1) 전자원(총), (2) 전자 기둥(전자선 형성 체계), (3) 기계적 재물대(mechanical stage), (4) 다양한 기계 하위 체계를 제어하고 전자선 굴절 체계에 패턴 데이터를 전송하는 데 사용되는 제어 컴퓨터이다.

전자선 리소그래피에 응용될 수 있는 전자원은 통상적인 전자현미경에서 사용되는 것과 동일하다. 이런 전자원은 두 가지 집단으로 나눌 수 있다. 열전자 방출(thermionic emission)과 전계 방출(field emission)이 있다. 열전자총은 표면에서 전자들이 방출되게 되는 임계 온도 이상으로 가열되는 물질에서 일어나는 전자 방출 현상에 의존한다. 이런 전자원은 텅스텐, 토륨 텅스텐 또는 육붕소화란탄(LaB_6) 같은 소재로 제작된다. 전계 방출 전자원은 텅스텐의 매우 뾰족한 끝 주변에 걸리는 높은 전기장을 사용한다. 전기장은 전자원의 끝단에서 전자를 추출하여 지름이 수십 옹스트롬에 불과한 가우스 반점을 형성한다.

전형적인 전자선 리소그래피 체계에서는 대면적을 노출시키도록 전자선을 굴절시키는 것이 불가능하기 때문에 전자선 기둥의 굴절 전계를 통해서 기판을 움직이는 기계적 재물대가 필요하다. 재물대는 그것이 정지하여 어떤 패턴 영역이 기록된 다음에 인접 패턴 영역이 노출되는 새로운 위치로 움직이는 단계적 방식으로 작동될 수 있다. 또는 재물대가 움직이고 있는 동안 기판 위에 패턴이 기록되는 연속적 방식으로 작동될 수 있다. [그림 7.4]는 초음파 교반을 활용하여 현상했을 경우에 니켈 리프트 오프(lift-off) 공정을 거친 후 40 nm 피치 기둥 격자(pitch pillar grating)의 SEM 이미지를 보여준다.

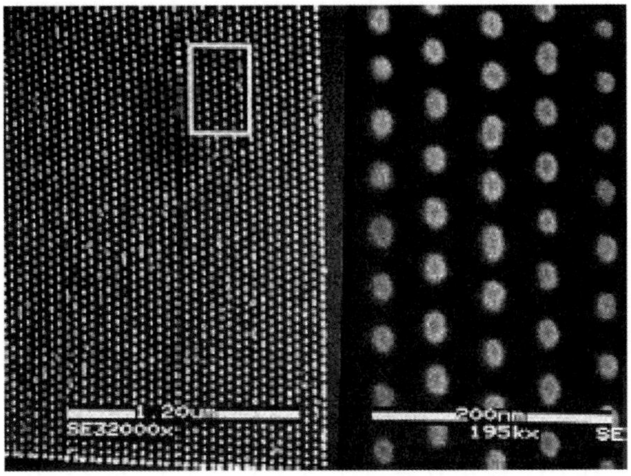

[그림 7.4] 초음파 교반을 활용하여 현상했을 경우에 니켈 리프트 오프 공정을 거친 후 40 nm 피치 기둥 격자의 SEM 이미지 [C. Vieu, F. Carcenac, A. Pepin, Y. Chen, M. Mejias, A. Lebib, L. Manin-Ferlazzo, L. Couraud, and H. Lunois, Appl. Surf. Sci. 164, 111 (2000).]

7.2.4 X-선 리소그래피

파장이 0.04에서 0.5 nm에 이르는 X-선은 고분자 레지스트 물질로 고해상도 패턴을 복사할 수 있는 잠재력을 갖춘 다른 대안적 복사원을 나타낸다.[33] 스피어스(Spears)와 스미스(Smith)가 X-선 근접 인쇄법을 사용하여 고해상도 패턴을 얻을 수 있다는 점을 보여줌으로써 X-선 리소그래피가 최초로 예증되었다.[34] X-선 리소그래피의 필수적 요소들에는 다음의 것들이 포함된다.

(1) X-선에 투명한 얇은 막 위에 X-선 흡수 물질로 제작된 패턴으로 이루어진 마스크
(2) 마스크를 통해 레지스트를 노출시키는 데 사용하는, 관심 범위의 파장을 지닌 충분히 밝은 X-선 복사원
(3) X-선에 민감한 레지스트 물질

두 가지 X-선 복사원이 존재한다. (1) 전자 충돌(electron impact) 복사원 (2) 싱크로트론(synchrotron) 복사원이 있다. 통상적인 전자 충돌 복사원은 고에너지 전자선으로 적절한 타깃 물질을 때림으로써 생성되는, 타깃 물질의 특성

선 근처에 중심을 둔 폭넓은 X-선 스펙트럼을 산출한다. 싱크로트론 또는 갈무리 고리(storage ring)는 상대론적 에너지 영역에서 움직이는 전자들의 에너지 손실에서 비롯되는 폭넓은 복사 스펙트럼을 산출한다. 이런 복사는 적외선에서 장파장 X-선 영역에 이르는 강한 연속적 스펙트럼 분포를 나타내는 것이 특징이다. 그것은 회전하는 전자들의 궤도 평면 근처에 고도로 집속되고 한정되며, 그래서 싱크로트론 복사의 부채꼴을 통해서 일정한 속도로 마스크와 웨이퍼 조합을 움직이는 수직 방향으로 퍼질 필요가 있다. 싱크로트론 복사원은 고에너지 출력이라는 이점을 제공한다.

X-선 광자의 흡수는 흡광 물질 내부에서 탄성 산란과 비탄성 산란을 겪는 광전자를 형성하게 되고, 그 결과 레지스트 박막에서 일어나는 화학 반응들의 원인이 되는 이차 전자들을 만들어낸다. 일차 광전자들의 파장 범위는 100-200 nm 수준이다. X-선 복사원은 크기가 유한하고 마스크와 격리되어 있으며, 마스크의 모서리가 또렷한 그림자를 드리우지 않기 때문에 주요한 한계점은 반암부 그림자 형성이다. 낮은 마스크 콘트라스트는 패턴 해상도를 떨어뜨리는 다른 한 인자이다. 반암부 그림자 형성을 최소화하기 위해 작은 영역에 복사원을 집속시키는 것과 노출 시간을 최소화하기 위해 X-선의 세기를 최대로 유지하는 것이 중요하다. X-선 근접 리소그래피는 마스크 위에 패턴으로 형성된 유효선폭의 일대일 대응 사본을 제공하는 것으로 알려져 있고, X-선 리소그래피의 해상도 한계는 ~25 nm이다.[35,36] [그림 7.5]는 X-선 리소그래피와 결합된 전기도금법과 반응성 이온 식각(RIE) 공정으로 제작된 35 nm 너비의 Au 선들과 20 nm 너비의 W점들에 대한 SEM 사진을 보여준다.[35]

(a)

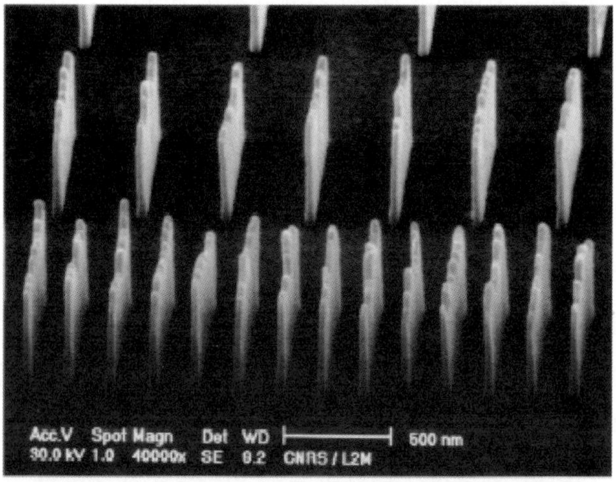

(b)

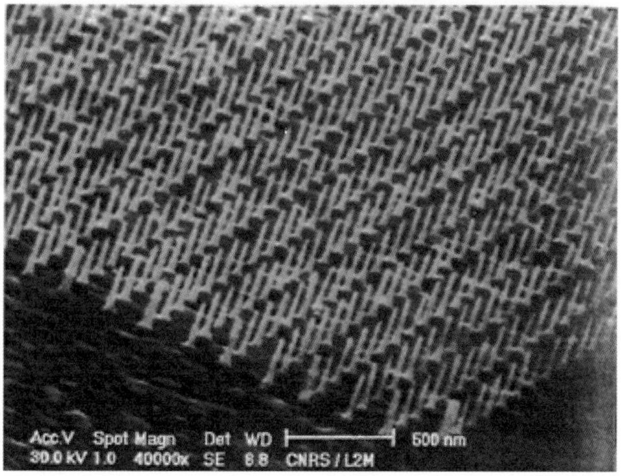

[그림 7.5] (a) X-선 리소그래피로 제작된 주형을 사용하여 전기 도금법으로 성장된 35 nm 너비의 Au 선들. 평균 두께는 대략 450 nm인데, 이것은 13에 가까운 종횡비에 해당한다. (b) 1,250 nm 두께의 W층에 반응성 이온 식각 공정을 적용한 후에 얻어진 20 nm 너비의 W점들 [G. Simon, A.M. HaghiriGosnet, J. Bourneix, D. Decanini, Y. Chen, F. Rousseaux, H. Launios, and B. Vidal, J. Vac. Sci. Technol. B15, 2489 (1997).]

7.2.5 집속 이온빔(FIB) 리소그래피

1975년에 액체 금속 이온(LMI, liquid metal ion) 소스가 개발된 이래로[37] 집속 이온빔은 리소그래피, 식각, 증착 그리고 도핑 공정의 매우 매력적인 도구로 빠르게 발전되었다.[38] 1에서 3MeV 범위에서 이온 산란은 전자 산란보다 크기의 정도가 여러 배 작기 때문에 이온빔 리소그래피는 해상도를 개선하는 것으로 오랫동안 인식되었다.[39,40] 일반적으로 사용되는 FIB는 수명이 길고 안정성이 높은 Ga과 Au-Si-Be 합금 LMI 소스이다.[41,42] FIB 리소그래피는 크기가 마이크로미터 이하인 전자 소자들을 생산할 수 있다.[43] FIB 리소그래피의 이점에는 전자선 리소그래피보다 100배 이상 큰 값을 나타내는 높은 레지스트 노출 감도, 레지스트에서 일어나는 무시할만한 이온 산란, 그리고 기판에서 일어나는 낮은 후방 산란이 포함된다.[44] 그런데 FIB 리소그래피는 더 낮은 처리량과 방대한 기판 손상 같은 몇몇 단점에 시달린다. 그러므로 FIB 리소그래피는 기판 손상이 중요하지 않는 소자 제작 공정에 응용될 가능성이 더 높다.

FIB 식각은 물리적 스퍼터링 식각과 화학적 식각이 있다. 물리적 스퍼터링 식각은 직접적이며, 에너지가 대단히 높은 이온빔을 사용하여 식각되는 영역을 때리고 시편의 물질을 부식시킨다. 이 과정의 이점은 간단하고, 자기정렬이 가능하며, 그 어떤 시편 물질에도 적용 가능하다. 화학적 식각은 기판 표면과 기판에 흡착되는 기체 분자들 사이의 화학 반응들에 바탕을 두고 있다. 화학적 식각은 여러 이점을 제공하는데, 식각 속도의 증가, 재증착의 부재, 그리고 잔류 손상이 거의 없다는 점이 그렇다. 특히, 화학적 식각 속도는 재료와 식각용 가스의 다양한 조합에 대해 10배에서 100배에 이르며, 재증착이 없기 때문에 매우 높은 종횡비가 가능하다.[44]

FIB는 증착용으로도 사용될 수 있다. 식각과 마찬가지로, 직접 증착과 화학적 증착이 있다. 직접 증착은 저에너지 이온을 사용하는 반면에, 화학적 증착은 기판 표면과 기판에 흡착되는 분자들 사이의 화학 반응에 의존한다. 예를 들어 [그림 7.6]에 나타냈듯이, 각 기둥이 개별적 이온빔 반점에 해당하는 36개 금 기둥의 규칙적 배열은 화학적 RIB 증착 공정을 사용하여 만들어졌다.[45]

전자빔 리소그래피에 비해 FIB 리소그래피는 자성 나노구조체를 제작하고 처리하는 데 여러 장점을 나타낸다. 이온은 전자보다 실질적으로 무거워서 FIB는 재료의 자기적 특성에 영향을 훨씬 덜 받는다. 또 하나의 이점은 별도의 패턴 형성 단계들을 사용하지 않은 채 증착 또는 식각을 해낼 수 있는 능력이다. 자성 나노구조체들이 FIB 식각과 증착 공정을 사용하여 제작되었다.[46] 고리

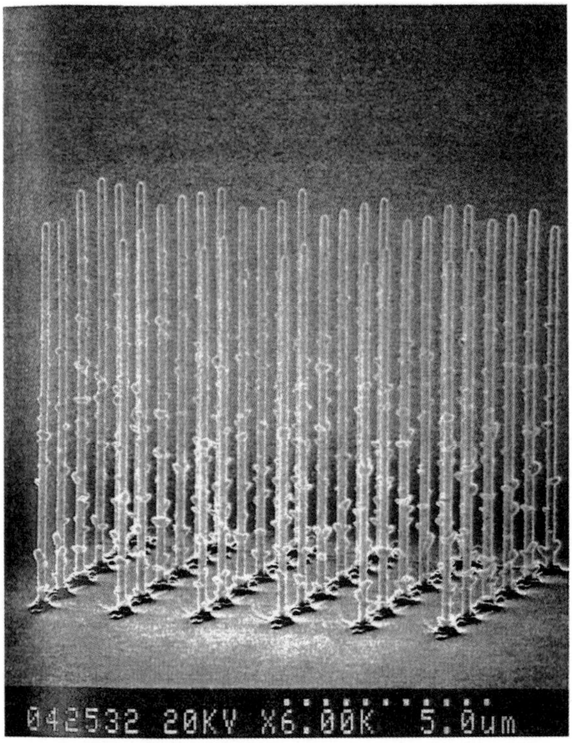

[그림 7.6] 화학적 FIB 증착 공정을 사용하여 만들어진, 각 기둥이 개별적 이온빔 반점에 해당하는 36개 금 기둥의 규칙적 배열을 보여주는 SEM 이미지 [A. Wargner, J.P. Levin, J.L. Mauer, P.G. Blauner, S.J. Kirch, and P. Longo, J. Vac. Sci. Technol. B8, 1557 (1990).]

형의 나노 자기 헤드가 FIB 식각 공정을 거친 후에 FIB 증착 공정을 사용하여 비자성 텅스텐을 식각된 트렌치에 증착함으로써 제작되었다. 각각 단면적이 140×60 nm^2만큼 좁고 길이가 500 nm만큼 긴 자기극 끝단은 모든 측면들로부터 보호되고 지지되었으며, 필요한 자기적 특성을 갖추었다. FIB 도핑은 본질적으로 통상적인 이온 주입과 동일한 것으로 간주될 수 있다.

FIB는 화학 기상 증착(CVD)법과 결합하여 나노구조체를 합성할 수 있다. 이런 FIB-CVD 방법은 특히 삼차원 나노구조체를 제작하는 데 용이하다. 몰포(Morpho) 나비와 나방 눈을 닮은 광학적 특징을 지닌 나노구조체들이 FIB-CVD 체계를 사용하여 제작되었다.[47] 다이아몬드와 유사한 비정질 탄소도 이 체계로 증착되었다.[48] FIB-CVD 방법은 광학 재료, 전자 재료 그리고 생체 재료를 제작하는 데 있어서 잠재적인 응용성이 있다.

7.2.6 중성 원자선 리소그래피

중성 원자선에서는 그 어떤 공간 전하 효과도 원자선을 벗어나게 하지 못한다. 그러므로 입자의 높은 운동 에너지가 필요하지 않다. 열원자의 드브로이(de Broglie) 파장이 1옹스트롬보다 작기 때문에 회절은 해상도를 제한하는 심각한 인자가 아니다. 이런 원자선 기법들은 표면에 들러붙는 원자들에 미치는 광력을 사용하는 직접 패턴 형성에 의존하거나,[49-52] 아니면 특수한 레지스트의 패턴 형성에 의존한다.[53-55]

중성 원자와 레이저 광 사이의 상호 작용은, 운동 에너지 퍼짐을 나노켈빈 영역으로 축소시키는 것, 원자들을 작은 공간 영역에 붙잡아두는 것, 또는 집속과 이미지 형성을 위해 원자 궤적을 조정하는 것과 같은 다양한 응용을 위해 탐구되었다.[56-58]

광력을 활용하는 원자 리소그래피의 기본 원리는 다음과 같이 고전적 모형으로 이해할 수 있다.[59] 전자기파 내에서 유도되는 원자의 전기 쌍극자 모멘트는 빛의 진동수 ω_L을 원자 쌍극자 전이 진동수 ω_A에 가깝게 조정함으로써 공명 작용을 통해 향상될 수 있다. 비동조(detuning) $\delta=\omega_L-\omega_A$의 부호에 따라 쌍극자 모멘트는 위상이 맞거나 ($\delta<0$) 위상 차가 π인 상태 ($\delta>0$)에 놓인다. 세기 구배가 있을 때, 이 유도 쌍극자는 공간적 빛 세기 분포의 국소적 극소 ($\delta<0$) 또는 극대 ($\delta>0$)를 향한 힘을 느낀다. 그러므로 정상 광파는 원자 운동에 대한 주기적인 보존 퍼텐셜로 작동하여 일련의 원통형 렌즈들과 유사한 것을 형성한다. 이 렌즈 배열의 초점면에 기판을 위치시키면, 기판 표면에 주기적 구조가 기록된다. [그림 7.7]은 광력을 활용하는 중성 원자선 리소그래피의 기본 원리를 도식적으로 예시하며, [그림 7.8]은 레이저 힘을 활용한 중성 원자선 증착 공정을 사용하여 실리콘 기판 위에 성장시켜 얻은 64 nm의 크롬 나노선들을 보여준다.[59]

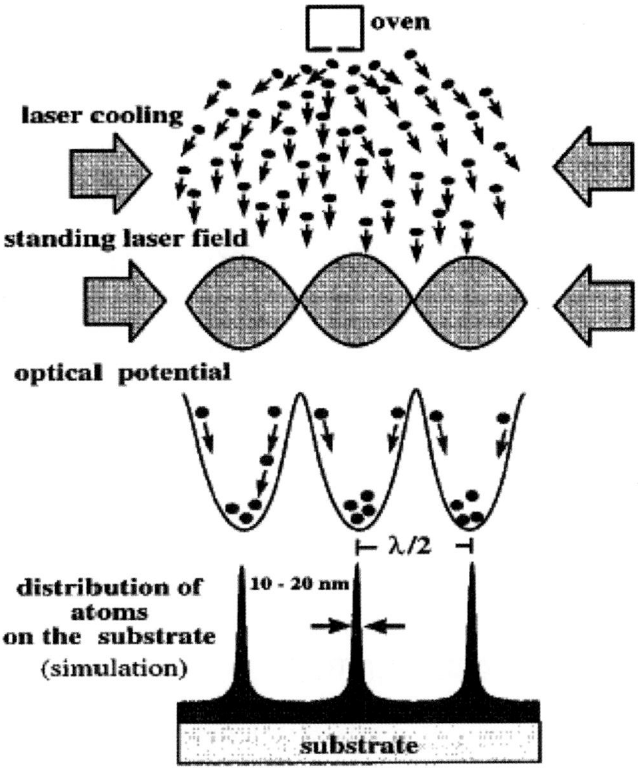

[그림 7.7] 광력을 활용하는 중성 원자선 리소그래피의 기본 원리를 예시하는 모식도 [B. Brezger, Th. Schulze, U. Drodofsky, J. Stuhler, S. Nowak, T. Pfau, and J. Mlynek, J. Vac. Sci. Technol. B15, 2905 (1997).]

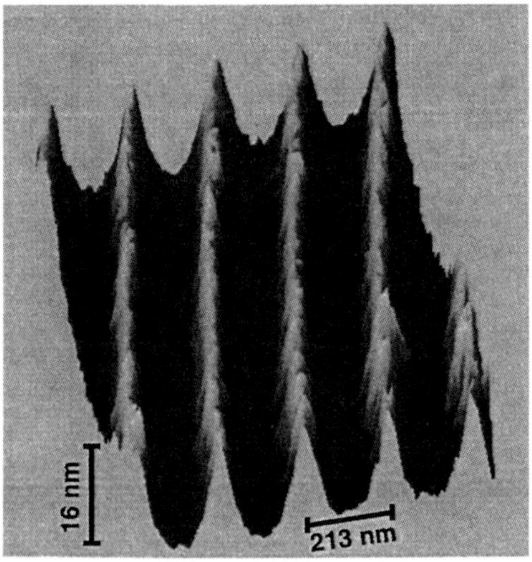

[그림 7.8] 레이저 힘을 활용한 중성 원자선 증착 공정을 사용하여 실리콘 기판 위에 성장시킨 64 nm의 크롬 나노선들을 보여주는 SEM 이미지 [B. Brezger, Th. Schulze, U. Drodofsky, J. Stuhler, S. Nowak, T. Pfau, and J. Mlynek, J. Vac. Sci. Technol. B15, 2905 (1997).]

7.3 나노조작과 나노리소그래피

나노조작과 나노리소그래피는 주사 탐침 현미경법(SPM, scanning probe microscopy)에 기반을 두고 있다. 그래서 나노조작과 나노리소그래피에 대한 세부 내용을 논의하기 전에 우선 이 절에서는 SPM에 대한 소개가 이루어질 것이다. SPM은 주사 전자 현미경법(SEM)과 투과 전자 현미경법(TEM) 같은 다른 촬영 기법들과 다르며, 표면 위 분자와 나노구조체들을 조작할 가능성을 제시한다. SPM은 두 가지 주요한 기법으로 구성되어 있는데, 전도성 재료에 대해서는 주사 터널링 현미경법(STM)이 적용되고 유전체에 대해서는 원자 힘 현미경법(AFM)이 적용된다. 이 절에서는 근접장 주사 광학 현미경법과 근접장 광리소그래피도 다루어지는데, 그것들이 SPM과 많은 유사점을 공유하고 있기 때문이다.

7.3.1 주사 터널링 현미경법(STM)

STM은 양자역학에 기반을 두고 있는 현상인 전자 터널링에 의존하며, 다음과 같이 간략하게 설명할 수 있다.[60] 기초적인 것들에 대한 더 상세한 논의를 위해서는 탁월한 책들을 참조할 수 있다.[61,62] 먼저 [그림 7.9]에 도식적으로 예시하는 대로 금속 또는 반도체의 두 평탄면이 절연체 또는 진공으로 격리되어 있는 상황을 고려하자.[63] 에너지 장벽이 존재하기 때문에 재료 내의 전자들은 절연체를 관통하여 이 표면에서 저 표면으로 이동할 수 없다. 그런데 그 둘 사이에 전압이 인가되면, 에너지 장벽의 모양이 변하고, 전자들이 터널링 과정을 거쳐 장벽을 가로질러 이동하는 추동력이 존재하게 되며, 그 결과 두 표면에서 전개된 전자 파동함수들이 겹치도록 거리가 충분히 작을 때 작은 전류가 흐르게 된다. 터널링 전류 I는 다음과 같이 주어진다.

$$I \propto \exp(-2\kappa z), \tag{7.5}$$

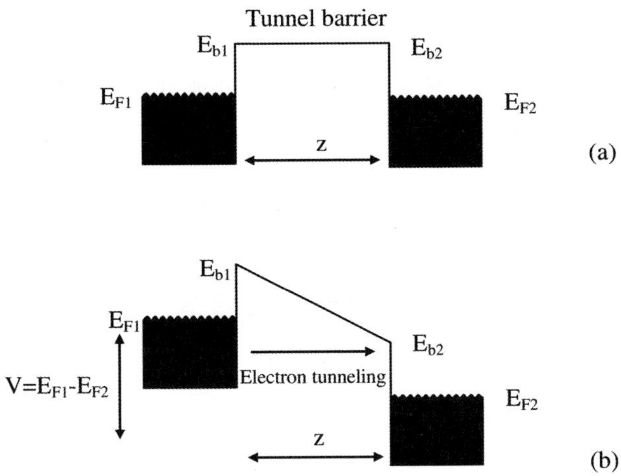

[그림 7.9] 절연체 또는 진공 장벽으로 격리된 두 고체(금속 또는 반도체)의 에너지 준위들 (a) 두 고체 사이에 전기장이 인가되지 않았을 때 (b) 전기장이 인가되었을 때를 나타낸다. 고체에서 전자의 에너지는 각 고체의 페르미 준위에 해당하는 E_{F1}과 E_{F2}까지 음영을 넣은 영역으로 표현되어 있다. 인가 바이어스 V는 $E_{F1}-E_{F2}$이고, z는 두 고체 사이의 거리이다. [D.A. Bonnell and B.D. Huey, in Scanning Probe Microscopy and Spectroscopy, ed. D. Bonnell, Wiley-VCH, New York, p. 7, 2001.]

여기서 z는 두 금속 사이의 거리 또는 절연체의 두께이고 k는 다음과 같이 주어진다.

$$\kappa = \frac{[2m(V-E)]^{1/2}}{h}, \tag{7.6}$$

여기서 m은 전자 질량이고, h는 플랑크 상수이고, E는 전자의 에너지이며, V는 절연체 내의 퍼텐셜이다. STM의 배치인 팁-평면 기하학에도 비슷한 논의가 적용된다. 그런데 터널링 전류는 다음과 같이 주어진다.

$$I = C\rho_t \rho_s \exp(-z\kappa^{1/2}), \tag{7.7}$$

여기서 z는 팁과 평면 또는 시편 사이의 거리이고, ρ_t는 팁 전자구조이고, ρ_s는 시편 전자구조이며, C는 팁과 시편 표면 사이에 인가된 전압에 의존하는 상수이다. 터널링 전류는 팁-시편 거리에 대해 지수함수적으로 감소한다. 예를 들면, 거리가 0.1 nm 줄어들면 터널링 전류는 10배 정도 증가할 것이다. STM에서는 그런 양자역학적 특성이 활용되었다.

전형적인 STM에서는 전도성 팁을 시편 표면 위에 위치시킨다. 팁이 매우 작은 간격으로 시편 표면을 앞뒤로 가로질러 움직일 때, 팁의 높이는 터널링 전류를 일정하게 유지하도록 끊임없이 조정된다. 팁의 위치들은 표면의 지형도를 구성하는 데 사용된다. [그림 7.10]은 STM 구조를 도식적으로 묘사한다. 일반적으로 텅스텐이나 PtIr 합금 같은 금속 또는 이 금속 합금으로 제작되는 대단히 뾰족한 팁은 압전체 배열로 만들어진 삼차원 위치 설정 재물대(positioning stage)에 탑재된다. 그런 팁은 압전체 배열에 의해 정확히 제어되어 시편 표면 위를 삼차원적으로 움직일 것이다. 일반적으로 팁과 시편 표면 사이의 거리는 0.2 nm와 0.6 nm 사이에 속하고, 흔히 0.1–10 nA 크기의 터널링 전류가 생성된다. 주사 해상도는 XY 방향으로는 대략 0.01 nm이고 Z 방향으로는 0.002 nm인데, 이것은 참으로 원자 수준의 해상도를 나타내는 삼차원 이미지를 제공한다.

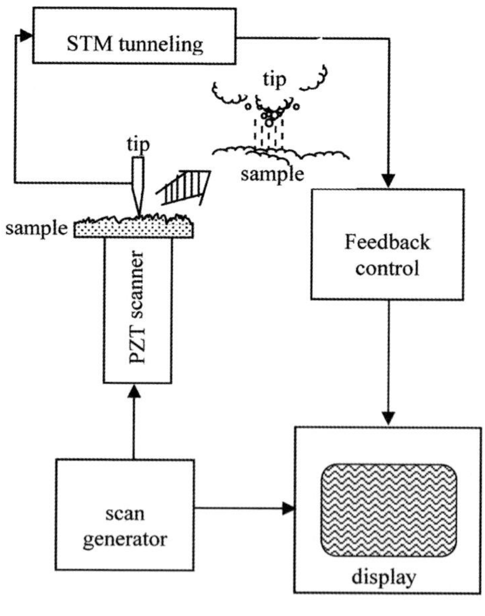

[그림 7.10] 주사 터널링 현미경의 모식도. 두 가지 작동 방식이 일반적으로 사용된다. (A) 팁과 시편 표면 사이의 거리가 일정하게 유지되는 정전류 방식 (B) 시편 표면을 주사하는 동안 팁의 위치가 그대로 유지되는 정전압 방식

STM은 두 가지 방식으로 작동될 수 있다. 정전류 방식에서는 시편과 팁 사이에 일정한 바이어스가 인가된 상태에서 일정한 전류를 유지하는 되먹임 메커니즘이 가능하다. 팁이 표면 위를 주사하면서 일정한 간격을 유지하도록 팁의 수직 위치가 변화한다. 대안적인 작동 방식은 일정한 높이와 바이어스가 동시에 유지되는 일정 높이 작동 방식이다. 지형적 구조가 팁–시편 간격을 변화시키기 때문에 팁이 시편 표면을 주사할 때 전류 변화가 발생한다. 정전류 방식은 전자 전하밀도 윤곽과 직접적으로 관련되어 있는 콘트라스트를 산출하는 반면에, 일정 높이 방식은 더 빠른 주사 속도를 가능하게 한다. STM은 1982년에 비니히(Binnig)와 로러(Rohrer)에 의해 최초로 개발되었고,[64] 실리콘 7×7 재배치 (111) 표면 이미지로 자체의 원자 수준 해상도를 최초로 예증하였다.[65]

7.3.2 원자 힘 현미경법(AFM)

원자 수준 해상도와 다른 이점들에도 불구하고 STM은 전도성 표면에만 한정되는데, 그 방법은 시편 표면과 팁 사이의 터널링 전류에 대한 기록에 의존하기 때문이다. AFM은 유전성 재료에 적용하기 위한 STM의 개조형으로 개발되었다.[66] 간격에 따라서 다양한 팁–시편 상호 작용을 AFM으로 측정할 수 있다. 가까운 거리에서는 반데르발스(van der Waals) 상호작용이 지배적이다. 반데르발스 힘은 세 가지 성분, 즉 영구 쌍극자, 유도 쌍극자, 그리고 전자 분극들의 상호 작용으로 이루어져 있다. 반데르발스 힘에 대한 더 자세한 논의는 2장에서 이루어졌다. 팁과 시편 사이에는 단거리 힘에 덧붙여 장거리 힘도 작용하는데, 반데르발스 힘이 무시할만하게 작아지도록 팁–시편 거리가 증가할 때 장거리 힘이 중요해진다. 그런 힘의 예들은 정전기 인력 또는 척력, 전류 유도 또는 정자기 상호 작용, 그리고 시편과 팁 사이의 물 응축에서 기인하는 모세관력이 있다. 표면과 분자의 상호 작용에 관한 통찰과 세부 내용에 대해서는 이스라엘라츠빌리(Israelachvili)의 탁월한 책[67]을 참조하라.

AFM에서는 질량이 대단히 작은 캔틸레버 보(cantilever beam)의 운동이 측정되는데, 측정 가능한 거리(10^{-4} Å)에 걸쳐 이 보를 움직이는 데 필요한 힘은 10^{-18} N만큼 작을 수 있다. [그림 7.11]은 AFM이 작동하는 방식을 보여주는 모식도이다. 그 장치는 나노 크기의 팁을 장착한 캔틸레버, 캔틸레버 끝을 가리키는 레이저, 반사된 레이저빔을 모으는 광다이오드와 거울, 그리고 압전체 배열로 제작된 삼차원 위치 설정 재물대로 구성된다. STM과 마찬가지로, 이미지는 표면을 가로질러 팁을 주사함으로써 생성된다. 그런데, 팁과 표면 사이에 일정한 거리를 유지함으로써 STM처럼 터널링 전류를 일정하게 유지하도록 높이를 조정하는 대신에, AFM은 일정한 접촉력을 유지하면서 팁 캔틸레버의 미세한 위아래 휨의 정도를 측정한다.

STM과 AFM의 조합은 흔히 주사 탐침 현미경(SPM)으로 불리기도 한다. 다양한 팁-표면 힘을 사용하는 다른 변종 현미경들이 존재한다. 예를 들면, 자기력 현미경(magnetic force microscope), 주사 정전용량 현미경(scanning capacitance microscope), 그리고 주사 음향 현미경(scanning acoustic microscope)도 SPM에

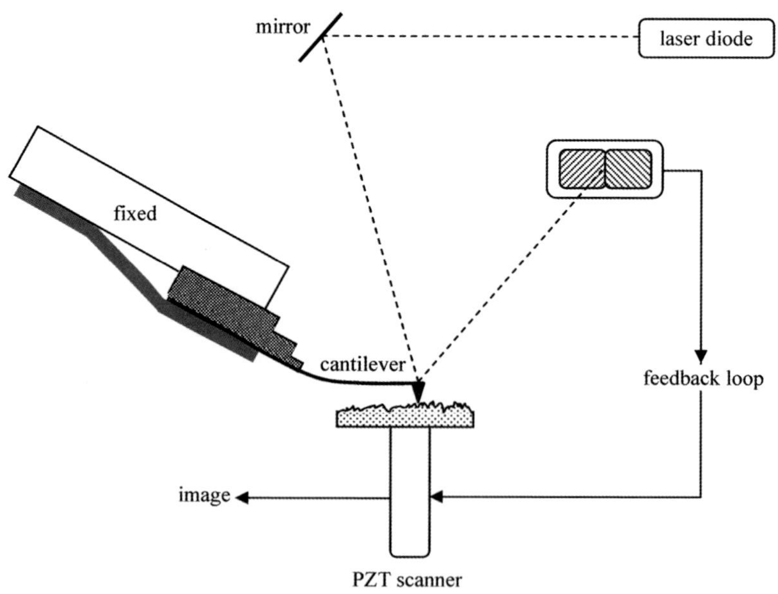

[그림 7.11] 원자 힘 현미경의 작동 원리. 시편은 스캐너 위에 탑재되고, 캔틸레버와 팁은 미세 위치 설정 소자를 사용하여 표면 근처에 위치를 정하게 된다. 캔틸레버의 휨 정도는 캔틸레버의 꼭대기에서 반사된 캔틸레버 레이저빔의 위치를 기록하는 광다이오드로 측정된다.

속한다.[68] SPM은 다양한 응용 분야에서 자체의 적절성을 입증했다. 첫째, SPM은 사실상 그 어떤 종류의 환경에서도 모든 종류의 고체들의 표면 이미지를 얻을 수 있다. 둘째, 팁과 작동 조건을 다양하게 변경함으로써 SPM은 시편 표면의 국소적인 화학적 및 물리적 특성을 측정하는데 사용될 수 있다. 셋째, SPM은 나노구조체를 제작하고 가공하기 위한 나노조작과 나노리소그래피에 대한 유용한 도구로써 탐구되었다. 넷째, SPM은 나노센서(nanosensor)와 나노집게(nanotweezer) 같은 다양한 나노 소자로도 탐구되었다. 이 장에서는 표면 화학 개질뿐 아니라 나노구조체의 나노조작과 제작에 대한 SPM의 응용에만 집중하여 논의가 전개될 것이다. 표면 지형도의 이미지 촬영과 표면 특성 측정에 대해서는 8장에서 논의될 것이고, SPM에서 파생된 나노 소자들은 9장에서 논의되는 주제들 가운데 하나가 될 것이다.

7.3.3 근접장 주사 광학 현미경법(NSOM)

이미지를 얻을 목적으로 3 cm 마이크로파를 사용하는 근접장 주사법이라는 개념은 1972년에 처음 연구되었으며[69], 1980년대 초에 근접장 광학 현미경법이 최초로 개발되었다.[70,71] NSOM에서는 ~30 nm의 해상도를 얻을 수 있다.[72] NSOM은 마이크로미터 이하 길이 수준의 광 리소그래피용 도구로 사용되었다. 이 응용에서는 광섬유 탐침이 감광막을 노출시키기 위한 광원으로 사용되며, 패턴은 레지스트 표면 위에 탐침을 주사함으로써 생성된다. 통상적인 고분자 레지스트, 비정질 실리콘 감광막, 그리고 강유전체 표면 위에 새겨진 패턴들이 예증되었다.[73-76]

NSOM의 경우에 입사 복사는 파장보다 작은 개구(aperture)를 통과해야 한다. 파동 전파 이론에 따르면, 이것은 개구 지름과 비슷한 나노 크기의 파장을 갖는 작은 파동(wavelet)들이 형성될 때에만 가능하다. 후자는 소멸파(evanescent wave)로 알려져 있으며, 자유 공간에서는 전파하지 못한다. 그런데 작은 파동들은 개구 주변을 휘감을 수 있어서 영사막의 반대편에 복사 에너지를 전달할 수 있다. 영사막 반대편에서의 그런 복사는 영사막에서 떨어진 거리에 따라 두드러지게 변하며, [그림 7.12]에 나타낸 대로 세 가지 에너지 밀도 영역으로 구분될 수 있다.[77] 2−5 nm의 인접(proximity)층 내의 개구 근처에서는 세기가 거의 일정

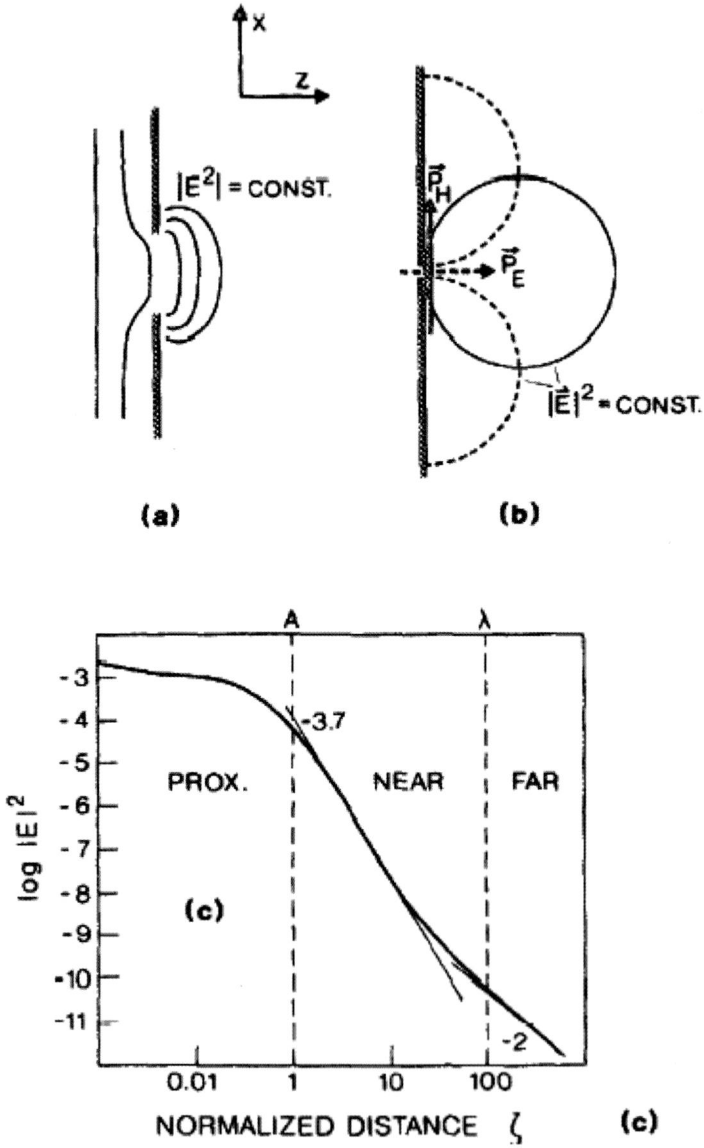

[그림 7.12] (a) 작은 개구 근처에서 동일한 전기 에너지 밀도의 선들을 보여주는 모식도. (b) 근접장과 동등한 쌍극자들에 대한 모식도. (c) 계산된 광축(on-axis) 전기에너지 밀도 대 구멍으로부터의 거리 [U. Dürig, D.W. Pohl, and F. Rohner, J. Appl. Phys. 59, 3318 (1986).]

하게 유지되며 $10^{-3}-10^{-4}$ 정도의 비교적 큰 값을 갖는다. 이것은 소멸파 영역이고 이 영역에 존재하는 흡수체는 구멍에서 나오는 복사에 강한 영향을 미친다. 개구에서 조금 더 멀어지면(5–500 nm) 복사 세기는 근사적으로 $s^{-3.7}$에 비례하여 감쇠하는데, 여기서 s는 구멍에서 떨어진 거리이다. 이것은 소멸파가 소멸하는 영역이며, 더 잘 알려진 근접장 영역 부분이다. 이 영역에서는 이미 에너지 밀도가 매우 작으며 10^{-4}에서 10^{-10} 사이에서 변한다. 이 영역에 존재하는 흡수체는 진전되는 복사장에 단위 부피당 미치는 영향이 인접 영역보다 훨씬 더 작다. 개구에서 떨어진 거리가 파장보다 더 큰 지점에서는 개구에서 나오는 복사가 원거리장(far–field) 영역에 진입하고 에너지 밀도는 s^{-2}의 형태로 감소한다. 소멸파의 세기가 검출 체계에 대해 충분할 정도로 유지되도록 팁과 시편 사이의 거리를 나노미터 범위 내에, 즉 근접장 영역에 제어하는 것이 중요하다.

NSOM 장치는 AFM과 비슷하다. 이상적인 개구는 가시광선 진동수에서 완벽한 전도성 금속 박막에 형성된 투명한 구멍이다. 실제로 전형적인 개구는 화학적 식각[78,79] 또는 인출(pulling) 공정[80]으로 선단에 구멍이 난, 알루미늄 같은 금속층이 도포된 광섬유로 제작된다. 제작 가능한 최소 개구와 그에 따라 얻을 수 있는 최대 해상도는 가용 입력 세기와 검출 체계의 감도에 의존한다.

7.3.4 나노조작

원자 수준의 해상도로 표면 지형도의 이미지를 얻을 수 있는 능력에 덧붙여 팁과 시편 표면 사이의 상호 작용 또는 힘들은 표면 위의 원자, 분자, 그리고 나노구조체들에 대해 정확하고 제어된 조작을 수행할 수 있는 수단을 제공한다. 광리소그래피는 200nm 이상의 유효선폭을 제작할 수 있다.[7] STM을 활용한 나노조작과 제작에 대한 몇 가지 사례들의 개요가 다음과 같이 간단히 서술된다.

아이글러(Eigler)와 공동연구자들[81]은 STM 팁을 통해 인가되는 펄스형 전압을 사용하여 제논 원자들을 움직여서 질서정연한 패턴을 갖는 구조 위에 위치시켰다. 그들은 대략 4K의 초저온 상태와 초고진공 상태에서 이 작업을 수행했

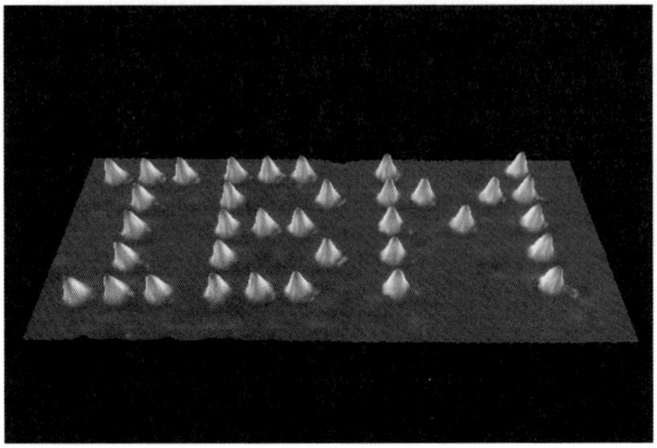

[그림 7.13] 텅스텐 팁을 사용하여 35개의 제논 원자를 니켈표면에 위치시켜 'IBM'이라는 세 글자를 형성하였다. [D.M. Eigler and E.K. Schweizer, Nature 344, 524 (1990).]

다. 초저온과 초고진공 상태는 표면 위 원자들의 열확산의 부재, 안정성, 그리고 청정성을 보장했다. [그림 7.13]에서 볼 수 있듯이, 'IBM'이라는 세 문자를 형성하기 위해 텅스텐 팁을 사용하여 35개의 제논 원자를 니켈 표면 위에 위치시켰다.[81] 기판 표면에서 이루어지는 원자조작의 경우에는 두 가지 과정, 즉 수평 과정과 수직 과정으로 구분된다.[82] 수평 과정에서는 STM 팁이 표면을 따라 원자를 끌어서 원하는 장소에 위치시킨다. 이 과정에서 조작되는 흡착 원자나 분자의 운동은 표면에 평행하고, 그래서 조작되는 원자나 분자와 밑에 있는 표면 사이의 결합이 결코 끊어지지 않는다. 그런 과정과 연관된 에너지 장벽은 표면을 통한 확산에 필요한 에너지, 즉 주름 에너지(corrugation energy)인데, 이것은 일반적으로 흡착 에너지의 1/10에서 1/3 사이에 있고, 따라서 밀집구조의 금속 표면 위에 약하게 결합된 물리흡착 원자의 경우에는 수십 밀리전자볼트에서, 강하게 결합된 화학흡착 원자의 경우에는 대략 0.1에서 1.0 eV까지 변한다.[82] 수평 과정은 다시 두 집단으로 나눌 수 있는데, 전계 인가 확산(field-assisted diffusion)과 미끄럼 과정(sliding process)이 있다. 전계 인가 확산은 STM 탐침 팁과 표면 사이에 걸리는 강한 불균일 전기장의 존재를 기반으로 하는데, 그 전기장은 흡착 원자의 쌍극자 모멘트와 상호 작용하여[83,84] 흡착 원자의 지향성 확산을 초래한다.[82] STM에서의 전계 인가 지향성 확산은 GaAs 표면과 InSb 표면 위의 Cs 원자들로 예증되었다.[85] 미끄럼 과정은 원자 간 퍼텐셜 또는 화학결합 힘 같은 STM과 흡착 원자 사이의 힘을 기반으로 하며, 흡착 원자의 지향성 운동은 팁의 위치를 조정함으로써 이루어지는데, 팁과 흡착 원자 사이의 힘 때문에 팁이 표면을 가로질러 흡착 원자를 끌어당길 것이다.[82] 이런 미끄럼 과정으로 표면 원자들을 조작할 수 있는 능력은 Ni (100)[81] 표면 위의 Xe, Pt (111)[86] 표면 위의 CO 그리고 Pt (111) 표면 위의 Pt를 비롯한 여러 체계들에서 예증되었다.[87]

수직 과정에서는 먼저 STM 팁이 흡착 원자나 분자를 표면에서 들어올린 다음에 기판 표면 위 공간을 비행하여 원하는 위치에 이르러 팁에서 떨어뜨린다.[82] 그런 과정에 대한 에너지 장벽은 STM 팁으로 흡착 원자를 표면에서 떼어 들어 올리는 것인데, 팁-표면 간격이 큰 극한의 경우에는 흡착 에너지와 같으며 팁이 흡착 원자에 충분히 가까울 경우에는 영이 된다. 원자가 팁과 표면 사이에서 이동되는 메커니즘에 따라 여러 방법들이 개발되었다. 접촉식 또는 근접식 이동은, 들어올리기 단계 동안 STM 팁을 흡착 원자와 접촉시킬 때, 그리고 떨어뜨리기 단계 동안 팁을 흡착 원자에서 떼어낼 때, 흡착 원자와 표면 사이의 인력보다 팁과 흡착 원자 사이의 인력이 더 강한 점에 의존한다. 명백히 그런 과정은 상이한 표면들 사이에 흡착 원자를 이동시킬 필요가 있다. 전압 펄스를 인가함으로써 팁과 표면 사이에 원자를 이동시키는 다른 한 방법은 전계 증발(field evaporation)이다. 전계 증발은 전기장을 인가함으로써 도체 바깥의 퍼텐셜 에너지가 낮아지는 것으로 인해 형성되는 '쇼트키(Schottky)' 장벽을 넘어가는 열활성화된 증발 이온들로 서술된다.[88] 원자를 가역적으로 이송할 수 있는 능력은 상온의 초고진공 상태에서 STM의 텅스텐 팁과 실리콘 표면 사이에서 예증되었다.[89] 전기이동(electromigration)은 STM을 활용하는 나노조작에서 탐구된 또 하나의 현상인데,[90] Ni (100) 표면과 STM의 팁 사이에 Xe 원자들을 가역적으로 이동시킬 수 있는 능력이 예증되었다.[91]

또한 STM은 화학적 조작에 대해 탐구되었으며, 단일 분자를 분리하고 구성할 수 있는 능력이 예증되었다.[92] 그 연구에서는 STM 팁이 Cu (111) 계단 모서리에 흡착된 아이오도벤젠(iodobenzene, C_6H_5I) 분자들 위에 위치하게 되고,

그 다음에 1.5 eV의 터널링 전자들이 분자들에 주입되며, 그 결과 C–I 결합이 끊어지는 반면에 C_6H_5 라디칼은 그대로 남게 되었다. 두 번째 단계에서는 동일한 Cu (111) 계단 모서리 위에 놓인 두 개의 C_6H_5 라디칼이 좌우 조작을 통해 결합하게 된다. 마지막으로, 두 개의 라디칼이 비페닐(biphenyl, $C_{12}H_{10}$)을 형성하는 데 필요한 에너지를 제공하기 위해 터널링 전자들이 주입된다. [그림 7.14]는 그 과정을 도식적으로 보여준다.[92] 또한 Cu는 이런 분리 및 구성 과정에서 촉매 역할을 수행했다. 전기장과 터널링 전자선은 표면 개질에 유의미하게 적용될 수도 있다. 예를 들면, STM 팁에 의해 유도된 전기장에 노출되었을 때, Au 전극 위에 증착된 폴리이미드(polyimide) 랭뮤어-블로젯 박막의 전기 전도도가 현저히 증가하는 것으로 밝혀졌다.[93]

AFM 팁과 기판 표면 또는 표면 위 물체 사이의 상호 작용 힘이 STM 팁과 기판 표면 사이의 힘과 다르지만, AFM도 비슷하게 나노조작과 제작용으로 탐구되었다. AFM 팁 또는 바늘은 문자 그대로 시편 표면을 가로질러 끌려서 표면 원자와 분자들을 조작하는 데 사용될 수 있다. 팁과 흡착 원자들 사이의 상호 작용들의 본성에 따라서 세 가지 기본 조작 방식, 즉 밀기 방식, 끌어당기기 방식,

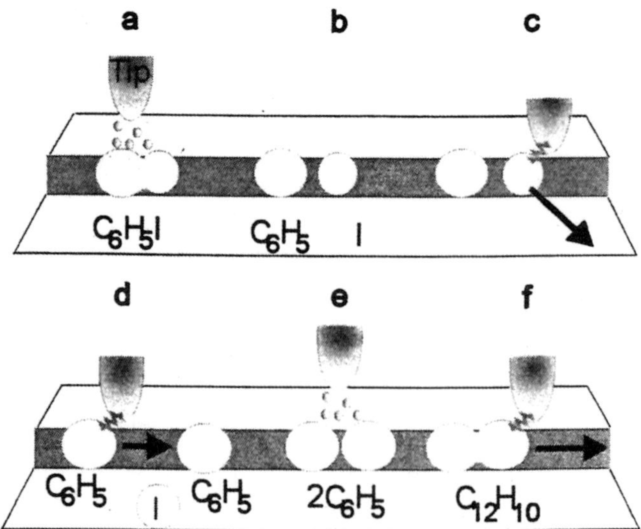

[그림 7.14] 비페닐 분자의 STM 유도 합성 단계들을 예시하는 모식도. (a)와 (b) 전자 유도 방식으로 아이오도벤젠으로부터 요오드를 선택적으로 추출. (c) 좌우 조작으로 요오드 원자를 테라스 위치로 떼어내기. (d) 좌우 조작으로 두 개의 페닐을 결합시키기. (e) 전자 유도 방식으로 페닐 한 쌍을 비페닐로 화학적으로 결합시키기. (f) 결합을 확인하기 위해 STM 팁으로 합성된 분자의 앞쪽 끝을 끌어당기기. [S.W. Hla, L. Bartels, G. Meyer, and K.H. Rieder, Phy. Rev. Lett. 85, 2777 (2000).]

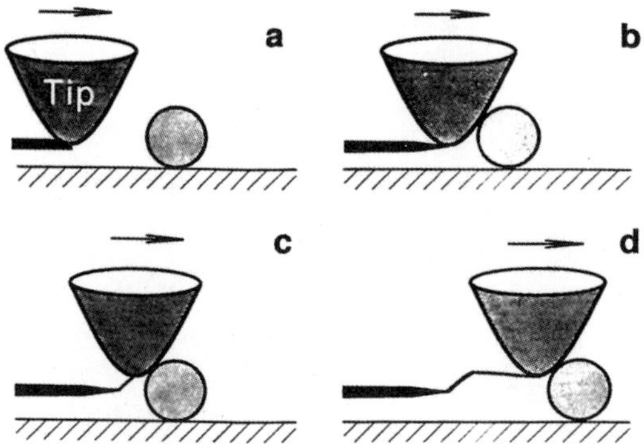

[그림 7.15] 조작 과정 동안 팁과 나노입자의 상대적 운동을 보여주는 모식도. 진한 실선은 팁 선단의 경로이고, 선 두께는 팁 진동 세기를 나타낸다. [C. Baur, A. Bugacov , B.E. Koel, A. Madhuker, N. Montoya, T.R. Ramachandran, A.A.G. Requicha, R. Resch, and P. Will, Nanotechnology 9, 360 (1998).]

그리고 미끄럼 방식이 탐구되었다.[94] AFM에 의한 조작 능력은 운모 표면 위의 Au 나노입자로 예증되었다. [그림 7.15]에서 볼 수 있듯이, 팁과 입자 사이의 척력에 의해 운모 표면을 따라 Au 나노입자를 기계적으로 미는데 AFM 팁이 사용되었다.[94] [그림 7.16]은 이런 밀기 프로토콜을 사용하여 Au 나노입자들의 패턴을 정확하고 신뢰성 있게 위치시킬 수 있다는 점을 예증했다.[94] 그런 기계적 밀기는 만능의 과정이어서 다양한 환경과 약하게 결합된 입자/기판 체계들에 적용할 수 있다.

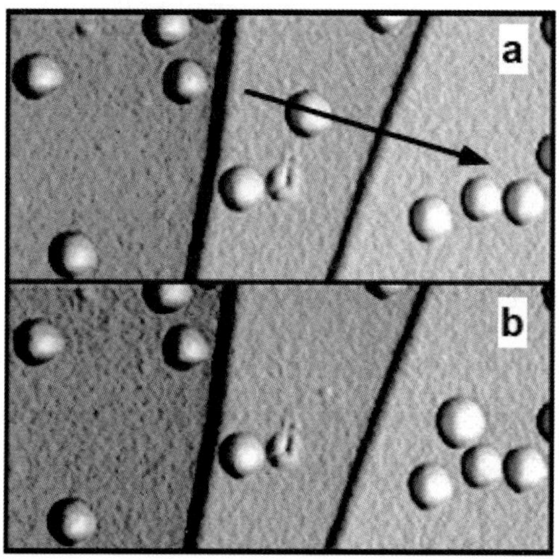

[그림 7.16] 화살표로 나타낸 방향을 따라 높이가 10 nm인 계단 너머 밀리기 전 (a)와 밀린 후 (b)의 30 nm Au 입자. 이미지 나노 크기들은 둘 다 1×0.5 ㎛이다. [C. Baur, A. Bugacov, B.E. Koel, A. Madhuker, N. Montoya, T.R. Ramachandran, A.A.G. Requicha, R. Resch, and P. Will, Nano-technology 9, 360 (1998).]

[그림 7.17] STM 나노조작으로 Cu (111) 표면 위에 구성되는 Fe 원자들의 울타리에 대한 이미지가 동일한 STM 장비를 사용하여 실시간으로 기록되었다. [M.F. Crommie, C.P. Lutz, D.M. Eigler, and E.J. Heller, Surface Rev. Lett. 2, 127 (1995).]

다른 나노조작 과정들에 비해 SPM에 의한 조작 및 제작은 몇 가지 독특한 이점을 지닌 유망한 대안을 제시한다. 첫째, SPM 팁은 나노 크기의 날카로운 끝이 있어서 최고의 나노조작 도구이며, 삼차원에 걸쳐 대단히 미세하게 위치를 제어한다. SPM 조작은 팁의 위치를 시편 표면의 몇 개 원자 직경, 즉 근사적으로 1나노미터 내에서 제어할 수 있다. 그러므로 그것은 단일한 원자를 조작할 가능성을 기대하게 한다. 둘째, SPM은 실시간 조작과 특성 분석 둘 다 수행할 수 있는 능력을 제시한다. SPM으로 모든 구성 단계에서의 구조를 볼 수 있다. 예를 들면, STM 나노조작으로 Cu (111) 표면 위에 Fe 원자들의 양자 울타리를 구성하는 과정이 [그림 7.17]에 나타낸 대로 동일한 STM 장비를 사용하여 실시간으로 기록되었다.[95-97] SPM이 이런 역량들을 갖추고 작동할 때, 실시간 특성 분석은 재료나 구조체의 다양한 물리적 특성, 화학적 특성, 그리고 생물학적 특성의 측정을 포함한다. 그런데 SPM에 의한 나노조작 및 제작은 명백한 여러 가지 한계점에 시달린다. 무엇보다도 주사 영역이 매우 작은데, 일반적으로 250×250 μm보다 작으며 주사속도가 매우 느리다. 하나의 SPM 장비로 한 번에 단 하나의 나노구조체만 제작될 수 있다. 둘째, 나노조작 및 제작을 위해서는 SPM 팁이 좋은 품질과 불변의 나노 크기 및 모양을 갖추고 있어야 한다. 팁 특성의 그 어떤 비일관성과 변이도 얻어지는 나노구조체에 큰 변형을 초래할 수 있다. 게다가, 나노조작 및 제작을 위한 SPM 팁은 쉽게 손상되고 오염될 수 있다. 셋째, 기판 표면이 대단히 평탄하고 매끄러워야 하고 그 어떤 오염도 허용되지 않는데, 그렇지 않다면 팁은 손상되고 해상도는 상실될 것이다. 마지막으로, 일반적으로 잘 정비된 제작 환경이 필요하다. UHV와 대단히 낮은 온도가 일반적으로 요구된다. SPM 나노제작에서 습기와 먼지는 큰 장애물이다.

7.3.5 나노리소그래피

SPM 기반 나노리소그래피는 국소성 산화 및 부동화,[98] 국소성 화학 기상 증착,[99] 전기 증착,[100] 팁과 표면의 기계적 접촉,[101] 그리고 전기 펄스에 의한 표면 변형[102]에 대해 활용되었다. 시편 표면의 직접적인 양극 산화[103-105]와 전자 레지스트의 노출이[106] 존재한다. 최소 나노 크기가 10–20 nm[107] 또는 UHV에서 1 nm에[108] 이르는 패턴들이 예증되었다.

기판과 팁 사이에 충분한 기체 분자들이 존재하는 상태에서 펄스형 전압이 인가될 때 STM 팁에서 방출되는 저에너지 전자들을 사용하여 나노미터 구멍들을 형성할 수 있다. 예를 들면, 팁과 표면 사이의 거리는 0.6–1 nm로 유지한 채 25bar 압력의 질소 분위기에서 –7 V 펄스를 130 ms 동안 팁에 인가함으로써 HOPG 기판 위에 깊이가 7 nm이고 너비가 6 nm인 구멍들이 형성되었다.[109] 한 가지 가능한 메커니즘은 전기장이 STM 팁 근처 기체 분자들의 이온화를 유도하고, 그 이온들을 기판을 향해 가속시킨다는 것이다. 이온들은 표면을 때리고, 그 결과 나노미터 크기의 구멍들이 만들어진다. 전계 방출 전자들을 생성하는데 어떤 전기장이 필요하다.[110] STM 팁에서 방출되는 전자선의 지름은 인가되는 바이어스 전압과 팁의 지름에 의존한다. 낮은 바이어스($<$12 V) 조건에서는 방출되는 전자선의 지름이 여전히 거의 일정하지만, 전자선 지름은 두드러지게 변한다.[111]

STM 팁–시편 터널링 접합에 바이어스 펄스를 인가함으로써 일어나는 전계 증발을 사용하여 나노구조체를 만들어낼 수 있다. 예를 들면, UHV($\sim 10^{-10}$ mbar의 바탕 압력) 상태에서 STM Au 팁에 일련의 바이어스 펄스(<10 V 그리고 $\sim 30\ \mu s$)를 인가함으로써 깨끗한 계단형 Si (111) 표면 위에 Au 나노점, 나노선 그리고 울타리가 제작되었다.[112] 지름이 수십 나노미터만큼 작은 나노점들이 구현될 수 있다. 인접 나노점들 사이의 거리를 줄임으로써 너비가 수 나노미터이고 길이가 수백 나노미터 이상인 연속적인 나노선들을 만들어낼 수 있었다. 각각 지름이 수 나노미터인 많은 Au 나노점으로 지름이 대략 40 nm인 나노 울타리도 실리콘 (111) 표면 위에 제작되었다.

전계 증발 또는 전계 탈착은 전계 이온 현미경법(FIM, field–ion microscopy)에서 기본적인 물리적 과정이다.[113] STM 배치에 대한 이론도 개발되었는데, 아래에서 간략하게 요약하였다.[114] STM 팁과 시편 사이의 거리 d가 비교적 멀다는 점을 감안하면, [그림 7.18(a)]에서 볼 수 있듯이, 팁–원자 상호작용 퍼텐셜 에너지 곡선 U_{at}와 원자–시편 상호작용 퍼텐셜 에너지 곡선 U_{as}는 두드러지게 겹치지 않는다. 팁에 대한 원자의 결합 에너지 Λ_t가 너무 강하여 화학흡착된 원자는 팁–원자 상호작용의 퍼텐셜 우물로 열 활성화될 수 없다. 그런데 팁–시편 거리 d가 가까워질 때, U_{at}와 U_{as}가 겹치기 시작하여 팁과 시편 둘 다와 상호작용하는 원자의 전체 퍼텐셜 에너지 곡선이 팁 쪽에서는 높이가 Q_0이고, 시편 쪽에서는 높이가 $Q_0' = Q_0 + (\Lambda_s - \Lambda_t)$인 험프를 나타낸다([그림 7.18(b)]). 상온에서, ν를 $\sim 10^{13}\ s^{-1}$로 간주할 때 Q_0가 0.772eV로 줄어들면, 팁 쪽에서 시편 쪽으로의 원자 이동속도 $\kappa = \nu \exp(-Q_0/kT)$는 1 s^{-1}이 된다. 이동속도 $\kappa' = \nu \exp(-Q_0'/kT)$는 더 낮지만 시편 쪽의 원자 역시 팁 표면으로 열 활성화될 수 있다. 이것은, Λ_t가 Λ_s보다 작다면 STM을 사용하여 제어된 방식으로 원자들을 팁에서 표면으로 증착할 수 있으며, 또는 Λ_s가 Λ_t보다 작다면 원자를 시편 표면에서 팁으로 떼어낼 수 있다는 것을 설명한다. 위의 논의는 전기장이 인가되지 않았을 때 팁–원자–시편 상호작용에 관한 것이었다. 그러므로 이 이론은 AFM에도 적용할 수 있다.

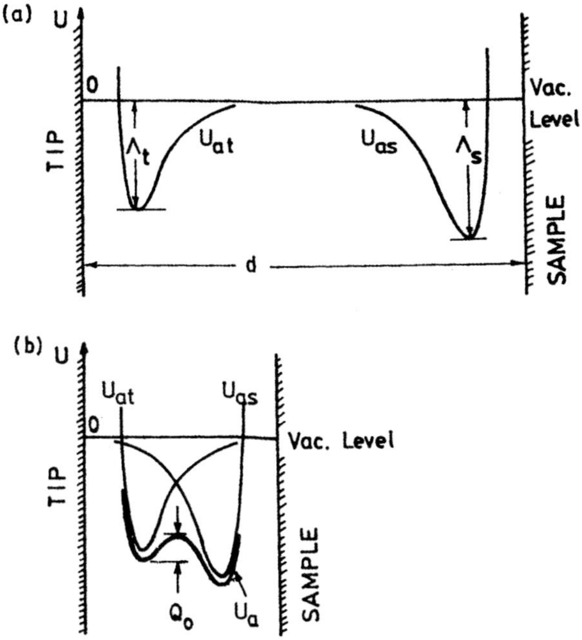

[그림 7.18] (a) 팁에서 시편까지의 거리 d가 멀 때, 원자-팁 상호작용과 원자-시편 상호작용 U_{at}와 U_{as}는 겹치지 않는다. (b) 거리 d가 가까울 때, 그 둘은 겹치기 시작하고 U_{at}와 U_{as}의 합 U_a는 낮은 활성화 장벽을 갖는 이중 우물구조를 나타낸다. 원자는 팁에서 시편으로 또는 시편에서 팁으로 이동될 수 있다. [T.T. Tsong, Phys. Rev. B44, 13703 (1991).]

팁과 시편 사이에 전기장이 인가될 때, 전하 교환 모형(charge-exchange model)과[115] 가상 험프모형(image-hump model)으로[116] 알려진 두 가지 이론 모형이 개발되어 잘 수용되었는데, 이것들은 STM 배치에 직접 적용할 수 있다. 전기장 E가 존재하고 전기장과 하전 화학종들 사이의 상호 작용을 고려할 필요가 있다는 점을 제외하면, 앞 문장과 비슷한 논의가 여기서도 적용될 수 있다.[114] 팁-시편 거리가 가까워질 때, 원자 퍼텐셜 곡선과 이온 퍼텐셜 곡선 둘 다 변하게 된다. 전기장이 인가되지 않은 경우에 원자 곡선과 이온 곡선은 각각 단순히 U_{as}와 U_{at}의 합과 U_{is}와 U_{it}의 합이다. 양의 전기장이 팁에 인가되면, 외부 인가 전기 퍼텐셜 $-neEz$가 이온 퍼텐셜에 부가되어 이온 퍼텐셜 곡선 U_i는 $U_i = U_i(0) - neEz$로 수정된다. 여기서 n은 이온들의 전하 상태이고 z는 팁으로부터의 거리다. 그 결과, 양이온들의 전계 증발의 경우에서처럼 팁 원자가 시편에 이르기 위해 활성화되어야 하는 퍼텐셜 장벽이 대단히 낮아진다. 다른 한편으로, 시편 표면의 원자가 팁표면에 이르기 위해 활성화되어야 하는 장벽은 크게 높아진다. 그러므로 양이온들의 전계 증발에서처럼, 팁과 시편 사이의 원자 이동은 양극에서 음극으로 일어날 수 있을 뿐이지 반대 방향으로는 일어나지 않는다. 전계 전자 방출이 ~0.3 V/Å의 전기장에서 시작되기 때문에 음이온들의 전계 증발은 더 복잡한 문제라는 점을 인식해야 한다. 전기장이 0.6 V/Å로 증가하면, 전계 방출 전류밀도가 저항성 가열에 의해 대부분 금속의 팁을 녹이기에 충분할 정도로 커질 것이다.[114]

전계 구배 유도 표면 확산 [그림 7.19]는 전계 구배 유도 표면 확산의 기본 메커니즘을 설명한다.[83,84,114,117,118] 전압 펄스가 인가되지 않은 경우, 탐침 팁에 의해 산출되는 시편 표면에서의 전계는 너무 작아서 아무 효과도 낳지 못한다. 그러므로 시편이 단결정 같은 주기적 구조를 갖추고 있다고 가정하면, 흡착 원자는 수평의 주기적인 표면 퍼텐셜을 보게 된다. 순 확산은 전혀 없을 것이다. 그런데 팁 또는 시편에 전압 펄스가 인가되면, 팁-시편 배치의 비대칭성 때문에 팁 주변의 시편 표면에 구배에 큰 전계가 만들어질 것이다. 그 결과, 분극 에너지는 위치에 의존하며 $E_p(r) = -\mu E - \frac{1}{2}\alpha E^2$으로 주어진다. 이 에너지가 주기적 표면 퍼텐셜에 부가되면, 퍼텐셜 에너지 곡선은 전계가 가장 강한 중심부를 향해 기울어지게 된다. 그러므로 표면 확산이 정향되어 흡착 원자들이 항상 바깥 영역에서 팁 바로 밑 위치를 향해 움직인다. 표면 확산은 열 활성화 과정이지만, 활성화 에너지가 비교적 낮으며 전계 구배에 의해 낮춰진다. 게다가, 전압 펄스가 인가되면 시편 표면을 약간 가열할 전계 방출 전류가 부가됨으로써 터널링 전류가 상당히 증가하게 되어 표면 확산을 촉진한다. 전계 구배 유도 표면 확산은 어떤 극성의 전압 펄스에 대해서도 발생할 수 있다.

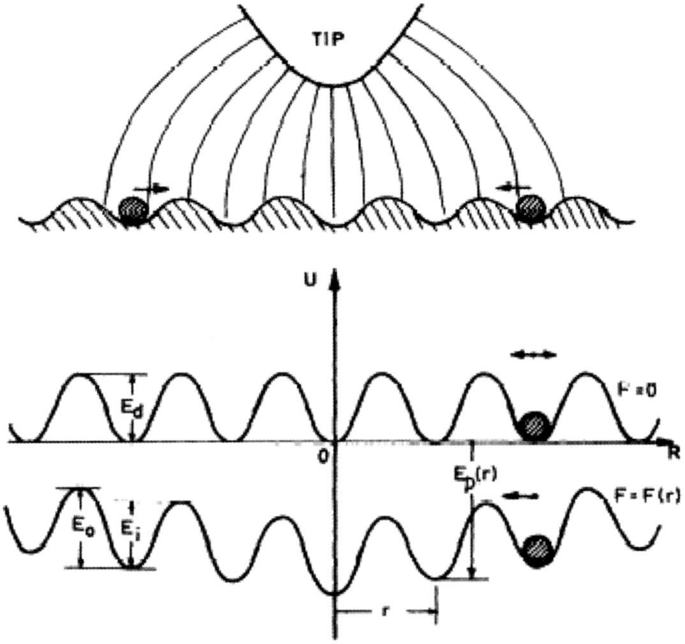

[그림 7.19] 팁 또는 시편에 전압을 인가함으로써 흡착 원자들이 팁을 향해 이동하게 될 이유를 설명하는 모식도. 전압 펄스의 극성에 무관하게 흡착 원자들은 항상 전계가 가장 높은 중심부를 향해 이동할 것이다. [T.T. Tsong, Phys. Rev. B44, 13703 (1991).]

전계 구배 유도 표면 확산은 팁을 날카롭게 하고 뾰족한 모양의 원뿔을 제작하는 데 사용할 수 있을 뿐 아니라, 휘트먼(Whitman) 등이 예증했듯이,[85] 시편 표면에 흡착된 원자들을 탐침 팁 바로 아래의 위치로 끌어당기는 데에도 사용할 수 있다. 팁에 전압 펄스를 인가함으로써 그들은 흡착 원자와 분자들을 탐침 팁으로 향해 확산되도록 조작했다. 전압 펄스가 인가되면, 즉 양의 전계이든 음의 전계이든 간에 높은 전기장이 인가되면, 줄(Joule) 가열로 팁에 대해 열 펄스를 만들어내는 전계 전자 방출이 개시됨으로써 팁에서 비롯되는 터널링 전류가 갑자기 엄청나게 증가한다. 온도가 녹는점 근처에 이르게 되면, [그림 7.20]에 예시되어 있듯이, 전계 구배 유도 표면 확산 또는 유체역학적 원자 흐름에 의해 뾰족한 모양의 액상 금속 원끌이 형성될 것이다.[114] 전압 펄스를 인가함으로써 표면에 분자와 원자 언덕을 새기거나 증착하며,[119.120] 표면으로부터 분자들을 떼어내는 데[121,122] STM 역시 사용되어 왔다.

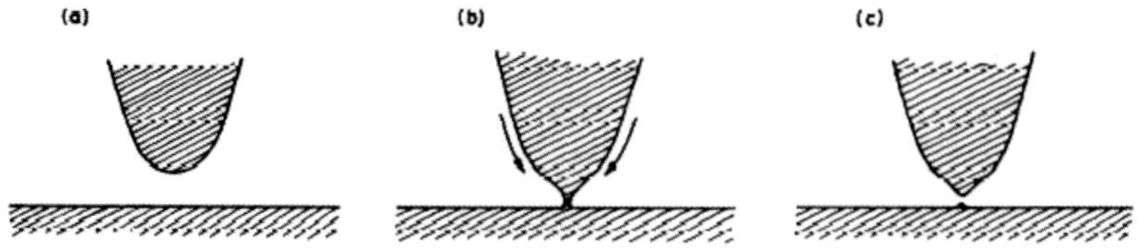

[그림 7.20] 시편 또는 팁에 음 또는 양의 전압 펄스를 인가함으로써 금속 원자들의 더미가 시편 표면에 어떻게 증착될 수 있는지 예시하는 모식도. 높은 전압 펄스가 인가되면, 펄스의 극성에 따라 팁 또는 시편에서 전계 전자들이 방출된다. 이 전자 흐름은 팁을 가열하거나 심지어 녹일 것이다. 팁 표면에 존재하는 전계 구배 때문에, 방향성 표면 확산 또는 유체역학적 원자 흐름에 의해 원자들이 팁 몸체에서 팁 선단으로 이동할 것이고, 그 결과 시편에 접촉할 액상 원꼴이 형성될 것이다. 펄스를 차단하고 액상 금속 원꼴이 냉각되면, 표면 장력에 의해 목 부분이 부러져서 시편표면 위에 팁 원자들의 언덕이 남게 된다. [T.T. Tsong, Phys. Rev. B44, 13703 (1991).]

AFM 기반 나노리소그래피 직접 접촉하기, 기록하기 또는 긁어내기는 시편 표면에 미세한 홈을 만들어내기 위해 끝이 뾰족한 도구로 사용되는 AFM 팁의 기계적 작용을 가리킨다.[123-127] 직접 긁어내기는 대단히 정밀하게 홈을 만들어내지만, 도중에 발생하는 팁 마모 때문에 흔히 저질의 결과물이 얻어진다. 하나의 대안적 접근방식은, 패턴을 시편 표면에 전사하기 위한 식각 공정 및 후속 식각용 마스크로써 PMMA나 폴리카보네이트 같은 연성 레지스트 고분자층에 긁어내기를 결합하는 것이다. 이 방법은 팁 손상의 감소는 보증하지만, 밑에 있는 구조체들에 대한 정확한 정렬은 배제하게 된다. 후속 개선책으로 이중 마스크가 탐구되었다. 예를 들면, 두께가 50−100 nm인 폴리카보네이트의 얇은 층과 인듐 또는 주석 같은 쉽게 변형되고 용접 가능한 금속의 박막으로 이루어진 마스크 도포 공정이 너비 50 nm의 구조체들을 제작하는데 사용되었다.[127] [그림 7.21]은 시편과 AFM 리소그래피를 활용하는 과정 단계들의 전형적인 배치도이다.[126]

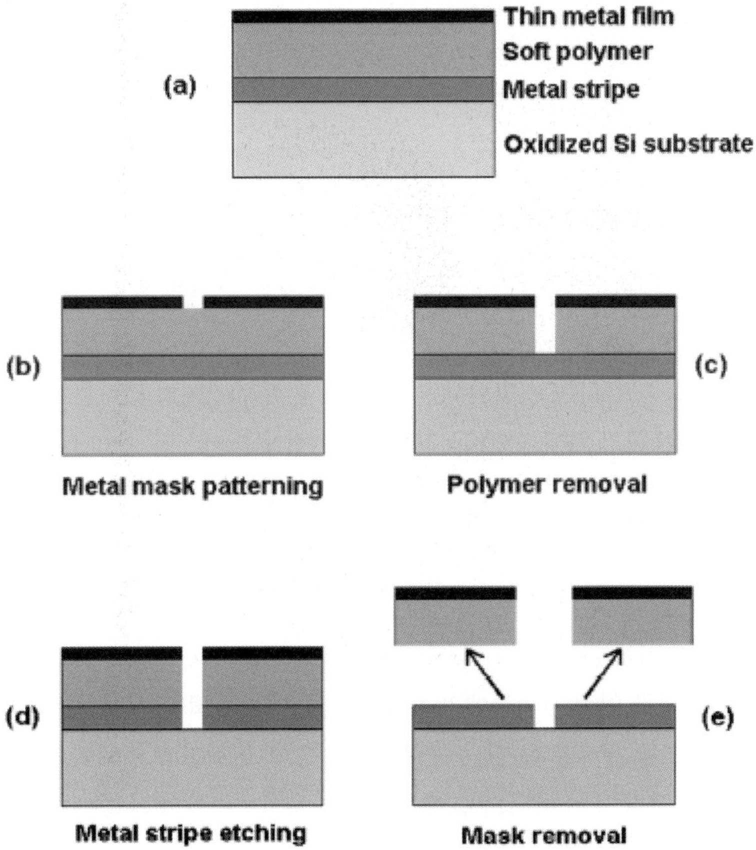

[그림 7.21] 시편과 과정 단계들의 배치도. (a) 시편 다층구조. (b) AFM 리소그래피에 의한 얇은 마스크 패터닝. (c) 플라스마 산소로 고분자 제거. (d) 티타늄 스트립 식각. (e) 희생층 제거 후에 얻는 전극들. [A. Notargiacomo, V. Foglietti, E. Cianci, G. Cape-llini, M. Adami, P. Faraci, F. Evangelisti, and C. Nicolini, Nanotechnology 10, 458 (1999).]

7.4 연성 리소그래피

연성 리소그래피(soft lithography)는 SAM의 인쇄와 액상 선구 물질의 주물을 기반으로 하는 일련의 나노조작용 비(非)광 리소그래피 기법들을 서술하는 일반적인 술어이다. 연성 리소그래피 기법들에는 접촉 인쇄법, 모세관 미세 주조(micromolding in capillaries), 미세 전사 주조(microtransfer molding), 그리고 복제 주조(replica molding)가 있다. 연성 리소그래피는 광리소그래피에 대한 대안 기법과 미세 제작 및 나노 제작용 복제기술로써 개발되었다. 연성 리소그래피의 기법들은 화이트사이즈(Whitesides) 연구그룹에서 개발되었으며 뛰어난 리뷰 논문에서 요약되었다.[128-130] 이 절에서는 방법에 대한 간략한 소개만 제시할 것이다.

7.4.1 미세접촉 인쇄법

미세접촉 인쇄법(microcontact printing)은 평면 기판 및 곡면 기판의 표면 위에 패턴 형성 SAM들을 생성하기 위해 자체표면 위에 볼록판을 갖춘 탄성 중합체 스탬프를 사용하는 기법이다.[131,132] 미세 접촉 인쇄법 절차는 실험적으로 간단하고 본질적으로 병렬적이다. 탄성 중합체 스탬프는 광리소그래피나 다른 적절한 기법들로 제작될 수 있는 마스터 주형으로 PDMS를 주조하고 중합함으로써 제작된다. 원하는 패턴이 새겨진 스탬프는 '잉크', 즉 스탬프의 표면 위에 SAM을 형성하는 용액과 접촉하게 된다. 그 다음에 잉크를 묻힌 스탬프는 기판과 접촉하여 SAM을 패턴 구조가 형성된 기판 표면 위에 전사한다. 미세 접촉 인쇄법이 다른 인쇄 기법들에 비해 제공하는 매우 중요한 이점은 곡면 표면 위에 패턴구조를 제작할 수 있는 능력이다.[133,134] 미세접촉 인쇄법의 성공은 (1) 스탬프와 기판 표면 사이의 등각 접촉, (2) 자기조립의 결과로 대단히 질서정연한 단층들의 빠른 형성,[135] (3) 표면을 가로지르는 잉크의 반응성 확산을 효과적으로 차단하는 SAM의 동종 기피성(autophobicity)에 의존한다.[136]

미세접촉 인쇄법은 금, 은 그리고 구리 위에 형성된 알칸티올레이트(alkanethiolate)의 SAM들과 수산화기(HO)로 끝나는 표면 위에 형성된 알칸실록세인(alkanesiloxane)의 SAM들을 포함하는 많은 체계들과 함께 사용되었다.[128] 미세접촉 인쇄법은 일반적으로 ~500 nm 규모의 평면 나노 크기를 갖는 금과 은 위에 알칸티올레이트 SAM들의 패턴을 형성할 수 있다. 그러나 너비가 35 nm이고 간격이 ~350 nm인 금 트렌치 같은 더 작은 형상들은 알칸티올레이트 SAM의 미세접촉 인쇄법과 습식 식각 공정을 조합함으로써 제작될 수 있다.[137] [그림 7.22]는 전형적인 미세접촉 인쇄법의 주요 절차들 – (a) 평면 PDMS 스탬프

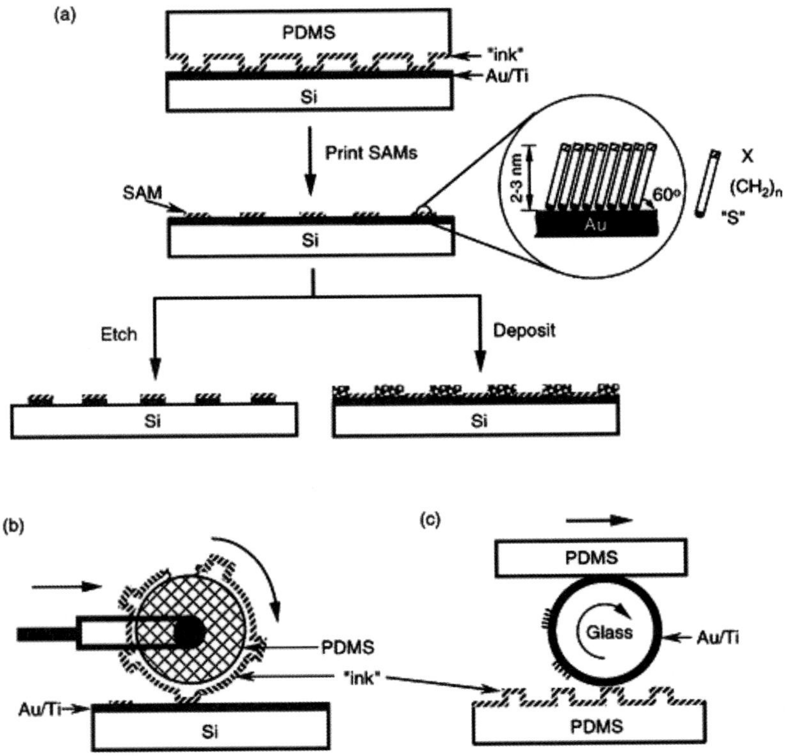

[그림 7.22] 전형적인 미세 접촉 인쇄법의 주요 절차들을 보여주는 모식도. (a) 평면 PDMS 스탬프로 평면 기판에 인쇄하기. (b) 롤링 스탬프로 평면 기판에 인쇄하기. (c) 평면 스탬프로 곡면 기판에 인쇄하기. [D. Qin, Y.N. Xia, J.A. Rogers, R.J. Jackman, X.M. Zhao, and G.M. Whitesides, Top. Curr. Chem. 194, 1 (1998).]

로 평면 기판에 인쇄하기, (b) 롤링 스탬프로 평면 기판에 인쇄하기, (c) 평면 스탬프로 곡면 기판에 인쇄하기를 보여주는 모식도이다.[7]

7.4.2 주조

미세구조체 제작용으로 많은 주조(modeling) 기법이 개발되었는데, 그 기법들은 나노구조체도 제작할 수 있다. 이런 기법들에는 모세관 미세주조,[138] 미세전사 주조,[139] 그리고 복제 주조가[140] 있다. 표면 위에 볼록판을 갖춘 탄성 중합체(PDMS) 스탬프가 이런 절차들 각각에 핵심적이다. 모세관 미세주조에서는 액상 선구 물질이 모세관 작용에 의해 갑자기 탄성 중합체 스탬프와 기판 사이의 등각 접촉으로 형성된 채널 연결망으로 주입된다. 미세전사 주조에서는 탄성 중합체 주형의 오목한 영역들이 액상 전구체로 채워지며, 채워진 주형은 기판과 접촉하게 된다. 응고된 후에 주형은 제거되고, 기판 위에 미세구조체 또는 나노구조체가 남게 된다. 모세관 미세주조는 단지 서로 연결된 구조체를 제작하는데 사용할 수 있는 반면에, 미세전사 주조는 격리된 구조체와 서로 연결된 구조체 둘 다 만들어낼 수 있다. 복제 주조에서는 탄성 중합체 주형에 대해 액상 전구체를 주조하고 응고시킴으로써 미세구조체 또는 나노구조체들이 직접 형성된다. 이 방법은 나노 크기가 ~30 nm에서 수 센티미터에 이르는 형상을 복제하는데 효과적이며, [그림 7.23]은 그렇게 제작된 구조체들의 AFM 이미지를 보여준다.[141] 또한 복제 주조는 높은 종횡비를 나타내는 구조체들을 제작하는데 사용되었다. 주조는 고분자,[142] 무기 및 유기염, 졸-겔,[143] 고분자 구슬, 그리고 세라믹과 탄소에 대한 전구체 고분자[144]를 비롯한 매우 다양한 재료들의 미세구조체와 나노구조체들을 제작하는 데 사용되었다.

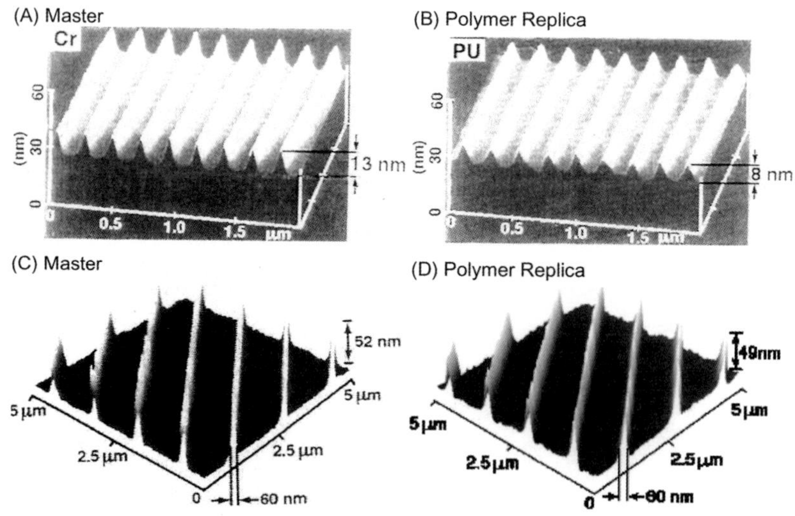

[그림 7.23] ((a)와 (b)) 마스터 위에 형성된 크롬 나노구조체의 AFM 이미지와 이 마스터로부터 주조된 PDMS 주형으로 제작된 폴리우레탄 복제물의 AFM 이미지((c)와 (d)) 다른 한 마스터 위에 형성된 Au 나노구조체의 AFM 이미지와 이 마스터로부터 주조된 PDMS 주형으로 제작된 폴리우레탄 복제물의 AFM 이미지 [Y.N. Xia, J.J. McClelland, R. Gupta, D. Qin, X.M. Zhao, L.L. Sohn, R.J. Celotta, and G.M. Whitesides, Adv. Mater. 9, 147 (1997).]

7.4.3 나노임프린트

나노임프린트 리소그래피(NIL, nanoimprint lithography)는 1990년대 중반에 개발되었으며, 패턴이 형성된 나노구조체를 제작하는데 있어서 개념적으로 직접적인 방법이다.[145] 나노임프린트 리소그래피는 나노미터 크기의 구조체 제작용으로 높은 해상도와 높은 처리량을 예증했다.[146,147] [그림 7.24]는 전형적인 나노임프린트 과정의 주요 단계들을 도식적으로 예시한다.[148] 처음에는 원하는 형상이 새겨진 스탬프를, 예를 들면, 광리소그래피나 전자선 리소그래피 후에 건식 식각이나 반응성 이온 식각 공정으로 제작한다. 나노구조체가 제작될 기판 위에 인쇄되는 물질, 일반적으로 열가소성 고분자가 도포된다. 두 번째 단계는 플라스틱이 변형될 수 있도록 일정 시간 동안 온도를 유리 전이 온도 이상으로 상승시킨 상태에서 고분자층 위에 스탬프를 누른다. 세 번째 단계에서는 냉각 후에 스탬프를 고분자로부터 떼어낸다. 기판 위에 남게 된, 패턴이 형성된 고분자는 건식 에칭이나 리프트 오프 공정 같은 후속 공정용으로 사용되거나, 또는 소자 부품으로 직접 사용된다. 이 과정은 기술적으로 직접적이지만, 아래에서 간략히 요약되듯이, 나노 제작기술로써 경쟁력을 갖추기 위해서는 특별히 주의할 필요가 있는 몇 가지 핵심 문제들이 존재한다.[148]

나노임프린트 리소그래피의 첫 번째 난제는 다층을 정확히 정렬시킬 수 있는

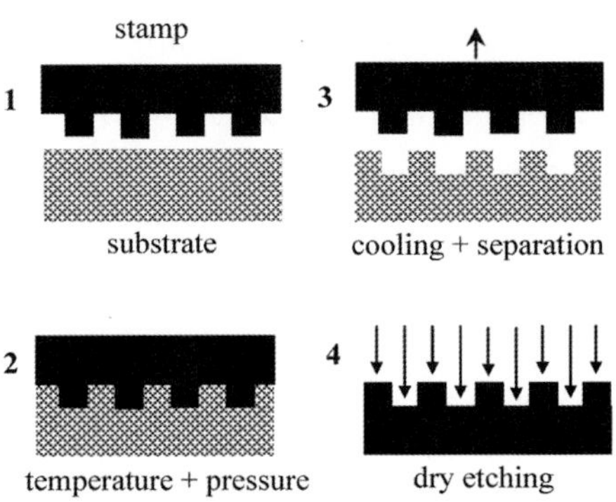

[그림 7.24] 전형적인 나노임프린트 과정의 주요 단계들. 플라스틱이 변형될 수 있도록 일정 시간 동안 온도를 유리 전이 온도 이상으로 상승시킨 상태에서 원하는 형상이 새겨진 스탬프를 고분자층 위에 누른다. 냉각 후에 스탬프를 고분자로부터 떼어 내어서 기판 위에 남게 된, 패턴이 형성된 고분자는 건식 에칭이나 리프트오프 공정 같은 후속 공정용으로 사용되거나, 또는 소자 부품으로 직접 사용된다. [S. Zankovych, T. Hoffmann, J. Seekamp, J.U. Bruch, and C.M.S.Torres, Nanotechnology 12, 91 (2001).]

다단계 역량 또는 능력이다. 정확한 정렬을 이루기 위해 상업적으로 입수 가능한 노광기(stepper)와 정렬기(aligner)의 사용을 비롯하여 다양한 접근법들이 탐구되었다.[149-151] 스탬프 크기가 조절되어야 하는데, 큰 스탬프 크기는 기판과 스탬프의 평행성과 인쇄 시 열 구배 같은 잠재적인 문제를 초래할 수도 있기 때문이다.[152] 자리를 벗어난 고분자의 흐름은 임프린팅 스탬프가 얻을 수 있는 형상 밀도에 한계를 설정할 수 있을 것이다. 200×200 μm^2의 영역 안에 50 nm의 간격으로 떨어진 50 nm 형상들의 임프린트가 예증되었다.[148] 나노임프린트에 대한 또 하나의 난제는 들러붙음이다. 이상적으로는 새겨지는 고분자 층과 스탬프 사이에는 들러붙음이 전혀 없어야 한다. 인쇄 온도의 선택, 고분자의 점탄성 성질, 그리고 계면 에너지가 핵심 인자들에 속한다.[153]

공정 제어에는 인쇄 온도와 압력과 경화 시간이 포함된다. 원칙적으로, 온도와 압력 순환에 필요한 시간을 고려하면 온도와 압력 둘 다 가능한 낮게 선택되어야 한다. 압력이 덜 중요한 것은 대략 1분 정도만 압력이 가해지기 때문이다. 또 다시 고분자의 기계적 회복을 고려하면, 더 중요한 것은 압력이 증가되는 속도일 것이다. 나노임프린트 리소그래피로 다양한 나노구조 소자들이 예증되었다. 예를 들면, NIL을 사용하여 InP/GaInAs 이차원 전자 기체 삼단자 탄도성 접합(TBJ)이 제작되었다.[154] 전자선 리소그래피와 반응성 이온 식각 공정으로 제작된 SiO_2/Si 스탬프들은 이동도가 높은 InP 기반 이차원 전자 기체 물질로 100 nm 이하의 형상을 전사하는 것에 사용되었다. NIL 후에 레지스트 잔류물은 산소 플라스마로 제거한 다음에 InP/GaInAs의 습식 식각 공정을 거쳐 원하는 삼단자 접합 소자들을 만들어내었다. [그림 7.25]는 나노임프린트 리소그래피로 제작된 나노구조체의 일례를 보여준다.[154]

7.4.4 딥-펜 나노리소그래피

딥-펜 나노리소그래피(DPL, dip-pen Nanolithography)는 AFM과 대기 조건에서의 작업을 기반으로 하는 직접 쓰기 방법이다.[155,156] [그림 7.26]은 딥-펜 나노리소그래피의 개념들을 예시한다.[155] 팁이 기판을 가로질러 주사될 때, 물

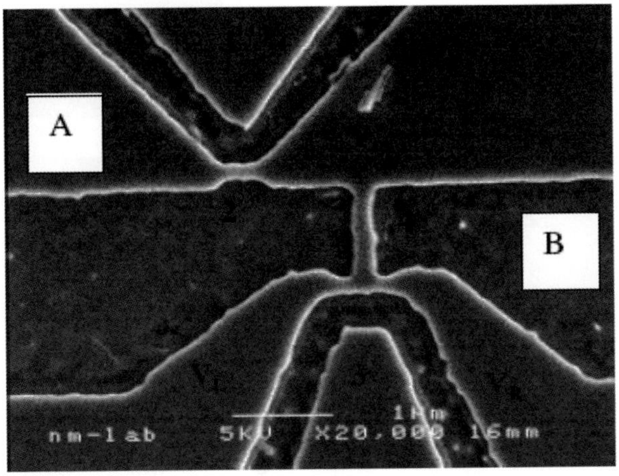

[그림 7.25] 나노임프린트 리소그래피로 제작된 전자 도파관(A 영역)과 삼단자 탄도성 접합(B 영역)를 갖춘 InP/GaInAs 소자구조의 SEM 이미지. 전극 (1)은 전자 도파관 (2)를 제어하는 데에 사용되는 사이드 게이트(side gate)이다. 게이트 (3)은 TBJ (4)를 제어한다. TBJ 전극들에 인가되는 전압들은 VL, VR, 그리고 VC로 표기되어 있다. [I. Maximov, P. Carlberg, D. Wallin, I. Shorubalko , W. Seifert, H.Q. Xu, L. Montelius, and L. Samuelson, Nano-technology 13, 666 (2002).]

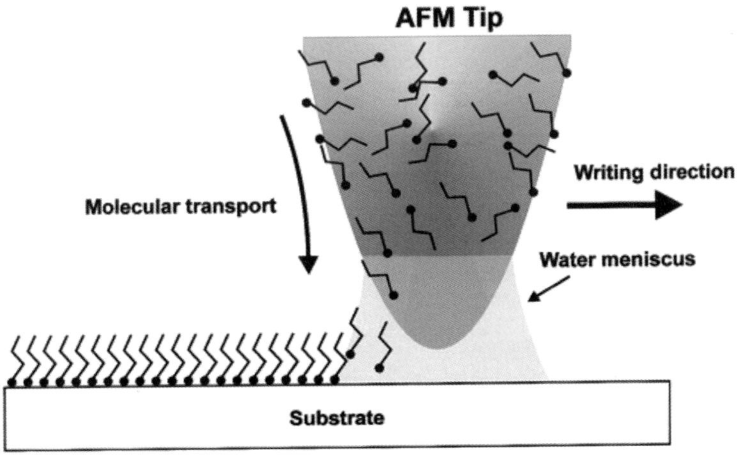

[그림 7.26] 딥-펜 나노리소그래피의 개념들을 예시하는 모식도. 팁이 기판을 가로질러 주사될 때, 물이 채워진 모세관을 경유하여 AFM 팁에서 기판으로 분자들을 움직이는 추동력으로 화학 흡착이 작동한다. [R.D. Piner, J. Zhu, F. Xu, S. Hong, and C.A. Mirkin, Science 283, 661 (1999).]

이 채워진 모세관을 경유하여 AFM 팁에서 기판으로 분자들을 움직이는 추동력으로 화학흡착이 작동한다. 다양한 나노구조체들이 예증되었고 다성분계 나노구조체들이 쉽게 만들어질 수 있다.[157] [그림 7.27]은 DPL의 일례로 Au(111) 기판 위에 'N'자 형태를 이룬 채 ~5 nm의 간격으로 떨어져 있는 십오 나노미터 점들을 보여준다.[157]

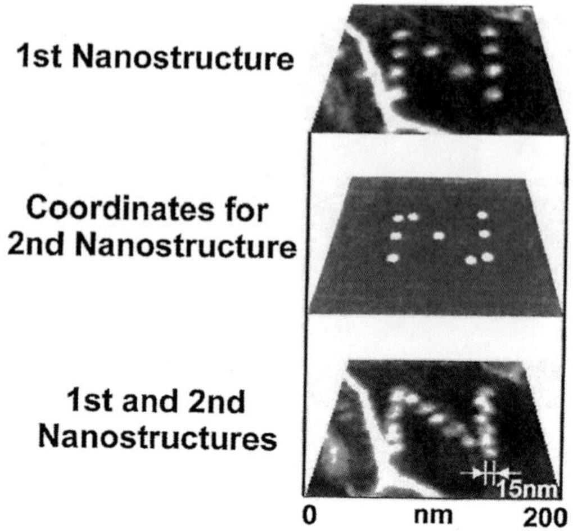

[그림 7.27] 딥-펜 리소그래피의 일례로 Au(111) 기판 위에 'N'자 형태를 이룬 채 ~5 nm의 간격으로 떨어져 있는 십오 나노미터 점들을 보여주는 SEM 사진 [C.A. Mirkin, Inorg. Chem. 39, 2258 (2000).]

7.5 나노입자와 나노선의 조립

분자를 구성 요소로 사용하는 박막 증착용 공정 기법으로 자기조립은 5장에서 논의되었다. 그런데 이 현혹적인 단순한 기법은 나노 크기 소자 제작에 대한 다양한 접근법도 제시한다. 자기조립 과정의 핵심 착상은 최종 구조 또는 조립체가 열역학적 평형에 근접하거나 그 상태에 있어서 그것이 자발적으로 형성되며 결함을 거부하는 경향이 있다는 점이다. 자기조립은 비자기조립 구조체에서 달성할 수 있는 것보다 더 큰 질서를 갖춘 구조체에 이르는 경로를 제공한다. 기판과 구성 요소들 사이의 다양한 상호작용이 자기조립 구조체를 형성하는 추동력으로 활용되었다. 예를 들면, 분자 자기조립은 수소결합과 배위결합뿐 아니라 반데르발스 상호 작용, 정전기 상호 작용, 그리고 소수성 상호 작용을 비롯한 비공유성 상호 작용들도 포함한다. 나노구조체를 구성 요소로 이용하는 중시적 및 거시적 객체들의 자기조립의 경우에는 다른 힘들이 중요한 역할을 수행할 수도 있다.[158,159] 예를 들어 중력, 전자기장, 전단력, 모세관력, 그리고 엔트로피가 있다.[160] 기능성 나노 크기 소자 제작이 여전히 집중적인 연구 주제이며, 다양한 새로운 기법이 개발되고 있지만, 이어지는 논의는 나노클러스터 및 나노결정과[161-163] 나노막대의[164] 자기조립에서 가장 흔히 사용되는 접근법들에 대한 일반적인 그림을 제공할 것이다.

7.5.1 모세관력

나노입자들을 질서정연한 2D 배열로 자기조립하는 것에 흔히 사용되는 전략들 가운데 하나는 가로 모세관 상호작용을 기반으로 한다. 가로 모세관력의 기원은 액상 표면의 변형으로, 입자들이 없을 때는 액상 표면이 평평해져야 한다. 두 콜로이드 입자 사이의 모세관 상호작용의 나노 크기는 입자들에 의해 초래되는 계면 변형에 직접 비례한다. 액체–공기 표면 위에 부유하거나 기판 위 액상 박막에 부분적으로 담기게 되는 두 인접 입자 사이의 모세관 상호작용이 분석되었다.[165] [그림 7.28]은 모세관력에 의한 콜로이드 입자들의 자기조립에 대한 두 가지 전형적인 접근법을 도식적으로 보여준다.[165] 첫 번째 방법에서는 고상입자들이 확산제를 활용하여 공기–액체 계면의 표면 위로 확산된 후에 액체에 부분적으로 담기게 된다. 그 다음에 액체 표면 위에 조립된 배열이 고체 기판으로 전사된다. 이 방법을 사용하여 형성된 2D 배열의 성질은 입자 크기, 입자 수, 표면 특성 및 입자들의 전하 분포, 그리고 밑에 있는 액체의 특성을 제어함으로써 미세하게 조정될 수 있다.[166-168] 두 번째 방법에서는 입자들이 액체 속에 부분적으로 담기게 되어 기판과 직접 접촉한다. 액체 표면의 변형은 입자들의 젖음 특성과 관련되어 있다. 기판 위 액체 또는 콜로이드 분산의 완전한 젖음과 콜로이드 입자와 기판 사이의 척력이 균일한 단층을 얻는 데 중요하다. 젖음은 콜로이드 분산에 계면 활성제를 첨가하거나 또는 단순히 사전에 기판을 계면 활성제의 얇은 층으로 도포함으로써 개선될 수 있다.[169] 위에서 서술한 두 가지 접근법을 사용함으로써 구형 콜로이드들은 고체 기판 또는 액체 박막 위에 육방 밀집구조의 2D 배열로 조직화된다.[170-173] 가로 모세관 인력은 3D 구조체를 형성하는 데에도 직접 사용될 수 있다는 점을 인식해야 한다.[174]

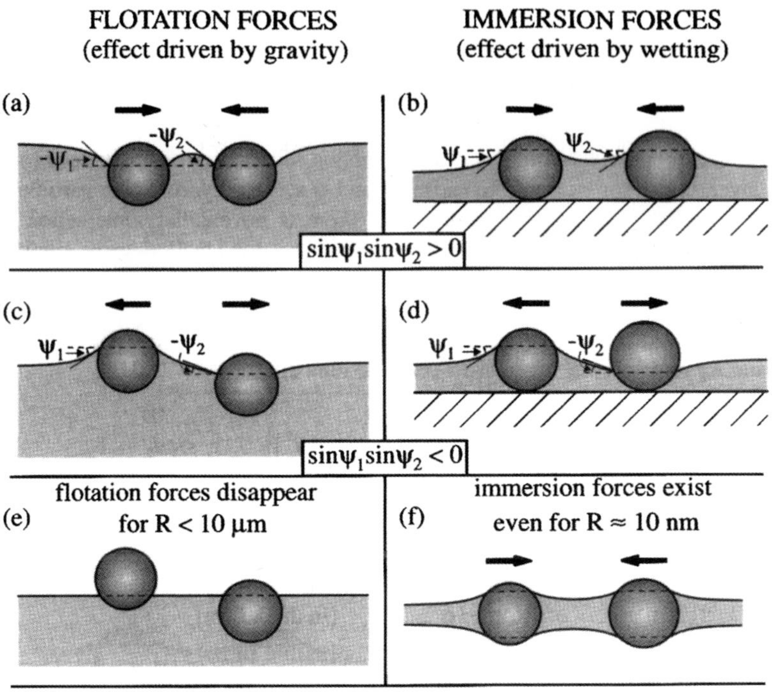

[그림 7.28] 모세관력에 의한 콜로이드 입자들의 자기조립에 대한 두 가지 전형적인 접근법을 보여주는 모식도. 유체 표면에 부착된 두 입자 사이의 부유((a), (c), 그리고 (e))와 담금((b), (d), 그리고 (f)) 가로 모세관력. (a), (b) 두 개의 비슷한 입자 (c) 가벼운 입자와 무거운 입자 (d) 친수성 입자와 소수성 입자 (e) 계면을 변형시키는 않는 작은 부유 입자들 (f) 젖음 효과 때문에 계면을 변형시키는 액체 박막에 포획된 작은 입자들 [P.A. Kralchevsky, K.D. Danov, and N.D. Denkov, in Handbook of Surface and Colloid Chemistry, ed. K.S. Birdi, CRC Press, Boca Raton, FL, p. 333, 1997.]

두 입자의 크기가 같고 접촉하지 않고 있다면, 모세관력은 다음과 같이 단순화될 수 있다. 부력의 경우에는[165]

$$F \propto \left(\frac{R^6}{\sigma}\right) K_1(L), \tag{7.8}$$

그리고 담금력의 경우에는

$$F \propto \sigma R^2 K_1(L), \tag{7.9}$$

여기서 σ는 공기와 액체 사이의 계면 장력이고, R은 입자 반경이고, $K_1(L)$은 제1종 변형 베셀 함수이며, L은 입자 간 거리이다. 이 두 힘은 입자 간 간격에 대

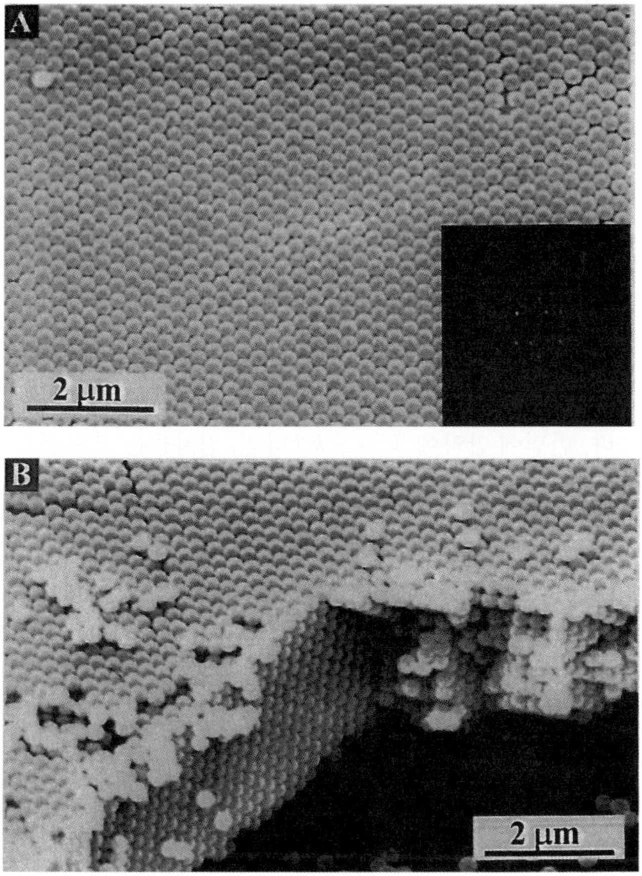

[그림 7.29] (A) 직경 298.6 nm의 구체들을 보여주는 시편의 전형적인 SEM 사진(상면). 삽입 사진은 40×40 μm^2 영역의 푸리에 변환을 보여준다. (B) 같은 시편에 대해 같은 확대 비율(12,000배)에서 얻은 전형적인 SEM 측면 사진. 절개면과 밑에 있는 기판에 대한 투시도를 보여준다. [P. Jiang, J.F. Bertone, K.S. Hwang, and V.L. Colvin, Chem. Mater. 11, 2132 (1999).]

해 비슷한 의존성을 나타내지만, 입자 나노 크기와 계면 장력에 대해서는 매우 상이한 의존성을 나타낸다. 계면 장력이 증가할 때, 부력은 감소하는 반면에 담금력은 증가한다. 게다가, 입자 반경이 감소함에 따라 부력은 담금력보다 훨씬 더 빨리 감소한다. [그림 7.29]는 모세관력을 사용하여 자기조립된 나노구조체들의 3D 구조체에 대한 SEM 이미지 사진이다.[174]

7.5.2 분산 상호작용

오하라(Ohara)와 공동연구자들은 금속 나노입자의 독특한 사례들의 경우 크기에 의존하는 입자 간 분산 인력이 나노입자들의 크기 분리와 조립을 추동하기에 충분하다고 보고했다.[175] 하마커(Hamaker) 이론에 따르면, 부피가 유한한 두 구체 사이의 분산 상호작용은 구체 사이의 거리의 함수이다.[176] 입자 간 거리 D가 큰 경우에는 인력 퍼텐셜 V가 D^{-6}에 비례하는 반면에 입자 간 거리가 작은 경우에는 V가 D에 반비례한다. 그래서 자기조립을 위해서는 V가 kT와 견줄 수 있어야 한다. 만약에 $V << kT$라면, 조립을 위한 추동력이 존재하지 않는다. 반면에 만약에 $V >> kT$라면, 입자들은 조립될 것이다. 장거리 질서를 갖춘 배열을 형성하기 위해서는 입자 간 인력이 나노입자들을 질서정연한 구조로 조립하도록 추동하기에 충분할 정도로 강해야 하지만, 불림(annealing)을 허용하기에 충분할 정도로 약해야 한다.[177] 좁은 크기 분포가 장거리 질서 형성을 위한 또 하나의 중요한 요건이다.[178] 그렇지만, 표면화학과 보호 물질 같은 다른 인자들과 나노입자의 특성 모두가 중요한 역할을 수행한다.[179] 예를 들면, 반도체는 금속 나노입자보다 입자 간 분산 상호작용이 실질적 더 약한 특성을 지니고 있어서 질서정연한 배열을 형성하기 위해서는 매우 좁은 크기 분포가 필요하다.

나노입자를 구성 요소로 하는 나노입자 초격자는 현탁 콜로이드를 이용하여 합성되었는데, 그 연구는 콜리어(Collier) 등에 의해 요약되었다.[179] 체심 입방구조(BCC), 면심 입방구조(FCC), 그리고 육방 밀집구조(HCP)를 갖는 2D 및 3D 초격자들이 쉽게 형성될 수 있다.[180] 산화철 입자들을 포함하는 콜로이드 용액 한 방울을 TEM 그리드 위에 떨어뜨린 다음에 용매를 증발시키게 되면 산화철 입자들의 질서정연한 3D 배열이 자발적으로 형성된다.[181,182] 나노입자 채움 배열은 입자들의 모양 및 단면 형상과 다양한 단면에 매달린 유기성 보호 분자들에 의존하는 것으로 밝혀졌다.

7.5.3 전단력 활용 조립

후앙(Huang) 등[164]은 유체 정렬을 표면 패터닝 기법과 조합함으로써 나노선을 구성 요소로 하는 일차원 나노구조체의 기능성 연결망으로의 조립을 유도했다. GaP, InP, 그리고 실리콘 나노선들을 에탄올 용액에 현탁시켰다. 그다음 나노선 현탁액을 폴리디메틸실록산(PDMS) 주형과 평평한 기판 사이에 형선된 유체 통로 구조를 통과시켰다. 나노선들의 평행 배열과 교차 배열은 각각 단일한 흐름과 순차적인 교차 흐름으로 쉽게 얻어질 수 있다. 모든 나노선들이 흐름 방향을 따라 수백 마이크로미터 이상 정렬된다. 정렬 정도는 흐름속도로 제어될 수 있다는 점도 밝혀졌다. 그런 자기조립은 전단 흐름으로 설명될 수 있다.[183,184] 구체적으로, 기판표면 근처의 통로 흐름은 전단 흐름과 유사하고, 나노선들이 기판 위에 고착되기 전에 그것들을 흐름 방향으로 정렬한다. 더 높은 흐름 속도는 더 큰 전단력을 초래하고 있어 더 나은 정렬로 이어진다. 증착 시간의 연장은 결과적으로 조립된 나노선 배열들 사이의 분리 공간을 축소시킬 것이다. 게다가, 증착 속도와 그에 따른 시간 대비 평균 간격은 표면화학적 기능성에 크게 의존한다.

7.5.4 전기장 인가 조립

전기장 역시 막대 모양의 금속 나노입자, 탄소 나노튜브, 그리고 금속 나노선들의 조립에 도움이 되는지 탐구되었다.[185-187] 1×10^4에서 14×10^4 V/cm에 이르는 비균일 교류 전기장이 콜로이드 현탁액(이소프로필 알코올을 용매로 사용하는)으로부터 지름이 70–350 nm인 금속 나노선들을 리소그래피로 제작된 두 개의 금속 손가락 사이에 정확히 배열시킬 수 있다는 점이 예증되었다.[187] 전극들 사이에 나노선들이 정렬되는 것은 전기장 세기가 높은 영역으로 나노선을 유도하는 힘 때문이다. 나노선 표면에서의 전하 분리 때문에 금속 나노선은 교류 전기장에서 쉽게 분극화된다. 나노선은 유전성 매질보다 더 잘 분극화되기 때문에 전기장 세기가 증가하는 방향으로 순 운동을 유도하는 유전영동력(dielectrophoretic force)을 경험하게 된다.[188] 나노선이 전극에 접근함에 따라 전극과 나노선 끝단 사이의 전기장 세기는 거리에 반비례하여 증가하고, 그런 강한 근접장 세기는 금속 나노선들을 정렬시킬뿐 아니라 전극에도 연결시킨다. 전기영동 증착법을 사용하여 14 nm 나노입자들의 질서정연한 육각형 단층들을 형성할 수 있다.[189,190]

7.5.5 공유결합성 조립

나노입자와 나노선들의 복잡한 조립체를 합리적으로 구성하기 위한 다른 한 접근법은 나노구조체를 공유결합으로 구성하는 전통적인 유기 합성 방법을 사용하는 것이다. 배위 리간드들의 기능성을 현명하게 선택함으로써 화학 반응성을 사용하여 잠재적으로 매우 구체적인 방식으로 조립을 유도할 수 있다. 공유결합으로 조립된 입자나 막대들은 비가역적이고 훨씬 더 안정한 교차결합을 형성한다. 일반적으로 그런 공유결합성 조립은, 단전자 터널 접합, 나노전극 또는 표면 증강 라만 분석법(SERS, surface enhanced Raman spectroscopy) 기판 같은 단거리 질서를 요구하는 소자들을 제작하는 경우에 사용된다. 예를 들면, 디티올(dithiol)로 보호된 Au 나노입자들은 3D 연결망으로 자기조립될 수 있다.[191] 금속 나노입자를 기능화된 알콕시실란(alkoxysilane) 고분자에 고정시키는 것은 금속 나노입자를 고체 기판에 부착시키는 편리한 방법이며, 고체 지지대에 부착된 콜로이드 금 박막과 은 박막을 형성하는데 사용되었다.[192,193] 또한 기판 선택성 조립을 촉진하기 위한 특정한 반응성 또는 리간드들이 기판 표면의 말단을 이루도록 유기적으로 유도될 수 있다.[194,195] 게다가 기판 표면에 패턴이 새겨지면, 공간적으로 패턴을 갖춘 자기조립이 형성될 수 있다.[196,197]

7.5.6 중력장 활용 조립

중력장 내에서의 퇴적은 나노입자들의 자기조립과[198] 콜로이드 결정 성장에[199] 사용되는 다른 한 방법이다. 대단히 질서정연한 콜로이드 결정을 성장시키기 위해서는 입자 크기 및 밀도와 퇴적 속도를 비롯한 많은 매개변수들이 신중하게 선택되어야 한다. 퇴적 과정은 용기 바닥에 농축되는 콜로이드들이 강체구(hard-sphere) 무질서-질서 상전이를 통해서 삼차원적으로 질서정연한 구조를 형성하기에 충분할 정도로 느려야 한다.[200,201] 퇴적법의 주요한 단점은 그것이 꼭대기 표면의 형상과 층수를 거의 제어하지 못한다는 점이다. 또한 그것은 퇴적을 완결하는 데 비교적 긴 시간이 걸린다.

7.5.7 주형 활용 조립

주형 활용 조립은 자기조립에 표면 구속이나 공간적 구속을 도입하는 것이다. 다양한 접근법이 탐구되었다. 예를 들면, 액체 방울에 의해 이루어지는 표면 구속은 콜로이드 입자나 미세가공된 구성 요소들을 구형의 물체로 조립하는 데 사용되었다.[202,203] 고체 기판 위에 패턴으로 새겨진 양각들의 배열은 콜로이드 결정을 성장시키는 데 사용되었다.[204,205] 패턴이 형성된 단층은 콜로이드 입자들을 고체 기판 위의 지정된 영역에 증착되도록 유도하기 위해 탐구되었다.[206] 유동성 세포도 콜로이드 결정의 자기조립에 대해 탐구되었다.[207,208]

다른 힘들도 자기조립 과정에서 중요한 역할을 수행할 수 있다. 예를 들면, 음파 파쇄(sonication)는 구형 입자들의 밀집구조로의 자기조립에 사용되었다. 전기장과 마찬가지로, 자기장은 자기 나노구조체의 자기조립을 유도하는 데 적용할 수 있는 또 하나의 힘이다. [그림 7.30]은 주형 활용 조립으로 제작된 다양한 구조체의 SEM 이미지 사진을 보여준다.[209]

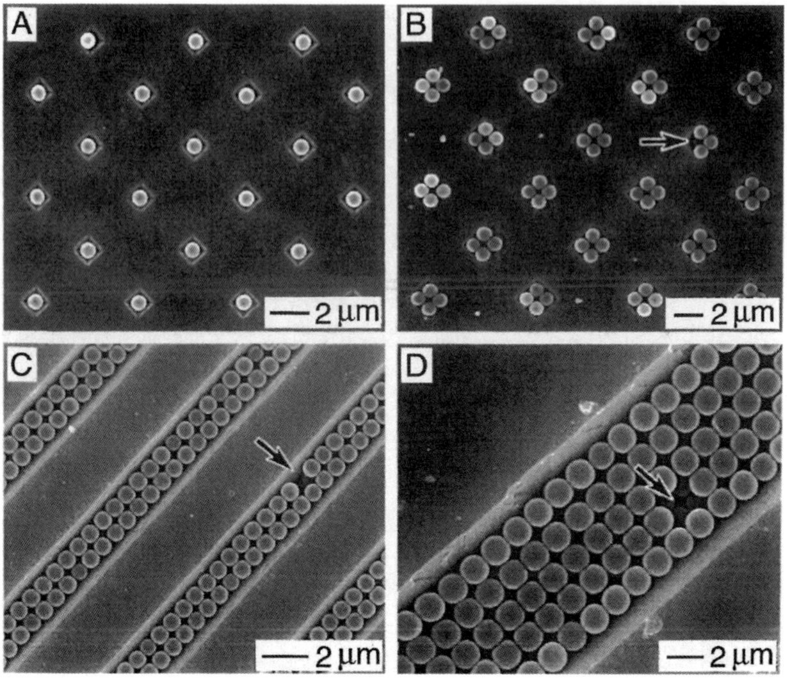

[그림 7.30] Si(100) 기판의 표면에 식각된 주형의 구속 아래 조립된 콜로이드 응집체들의 2D 배열에 대한 SEM 이미지. (A) 너비가 1.2 μm인 사각 피라미드 모양의 바닥 공동 내에 조립된 800 nm PS 구슬. (B) 너비가 2.2 μm의 사각 피라미드 모양의 바닥 공동 내에 조립된 1.0μm 실리카 콜로이드. (C) 너비가 2.5 μm인 V자 모양의 꼭대기 고랑 내에 조립된 0.8μm PS 구슬. (D) 너비가 10μm인 V자 모양의 꼭대기 고랑 내에 조립된 1.6 μm PS 구슬. V자 모양의 고랑을 주형으로 사용한 덕분에 콜로이드결정의 방향도 제어할 수 있었다는 점을 지적한다. (C)와 (D)에서 면심 입방구조는, 구형 콜로이드가 삼차원 격자로 결정화될 때 가장 흔히 관찰되는 (111) 방향이 아니라 (100) 방향으로 정향되어 있다. 화살표는 결함을 가리키는데, 여기서 콜로이드 구슬이 구조의 첫 번째 층 아래에 있음을 볼 수 있다. [Y. Yin, Y. Lu, B. Gates, and Y. Xia, J. Am. Chem. Soc. 123, 8718 (2001).]

7.6 다른 미세가공법들

이 절에서는 크기가 마이크로미터 범위에 있는 패턴의 중요한 제작법 몇 가지를 간략히 요약할 것이다.

레이저 직접 묘화는 다양한 재료로부터 패턴이 형성된 미세구조체를 제작하기 위해 레이저 활용 증착과 고해상도 변형 단계를 조합하는 기법이다.[210-213] 예를 들면, 레이저 활용 증착은 무전해질 도금용 씨앗 재료의 미세패턴을 생성하는 데 사용될 수 있다.[214] 레이저 활용 중합 반응 덕분에 패턴이 형성된 고분자 미세구조체를 제작할 수 있다.[215] 레이저 활용 가공을 기반으로 하는 입체리소그래피(stereolithography)는 삼차원 미세구조체를 제작하는 데 사용될 수 있다.[216,217]

기상 시약을 사용하는 두 가지 기본적인 증착 기법은 열분해(또는 열화학) 증착과 광분해(또는 광화학) 증착이다. 열분해 증착의 경우에는 기판을 가열하여 기체를 표면에서 분해한다.[218,219] 광분해 증착의 경우에는 기상 분자 또는 기판이나 박막에 약하게 결합된 분자가 흡광을 통한 전자적 전이에 의존함으로써 기판 위에서 직접 분해된다.[220-222] 이 두 접근법에서 매우 상이한 레이저 화학적 상호작용들은 묘화 과정용으로 상이한 이점과 단점들을 낳는다. 예를 들면, 열분해 증착은 기판에 더 민감하지만 미세구조와 특성이 더 우수한 증착물을 산출한다. 화학이 비형형 과정에 의해 효율적으로 추동되기 때문에 광분해 증착은 기판에 둔감하고 실질적인 반응 선택성이 가능하다.

LIGA[리소그래피, 전주도금(electroforming)과 주조]는 종횡비가 높고 유효선폭이 비교적 큰 미세구조체를 제작하기 위해 X-선(또는 싱크로트론) 리소그래피, 전기도금, 그리고 주조를 조합하는 기법이다.[223,224] 이것에 응용하기 위해 UV 노출용 표준 장비를 개조할 수 있지만, 200 μm보다 더 두꺼운 구조체를 제작하는데 특수한 광학과 정렬 체계들이 필요하다.

엑시머 레이저 미세가공은 레이저 제거 공정을 기반으로 하는 기법이다.[225,226] 일반적으로 고분자, 유리, 세라믹, 그리고 금속을 비롯한 모든 유형의 재료들이 제거될 수 있다. 이 방법이 제공할 수 있는 형상의 최소 크기는 회절과 열 이동 및 물질 이동에 의해 제한된다.

7.7 요약

이 장에서는 미세구조체와 나노구조체의 다양한 제작 기법이 논의되었다. 리소그래피 기법들이 새롭지는 않지만, 끊임없이 개선되어 나노구조체를 대량 생산하는데 사용할 수 있다. 일반적으로 이런 방법들로 유효선폭이 100 nm보다 작은 형상을 만들어낼 수 있으며, 유효선폭이 계속 더 줄어들 것이고 예상된다. 이런 하향식 접근법들의 한계는 제작되는 나노구조체의 표면을 손상한다는 것이다. 그런 표면 손상은 물리적 특성에 두드러진 영향을 미칠 수 있고, 그래서 얻어진 나노구조체와 나노 소자의 성능에 영향을 미칠 수 있다.

SPM 기반 나노조작과 나노리소그래피는 비교적 새로운 기법이며, 원자와 분자들을 구성 요소들로 삼은 구조체를 제작할 가능성을 기대하게 한다. 그런데 과정이 매우 느리고 대량 생산이 불가능하다. 여태까지 수행된 대부분의 연구는 여전히 개념 증명일 뿐이다. 연성 리소그래피는 또 하나의 비교적 새로운 기법이며, 나노구조체와 나노 소자를 제작하는 데 기여할 역할이 발견될 것이다. 분자, 나노입자, 그리고 나노선을 기초적인 구성 요소로써 사용하여 거시적 규모의 구조체와 소자를 제작하는 데 있어서 자기조립이 중요한 역할을 담당할 것이라는 점은 의심의 여지가 없다. 배워야 할 것이 많이 있다.

참고문헌

[1] L.F. Thompson, in *Introduction to Microlithography, eds. L.F. Thompson, C.G. Willson, and M.J. Bowden, The American Chemical Society, Washington, DC, p. 1, 1983.*

[2] W.M. Moreau, *Semiconductor Lithography: Principles and Materials,* Plenum, New York, 1988.

[3] K. Suzuki, S. Matsui, and Y. Ochiai, *Sub-Half-Micron Lithography for ULSIs, Cambridge University Press, Cambridge, 2000.*

[4] M. Gentili, C. Giovannella, and S. Selci, *Nanolithography: A Borderland Between STM, EB, IB, and X-Ray Lithographies,* Kluwer, Dordrecht, The Netherlands, 1993.

[5] D. Brambley, B. Martin, and P.D. Prewett, *Adv. Mater. Optics Electron.* **4**, 55 (1994).

[6] M.V. Klein, *Optics, Wiley, New York, 1970.*

[7] D. Qin, Y.N. Xia, J.A. Rogers, R.J. Jackman, X.M. Zhao, and G.M. Whitesides, *Top. Curr. Chem.* **194**, 1 (1998).

[8] S. Okazaki and *J. Vac. Sci. Technol.* **B9**, 2829 (1991).

[9] C.G. Willson, in *Introduction to Microlithography, eds. L.F. Thompson, C.G. Willson, and M.J. Bowden, The American Chemical Society, Washington, DC, p. 87, 1983.*

[10] C.C. Davis, W.A. Atia, A. Gungor, D.L. Mazzoni, S. Pilevar, and I.I. Smolyaninov, *Laser Phys.* 7, 243 (1997).

[11] M.K. Herndon, R.T. Collins, R.E. Hollinsworth, P.R. Larson, and M.B. Johnson, *Appl. Phys. Lett.* **74**, 141 (1999).

[12] T. Ito and S. Okazaki, *Nature* **406**, 1027 (2000).

[13] J.E. Bjorkholm, J. Bokor, L. Lichner, R.R. Freeman, J. Gregus, T.E. Jewell, W.M. Mansfield, A.A. MacDowell, E.L. Raab, W.T. Silfvast, L.H. Szeto, D.M. Tennant, W.K. Waskiewicz, D.L. White, D.L. Windt, O.R. Wood II, and J.H. Bruning, *J. Vac. Sci. Technol.* **B8**, 1509 (1990).

[14] A. Kumar, N.A. Abbot, E. Kim, H.A. Biebuyck, and G.M. Whitesides, *Acc. Chem. Res.* **28**, 219 (1995).

[15] A. Ulman, *An Introduction to Ultrathin Organic Films: From Langmuir-- Blodgett to Self-Assembly, Academic Press, San Diego, CA, 1991.*

[16] J. Huang, D.A. Dahlgren, and J.C. Hemminger, *Langmuir* **10**, 626 (1994).

[17] K.C. Chan, T. Kim, J.K. Schoer, and R.M. Crooks, *J. Am. Chem. Soc.* **117**, 5875 (1995).

[18] M.D. Levenson, N.S. Viswanathan, and R.A. Simpson, *IEEE Trans. Electron Devices* **ED-29**, 1828 (1982).

[19] T. Tananka, S. Uchino, N. Hasegawa, T. Yamanaka, T. Terasawa, and S. Okazaki, *Jpn. J. Appl. Phys. Part 1* **30**, 1131 (1991)

[20] J.A. Rogers, K.E. Paul, R.J. Jackman, and G.W. Whitesides, *J. Vac. Sci. Technol.* **B16**, 59 (1998).

[21] J. Aizenberg, J.A. Rogers, K.E. Paul, and G.M. Whitesides, *Appl. Opt.* **37**, 2145 (1998).

[22] J. Aizenberg, J.A. Rogers, K.E. Paul, and G.M. Whitesides, *Appl. Phys. Lett.* **71**, 3773 (1997).

[23] J.A. Rogers, K.E. Paul, R.J. Jackman, and G.M. Whitesides, *Appl. Phys. Lett.* **70**, 2658 (1997).

[24] J.L. Wilbur, E. Kim, Y. Xia, and G.M. Whitesides, *Adv. Mater.* **7**, 649 (1995).

[25] J.A. Rogers, K.E. Paul, R.J. Jackman, and G.M. Whitesides, *J. Vac. Sci. Technol.* **B16**, 59 (1998).

[26] G.R. Brewer, *Electron-Beam Technology in Microelectronic Fabrication, Academic Press, New York, 1980.*

[27] W. Chen and H. Ahmed, *Appl. Phys. Lett.* **62**, 1499 (1993).

[28] H.G. Craighead, R.E. Howard, L.D. Jackel, and P.M. Mankievich, *Appl. Phys. Lett.* **42**, 38 (1983).

[29] S.Y. Chou, *Proc. IEEE* **85**, 652 (1997).

[30] T.H.P. Chang and W.C. Nixon, *J. Sci. Instrum.* **44**, 230 (1967).

[31] C. Vieu, F. Carcenac, A. Pepin, Y. Chen, M. Mejias, A. Lebib, L. Manin- Ferlazzo, L. Couraud, and H. Lunois, *Appl. Surf. Sci.* **164**, 111 (2000).

[32] S. Yesin, D.G. Hasko, and H. Ahmed, *Appl. Phys. Lett.* **78**, 2760 (2001).

[33] L.F. Thompson and M.J. Bowden, in *Introduction to Microlithography, eds. L.F. Thompson, C.G. Willson, and M.J. Bowden, The American Chemical Society, Washington, DC, p. 15, 1983.*

[34] D.L. Spears and H.I. Smith, *Solid State Technol.* **15**, 21 (1972).

[35] G. Simon, A.M. Haghiri-Gosnet, J. Bourneix, D. Decanini, Y. Chen, F. Rousseaux, H. Launios, and B. Vidal, *J. Vac. Sci. Technol.* **B15**, 2489 (1997).

[36] T. Kitayama, K. Itoga, Y. Watanabe, and S. Uzawa, *J. Vac. Sci. Technol.* **B18**, 2950

(2000).

[37] V.E. Krohn and G.R. Ringo, *Appl. Phys. Lett.* **27**, 479 (1975).

[38] P.D. Prewett and G.L.R. Mair (eds.), *Focused Ion Beams from Liquid Metal Ion Sources, Wiley, New York, 1991.*

[39] T.M. Hall, A. Wagner, and L.F. Thompson, *J. Vac. Sci. Technol.* **16**, 1889 (1979).

[40] R.L. Seliger, R.L. Kubena, R.D. Olney, J.W. Ward, and V. Wang, *J. Vac. Sci. Technol.* **16**, 1610 (1979).

[41] L.W. Swanson, G.A. Schwind, and A.E. Bell, *J. Appl. Phys.* **51**, 3453 (1980).

[42] E. Miyauchi, H. Arimoto, H. Hashimoto, T. Furuya, and T. Utsumi, *Jpn. J. Appl. Phys.* **22**, L287 (1983).

[43] S. Matsui, Y. Kojima, Y. Ochiai, and T. Honda, *J. Vac. Sci. Technol.* **B9**, 2622 (1991).

[44] S. Matsui and Y. Ochiai, *Nanotechnology* **7**, 247 (1996).

[45] A. Wargner, J.P. Levin, J.L. Mauer, P.G. Blauner, S.J. Kirch, and P. Longo, *J. Vac. Sci. Technol.* **B8**, 1557 (1990).

[46] S. Khizroev, J.A. Bain, and D. Litvinov, *Nanotechnology* **13**, 619 (2002).

[47] T. Hoshino, K. Watanabe, R. Kometani, T. Morita, K. Kanda, Y. Haruyama, T. Kaito, J. Fujita, M. Ishida, Y. Ochiai, and S. Matsui, *J. Vac. Sci. Technol.* **B21**, 2732 (2003).

[48] S. Matsui, T. Kaito, J.-I. Fujita, M. Komuro, K. Kanda, and Y. Haruyama, *J. Vac. Sci. Technol.* **B18**, 3181 (2000).

[49] G. Timp, R.E. Behringer, D.M. Tennant, J.E. Cunningham, M. Prentiss, and K.K. Berggren, *Phys. Rev. Lett.* **69**, 1636 (1992).

[50] J.J. McClelland, R.E. Scholten, E.C. Palm, and R.J. Celotta, *Science* **262**, 877 (1993).

[51] R.W. MaGowan, D.M. Giltner, and S.A. Lee, *Opt. Lett.* **20**, 2535 (1995).

[52] U. Drodofsky, J. Stuhler, B. Brezger, Th. Schulze, M. Drewsen, T. Pfau, and J. Mlynek, *Microelectron. Eng.* **35**, 285 (1997).

[53] K.K. Berggren, A. Bard, J.L. Wilbur, J.D. Gillaspy, A.G. Helg, J.J. McClelland, S.L. Rolston, W.D. Phillips, M. Prentiss, and G.M. Whitesides, *Science* **269**, 1255 (1995).

[54] S. Nowak, T. Pfau, and J. Mlynek, *Appl. Phys. B: Lasers Opt.* **63**, 3 (1996).

[55] M. Kreis, F. Lison, D. Haubrich, D. Meschede, S. Nowak, T. Pfau, and J. Mlynek, *Appl. Phys. B: Lasers Opt.* **63**, 649 (1996).

[56] C.S. Adams, M. Sigel, and J. Mlynek, *Phys. Rep.* **240**, 143 (1994).

[57] J. Dalibard and C. Cohen-Tannoudji, *J. Opt. Soc. Am.* **B2**, 1701 (1985).

[58] H. Metcalf and P. van der Straten, *Phys. Rep.* **244**, 203 (1994).

[59] B. Brezger, Th. Schulze, U. Drodofsky, J. Stuhler, S. Nowak, T. Pfau, and J. Mlynek, *J. Vac. Sci. Technol.* **B15**, 2905 (1997).

[60] P.K. Hansma and J. Tersoff, *J. Appl. Phys.* **61**, R1 (1987).

[61] J.D. Jackson, *Classical Electrodynamics,* John Wiley and Sons, New York, 1998.

[62] A. Zangwill, *Physics at Surfaces,* Cambridge University Press, Cambridge, 1988.

[63] D.A. Bonnell and B.D. Huey, in *Scanning Probe Microscopy and Spectroscopy, ed. D. Bonnell, Wiley-VCH, New York, p. 7, 2001.*

[64] G. Binnig, H. Rohrer, Ch. Gerber, and E. Weibel, *Phys. Rev. Lett.* **49**, 57 (1982).

[65] G. Binnig, H. Rohrer, Ch. Gerber, and E. Weibel, *Phys. Rev. Lett.* **50**, 120 (1983).

[66] G. Binnig, C.F. Quate, and Ch. Gerber, *Phys. Rev. Lett.* **56**, 930 (1986).

[67] J.N. Israelachevili, *Intermolecular and Surface Forces, Academic Press, San Diego, CA, 1992.*

[68] H.K. Wickramsinghe, Scientific American, October, p. 98, 1989.

[69] E.A. Ash and G. Nichols, *Nature* **237**, 510 (1972).

[70] U.Ch. Fischer, *J. Vac. Sci. Technol.* **B3**, 386 (1985).

[71] A. Lewis, M. Isaacson, A. Murray, and A. Harootunian, *Biophys. J.* **41**, 405a (1983).

[72] G.A. Massey, *Appl. Opt.* **23**, 658 (1984).

[73] J. Massanell, N. Garcia, and A. Zlatkin, *Opt. Lett.* **21**, 12 (1996).

[74] S. Davy and M. Spajer, *Appl. Phys. Lett.* **69**, 3306 (1996).

[75] I.I. Smolyaninov, D.L. Mazzoni, and C.C. Davis, *Appl. Phys. Lett.* **67**, 3859 (1995).

[76] M.K. Herndon, R.T. Collins, R.E. Hollingsworth, R.R. Larson, and M.B. Johnson, *Appl. Phys. Lett.* **74**, 141 (1999).

[77] U. Dürig, D.W. Pohl, and F. Rohner, *J. Appl. Phys.* **59**, 3318 (1986).

[78] P. Hoffmann, B. Dutoit, and R.P. Salathe, *Ultramicroscopy* **61**, 165 (1995).

[79] T. Saiki, S. Mononobe, M. Ohtsu, N. Saito, and J. Kusano, *Appl. Phys. Lett.* **68**, 2612 (1996).

[80] G.A. Valaskovic, M. Holton, and G.H. Morrison, *Appl. Opt.* **34**, 1215 (1995).

[81] D.M. Eigler and E.K. Schweizer, *Nature* **344**, 524 (1990).

[82] J.A. Stroscio and D.M. Eigler, *Science* **254**, 1319 (1991).

[83] T.T. Tsong and G.L. Kellogg, *Phys. Rev.* **B12**, 1343 (1975).

[84] S.C. Wang and T.T. Tsong, *Phys. Rev.* **B26**, 6470 (1982).

[85] L.J. Whitman, J.A. Stroscio, R.A. Dragoset, and R.J. Celotta, *Science* **251**, 1206 (1991).

[86] New Scientist **129**, p. 20 (23 February 1991).

[87] P.F. Schewe (ed.), *Physics News in 1990, The American Institute of Physics, New York, p. 73 and cover, 1990.*

[88] R. Gomer, *IBM J. Res. Dev.* **30**, 428 (1986).

[89] I.-W. Lyo and P. Avouris, *Science* **253**, 173 (1991).

[90] K.S. Ralls, D.C. Ralph, and R.A. Buhrman, *Phys. Rev.* **B40**, 11561 (1989).

[91] D.M. Eigler, C.P. Lutz, and W.E. Rudge, *Nature* **352**, 600 (1991).

[92] S.W. Hla, L. Bartels, G. Meyer, and K.H. Rieder, *Phys. Rev. Lett.* **85**, 2777 (2000).

[93] K. Takimoto, H. Kawade, E. Kishi, K. Yano, K. Sakai, K. Hatanaka, K. Eguchi, and T. Nakagiri, *Appl. Phys. Lett.* **61**, 3032 (1992).

[94] C. Baur, A. Bugacov, B.E. Koel, A. Madhukar, N. Montoya, T.R. Ramachandran, A.A.G. Requicha, R. Resch, and P. Will, *Nanotechnology* **9**, 360 (1998).

[95] M.F. Crommie, C.P. Lutz, and D.M. Eigler, *Physica D: Nonlinear Phenomena* **83**, 98 (1995).

[96] M.F. Crommie, C.P. Lutz, D.M. Eigler, and E.J. Heller, *Surf. Rev. Lett.* **2**, 127 (1995).

[97] M.F. Crommie, C.P. Lutz, and D.M. Eigler, *Science* **262**, 218 (1993).

[98] A.E. Gordon, R.T. Fayfield, D.D. Litfin, and T.K. Higman, *J. Vac. Sci. Technol.* **B13**, 2805 (1995).

[99] E.E. Ehrichs, S. Yoon, and A.L. de Lozanne, *Appl. Phys. Lett.* **53**, 2287 (1988).

[100] F.R.F. Fan and A.J. Bard, *J. Electrochem. Soc.* **136**, 3216 (1989).

[101] R.C. Jaklevic and L. Ellie, *Phys. Rev. Lett.* **60**, 120 (1988).

[102] J.P. Rabe and S. Buchholz, *Appl. Phys. Lett.* **58**, 702 (1991).

[103] P.A. Fontaine, E. Dubois, and D. Stievenard, *J. Appl. Phys.* **84**, 1776 (1998).

[104] Y. Okada, S. Amano, M. Kawabe, and J.S. Harris, *J. Appl. Phys.* **83**, 7998 (1998).

[105] B. Legrand and D. Stievenard, *Appl. Phys. Lett.* **74**, 4049 (1999).

[106] K. Wilderm, C. Quate, D. Adderton, R. Bernstein, and V. Elings, *Appl. Phys. Lett.* **73**, 2527 (1998).

[107] K. Matsumoto, M. Ishii, K. Segawa, Y. Oka, B.J. Vartanian, and J.S. Harris, *Appl. Phys. Lett.* **68**, 34 (1996).

[108 J.W. Lyding, T.C. Shen, J.S. Tucher, and G.C. Abeln, *Appl. Phys. Lett.* **64**, 2010 (1994).

[109] B.L. Weeks, A. Vollmer, M.E. Welland, and T. Rayment, *Nanotechnolgy* **13**, 38 (2002).

[110] C. Wang, C. Bai, X. Li, G. Shang, I. Lee, X. Wang, X. Qiu, and F. Tian, *Appl. Phys. Lett.* **69**, 348 (1996).

[111] T.M. Mayer, D.P. Adams, and B.M. Marder, *J. Vac. Sci. Technol.* **B14**, 2438 (1996).

[112] X. Hu, D. Sarid, and P. von Blanckenhagen, *Nanotechnology* **10**, 209 (1999).

[113] T.T. Tsong, *Atom-Probe Field Ion Microscopy, Cambridge University Press, Cambridge, 1990.*

[114] T.T. Tsong, *Phys. Rev.* **B44**, 13703 (1991).

[115] G. Gomer and L.W. Swanson, *J. Chem. Phys.* **38**, 1613 (1963).

[116] E.W. Muller, *Phys. Rev.* **102**, 618 (1956).

[117] E.V. Kimenko and A.G. Naumovets, *Sov. Phys. Solid State* **13**, 25 (1971).

[118] E.V. Kimenko and A.G. Naumovets, *Sov. Phys. Solid State* **15**, 2181 (1973).

[119] H.J. Mamin, P.H. Geuthner, and D. Rugar, *Phys. Rev. Lett.* **65**, 2418 (1990).

[120] J.S. Foster, J.E. Frommer, and P.C. Arnett, *Nature* **331**, 324 (1988).

[121] R. Emch, J. Nagami, M.M. Dovek, C.A. Lang, and C.F. Quate, *J. Microsc.* **152**, 129 (1988).

[122] Y.Z. Li, R. Vazquez, R. Pinter, R.P. Andres, and R. Reifenberger, *Appl. Phys. Lett.* **54**, 1424 (1989).

[123] H. Bruckl, R. Ranh, H. Vinzelberg, I. Monch, L. Kretz, and G. Reiss, *Surf. Interf. Anal.* **25**, 611 (1997).

[124] S. Hu, S. Altmeyer, A. Hamidi, B. Spangenberg, and H. Kurz, *J. Vac. Sci. Technol.* **B16**, 1983 (1998).

[125] S. Hu, A. Hamidi, S. Altmeyer, T. Koster, B. Spangenberg, and H. Kurz, *J. Vac. Sci.*

Technol. **B16**, 2822 (1998).

[126] A. Notargiacomo, V. Foglietti, E. Cianci, G. Capellini, M. Adami, P. Faraci, F. Evangelisti, and C. Nicolini, *Nanotechnology* **10**, 458 (1999).

[127] V.F. Dryakhlushin, A. Yu Klimov, V.V. Rogov, V.I. Shashkin, L.V. Sukhodoev, D.G. Volgunov, and N.V. Vostokov, *Nanotechnology* **11**, 188 (2000).

[128] Y. Xia, J.A. Rogers, K.E. Paul, and G.M. Whitesides, *Chem. Rev.* **99**, 1823 (1999).

[129] Y. Xia and G.M. Whitesides, *Angew. Chem. Int. Ed. Engl.* **37**, 550 (1998).

[130] Y. Xia and G.M. Whitesides, *Annu. Rev. Mater. Sci.* **28**, 153 (1998).

[131] R. Jackman, R. Wilbur, and G.M. Whitesides, *Science* **269**, 664 (1995).

[132] Y. Xia and G.M. Whitesides, *Langmuir* **13**, 2059 (1997).

[133] T.P. Moffat and H.J. Yang, *J. Electrochem. Soc.* **142**, L220 (1995).

[134] Y. Xia, E. Kim, and G.M. Whitesides, *J. Electrochem. Soc.* **143**, 1070 (1996).

[135] N.B. Larsen, H. Biebuyck, E. Delamarche, and B. Michel, *J. Am. Chem. Soc.* **119**, 3017 (1997).

[136] H.A. Biebuyck and G.M. Whitesides, *Langmuir* **10**, 4581 (1994).

[137] H.A. Biebuyck, N.B. Larsen, E. Delamarche, and B. Michel, *IBM J. Res. Dev.* **41**, 159 (1997).

[138] E. Kim, Y. Xia, and G.M. Whitesides, *Nature* **376**, 581 (1995).

[139] X.M. Zhao, Y. Xia, and G.M. Whitesides, *Adv. Mater.* **8**, 837 (1996).

[140] Y. Xia, E. Kim, X.M. Zhao, J.A. Rogers, M. Prentiss, and G.M. Whitesides, *Science* **273**, 347 (1996).

[141] Y. Xia, J.J. McClelland, R. Gupta, D. Qin, X.M. Zhao, L.L. Sohn, R.J. Celotta, and G.M. Whitesides, *Adv. Mater.* **9**, 147 (1997).

[142] X.M. Zhao, A. Stoddart, S.P. Smith, E. Kim, Y. Xia, M. Pretiss, and G.M. Whitesides, *Adv. Mater.* **8**, 420 (1996).

[143] S. Seraji, N.E. Jewell-Larsen, Y. Wu, M.J. Forbess, S.J. Limmer, T.P. Chou, and G.Z. Cao, *Adv. Mater.* **12**, 1421 (2000).

[144] E. Kim, Y. Xia, and G.M. Whitesides, *Adv. Mater.* **8**, 245 (1996).

[145] S.Y. Chou, P.R. Krauss, and P.J. Renstrom, *Appl. Phys. Lett.* **76**, 3114 (1995).

[146] B. Heidari, I. Maximov, E.L. Sarwe, and L. Montelius, *J. Vac. Sci. Technol.* **B17**, 2961

(1999).

[147] S.Y. Chou, P.R. Krauss, and P.J. Renstrom, *J. Vac. Sci. Technol.* **B14**, 4129 (1996).

[148] S. Zankovych, T. Hoffmann, J. Seekamp, J.U. Bruch, and C.M.S. Torres, *Nanotechnology* **12**, 91 (2001).

[149] T. Haatainen, J. Ahopelto, G. Gruetzner, M. Fink, and K. Pfeiffer, *Proc. SPIE* **3997**, 874 (2000).

[150] X. Sun, L. Zhuang, W. Zhang, and S.Y. Chou, *J. Vac. Sci. Technol.* **B16**, 3922 (1998).

[151] D.L. White and O.R. Wood, II, *J. Vac. Sci. Technol.* **B18**, 3552 (2000).

[152] B. Heidari, I. Maximov, E.L. Sarwe, and L. Montelius, *J. Vac. Sci. Technol.* **B18**, 3557 (2000).

[153] H. Schift, C. David, J. Gobrecht, A.D. Amore, D. Simoneta, W. Kaiser, and M. Gabriel, *J. Vac. Sci. Technol.* **B18**, 3564 (2000).

[154] I. Maximov, P. Carlberg, D. Wallin, I. Shorubalko, W. Seifert, H.Q. Xu, L. Montelius, and L. Samuelson, *Nanotechnology* **13**, 666 (2002).

[155] R.D. Piner, J. Zhu, F. Xu, S. Hong, and C.A. Mirkin, *Science* **283**, 661 (1999).

[156] S. Hong, J. Zhu, and C.A. Mirkin, *Science* **286**, 523 (1999).

[157] C.A. Mirkin, *Inorg. Chem.* **39**, 2258 (2000).

[158] Z.L. Wang (ed.), *Characterization of Nanophase Materials,* Wiley-VCH, New York, 2000.

[159] J.Z. Zhang, J. Liu, Z.L. Wang, S.W. Chen, and G.Y. Liu, *Chemistry of Self- Assembled Nanostructures, Kluwer, New York, 2002.*

[160] D.N. Reinhoudt, *Supermolecular Technology,* John Wiley and Sons, New York, 1999.

[161] Y. Lin, H. Skaff, T. Emrick, A.D. Dinsmore, and T.P. Russell, *Science* **299**, 226 (2003).

[162] W.R. Bowen and A.O. Sharif, *Nature* **393**, 663 (1998).

[163] Z.L. Wang, *J. Phys. Chem.* **B104**, 1153 (2000).

[164] Y. Huang, X. Duan, Q. Wei, and C.M. Lieber, *Science* **291**, 630 (2001).

[165] P.A. Kralchevsky, K.D. Danov, and N.D. Denkov, in *Handbook of Surface and Colloid Chemistry,* ed. K.S. Birdi, CRC Press, Boca Raton, FL, p. 333, 1997.

[166] A.J. Hurd and D.W. Schaefer, *Phys. Rev. Lett.* **54**, 1043 (1985).

[167] H.H. Wickman and J.N. Korley, *Nature* **393**, 445 (1998).

[168] P.A. Kralchevsky and K. Nagayama, *Langmuir* **10**, 23 (1994).

[169] J.C. Hulteen, D.A. Treichel, M.T. Smith, M.L. Duval, T.R. Jensen, and R.P.V. Duyne, *J. Phys. Chem.* **B103**, 3854 (1999).

[170] P.A. Kralchevsky and N.D. Denkov, *Curr. Opin. Coll. Interf. Sci.* **6**, 383 (2001).

[171] C.A. Murray and D.H.V. Winkle, *Phys. Rev. Lett.* **58**, 1200 (1987).

[172] A.T. Skjeltorp and P. Meakin, *Nature* **335**, 424 (1988).

[173] N.D. Denkov, O.D. Velev, P.A. Kralchevsky, I.B. Ivanov, H. Yoshimura, and K. Nagayama, *Nature* **361**, 26 (1993).

[174] P. Jiang, J.F. Bertone, K.S. Hwang, and V.L. Colvin, *Chem. Mater.* **11**, 2132 (1999).

[175] P.C. Ohara, D.V. Leff, J.R. Heath, and W.M. Gelbart, *Phys. Rev. Lett.* **75**, 3466 (1995).

[176] H.C. Hamaker, *Physica* **4**, 1058 (1937).

[177] P.C. Ohara, J.R. Heath, and W.M. Gelbart, *Angew. Chem. Int. Ed. Engl.* **36**, 1078 (1997).

[178] S. Murthy, Z.L. Wang, and R.L. Whetten, *Phil. Mag.* **L75**, 321 (1997).

[179] C.P. Collier, T. Vossmeyer, and J.R. Heath, *Annu. Rev. Phys. Chem.* **49**, 371 (1998).

[180] S.A. Harfenist, Z.L. Wang, R.L. Whetten, I. Vezmar, and M.M. Alvarez, *Adv. Mater.* **9**, 817 (1997).

[181] M.D. Bentzon, J. van Wonterghem, S. Morup, A. Thlen, and C.J. Koch, *Phil. Mag.* **B60**, 169 (1989).

[182] M.D. Bentzon and A. Tholen, *Ultramicroscopy* **38**, 105 (1990).

[183] C.A. Stover, D.L. Koch, and C. Cohen, *J. Fluid Mech.* **238**, 277 (1992).

[184] D.L. Koch and E.S.G. Shaqfeh, *Phys. Fluids* **A2**, 2093 (1990).

[185] B.M.I. van der Zande, G.J.M. Koper, and H.N.W. Lekkerkerker, *J. Phys. Chem.* **B103**, 5754 (1999).

[186] J.S. Yamamoto, S. Akita, and Y. Nakayama, *J. Phys.* **D31**, L34 (1998).

[187] P.A. Smith, C.D. Nordquist, T.N. Jackson, T.S. Mayer, B.R. Martin, J. Mbindyo, and T.E. Malloouk, *Appl. Phys. Lett.* **77**, 1399 (2000).

[188] H.A. Pohl, *Dielectrophoresis, Cambridge University Press, Cambridge, 1978.*

[189] M. Giersig and P. Mulvaney, *J. Phys. Chem.* **97**, 6334 (1993).

[190] M. Giersig and P. Mulvaney, *Langmuir* **9**, 3408 (1993).

[191] M. Brush, D. Bethell, D.J. Schiffrin, and C.J. Kiely, *Adv. Mater.* **7**, 795 (1995).

[192] R.G. Freeman, K.C. Grabar, K.J. Allison, R.M. Bright, J.A. Davis, A.P. Guthrie, M.B. Hommer, M.A. Jackson, P.C. Smith, D.G. Walter, and M.J. Natan, *Science* **267**, 1629 (1995).

[193] G. Chumanov, K. Sokolov, B.W. Gregory, and T.M. Cotton, *J. Phys. Chem.* **99**, 9466 (1995).

[194] V.L. Colvin, A.N. Goldstein, and A.P. Alivisatos, *J. Am. Chem. Soc.* **114**, 5221 (1992).

[195] S. Peschel and G. Schmid, *Angew. Chem. Int. Ed. Engl.* **34**, 1442 (1995).

[196] P.C. Hidber, W. Helbig, E. Kim, and G.M. Whitesides, *Langmuir* **12**, 1375 (1996).

[197] T. Vossmeyer, E. DeIonno, and J.R. Heath, *Angew. Chem. Int. Ed. Engl.* **36**, 1080 (1997).

[198] A.K. Arora and B.R.V. Tata, *Ordering and Phase Transitions in Colloidal Systems, VCH, Weinheim, 1996.*

[199] J.V. Sanders, *Nature* **204**, 1151 (1964).

[200] K.E. Davis, W.B. Russel, and W.J. Glantschnig, *Science* **245**, 507 (1989).

[201] P.N. Pusey and W. van Megen, *Nature* **320**, 340 (1986).

[202] W.T.S. Huck, J. Tien, and G.M. Whitesides, *J. Am. Chem. Soc.* **120**, 8267 (1998).

[203] O.D. Velev, A.M. Lenhoff, and E.W. Kaler, *Science* **287**, 2240 (2000).

[204] A. van Blaaderen, R. Ruel, and P. Wiltzius, *Nature* **385**, 321 (1997).

[205] K.H. Lin, J.C. Crocker, V. Prasad, A. Schofield, D.A. Weitz, T.C. Lubensky, and A.G. Yodh, *Phys. Rev. Lett.* **85**, 1770 (2000).

[206] J. Aizenberg, P.V. Braun, and P. Wiltzius, *Phys. Rev. Lett.* **84**, 2997 (2000).

[207] S. Mazur, R. Beckerbauer, and J. Buckholz, *Langmuir* **13**, 4287 (1997).

[208] Y. Lu, Y. Yin, B. Gates, and Y. Xia, *Langmuir* **17**, 6344 (2001).

[209] Y. Yin, Y. Lu, B. Gates, and Y. Xia, *J. Am. Chem. Soc.* **123**, 8718 (2001).

[210] O. Lehmann and M. Stuke, *Appl. Phys. Lett.* **61**, 2027 (1992).

[211] N. Kramer, M. Niesten, and C. Schonenberger, *Appl. Phys. Lett.* **67**, 2989 (1995).

[212] T.W. Weidman and A.M. Joshi, *Appl. Phys. Lett.* **62**, 372 (1993).

[213] R.M. Osgood and H.H. Gilgen, *Annu. Rev. Mater. Sci.* **15**, 549 (1985).

[214] T.J. Hirsch, R.F. Miracky, and C. Lin, *Appl. Phys. Lett.* **57**, 1357 (1990).

[215] A. Torres-Filho and D.C. Neckers, *Chem. Mater.* **7**, 744 (1995).

[216] F.T. Wallenberger, *Science* **267**, 1274 (1995).

[217] O. Lehmann and M. Stuke, *Science* **270**, 1644 (1995).

[218] S.D. Allen, *J. Appl. Phys.* **52**, 6301 (1981).

[219] C.P. Christensen and K.M. Larkin, *Appl. Phys. Lett.* **32**, 254 (1978).

[220] D.J. Ehrlich, R.M. Osgood, Jr., and T.F. Deutsch, *J. Vac. Sci. Technol.* **21**, 23 (1982).

[221] I.J. Rigby, *J. Chem. Soc. Faraday Trans.* **65**, 2421 (1969).

[222] Y. Rytz-Froidevaux, R.P. Salathé, and H.H. Gilgen, in *Laser Diagnostics and Photochemical Processing for Semiconductor Devices, eds. R.M. Osgood, S.R.J. Brueck, and H. Schlossberg, Elsevier, Amsterdam, p. 29, 1983.*

[223] B. Lochel, A. Maciossek, H.J. Quenzer, and B. Wagner*, J. Electrochem. Soc.* **143**, 237 (1996).

[224] V. White, R. Ghodssi, C. Herdey, D.D. Denton, and L. McCaughan, *Appl. Phys. Lett.* **66**, 2072 (1995).

[225] R.S. Patel, T.F. Redmond, C. Tessler, D. Tudryn, and D. Pulaski, Laser Focus World, p. 71 (January, 1996).

[226] T. Lizotte, O. Ohar, and T. O'Keefe, *Solid State Technol.* **39**, 120 (1996).

Chapter 8

나노재료의 특성과 특성 분석법

Nanostructures and Nanomaterials

8.1 서론

콜로이드 현탁액과 박막 같은 나노미터 크기의 재료는 여러 해 동안 연구되었으며, Au 나노입자의 착색 같은, 나노미터 크기에서 기인하는 다양한 물리적 특성이 수 세기 동안 알려져 왔다. 최근에 나노기술 및 나노과학 분야 연구자들이 직면한 중요한 난제들 가운데 하나는 거시적 규모에서 명시적으로 나타냄으로써 나노미터 규모에서 재료를 관찰하고, 측정하며, 조작할 수 있는 장비가 여전히 부족하여 그런 작업을 행할 수 없다는 점이다. 과거에는 연구가 주로 다양한 나노구조 재료의 집단적 거동과 특성에 집중되었다. 관찰되고 측정되는 특성과 거동은 일반적으로 집단적 특질이었다. 더 나은 근본적인 이해와 다양한 잠재적인 응용은 개별 나노재료와 나노구조체를 관찰하고, 측정하며, 조작할 수 있는 능력과 기기의 사용을 점점 더 필요로 한다. 개별 나노구조체의 특성 분석과 조작은 대단한 감도와 정확도뿐 아니라, 원자 규모의 해상도도 필요로 한다. 그러므로 나노구조 재료와 나노구조체의 특성 분석과 측정에 있어서 다양한 현미경법이 중요한 역할을 수행할 것이다. 장비의 소형화가 분명히 유일한 난제는 아니다. 거시적 규모의 특성 분석에서는 주목할만한 역할을 수행하지 못하는 새로운 현상, 물리적 특성, 그리고 단거리 힘들이 나노미터 규모에서는 두드러진 영향을 미칠 수 있다. 새로운 도구와 장비의 개발은 나노기술의 가장 어려운 난제들 가운데 하나이다.

이 장에서는 먼저 나노재료와 나노구조체의 특성을 분석하는데 가장 널리 사용되는 다양한 구조적 특성 분석법이 논의된다. 이런 분석법들에는 X-선 회절법(XRD),[1,2] 주사 전자 현미경법(SEM)과 투과 전자 현미경법(TEM)을 비롯한 다양한 전자 현미경법(EM)과[3-6] 주사 탐침 현미경법(SPM)이 있다.[7] 그 다음에 몇 가지 전형적인 화학적 특성 분석 기법이 논의된다. 예를 들면, 광학 분광법과 전자 분광법과 이온 분석법이 있다. 그 다음에 나노재료의 물리적 특성과 차원 사이의 관계가 간략히 논의된다. 이 장에서 논의되는 물리적 특성에는 열적 특성, 기계적 특성, 광학적 특성, 전기적 특성, 그리고 자기적 특성이 있다. 이 장에서 전개되는 논의는 주로 특성 분석 방법과 물리적 특성의 기초와 기본 원리들에 집중된다. 기술적 세부 내용, 조작 절차, 그리고 기기 사용법은 여기에서 상세히 논의할 주제가 아니다. 이 장의 의도는 특성 분석 방법의 기반을 이루는 기초적인 것들에 대한 기본 정보를 독자에게 제공하는 것이다. 기술적 세부 내용에 대해서는 관련 문헌을 추천한다.[8,9]

8.2 구조적 특성 분석

나노재료와 나노구조체의 특성 분석은 대체로 벌크(bulk) 재료용으로 개발된 통상적인 특성 분석 방법과 표면 분석 기법들을 기반으로 한다. 예를 들어 XRD는 결정성, 결정구조, 그리고 나노입자와 나노선과 박막의 격자 상수 결정에 널리 사용되었고, 전자 회절과 더불어 SEM과 TEM은 나노입자의 특성 분석에 흔히 사용되었다. 광학 분광법은 반도체 양자점의 크기 결정에 사용된다. SPM은 비교적 새로운 특성 분석 기법이며, 나노기술에서 폭 넓게 응용되었다. SPM 계열을 구성하는 주요한 두 기법은 주사 터널링 현미경법(STM)과 원자 힘 현미경법(AFM)이다. STM과 AFM 둘 다 세 가지 차원 모두에서 원자 크기의 해상도로 표면의 지형 이미지를 산출할 수 있는 진정한 표면 이미지 기법이며, 적절히 설계된 부속기기들을 장착한 STM과 AFM은 나노압입(nanoindentation),

나노리소그래피(앞 장에서 논의되었듯이), 그리고 패턴이 부여된 자기조립 같은 훨씬 넓은 응용성을 나타낸다. 연성이든 경성이든, 전기 전도성이든 그렇지 않든, 거의 모든 고체 표면은 STM과 AFM으로 연구될 수 있다. 표면은 대기 같은 기체 속에서, 또는 진공 속에서, 또는 액체 속에서 연구될 수 있다. 이어지는 절들에서는 앞에서 언급한 특성 분석 기법들과 나노기술에서의 응용 사례들을 간략히 논의할 것이다.

8.2.1 X-선 회절법(XRD)

XRD는 격자 상수와 기하, 미지 재료의 식별, 단결정의 방향, 다결정의 우선 방향, 결함, 응력 등을 비롯하여 고체의 결정구조와 관련된 모든 쟁점을 다루기 위해 사용한 지가 오래된 매우 중요한 실험 기법이다. XRD에서는 파장이 일반적으로 0.7에서 2 Å에 이르는 조준된 X-선 빔이 시편에 입사되어 다음과 같은 브래그(Bragg) 법칙에 따라 시편의 결정 상에 의해 회절된다.

$$\lambda = 2d \sin\theta, \tag{8.1}$$

여기서 d는 결정 상과 원자 평면 사이의 간격이고, λ는 X-선 파장이다. 회절된 X-선의 세기는 회절각 2θ와 시편 방향의 함수로 측정된다. 이 회절 무늬는 시편의 결정 상을 식별하고 그것의 구조적 특성 측정에 사용된다. XRD는 비파괴적이고 정교한 시편 제작을 필요로 하지 않는데, 이 점이 재료 특성 분석에 XRD 방법이 널리 사용되는 이유를 부분적으로 설명한다. 더 상세한 내용에 대해서는 컬리티(Cullity)와 스톡(Stock)의 탁월한 책을 추천한다.[1]

XRD로 상이한 봉우리(peak) 위치들이 정확히 측정되는데, 이런 이유 때문에 XRD가 균일 변형과 불균일 변형의 특성을 분석하기 위한 최선의 방법이 된다.[1,10] 균일 또는 균질 탄성 변형은 회절 봉우리 위치들을 이동시킨다. 봉우리 위치들의 이동으로부터, 변형으로 인한 격자 상수 변화의 결과로 나타나는 d간격의 변화를 계산할 수 있다. 불균일 변형은 결정립마다 또는 단결정립 내에서 다양하게 변하며, 이것은 $\sin\theta$에 따라 증가하는 회절 봉우리의 확장(broadening)을 초래할 수 있다. 또한 봉우리 확장은 결정립의 유한한 크기로 인해 초래될 수 있지만, 이 경우에는 확장이 $\sin\theta$에 무관하다. 결정립 크기와 불균일 변형 둘 다가 봉우리 너비에 영향을 미칠 때, 이것들은 봉우리 모양을 신중하게 분석함으로써 개별적으로 결정할 수 있다.

불균일 변형이 존재하지 않는다면, 결정립 크기 D는 다음과 같은 쉐러(Scherrer) 공식을 사용하여 봉우리 너비로부터 산정할 수 있다.[11]

$$D = \frac{k\lambda}{B\cos\theta_B}, \tag{8.2}$$

여기서 λ는 X-선 파장이고, B는 회절 봉우리의 반가폭(full width of half maximum)이고, θ_B는 회절각이며, k는 일반적인 결정에 대해 1정도 되는 쉐러 상수이다. 그런데 나노입자들은 흔히 쌍정(twin)구조를 형성한다는 사실에 주의해야 한다. 그러므로 쉐러 공식은 실제 입자 크기와 다른 결과를 산출할 수도 있다. 게다가 X-선 회절은 입자 크기에 대한 집단적 정보를 제공할 뿐이어서 일반적으로 일정량의 분말이 필요하다. 매우 작은 입자에 대해서만 산정이 가능하기 때문에 이 기법은 나노입자의 특성을 분석하는 데 매우 유용하다는 점을 인식해야 한다. 마찬가지로, 에피택시 박막과 대단히 잘 정렬된 박막의 막 두께 역시 XRD로 산정할 수 있다.[12]

전자 회절과 비교할 때, XRD의 단점들 가운데 하나는 회절된 X-선의 낮은 세기인데, 특히 원자번호가 낮은 물질의 경우에 그렇다. XRD는 원자번호가 높은 물질에 더 민감하며, 원자번호가 낮은 물질의 경우에는 중성자 회절이나 전자 회절이 더 적절하다. 전자 회절의 전형적인 세기는 XRD의 경우보다 $\sim 10^8$배 더 크다. 작은 회절 세기 때문에 XRD는 일반적으로 큰 시편이 필요하고 획득되는 정보는 다량의 물질에 대한 평균이다. [그림 8.1]은 일련의 InP 나노입자 크기들에 대한 분말 XRD 스펙트럼을 보여준다.

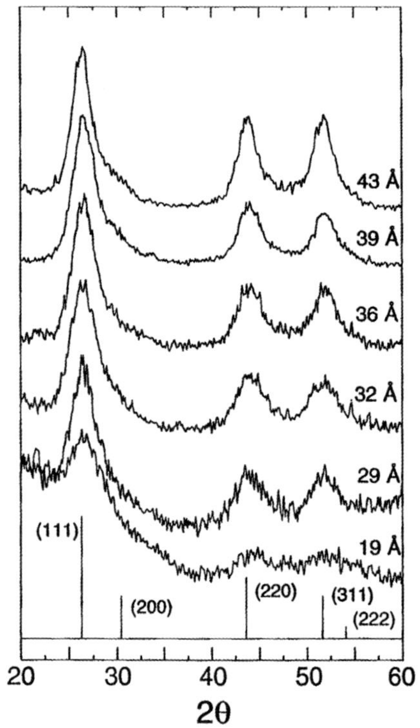

[그림 8.1] 일련의 InP 나노결정 크기들에 대한 분말 X–선 회절. 막대기 스펙트럼은 벌크 반사들을 비교 세기로 나타낸 것이다. [A.A. Guzelian, J.E.B. Katari, A.V. Kadavanich, U. Banin, K. Hamad, E. Juban, A.P. Alivi satos, R.H. Wolters, C.C. Arnold, and J.R. Heath, J. R. J. Phys. Chem. 100, 7212 (1996).]

8.2.2 소각 X–선 산란(SAXS)

SAXS(small angle x–ray scattering)는 나노구조 재료의 특성을 분석하는 다른 하나의 강력한 도구이다. 강한 회절 봉우리가 원자와 분자들의 질서정연한 배열로부터 산란되는 X–선의 보강 간섭에서 기인한다. 낮은 각도에서 산란되는 X–선 세기의 각도 분포로부터 많은 정보를 획득할 수 있다. 10 nm 정도의 길이에 걸친 전자밀도의 요동은 $2\theta < 5°$의 각도에서 산란되는 X–선의 뚜렷한 세기를 산출하는 데 충분할 수 있다. 이런 변이는 밀도 차이, 조성 차이, 또는 둘 다에서 기인할 수 있으며, 주기적일 필요는 없다.[14,15] 산란 세기의 크기와 각도 분포는, 시편 또는 입자들이 결정성인지 비결정성인지에 무관하게, 매우 작은 입자들의 크기나 단위 부피당 표면적 같은 정보를 제공한다.

균일한 매질 속에 분산된 나노입자들처럼 뚜렷한 경계에 의해 분리된 두 상으로 이루어진 불균일한 구조를 지닌 물체를 생각하자. 여기서 이상구조의 전자밀도는 [그림 8.2]에 도식적으로 나타낸 바와 같이 서술될 수 있다. 전자밀도의 변이는 명백히 두 개의 범주로 분리될 수 있다. 첫 번째 유형은 각 상의 원자구조에서 기인하는 변이이며, 두 번째 유형은 재료의 불균질성에서 기인한다.[16] SAXS는 크기가 수 나노미터에서 수십 나노미터에 이르는 불균일한 영역들이 존재하기 때문에 일어나는 산란인 반면에, 광각 X-선 산란(WAXS, wide-angle X-ray scattering)이라고도 일컬어지는 XRD는 원자구조를 결정할 수 있다.

전자밀도가 ρ_0인 균일한 매질 속에서 균일한 전자밀도 ρ를 갖는 N개의 상호 작용하지 않는 나노입자들의 집합체에서 산란되는 SAXS 세기 $I(q)$는 다음과 같이 단순화된 형식으로 주어진다.[17,18]

$$I(q) = I_0 N (\rho - \rho_0)^2 F^2(q), \tag{8.3}$$

여기서 I_0는 입사 X-선 세기이고 $F(q)$는 형태 인자(form factor), 즉 산란 물체의 모양의 푸리에 변환이다. 반지름이 R인 구체들의 경우에 형태 인자는 다음과 같이 표현된다.[14,15]

$$F(q) = 4\pi R^3 \left[\frac{\sin(qR) - qR\cos(qR)}{(qR)^3} \right], \tag{8.4}$$

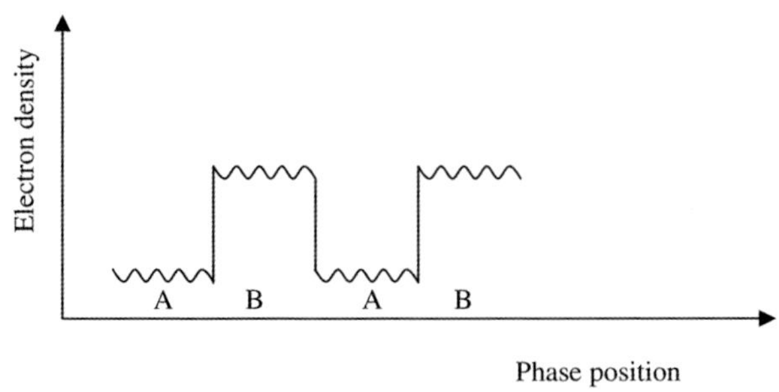

[그림 8.2] 이상구조의 전자밀도를 나타내는 모식도. 전자밀도의 변이는 명백히 두 가지 범주로 나뉠 수 있다. 첫 번째 유형은 각 상의 원자구조에서 기인하는 변이이며, 두 번째 유형은 재료의 불균질성에서 기인한다.

여기서 $q = [4\pi\sin(\theta/2)]/\lambda$이고, λ는 X-선 파장이며, θ는 일차 X-선 빔과 산란 X-선 빔 사이의 각도이다. SAXS는 나노결정의 특성 분석용으로 널리 사용되며,[17-19] [그림 8.3]은 크기와 모양이 다양한 CdS 나노결정에 대한 모사 및 측정 SAXS 스펙트럼을 보여준다.[19] [그림 8.4]는 산란 패턴과 해당하는 층상 구조를 보여준다.[1] 소각 산란은 6장에서 논의된 유기물 주형 중합 반응으로 합성된 메조포러스 재료들의 크기와 배열을 결정하는 데 널리 사용되었다. 구조에 대한 후속 정보는 세기의 점근적 거동을 조사함으로써 얻을 수 있다. 충분히 큰 q값과 균일한 크기의 구형 입자들에 대해 다음과 같은 포로트(Porod) 법칙이 관찰된다.[20,21]

$$I(q) = \frac{8\pi(\rho - \rho_0)^2 N\pi R^2}{q^4}, \tag{8.5}$$

여기서 N은 반지름이 R인 구형입자들의 총수이다. 포로트 법칙에서 벗어나게 하는 원인은 두 가지가 있을 수 있다. (1) 상들 사이에 불명확한 전이 경계의 존재, (2) 불균일한 영역들에서 원자 간 간격을 넘어서는 거리에 걸친 전자밀도 요동의 존재. 체계 기하학에 대한 후속 정보는 포로트 법칙이 아직 관찰된 적이 없는 중간 범위의 각도에서 $\log q$에 대한 $\log I(q)$의 의존성 곡선의 기울기에서 얻을 수 있다. 예를 들면, 섬유상 구조나 잎상 구조의 경우에 그 곡선은 더 작은 기울기를 나타낸다.[16]

소각 산란의 분포를 측정하기 위한 장치는 일반적으로 미세한 단색 복사선을 사용하는 투과 배치 구조를 채택한다. SAXS는 1에서 100 nm에 이르는 불균일 영역들의 크기를 측정할 수 있다. 소각 산란의 응용 범위는 생물학적 구조에서 석탄의 기공률과 구조공학 재료의 분산질에까지 걸쳐 있다. 또한 다음과 같은 조건이 충족되면, 가시광선 산란 이론이 앞에서 서술한 SAXS 이론과 거의 동일하다는 점을 인식해야 한다.

$$\frac{8\pi R(n_1 - n_2)}{n_2\lambda} << 1, \tag{8.6}$$

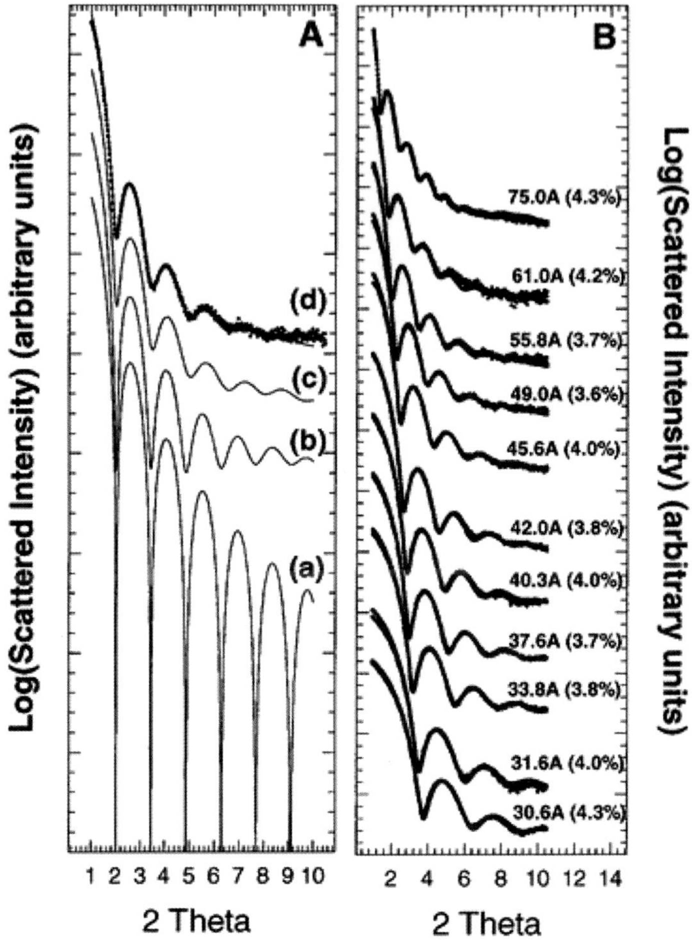

[그림 8.3] (A) 지름 62 Å의 CdSe 나노결정과 유사한, 4,500개의 원자로 이루어진 모형구조들에 대한 SAXS 패턴들. 나타낸 곡선들은 (a) 전자밀도가 균일한 62 Å구체, (b) 덩어리 CdSe 격자의 단순 분산 구형 파편, (c) 1.2의 종횡비를 갖는, 덩어리 CdSe 격자의 단순 분산 타원형 파편에 대한 모형 결과이며, 그리고 (d) 타원체들의 가우스 분포를 가정하여 SAXS 데이터(점)에 맞춘 결과이다. (B) 지름이 30에서 75 Å에 이르는 CdSe 나노결정 시편들에 대한 SAXS 패턴들(점). 맞춤곡선들은, 나타낸 시편들의 경우에 3.5에서 4.5%에 이르는 동등한 지름 및 크기 분포를 갖는 것으로 보고된 나노결정 시편 크기를 고안하는데 사용된다. [C.B. Murray, C.R. Kagan, and M.G. Bawendi, Annu. Rev. Mater. Sci. 30, 545 (2000).]

여기서 n_1과 n_2는 각각 입자의 굴절률과 주변 환경의 굴절률이다. 그런데 가시광선 산란은 다만 R이 대략적으로 80 nm보다 더 큰 장치들에 한정된다.

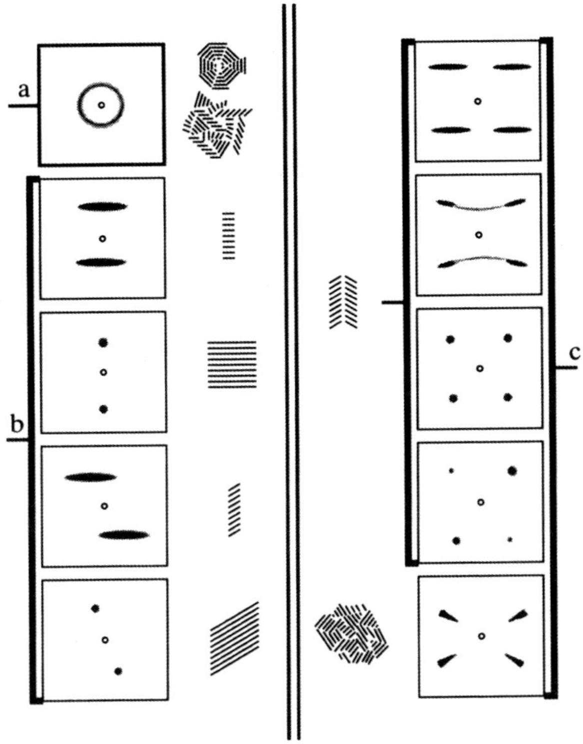

[그림 8.4] 장거리 질서를 갖는 구조들과 그것들에 해당하는 소각 영역에서의 회절 패턴들에 대한 모식도. (a) 환상 패턴은 결정립의 구형 대칭 조립체 또는 층상 결정립들의 무방향성 적층구조체에 해당한다. (b) 두 점/선 패턴들은 층상 결정립들의 방향성 적층구조체들을 나타낸다. (c) 네 점/선 패턴들은 상이한 두 방향으로 적층된 층상 결정립들을 가리킨다. [B.D. Cullity and S.R. Stock, Elements of X-Ray Diffraction, 3rd. edn., Prentice Hall, Upper Saddle River, NJ, 2001.]

8.2.3 주사 전자 현미경법(SEM)

SEM(scanning electron microscopy)은 나노재료 및 나노구조체의 특성 분석에 가장 널리 사용되는 기법들 가운데 하나이다. SEM의 해상도는 수 나노미터에 근접하며, 장비들은 ~10배에서 300,000배 이상에 이르기까지 쉽게 조정되는 배율로 작동할 수 있다. SEM은 광학 현미경처럼 지형 정보를 제공할 뿐 아니라, 표면 근처의 화학 조성 정보도 제공한다.

전형적인 SEM에서 전자원은 편향 코일로 시편 표면 위에 주사되는 ~5 nm 정도 크기의 매우 미세한 반점 크기와 수백 eV에서 50 KeV에 이르는 에너지를 갖는 빔으로 집속된다. 전자들이 표면을 때리고 투과할 때, 시편으로부터 전자 및 광자 방출을 초래하는 수많은 상호 작용들이 일어나며, SEM 이미지는 방출된 전자들을 음극선관(CRT)에 집속함으로써 형성된다. 후속적으로 탐지되고 이미지화되는 것에 근거하여 다양한 SEM 기법들로 분화되며, SEM에서 형성되는 주요한 이미지들은 세 가지 유형으로 이차 전자 이미지, 후방 산란 전자 이미지, 그리고 기본 X-선 지도이다. 고에너지 일차 전자가 원자와 상호작용할 때 그 전자는 원자의 전자들과 비탄성 산란을 일으키거나 또는 원자핵과 탄성 산란을 일으킨다. 전자와 비탄성 산란을 일으킬 때 일차 전자는 자체 에너지의 일부를 다른 한 전자에게 넘긴다. 넘겨진 에너지가 충분히 클 때 다른 한 전자는 시편에서 방출될 것이다. 방출된 전자의 에너지가 50 eV보다 작으면, 그 전자는 이차 전자로 불리게 된다. 후방 산란 전자는 탄성 산란되는 고에너지 전자이며 본질적으로 입사 또는 일차 전자와 동일한 에너지를 갖는다. 후방 산란의 확률은 시편 물질의 원자번호에 따라 증가한다. 후방 산란 이미지는 기본 식별용으로는 사용될 수 없지만, 원자번호가 상당히 다른 시편의 영역들 사이에 유용한 콘트라스트가 나타날 수 있다. SEM에서 일어나는 부가적인 전자 상호작용은 일차 전자가 시편 속의 핵심 전자와 충돌하여 시편에서 방출시키는 것이다. 들뜬 원자는 화학적 특성 분석용으로 사용되는 특성 X-선 광자 또는 오제 전자를 방출함으로써 자체의 바닥 상태로 감쇠할 것이다. 이것에 대해서는 이 장의 뒷부분에서 논의할 것이다. 화학적 분석 능력과 결합된 SEM은 덩어리 재료 및 나노구조 재료와 소자들의 미세구조와 형상 이미지를 제공할 뿐 아니라, 화학 조성과 분포에 대한 상세한 정보도 제공할 수 있다.

장비의 분해능에 대한 이론적 한계는 사용되는 전자선의 파장과 장치의 개구수에 의해 결정된다. 장비의 분해능 R은 다음과 같이 정의된다.

$$R = \frac{\lambda}{2NA}, \tag{8.7}$$

여기서 λ는 사용되는 전자들의 파장이고 NA는 개구수인데, 개구수는 대물렌즈와 집광렌즈 장치 각각에 새겨져 있으며, 대물렌즈 장치의 전자 수집 능력의

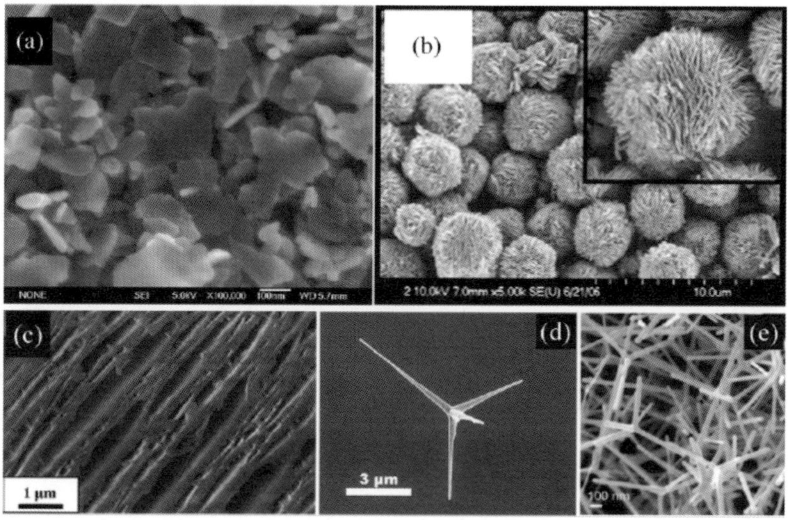

[그림 8.5] 나노구조 ZnO 박막의 SEM 이미지들. (a) 분산된 나노시트 [A.E. Suliman, Y.W. Tang, and L. Xu, Sol. Energ. Mat. Sol. C91, 1658 (2007).] (b) 나노시트로 조립된 구체들 [M.S. Akhtar, M.A. Khan, M.S. Jeon, and O.B. Yang, Electrochim. Acta 53, 7869 (2008).]. (c) 나노벨트 집합체 [C.F. Lin, H. Lin, J.B. Li, and X. Li, J. Alloys Compd. 462, 175 (2008).] (d) 공통 핵심에서 뻗어 나온 네 개의 팔을 갖춘 삼차원구조로 형성된 ZnO 테트라포드 [Y.F. Hsu, Y.Y. Xi, C.T. Yip, A.B. Djurisic, and W.K. Chan, J. Appl. Phys. 103, 083114 (2008).] (e) 상호 연결된 ZnO 테트라포드들로 연결망을 이룬 박막. [W. Chen, H.F. Zhang, I.M. Hsing, and S.H. Yang, Electrochem. Commun. 11, 1057 (2009).]

척도 또는 집광렌즈 장치의 전자 제공 능력의 척도를 나타낸다. [그림 8.5]는 분산된 나노시트(a), 나노시트로 조립된 구체들(b), 나노벨트 집합체(c), 공통 핵심에서 뻗어 나온 네 개의 팔을 갖춘 삼차원 구조로 형성된 ZnO 테트라포드(d), 그리고 상호 연결된 ZnO 테트라포드들로 연결망을 이룬 박막(e)을 포함하는 다양한 ZnO 나노구조체의 SEM 이미지들을 보여준다.[23-27]

8.2.4 투과 전자 현미경법(TEM)

TEM(transmisson electron microscopy)에서는 전자들이 100 KeV 이상(1 MeV)까지 가속된 다음에 집광렌즈 장치에 의해 얇은(200 nm보다 얇은) 시편

에 투사되어 시편 두께를 굴절되지 않거나 또는 굴절된 채로 투과한다. TEM이 제공하는 가장 큰 이점들은 50배에서 10^6배에 이르는 높은 배율과 단일한 시편으로부터 이미지 정보와 회절 정보 둘 다 얻을 수 있는 능력이다.

시편을 투과하는 동안 전자들이 겪는 산란 과정들이 획득되는 정보의 종류를 결정한다. 탄성 산란은 에너지 손실이 전혀 없고 회절 무늬를 만들어낸다. 결정립계, 전위, 제2 상 입자, 결함, 밀도 변이 등과 같은 불균질 영역에 있는 시편 전자들과 이차 전자들 사이에 이루어지는 비탄성 상호작용들은 복잡한 흡수 및 산란 효과를 초래하여 투과 전자들의 세기가 공간적으로 변동하게 된다. TEM에서는 중간 렌즈의 강도를 변화시킴으로써 시편의 이미지를 얻는 방식과 회절 무늬를 관찰하는 방식 사이에서 전환할 수 있다.

모든 TEM의 고배율 또는 해상도는 다음과 같이 드브로이 관계식에 의해 주어지는 유효 전자 파장이 작은 데서 비롯되는 결과이다.

$$\lambda = \frac{h}{(2mqV)^{1/2}}, \tag{8.8}$$

여기서 m과 q는 각각 전자 질량과 전하이고, h는 플랑크 상수이며, V는 전자들을 가속시키는 퍼텐셜 차이다. 예를 들면, 100 KeV 에너지의 전자는 0.37 nm의 파장을 갖고 ~0.6 μm의 실리콘을 실제로 투과할 수 있다. TEM 장비의 작동 전압이 높으면 높을수록 가로 공간 해상도는 더욱 더 커진다. 장비의 이론적인 점-대-점(point-to-point) 해상도는 $\lambda^{3/4}$에 비례한다.[28] 고전압(예를 들면, 400 KV) TEM 장비는 해상도가 0.2 nm보다 우수하다. 고에너지 전자는 저에너지 전자보다 물질과 덜 강하게 상호작용하기 때문에 고전압 TEM 장비는 전자 투과가 더 큰 추가적 이점이 있다. 그래서 고전압 TEM의 경우에는 더 두꺼운 시편으로 작업하는 것이 가능하다. TEM의 한 가지 단점은 깊이 해상도가 제한된다는 것이다. TEM 이미지의 전자 산란 정보는 삼차원 시편에서 비롯되지만, 그것은 이차원 검출기로 투영된다. 그러므로 전자선 방향에 따른 구조

정보가 이미지 평면에 부가된다. TEM 기법의 가장 어려운 측면은 시편 준비이지만, 나노재료의 경우에는 덜 어렵다.

제한 시야 회절(SAD, selected-area diffraction)은 나노결정과 나노막대 같은 개별 나노재료의 결정구조와 시편의 상이한 부분들의 결정구조를 측정할 수 있는 독특한 능력을 제공한다. SAD에서는 시편에 평행 조명을 만들어내기 위해 집광렌즈의 초점을 흐리게 하고 회절 부피를 제한하기 위해 제한 시야 개구를 사용한다. SAD 무늬들은 흔히 XRD에서 사용되는 것과 동일한 절차로 결정성 재료의 브라베이(Bravais) 격자와 격자 상수를 측정하는 데 사용된다.[1] TEM은 원자 종을 구별할 수 있는 고유한 능력은 없지만, 전자 산란은 표적 원소에 엄청나게 민감하여 화학 조성 분석용으로 다양한 분광법이 개발되었다. 예를 들면, 에너지 분산 X-선 분광법(EDS, energy-dispersive X-ray spectroscopy)과 전자 에너지 손실 분광법(EELS, electron energy loss spectroscopy)이 있다.

구조적 특성 분석 능력과 화학적 분석 능력에 덧붙여, TEM은 나노기술의 다른 응용성에 대해서도 탐구되었다. 예를 들어 나노결정의 녹는점 측정이 있는데, 이 경우에는 전자선을 사용하여 나노결정을 가열하고 녹는점은 전자 회절이 사라지는 것으로써 측정된다.[29] 또 하나의 예는 개별 나노선과 나노튜브의 기계적 및 전기적 특성 측정이다.[30-32] 이 기법은 나노선의 구조와 특성 사이의 일대일 상관관계를 밝혀준다. [그림 8.6]에 제시된 결과는 단일한 나노튜브의 변형 및 파괴 메커니즘에 대한 새로운 통찰을 제공한다.[33] [그림 8.6(a)]는 비정질 탄소로 W 끝단에 한쪽 끝이 고정된 구부러진 WS_2 나노튜브를 보여준다. [그림 8.6(b)]-[그림 8.6(e)]는 (a)에서 표시된 나노튜브 부분의 변형 과정을 기록하고 있는 일련의 HRTEM 이미지들을 제시한다. 화살표들은 가장 바깥쪽 벽의 끝단을 가리킨다.

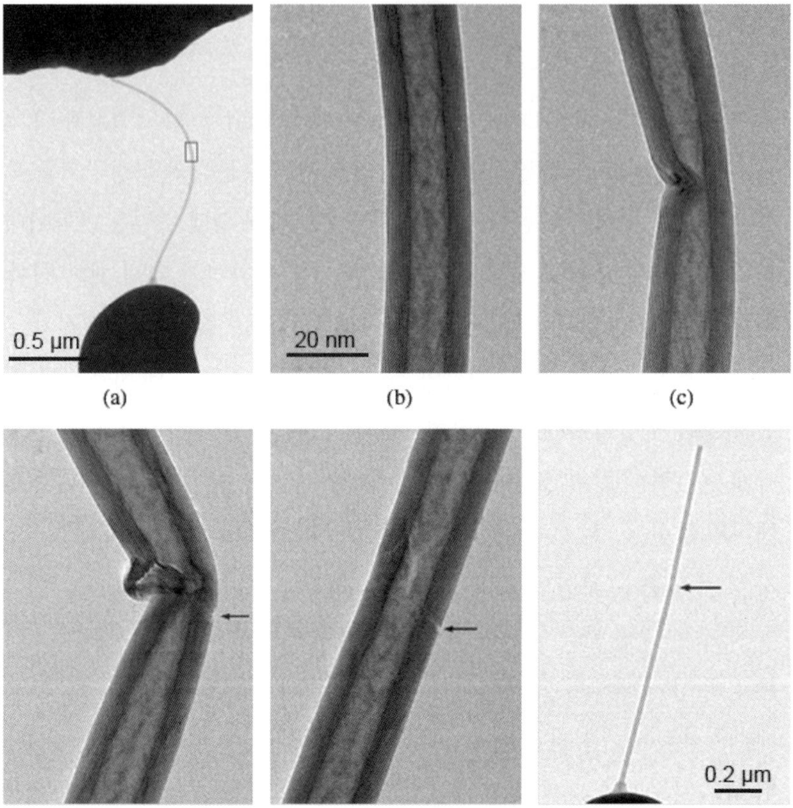

(a) (b) (c) (d) (e) (f)

[그림 8.6] (a) 비정질 탄소로 W 끝단에 한쪽 끝이 고정된 구부러진 WS2 나노튜브. (b)-(e) (a)에서 표시된 나노튜브 부분의 변형 과정을 기록하고 있는 일련의 HRTEM 이미지들을 제시한다. 화살표들은 가장 바깥쪽 벽의 끝단을 가리킨다. [M.S. Wang, I. Kaplan-Ashiri, X.L. Wei, R. Rosentsveig, H.D. Wagner, R. Tenne, and L.M. Peng, Nano Res 1, 22 (2008).]

8.2.5 주사 탐침 현미경법(SPM)

SPM(scaning probe microscopy)은 삼차원(3D) 실공간 이미지를 제공한다는 점에서 영상 기법들 가운데 독특하며, 구조와 특성의 공간적인 국소 측정이 가능하다는 점에서 다른 분석 기법들 가운데 독특하다. 최적 조건에서는 아원자적 공간 해상도가 얻어진다. SPM은 사용되는 탐침력에 따른 일단의 현미경들에 대한 일반 용어이다. 두 개의 주요한 일원은 STM과 AFM이다. 전자 터널링과 원자 힘의 원리들은 7장에서 이미 논의되었다. 더 자세한 내용에 대해서는 탁월한 책[7] 한 권과 거기서 제시되는 참고문헌을 추천한다.

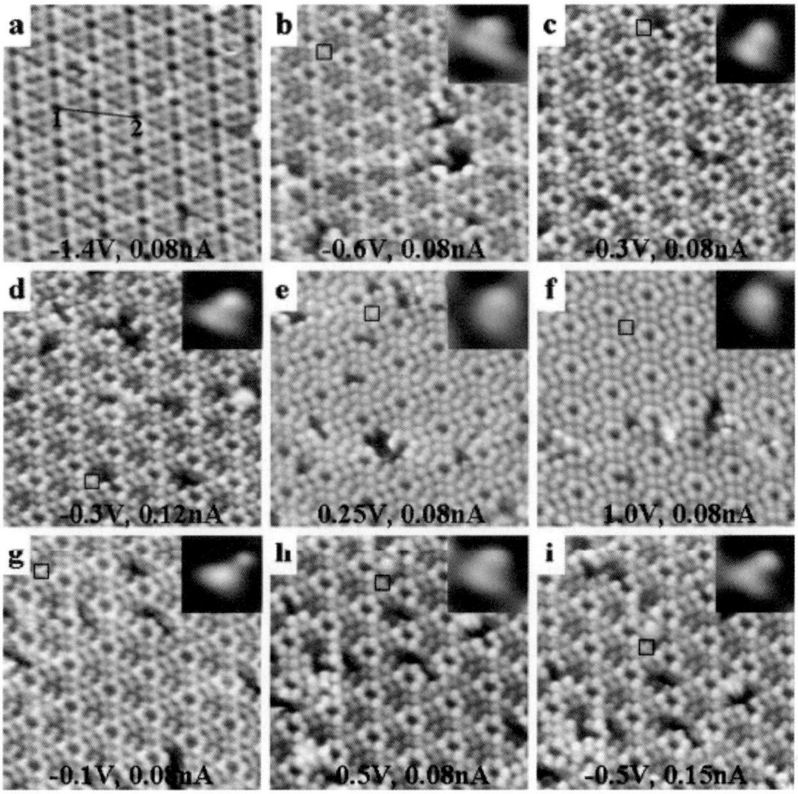

[그림 8.7] 실리콘 끝단 탐침을 사용하여 측정한 Si(111)-(7×7) 표면에 대한 15×15 nm^2 STM 이미지들. 삽입 그림들은 사각형 틀로 나타낸 개별 흡착 원자들에 대한 8 Å×8 Å 이미지들을 보여준다. [A.N. Chaika and A.N. Myagkov, J. Phys. Conf. Ser. 100, 012020 (2008), I. Horcas, R. Fernandez, J.M. Gomez- Rodriguez, J. Colchero, J. Gomez-Herrero, and A.M. Baro, Rev. Sci. Instrum. 78, 013705 (2007).]

STM은 1981년에 비니히(Binnig)와 공동연구자들에 의해 최초로 개발되었으며,[34] AFM은 몇 년 뒤에 발명되었다.[35] 전도성 시편 표면에만 한정되는 STM의 한계점은 전도성 시편 표면을 필요로 하지 않는 AFM에 의해 보완되었다. 그러므로 절연체, 반도체, 도체, 자성 재료, 투명 재료, 그리고 불투명 재료를 비롯한 거의 모든 고체 표면을 SPM으로 조사할 수 있다. 게다가 공기 중에서, 액체 속에서, 또는 초고진공 상태에서 표면을 조사할 수 있는데, 시야는 원자에서 250×250 μm^2 이상까지 이르며 수직 범위는 대략 15 μm이다.[36] 덧붙여, SPM 분석용 시편 제작은 거의 할 일이 없다. 이 장에서는 주로 이 기법들의 이미지 능력에 집중할 것이다.

STM은 Si(111) 표면 조사에 처음 사용되었다.[37] [그림 8.7]에 나타낸 바와 같이 초고진공(UHV) 상태에서 STM은 Si(111) 표면 위 7×7 재배치를 실공간에서 원자 해상도로 분해했다.[38] 이 실험은 실온 STM(GPI-300)을 장착한 LAS-3000 분광계의 초고진공 용기 내에서 실행되었다. STM 용기의 내부 압력은 1×10^{-10} torr 이하로 유지되었다. Si(111) 시편(p형, 300K에서 0.3Ω • cm)은 1,250°C까지 순간 가열한 후에 (1×1)→(7×7) 상전이 아래 온도까지 점진적으로 냉각시키는 공정을 포함하는 표준적인 열처리 절차를 사용하여 세척되었다. 순간 가열 동안 UHV 용기의 내부 압력은 3×10^{-10} torr를 넘지 않았다. STM 실험용 텅스텐 팁은 2 M NaOH 용액에서 전기화학적으로 식각한 후에 전자선 순간 가열과 600 eV 이온 빔을 갖춘 Ar^+ 스파터링으로 UHV에서 실시간으로 날카롭게 갈았다. 때때로, 측정 전에 실리콘 끝단 정점을 얻기 위해 텅스텐 팁을 시편과 부드럽게 접촉시켰다. [그림 8.7]에 나타낸 Si(111)→(7×7) 표면에 대한 STM 이미지들은 그런 실리콘 끝단 텅스텐 팁을 사용하여 정전류 방식으로 측정되었다.

탁월한 지도 논문에서 랑(Lang) 등이[39] 요약했듯이, SPM은 [그림 8.8]에 나타낸 바와 같이 다양한 탐침과 시편 표면 상호작용들을 사용하는 폭넓은 기법으로 발전되었다. 상호작용 힘은 팁의 원자들과 표면 원자들 사이의 원자 간 힘, 단거리 반데르발스 힘, 장거리 모세관력 또는 마찰력을 초래하는 부착-미끄럼 과정일 수 있다. 화학적으로 팁을 개질함으로 시편 표면의 다양한 특성을 측정할 수 있다. 팁과 시편 표면 사이의 어떤 유형의 상호작용을 특성 분석용으로 사용하느냐에 따라서 다양한 유형의 SPM이 개발되었다. 정전기력 현미경법은 팁과 표면 사이에 정전기력을 유도하는 팁 또는 표면의 국소 전하들에 기반을 두고 있다. 이런 이유 때문에 시편 표면의 지도를 그릴 수 있고 표면의 전하 분포에 있어서의 국소적 차이가 시각화될 수 있다. 비슷한 방식으로 팁 축을 따라 자화되는 자성 물질, 예를 들어 철로 팁을 도포하면 자기력이 발생할 수 있다. 이것이

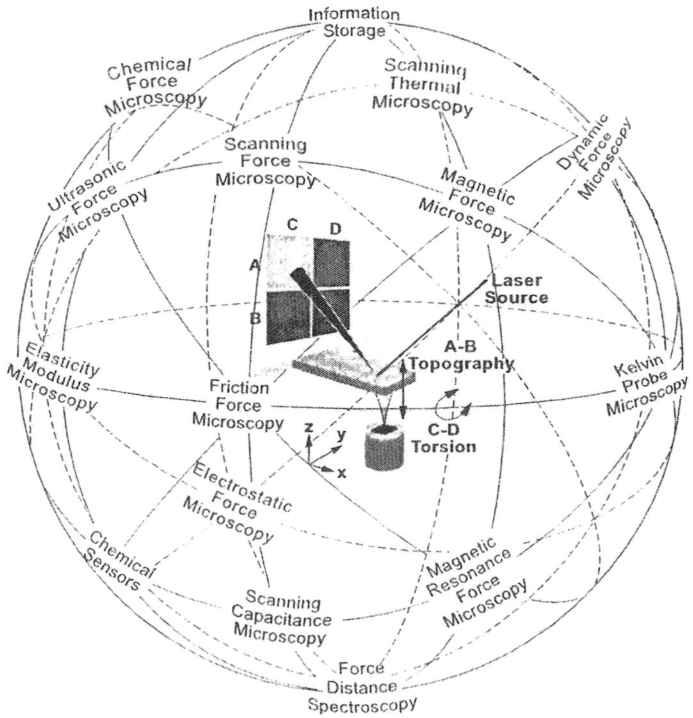

[그림 8.8] SPM은 다양한 탐침과 시편 표면 상호 작용을 사용하는 폭넓은 기법들로 구성된다. [H.P. Lang, M. Hegner, E. Meyer, and Ch. Gerber, Nanotechnology 13, R29 (2002).]

자기력 현미경법(magnetic force microscopy)이다.[40] 팁은 시편의 떠돌이 장을 탐침으로 조사하여 시편의 자성 구조를 측정할 수 있게 한다. 팁이 열전쌍으로 기능할 때 시편 표면의 온도 분포를 측정할 수 있는데, 이것이 주사 열 현미경법(scanning thermal microscopy)이다.[41] 주사 정전용량 현미경법(scanning capacitance microscopy)에서는 팁과 시편 사이의 정전용량 변화가 평가되는 반면에,[42] 켈빈 탐침 현미경법(Kelvin probe microscopy)에서는 화학 퍼텐셜에 대한 국소적으로 분해된 측정이 이루어진다.[43] 표면의 탄성 특성을 탐침으로 조사하기 위해 팁을 진동 방식으로 추동할 수 있는데, 이것이 탄성률 현미경법(elastic modulus microscopy)으로 지칭되는 것이다. 높은 진동수(공명 진동수가 높은 캔틸레버)에서는 팁과 시편 사이의 원자간 힘에 대한 부가 정보를 얻을 수 있는데, 이것이 동적 힘 현미경법(dynamic force microscopy)으로 지칭되는 것이다.

근접장 주사 광학 현미경법(NSOM) 역시 다른 한 유형의 SPM으로 간주될 수 있다. NSOM의 기초는 앞 장에서 나노구조체 제작용 근접장 광리소그래피를 논의할 때 요약하였는데, 자세한 정보는 참고문헌에서[44-47] 찾아볼 수 있다. NSOM은 광 탐침(원천 또는 검출기)을 시편에 매우 가까이 주사함으로써 통상적인 현미경법의 해상도에 대한 회절 한계(λ/2)를 깨뜨린다. NSOM의 해상도는 탐침 크기와 탐침과 시편 사이의 간격에 의존한다. 두 크기 모두 광 파장보다 훨씬 더 작을 때, NSOM 실험의 해상도 역시 광 파장보다 훨씬 더 작다. 전형적인 NSOM 장비와 실험에서 시편은 한 끝단에 수십 나노미터 크기의 개구를 지닌 금속이 도포된, 끝이 갈수록 점점 가늘어지는 단일 방식 광섬유인 탐침의 파장보다 작은 개구를 통해 빛을 조사받게 된다.[48] 탐침-시편 거리는 주사 과정 동안 시편과 탐침의 가로 전단력 상호작용을 주사함으로써 조절된다.[49] 주사 과정 동안 두 개의 이미지, 즉 주사 힘 현미경법 지형 이미지와 근접장 광 이미지가 동시에 기록된다. 원거리장 들뜸과 결합된 무개구 NSOM 탐침을 사용함으로써 1 nm에 근접하는 해상도를 얻었다.[50]

8.2.6 기체 흡착

물리흡착 및 화학흡착 등온선은 표면적을 측정하고 화학 조성과 결정구조에 상관없이 입자와 다공성 구조체 크기의 규명에 사용되는 강력한 기법이다. 적절한 온도와 압력 상태에서 기체가 고체 표면과 접촉하게 될 때, 표면 원자들에 미치는 불안정한 인력을 줄여 표면 에너지를 낮추기 위해 기체 분자들이 표면에 흡착될 것이다. 흡착은 특성상 물리적이거나 아니면 화학적일 수 있다.[51,52] 물리적으로 흡착된 기체는 부분압을 낮춤으로써 고체 표면에서 쉽게 떼어낼 수 있는 반면에, 화학적으로 흡착된 기체는 고온으로 가열하지 않으면 떼어내기 어렵다. 물리흡착의 경우 단층을 형성하거나 다양한 크기의 동공을 채우는 데 필요한 기체의 양은 기체 압력의 함수로 측정할 수 있는데, 그런 도표를 기체 흡착 등온선이라고 부른다.

물리흡착은 메조 동공(2,500 nm) 또는 마이크로 동공(< 2 nm) 재료의 고유 표면적과 동공 부피 측정에 특히 유용하다. 일정한 온도에서 응축 가능한 기체의 증기가 다공성 매체와 접촉하게 될 때, 상대 압력이 영에서 일로 증가함에 따라 공동의 내부 표면에서 여러 흡착 메커니즘들이 순차적으로 발생한다. 상대 증기압이 증가함에 따라 먼저 공동의 내부 표면 위에 단분자층이 형성된다. 비교 증기압이 더 증가함에 따라 다분자층이 형성되기 시작한다. 동공 부피는 모든 동공이 모세관 응축을 통해 완전히 채워져 있다는 가정에 기반을 두고 있다. 비교 압력이 계속해서 더 증가할 때, 다음과 같이 켈빈 방정식에 따라 동공의 내부 표면 위에서 모세관 응축이 발생할 것이다.

$$\text{In}\left(\frac{P}{P_0}\right)=\frac{-2\gamma * \Omega * \cos\theta}{r * k * T}. \tag{8.9}$$

이 방정식은 반지름 r의 공동이나 모세관 속 액체의 표면 같은 곡면의 평형 증기압 P를 평면 상태의 동일한 액체의 평형 기압 P_0와 관련시킨다. 나머지 항 γ, Ω, θ, k, 그리고 T는 각각 표면 장력, 원자 부피, 흡착 물질의 접촉각, 볼츠만 상수, 그리고 절대온도를 나타낸다. 이 방정식에 따르면, 방정식에 표현된 등호가 실현될 때 증기는 반경 r의 공동 속으로 응축될 것이다.[53] 실제로 측정은 95 nm에까지 이르는 공동 크기에 해당하는 P/P_0가 0.99로 맞춰진 상태에서 수행되었다.[54] 일정한 온도에서 압력의 함수로 도시되는 흡착 기체의 양을 등온선이라고 부른다. [그림 8.9]는 다섯 가지 기본 유형의 등온선을 보여준다.[55] 표면적은 각각의 흡착 기체 분자가 차지하는 면적을 알고 있을 때 단층 흡착으로부터 측정될 수 있는 한편, 동공 크기 분포는 방정식 (8.9)에 근거하여 산정될 수 있다.

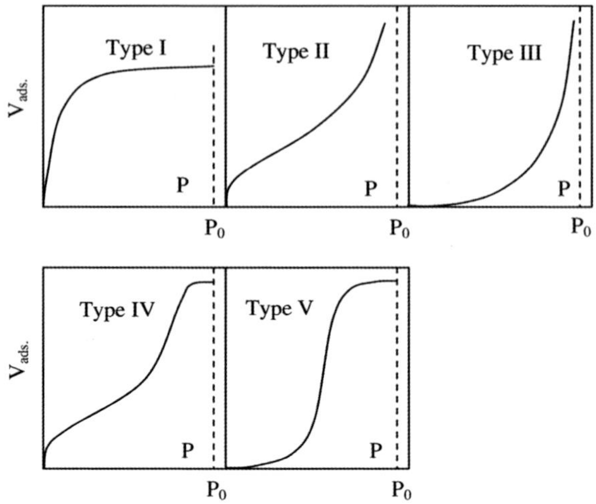

[그림 8.9] 다섯 가지 기본 유형의 기체 흡착 등온선. I, 분자 크기의 동공 속 단층 흡착. II, IV, 그리고 V, 크기가 ~100 nm에까지 이르는 공동이 있는 높은 다공성재료에서 일어나는 다층 흡착. III, 젖지 않은 재료 위 다층 흡착

화학흡착 역시 표면적 측정용으로 탐구되었으나 특정한 화학력을 통해 일어나고, 그래서 문제가 되는 기체와 고체에 대해서 일어나는 독특한 현상이다.[56] 일반적으로 화학흡착은 물리흡착이 전혀 일어나지 않도록 기체의 끓는점보다 훨씬 더 높은 온도에서 조사한다.

8.3 화학적 특성 분석

화학적 특성 분석은 표면 및 내부 원자와 화합물뿐 아니라 그것들의 공간적 분포도 측정하는 것이다. 서론 절에서 언급했듯이, 다양한 화학적 분석 방법이 표면 분석 및 박막 분석용으로 개발되어 있다. 그것들은 나노구조체와 나노재료의 특성 분석에도 쉽게 응용할 수 있다. 여기서 논의는 가장 널리 사용되는 방법에 한정될 것이다. 이 기법들은 일반적으로 다양한 광 및 전자 분광법과 이온 분석법으로 분류될 수 있다.

8.3.1 광 분광법

광 분광법은 나노재료의 특성 분석용으로 널리 사용되었으며, 그 기법은 일반적으로 두 유형, 즉 흡수 및 방출 분광법과 진동 분광법으로 분류된다. 앞 유형은 바닥 상태에서 들뜬 상태로 전자를 들뜨게 하고(흡수) 들뜬 상태에서 바닥 상태로 완화시킴(방출)으로써 원자, 이온, 분자 또는 결정의 전자구조를 측정한다. 기법의 원리를 예시하기 위해 이 절에서는 흡수 분광법과 광발광 분광법이 논의된다. 진동 기법은 진동 들뜸(excitation) 또는 탈-들뜸(de-excitation)을 통해 시편으로 또는 시편으로부터의 에너지 전달을 초래하는 빛과 시편 내 원자종 사이의 상호작용들을 포함하는 것으로 요약될 수 있을 것이다. 진동 주파수는 검출 시편의 화학결합에 대한 정보를 제공한다. 이 절에서는 적외선 분광법과 라만 분광법이 진동 분광법의 원리를 예시하는 사례로 사용될 것이다.

흡수 및 투과 분광법 양자 준위들 사이의 전이에서 기인하는, 거의 격리된 원자와 이온들의 흡수 스펙트럼과 방출 스펙트럼에서 관찰되는 특성 선들은 대단히 선명하다. 그 결과, 특성 선들의 파장 또는 광자 에너지는 매우 정확하게 측정될 수 있다. 그 선들은 특수한 원자 또는 이온의 특징이고, 판별 목적용으로도 사용될 수 있다. 분자 스펙트럼은 대체로 원자 스펙트럼보다 덜 선명하지만, 그래도 비교적 선명한 편이다. 스펙트럼선들의 위치는 분자의 전자구조를 입증하기에 충분한 정밀도로 측정될 수 있다. 고체의 경우에, 원자 준위들의 큰 축퇴는 상호작용에 의해 준연속적 띠들(원자가띠와 전도띠)로 분리되고, 그래서 광 스펙트럼이 약간 퍼진다. 가장 높은 위치의 원자가띠[최고 점유 분자 궤도함수(HOMO, the highest occupied molecular orbital)]와 가장 낮은 위치의 전도띠[최저 비점유 분자 궤도함수(LUMO, the lowest unoccupied molecular orbital)] 사이의 에너지 차이는 근본적인 간격으로 지칭된다. 대부분의 광 스펙트럼의 경우에 전자기 복사의 투과 깊이는 50 nm 정도이다. 매우 작은 투과 깊이 때문에 광흡수 분광법을 덩어리 고체의 특성 분석용으로 응용하는 데에는 제약이 따른다. 그런데 이 기법은 나노구조체와 나노재료의 특성 분석에는 쉽게 적용할 수 있다. DNA로 둘러싼 나노튜

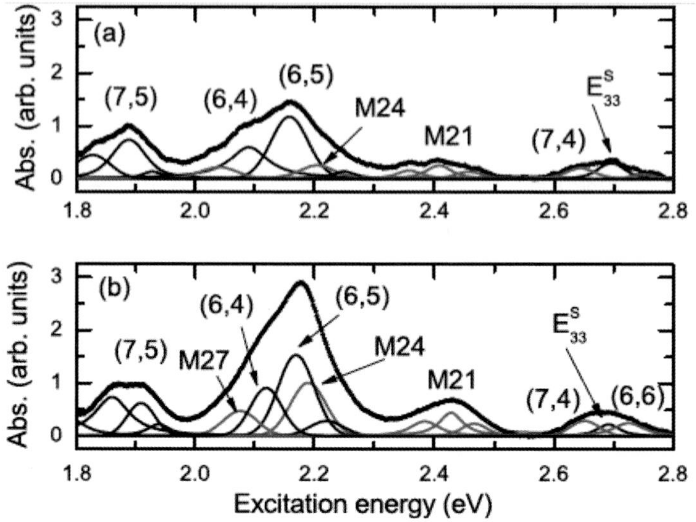

[그림 8.10] DNA로 둘러싼 시편(a)과 SDS(도데실 황산 나트륨)으로 둘러싼 시편(b)에 대한 광흡수 스펙트럼의 분석 결과. 검정색 실선과 회색 실선은 각각 반도성 나노튜브와 금속성 나노튜브와 관련되어 있다. [C. Fantini, A. Jorio, A.P. Santos, V.S.T. Peressinotto, and M.A. Pimenta, Chem. Phys. Lett. 439, 138 (2007).]

브 시편에 대한 광흡수 스펙트럼의 분석 결과가 [그림 8.10(a)]에 제시되어 있다.[57] 1.8 eV와 2.7 eV 사이의 에너지 범위를 고려할 때, [그림 8.10(a)]에서 광흡수 특징들에 대한 여러 나노튜브의 기여를 볼 수 있다. 비교를 위해, [그림 8.10(b)]는 도데실 황산 나트륨(SDS, sodium dodecyl sulfate)으로 둘러싼 CoMoCAT 나노튜브 시편에 대한 광흡수 스펙트럼을 제시한다.[58]

광발광(PL) 발광 또는 냉광은 흑체 복사가 아닌 과정을 통한 재료의 빛 방출을 가리킨다.[59] 빛의 방출은 다양한 자극에서 비롯될 수 있다. 예를 들면 방출이 전자 자극에서 비롯될 때, 그것은 음극선 발광(CL, cathodoluminescence)이라고 불린다. 또 하나의 예는 고에너지 광자, 즉 X-선이 시편을 들뜨게 하는 데 사용되는 X-선 형광이다. PL에서는 광자를 사용하여 재료에서 들뜬 전자 상태들을 유발한 다음에 이 상태들이 완화될 때 일어나는 빛 방출을 분석함으로써 재료의 물리적 및 화학적 특성을 측정한다. 일반적으로 들뜸을 위해 빛을 시편에 조사하고, 방출되는 냉광을 렌즈로 수집하여 광 분광계를 통과시켜 광 검출기에 이르게 한다. 방출의 스펙트럼 분포와 시간 의존성은 시편 내의 전자 전이 확률들과 관련

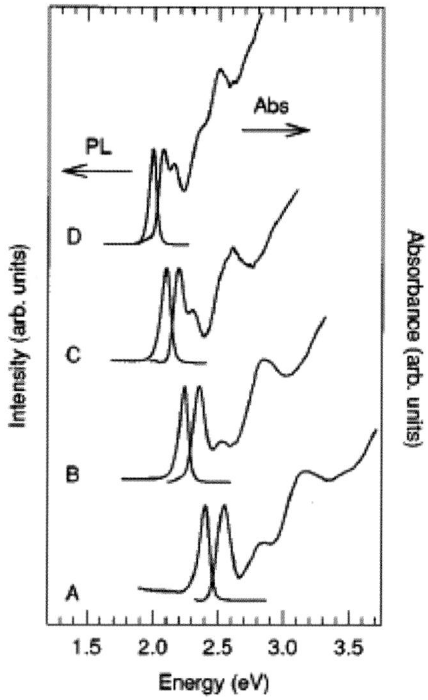

[그림 8.11] 10 K에서 측정한 광학적으로 얇고 깨끗한 CdSe 밀집 나노결정들의 광흡수 스펙트럼과 PL 스펙트럼. 나노결정의 지름은 (A) 30.3, (B) 39.4, (C) 48.0, (D) 62.1이다. [C.R. Kagan, C.B. Murray, and M.G. Bawendi, Phys. Rev. B54, 8633 (1996).]

이 있어서 화학 조성, 구조, 불순물, 운동 과정, 그리고 에너지 전달과 관련된 정성적이고 때로는 정량적인 정보를 제공하는 경우에 사용될 수 있다. 감도는 PL의 장점들 가운데 하나인데, 이것 덕분에 미량의 또는 낮은 농도(일조 분의 일)의 재료를 분석할 수 있다. 조건이 주의 깊게 제어될 수 없다면 정확한 정량적 농도 측정은 어렵다. PL의 많은 응용들은 주로 정성적이다.

PL에서 물질은 어떤 파장의 광자를 흡수하여 전자를 낮은 에너지 상태에서 더 높은 에너지 상태로 들뜨게 함으로써 에너지를 얻는다. 이것은 원자나 분자의 바닥 상태에서 들뜬 상태로의 전이, 또는 반도체 결정이나 고분자의 원자가띠에서 전도띠로의 전이(전자–양공 생성)를 이행하는 것으로 서술할 수도 있다. 그때 물질은 결정 또는 분자 진동 방식과 회전 방식과의 상호 작용을 포함하는 비복사성(nonradiative) 내부 완화를 겪는다. 따라서 들뜬 전자는 전도띠의 바닥이나 최저 진동 분자 상태 같은 더 안정한 들뜬 준위로 이동한다. 그런 들뜬 상태의 특성 수명이 지난 후에 전자는 바닥 상태로 복귀할 것이다. 발광성 재료에서는 이런 최종 전이 동안 방출되는 에너지의 일부 또는 전부가 빛의 형태를 취하는데, 이 경우에 완화는 복사성(radiative) 완화라고 불린다. 방출되는 빛의 파장은 입사광의 파장보다 더 길다. 방출의 특성 수명에 따라 마이크로초 이하의 수명을 갖는 빠른 PL은 '형광'이라고 불리기도 하는 반면에, 10^{-4}초에서 10초의 수명을 갖는 느린 PL은 '인광'이라고 불리기도 한다.

광흡수 스펙트럼과 PL 스펙트럼은 흔히 반도체 나노결정의 크기 측정에 사용된다.[60,61] 예를 들어 [그림 8.11]은 광흡수 스펙트럼과 PL 스펙트럼을 나노결정 크기의 함수로 보여주는데, CdSe 나노결정의 띠간격이 결정 크기가 감소함에 따라 증가한다는 점을 명백히 예증한다.[60]

적외선 분광법 분자와 결정은 스프링(화학결합)으로 연결된 공(원자나 이온)들의 체계로 간주될 수 있다. 이런 체계는 진동 상태에 처할 수 있으며, 진동 주파수는 공들의 질량(원자량)과 스프링의 뻣뻣함(결합 세기)에 의해 결정된다. 기계적 분자 진동과 결정 진동은 10^{12}에서 10^{14} Hz에 이르는 매우 높은 진동수(3–300 μm 파장)를 갖는데, 이것은 전자기 스펙트럼의 적외선(IR) 영역에 속한다. 어떤 진동 주파수로 유발되는 진동은 물질이 적외선 전자기 복사의 입사광과 결합하여 진동수들이 공명 상태에 있을 때 에너지를 교환할 수 있는 수단을 제공한다. 이런 흡수 진동수는 화학결합의 진동 들뜸을 나타내고, 이는 진동에 관여하는 결합 유형과 원자 집단의 고유한 특성이다. 적외선 실험에서는 적외선이 시편과 상호작용을 하기 이전과 이후에 적외선 복사선의 세기가 빛 진동수의 함수로 측정된다. 상대 세기 대 진동수의 도표가 '적외선 스펙트럼'이다. 'FTIR'이라는 비슷한 용어는 푸리에 변환 적외선 분광법(Fourier transform infrared spectroscopy)을 가리키는데, 이 경우에는 간섭계의 세기–시간 출력이 푸리에 변환을 거쳐서 친숙한 적외선 스펙트럼(세기–진동수)으로 변환된다. 물질의 정체, 주변 환경 또는 시편 내에 존재하는 원자 배열과 화학결합의 농도가 측정 가능하다.

라만 분광법은 다른 한 진동 기법인데, 그것은 가시광선 같은 고주파수 복사와 화학결합의 진동 사이의 간접적인 결합이라는 점에서 자외선 분광법과 다르다.[62] 라만 스펙트럼은 재료의 화학결합들의 길이, 세기, 그리고 배열에 매우 민감하지만 화학 조성에는 덜 민감하다. 입사 광자가 화학결합과 상호작용할 때, 화학결합은 더 높은 에너지 상태로 들뜨게 된다. 대부분의 에너지는 자극하는 입사광과 같은 진동수로 복사될 것이다. 이것은 레일리 산란(Rayleigh scattering)으로 알려져 있다. 에너지의 작은 부분은 전달되어 진동 방식들을 생성하는데, 이 라만 과정은 스토크스 산란(Stokes scattering)으로 불린다. 이어지는 재복사는 자극하는 입사광보다 더 낮은 진동수(더 큰 파장)를 갖는다. 진동 에너지는 라만 선과 레일리 선 사이의 진동수 차이를 측정함으로써 도출된다. 예를 들면, 열 활성을 통하여 생성된 진동들도 입사광과 결합하여 에너지를 전달할 수 있다. 이것은 반-스토크스 산란(anti-Stokes scattering)으로 불린다. 결과적으로 라만 선들은 더 높은 진동수 또는 더 작은 파장에서 나타난다. 스토크스 산란 스펙트럼과 반-스토크스 산란 스펙트럼은 레일리 선의 양편에 나타나는 거울 상이다. 그런데 스토크스 산란 스펙트럼이 대체로 사용되는 이유는 온도에 덜 민감하기 때문이다. 라만 효과는 대단히 약해서 자극 광으로 강한 단색 연속 기체 레이저가 사용된다. 라만 분광법은 화학 분석 기법이라기보다 구조적 특성 분석 기법이라는 점을 인식해야 한다.

8.3.2 전자 분광법

이 절에서는 에너지 분산 X-선 분광법(EDS), 오제 전자 분광법(AES, Auger electron spectroscopy), 그리고 X-선 광전자 분광법(XPS)의 기초와 방법론을 논의할 것이다. 전자 분광법은 해당 원자들에서 방출되는 광자(X-선) 또는 전자들의 고유한 에너지 준위들에 의존한다. [그림 8.12]에 도식적으로 나타낸 것처럼,[63] X-선이나 γ-선 같은 입사 광자 또는 전자가 들뜨지 않은 원자를 때리

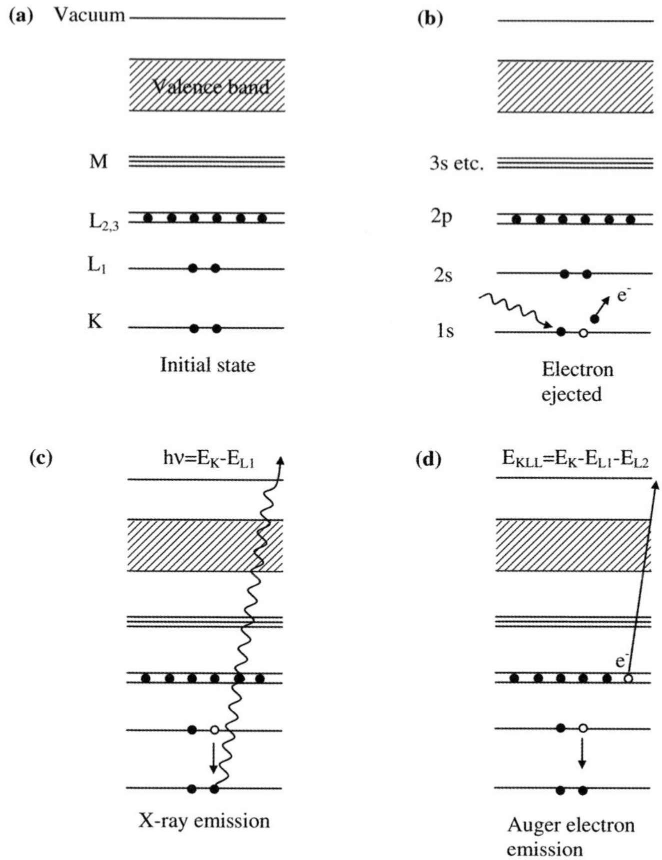

[그림 8.12] 전자 에너지 전이들의 모식도. (a) 초기 상태. (b) 입사 광자 또는 전자가 K 껍질 전자를 방출한다. (c) 2s 전자가 전자 구멍을 채울 때 X-선이 방출된다. (d) KLL 전이로 오제 전자가 방출된다. [M. Orhring, The Materials Science of Thin Films, Academic Press, San Diego, CA, 1992.]

면, 안쪽 껍질에서 전자가 방출되고 안쪽 껍질에 구멍 또는 전자 빈자리가 남게 된다([그림 8.12(b)]). 바깥쪽 껍질의 전자가 자체 에너지를 낮추어서 그 구멍을 채우는 동시에 여분의 에너지는 EDS에서 사용되는 X-선을 방출하거나([그림 8.12(c)]), 아니면 더 바깥쪽 껍질에서 오제 전자로 알려져 있는 제3의 전자(이것이 AES에서 사용된다)를 방출함으로써 발산된다([그림 8.12(d)]). 자극용으로 광자를 입사하여 사용한 결과로 얻어지는 특성 X-선은 형광 X-선으로 알려져 있다. 주기율표에서 각 원자는 고유한 일단의 에너지 준위를 갖춘 고유한 전자구조를 갖고 있기 때문에 X-선 및 오제 분광선들은 해당 원소의 특성이다. 재료에 의해 방출되는 X-선과 오제 전자들의 에너지를 측정함으로써 재료의 화학 조성을 알아낼 수 있다.

비슷한 논의가 XPS에도 적용될 수 있다. XPS에서 에너지가 비교적 낮은 X-선이 광전 효과를 통해 원자로부터 전자를 방출하는 데 사용된다. 방출된 전자의 에너지 E_E는 입사 광자의 에너지 $h\nu$와 속박 전자 상태 E_B에 의해 다음과 같이 결정된다.

$$E_E = h\nu - E_B. \tag{8.10}$$

속박 전자 상태들의 값은 원소에 따라 고유하기 때문에 광전자 에너지를 측정함으로써 원자 식별이 가능하다.

8.3.3 이온 분석법

러더퍼드 후방 산란 분석법은 널리 사용되는 박막 특성 분석 기법으로 질량이 작은 이온들의 에너지가 매우 높은(MeV) 빔을 활용한다.[64] 그런 이온들은 시편 속 깊이 수백 나노미터 정도 침투하여 과녁 원자의 전자적 들뜸과 이온화를 통해 자체의 에너지를 잃을 수 있다. 때때로 그런 고속의 가벼운 이온들(대개 $^4He^+$)은 원자의 전자구름 차폐를 투과하여 훨씬 더 무거운 과녁 원자의 핵과 근접 충격 충돌을 겪는다. 이온과 핵 사이의 쿨롱 반발에서 비롯되는 산란은 러더퍼드 후방 산란(RBS, Rutherford backscattering spectrometry)으로 알려져 있다. 이 충돌은 탄성이며 과녁 원자의 전자 배치 또는 화학결합에 둔감하다. 그런 충돌 후에 후방 산란되는 이온의 에너지 E_1은 입사 이온의 질량 M_0와 에너지 E_0, 과녁 원자의 질량 M, 그리고 산란각 θ에만 의존하며, 다음과 같은 식으로 주어진다.

$$E_1 = \left[\frac{(M^2 - M_0^2 \sin^2 \theta)^{1/2} + M_0 \cos\theta}{M_0 + M} \right] \bullet (2E_0). \tag{8.11}$$

입사 이온의 질량과 에너지와 이온 검출기의 각 위치(일반적으로 170°)를 알면, 후방 산란되는 입사 이온들의 수와 에너지를 측정함으로써 해당 원소들의 특성, 그것들의 농도 및 깊이 분포에 대한 정보를 한꺼번에 알아낼 수 있다.

이차 이온 질량 분석법은 고체 속 대단히 낮은 농도의 물질을 검출할 수 있다. 이것은 알려진 여타 분석 기법의 수준을 훌쩍 뛰어넘는다.[65] SIMS(SIMS, secondary ion mass spectroscopy)에서는 소스 이온이 표면에 충돌하여 가장 바깥쪽 표면층에서 대체로 중성 원자들을 때려내지만 양성 이온과 음성 이온도 때려낸다. 기체 상태에서 그 이온들의 질량을 분석하여 존재하는 종들을 판별할 뿐 아니라 그것들의 농도도 측정한다. 나아가 SIMS는 '정적(static)' SIMS와 '동적(dynamics)' SIMS로 구분될 수 있다. 정적 SIMS는 이온 충돌로 표면이 눈에 띄게 개질되기 전에 데이터를 수집할 필요가 있는데, 이것은 표면 분석에 적합하다. 동적 SIMS는 높은 때려내기 속도로 작동되어서 깊이 분석이 가능하다.

[표 8.1]은 앞에서 논의한 전자 분광법과 이온 분석법의 화학적 특성 분석 방법들을 요약하고 있으며, 다음의 글은 각 방법의 능력과 한계점뿐 아니라 이 기법들 사이의 몇 가지 차이점도 요약하고 있다.[63]

(1) AES, XPS, 그리고 SIMS는 진정한 표면 분석 기법인데, 검출되는 전자와 이온들이 깊이가 ~1.5 nm보다 작은 표면층에서 방출되기 때문이다. 박막에 때려내기 식각 공정을 적용하여 새로 노출되는 표면을 연속적으로 분석함으로써 재료의 깊이 분석이 가능하다.

[표 8.1] 몇 가지 화학적 특성 분석 기법들에 대한 개요

SEM/EDX	Na−U	~	~1	~1 μm
AES	Li−U	~0.1−1	50 nm	~1.5 nm
XPS	Li−U	~0.1−1	~100 μm	~1.5 nm
RBS	He−U	~1	1 mm	~20 nm
SIMS	H−U	~10^{-4}%	~1 μm	~1.5 nm

(2) AES, XPS, 그리고 SIMS는 대체로 거의 예외 없이 주기율표의 거의 모든 원소 검출에 적용할 수 있는 반면에, EDS는 원자 번호가 11번보다 큰 원소들을 검출할 수 있을 뿐이고, RBS는 스펙트럼이 겹치지 않는 원소들의 선택적 조합에 한정될 뿐이다.

(3) RBS만이 조성 표준 시편을 사용하지 않은 채 정량적으로 일 원자 백분율 이내의 정밀도를 나타낸다. EDS가 화학 조성의 정량적 분석용으로 두 번째로 좋은 기법이다. AES, XPS 그리고 SIMS는 모두 정량적 분석을 위해 조성 표준 시편이 필요하며 수 원자 백분율의 조성 오류를 나타낸다.

(4) XPS와 훨씬 덜한 정도로 AES는 원자가 상태와 화학결합의 특성에 대한 정보를 쉽게 제공할 수 있다.

8.4 나노재료의 물리적 특성

원자 규모의 크기와 벌크 재료를 특징짓는 크기 사이에는 응집 물질이 벌크 재료의 물리적 특성과 확연히 다를 수도 있는 어떤 두드러진 특정한 특성을 나타내는 크기 범위가 있다. 그런 독특한 특성들 가운데 일부는 알려져 있지만, 훨씬 더 많은 특성이 발견될 수 있을 것이다. 나노재료의 알려진 몇 가지 물리적 특성은 상이한 메커니즘들에서 비롯된다. 예를 들어, (1) 큰 비율을 차지하는 표면 원자들, (2) 큰 표면 에너지, (3) 공간적 구속, (4) 결함의 감소 등이 있다. 몇 가지 사례는 다음과 같다.

(1) 나노재료는 상당히 더 낮은 녹는점 또는 상전이 온도와 뚜렷이 줄어든 격자 상수를 나타낼 수 있다. 이것은 원자들의 총수에서 표면 원자들이 차지하는 비율이 대단히 크기 때문이다.

(2) 나노재료의 기계적 특성은 이론적 강도에 이를 수 있다. 그 세기는 덩어리 형태의 단결정보다 10배 또는 100배 정도 더 크다. 기계적 강도의 향상은 그저 결함이 발생할 확률이 줄어들기 때문이다.

(3) 나노재료의 광학적 특성은 벌크 결정과 현저히 다를 수 있다. 예를 들면, 반도체 나노입자의 광흡수 봉우리는 짧은 파장으로 이동하는데, 이것은 띠간격의 증가 때문이다. 금속 나노입자의 색깔이 크기에 따라 변할 수 있는 것은 표면 플라스몬 공명 때문이다.

(4) 전기 전도도가 크기가 줄어듦에 따라 감소하는 것은 표면 산란의 증가 때문이다. 그런데 나노재료의 전기 전도도가 뚜렷이 향상될 수도 있는 것은 미세구조, 예를 들면 고분자 섬유에서의 더 나은 질서화 때문이다.

(5) 나노구조재료의 자기적 특성은 벌크 재료의 자기적 특성과 확연히 다르다. 나노미터 척도에서 벌크 재료의 강자성이 사라지고 초상자성으로 변환되는 것은 대단히 높은 표면 에너지 때문이다.

(6) 자기 정화는 나노구조체와 나노재료의 고유한 열역학적 특성이다. 그 어떤 열처리도 불순물, 고유한 구조적 결함, 그리고 전위의 확산을 증가시키고, 그래서 그것들이 근처 표면으로 쉽게 밀려갈 수 있다. 완전성의 증가는 화학적 특성과 물리적 특성에 상당한 영향을 미칠 것이다. 예를 들면, 화학적 안정성이 향상될 것이다.

그런 다양한 특성은 크기에 의존한다. 다시 말해, 나노구조 재료의 특성은 간단히 집합체의 크기, 모양 또는 규모를 조절함으로써 상당히 조정될 수 있다. 예를 들면, 입자 크기와 모양을 통해서 금속입자의 λ_{max}는 수백 나노미터까지 이동할 수 있고 입자 충전 에너지는 수백 밀리볼트까지 변할 수 있다.

8.4.1 녹는점과 격자 상수

입자 크기가 10 nm 아래로 감소할 때 금속, 불활성 기체, 반도체, 그리고 분자 결정의 나노입자들은 모두 벌크 형태에 비해 더 낮은 녹는점을 나타내는 것으로 밝혀진다. 녹는점 내림 현상은 일반적으로 크기가 감소함에 따라 표면 에너지가 증가하는 사실로 설명된다. 상전이 온도의 감소는 부피 에너지에 대한 표면 에너지의 비가 입자 크기의 함수로 변화하는 것 때문에 일어날 수 있다.

표면의 존재를 설명하는 깁스 모형을 도입함으로써 크기가 유한한 나노입자들의 체계에 현상학적 열역학의 알려진 방법들을 적용할 수 있다. 나노입자의 녹는점의 크기 의존성을 예측하는 모형 또는 근사를 개발하기 위해 몇 가지 가정이 적용된다. 첫 번째 가정은 고상 입자, 질량이 같은 액상 입자, 그리고 기상이 동시에 존재한다는 것이다. 그때 평형 조건은 이런 가정들에 의거하여 서술된다.[66,67] 벌크 재료의 녹는점 T_b와 입자의 녹는점 T_m 사이의 관계는 다음과 같이 주어진다.[67,68]

$$T_b - T_m = \left(\frac{2T_b}{\Delta H \rho_s r_s}\right)\left[\gamma_s - \gamma_1\left(\frac{\rho_s}{\rho_1}\right)^{2/3}\right], \qquad (8.12)$$

여기서 γ_s는 입자의 반지름이고, ΔH는 몰당 용융 잠열이며, γ와 ρ는 각각 표면 에너지와 표면 밀도이다. 위의 이론적 서술은 계의 크기가 무한하다고 간주하는 고전 열역학을 기반으로 하고 있다는 점을 인식해야 하는데, 이것은 명백히 수 나노미터의 범위에 있는 입자들의 경우와 부합하지 않는다. 또한 그 모형은 나노입자들이 모두 완전한 결정으로 평형 모양을 갖추고 있다는 가정에 의거하여 전개된다는 점을 인식해야 한다. 2장에서 자세히 논의되었듯이, 완전한 결정의 평형 모양은 울프 관계(Wulff relationship)에[69,70] 의해 주어진다. 그런데 작은 결정입자는 울프 결정보다 에너지가 더 낮은 입자를 산출할 수 있는 다중의 쌍정구조로 이루어지는 경향이 있다. 후속 실험 결과들은 다중의 쌍정 결정 입자가 명확한 불변의 모양을 지닌다는 점을 뒷받침한다.[71,72] 이어지는 논의에서 명료해질 것처럼, 위에서 논의된 근사 또는 모형은 실험 결과와 밀접하게 관련되어 있는 것으로 밝혀졌다.[68]

나노입자의 녹는점을 측정하거나 규정하는 것이 항상 쉬운 것은 아니다. 예를 들어, 작은 입자의 증기압은 벌크 재료의 증기압보다 상당히 높고, 나노입자의 표면 특성은 벌크 재료와 매우 다르다. 표면으로부터의 증발은 입자 크기의 효과적인 감소를 초래할 것이고, 녹는점에 영향을 미칠 것이다. 표면 활성의 증가는 표면층의 산화를 촉진할 것이고, 주변 화학종들과의 반응을 통해서 입자 표면의 화학 조성을 변화시켜 녹는점의 변화를 초래할 것이다. 그런데 나노입자의 녹는점의 크기 의존성을 실험적으로 측정하는 것이 가능하다. 이런 측정을 위해 세 가지 상이한 기준이 탐구되었는데, (1) 고체 상태에서 질서 상태의 사라짐, (2) 증발 속도 같은 어떤 물리적 특성의 날카로운 변화, (3) 입자 모양의 급격한 변화이다.[67] 벌크 금의 녹는점은 1,337 K이고, [그림 8.13]에서 나타낸 바와 같이 크기가 5 nm 미만인 나노입자의 경우에 빠르게 감소한다.[68] [그림 8.13]은 실험 데이터(점)와 식 (8.12)에 대한 최소제곱 맞춤 곡선의 결과(실선)를 보여준다. 그런 크기 의존성은 입자와 박막 형태의 구리,[73] 주석,[74] 인듐,[75] 납과 비스무스[76] 같은 다른 물질에서도 발견되었다.

크기 의존성은 금속 나노입자의 녹는점에만 한정되지 않는 것으로 밝혀졌다. 반도체와 산화물을 비롯한 다른 재료에서도 비슷한 관계가 보고되었다. 게다가 다른 상전이도 비슷한 크기 의존성을 나타낸다. 예를 들면, 티탄산 납($PbTiO_3$)과 티탄산 바륨($BaTiO_3$)의 강유전상–상유전상 전이 온도 또는 퀴리 온도는 어떤 크기 미만에서 날카롭게 감소한다. 티탄산 바륨의 경우에 벌크 재

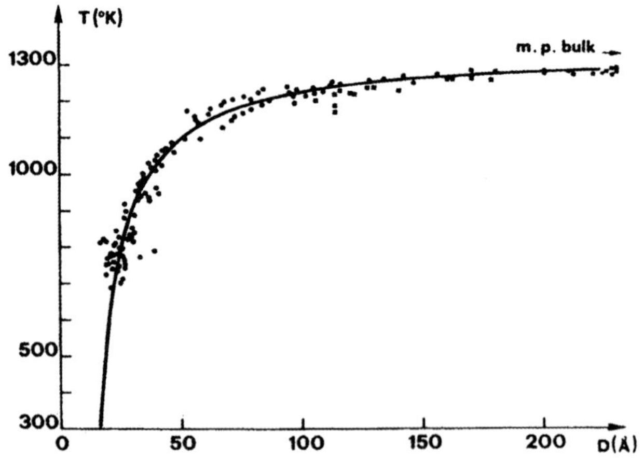

[그림 8.13] 벌크 금의 녹는점은 1,337 K이고, 지름이 5 nm 미만인 나노입자의 경우에 빠르게 감소한다. 실험 데이터(점)와 식 (8.12)에 대한 최소제곱 맞춤 곡선의 결과(실선)가 포함되어 있다. [Ph. Buffat and J.-P. Borel, Phys. Rev. A13, 2287 (1976).]

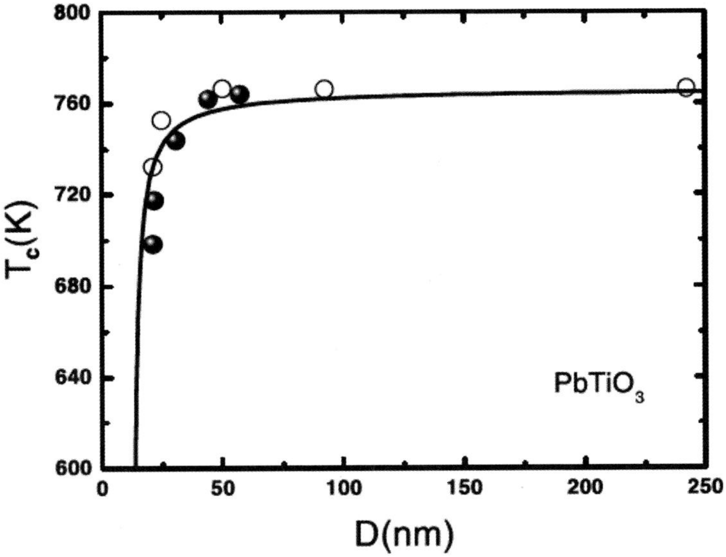

[그림 8.14] 티탄산 납입자 크기의 함수로 나타낸 전이 온도. 실험 데이터는 원으로 나타내었으며, 실선으로 나타낸 곡선은 경험 표현식 T_C=765.1.exp{(−2×0.46/3R)[(1/(D/11.8 − 1)]}으로 얻어진다. 여기서 D는 nm 단위의 입자 지름이고, R은 이상 기체 상수이다. [Q. Jiang, X.F. Cui, and M. Zhao, Appl. Phys. A78, 703 (2004).]

료의 퀴리 온도는 130°C이고, 200nm 미만의 크기에서 급격히 감소하여 ~120 nm에서 75°C에 이른다.[77] 티탄산 납의 벌크 퀴리 온도는 크기가 50 nm 아래로 떨어질 때까지 유지되며, [그림 8.14]에 상전이 온도의 그런 크기 의존성이 요약되어 있다.[78,79]

예상한 대로, 다양한 나노선의 녹는점도 벌크 형태보다 더 낮은 것으로 밝혀졌다. 예를 들면, 레이저 펄스로 가열될 때 Au 나노막대는 녹아서 구형 입자로 변형된다.[80] VLS 공정으로 제작되고 탄소층으로 도포된 10−100 nm 지름의 Ge 나노선은 930°C라는 덩어리 Ge의 녹는점에 비해 상당히 더 낮은 ~650°C라는 녹는점을 나타내었다.[81,82] 레일리 불안정성(Rayleigh instability)에 의해 추동될 때,[83] 나노선은 자발적으로 구형화 과정을 거쳐 더 작은 조각들로 쪼개지고, 지름이 충분히 작거나 구성 원자들 사이의 결합이 약한 경우에는 나노선이나 나노막대의 높은 표면 에너지를 낮추기 위해 비교적 낮은 온도에서 구형 입자를 형성한다.

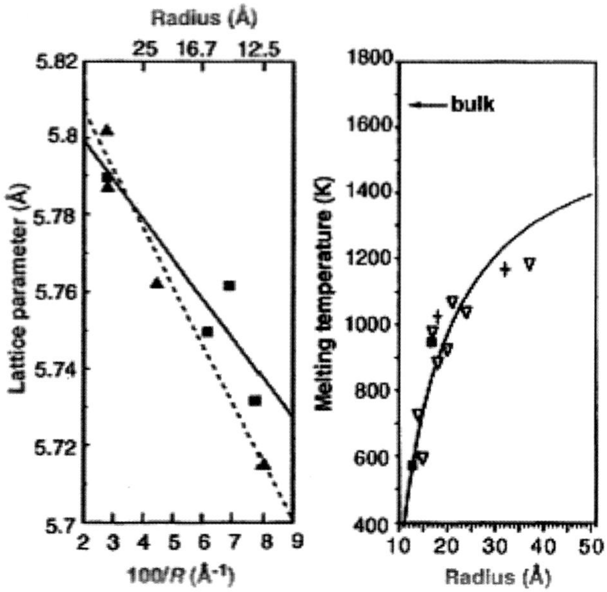

[그림 8.15] (a) 입자 반지름 R의 역수의 함수로 나타낸 CdS 나노입자의 격자 상수. △: 맨 나노결정에서 측정된 데이터이고, 맨 나노결정에 대한 점선은 2.50 N/m의 표면 장력을 제시한다. ㅁ: 메르캡토아세트산으로 보호된 나노결정에서 측정된 데이터이고, 맞춤 실선은 1.74 N/m의 표면 장력을 제시한다. (b) CdS 나노결정의 녹는점의 크기 의존성. ㅁ과 +: 티오페놀 또는 메르캡토아세트산으로 보호된 나노결정에 대해 전자 회절의 소멸로 측정된 데이터. ▽: 단일한 CdS 입자의 암시야(dark field)의 변화를 관찰함으로써 측정된 데이터 [A.N. Goldstein, C.M. Echer, and A.P. Alivisatos, Science 256, 1425 (1992).]

박막의 녹는점의 크기 의존성에 대한 정보는 거의 없지만, 박막의 열 안정성이 조사되었다. 바닥 전극으로 흔히 사용되는 금 또는 백금 박막은 높은 온도에서 가열하면 구멍을 형성하여 불연속적으로 된 다음에 분리된 섬들을 이룬다. 그런데 박막의 녹는점의 두께 의존성에 관한 연구는 보고된 바가 없다.

골드스타인(Goldstein) 등은[29] TEM과 XRD를 사용하여 구형 반도체 CdS 나노입자의 녹는점과 격자 상수의 크기 의존성을 조사했다. CdS 나노입자는 콜로이드 합성법으로 제작되었으며, 입자 크기는 24에서 76 Å까지 이르고 표준 편차는 ±7%이다. CdS 나노입자는 메르캡토아세트산(mercaptoacetic acid)으로 보호되거나 맨 표면 그대로였다. 시편은 전자선을 사용하여 가열하였고, 녹는점은 CdS 결정구조와 관련된 전자 회절 봉우리들이 사라지는 온도로 측정하였다. [그림 8.15]는 CdS 나노입자의 격자 상수와 녹는점을 입자 크기의 함수로 보여준다.[29] [그림 8.15(a)]는 나노입자의 격자 상수가 입자 반지름의 역수가 증가함에 따라 선형적으로 감소한다는 점을 보여준다. 게다가 표면이 개질된 CdS 나노입자는 맨 나노입자보다 격자 상수가 덜 감소한다는 점을 알 수 있다. [그림 8.15(b)]에서 볼 수 있듯이, 나노입자의 녹는점의 뚜렷한 감소 현상은 표면 에너지의 증가에 기인하는 것으로 설명될 것이다. 격자 상수의 변화는 관찰하기 어려우며 매우 작은 나노입자에서만 측정할 수 있게 된다는 점을 인식해야 한다. 3장에서 나노입자는 일반적으로 벌크 재료와 같은 결정구조와 격자 상수를 갖는 것으로 밝혀졌다.

결정구조의 변화는 재료가 충분히 작을 때 일어날 수 있다. 예를 들면, 아를트(Arlt) 등은[84] 상온에서 $BaTiO_3$의 결정구조가 입자 크기에 따라 변화한다는 점을 알아내었다. [그림 8.16]은 격자 상수비의 평균 입자 크기에 대한 의존성을 보여준다.[84] 결정립 크기가 1.5 μm 보다 클 경우에는 일정한 격자 상수비 $c/a-1=1.02\%$인 반면에, 결정립 크기가 1.5 μm 보다 작을 경우에는 $BaTiO_3$ 단위 세포의 정방 일그러짐은 상온에서 $c/a-1<1\%$로 감소한다. [그림 8.17]에서 볼 수 있듯이 정방 구조에서 유사 입방 구조로의 상전이는 점진적으로 일어난다는 점을 아는 것은 매우 흥미롭다.[84]

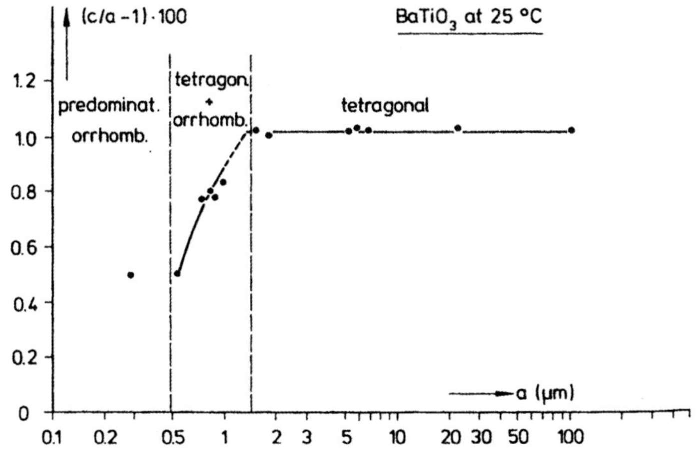

[그림 8.16] 정방 $BaTiO_3$의 격자 상수비의 평균 입자 크기에 대한 의존성 [G. Arlt, D. Hennings, and G. de With, J. Appl. Phys. 58, 1619 (1985).]

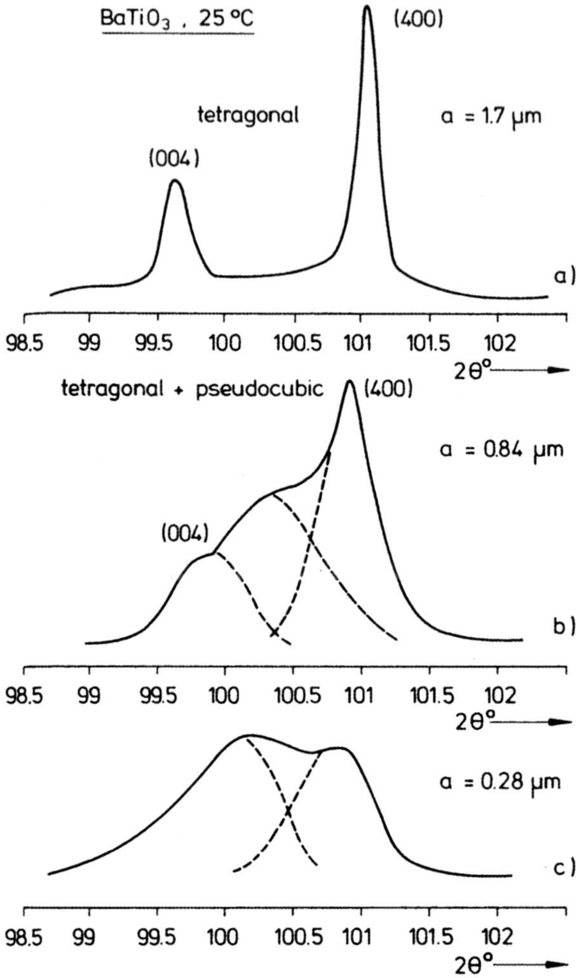

[그림 8.17] 지름 1.7 μm의 큰 $BaTiO_3$ 입자의 정방 구조에서 지름 0.28 μm의 작은 $BaTiO_3$ 입자의 유사 입방 구조 또는 사방 구조로의 점진적인 상전이 [G. Arlt, D. Hennings, and G. de With, J. Appl. Phys. 58, 1619 (1985).]

8.4.2 기계적 특성

재료의 기계적 특성은 크기가 감소함에 따라 강화된다. 많은 연구들이 일차원 구조체의 기계적 특성에 집중했는데, 특히 위스커에 대한 다양한 연구가 수행되었다. 1952년에 헤링(Herring)과 갈트(Galt)에 의해 최초로 예증되었듯이,[85] 위스커는 기계적 강도가 이론값에 접근할 수 있다는 점이 밝혀졌다. 완전한 결정의 계산 강도가 실제 강도보다 크기가 100배 또는 1,000배 정도 초과한다는 점은 오랫동안 알려져 있었다. 또한 위스커의 지름이 10미크론보다 작을 때에만 기계적 강도의 증가가 뚜렷해진다는 점도 밝혀졌다. 그래서 기계적 강도의 향상은 마이크로미터 척도에서 시작하는데, 이것은 다른 특성의 크기 의존성과 상당히 다르다.

나노선이나 나노막대(실제로 지름이 10미크론보다 작은)의 강도 향상을 설명하기 위해 두 가지 가능한 메커니즘이 제시되었다. 하나는 강도의 강화 원인이 나노선 또는 위스커 내부의 높은 완전성에 있다고 여긴다. 위스커 또는 나노선의 단면이 더 작을수록 전위, 마이크로 쌍정, 불순 석출물 등과 같은 결함을 내부에서 발견할 확률이 더욱더 작아진다.[86] 열역학적으로 결정의 결함은 대단히 활동적이어서 완전한 결정구조에서 제거되어야 한다. 크기가 작아지면 그런 결함의 제거가 가능해진다. 덧붙여, 온도 구배와 다른 불균일성 때문에 벌크 재료의 합성과 가공에서 발생하는 응력을 수용하기 위해 벌크 재료에서는 전위 같은 어떤 결함들이 흔히 생성된다. 작은 구조체에서는 그런 응력이 존재할 가능성이 희박한데, 특히 나노재료에서 그렇다. 다른 한 메커니즘은 위스커 또는 나노선의 옆면의 완전성이다. 일반적으로 더 작은 구조체가 더 적은 표면 결함을 갖는다. 재료가 상향식 접근법을 통해 제조될 때 특히 그렇다. 예를 들면, 노하라(Nohara)는 전자 현미경법으로 증발법으로 성장된 지름이 10미크론 이하인 위스커는 표면에 탐지될 수 있는 계단이 없는 반면에, 지름이 10미크론 이상인 위스커에서는 불규칙한 성장 계단들이 드러난다는 점을 알아내었다.[87] 명백히 두 메커니즘은 밀접하게 관련되어 있다. 위스커가 낮은 과포화에서 성장하면, 성장 속도의 변동이 더 작아서 위스커의 내부 구조와 표면 구조 둘 다 더 완전하다. [그림 8.18]은 위스커 강도의 지름에 대한 전형적인 의존성을 보여준다.[88] 비슷한 의존성이 상이한 금속, 반도체, 그리고 절연체에서도 관찰된다.[89,90] 지난 몇 년 동안 나노선 또는 나노막대의 기계적 특성을 측정하는 데 AFM과 TEM이 적용되었는데,[91-93] AFM과 TEM 둘 다 나노구조체와 나노재료의 기계적 거동에 대한 어떤 직접적인 증거를 제시할 것 같다.

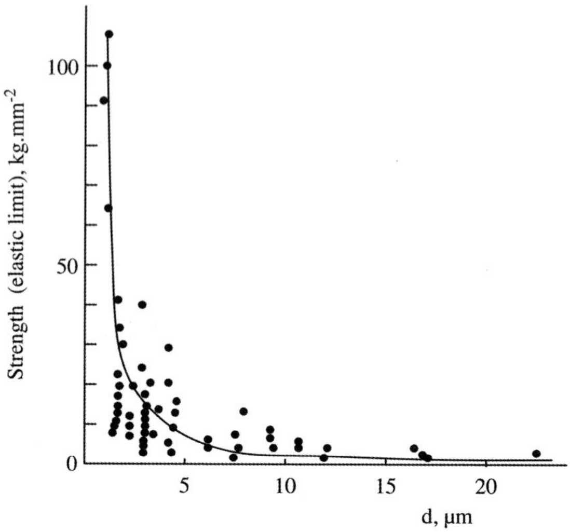

[그림 8.18] 지름이 ~1 μm 아래로 감소함에 따라 벌크 및 표면 완전성의 증가로 인해 NaCl 위스커의 기계적 강도는 눈에 띄게 증가하여 이론 강도에 접근한다. [Z. Gyulai, Z. Phys. 138, 317 (1954)].

다결정성 재료의 항복 강도 σ_{TS}와 경도 H는 마이크로미터 척도에서 결정립 크기에 의존하는 것으로 알려져 있는데, 이것은 다음과 같은 홀–페치 관계(Hall–Petch relationship)를 따른다.[94,95]

$$\sigma_{TS} = \sigma_0 + K_{TS} d^{-1/2} \tag{8.13}$$

또는

$$H = H_0 + K_H d^{-1/2}, \tag{8.14}$$

여기서 σ_0와 H_0는 격자 마찰 응력과 관련된 상수이고, d는 평균 결정립 크기이며, K_{TS}와 K_H는 물질 상수이다.[96] 평균 결정립 크기에 대한 역 제곱근 의존성은 결정립 크기에 따른 쌓임의 길이 눈금잡기(scaling)을 따른다.[97] 홀–페치 모형은 입계면을 전위 운동에 대한 장벽으로 간주하고, 따라서 전위들이 입계면에 쌓인다. 임계 응력에 이르면 전위는 이웃 결정립으로 넘어가서 항복을 유도할 것이다. 미세한 위스커의 기계적 특성과 관련하여 위에서 논의했듯이, 위스커 같은 나노재료는 완전성이 높고, 1992년의 결과처럼 나노구조 재료에서는 아무 전위도 발견되지 않았다.[96] 그러므로 홀–패치 모형은 나노미터 영역에서 무효화될 것이다.[97]

실험적으로, 결정립 크기를 변화시키는 데 사용되는 방법에 의존하여 나노구조 재료가 조대 결정립상 재료에 비해 더 높거나 더 낮은 강도와 경도를 나타낸다는 점이 밝혀졌다.[98] 예를 들면, 평균 결정립 크기가 6 nm인 구리는 결정립 크기가 50 μm인 열처리를 거친 시편보다 다섯 배 더 높은 미세 경도를 나타내며, 5–10 nm의 결정립들로 이루어진 팔라듐의 경도 역시 100 μm 결정립 시편보다 다섯 배 더 높다.[99] 순수한 나노결정성 구리는 400 MPa를 넘는 항복 강도를 나타낸다. 이것은 조대 결정립상 구리보다 대략 여섯 배 더 높다.[100,101] 그런데 구리와 팔라듐의 정반대 크기 의존성, 즉 결정립 크기가 감소함에 따라 경도가 감소하는 경향도 보고되었다.[102] 나노재료의 강도와 경도의 크기 의존성을 예측하고 설명하기 위한 다양한 모형이 제시되었다. 경도의 정반대 크기 의존성을 예측하기 위해 두 가지 모형이 개발되어 있다. 한(Hahn) 등은[103] 입계면 미끄럼은 속도 한정적 변형 단계라고 제안했는데, 이것은 결정립 크기가 감소함에 따라 강도와 경도가 감소하는 실험 데이터를 꽤 잘 설명한다. 다른 한 모형은 혼합 규칙 접근법을 사용하였는데, 이것은 두 가지 상, 즉 벌크 결정립 내부 상과 입계면 상을 고려한다.[104,105] 그 모형은 재료가 연성화하기 시작하는 대략 5 nm의 임계 결정립 크기에서 최대값에 이르기 전에는 결정립 크기가 감소함에 따라 경도가 증가한다고 예측한다. 이 모형은 결정립 크기가 감소함에 따라 경도가 증가하는 실험 데이터와 매우 잘 들어맞는다.[104,105] 그런데 지금까지 5 nm라는 임계 결정립 크기의 존재를 입증하는 실험 결과는 전혀 없다. 은,[106] 구리,[99,102] 팔라듐,[99,102] 금,[107] 철,[108] 그리고 니켈[109]을 비롯한 다양한 나노구조 원소 금속의 기계적 특성이 연구되었지만, 기계적 특성에 대한 결정립 크기나 입계면의 실제 역할은 분명하지 않으며, 잔류 변형, 결함 크기, 그리고 내부 응력 같은 많은 인자들이 나노구조 재료의 기계적 특성 측정에 두드러진 영향을 미친다. SnO_2,[110] TiO_2,[111,112] 그리고 ZnO[112]에 대한 몇몇 연구가 보고되었지만, 나노구조 벌크 금속과 비교하면 산화물의 기계적 특성에 대한 크기 의존성에 관한 연구는 훨씬 더 적고, 이해도 훨씬 더 모자란다. 영률, 크리프 그리고 초소성(superplasiticity) 같은 나노구조 재료의 다른 기계적 특성도 연구되었지만, 크기 의존성에 대한 단단한 이해는 전혀 확립되어 있지 않다.

나노구조 재료는 조대 결정립상 벌크 재료와는 다른 탄소성(elastoplasticity)를 나타낼 수 있다. 예를 들면, [그림 8.19]에서 볼 수 있듯이, 분말 야금으로 제조된 순수한 나노결정상 구리에서 거의 완전한 탄소성이 관찰되었다.[113] 인장 시험에서는 연성 금속과 합금의 공통 특징인 가공 경화와 목 형성 둘 다 관찰되지 않았다. 그런데 이런 발견 결과에 대한 그 어떤 설명도 입수할 수 없다. 나노 크기 알루미늄 결정립에서는 쌍정 형성이 관찰되는데, 이것은 마이크로미터 이상의 입자에서는 결코 발견된 적이 없다.[114]

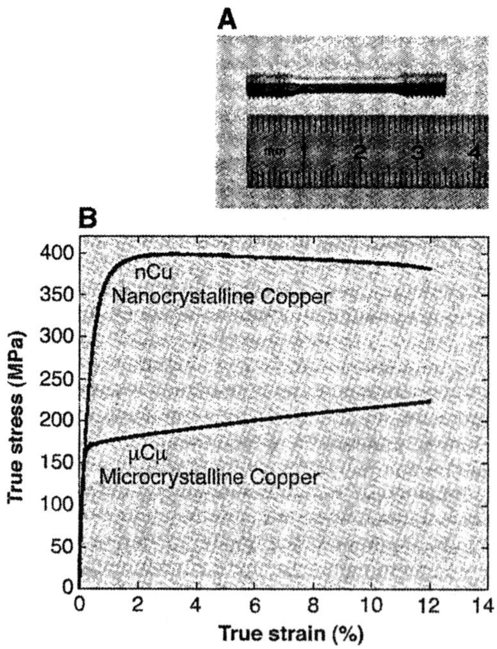

[그림 8.19] (A) 인장 시험 시편은 분말 야금으로 제조된 나노결정상 금속에서 기계로 절단한 것이다. (B) 나노결정상 구리와 마이크로결정상 구리에 대한 응력과 변형의 비교 결과. 인장 시험은 상온에서 $5\times10^{-6}s^{-1}$이라는 낮은 변형속도로 수행되었다. [Y. Champion, C. Longlois, S. Gu rin-Mailly, P. Longlois, J. Bonnentien, and M.J. H tch, Science 300, 310 (2003).]

8.4.3 광학적 특성

재료 크기의 감소는 광학적 특성에 두드러진 영향을 미친다. 크기 의존성은 일반적으로 두 부류로 분류될 수 있다. 하나는 계가 더 속박됨에 따라 에너지 준위 간격이 증가하는 현상에서 기인하는 것이고, 나머지 다른 하나는 표면 플라스몬 공명과 관련되어 있다.

8.4.3.1 표면 플라스몬 공명

표면 플라스몬 공명(surface palsmon resonance)은 전도띠 내의 모든 자유 전자들의 결맞은 들뜸인데, 이것은 위상이 맞는 진동을 초래한다.[115,116] 금속 나노결정의 크기가 입사 복사의 파장보다 더 작을 때 표면 플라스몬 공명이 생성되는데,[117] [그림 8.20]은 금속 입자의 표면 플라스몬 진동이 간단한 방식으로 어떻게 생성되는지 도식적으로 보여준다.[118] 입사광의 전기장이 양성의 격자에 상대적인 자유 전자들의 분극을 유도한다. 나노입자 계면(표면)에서 순전하 차이가 발생하는데, 이것은 결국 복원력으로 작용한다. 이런 방식으로 어떤 진동수를 갖는 전자들의 쌍극자성 진동이 생성된다. 표면 플라스몬 공명은 음으로 대전된 자유 전자들과 양으로 대전된 격자 사이의 입자 전체의 쌍극자성 들뜸이다. 표면 플라스몬 공명의 에너지는 자유전자 밀도와 나노입자 주변의 유전성 매질 둘 다에 의존한다. 공명 폭은 전자 산란이 일어나기 전 특성 시간에 따라 변한다. 더 큰 나노입자의 경우에, 산란 길이가 증가함에 따라 공명이 예리해진다. 귀금속은 가시광선 영역에서 공명 주파수를 나타낸다.

1908년에 작은 금속 구체들과 상호작용하는 전자기 빛 파동에 대한 맥스웰 방정식을 풀어서 Au 나노입자 콜로이드의 적색을 설명한 최초의 인물은 미에(Mie)였다.[119] 이 전기역학적 계산의 해는 나노입자에 대한 일련의 다극 진동 단면적을 제시한다.[117]

$$\sigma_{\text{ext}} = \left(\frac{2\pi}{|\kappa|^2}\right)\sum(2L+1)\text{Re}(a_L + b_L), \qquad (8.15)$$

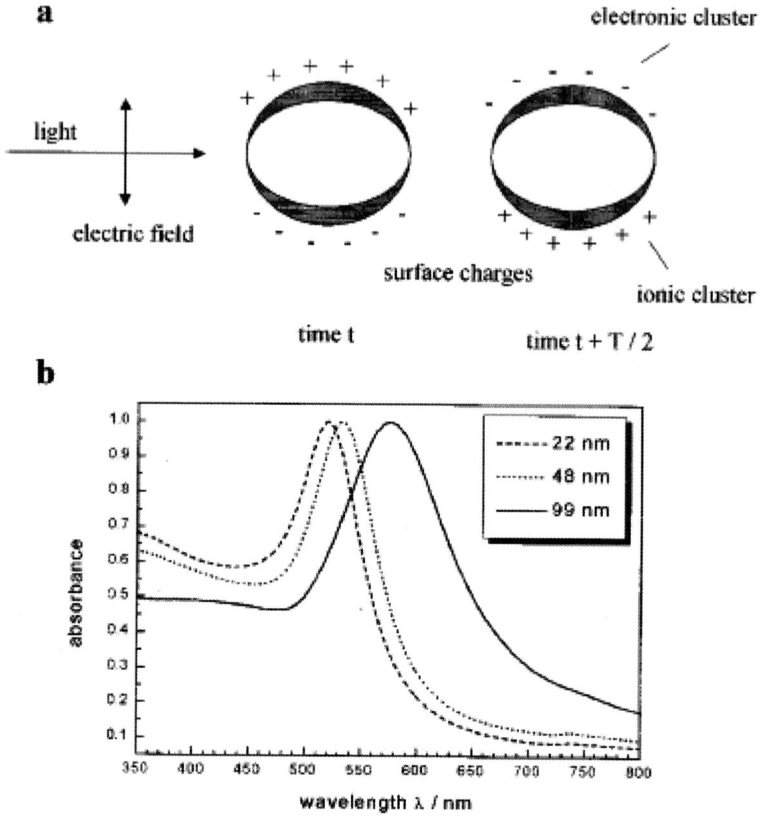

[그림 8.20] 구형 나노입자의 표면 플라스몬 흡수와 그것의 크기 의존성. (a) 쌍극자 표면 플라스몬 진동의 들뜸을 예시하는 모식도. 입사빛 파동의 전기장이 구형 금속 나노입자의 훨씬 더 무거운 이온 핵심에 대한 (자유) 전도 전자들의 분극을 유도한다. 순 전하 차이는 나노입자 표면에서 느껴질 뿐인데, 이것은 결국 복원력으로 작용한다. 이런 식으로 주기가 T인 전자들의 쌍극자성 진동이 생성된다. (b) 지름이 22, 48, 그리고 99nm인 구형 Au 나노입자의 광흡수 스펙트럼. 폭이 넓은 흡수띠가 표면 플라스몬 공명에 해당한다. [S. Link and M.A. El-Sayed, Int. Rev. Phys. Chem. 19, 409 (2000).]

$$\sigma_{\text{sca}} = \left(\frac{2\pi}{|k|^2}\right)\sum(2L+1)(|a_L|^2 + |b_L|^2), \tag{8.16}$$

여기서 $\sigma_{\text{abs}} = \sigma_{\text{ext}} - \sigma_{\text{sca}}$이고

$$a_L = \frac{m\Psi_L(mx)\Psi_L'(x) - \Psi_L'(mx)\Psi_L(x)}{m\Psi_L(mx)\eta_L'(x) - \Psi_L'(mx)\eta_L(x)}, \tag{8.17}$$

$$b_L = \frac{\Psi_L(mx)\Psi_L'(x) - m\Psi_L'(mx)\Psi_L(x)}{m\Psi_L(mx)\eta_L'(x) - m\Psi_L'(mx)\eta_L(x)}, \tag{8.18}$$

여기서 $m = n/n_m$ 인데, n은 입자의 복소 굴절률이고 n_m은 주변 매질의 실 굴절률이다. 그리고 k는 파동벡터이고 $x = kr$ 인데, 여기서 r은 금속 나노입자의 반지름이다. Ψ_L과 η_L은 리카티-베셀 원주 함수(Ricatti-Bessel cylindrical function)들이다. L은 부분파들의 합지표이다.

식 (8.17)과 (8.18)은 플라스몬 공명이 입자 반지름 r에 명시적으로 의존한다는 점을 분명히 가리킨다. 입자가 더 클수록, 빛이 더 이상 나노입자들을 균일하게 분극화할 수 없기 때문에 고차의 방식들이 더욱 더 중요해진다. 이런 고차의 방식들은 더 낮은 에너지에서 봉우리를 나타낸다. 그러므로 입자 크기가 증가함에 따라 플라스몬 띠는 적색 이동을 나타낸다. 그와 더불어 입자 크기가 증가함에 따라 플라스몬 띠폭도 증가한다. 입자 크기의 증가에 따른 흡수 파장 및 봉우리 폭의 증가는, 예를 들어 [그림 8.21]에서 볼 수 있듯이, 실험적으로 분명히 예증되었다.[120] 입자 크기에 대한 그런 직접적인 크기 의존성은 외재적 크기 효과로 간주된다.

광흡수 스펙트럼의 크기 의존성에 대한 상황은 오직 쌍극자 항이 중요한 더 작은 나노입자의 경우에 더 복잡하다. 입사광의 파장보다 훨씬 더 작은 나노입자의 경우($2r << \lambda$ 또는 $2r < \lambda_{max}/10$)에는 쌍극자 진동이 소광 단면적에 기여할 뿐이다.[115,116] 미에 이론은 다음과 같은 관계식으로 단순화될 수 있다(쌍극자 근사).

$$\sigma_{ext}(\varpi) = \frac{9\varpi\varepsilon_{m^{3/2}} V\alpha\varepsilon_2(\varpi)}{c}\{[\varepsilon_1(\varpi) + 2\varepsilon_m]^2 + \varepsilon_2(\varpi)^2\}, \tag{8.19}$$

여기서 V는 입자 부피이고, ω는 자극하는 빛의 각 진동수이고, c는 빛의 속력이며, ε_m과 $\varepsilon(\omega) = \varepsilon_1(\omega) + i\varepsilon_2(\omega)$는 각각 주변 매질과 입자의 덩어리 유전 상수이다. 첫 번째 유전 상수는 진동수에 무관하다고 가정하는 반면에, 두 번째 유전 상수는 복소수이고 에너지의 함수이다. 만약 ε_2가 작거나 ω에 약하게 의존한다면, 공명 조건은 $\varepsilon_1(\omega) = -2\varepsilon_m$일 때 충족된다. 식 (8.19)는 흡광 계수 α

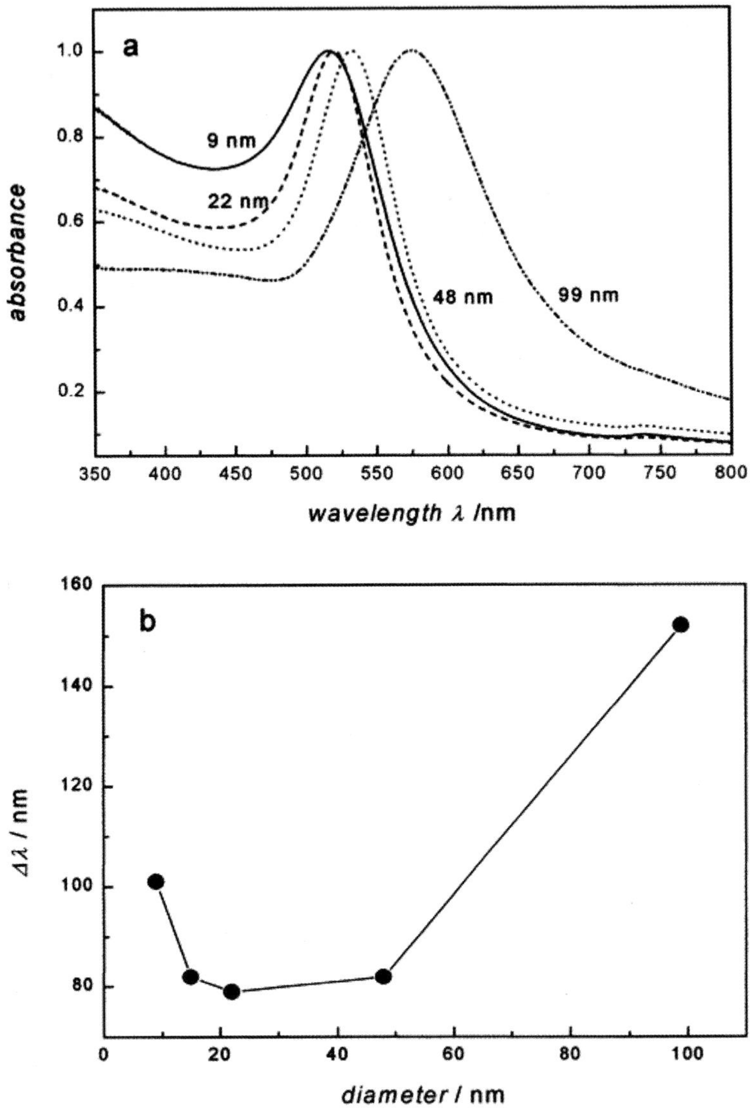

[그림 8.21] (a) 물속의 지름 9, 22, 48, 그리고 99 nm Au 나노입자의 자외선-가시광선 흡수 스텍트럼. 모든 스펙트럼은 자체의 흡수 최대값으로 규격화되어 있는데, 그것들은 각각 517, 521, 533, 그리고 575 nm에서 나타난다. (b) 입자 지름의 함수로 나타낸 플라스몬 띠폭 $\Delta\lambda$ [S. Link and M.A. El-Sayed, J. Phys. Chem. B103, 4212 (1999).]

가 입자 크기에 의존하지 않는다는 점을 보여주는데, 실험적으로는 크기 의존성이 관찰된다.[121-123] 이런 불일치는 나노입자의 전자구조와 유전 상수가 벌크 형태의 그것들과 동일하다는 미에 이론의 가정에서 명백히 비롯되는데, 이것은 입자 크기가 매우 작아질 때 더 이상 타당하지 않게 된다. 그러므로 더 작은 입자에서는 양자 크기 효과를 도입함으로써 미에 이론을 수정할 필요가 있다.

작은 입자에서 전도 전자의 평균 자유 행로가 나노입자의 물리적 크기보다 더 작을 때, 전자–표면 산란이 중요해진다. 예를 들면, 은과 금에서 전도 전자의 평균 자유 행로는 40–50 nm이고[24], 그래서 20 nm의 입자에서는 입자 표면에 의해 제한될 것이다. 전자가 표면에서 탄성이지만 전적으로 무작위적인 방식으로 산란된다면, 총체적인 플라스몬 진동의 결맞음이 사라진다. 비탄성 전자–표면 충돌 역시 위상을 변화시킬 것이다. 입자가 더 작을수록, 전자는 더욱더 빠르게 입자표면에 이르러서 전자는 더 빠르게 산란하여 결맞음을 잃을 수 있다. 그 결과, 입자 크기가 감소함에 따라 플라스몬 띠폭이 증가한다.[125,126] 유효 전자 평균 자유 행로의 감소와 전자–표면 산란의 증가 역시 다음과 같이 표면 플라스몬 흡수의 크기 의존성을 올바르게 설명할 수 있다. 여기서 현상학적 감쇠 상수 γ가 도입되는데, 그것은 입자 크기의 함수인 것으로 밝혀진다.[125,126]

$$\gamma = \gamma_0 + \frac{A v_F}{r}, \tag{8.20}$$

여기서 γ_0는 벌크 감쇠 상수로 전자 산란 진동수에 의존하고, A는 상수로 산란 과정의 세부 내용에 의존하고, v_F는 페르미 에너지에서 전자 속도이며, r은 입자 반지름이다. 이런 크기 효과는 내재적 크기 효과로 간주되는데, 재료의 유전함수 자체가 크기에 의존하기 때문이다. 이런 영역에서, 입자 크기가 증가함에 따라 흡수 파장은 증가하지만, 봉우리 폭은 감소한다(역시 [그림 8.21]을 참조).

20 nm Au 나노입자의 경우에 몰 흡광 계수의 크기는 $1\times10^9\ M^{-1}\ cm^{-1}$ 정도이고 입자 부피가 증가함에 따라 선형적으로 증가한다.[123] 이 흡광 계수는 매우 강한 흡광성 유기 염료 분자들의 흡광 계수보다 천 배에서 만 배 정도 더 크다. 나노입자의 착색은 실제 응용이 가능하며, 몇 가지 응용이 탐구되었고 실제로 사용되었다. 예를 들면 금 루비 유리의 색깔은 대략 0.53 μm에서의 흡수 띠

에서 비롯된다.[127] 이 띠는 입자의 구형 기하와 앞에서 논의한 미에 이론[119]에 따른 금의 특수한 광학적 특성에서 비롯된다. 입자의 구형 경계 조건은 공명 진동을 더 낮은 주파수 또는 더 긴 파장으로 이동시킨다. 지름이 대략 20 nm보다 더 큰 입자의 경우에, 진동이 더 복잡해짐에 따라 그 띠는 더 긴 파장으로 이동한다. 더 작은 입자들의 경우에는 입자 내 자유 전자의 평균 자유 행로가 대략 40 nm로 사실상 줄어들었기 때문에 띠폭이 점차 증가한다.[128] 유리 속 은 입자는 유리를 황색으로 착색하는데, 이것은 0.41 μm에서의 비슷한 흡수띠에서 비롯된다.[129] 유리 속 구리 입자의 경우에 구리는 0.565 μm에서 플라스마 흡수띠를 나타낸다.[130]

나노입자와 마찬가지로, 금속 나노선도 표면 플라스몬 공명(SPR) 특성을 나타낸다.[131] 금속 나노막대는 두 개의 SPR 방식을 나타내는데, 각 방식은 가로 들뜸과 세로 들뜸에 해당한다. 가로 방식의 파장은 Au의 경우에는 520 nm 근처에 그리고 Ag의 경우에는 410 nm 근처에 기본적으로 고정되어 있는 반면에, 세로 방식은 종횡비를 조절함으로써 가시광선에서 근적외선까지 이르는 분광 영역에 걸치도록 쉽게 조정될 수 있다. 또한 종횡비가 2–5.4인 Au 나노막대는 벌크 금속보다 백만 배나 더 큰 양자 수율(quantum yield)로 형광을 발할 수 있다.[132]

8.4.3.2 양자 크기 효과

나노재료의 특별한 광학적 특성은 또한 양자 크기 효과(quantum size effects)에서 비롯될 수 있다. 나노결정(즉, 단결정 나노입자)의 크기가 드브로이 파장보다 작을 때, 전자와 양공은 공간적으로 속박되어 전기 쌍극자가 형성되면서 모든 재료에서 이산적인 전자 에너지 준위가 형성될 것이다. 상자 속 입자와 마찬가지로, 인접 준위들 사이의 에너지 간격은 크기가 감소함에 따라 증가한다. [그림 8.22]는 나노결정, 나노선, 그리고 박막에서의 그런 이산적인 전자 배치를 도식적으로 예시하는데, 나노재료의 전자 배치는 벌크 재료의 전자 배치와 현저히 다르다. 이런 변화는 전자 에너지 준위 밀도의 크기에 따른 체계적인 변화를 통해서 일어나며, 그리고 이것은 크기에 따른 광학적 및 전기적 특성의 강한 변화를 초래한다.[133,134] 나노결정은 이산적인 전자 상태밀도라는 원자적 및 분자적 한계와 연속적인 띠라는 확장된 결정성 한계 사이에 놓여 있다.[135] 그 어떤 재료의 경우에도, 크기에 따른 기본적인 전기적 및 광학적 특성의 실질적인 변화가 존재하는 임계 크기가 있을 것이다. 주어진 온도에 대해 이것은 금속과 산화물에 비해 반도체에서는 매우 큰 크기에서 일어난다. 페르미 준위가 띠의 중앙에 놓여 있고 관련된 에너지 준위 간격이 매우 작은 금속의 경우에는, 비교적 작은 크기(수십 개 또는 수백 개의 원자들)에서도, 전자적 및 광학적 특성이 연속체의 특성과 흡사하다.[136,137] 반도체의 경우에는 페르미 준위가 두 띠 사이에 놓여 있어서 띠 끝머리 영역이 저에너지 광학적 및 전기적 거동을 지배한다. 띠간격을 가로지르는 광학적 들뜸은 크기에 강하게 의존하는데, 10,000개나 되는 원자들로 이루어진 결정에 대해서도 그렇다. 절연체의 경우에는 벌크 형태에서 이미 두 띠 사이의 띠간격이 너무 크다.

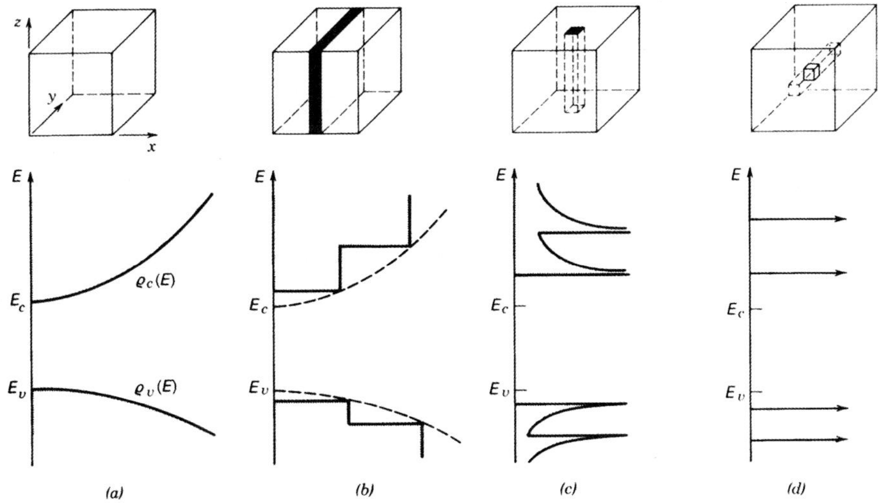

[그림 8.22] 나노결정, 나노선, 그리고 박막에서 나타나는 이산적인 전자 배치와 원자가띠와 전도띠 사이의 확대된 띠간격을 예시하는 모식도

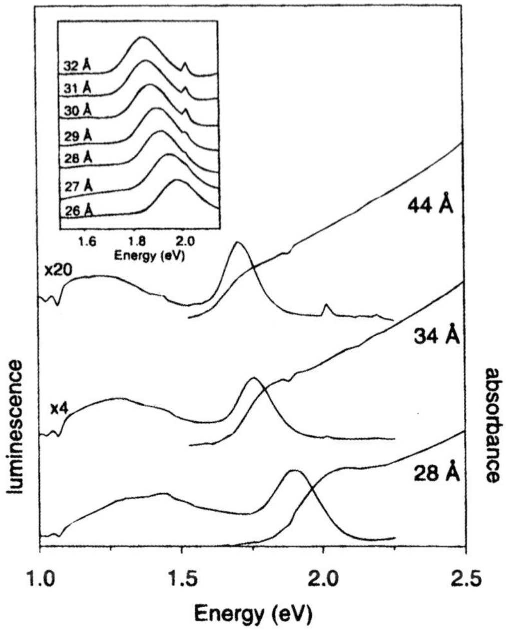

[그림 8.23] 입자 크기의 함수로 나타낸 InP 나노결정의 광흡수 및 PL 스펙트럼. PL 스펙트럼은 고에너지 띠 끝머리 방출띠와 저에너지 가둠 방출띠로 구성되어 있다. 삽입 그림은 크기가 감소하는 일련의 시편에 대한 눈금잡기 PL 스펙트럼을 추가로 보여주는데, 이것은 나노결정 크기의 감소에 따른 띠 끝머리 방출 특성의 매끈한 청색 이동을 나타낸다. 시편들은 데실아민(decylamine) 처리를 거쳐 대기에 노출되었다. [A.A. Guzelian, J.E.B. Katari, A.V. Kadavanich, U. Banin, K. Hamad, E. Juban, A.P. Alivisatos, R.H. Wolters, C.C. Arnold, and J.R. Heath, J. Phys. Chem. 100, 7212 (1996).]

양자 크기 효과는 반도체 나노입자에 대해서 가장 현저한데, 이 경우에는 크기가 감소함에 따라 띠간격이 증가하고, 띠 사이 전이가 더 높은 진동수로 이동하게 된다.[138-141] 반도체에서는 에너지 간격, 즉 완전히 채워진 원자가띠와 텅 빈 전도띠 사이의 에너지 차이가 수 전자볼트 정도로 크기가 감소함에 따라 빠르게 증가한다.[138] [그림 8.23]은 InP 나노결정의 광흡수 및 발광 스펙트럼을 입자 크기의 함수로 보여준다.[13] 입자 크기가 감소함에 따라 흡수 끝머리와 발광 봉우리 위치 둘 다가 더 높은 에너지로 이동한다는 점은 매우 분명하다. 흡수 봉우리의 그런 크기 의존성은 나노결정의 크기를 측정하는 데 널리 사용되었다. [그림 8.24]는 실리콘 나노선의 띠간격을 나노선 지름의 함수로 보여주는데, 이것은 실험 결과와 계산 데이터 둘 다를 포함하고 있다.[143,144]

금속 나노입자의 경우에도 동일한 양자 크기 효과가 알려져 있지만,[145,146] 에너지 준위의 국소화를 관찰하기 위해서는 준위 간격이 열에너지(~26 meV)

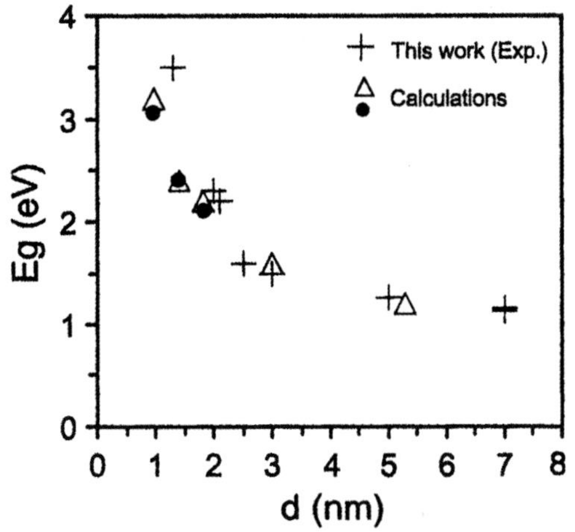

[그림 8.24] 나노선 지름의 함수로 나타낸 실리콘 나노선의 띠간격. 실험 결과[D.D.D. Ma, C.S. Lee, F.C.K. Au, S.Y. Tong, and S.T. Lee, Science 299, 1874 (2003)]와 계산 데이터[A.J. Read, R.J. Needs, K.J. Nash, L.T. Canham, P.D.J. Calcott, and A. Qteish, Phys. Rev. Lett. 69, 1232 (1992)와 B. Delley and E.F. Steigmeier, Appl. Phys. Lett. 67, 2370 (1995).] 둘 다 포함되어 있다.

를 넘어서야 하기 때문에 크기가 2 nm보다도 훨씬 더 작아야 한다. 금속에서는 전도띠가 반이 차있고 에너지 준위 밀도가 매우 높아서 전도띠 내 에너지 준위들 사이의 눈에 띄는 간격(띠 내 전이)은 나노입자가 ~100개의 원자들로 이루어져 있을 때에만 관찰된다. 금속 나노입자의 크기가 충분히 작아지면, 연속적인 전자 상태밀도가 이산적인 에너지 준위로 쪼개진다. 에너지 준위들 사이의 간격 δ는 금속의 페르미 준위 E_F와 금속 내 전자 수 N에 의존하며, 다음과 같이 주어진다.[147]

$$\delta = \frac{4E_F}{3N}, \tag{8.21}$$

여기서 페르미 에너지 E_F는 대부분의 금속에 대해 일반적으로 5eV 정도이다. 금속 나노입자에서의 이산적인 전자 에너지 준위는 Au 나노입자의 원적외선 흡수에서 드러났다.[148] 유한한 크기에서 금속의 특성이 원자적 층위에서 덩어리 고체로 진화하는 현상을 관찰할 수 있다.

나노선이나 나노막대의 지름이 보어 반지름 아래로 감소하면, 나노결정의

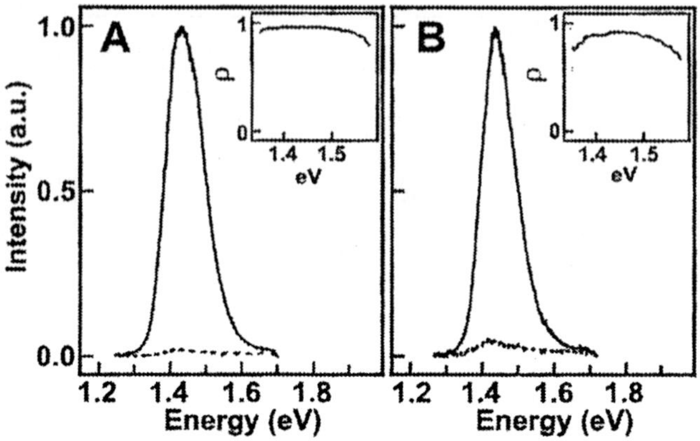

[그림 8.25] 지름이 15 nm인 개별 InP 나노선에서 기록된 들뜸 스펙트럼(A)과 방출 스펙트럼(B). 자극 레이저의 편광은 이 나노선의 장축에 대해 수평 방향(실선)과 수직 방향(점선)으로 각각 정렬되었다. 삽입 그림은 편광비를 에너지의 함수로 나타낸다. [J.F. Wang, M.S. Gudiksen, X.F. Duan, Y.Cui, and C.M. Lieber, Science 293, 1455 (2001).]

경우와 마찬가지로 크기 속박 역시 에너지 준위를 결정하는 데 중요한 역할을 수행한다. 예를 들면, Si 나노선의 흡수 끝머리는 예리한 이산적인 특징을 지닌 채 뚜렷하게 청색 이동을 나타내며, 또한 실리콘 나노선은 비교적 강한 '띠 끝머리' 광발광을 나타낸다.[149-151]

크기 속박에 덧붙여 나노선에서 방출되는 빛은 세로 방향을 따라 강하게 편광된다.[152-154] [그림 8.25]는 별개의 분리된 인화인듐(InP) 나노선의 장축에 대한 수평 방향과 수직 방향으로 기록된 PL 세기에서 나타나는 그런 뚜렷한 이방성을 보여준다.[152] 편광 이방성의 크기는 원자가띠들의 혼합 같은 영자역학적 효과와는 대립되는 나노선과 주변 환경 사이의 큰 유전 상수 차의 견지에서 정량적으로 설명될 수 있다. 3장에서 강조했듯이, 나노입자를 서술하는 데 흔히 사용되는 다른 용어들이 있다. 나노결정은 구체적으로 단결정 나노입자를 가리킨다. 양자점은 양자 크기 효과를 나타내는 작은 입자를 서술하는 데 사용된다. 비슷하게, 양자선은 양자 효과를 나타내는 나노선을 가리킨다.

8.4.4 전기 전도도

나노구조체와 나노재료의 전기 전도도(electrical conductivity)에 대한 크기 효과는 복잡한데, 이것은 확연히 다른 메커니즘들에 근거하고 있기 때문이다. 이런 메커니즘들은 일반적으로 네 가지 범주로 분류될 수 있는데, 그것들은 입계면 산란을 포함하는 표면 산란, 탄도성 전도(ballistic conduction)와 쿨롱 충전(Coulomb charging)을 포함하는 양자화된 전도, 띠간격의 확대, 그리고 미세구조의 변화이다. 덧붙여, 불순물, 구조적 결함, 그리고 전위의 감소 같은 완전성의 증가도 나노구조체와 나노재료의 전기 전도도에 영향을 미칠 것이다. 얇은 유전체를 관통하는 터널링은 나노 이하의 척도와 관련된 또 하나의 전기적 현상이다.

8.4.4.1 표면 산란

금속의 전기 전도, 즉 옴 전도는 다양한 전자 산란에 의해 서술될 수 있는데, 금속의 전체 비저항 ρ_T 는 별개의 독립적인 산란 기여분의 합으로써 다음과 같은 매시슨의 규칙(Matthiessen's rule)으로 표현된다.

$$\rho_T = \rho_{Th} + \rho_D, \tag{8.22}$$

여기서 ρ_{Th}는 열 비저항이고 ρ_D는 결함 비저항이다. 자체의 평형 격자 위치에서 벗어난 진동하는 원자들(포논)과의 전자 충돌이 열 또는 포논 기여분의 원천인데, 이것은 온도에 따라 선형적으로 증가한다. 불순물 원자, 공공 같은 결함, 그리고 입계면들은 격자의 주기적인 전기 퍼텐셜을 국소적으로 교란하여 사실상 전자 산란을 초래하며 온도에 무관하다. 명백히 결함 비저항은 불순물 비저항, 격자 결함 비저항, 그리고 입계면 비저항으로 더 나눌 수 있다. 개별적 전기 비저항이 각각의 평균 자유 행로(λ)에 정비례한다고 간주하면, 매시슨의 규칙은 다음과 같이 표현될 수 있다.

$$\frac{1}{\lambda_T} = \frac{1}{\lambda_{Th}} + \frac{1}{\lambda_D}. \tag{8.23}$$

이론은 λ_T가 수십에서 수백 나노미터에 이른다고 제시한다. 재료 크기의 감소는 전기 비저항에 두 가지 상이한 효과를 미칠 것이다. 하나는 결정 완전성의 증가 또는 결함의 감소로, 결함 산란의 감소를 초래하여서 비저항의 감소를 초래할 것이다. 그런데 결함 산란은 상온에서 금속의 전체 전기 비저항에 사소하게 기여한다. 그래서 결함의 감소는 전기 비저항에 매우 작은 영향을 미치기 때문에 실험에서 대체로 관측되지 않는다. 나머지 다른 하나는 표면 산란 때문에 전체 비저항에 부가적인 기여를 만들어내는 것인데, 이것은 나노 크기재료의 전체 전기 비저항을 결정하는 데 매우 중요한 역할을 수행한다. 표면 산란으로 인한 평균 자유 행로 λ_S가 가장 작다면, 그것이 전체 전기 비저항을 지배할 것이다.

$$\frac{1}{\lambda_T}=\frac{1}{\lambda_{Th}}+\frac{1}{\lambda_D}+\frac{1}{\lambda_s}. \tag{8.24}$$

나노선과 박막에서 전자들의 표면 산란은 전기 전도도의 감소를 초래한다. 박막과 나노선의 임계 크기가 전자 평균 자유 행로보다 더 작을 때, 전자들의 운동은 표면과의 충돌을 통해 방해받을 것이다. 전자는 탄성 산란 또는 비탄성 산란을 겪는다. 거울 산란(specular scattering)으로도 알려져 있는 탄성 산란에서는, 광자가 거울에서 반사되는 것과 같은 방식으로 전자가 반사된다. 이 경우에는 전자가 자체의 에너지와 표면에 평행하는 방향의 운동량 또는 속도를 잃지 않고 보존된다. 그 결과 전기 전도도는 여전히 벌크 상태와 동일하여서 전도도에 미치는 크기 효과는 존재하지 않는다. 산란이 전적으로 비탄성이거나, 또는 퍼짐 산란일 때, 전자 평균 자유 행로는 표면에 충돌함으로써 한정된다. 충돌 후 전자 궤적은 충돌 방향에 무관하고 후속 산란 각도는 무작위적이다. 따라서 산란된 전자는 표면에 평행하는 방향, 즉 전도 방향의 속도를 상실하게 되고, 전기 전도도는 감소한다. 전기 전도도에 미치는 크기 효과가 존재할 것이다.

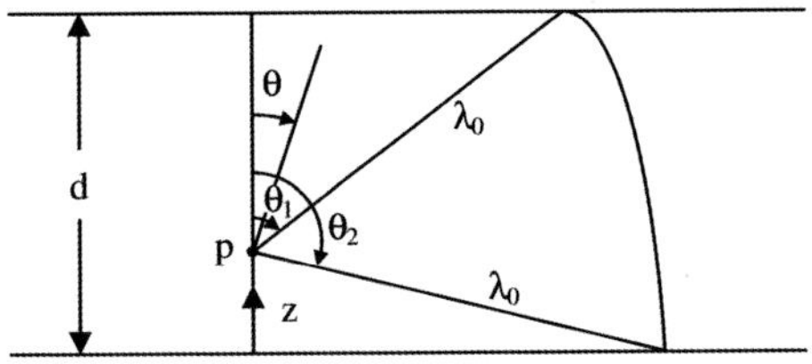

[그림 8.26] 박막 두께 d가 덩어리 평균 자유 행로 λ_0보다 더 작은 박막 표면에서 일어나는 전자의 비탄성 산란에 대한 톰슨 모형을 예시하는 모식도 [J. J. Thompson, Proc. Cambridge Phil. Soc. 11, 120 (1901).]

[그림 8.26]은 박막 두께가 덩어리 평균 자유 행로 λ_0보다 더 작은 박막 표면에서 일어나는 전자의 비탄성 산란에 대한 톰슨 모형(Thompson model)[155]을 묘사한다. 박막 평균 자유 행로 λ_f의 평균값은 다음과 같이 주어진다.

$$\lambda_f = \frac{1}{2d}\int_0^d dz\int_0^\pi \lambda \sin\theta d\theta. \tag{8.25}$$

적분 후에 다음 식을 얻는다.

$$\lambda_f = \frac{1}{2d}\left[\ln\left(\frac{\lambda_0}{d}\right)+\frac{3}{2}\right]. \tag{8.26}$$

결국 벌크 비저항에 상대적인 박막 비저항 ρ_f는 다음과 같이 주어진다.

$$\frac{\rho_0}{\rho_f} = \frac{\mathrm{d}}{2\lambda_0}\left[\ln\left(\frac{\lambda_0}{d}\right)+\frac{3}{2}\right]. \tag{8.27}$$

식 (8.15)와 (8.16)으로부터 d가 감소함에 따라 λ_f는 감소하고 ρ_f는 증가한다는 점은 분명하고, 그래서 명백한 크기 의존성 또는 크기 효과가 존재한다. 위 모형은 모든 표면 산란이 비탄성이라는 가정에 근거를 두고 고전 물리학의 견지에서 수립된 것이라는 점을 인식해야 한다. 푹스-존트하이머 이론(Fuchs-Sondheimer theory)으로 알려져 있는 더 정확한 양자 이론도 개발되었다.[156,157] 탄성 기여와 비탄성 기여 둘 다의 혼합물을 고려함으로써 모형이 더 개선되면, $\lambda_0 >> d$인 박막에 대한 근사적 공식은 다음과 같이 주어진다.

$$\frac{\rho_0}{\rho_f} = \frac{3d}{4\lambda_0}(1+2P)\left[\ln\left(\frac{\lambda_0}{d}\right)+0.423\right]. \qquad (8.28)$$

여기서 P는 탄성 표면 산란의 비율이다. 분명히 톰슨 방정식(식 (8.27))의 특징이 보존된다. 표면에서의 탄성 산란의 비율은 실험적으로 측정하기가 매우 어렵지만, 표면 불순물과 거칠기가 비탄성 산란을 선호한다고 알려져 있다. 앞에서 논의한 표면 산란이 금속에 집중되어 있지만, 일반적인 결론은 반도체에도 마찬가지로 적용할 수 있다는 점을 인식해야 한다. 표면 산란의 증가는 전자 이동도의 감소를 초래하고, 전기 비저항의 증가를 초래한다. 표면 산란 때문에 일어나는, 지름 감소에 따른 금속 나노선의 전기 비저항의 증가 현상은 널리 보고되었다.[158]

[그림 8.27]은 박막의 전기 비저항의 두께 의존성을 온도의 함수로 보여준다.[159] 이 실험에서 에피택시 박막은 먼저 초고진공 조건에서 원자적으로 깨끗한 실리콘 기판 위에 Co를 증착한 후에 코발트 실리사이드의 형성을 촉진하기 위해 진공 열처리 공정을 거쳐 제작되었다. 화학양론은 잘 조절되었고, 박막-기판 계면은 원자적으로 거의 완전한 것으로 밝혀졌으며, 바깥 표면은 대단히 매끈했다. 6 nm까지 박막 두께에 대한 약간의 의존성이 발견되었다. 게다가 독립적인 저온 자기저항 측정을 통해 평균 λ_0가 97 nm인 것으로 밝혀졌으며, 자유 표면과 $CoSi_2$-Si 계면 둘 다로부터의 평균 거울 반사율(degree of specularity)이 대략 90%인 것으로 나타났다. 다결정성 재료에서는 결정 크기가 전자 평균 자유 행로보다 더 작아짐에 따라, 입계면 산란에서 기인하는 전기 비저항의 기여분이 발생했다. [그림 8.28]에서 볼 수 있듯이, 결정립 크기가 작아짐에 따라 다결정성의 수화된 안티몬 산화물 박막의 양성자 전도도가 감소하는 것으로 밝혀졌는데, 이것은 입계면 산란에서 기인했다고 여겨진다.[160]

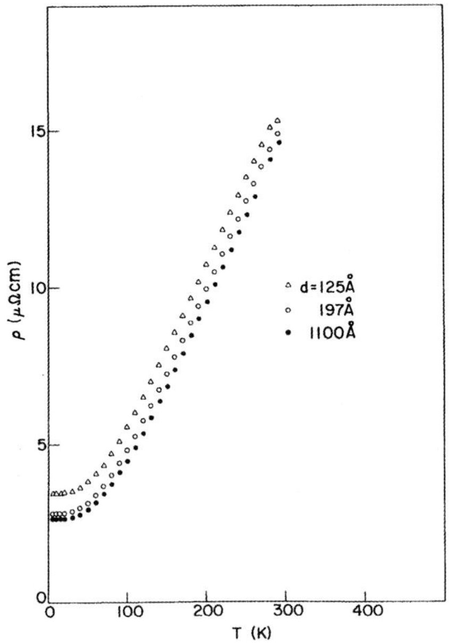

[그림 8.27] 온도의 함수로 나타낸, 실리콘 기판 위에 증착된 에피택시 Co 박막의 전기 전도도의 두께 의존성 [J.C. Hense, R.T. Tung, J.M. Poate, and F.C. Unterwald, Phys. Rev. Lett. 54, 1840 (1985).]

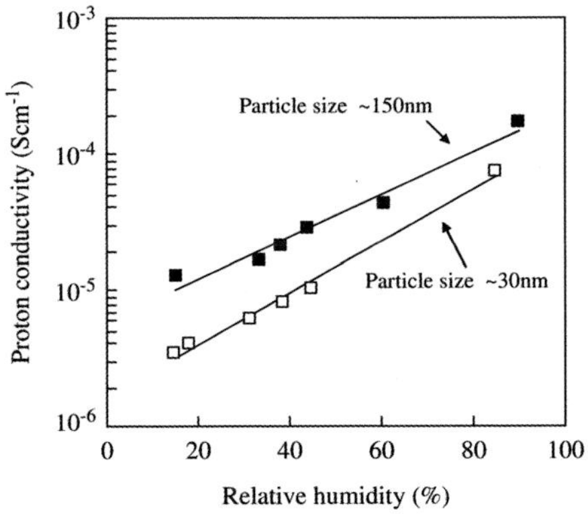

[그림 8.28] 상대 습도의 함수로 나타낸, 19.5° C에서 측정된 다결정성의 수화된 안티몬 산화물 박막의 양성자 전도도. 습도의 전체 측정 범위에 걸쳐서 더 큰 결정립들로 구성된 디스크가 작은 결정립의 시편보다 더 큰 양성자 전도도를 나타내는데, 이것은 입계면 산란에서 기인했다고 여겨진다. [K. Ozawa, Y. Sakka, and M. Amano, J. Sol-Gel Sci. Technol. 19, 595 (2000).]

또한 지금까지 연구 결과가 거의 보고된 적은 없지만, 표면 비탄성 산란이 전기 전도도에 미치는 영향과 비슷하게 전자와 포논의 표면 비탄성 산란이 나노구조체와 나노재료의 열 전도도의 감소를 초래할 것이라는 점도 인식해야 한다. 이론적 연구는 지름이 20 nm보다 작은 실리콘 나노선의 열 전도도가 덩어리값보다 상당히 더 작을 것이라고 시사한다.[161-163]

8.4.4.2 전자구조의 변화

[그림 8.22]에서 볼 수 있듯이, 특성 크기가 임계 크기, 즉 전자 드브로이 파장보다 작아지면 전자구조의 변화가 초래되어 띠간격의 확대와 불연속화로 이어진다. 띠간격의 그런 변화가 광학적 특성에 미치는 영향은 널리 연구되었으며 앞 절에서 논의되었다. 또한 그런 변화는 일반적으로 전기 전도도의 감소를 초래할 것이다. 지름이 어떤 값 아래로 감소할 때 몇몇 금속 나노선들은 전이를 이행하여 반도성을 나타내게 될 수도 있으며, 반도체 나노선들은 절연체가 될 수도 있다. 그런 변화는 부분적으로 양자 크기 효과, 즉 앞 절에서 논의했던 재료의 크기가 어떤 크기보다 작아질 때 일어나는 전자 에너지 준위의 증가에서 기인하는 것으로 여겨질 수 있다. 예를 들면, 단결정성 Bi 나노선은 ~52 nm의 지름에서 금속–반도체 전이를 이행하며,[164] 지름이 ~40 nm인 Bi 나노선의 전기 저항은 온도가 감소함에 따라 감소하는 것으로 보고되었다.[165] 지름이 17.6 nm인 GaN 나노선은 여전히 반도성을 나타내는 것으로 밝혀졌지만,[166,167] 지름이 ~15 nm인 Si 나노선은 절연성을 나타내게 되었다.[168]

8.4.4.3 양자 수송

작은 소자와 재료에서의 양자 수송은 널리 연구되어왔다.[169,170] 아래에서는 탄도성 전도, 쿨롱 충전, 그리고 터널링 전도를 비롯하여 간략한 요약이 제시될 뿐이다.

탄도성 전도는 전도체의 길이가 전자 평균 자유 행로보다 더 작을 때 일어난다.[171-174] 이 경우에는 각각의 가로 도파관 방식 또는 전도 통로가 전체 컨덕턴스(conductance)에 $G_0 = 2e^2/h = 12.9 k\Omega^{-1}$만큼 기여한다. 탄도성 전도의 다른 한 중요한 측면은 전도 중에 흩어지는 에너지가 전혀 없으며,[169] 탄성 산란도 전혀 없다는 점이다. 후자는 불순물과 결함의 부재를 필요로 한다. 탄성 산란이 일어나면 투과 계수가 감소하게 되어 전기 컨덕턴스(conductance)가 감소할 것인데,[169,175] 그 결과 컨덕턴스는 더 이상 정확히 양자화되지 않는다.[176]

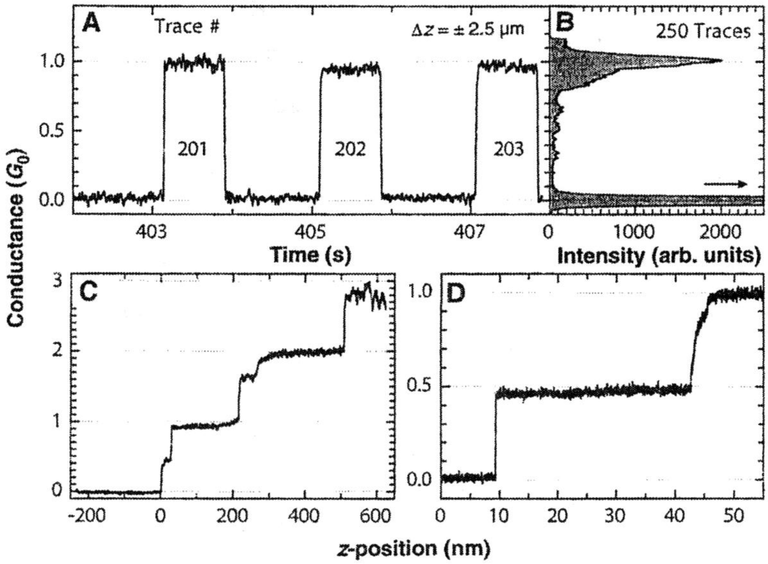

[그림 8.29] (A) 시간의 함수로 나타낸, 일정한 속도로 수은 접촉과 붙고 떨어지는 나노튜브 접촉의 컨덕턴스. 운동 주기는 2s이고 변위 $\Delta z = \pm 2.5\ \mu m$이다. 컨덕턴스는 ~1 G_0로 "도약"한 다음에 ~2 μm의 담금 깊이에 대해 일정한 값을 유지한다. 그 다음에 운동 방향이 반전되고 2μm 후에 접촉이 끊어진다. 그것의 재현성을 보여주는 순환이 반복된다. 일례로서 201에서 203까지의 순환이 제시되어 있다. (B) 그 연쇄에서 250개의 모든 추적(trace)에 대한 컨덕턴스 데이터의 히스토그램. 1 G_0와 0에서의 고원들이 히스토그램에서 봉우리를 나타낸다. 봉우리 아래의 상대 면적은 상대적인 고원 길이에 해당한다. 전체 변이가 알려져 있기 때문에 고원 길이가 정확히 측정될 수 있는데, 이 경우에는 1 G_0 고원은 1,880 nm의 변이에 해당한다. 그러므로 측정된 고원 길이는 액상 층위의 무작위적인 진동에 둔감하고, 개별 추적에서 얻은 측정값보다 더 정확하다. (C) 각각 작은 앞 계단을 나타내는 두 개의 주요한 고원을 갖는 나노튜브 접촉의 한 추적. 이 추적은 두 번째 나노튜브와 다발을 이루고 있는 한 나노튜브에서 비롯된 것으로 해석된다. 두 번째 나노튜브는 첫 번째 나노튜브 후에 ~200 nm 금속과 접촉하게 된다. 정수배가 아닌 컨덕턴스를 갖는 더 짧은 고원들(길이가 ~10에서 50 nm인)이 흔히 나타나며 나노튜브 팁에서 비롯되는 것으로 해석된다. 이런 효과의 명료한 일례는 (D)에서 볼 수 있다. [S. Frank, P. Poncharal, Z.L. Wang, and W.A. de Heer, Science 280, 1744 (1998).]

[그림 8.29]에 나타낸 것처럼 탄소 나노튜브의 탄도성 전도는 프랑크(Frank)와 공동연구자들에 의해 처음으로 예증되었다.[177] 아크 방전법으로 제작된 다중벽 탄소 나노튜브의 컨덕턴스는 한 단위의 컨덕턴스 양자 G_0이며, 열 소산은 전혀 관찰되지 않는다. 대단히 높은 안정된 전류밀도 $J > 10^7\ A/cm^2$가 달성되었다.

쿨롱 차폐(Coulomb blockade) 또는 쿨롱 충전은 접촉 저항이 문제가 되는 나노구조체의 저항보다 더 크며, 대상물의 전체 전기 용량이 매우 작아서 단일한 전자를 부가하는 데 상당한 충전 에너지가 필요할 때 일어난다.[178] 지름이 수 나노미터인 금속 또는 반도체 나노결정은 금속 입자의 이산적인 충전을 일으키는 양자 효과를 나타낸다. 그런 이산적인 전자 배치 덕분에 특정한 전압값들에서 한 번에 전자 하나씩 집을 수 있다. '쿨롱 계단(Coulomb staircase)'으로도 알려져 있는 이런 쿨롱 차폐 덕분에 지름이 2–3 nm보다 작은 나노입자가 단전자 트랜지스터(SET, single electron transistor)의 기본 성분이 될 수 있을 것이라는 제안이 제기되었다.[179] 반도체 또는 금속 나노입자에 단일한 전하를 부가하는 데 에너지가 필요한 까닭은 전자가 사실상 무한한 벌크 재료에 더 이상 용해될 수 없기 때문이다. 유전 상수가 ε_r인 유전체에 둘러싸인 나노입자의 경우에 그 나노입자의 전기 용량은 다음과 같이 크기에 의존한다.

$$C(r) = 4\pi r \varepsilon_0 \varepsilon_r, \tag{8.29}$$

여기서 r은 나노입자의 반지름이고 ε_0는 진공의 유전율이다. 단일한 전하를 입자에 부가하는 데 필요한 에너지는 다음과 같은 충전 에너지에 의해 주어진다.[180,181]

$$E_c = \frac{e^2}{2C(r)}. \tag{8.30}$$

단일한 나노입자들을 포함하는 소자[182,183] 또는 전도성 표면 위에 놓인 나노입자들의 STM 측정에서[184] 얻어진 $I-V$특성에서 $k_B T < E_c$의 온도 조건의 경우에, 금속 또는 반도체 나노입자로의 단전자 전하들의 터널링을 관찰할 수 있다. 그런 쿨롱 계단은 개별적인 단벽 탄소 나노튜브에서도 관찰된다.[185] 식 (8.29)와 (8.30)은 충전 에너지가 재료에 무관하다는 점을 명백히 가리킨다는 점을 인식해야 한다. [그림 8.30]은 단일한 Au 나노입자로 이루어진 소자에 대

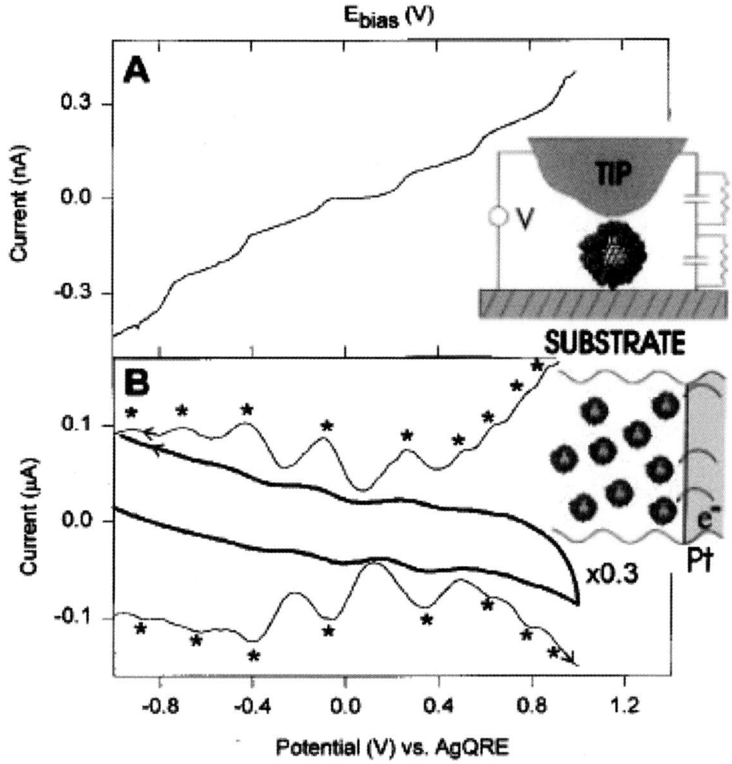

[그림 8.30] (A) 운모 위의 금 기판(삽입 그림)에 증착된 단일한 클러스터를 겨냥하고 있는 Au STM 팁과 83K에서 측정한 쿨롱 계단 $I-V$. 퍼텐셜은 팁-기판 바이어스이다. 이중 터널 접합의 등가회로는 C_{upper} = 0.59aF와 C_{lower} = 0.48aF라는 전기 용량값을 제시한다. (B) Ag선 유사 기준 전극, 298K, 7.9×10^{-3} cm^2 Pt 전극에서 2:1 톨루엔:아세토니트릴/0.05M Hx_4NClO_4 속 0.1 mM 28kDa 클러스터 용액의 전압-전류법(voltammetry)(CV −, 100 mV/s; DPV →, 전류 봉우리, 20 mV/s, 25 mV 펄스, 위와 아래는 각각 음의 주사와 양의 주사이다). [R.S. Ingram, M.J. Hostetler, R.W. Murray, T.G. Schaff, J.T. Khoury, R.L. Whetten, T.P. Bigioni, D.K. Guthrie, and P.N. First, J. Am. Chem. Soc. 119, 9279 (1997).]

한 $I-V$특성 곡선을 보여주는데, 여기서 충전 에너지가 쿨롱 차폐로 알려져 있는 전류 흐름에 대한 장벽을 초래한다.[184] 게이트 전극이 그 구조에 부가될 때, 전류 흐름의 전압뿐 아니라 나노입자의 화학 퍼텐셜도 변조될 수 있다. 그런 삼단자 소자는 단전자 트랜지스터로 알려져 있고 설명적 소자구조로 큰 주목을 받아왔다.[186,187]

터널링 전도는 나노미터 영역에서 중요한 또 하나의 전하 수송 메커니즘으로 7장에서 간략하게 논의되었다. 터널링은 간격이 대단히 가까운 두 전도체를 분리하는 절연성 매체를 통과하는 전하 수송을 포함한다. 두 전도체의 전자 파동함수들이 절연성 재료의 두께가 매우 얇아질 때 내부에서 중첩되기 때문에

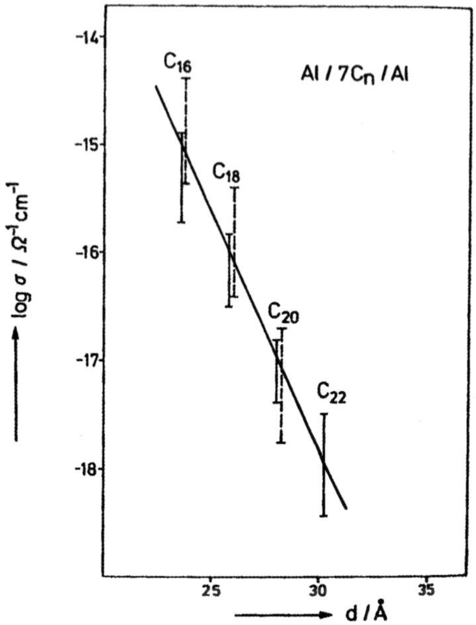

[그림 8.31] C_{14} 지방산 단층에서 C_{20} 지방산 단층까지 변화시킬 때, 분자 길이 또는 박막 두께의 함수로 나타낸 자기조립 단층의 터널링 전도도. 이것은 절연체층의 두께가 증가함에 따라 전기 전도도가 지수함수적으로 감소한다는 점을 예증한다. [H. Kuhn, J. Photochem. 10, 111 (1979).]

터널링이 일어난다. [그림 8.31]은 터널링 전도도를 C_{14}에서 C_{23}까지의 지방산 단층의 함수로 제시하는 것은, 절연체층의 두께가 증가함에 따라 전기 전도도가 지수함수적으로 감소한다는 점을 예증한다.[188] 그런 조건에서 전기장이 인가되면 전자들이 유전성 재료를 관통할 수 있다. 엄밀히 말하자면, 쿨롱 충전과 터널링 전도는 재료의 특성이 아니라는 점을 인식해야 한다. 그것은 계의 특성이다. 더 구체적으로는 고유 크기에 의존하는 계의 특성이다.

8.4.4.4 미세구조의 효과

크기가 나노미터 규모로 작아질 때 질서정연한 미세구조의 형성 때문에 전기 전도도가 변할 수 있다. 예를 들어, 고분자 섬유는 전기 전도도의 향상을 나타낸다.[189] 그 향상은 고분자 고리들의 질서정연한 배열에 의해 설명된다. 나노미터 섬유 안에서 고분자들은 섬유의 축에 평행하게 정렬된다. 이것은 분자

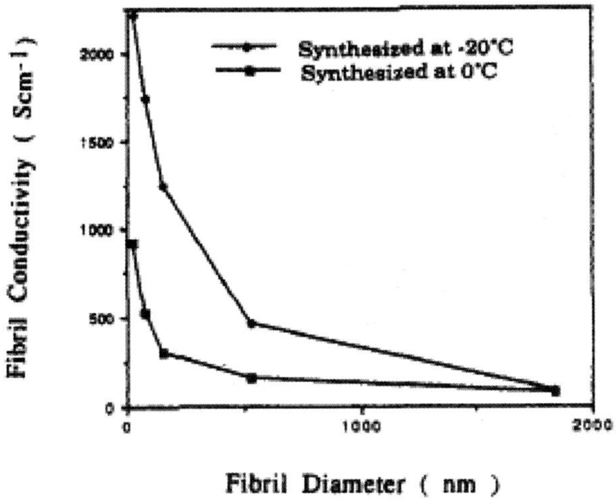

[그림 8.32] 지름의 함수로 나타낸 다중 이종 원자 고리 섬유의 전기 전도도 [Z. Cai, J. Lei, W. Liang, V. Menon, and C.R. Martin, Chem. Mater. 3, 960 (1991).]

내 전도의 증가와 분자 간 전도의 감소를 초래한다. 분자 간 전도가 분자 내 전도보다 훨씬 더 작기 때문에, 고분자 고리들이 전도 방향에 평행하게 되는 고분자들의 질서정연한 배열은 전기 전도의 증가를 초래할 것이다. [그림 8.32]는 다중이종 원자 고리 섬유(polyheterocyclic fibrils)의 전기 전도도를 지름의 함수로 보여준다.[189] 지름이 500 nm보다 작을 때, 지름이 감소함에 따른 전기 전도도의 급격한 증가가 밝혀졌다. 지름이 더 작아질수록, 고분자의 정렬이 더욱 더 잘될 것으로 예상된다. 또한 낮은 합성 온도는 더 우수한 배열에 유리하고, 더 높은 전기 전도도가 기대된다.

8.4.5 강유전체와 유전체

강유전성 재료는 가역적인 자발 분극을 갖는 극성 화합물 결정이며,[190] 현재 미세전자 공학 시스템의 집적용 후보 유전체이다.[191,192] 또한 강유전체는 초전체(pyroelectric)이자 압전체(piezoelectric)이어서 적외선 영상 시스템[193]과 미세전자 기계 시스템에서[194] 사용될 수 있다. 강유전체에 대한 크기 효과의 원인들은 다양하며, 결함 화학과 기계적 변형 같은 다른 인자들과 진정한 크기 효과를 구분하기가 어렵기 때문에 크기 효과에 대한 논의가 어렵게 된다.

강유전성이 다른 협동 현상과 다른 점은 표면이 탈분극장(depolarization field)을 형성하는 전기적 분극의 말단을 필요로 한다는 것이다. 그런 탈분극장의 세기는 명백히 크기에 의존하고 강유전성-상유전성 전이에 영향을 미칠 수 있다.[195] 그런 크기 효과는 메타(Mehta) 등에[196] 의해 다음과 같이 설명되었다. 강유전체가 완전한 절연체이고 균일하게 폴링되어 있으며, 분극 전하가 표면에 국소화되어 있다고 가정하면, 강유전체의 탈분극화 전기장 E_{FE}는 일정하며 다음과 같이 주어진다.

$$E_{FE} = \frac{-P(1-\theta)}{\varepsilon_0 \varepsilon_r}, \tag{8.31}$$

여기서 ε_0는 진공의 유전율이고, ε_r은 강유전체의 유전 상수이고, P는 강유전체의 포화 분극이며, θ는 강유전체 크기에 다음과 같이 의존한다.

$$\theta = \frac{L}{2\varepsilon_r C + L}, \tag{8.32}$$

여기서 L은 강유전체의 고유 크기, 즉 자발 분극의 결과로 형성된 강유전체의 정반대로 대전된 표면들 사이의 거리이고, C는 대전된 강유전체 표면들과 접촉을 형성하는 재료에 의존하는 상수이다. 탈분극장이 크기에 강하게 의존한다는 것, 즉 크기의 감소가 분극장의 증가를 초래할 것이라는 점은 분명하다. 강유전성 상 전이에 미치는 크기 효과는 이론적으로,[197-201] 실험적으로[202-205] 탐구되었다. 바트라(Batra) 등은 예를 들어, 두께가 10^{-5} cm 또는 100 nm인 강유전체 박막에서 분극으로 인한 표면 전하들이 완전히 상쇄되지 않으면 강유전성 상전이가 강한 탈분극장의 존재 때문에 불안정하게 되며, '전이 길이' 아래에서는 분극이 불안정하다는 점을 지적했다.[197,198]

다결정성 강유전체에서 결정립들이 어떤 크기보다 더 작게 되면 강유전 특성이 사라질 수도 있다. 입자 크기가 감소함에 따라 상전이 온도가 감소한다는 점을 고려하면 그런 관계를 이해할 수 있을 것이다. 입자 크기가 감소하면 고온 결정구조가 저온에서 안정하게 된다. 따라서 입자 크기가 감소함에 따라 퀴리 온도, 즉 강유전성-상유전성 전이 온도가 감소하게 된다. 퀴리 온도가 상온 아래로 떨어지면 강유전체는 상온에서 강유전성을 잃게 된다. 벌크 강유전체와 박막 강유전체의 강유전 및 유전 특성에 미치는 크기 효과에 대한 요약은 탁월한 소개 논문들에서 찾아볼 수 있다.[206,207]

이시카와(Ishikawa)와 공동연구자들은[208] 알콕시화물(alkoxide) 전구체들로부터 습식화학 공정으로 합성된 $PbTiO_3$ 나노입자의 강유전성 상 전이에 미치는 크기 효과를 연구했는데, 입자 크기는 소성 온도로 조절되었다. 그들은 입자 크기가 50 nm보다 작을 때, 라만 산란에 의해 측정된 전이 온도가 크기가 감소함에 따라 500°C의 벌크값에서 감소한다는 점을 알아내었다. 게다가 그들은 $PbTiO_3$ 나노입자에 대한 다음과 같은 경험적 표현식으로 퀴리 온도의 크기 의존성을 유도했다.

$$T_c(°\mathrm{C}) = 500 - \frac{588.5}{D - 12.6}, \tag{8.33}$$

여기서 D는 $PbTiO_3$ 나노입자의 평균 크기(nm)이며, 실험 결과는 [그림 8.14]에 식 (8.33)에서 얻어진 실선과 함께 도시되어 있다.[208]

다결정성 강유전체에서는 강유전 특성에 영향을 미칠 수 있는 다른 인자들이 존재한다. 예를 들면, 잔류 변형은 사실상 강유전성 상태를 더 작은 크기까지 안정화할 수 있다.[209,210] 시뮬레이션의 예상에 따르면 강유전체의 유전 상수 또는 상대 유전율은 결정립 크기가 감소함에 따라 증가할 것이고, 크기가 1 마이크로미터보다 작으면 그런 감소는 더욱 더 심화되지만,[211] 실험 결과는 유전 상수가 입자 크기가 감소함에 따라 증가하여 지름 ~1 μm에서 최대값에 이른 다음에 [그림 8.33]에서 볼 수 있듯이, 입자 크기 또는 박막 두께가 더 감소함에 따라 감소할 것이라는 것을 보여준다.[206]

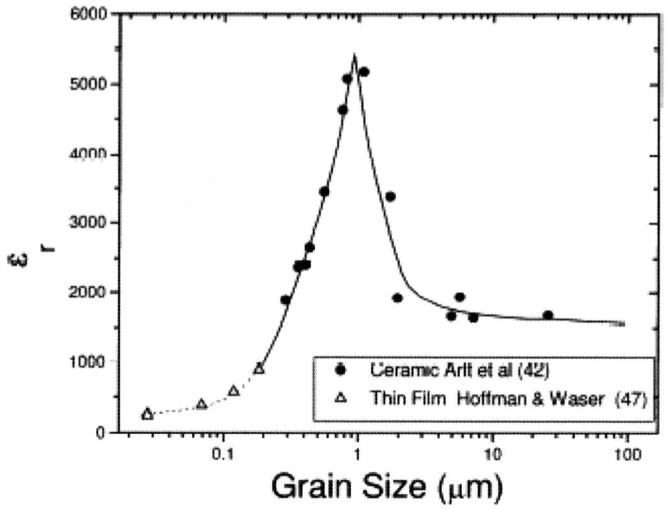

[그림 8.33] 강유전체의 유전 상수 또는 상대 유전율은 지름 1 μm까지 결정립 크기가 감소함에 따라 증가한 다음에 결정립 크기 또는 박막 두께가 더 감소함에 따라 감소할 것이다. [T.M. Shaw, S. Trolier-McKinstry, and P.C. McIntyre, Annu. Rev. Mater. Sci. 30, 263 (2000).]

기계적 경계 조건 역시 강유전 상의 안정성과 평형 구역 구조에 영향을 미치는데, 많은 강유전체가 강탄성체이기도 하기 때문이다. 이런 이유 때문에 강유전성의 크기 의존성은 매우 복잡해진다. 분리된 입자, 세라믹 내의 결정립, 그리고 박막의 탄성 경계 조건들이 상이하기 때문이다. 강유전체에서 초상유전성(superparaelectric) 거동에 대한 직접적인 관찰 결과는 지금까지 전혀 보고된 적이 없다는 점을 인식해야 한다.

8.4.6 초상자성

입자 크기가 어떤 크기 아래로 감소할 때 강자성 입자는 불안정해지는데, 표면 에너지가 구역들이 자발적으로 분극 방향을 바꾸기에 충분한 에너지를 제공하기 때문이다. 그 결과 강자성체가 상자성체로 변환된다. 그런데 상자성체로 변환된 나노미터 크기의 강자성체는 통상적인 상자성체와 다른 거동을 나타내며 초상자성체로 불린다.

교환력에 의해 강자성적으로 결합된 원자들의 개수가 $N = 10^5$ 에까지 이르

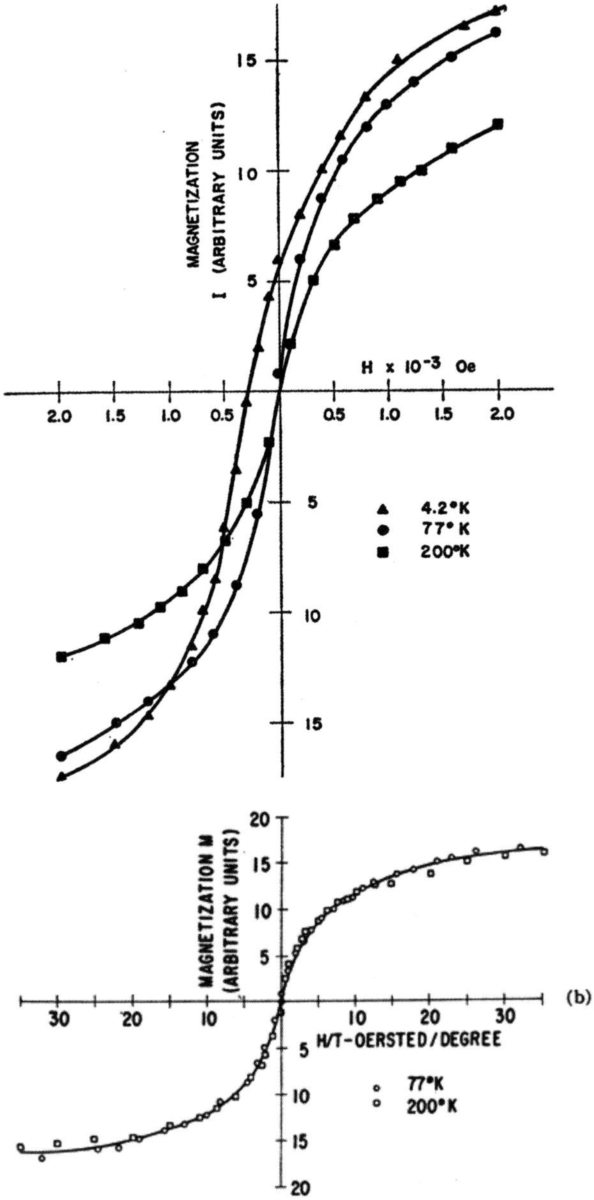

[그림 8.34] 수은에 분산된 2.2 nm 철 입자들에 대하여 다양한 온도에서 측정한 전형적인 자화 곡선들과 77 K와 200 K 데이터에 대한 근사적인 H/T 중첩. [C.P. Bean and I.S. Jacobs, J. Appl. Phys. 27, 1448 (1956).]

는 나노미터 크기의 강자성 입자는 단일한 구역을 형성하는데,[212] 이것의 단일한 큰 자기 모멘트 μ는 10^5 보어 마그네톤 μ_B까지 나타낸다. 빈(Bean)과 리빙스턴(Livingston)은 높은 온도에서의 이런 클러스터 또는 입자들이 훨씬 더 큰 자기 모멘트를 나타내지만, 비유적으로는 상자성 원자 또는 분자들로 서술될 수 있다는 점을 예증했다.[213] 모든 장에서 열역학적 평형 상태에 있는 단일한 구역 입자들의 자화 거동은 대단히 큰 모멘트를 포함하고 있다는 점만 제외하면, 원자 상자성의 자화 거동과 동일하여서 큰 감수율이 나타난다. 초상자성에 대한 조작적 정의는 최소한 두 가지 요건을 포함할 것이다. 첫째, 자화 곡선은 히스테레시스를 전혀 나타내지 말아야 한다. 왜냐하면 열평형 특성이 아니기 때문이다. 둘째, 등방성 시편에 대한 자화 곡선은 자발 자화의 온도 의존성에 대한 보정 후에 H/T의 함수로 도시했을 때 상이한 온도에서 취한 곡선들이 근사적으로 겹쳐야만 하는 정도까지 온도 의존성을 나타내야 한다.

초상자성은 프랑켈(Frankel)과 도프만(Dorfman)에 의해 임계 크기보다 작은 강자성 입자들에서 존재하는 것으로 처음 예측되었다.[214] 일반적인 강자성 재료의 구형 시편에 대해 이 임계 크기는 반지름이 15 nm인 것으로 추산되었다.[215] 초상자성 특성의 첫 번째 예는 일찍이 1954년에 실리카 매트릭스에 분산된 니켈 입자들에 관한 논문에서 보고되었다.[216] [그림 8.34]는 수은에 분산된 2.2 nm 철입자들에 대하여 다양한 온도에서 측정한 전형적인 자화 곡선들과 77K와 200K 데이터에 대한 근사적인 H/T 중첩을 보여준다.[217] 저온에서는 계의 자기 이방성 축에 대한 스핀의 결합이 중요해진다.[218] 스핀은 어떤 결정축으로 정렬되는 경향이 있다. 예를 들면, 덩어리 HCP 코발트는 단축 결정 이방성을 나타낸다.

8.5 요약

나노구조체와 나노재료에 대한 연구에 다양한 특성 분석 기법이 적용되었다. 이 장에서는 널리 사용되는 몇 가지 방법만 검토되었을 뿐이다. 벌크 및 표면 특성 분석 기법들은 나노재료에 대한 연구에 활용될 수 있다. 그런데 벌크 방법들은 XRD와 기체 흡착 등온선 같은 나노재료의 집단적 정보를 알아내는 데 사용된다. 그것들은 개별 나노입자 또는 메조 동공들에 대한 정보는 제공하지 않는다. 대부분의 나노재료는 균일한 화학 조성과 구조를 갖기 때문에 벌크 특성 분석 방법들이 널리 사용된다. SPM과 TEM 같은 표면 특성 분석 방법들은 개별 나노구조체를 연구할 수 있는 가능성을 제공한다. 예를 들면, 나노결정의 표면 및 내부 결정성과 화학 조성은 고분해능 TEM을 사용하여 조사할 수 있다. 벌크 특성 분석 기법과 표면 특성 분석 기법은 나노재료 연구에 있어서 상보적이다.

나노재료의 물리적 특성은 벌크 재료의 물리적 특성과 실질적으로 다를 수 있다. 나노재료의 독특한 물리적 특성은 다양한 상이한 기초적인 것들에서 비롯된다. 예를 들면, 거대한 표면 에너지는 열 안정성의 감소와 초상자성에 대한 원인이 된다. 표면 산란의 증가는 전기 전도도의 감소에 대한 원인이 된다. 크기 속박은 나노재료의 전자적 및 광학적 특성의 변화를 초래한다. 크기 감소는 완전성의 증가에 유리하여서 나노 크기의 개별재료의 기계적 특성이 향상된다. 그런데 덩어리 나노구조재료의 기계적 특성에 미치는 크기 효과는 훨씬 더 복잡하다. 왜냐하면 입계면 상과 응력 같은 다른 메커니즘들이 포함되기 때문이다.

참고문헌

[1] B.D. Cullity and S.R. Stock, *Elements of X-Ray Diffraction,* 3rd edn., Prentice Hall, Upper Saddle River, NJ, 2001.

[2] L.H. Schwartz and J.B. Cohen, *Diffraction From Materials,* Springer-Verlag, Berlin, 1987.

[3] L. Reimer, *Scanning Electron Microscopy,* Springer-Verlag, Berlin, 1985.

[4] A.S. Nowick (ed), *Electron Microscopy of Materials: An Introduction,* Academic Press, New York, 1980.

[5] J.W. Edington, *Practical Electron Microscopy in Materials,* van Nostrand Reinhold, New York, 1976.

[6] Z.L. Wang, *Reflected Electron Microscopy and Spectroscopy for Surface Analysis,* Cambridge University Press, Cambridge, 1996.

[7] D. Bonnell (ed.), *Scanning Probe Microscopy and Spectroscopy,* Wiley-VCH, New York, 2001.

[8] C.R. Brundle, C.A. Evans, Jr., and S. Wilson (eds.), *Encyclopedia of Materials Characterization,* Butterworth-Heinemann, Stoneham, MA, 1992.

[9] J.C. Vickerman, *Surface Analysis: The Principle Techniques,* John Wiley and Sons, New York, 1997.

[10] A. Segmuller and M. Murakami, in *Analytical Techniques for Thin Films,* eds. K.N. Tu and R. Rosenberg, Academic Press, San Diego, CA, p. 143, 1988.

[11] L.S. Birks and H. Friedman, *J. Appl. Phys.* **17**, 687 (1946).

[12] A. Segmuller and M. Murakami, in *Thin Films From Free Atoms and Particles, ed. K.J. Klabunde, Academic Press, Orlando, FL, p. 325, 1985.*

[13] A.A. Guzelian, J.E.B. Katari, A.V. Kadavanich, U. Banin, K. Hamad, E. Juban, A.P. Alivisatos, R.H. Wolters, C.C. Arnold, and J.R. Heath, *J. Phys. Chem.* **100**, 7212 (1996).

[14] O. Glatter and O. Kratky, *Small Angle X-Ray Scattering, Academic Press, New York, 1982.*

[15] A. Guinier and G. Fournet, *Small Angle Scattering of X-Rays,* John Wiley and Sons, New York, 1955.

[16] N.S. Andreev, E.A. Porai-Koshits, and O.V. Mazurin, in *Phase Separation in Glass,* eds. O.V. Mazurin and E.A. Porai-Koshits, North-Holland, Amsterdam, p. 67, 1984.

[17] C.R. Kagan, C.B. Murray, and M.G. Bawendi, *Phys. Rev.* **B54**, 8633 (1996).

[18] B.A. Korgel and D. Fitzmaurice, *Phys. Rev.* **B59**, 14191 (1999).

[19] C.B. Murray, C.R. Kagan, and M.G. Bawendi, *Annu. Rev. Mater. Sci.* **30**, 545 (2000).

[20] G. Porod, *Kolloid, Z.* **124**, 83 (1951).

[21] G. Porod, *Kolloid, Z.* **125**, 51 (1952).

[22] P. Debye and A.M. Bueche, *J. Appl. Phys.* **20**, 518 (1949).

[23] A.E. Suliman, Y.W. Tang, and L. Xu, *Sol. Energ. Mat. Sol.* **C91**, 1658 (2007).

[24] M.S. Akhtar, M.A. Khan, M.S. Jeon, and O.B. Yang, *Electrochim. Acta* **53**, 7869 (2008).

[25] C.F. Lin, H. Lin, J.B. Li, and X. Li, *J. Alloys Compd.* **462**, 175 (2008).

[26] Y.F. Hsu, Y.Y. Xi, C.T. Yip, A.B. Djurisic, and W.K. Chan, *J. Appl. Phys.* **103**, 083114 (2008).

[27] W. Chen, H.F. Zhang, I.M. Hsing, and S.H. Yang, *Electrochem. Commun.* **11**, 1057 (2009).

[28] M. von Heimendahl, in *Electron Microscopy of Materials: An Introduction, ed. A.S. Nowick, Academic Press, New York, p. 1, 1980.*

[29] A.N. Goldstein, C.M. Echer, and A.P. Alivisatos, *Science* **256**, 1425 (1992).

[30] Z.L. Wang, *Adv. Mater.* **12**, 1295 (2000).

[31] P. Poncharal, Z.L. Wang, D. Ugarte, and W.A. de Heer, *Science* **283** 1516 (1999).

[32] Z.L. Wang, P. Poncharal, and W.A. de Heer, *J. Phys. Chem. Solids* **61**, 1025 (2000).

[33] M.S. Wang, I. Kaplan-Ashiri, X.L. Wei, R. Rosentsveig, H.D. Wagner, R. Tenne, and L.M. Peng, *Nano Res.* **1**, 22 (2008).

[34] G. Binnig, H. Rohrer, C. Gerber, and E. Weibel, *Phys. Rev. Lett.* **49**, 57 (1982).

[35] G. Binnig, C.F. Quate, and Ch. Gerber, *Phys. Rev. Lett.* **56**, 930 (1986).

[36] R.S. Howland and M.D. Kirk, in *Encyclopedia of Materials Characterization, eds. C.R. Brundle, C.A. Evans, Jr., and S. Wilson, Butterworth-Heinemann, Stoneham, MA, p. 85, 1992.*

[37] G. Binnig, H. Rohrer, C. Gerber, and E. Weibel, *Phys. Rev. Lett.* **50**, 120 (1983).

[38] A.N. Chaika and A.N. Myagkov, *J. Phys. Conf. Ser.* **100**, 012020 (2008).

[39] H.P. Lang, M. Hegner, E. Meyer, and Ch. Gerber, *Nanotechnology* **13**, R29 (2002).

[40] U. Hartmann, *Annu. Rev. Mater. Sci.* **29**, 53 (1999).

[41] A. Majumdar, *Annu. Rev. Mater. Sci.* **29**, 505 (1999).

[42] C.C. Williams, *Annu. Rev. Mater. Sci.* **29**, 471 (1999).

[43] M. Fujihira, *Annu. Rev. Mater. Sci.* **29**, 353 (1999).

[44] E. Betzig and J.K. Trautman, *Science* **257**, 189 (1992).

[45] R. Kopelman and W.H. Tan, *Appl. Spec. Rev.* **29**, 39 (1994).

[46] H. Heiselmann and D.W. Pohl, *Appl. Phys.* **A59**, 89 (1994).

[47] J.W.P. Hsu, *MRS Bull.* **22**, 27 (1997).

[48] P.F. Barbara, D.M. Adams, and D.B. O''Connor, *Annu. Rev. Mater. Sci.* **29**, 433 (1999).

[49] E. Betzig, J.K. Trautman, T.D. Harris, J.S. Weiner, and L. Kostelak, *Science* **251**, 1469

(1991).

[50] F. Zenhausern, Y. Martin, and H.K. Wickramasinghe, *Science* **269**, 1083 (1995).

[51] D.M. Young and A.D. Crowell, *Physical Adsorption of Gases, Butterworths, London, 1962.*

[52] C. Orr, Jr. and J.M. Dallavalle, *Fine Particle Measurement: Size, Surface, and Pore Volume,* MacMillan, New York, 1959

[53] G.M.Pajonk, *Appl. Cata.* **72**, 217 (1991).

[54] C.D. Volpe, S. Dire, and Z. Pagani, *J. Non-Cryst. Solids* **209**, 51 (1997).

[55] S. Brunauer, *The Adsorption of Gases and Vapors, Princeton University Press, Princeton, NJ, 1945.*

[56] J.R. Anderson, *Structure of Metallic Catalysts,* Academic Press, London, 1975.

[57] C. Fantini, A. Jorio, A.P. Santos, V.S.T. Peressinotto, and M.A. Pimenta, *Chem. Phys. Lett.* **439**, 138 (2007).

[58] A. Jorio *et al., Phys. Rev.* **B72**, 075207 (2005).

[59] C. Colvard, in *Encyclopedia of Materials Characterization,* eds. C.R. Brundle, C.A. Evans, Jr., and S. Wilson, Butterworth-Heinemann, Stoneham, MA, p. 373, 1992.

[60] C.R. Kagan, C.B. Murray, and M.G. Bawendi, *Phys. Rev.* **B54**, 8633 (1996).

[61] Al. L. Efros and M. Rosen, *Annu. Rev. Mater. Sci.* **30**, 475 (2000).

[62] W.B. White, in *Encyclopedia of Materials Characterization, eds. C.R. Brundle, C.A. Evans, Jr., and S. Wilson, Butterworth-Heinemann, Stoneham, MA, p. 428, 1992.*

[63] M. Orhring, *The Materials Science of Thin Films,* Academic Press, San Diego, CA, 1992.

[64] J.R. Bird and J.S. Williams (eds.), *Ion Beams for Materials Analysis,* Academic Press, San Diego, CA, 1989.

[65] A.W. Benninghoven, F.G. Rudenauer, and H.W. Werner, *Secondary Ion Mass Spectrometry -Basic Concepts, Instrumental Aspects, Applications and Trends,* Wiley, New York, 1987.

[66] P. Pawlow, *Z. Phys. Chem.* **65**, 1 (1909) and **65**, 545 (1909).

[67] K.J. Hanszen, *Z. Phys.* **157**, 523 (1960).

[68] Ph. Buffat and J-P. Borel, *Phys. Rev.* **A13**, 2287 (1976).

[69] C. Herring, *Structure and Properties of Solid Surfaces, University of Chicago, Chicago, IL, p. 24, 1952.*

[70] W.W. Mullins, *Metal Surfaces: Structure Energetics and Kinetics,* The American Society for Metals, Metals Park, OH, p. 28, 1962.

[71] S. Ino and S. Ogawa, *J. Phys. Soc. Jpn.* **22**, 1365 (1967).

[72] S. Ogawa and S. Ino, *J. Vac. Sci. Technol.* **6**, 527 (1969).

[73] N.T. Gladkich, R. Niedermayer, and K. Spiegel, *Phys. Stat. Sol.* **15**, 181 (1966).

[74] M. Blackman and A.E. Curzon, *Structure and Properties of Thin Films, Wiley, New York, 1959.*

[75] B.T. Boiko, A.T. Pugachev, and Y.M. Bratsykhin, *Sov. Phys. Sol. State* **10**, 2832 (1969).

[76] M. Takagi, *J. Phys. Soc. Jpn.* **9**, 359 (1954).

[77] R.E. Newnham, K.R. Udayakumar, and S. Trolier-McKinstry, in *Chemical Processing of Advanced Materials, eds. L.L. Hench and J.K. West, John Wiley and Sons, New York, p. 379, 1992.*

[78] K. Ishikawa, K. Yoshikawa, and N. Okada, *Phys. Rev.* **B37**, 5852 (1988).

[79] Q. Jiang, X.F. Cui, and M. Zhao, *Appl. Phys. A* **78**, 703 (2004).

[80] S. Link, C. Burda, M.B. Mohamed, B. Nikoobakht, and M.A. El-Sayed, *Phys. Rev.* **B61**, 6086 (2000).

[81] Y. Wu and P. Yang, *Appl. Phys. Lett.* **77**, 43 (2000).

[82] Y. Wu and P. Yang, *Adv. Mater.* **13**, 520 (2001).

[83] D. Quere, J.-M.D. Meglio, and F. Brochard-Wyart, *Science* **249**, 1256 (1990).

[84] G. Arlt, D. Hennings, and G. de With, *J. Appl. Phys.* **58**, 1619 (1985).

[85] C. Herring and J.K. Galt, *Phys. Rev.* **85**, 1060 (1952).

[86] V.G. Lyuttsau, Yu.M. Fishman, and I.L. Svetlov, *Sov. Phys. Crsytallogr.* **10**, 707 (1966).

[87] A. Nohara, *Jpn. J. Appl. Phys.* **21**, 1287 (1982).

[88] Z. Gyulai, *Z. Phys.* **138**, 317 (1954).

[89] S.S. Brenner, in *Growth and Perfection of Crystals, eds. R.H. Doremus, B.W. Roberts, and D. Turnbull, John Wiley and Sons, New York, p. 157, 1958.*

[90] P.D. Bayer and R.E. Cooper, *J. Mater. Sci.* **2**, 233 (1967).

[91] E.W. Wong, P.E. Sheehan, and C.M. Lieber, *Science* **277**, 1971 (1997).

[92] P.E. Marszalek, W.J. Greenleaf, H. Li, A.F. Oberhauser, and J.M. Fernandez,*PNAS* **97**,

6282 (2000).

[93] P. Poncharal, Z.L. Wang, D. Ugarte, and W.A. de Heer, *Science* **283**, 1513 (1999).

[94] E.O. Hall, *Proc. Phys. Soc. London* **64B**, 747 (1951).

[95] N.J. Petch, *J. Iron Steel Inst.* **174**, 25 (1953).

[96] C. Suryanarayana, D. Mukhopadhyay, S.N. Patankar, and F.H. Froes, *J. Mater. Res.* **7**, 2114 (1992).

[97] J.R. Weertman, M. Niedzielka, and C. Youngdhl, *Mechanical Properties and Deformation Behavior of Materials Having Ultra-Fine Microstructures, Kluwer, Boston, MA, p. 241, 1993.*

[98] G.E. Fougere, J.R. Weertman, and R.W. Siegel, *NanoStruct. Mater.* **3**, 379 (1993).

[99] R.W. Siegel, *Mater. Sci. Eng.* **A168**, 189 (1993).

[100] Y. Wang, M. Chen, F. Zhou, and E. Ma, *Nature* **419**, 912 (2003).

[101] R.Z. Valiev, I.V. Alexandrov, Y.T. Zhu, and T.C. Lowe, *J. Mater. Res.* **17**, 5 (2002).

[102] A.H. Chokshi, A. Rosen, J. Karch, and H. Gleiter, *Scripta Metallurgica* **23**, 1679 (1989).

[103] H. Hahn, P. Mondal, and K.A. Padmanabhan, *NanoStruct. Mater.* **9**, 603 (1997).

[104] J.E. Carsley, J. Ning, W.W. Milligan, S.A. Hackney, and E.C. Aifantis, *NanoStruct. Mater.* **5**, 441 (1995).

[105] D.A. Konstantinidis and E.C. Aifantis, *NanoStruct. Mater.* **10**, 1111 (1998).

[106] X.Y. Qin, X.J. Wu, and L.D. Zhang, *NanoStruct. Mater.* **5**, 101 (1995).

[107] A. Kumpmann, B. Günther, and H.D. Kunze, *Mechanical Properties and Deformation Behavior of Materials Having Ultra-Fine Microstructures, Kluwer, Boston, MA, p. 309, 1993.*

[108] J.C.S. Jang and C.C. Koch, *Scripta Metallurgica et Materialia* **24**, 1599 (1990)

[109] G.D. Hughes, S.D. Smith, C.S. Pande, H.R. Johnson, and R.W. Armstrong, *Scripta Metallurgica* **20**, 93 (1986).

[110] K.A. Padmanabhan, *Mater. Sci. Eng.* **A304**, 200 (2001).

[111] H. Höfler and R.S. Averback, *Scripta Metallurgica et Materialia* **24**, 2401 (1990).

[112] M.J. Mayo, R.W. Siegel, Y.X. Liao, and W.D. Nix, *J. Mater. Res.* **7**, 973 (1992).

[113] Y. Champion, C. Langlois, S. Guérin-Mailly, P. Langlois, J. Bonnentien, and M.J. Hÿtch, *Science* **300**, 310 (2003).

[114] M. Chen, E. Ma, K.J. Hemker, H. Sheng, Y. Wang, and X. Chen, *Science* **300**, 1275 (2003).

[115] M. Kerker, *The Scattering of Light and Other Electromagnetic Radiation, Academic Press, New York, 1969.*

[116] C.F. Bohren and D.R. Huffman, *Adsorption and Scattering of Light by Small Particles,* Wiley, New York, 1983.

[117] U. Kreibeg and M. Vollmer, *Optical Properties of Metal Clusters,* Vol. 25, Springer-Verlag, Berlin, 1995.

[118] S. Link and M.A. El-Sayed, *Int. Rev. Phys. Chem.* **19**, 409 (2000).

[119] G. Mie, *Am. Phys.* **25**, 377 (1908).

[120] S. Link and M.A. El-Sayed, *J. Phys. Chem.* **B103**, 4212 (1999).

[121] U. Kreibig and U. Genzel, *Surf. Sci.* **156**, 678 (1985).

[122] P. Mulvaney, *Langmuir* **12**, 788 (1996).

[123] S. Link and M.A. El-Sayed, *J. Phys. Chem.* **B103**, 8410 (1999).

[124] N.W. Ashcroft and N.D. Mermin, *Solid State Physics, Saunders College, Philadelphia, PA, 1976.*

[125] U. Kreibig and C. von Fragstein, *Z. Phys.* **224**, 307 (1969).

[126] U. Kreibig, *Z. Phys.* **234**, 307 (1970).

[127] R.H. Doremus, *Glass Science, 2nd edn., Wiley, New York, 1994.*

[128] R.H. Doremus, *J. Chem. Phys.* **40**, 2389 (1964).

[129] R.H. Doremus, *J. Chem. Phys.* **41**, 414 (1965).

[130] R.H. Doremus, S.C. Kao, and R. Garcia, *Appl. Opt.* **31**, 5773 (1992).

[131] M.A. El-Sayed, *Acc. Chem. Res.* **34**, 257 (2001).

[132] M.B. Mohamed, V. Volkov, S. Link, and M.A. El-Sayed, *Chem. Phys. Lett.* **317**, 517 (2000).

[133] A.I. Ekimov and A.A. Onushchenko, *Sov. Phys. Semicond.* **16**, 775 (1982).

[134] R. Rossetti, S. Nakahara, and L.E. Brus, *J. Chem. Phys.* **79**, 1086 (1983).

[135] A.P. Alivisatos, *J. Phys. Chem.* **100**, 13226 (1996).

[136] M.L. Chen, M.Y. Chou, W.D. Knight, and W.A. de Heer, *J. Phys. Chem.* **91**, 3141

(1987).

[137] C.R.C. Wang, S. Pollack, T.A. Dahlseid, G.M. Koretsky, and M. Kappes, *J. Chem. Phys.* **96**, 7931 (1992).

[138] A.J. Nozik and R. Memming, *J. Phys. Chem.* **100**, 13061 (1996).

[139] A.P. Alivisatos, *J. Phys. Chem.* **100**, 13226 (1996).

[140] Y. Wang and N. Herron, *J. Phys. Chem.* **95**, 525 (1991).

[141] L.E. Brus, *Appl. Phys.* **A53**, 465 (1991).

[142] D.D.D. Ma, C.S. Lee, F.C.K. Au, S.Y. Tong, and S.T. Lee, *Science* **299**, 1874 (2003).

[143] A.J. Read, R.J. Needs, K.J. Nash, L.T. Canham, P.D.J. Calcott, and A. Qteish, *Phys. Rev. Lett.* **69**, 1232 (1992).

[144] B. Delley and E.F. Steigmeier, *Appl. Phys. Lett.* **67**, 2370 (1995).

[145] J.A.A. Perenboom, P. Wyder, and P. Meier, *Phys. Rep.* **78**, 173 (1981).

[146] W.P. Halperin, *Rev. Mod. Phys.* **58**, 533 (1986).

[147] R. Kubo, A. Kawabata, and S. Kobayashi, *Annu. Rev. Mater. Sci.* **14**, 49 (1984).

[148] M.M. Alvarez, J.T. Kjoury, T.G. Schaaff, M.N. Shafigullin, I. Vezmarm, and R.L. Whetten, *J. Phys. Chem.* **B101**, 3706 (1997).

[149] X. Lu, T.T. Hanrath, K.P. Johnston, and B.A. Korgel, *Nano Lett.* **3**, 93 (2003).

[150] T.T. Hanrath and B.A. Korgel, *J. Am. Chem. Soc.* **124**, 1424 (2001).

[151] J.D. Holmes, K.P. Johston, R.C. Doty, and B.A. Korgel, *Science* **287**, 1471 (2000).

[152] J.F. Wang, M.S. Gudiksen, X.F. Duan, Y. Cui, and C.M. Lieber, *Science* **293**, 1455 (2001).

[153] M. Huang, S. Mao, H. Feick, H. Yan, Y. Wu, H. Kind, E. Weber, R. Russo, and P. Yang, *Science* **292**, 1897 (2001).

[154] Y. Xia, P. Yang, Y. Sun, Y. Wu, B. Mayers, B. Gates, Y. Yin, F. Kim, and H. Yan, *Adv. Mater.* **15**, 353 (2003).

[155] J.J. Thompson, *Proc. Cambridge Phil. Soc.* **11**, 120 (1901).

[156] K. Fuchs, *Proc. Cambridge Phil. Soc.* **34**, 100 (1938).

[157] E.H. Sondheimer, *Adv. Phys.* **1**, 1 (1951).

[158] M.J. Skove and E.P. Stillwell, *Appl. Phys. Lett.* **7**, 241 (1965).

[159] J.C. Hensel, R.T. Tung, J.M. Poate, and F.C. Unterwald, *Phys. Rev. Lett.* **54**, 1840 (1985).

[160] K. Ozawa, Y. Sakka, and M. Amano, *J. Sol-Gel Sci. Technol.* **19**, 595 (2000).

[161] K. Schwab, E.A. Henriksen, J.M. Worlock, and M.L. Roukes, *Nature* **404**, 974 (2000).

[162] A. Buldum, S. Ciraci, and C.Y. Fong, *J. Phys. Condens. Matter* **12**, 3349 (2000).

[163] S.G. Volz and G. Chen, *Appl. Phys. Lett.* **75**, 2056 (1999).

[164] Z. Zhang, X. Sun, M.S. Dresselhaus, and J.Y. Ying, *Phys. Rev.* **B61**, 4850 (2000).

[165] S.H. Choi, K.L. Wang, M.S. Leung, G.W. Stupian, N. Presser, B.A. Morgan, R.E. Robertson, M. Abraham, S.W. Chung, J.R. Heath, S.L. Cho, and J.B. Ketterson, *J. Vac. Sci. Technol.* **A18**, 1326 (2000).

[166] Y. Cui and C.M. Lieber, *Science* **291**, 851 (2001).

[167] Y. Wang, X. Duan, Y. Cui, and C.M. Lieber, *Nano Lett.* **2**, 101 (2002).

[168] S.W. Chung, J.Y. Yu, and J.R. Heath, *Appl. Phys. Lett.* **76**, 2068 (2000).

[169] S. Datta, *Electronic Transport in Mesoscopic Systems, Cambridge University Press, Cambridge, 1995.*

[170] D.K. Ferry, H.L. Grubin, C.L. Jacoboni, and A.P. Jauho (eds.), *Quantum Transport in Ultrasmall Devices,* Plenum Press, New York, 1994.

[171] B.J. van Wees, H. van Houten, C.W.J. Beenakker, J.G. Williamson, L.P. Kouwenhoven, D. van der Marel, and *C.T. Foxon, Phys. Rev. Lett.* **60**, 848 (1988).

[172] D.P.E. Smith, *Science* **269**, 371 (1995).

[173] D.S. Fisher and P.A. Lee, *Phys. Rev.* **B23**, 6851 (1981).

[174] H. van Houten and C. Beenakker, *Phys. Today, p. 22, 22 July 1996.*

[175] R. Landauer, *Philos. Mag.* **21**, 863 (1970).

[176] W.A. de Heer, S. Frank, and D. Ugarte, *Z. Phys.* **B104**, 468 (1997).

[177] S. Frank, P. Poncharal, Z.L. Wang, and W.A. de Heer, *Science* **280**, 1744 (1998).

[178] H. Grabert and M.H. Devoret (eds.), *Single Charge Tunneling, Plenum, New York, 1992.*

[179] D.L. Feldheim and C.D. Keating, *Chem. Soc. Rev.* **27**, 1 (1998).

[180] M.A. Kastner, *Phys. Today* **46**, 24 (1993).

[181] H. Grabert, in *Single Charge Tunneling, eds. M.H. Devoret and H. Grabert, Plenum, New York, p. 1, 1992.*

[182] D.L. Klein, P.L. McEuen, J.E.B. Katari, R. Roth, and A.P. Alivisatos, *Appl. Phys. Lett.* **68**, 2574 (1996).

[183] C.T. Black, D.C. Ralph, and M. Tinkham, *Phys. Rev. Lett.* **76**, 688 (1996).

[184] R.S. Ingram, M.J. Hostetler, R.W. Murray, T.G. Schaaff, J.T. Khoury, R.L. Whetten, T.P. Bigioni, D.K. Guthrie, and P.N. First, *J. Am. Chem. Soc.* **119**, 9279 (1997).

[185] S.J. Tans, M.H. Devoret, H.J. Dai, A. Thess, R.E. Smalley, L.J. Geerligs, and C. Dekker, *Nature* **386**, 474 (1997).

[186] T.A. Fulton and D.J. Dolan, *Phys. Rev. Lett.* **59**, 109 (1987).

[187] T. Sato, H. Ahmed, D. Brown, and B.F.G. Johnson, *J. Appl. Phys.* **82**, 696 (1997).

[188] H. Kuhn, *J. Photochem.* **10**, 111 (1979).

[189] Z. Cai, J. Lei, W. Liang, V. Menon, and C.R. Martin, *Chem. Mater.* **3**, 960 (1991).

[190] F. Jona and G. Shirane, *Ferroelectric Crystals, Dover Pub. Inc., New York, 1993.*

[191] J.F. Scott and C.A. de Araujo, *Science* **246**, 1400 (1989).

[192] O. Auciello, J.F. Scott, and R. Ramesh, *Phys. Today* **51**, 22 (1998).

[193] L.E. Cross and S. Trolier-McKinstry, *Encycl. Appl. Phys.* **21**, 429 (1997).

[194] D.L. Polla and L.F. Francis, *Mater. Res. Soc. Bull.* **21**, 59 (1996).

[195] K. Binder, *Ferroelectrics* **35**, 99 (1981).

[196] R.R. Mehta, B.D. Silverman, and J.T. Jacobs, *J. Appl. Phys.* **44**, 3379 (1973).

[197] I.P. Batra, P. Würfel, and B.D. Silverman, *Phys. Rev. Lett.* **30**, 384 (1973).

[198] I.P. Batra, P. Würfel, and B.D. Silverman, *Phys. Rev.* **B8**, 3257 (1973).

[199] R. Kretschmer and K. Binder, *Phys. Rev.* **B20**, 1065 (1979).

[200] A.J. Bell and A.J. Moulson, *Ferroelectrics* **54**, 147 (1984).

[201] K. Binder, *Ferroelectrics* **73**, 43 (1987).

[202] V.V. Kuleshov, M.G. Radchenko, V.P. Dudkevich, and Eu.G. Fesenko, *Cryst. Res. Technol.* **18**, K56 (1983).

[203] P. Würfel and I.P. Batra, *Ferroelectrics* **12**, 55 (1976).

[204] T. Kanata, T. Yoshikawa, and K. Kubota, *Solid State Commun.* **62**, 765 (1987).

[205] A. Roelofs, T. Schneller, K. Szot, and R. Waser, *Nanotechnology* **14**, 250 (2003).

[206] T.M. Shaw, S. Trolier-McKinstry, and P.C. McIntyre, *Annu. Rev. Mater. Sci.* **30**, 263 (2000).

[207] R.E. Newnham, K.R. Udayakumar, and S. Trolier-McKinstry, in *Chemical Porcessing of Advanced Materials, eds. L.L. Hench and J.K. West, John Wiley and Sons, New York, p. 379, 1992.*

[208] K. Ishikawa, K. Yoshikawa, and N. Okada, *Phys. Rev.* **B37**, 5852 (1988).

[209] W. Kanzig, *Phys. Rev.* **98**, 549 (1955).

[210] R. Bachmann and K. Barner, *Solid State Commun.* **68**, 865 (1988).

[211] G. Arlt and N.A. Pertsev, *J. Appl. Phys.* **70**, 2283 (1991).

[212] J.P. Bucher, D.C. Douglass, and L.A. Bloomfield, *Phys. Rev. Lett.* **66**, 3052 (1991).

[213] C.P. Bean and J.D. Livingston, *J. Appl. Phys.* **30**, 120S (1959).

[214] J. Frankel and J. Dorfman, *Nature* **126**, 274 (1930).

[215] C. Kittel, *Phys. Rev.* **70**, 965 (1946).

[216] W. Heukelom, J.J. Broeder, and L.L. van Reijen, *J. Chim. Phys.* **51**, 474 (1954).

[217] C.P. Bean and I.S. Jacobs, *J. Appl. Phys.* **27**, 1448 (1956).

[218] P.W. Selwood, *Chemisorption and Magnetization, Academic Press, New York, 1975.*

Chapter 9

나노재료의 응용

Nanostructures and Nanomaterials

9.1 서론

나노기술은 전자공학, 광통신, 그리고 생명 시스템에서 신소재까지 대단히 광범위한 응용 가능성을 제공한다. 가능한 많은 응용들이 탐구되었으며 많은 소자와 시스템들이 연구되었다. 문헌에서는 유망한 응용과 새로운 소자들이 더 많이 제시되고 있다. 지금까지 연구된 모든 소자와 응용을 요약하는 것은 명백히 불가능하고 새로운 응용과 소자를 예측하는 것도 불가능하다. 이 장은 나노구조체와 나노재료의 소자 제작과 응용의 가능성을 예시하는 몇 가지 예들을 제시할 뿐이다. 상이한 분야들에서의 나노기술의 응용은 확연히 다른 요구사항들이 존재하고, 그래서 상이한 접근법들을 필요로 하는 매우 다른 난제들을 직면한다는 것을 인식하는 것은 흥미롭다. 예를 들면, 의학 또는 나노의학에서의 응용에 대한 주요한 난제는 '소형화'이다. 조직을 분석하기 위한 새로운 장비들은 문자 그대로 분자 수준까지 내려가고, 세포보다 작은 센서는 진행 중인 기능을 관찰할 수 있게 하며, 그리고 소형 기계는 인체 내에서 순환하며 병원체를 추적하고 화학적 독물을 중화시킬 필요가 있다.[1]

나노구조체와 나노재료의 응용은 (1) 나노 크기 재료의 독특한 물리적 특성 예를 들면, 유리를 착색하기 위한 무기 염료와 저온 촉매로 사용되는 Au 나노입자, (2) 거대한 표면적, 예를 들면, 광전기화학 전지용 메조포러스 티타니아와 다양한 센서용 나노입자, (3) 부가적인 조작 가능성과 다중의 기능성을 수용할 수 있는 여지를 제공하는 작은 크기에서 비롯된다. 다양한 응용을 위해 신소재와 새로운 특성이 도입된다. 예를 들면, 다양한 유기 분자들이 센서 같은 전자 소자들에 혼입되고 있다.[2] 이 장에서는 나노구조체와 나노재료의 매우 다양한 응용을 예시하기 위해 지금까지 탐구된 몇 가지 사례를 제공할 작정이다. 이 장에서 지금까지 연구되거나 예증된 모든 사례를 다루는 것은 불가능하며, 더 많은 응용들이 혁신되고 있는 중이다.

9.2 분자전자공학과 나노전자공학

분자전자공학과 나노전자공학 분야에서 지금까지 엄청난 노력과 진보가 이루어졌다.[3-12] 분자전자공학에서는 단일한 분자가 전자 수송을 제어할 수 있을 것으로 예상된다. 이것은 전자 소자에 대한 대단히 다양한 분자 기능을 탐구할 유망한 가능성을 제공하고, [그림 9.1]에서 도식적으로 나타내었듯이, 현재 분자를 작동 회로로 세공할 수 있다.[3] 분자가 생물학적 활성을 갖춘 분자라면 생물전자 소자가 개발될 것이다.[2,13] 분자전자공학에서 통상적인 반도체 표면 및 금속 표면에서의 전자 에너지 준위에 대한 제어는 더 일반적으로 사용되는 이상적인 분자 단층들 대신에 조잡하게 조직된 부분적인 분자 단층들을 고체 표면 위에 조립함으로써 달성된다. 일단 그런 표면들이 계면이 되면, 이 층들은 분자들의 전기적 단극자 및 쌍극자 효과에 기반을 두고 최종 소자에 대해 전기역학적인 제어가 아니라 정전기적 제어를 실행한다. 그러므로 유기 분자들을 혼입함으로써, 분자들을 관통하는 전류 흐름이 없는 전자 수송 소자들을 제작할 수 있다.

가장 단순한 분자전자공학 소자는 독특한 분자 특성을 전기 신호로 변환시키는 센서이다. 1970년대 초에 게이트가 액체 전해질 속에 잠겨 있고 분자 인식용 분자 활성층을 갖춘 전계 효과 트랜지스터(FET) 구조를 사용하는 센서가 보고되었다.[14] FET의 절연체 표면 위에 선택 막이 삽입되어 절연체 표면에서 표

[그림 9.1] 실제 분자 칩 제작은 여전히 큰 난제이지만, 현재 분자들을 작동 회로로 세공할 수 있다는 것을 보여주는 모식도 [R.F. Service, Science 293, 782 (2001).]

면 쌍극자층의 구성과 특정한 분석 대상물 이온들의 확산이 가능해진다. 그런 표면 쌍극자는 절연체 표면의 전기 퍼텐셜을 변화시켜서 전류가 소자를 관통할 수 있게 된다. 그런 소자들은 이온 선택성 FET(ISFET) 또는 화학적 FET(CHEMFET)로도 알려져 있다.[2,15,16] 금속 나노입자들에 부착된 박막은 유기물 증기가 존재할 때 자체의 전기 전도도를 빠르게 그리고 반복적으로 변화시키는 것으로 밝혀졌는데, 이것은 새로운 가스 센서의 개발에 활용되었다.[17,18] 금속 나노입자들 위에 형성된 단층은 유기물 증기를 가역적으로 흡착하고 탈착할 수 있어 단층 두께의 확대와 축소를 초래하고, 금속 핵심들 사이의 거리를 변화시킨다. 단층을 관통하는 전자 깡충 뛰기(hopping) 전도도는 그 거리에 민감하게 의존하기 때문에 유기물 증기의 흡착은 그 거리를 증가시켜 전기 전도도의 급격한 감소를 초래한다.

지금까지 다양한 나노 크기 전자 소자들이 예증되었다. 터널링 접합,[19-21] 음성 미분 저항(NDR, negative differential resistance) 소자,[22] 전기적으로 설정 가능한 스위치,[23,24] 탄소 나노튜브 트랜지스터,[25,26] 그리고 단분자 트랜지스터[27,28] 등이 있다. 또한 소자들이 함께 결합되어 기본 메모리[23,24,29]와 논리

함수[30-33] 같은 단일한 기능을 수행할 수 있는 회로를 구성했다. 초고밀도 나노선 격자와 금속 및 반도체 나노선으로 이루어진 회로도 예증되었다.[34] 나노전자공학에 기반을 둔 컴퓨터 구조(나노컴퓨터로도 알려져 있는)도 매우 제한적이었지만 연구되었다.[35,36] 집속 이온빔(FIB),[37-39] 전자선 리소그래피,[34,40] 그리고 임프린트 리소그래피[33] 같은 다양한 공정 기법들이 나노전자공학 소자를 제작하는 데 적용되었다. 그런 소자들의 개발을 방해하는 주요한 걸림돌은 나노입자와 분자 같은 나노미터 크기의 물체, 분자 진동, 강건함, 그리고 빈약한 전기 전도도가 포함된다.

자체의 표면화학과 균일한 크기 덕분에 Au 나노입자는 나노전자공학과 분자전자공학에 널리 사용되었다. 예를 들면, Au 나노입자는 다양한 기능성 유기분자 또는 생물 성분들을 부착함으로써 다양한 기능성을 공급하는 나르개 운반체로 작동한다.[41] 또한 Au 나노입자는 센서와 검출기에 응용하기 위한 나노크기 전자공학 소자를 구성할 때 상이한 기능들을 결합하는 매개물로도 작동한다. Au 나노입자와 Au_{55} 클러스터에 기반을 둔 다양한 전자 소자들이 탐색되었다.[42-44] 특히, 겨우 수 나노미터 떨어진 두 전극 사이의 간극에 이상적으로 단 하나의 나노입자만 포함하는 시스템들에 대해 단전자 트랜지스터 작용이 예증되었다. 중간에 놓인 이 금속 입자는 자체의 대단히 작은 전기용량 때문에 쿨롱 차단과 단전자 전자 충전 효과를 나타낸다. 또한 그것은 제3의 단자와 독립적으로 접촉되면 게이트로도 작동할 수 있다. 산화환원 활성을 갖춘 비올로겐(viologen) 부분을 포함하는 소수의 디티올(dithiol) 분자들로 덮인 단일한 Au 입자로 구성된, 전기화학적으로 접촉 가능한 나노 스위치가 예증되었는데, 금 기판과 Au 나노입자 사이의 전자 전송은 비올로겐의 산화환원 상태에 강하게 의존했다.[45]

또한 상이한 동소체들의 반도성 거동 때문에 단일벽 탄소 나노튜브는 나노전자공학 소자용으로 심도 있게 연구되었다.[46] 단일벽 탄소 나노튜브 나노전자공학 소자의 사례들은 단전자 트랜지스터,[47-49] 전계 효과 트랜지스터,[30,50,51]

센서,[52,53] 회로,[54] 그리고 분자전자공학 연장통이[55] 있다. 탄소 나노튜브는 액튜에이터,[56,57] 센서,[58,59] 그리고 갈륨으로 채워진 다중벽 탄소 나노튜브로 제작된 온도계[60] 같은 다른 다양한 응용에 대해서 탐구되었다.

9.3 나노봇

매우 유망하고 빠르게 성장하고 있는 나노기술 응용 분야는 일반적으로 흔히 나노의학으로 불리는 의료 실천 분야이다. 나노의학의 매력적인 한 응용은 치료법과 진단법을 개선하기 위한 나노 크기 소자들의 창출이다. 그런 나노 크기 소자들은 나노로봇 또는 더 간단히 나노봇(nanobot)으로 알려져 있다.[61] 이런 나노봇은 치료제 전달용 운반, 초기 질병의 검출기 또는 감시기 그리고 아마도 대사 또는 유전 결함의 수리기 역할을 수행할 수 있는 잠재력이 있다. 통상적인 또는 거시적인 로봇과 유사하게 나노봇은 특정한 기능을 수행하도록 프로그램되어 원격 조정될 것이지만, 크기가 훨씬 더 작아서 인체 내를 돌아다니면서 필요한 기능들을 수행할 수 있다. 그런 소자들은 1986년에 「창조의 엔진(Engines of Creation)」이라는 책에서 드렉슬러(Drexler)에 의해 최초로 서술되었다.[62]

하버제틀(Haberzettl)은[61] 의료 행위에서 나노봇이 무엇을 할지 서술했는데, 이것은 아래에서 간략히 요약된다. 의학에 적용되는 나노봇은 인체 내에서 암세포 또는 침입 바이러스 같은 표적을 추적하여 그 표적을 치료하기 위한 어떤 기능을 수행할 수 있을 것이다. 나노봇에 의해 수행되는 치료는 국소 영역에 약물을 배출하는 것일 수도 있으며, 일반화된 약물 치료의 잠재적인 부작용을 최소화하거나, 또는 약물이 과녁과 결합하여 더 이상 활성화하지 못하게 한다. 예를 들면, 바이러스가 세포를 감염하지 못하게 막을 수도 있을 것이다. 게다가 미래에는 기술이 더 성숙해지고 정교해짐에 따라 유전자 대체, 조직 재생, 또는 나노수술(nanosurgery)이 모두 가능할 것이다.

그런 유능하고 정교한 나노봇은 아직 실현되지 않았지만, 실험실에서는 상당히 단순화된 나노봇의 다양한 기능을 탐구하며 시험하고 있다. 또한 나노봇이 거시적 로봇의 통상적인 접근법을 취하지 않을 것이라고 주장하고 있다. 다음과 같은 사례들이 있다.

(1) 나르개로 알려져 있는, 하중을 나르기 위한 아키텍처 또는 구조. 지금까지 다양한 하중을 나르기 위한 구조 또는 운반체로서 세 집단의 나노 크기 재료들이 널리 연구되었다. 첫 번째 집단은 탄소 나노튜브 또는 버키볼이고, 두 번째 집단은 다양한 덴드리머(dendrimer)이며, 세 번째 집단은 다양한 나노입자와 나노결정이다.

(2) 나노봇을 원하는 작업 현장으로 유도하기 위한 목표 설정 메커니즘. 채택될 가능성이 가장 높은 메커니즘은 항원 또는 항체 상호 작용, 또는 목표 분자를 막으로 둘러싸인 수용체에 결합시키는 것에 기반을 두고 있다. 나노봇을 위한 항해 체계는 인체가 사용하는 것과 동일한 방법을 사용할 가능성이 가장 높을 것인데, 나노봇은 흐름을 타고 가서 자체 목표에 이르렀을 때 '닻을 내린다.'

(3) 통신과 정보 처리. 단분자 전자공학은 온오프의 간단한 스위치 기능을 제공할 것이고, 광 표지(optical labelling)는 더 쉽게 실현될 것이다.

(4) 인체로부터 나노봇을 회수하는 것. 인체로부터 나노봇을 회수하는 것은 나노봇 발달에 있어서 또 하나의 난제일 것이다. 대부분의 나노봇은 대사와 분비의 자연적 메커니즘을 통해 인체에서 제거될 수 있다. 인산칼슘 같은 생분해성 물질 또는 자연적으로 생성되는 물질로 만들어진 나노소자는 다른 한 유익한 접근법일 것이다. 원하는 기능을 수행한 후에 수집하여 제거할 수 있는 '귀소' 나노봇이 이상적일 것이다. 나노봇의 가능한 부정적 효과는 오염과 인체 메커니즘의 방해가 있으며, 어떤 기능을 잃거나 고장이 나면 나노봇은 '통제 불능' 상태가 될 것이다.

9.4 나노입자의 생물학적 응용

콜로이드 나노결정의 생물학적 응용은 뛰어난 소개 논문에 요약되어 있는데, 다음의 글은 주로 이 논문에 기반을 두고 있다.[63] 나노기술의 중요한 한 분야는 나노생명공학이다. 나노생명공학은 (1) 생물학과 의학에서 대단히 정교한 관찰 기구, 기계 또는 재료로 나노구조체를 사용하는 것과 (2) 나노 크기구조체를 조립하는 데 생물 분자들을 사용하는 것을 포함한다.[63] 이어지는 글은 콜로이드 나노결정의 중요한 생물학적 응용들 가운데 하나, 즉 분자 인식(molecular recognition)을 간단히 서술할 것이다. 그런데 나노기술의 생물학적 응용은 훨씬 더 많이 존재한다.[64-66]

분자 인식은 다양한 생물 분자들의 가장 매혹적인 역량들 가운데 하나이다.[67,68] 몇몇 생물 분자들은 대단히 높은 선택성과 특정성을 갖추고서 다른 분자들을 인식하여 결합할 수 있다. 분자 인식 응용을 위해서는 수용체로 항체와 올리고뉴클레오티드(oligonucleotide)가 널리 사용된다. 고등 유기체의 면역 체계에 의해 만들어지는 단백질 분자인 항체는 바이러스를 유해한 침입자 또는 항원으로 인식하여 그 바이러스가 면역 체계의 다른 부분들에 의해 파괴될 수 있는 방식으로 결합한다.[67] 단일한 선의 디옥시리보핵산(DNA)으로 알려져 있는 올리고뉴클레오티드는 뉴클레오티드들의 선형 사슬로 당 뼈대와 염기로 구성되어 있다. 네 가지 상이한 염기, 즉 아데닌(A, adenine), 시토신(C, cytosine), 구아닌(G, guanine), 그리고 티민(T, thymine)이 있다.[67] 올리고뉴클레오티드의 분자 인식 능력은 두 가지 특성에서 비롯된다. 하나는 각 올리고뉴클레오티드가 염기 서열에 의해 규정된다는 것이고, 다른 하나는 염기 A는 오직 T와 결합하며 C는 오직 G와 결합한다는 것이다. 이런 이유 때문에 올리고뉴클레오티드의 결합이 대단히 선택적이고 특정적인 것이 된다.

항체와 올리고뉴클레오티드는 일반적으로 (1) Au 나노입자에 대한 티올-금 결합[69,70] (2) 이작용기성(bifunctional) 가교제 분자들을 활용한 실란화 나노결정과의 공유성 연결[71-73] (3) 입자 표면에 아비딘(avidin)이 흡착되는 비오틴

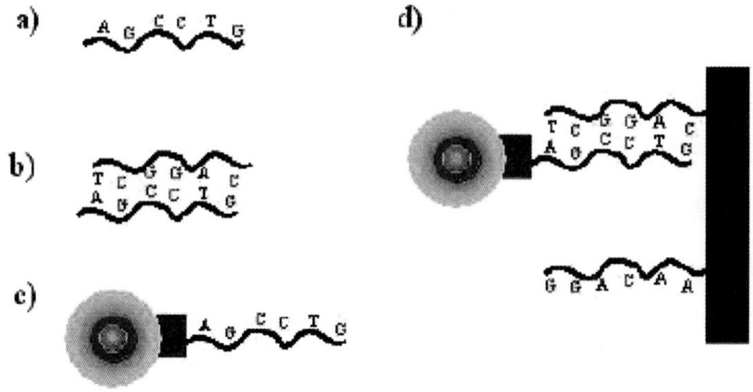

[그림 9.2] 나노 크기 대상물들을 배치하는 분자 주형으로서의 DNA. (a) 여섯 개의 염기로 이루어진 올리고뉴클레오티드(A, G, C, C, T, G). (b) 상보적 올리고뉴클레오티드에 결합된 올리고뉴클레오티드(AGCCTG). (c) 실레인화 CdSe/ZnS 나노결정과 여섯 개의 염기로 이루어진 올리고뉴클레오티드 사이에 형성된 접합. (d) 나노결정-올리고뉴클레오티드 접합은 표면 위에 고착되어 있는 상보적 서열을 갖춘 올리고뉴클레오티드와는 결합하지만, 다른 서열을 갖춘 올리고뉴클레오티드와는 결합하지 않는다. [W.J. Parak, D. Gerion, T. Pellegrino, D. Zanchet, C. Micheel, S.C. Williams, R. Boudreau, M.A. Le Gros, C.A. Larabell, and A.P. Alivisatos, Nanotechnology 14, R15 (2003).]

(biotin)-아비딘 연결을[74,75] 통해서 나노결정의 표면에 부착된다. 나노결정이 수용체 분자들에 부착되거나 접합될 때 그것은 '꼬리표가 붙게 된다.' 이제 수용체와 접합된 나노결정은 [그림 9.2]에 도식적으로 나타내었듯이 수용체의 분자 인식에 '딱 맞는' 리간드 분자들이 존재하는 위치에 결합하도록 '정향'될 수 있다.[76] 이것은 분자 표지를 비롯한 일단의 응용들을 촉진한다.[63,77-79] 예를 들면, Au 나노입자들이 응집할 때 심홍색에서 청색으로의 색깔 변화가 관찰되는데, 이 현상은 매우 민감한 DNA 비색(colorimetric) 분석 방법을 개발하는 데 활용되었다.[80] 그런 소자들은 특수한 미량의 올리고뉴클레오티드 서열을 검출하여 완전히 상보적인 DNA 서열들과 상이한 정도의 염기쌍 불일치를 나타내는 것들을 구별할 수 있다.

9.5 Au 나노입자에 의한 촉매

벌크 금은 화학적으로 불활성이어서 촉매로써 활성적이거나 유용하지 않다고 간주되었다.[81,82] 그런데 하루타(Haruta)가 처음 예증했듯이, Au 나노입자는 우수한 촉매 특성을 나타낼 수 있다.[83] 예를 들면, 표면이 깨끗한 Au 나노입자는 Fe_2O_3, NiO, MnO_2, γ-알루미나,[84] 그리고 티타니아[85,86] 같은 부분적으로 반응성이 있는 산화물 위에 증착되면 일산화탄소의 산화에 있어서 대단히 활성적인 것으로 예증되었다. [그림 9.3]은 $CO:O_2$ 반응 전에 제작된 $TiO_2(110)-(1\times1)$ 기판 위 Au 나노입자들의 STM 이미지를 보여준다. Au 덮임율은 0.25 ML이고, 시편은 850 K에서 2분 동안 열처리 공정을 거쳤다. 이미지의 크기는 50 nm×50 nm이다.[85] 또한 Au 나노입자는 탄화수소의 부분적 산화, 불포화 탄화수소의 수소화, 그리고 질소산화물의 환원에 대해서 특별히 높은 활성을 나타낸다.[83]

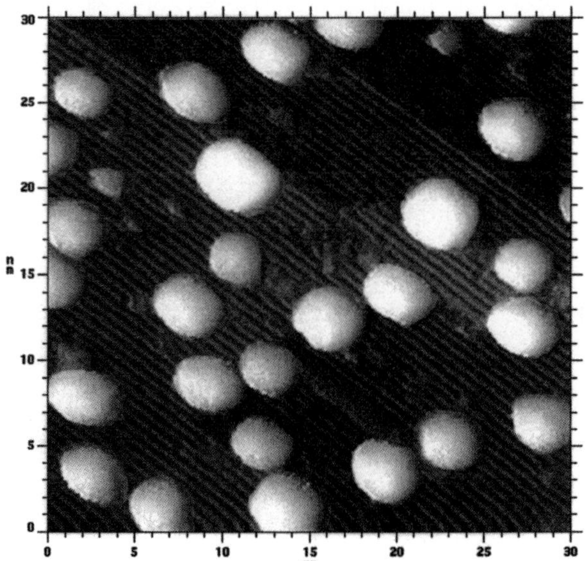

[그림 9.3] $CO:O_2$ 반응 전에 제작된 $TiO_2(110)-(1\times1)$ 기판 위 Au 나노입자들의 STM 이미지. Au 덮임율은 0.25 ML이고, 시편은 850 K에서 2분 동안 열처리 공정을 거쳤다. 이미지의 크기는 30×30 nm^2이다. [텍사스 A&M 대학의 D. 웨인 굿맨(D. Wayne Goodman) 교수에게 감사한다. 상세한 정보는 M. Valden, X. Lai, and D.W. Goodman, Science 281, 1647 (1998)에서 볼 수 있다.]

Au 나노입자의 우수한 촉매 특성은 크기 효과와 개별 Au 원자의 특별한 특성의 조합이다. Au 원자의 특별한 특성의 원인은 $6s^2$ 전자쌍을 안정시키는 이른바 상대론적 효과이다.[81,87] 상대론적 효과는 아래에서 간략히 서술된다. 원자 번호가 커짐에 따라 핵의 질량도 커진다. 최내각 $1s^2$ 전자들의 속도는 자체의 위치를 유지하기 위해 증가해야 하며, 금의 경우에는 빛 속도의 60% 속도에 이른다. 질량에 미치는 상대론적 효과는 1s 궤도함수의 축소를 초래한다. 그 다음에 모든 외각의 s 궤도함수들은 동조하여 축소되어야 하지만, p 전자와 d 전자들은 영향을 훨씬 작게 받는다. 결과적으로 $6s^2$ 전자쌍이 축소되고 안정화되는데 Au의 실제 크기는 상대론적 효과가 없을 때의 크기보다 ~15% 더 작다. 그러므로 촉매 특성을 비롯한 금의 화학 대부분은 5d 전자들의 높은 에너지와 반응성에 의해 결정된다. 이런 상대론적 효과가 금이 그것의 이웃 원소들과 매우 다른 이유를 설명한다. Au 입자의 높은 산화 활성에 대한 본질적인 요구 조건에는 작은 입자 크기(4 nm 이하의),[88] '반응성' 지지대의 사용, 그리고 지지대와 밀접하게 접촉하는 데 필요한 입자 크기를 달성하는 제작 방법이 포함된다. Au 나노입자의 크기가 충분히 작아짐에 따라 (1) 표면 원자들의 비율이 증가하고 (2) 띠구조는 약화되어서 그런 작은 입자의 표면 원자들은 더욱더 개별 원자처럼 거동하고, 원자의 더 많은 부분이 지지대와 접촉하게 되며 금속의 단위 질량당 표면 길이는 증가한다.

티올 안정화 Au 나노입자도 촉매 응용에 활용되었다. 예를 들면, 비대칭적 디하이드록시화 반응,[89] 카르복실산 에스테르 분해,[90] 안트라퀴논 기능성 Au 입자에 의한 전기촉매 환원,[91] 그리고 고리 열림 상호 교환 중합 반응이 있다.[92] 앞에서 언급한 촉매 응용은 나노구조의 깨끗한 금속표면의 잠재적 촉매 활성 대신에 리간드 껍질의 주의 깊게 설계된 화학적 기능성에 기반을 두고 있음을 인식해야 한다.

9.6 띠간격 공학 양자 소자

띠간격 공학은 특별한 전자 수송 효과와 광학적 효과, 그리고 새로운 소자를 만들어내려는 의도로 수행되는 띠간격의 합성 맞춤을 가리키는 일반 용어이다.

9.6.1 양자우물 소자

지난 이십 년 동안 III-V족 반도체에 기반을 둔 단일 또는 다중 양자우물을 활성 영역으로 사용하여 제작된 레이저가 널리 연구되었다. 양자우물 레이저는 통상적인 이중 이종구조 레이저에 비해 더 낮은 문턱 전류와 더 낮은 스펙트럼 너비와 함께 성능 향상을 나타낸다. 양자우물 덕분에 장벽과 피복층(cladding layer) 조성 및 너비의 독립적인 변화 가능성이 존재하게 되고, 광 구속과 전기 주입을 개별적으로 결정할 수 있게 된다. 양자우물 레이저는 GaAs/AlGaAs 물질 체계를 사용하여 최초로 제작되었으며,[95,96] [그림 9.4]는 레이저 성능을 최적화하는 데 사용되는 상이한 유형들의 양자우물 구조에 대한 에너지 띠 모식도를 보여준다.[97] 단일 양자우물 레이저와 다중 양자우물 레이저 사이의 주요한 차이점들 가운데 하나는 전자의 경우에 광 방식의 구속 인자가 상당히 더 작다는 점이다. 이런 이유 때문에 단일 양자우물 레이저의 경우에 문턱 나르개 밀도와 전류 밀도가 더 높다. 그런데 단일 양자우물 레이저의 구속 인자는 굴절형(graded-index) 피복 구조를 사용하여 상당히 증가시킬 수 있다.[98] InGaAsP/InP가 양자우물 레이저 제작에 사용되는 다른 한 물질 체계이다.[99,100] InGaAsN/GaAs 양자우물도 또 하나의 예다.[101] 지금까지 변형이 탐구되었고 양자우물 레이저에 도입된 까닭은 변형이 띠구조 매개 변수들을 상당히 변화시킴으로써 오제 재조합, 작은 처프(chirp), 그리고 높은 띠 폭에서 비롯되는 더 우수한 고온 성능 같은 여러 바람직한 특징들을 산출하기 때문이다.[97] 다른 양자우물 광소자들도 널리 연구되었는데, 이것들에는 양자우물 전자흡수 변조기 및 전기광학 변조기, 양자우물 적외선 광 검출기, 사태 광 다이오드, 그리고 광 스위칭 및 논리 소자들이 포함된다.

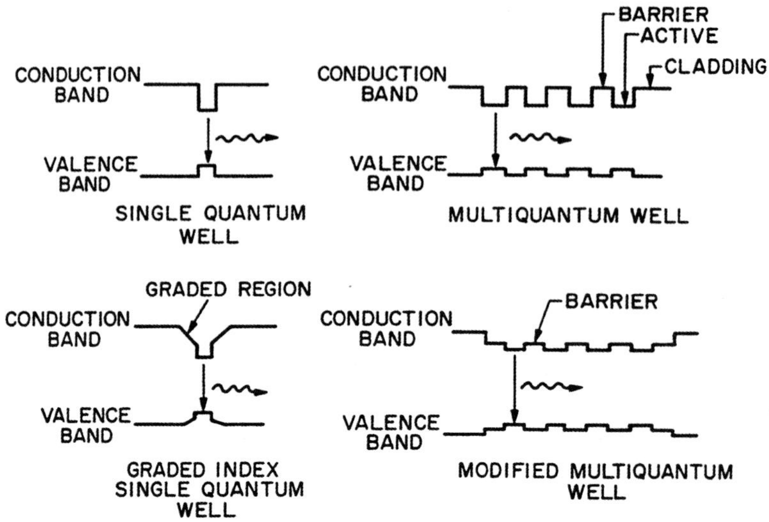

[그림 9.4] 레이저 성능 최적화에 사용되는 상이한 유형들의 양자우물 구조에 대한 에너지 띠 모식도 [P.K. Bhattacharya and N.K. Dutta, Annu. Rev. Mater. Sci. 23, 79 (1993).]

청록색 발광 다이오드(LED)는 넓은 띠간격 II–VI족 반도체재료의 나노구조체에 기반을 두고 개발되었다.[102] 그런 소자들은 높은 내부 복사 효율을 얻기 위해 양자우물 이종구조 배치와 에너지 띠간격을 직접적으로 활용한다. ZnSe 기반 재료와[103,104] ZnTe 기반 재료의[105] 나노구조체 또는 양자우물 구조에 기반을 두고 짧은 가시광선 파장의 다양한 LED가 제작되었다.

청록색 레이저는 [그림 9.5]에서 소묘된 배치를[102] 채용한 p–n 주입 다이오드에서 처음 예증되었다.[106,107] 이 구조에서는 ZnSe층을 갖춘 광 도파로 영역에 대한 피복층으로 Zn(S, Se) 삼원계층이 도입되었고, (Zn,Cd)Se 양자우물에 대한 전자 장벽을 제공한다. 앞의 구조로부터 재료와 구조 설계를 개선하는 데 많은 노력이 이루어졌다.[108,109] 전형적인 청록색 레이저는 상온에서 연속적으로 작동하며, 실제 구조에 따라 463에서 514 nm에 이르는 파장의 상당한 출력을 방출한다. 다양한 레이저구조는 (Zn,Mg)(Se,S)와 Zn(Se,S) 피복층과 (Zn,Cd)Se 양자우물 구조로 이루어져 있으며, Zn(Se,Te)이라는 유사 합금 위 Au 금속으로 구성된 등급 오믹 접촉(graded ohmic contact)을 갖는다.

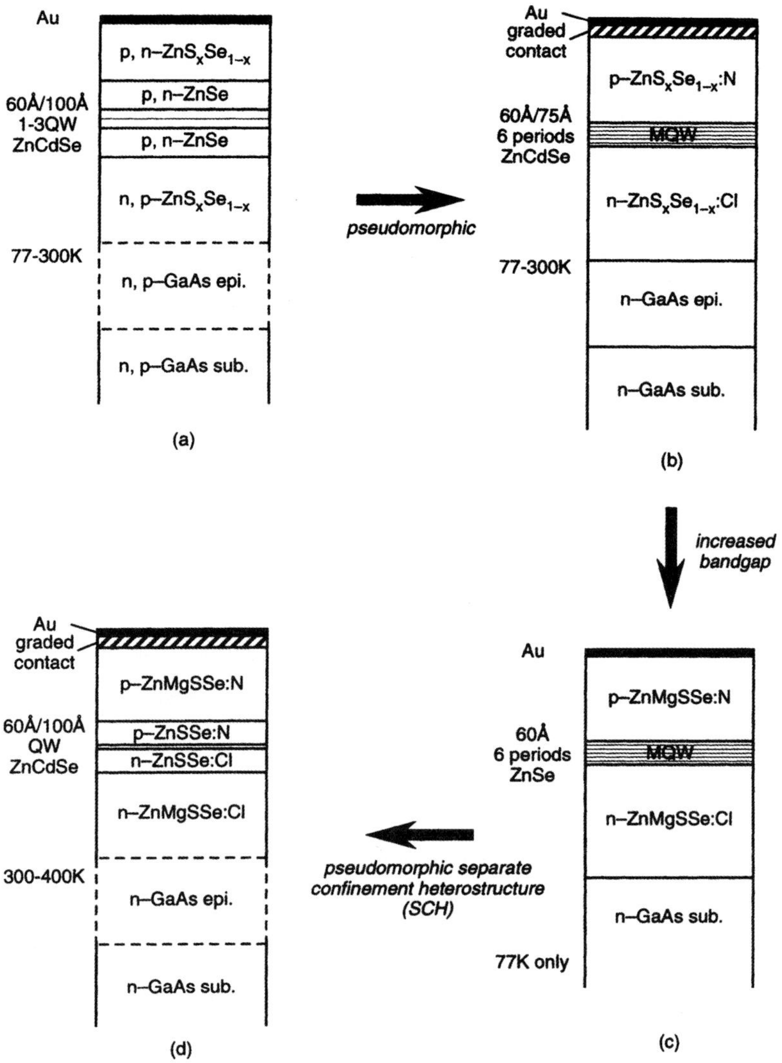

[그림 9.5] 핵심적인 청록색 레이저 다이오드 배치들과 최초의 레이저 설계에서 나중의 레이저 설계까지의 진화를 보여주는 모식도 [L.A. Kolodziejski, R.L. Gunshor, and A.V. Nurmikko, Annu. Rev. Mater. Sci. 25, 711 (1995).]

이종접합 쌍극성 트랜지스터(HBT)는 GeSi/Si 나노구조에 기반을 둔 나노구조 소자의 일례이다.[110,111] 이 구조의 경우에 GeSi 층은 아무 양자 속박도 일어나지 않도록 충분이 두껍다. 베이스에 작은 전류를 인가함으로써 쌍극성 트랜지스터를 작동시킬 때, 이득이 컸다면 대량의 전류가 에미터에서 컬렉터로 흐를 수 있다. 통상적인 쌍극성 트랜지스터와 비교하면 원자가띠 불연속성 때문에 HBT는 에미터로 주입되는 양공의 감소라는 이점을 제공한다. 양공 주입에 대한 장벽은 원자가띠 오프셋 ΔE_v 에 지수함수적으로 민감하다.

9.6.2 양자점 소자

파장을 제어하는 핵심 매개변수는 점 크기이다. 크기가 큰 점은 크기가 작은 점보다 더 긴 파장의 빛을 방출한다. 일반적으로 양자점 이종구조는 층-섬 또는 스트란스키-크라스타노프 성장 방식을 통한 변형 이종 에피택시 성장의 초기 단계에 분자선 에피택시로 합성된다.[112,113]

양자점은 레이저와 검출기에서 그 용도를 입증했다. 문턱 전류 밀도가 대단히 낮고 온도 변화에 대한 민감도가 낮은 양자점 레이저가 예증되었다.[114,115] 양자점 나노구조체로 제작된 하위준위 간 검출기는 수직 입사광에 민감하지 않는 것으로 밝혀졌다.[116] 양자점 매질을 사용하는 레이저는 흔히 소자가 바닥 상태 파장에서 작동하기에는 불충분한 이득의 문제점이 있는데, 이것은 일반적으로 사용되는 점의 낮은 상태밀도와 낮은 면적밀도의 조합된 결과 때문이다. 이 장벽을 극복하기 위한 여러 기법이 개발되었다. 예를 들면, 모드 이득(modal gain)을 증가시키기 위해 양자점 다층구조가 사용된다. 다른 방법들에는 반사도를 증가시키기 위한 레이저 마면(facet)의 코팅과 레이저 공동의 확장이 포함된다.

양자점 구조체의 발광 효율은 점 내부에서의 나르개 포획, 점 내부와 주변 매트릭스에서의 비복사성 재조합 통로들의 최소화, 그리고 이종계면에서의 결함 제거를 비롯한 다양한 인자들에 의존한다. 적절한 양자우물 구조(능동 영역이라고도 부르는)에 양자점을 묻음으로써 발광 효율의 획기적인 향상과 문턱 전류의 감소가 예증되었는데, 이것은 임베딩층의 구조적 및 광학적 특성의 개선과 점 부근으로의 나르개 포획 및 속박 능력의 향상 때문이다.[117,118] 계단식 조성의 양자우물에 양자점을 삽입함으로써 부가적인 구조적 개선이 이루어질 수 있다.[119] InAs 양자점이 계단식 조성의 $In_xGa_{1-x}As$ 층의 중심에 삽입되었을 때, 상대 방출 효율이 일정한 조성의 (In,Ga)As 구조 내부에서의 점 방출보다 거의 열 배정도 증가하였다.

9.7 나노기계

앞 두 장에서는 표면 지형도 촬영과 시편 표면의 국소적 특성 측정 분야에서의 SPM의 응용 사례들과 나노 소자의 제작 및 가공에 있어서의 나노조작 및 나노리소그래피에 관해 논의했다. 이 장에서는 SPM의 또 하나의 중요한 응용, 즉 SPM에서 파생된 나노 소자를 간략히 소개할 것이다. 많은 소자들이 탐구 중이고 가까운 미래에 더 많은 소자들이 개발될 것이지만, 여기서는 가능성과 일반적인 접근법, 구체적으로 나노센서와 나노집게를 예시하는 두 가지 사례를 다룰 것이다.

랑(Lang) 등은[120] 소개 논문에서 AFM 캔틸레버 기반 센서들의 응용 사례들을 탁월하게 요약했다. 캔틸레버 또는 팁의 표면이 화학적으로 활성인 표면과 화학적으로 불활성인 표면이 얻어지는 방식으로 기능성을 부여받으면, 활성 캔틸레버표면에서의 화학적 또는 물리적 과정들은 캔틸레버 반응의 시간적 이행을 사용하여 관찰할 수 있다. 캔틸레버는 캔틸레버 표면과 자체 환경에서의 결합 대응 물질들 사이의 화학적 상호작용을 검출하기 위한 나노기계 센서로 사용될 수 있다. 그런 상호 작용들은 정전기력 또는 분자 간 힘에 의해 산출될 수 있을 것이다. 활성 캔틸레버표면과 주변 매질 사이의 계면에서는 유도 응력의 형성, 열의 산출 또는 질량 변화가 검출될 수 있다. 일반적으로 검출 방식들은 세 가지 계열로 분류될 수 있다. [그림 9.6]에 나타내었듯이, 정적 방식(static mode), 동적 방식(dynamic mode), 그리고 열 방식(heat mode)이 있다.[120]

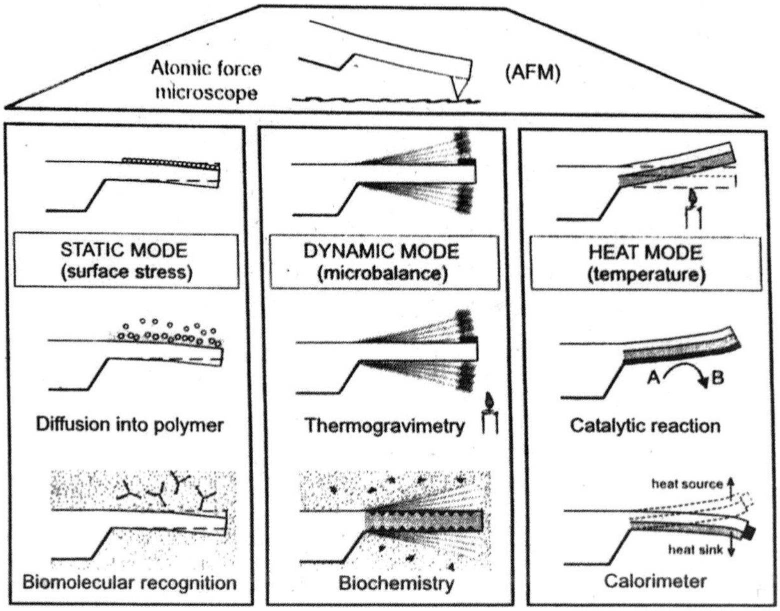

[그림 9.6] 세 가지 계열, 즉 정적 방식, 동적 방식, 그리고 열 방식으로 분류되는 검출 방식을 갖춘 AFM 캔틸레버 기반 센서들 [H.P. Lang, M. Hegner, E. Meyer, and Ch. Gerber, Nanotechnology 13, R29 (2002).]

정적 방식에서는 캔틸레버 표면들 가운데 한 표면에 대한 외부 영향과 화학적/물리적 반응으로 인한 캔틸레버 막대의 정적 휨이 조사된다. 캔틸레버의 한 표면 위에 반응성 층을 비대칭적으로 도포함으로써 이 표면에서 분자 흡착이 선호적으로 이루어진다. 대부분의 경우에, 흡착된 분자층에서의 분자 간 힘은 압축 응력을 초래하여 캔틸레버가 휘게 된다. 반응성 도포층이 고분자이고 흡착 분자들이 확산할 수 있다면, 반응성 도포층은 부풀 것이고, 캔틸레버 막대가 휘게 될 것이다. 마찬가지로 캔틸레버 막대가 화학적 또는 생화학적 용액에 잠기게 되면, 캔틸레버 막대와 주변 환경 사이의 비대칭적 상호 작용이 캔틸레버 막대의 휨을 초래한다. 지금까지 다양한 새로운 개념과 소자들이 탐구되었다.[121-124]

동적 방식에서는 캔틸레버가 자체의 공명 주파수에서 추동된다. 캔틸레버에 증착되는 부가 질량 때문에 진동하는 캔틸레버의 질량이 변하거나, 또는 캔틸레버에서 질량이 제거되면, 공명 주파수가 변한다. 진동하는 캔틸레버의 공명 주파수를 추적하도록 설계된 전자공학을 이용하여 캔틸레버의 질량 변화는 공명 주파수의 이동으로부터 도출된다. 캔틸레버는 매우 작은 미세 천칭으로 간주될 수 있는데, $1pg$보다 더 작은 질량 변화를 측정할 수 있다.[125] 동적 방식에서는 질량 변화가 일어나는 활성 표면을 증가시키기 위해 활성 도포층이 캔틸레버의 양 표면에 적용되어야 한다. 동적 방식은 액체보다 기체 속에서 더 잘 작동하는데, 액체는 캔틸레버의 공명 주파수를 정확히 측정하는 것을 복잡하게 만든다.[126]

열 방식에서는 캔틸레버의 한 표면이 캔틸레버 자체와 상이한 열팽창 계수를 갖는 층으로 비대칭적으로 도포된다. 그런 캔틸레버가 온도 변화를 겪으면 휘게 될 것이다. 마이크로 켈빈 범위에서의 온도 변화에 해당하는 변형이 쉽게 측정될 수 있다. 도포층이 촉매 반응적으로 활성이라면, 예를 들어 백금층은 수소와 산소의 반응을 촉진하여 물을 형성한다. 그런 경우에는 활성 층에 열이 발생하여 캔틸레버의 휨을 초래한다. 또한 그런 방법은 미량 물질의 열 특성 측정과 상전이 연구에 사용될 수 있다.[127,128]

위의 논의가 단일한 캔틸레버 센서에 한정되었지만, 동일한 원리는 다중의 캔틸레버 센서에 쉽게 적용될 수 있다. 예를 들면 1,000개 이상의 캔틸레버로 구성된 SPM 캔틸레버 집합체가 제작되었다.[129]

9.8 탄소 나노튜브 방출체

탄소 나노튜브의 발견 이래로 전계 방출체로써 탄소 나노튜브에 관한 연구를 서술하는 보고서가 많이 있다.[130-136] 표준적인 전자 방출체는 일함수가 낮은 가열된 필라멘트로부터의 전자들의 열전자 방출 또는 예리한 팁으로부터의 전계 방출에 기반을 두고 있다. 후자는 단색 전자선을 생성하는 것으로 초고진공과 고전압이 요구된다. 게다가 방출 전류는 일반적으로 수 마이크로암페어에 한정된다. 일반적으로 지름이 7 μm인 탄소 섬유가 전자 방출체로 사용되며, 팁의 부실한 재현성과 빠른 열화를 겪는다.[137] 탄소 나노튜브는 종횡비가 높고 팁의 곡률 반지름이 작다. 게다가 탄소 나노튜브의 뛰어난 화학 안정성과 기계적 강도는 전계 방출체용으로 유리하다. 린즐러(Rinzler) 등은[132] 레이저 유도 전자 전계 방출이 개별 다중벽 나노튜브에서 일어나는 현상을 예증했다. 자체의 매우 작은 크기 때문에 단일한 튜브의 방출 전류가 한정되지만, 전극에 수직으로 배향된 나노튜브 집합체는 효율적인 전계 방출체를 형성할 것이다.

드 히어(de Heer)와 공동연구자들은 배향된 탄소 나노튜브들의 집합체로부터의 전계 방출에 기반을 둔 고강도 전자총을 최초로 예증했다.[131] 200 V의 전압이 인가되었을 때 ~0.1 mA/cm^{2}의 전계 방출 전류 밀도가 관찰되었고, 100 mA/cm^2 이상의 전류 밀도가 700 V에서 실현되었다. 그 총은 공기 중에 안정하고, 제작비가 저렴하며, 장시간 동안 안정하고 신뢰성 있게 작동한다. 그런데 나중의 연구는 단일벽 탄소 나노튜브와 다중벽 탄소 나노튜브 방출체 둘 다에서 시간에 따른 방출 성능의 점진적 저하를 밝혀냈다.[135] 그런 저하의 원인은 기상 이온화 또는 양극 방출로부터의 이온 충돌로 인한 나노튜브의 파괴로 여겨진다. 또한 단일벽 탄소 나노튜브 방출의 저하는 상당히 더 빠르다(10배 이상)는 점도 발견되었는데, 방출체가 전자 또는 이온 충돌에 더 민감하기 때문이다.

나노튜브 전계 방출에 기반을 둔 평판 디스플레이도 예증되었다.[134] 32×32 매트릭스 다이오드 나노튜브 디스플레이 시제품이 제작되었으며, 10^{-6} torr 진공에서 지속적인 방출이 산출되었다. 픽셀은 윤곽이 매우 뚜렷했고 반전압 '오프 픽셀' 도식에서 가변적이다. 단일벽 탄소 나노튜브-유기 결합제를 사용하여 4.5인치 크기의 완전히 밀봉된 전계 방출 디스플레이가 제작되었다.[138] 나노튜브들은 페이스트 스퀴즈(paste squeeze) 기법과 표면 러빙(surface rubbing) 기법을 사용하여 수직으로 정렬되었으며, 제작된 디스플레이들은 415°C보다 낮은 온도에서 전적으로 대형화가 가능하였다. 3.7 V/μm 의 전계에서 1 V/μm 의 턴-온 전압(turn-on voltage)과 1,800 cd/m^{3}의 휘도가 녹색 인듐 주석 산

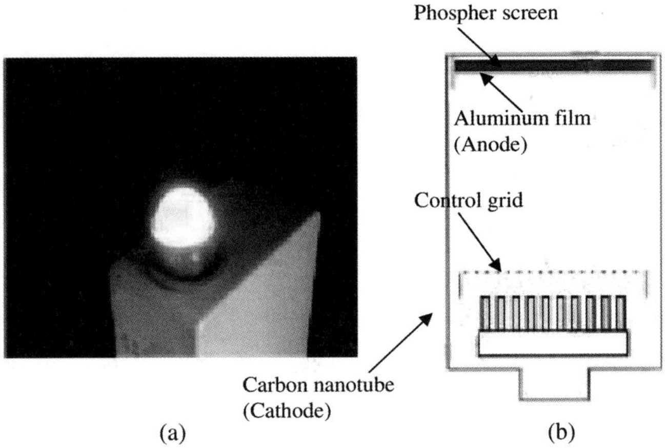

[그림 9.7] SUS304 위에 정렬된 CNT 방출체들을 갖춘 CRT 조명 소자. (a) 작동 소자 (b) 구조. 전자 튜브는 지름이 20 mm이고 길이가 75 mm이다. [H. Murakami, M. Hirakawa, C. Tanaka, and H. Yamakawa, Appl. Phys. Lett. 76, 1776 (2000).]

화물 유리로 이루어진 전체 4.5인치 영역에서 관찰되었다. [그림 9.7]은 정렬된 CNT 방출체들과 지름이 20 nm이고 길이가 75 mm인 전자 튜브를 갖춘 CRT 조명 소자를 보여준다.[139] 이 음극선 튜브 조명 소자에 대한 시험은 10,000시간이 넘는 수명을 나타내었다.[139]

탄소 나노튜브의 전계 방출 특성은 널리 연구되었다. 방향이 정렬된 나노튜브와 무작위적인 나노튜브 둘 다 현저한 방출 역량이 있는 것으로 밝혀졌다. 첸(Chen) 등은[143] 기판에 대해 수평으로 정렬된, 45°로 정렬된, 그리고 수직으로 정렬된 고밀도 탄소 나노튜브들로부터 얻은 전계 방출 데이터를 비교했다. 상이한 방향들은 기판과 바이어스 전기장 방향 사이의 각도를 변화시킴으로써 얻었다. 탄소 나노튜브들은 모두 방향에 상관없이 효율적인 전계 방출을 나타내었다. 기판에 대해 평행하게 정렬된 나노튜브 집합체는 기판에 대해 수직으로 정렬된 집합체보다 더 낮은 개시 인가 전계와 더불어 동일한 전기장에서 더 높은 방출 전류밀도를 나타낸다. 그 결과는 전자들이 나노튜브의 몸체에서 방출될 수 있어서 탄소 나노튜브가 선형 방출체로 사용될 수 있다는 것을 가리킨다. 나노튜브의 몸체에서 전자를 방출할 수 있는 능력은 튜브의 작은 반지름과 탄소 나노튜브 표면의 결함의 존재에서 기인한다. 사이토(Saito)와 공동연구자들은[144,145] 단일벽 나노튜브와 열린 다중벽 나노튜브에 대한 전계 방출 현미경법을 수행했다. 전계 방출체에 덧붙여 탄소 나노튜브는 센서, 주사 탐침 팁, 수소 저장, 그리고 Li 전지를 비롯한 다양한 다른 응용에 대해 조사되었는데, 그 결과는 테런스(Terrones)의 뛰어난 소개 논문에 요약되어 있다.[146]

9.9 나노재료의 에너지 응용

나노기술은 수요와 공급 두 측면 모두에서 세계 에너지 균형에 점점 더 영향을 미치고 있으며 지속 가능한 청정 에너지 산업을 상당히 개선하거나 혁신할 수 있다는 뛰어난 전망을 제시했다. 에너지 응용을 위한 나노재료의 광범위한 산업화를 실현하기 위해서는 나노구조체의 조절된 대규모 합성을 달성하고, 나노재료에서의 에너지 변환 및 저장 메커니즘들을 이해하며, 계면과 나노재료에서의 질량, 전하, 그리고 열 수송 특성의 운동학을 이해하는 데 더 많은 노력이 필요하다.

9.9.1 광전기화학 전지

일반적으로 광기전력 전지(photovoltaic cell) 또는 태양 전지로도 알려져 있는 광전기화학 전지(photoelectrochemical cell)의 발달은 태양 에너지 전력으로의 더 높은 변환 효율에 대한 필요성을 강조한다. 실리콘 기반 p–n 접합 재료와[147,148] 다른 이종 접합재료,[148-150] 특히 인듐–갈륨–인 화합물/갈륨–비소 화합물과 카드뮴–텔륨 화합물/카드뮴–황 화합물로 구성되어 있는 광전기화학 소자는 효율적인 광 변환용으로 널리 연구되었으며, 20%에 가까운 최고 효율을 달성했는데,[147,148] 이것은 다른 재료들에 기반을 둔 전지에 비견된다. 그런데 이런 소자들의 개발과 관련된 필수적인 클린룸 시설, 높은 생산비, 그리고 비싼 장비 때문에 태양 에너지 변환의 탐구는 더 저렴한 재료와 소자들로 향하게 되었다.

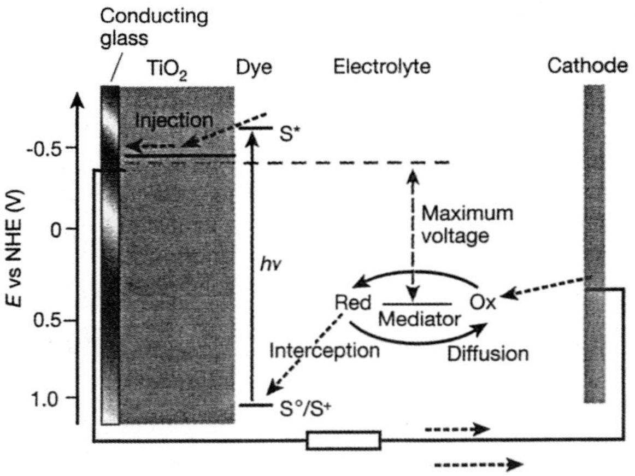

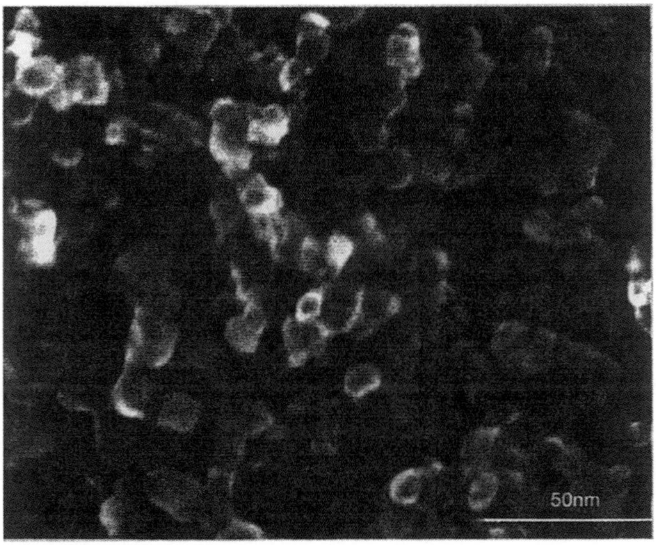

[그림 9.8] (a) 염료 감응 메조포러스 티타니아 광기전력 전지의 작동 모식도. (b) 메조포러스 아나타제 티타니아 박막의 SEM 현미경 사진 [M. Grätzel, Nature 414, 338 (2001).]

오리건(O'Regan)과 그래첼(Grätzel)이[151] 도입한 이래로 메조포러스 티타니아 또는 아연 산화물을 광전극으로 하는 염료 감응 태양 전지는 많은 주목을 받았으며, 낮은 생산비로 10%가 넘는 현저한 에너지 변환 효율을 나타내었다.[152-155] [그림 9.8]은 그런 염료 감응 메조포러스 티타니아 광기전력 전지의 작동 모식도와 메조포러스 아나타제 티타니아 박막의 SEM 현미경 사진을 보여준다.[155] 그런 소자들에서 4.2 eV에 전도띠가 놓여 있고 387 nm의 흡수 파장에 해당하는 3.2 eV의 띠간격을 갖는 TiO_2는 적절한 전자 포획 및 전자 수송재료로 작동한다.[156] 이 과정에서 TiO_2에 흡착된 염료는 광원에 노출되며, 노출 중에 광자들을 흡수하여 전자들을 TiO_2 전극의 전도띠로 주입한다. 염료의 재생은 고체 전극-액체 전해질 계면에서 I^-/I_3^- 산화환원 반응의 완결 후에 이어지는 전해질로의 양공 전송과 전자 포획에 의해 개시된다.

나노구조체는 광전기화학적 과정들이 일어나는 자체의 큰 표면적에서 기인하는 빛의 전력 전환 효율이 높기 때문에 광전기화학 전지 소자용으로 유리하다. 전자 수송의 효율성과 안정성을 향상시키는 구조로 개선하기 위해 TiO_2 전극을 합성하는 다양한 기법들이 탐구되었다. Ti_3O_5의 화학 기상 증착을 활용하여 광학적으로 반응성이 있고 안정한 층상 결정성 아나타제 TiO_2 박막이 증착되었다.[156] 저온 공정을 통해서 균열이 없는 다공성 나노결정성 TiO_2 후막을 얻기 위해 수용 혼합 페이스트에서 $TiCl_4$의 기상 수열 결정화가 이루어졌다.[157] 또한 TiO_2 분말의 압축 기법은 다공성의 안정한 박막을 형성하는 데 사용되었다.[158] 적절한 전자 수송 전극용으로 균열이 없는 TiO_2 후막을 제작하는 데 널리 사용되는 가장 일반적인 기법은 적은 양의 유기 첨가물들을 함유하는 상업적으로 구입 가능한 TiO_2 콜로이드 전구체의 졸-겔 공정을 통한 TiO_2 페이스트의 제조를 포함한다. 통상적인 방법은 닥터 블레이드법(doctor blading) 또는 스핀 코팅법 또는 스크린 인쇄법에 의한 제조된 페이스트의 투명한 전도성 기판으로의 증착을 필요로 한다.[159-161] 고온 소결은 유기종을 제거하고 콜로이드입자들을 연결하는 데 활용된다. 이런 방법으로 제작된 메조포러스 TiO_2 박막의 전형적인 두께는 2 μm에서 20 μm까지 걸쳐 있는데,[153-155] 박막 두께는 콜로이드입자 크기와 공정 조건에 의존한다. 그리고 이 기법으로 얻어진 최대 다공성은 ~50%로 보고되었는데, 평균 동공 크기는 대략 15 nm이고 내부표면적은 ~100 m^2/g이었다.

태양 전지 소자의 전기적 특성과 광기전력 특성을 향상시키기 위해 더 효율적인 구조의 TiO_2 박막을 합성하는 데 다양한 기법들이 활용되었고 탐구되었지만, 이런 소자의 역량은 광 변환 효율이 10%를 넘어설 수 없었다. TiO_2 기반 DSSC 소자의 현 상태의 가능한 개선을 위해 ZnO 박막과[162-167] SnO_2 박막을[164,169] 비롯한 다양한 넓은 띠 반도성 산화물 재료에 기반을 둔 다른 태양 전지 소자들을 찾아내려는 노력이 이루어졌다. TiO_2와 SnO_2, ZnO 또는 Nb_2O_5 재료들의 조합이나[164,169,170] 다른 산화물들의 조합으로[171-173] 구성되는 복합구조체도 전체적인 광 변환 효율을 향상시키기 위해 검토되었다. 덧붙여, 전체 효율을 향상시킬 희망을 품은 채 전자 수송과 전자 재생을 증가시키기 위해 액체 전해질을 완전히 제거할 노력으로 반도성 산화물 박막과 고분자층들의 혼합으로 이루어진, 고체 태양 전지 소자용 혼성구조체가 탐구되었다.[174-176] 여태까지 이런 소자들은 ZnO 소자의 경우에는 최대 5%,[162,165-167] SnO_2 소자의 경우에는 최대 1%,[168] 복합체 소자의 경우에는 최대 6%,[168] 그리고 혼성 소자의 경우에는 최대 2%의[174] 전체적인 광 변환 효율을 달성하였다. 모두 염료 감응 TiO_2 메조포러스 박막에 기반을 둔 태양 전지 소자보다 여전히 효율이 더 낮다.

9.9.2 리튬 이온 충전 배터리

이런 에너지 소비가 더 지속 가능하고 환경적으로 더 유익한 것으로 예상되는 한, 진지하게 고려되고 있는 한 가지 대안적인 에너지/전력원은 전기화학 에너지 생산이다. 리튬 이온 배터리가 그런 전기화학 에너지 저장과 변환을 위한 대표적인 체계이며 랩톱 컴퓨터, 디지털 카메라, 그리고 휴대폰 같은 전자 소자들을 위한 가볍고 효율적이며 충전 가능한 전력원이다.[177] 그 밖에 전기 자동차(EV)와 하이브리드 전기 자동차(HEV)의 전력 공급원으로 집중적으로 연구되었다. 높은 에너지밀도에도 불구하고,[178] 리튬 이온 배터리는 높은 충전-방전 속도에서의 큰 분극 때문에 뜻밖에도 낮은 전력밀도를 나타낸다. 분극은 충전-방전 과정이 가속됨에 따라 전해질의 저항을 증가시키는 활성 재료 내에서의 낮은 리튬 확산에서 초래된다. 이 문제를 해결하는 한 방법은 이온 수송과 전도를 위한 짧은 확산 거리와 거대한 표면적을 제공하는 나노구조 전극 재료를 개발하는 것이다.

음극 재료에는 두 가지 주요한 범주가 있다.[179,180] 하나는 음이온 조밀격자를 갖춘 층상 화합물인데, 여기서는 전이 금속 양이온들이 음이온 판 사이의 교대층들을 채우고 리튬 이온들은 나머지 텅 빈 층들로 삽입된다. $LiTiS_2$, $LiCoO_2$, $LiNi_{1-x}Co_xO_2$, 그리고 $LiNi_xMn_xCo_{1-2x}O_2$가 이 범주에 속한다. 전이 금속 음이온들이 모든 층에 정렬된 스피넬도 역시 이 범주에 속하는 것으로 여겨질 수 있다. 이 범주의 재료들은 더 조밀한 격자 덕분에 에너지 밀도(단위 부피당 에너지)가 더 높은 이점을 나타낸다. 바나듐 산화물, 망간 산화물들의 터널 화합물, 그리고 전이 금속 인산염(예를 들면 감람석 $LiFePO_4$) 같은 다른 범주의 음극 재료들은 더 열린 구조를 나타낸다. 일반적으로 두 번째 범주에 속하는 재료들이 첫 번째 범주에 속하는 재료들보다 더 안전하고 더 저렴하다.

최근의 여러 논문에서 나노구조 리튬 금속 산화물에 대한 연구 결과가 보고되었다. $LiMn_2O_4$ 나노입자의 합성은 하소 후 공정과 결합된 졸-겔 방법으로 수행될 수 있었다.[181] 그런 나노입자는 350°C의 하소 온도에서 크기가 10 nm인 반면에, 550°C에서는 크기가 마이크로미터 이하인 입자를 얻었다. $LiMn_2O_4$ 나노입자는 상이한 전압 영역에서 다르게 거동하는 것으로 밝혀졌다. 거대한 비다공성 음극에 비교할 때, 나노입자 음극은 3 V 방전 영역에서 용량과 반복 가능성의 개선을 나타내는 반면에, 4 V 방전 영역에서는 용량의 감소와 반복 가능성의 개선을 나타낸다. 용량과 재활용 가능성의 향상은 거대한 음극 재료에 비해 나노입자 음극의 전하 이동 저항의 감소에서 기인한다. $LiCoO_2$ 박막은 평면 마그네트론 교류 스퍼터링법을 사용하여 상온에서 나노결정성 상태로 증착될 수 있었다.[182] 300°C에서 행해진 박막의 후속 열처리는 여전히 나노 크기 척도 내에 있지만 평균 결정립 크기의 증가를 초래하는 반면에, 열처리에 의해 격자 왜곡은 감소된다. 저온에서 열처리된 그런 $LiCoO_2$ 나노결정성 박막은 전기화학적 성능의 개선을 보여준다. 나노구조 $LiNi_{0.5}Mn_{1.5}O_4$는 용액법[예를 들면, 페치니법(Pechini method)[183]]을 사용한 다음에 고분자를 보조제로 사용하거나 또는 사용하지 않은 채 열처리 공정을 거쳐 합성될 수 있다.[184] 또한 $LiNi_{0.5}Mn_{1.5}O_4$ 같은 나노막대를 800°C까지 가열하면 나노막대를 크기가 70-80 nm 범위에 있는 나노입자 $LiNi_{0.5}Mn_{1.5}O_4$로 부술 수 있다. 그런 나노입자 $LiNi_{0.5}Mn_{1.5}O_4$ 음극은 3.5V와 5V 사이에서 반복될 때 광범위한 속도 영역(*C*/4에서 15*C*까지)에서 우수한 전기화학적 특성을 나타낸다.

지금까지 수많은 나노구조 바나듐 산화물을 합성하여 조사하였다. 스파(Spahr) 등은 아민이 존재하는 바나듐 산화물 전구체의 수열 처리와 졸-겔 반응을 조합하여 최초로 바나듐 산화물 나노막대를 제조했다.[185] 마틴(Martin) 등은 주형 기반 방법을 채택하여 다결정성 V_2O_5 나노막대 집합체를 성장시켰다.[186] 나노막대 집합체는 200 C라는 높은 속도에서 박막 전극의 용량보다 세 배 더 많이 산출하며, 500 C 이상의 속도에서는 박막 제어 전극의 용량보다 네 배 더 많이 산출한다. 그 후에 나노막대의 표면적을 증가시킴으로써 V_2O_5 나노막대 집합체의 부피 에너지 밀도가 더 향상되었다.[187] 다른 한편으로 주형 기반 전기증착 방법을 사용하여 단결정 V_2O_5 나노막대 집합체가 합성되었다.[188-190] 단결정 V_2O_5 나노막대 집합체는 졸-겔 유도 다결정성 V_2O_5 박막에 비해 더 큰 용량과 향상된 속도 역량을 나타낸다. 다른 성장 조건에서 비슷한 주형 기반 전기증착 방법을 사용하여 왕(Wang) 등은 $V_2O_5 \cdot nH_2O$ 나노튜브 집합체를 제작했다.[191] 나노튜브는 나노막대 제작용 조건에 비해 더 낮은 전압과 더 짧은 증착 시간을 사용할 때 형성되었다. $V_2O_5 \cdot nH_2O$ 나노튜브 집합체는 300 mAh/g이라는 높은 초기 용량을 보여주는데, 이것은 $V_2O_5 \cdot nH_2O$ 박막의 140 mAh/g이라는 초기 용량의 대략 2배이다. 그 다음에 왕 등은 이단계 전기증착 방법을 사용하여 $Ni-V_2O_5 \cdot nH_2O$ 코어-쉘 나노케이블 집합체를 제작하였다.[192] [그림 9.9]는 $Ni-V_2O_5 \cdot nH_2O$ 나노케이블 집합체, 단결정 V_2O_5 나노막대 집합체, 그리고 졸-겔 유도 V_2O_5 박막의 전기화학적 성능을 비교한다. 명백히 $Ni-V_2O_5 \cdot nH_2O$ 나노케이블 집합체가 나머지 둘에 비해 현저히 향상된 용량과 속도 역량을 보여주는데, 이것은 표면적의 향상과 내부 저항의 감소에서 기인한다.

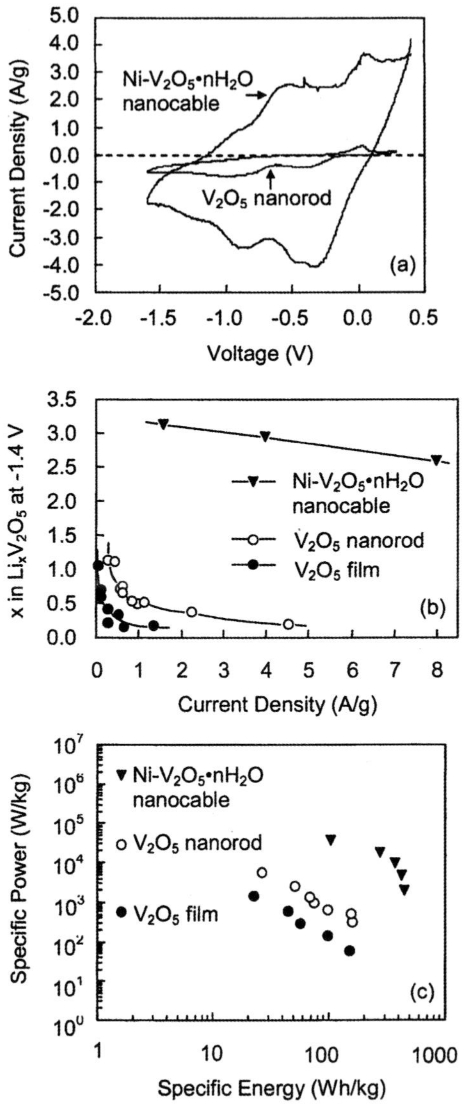

[그림 9.9] (a) 10 mV/s의 주사속도를 사용하여 얻은 Ni–$V_2O_5 \cdot nH_2O$ 나노케이블 집합체와 V_2O_5 나노막대 집합체의 순환 전압전류 그림 (b) 대 시간 전위 변화 측정으로부터 얻은 Ni–$V_2O_5 \cdot nH_2O$ 나노케이블 집합체, V_2O_5 나노막대 집합체 그리고 졸–겔 유도 V_2O_5 박막의 전류밀도와 Li 삽입 용량 사이의 관계 (c) Ni–$V_2O_5 \cdot nH_2O$ 나노케이블 집합체, V_2O_5 나노막대 집합체, 그리고 졸–겔 박막에 대한 라곤 플롯(Ragone plot). [K. Takahashi, Y. Wang, and G.Z. Cao, J. Phys. Chem. B109, 48 (2005).]

나노구조 양극 재료 역시 Li 이온 배터리의 용량과 반복 수명에 대해 중요하다.[193] 양극 재료는 일반적으로 세 가지 집단으로 나뉘는데, (1) Si, Sn, 그리고 Ge 같은 단일한 물질, (2) SnO_2, CuO, TiO_2, Co_3O_4, 그리고 NiO 같은 산화물,

(3) Si–C, Sn–C, SnO_2–C, 전이 금속 산화물(MO, 여기서 M은 Ti, Ni, Co)–C, SnSb–C, 그리고 Si–TiN 같은 복합체가 있다.

실리콘은 탄소 양극에 대한 최선의 대체물들 가운데 하나인데, 그것은 실리콘의 높은 이론 용량(4,200 mAh/g), 저비용, 그리고 풍부한 원료 때문이다.[194-196] 그런데 삽입/추출 과정 동안 발생하는 벌크 Si 전극의 400% 부피 변화는[197] 전극 구조를 파괴하여 거대한 용량 손실을 초래한다. 이런 문제를 완화하는 한 가지 방식은 나노구조 실리콘을 제조하는 것이다. 쿠이(Cui) 연구진은 Si 나노선을 금속성 전류 집전극 기판 위에 직접 성장시켰다.[198] 첫 번째 순환에서 충전 용량은 4,277 mAh/g에 이르고 방전 용량은 3,124 mAh/g에 이른다. 전력 속도와 반복 능력을 더 개선하기 위해 결정성–비결정성(c–a) 코어–쉘 Si 나노선을 제작하였다. 결정성 Si(c–Si)은 차단 전압이 150 mV인 상태에서 15번 순환 후에도 여전히 존재한다. 균질한 부피 변화 덕분에 비결정성 Si(a–Si)은 더 우수한 반복 안정성을 나타내며,[199-202] c–Si 코어는 기계적 지지와 전기적 접촉의 기능을 수행한다. Sn은 Si의 능동 전압(> 0.5 V)보다 더 낮은 능동 전압(0.3 V)을 나타내고,[203] Li/Sn 합금은 990 mAh/g의 높은 비용량을 나타낸다.[204] 그런데 급격한 부피 변화(> 300%)가 여전히 실제 응용성을 제한한다.[205] 장(Zhang) 등은 레이저 유도 기상 증착법을 사용하여 나노 크기 Sn 분말을 합성하였는데, 0.2 mA/cm^2의 전류 밀도에서 첫 번째 순환에 904.4 mAh/g의 충전 용량을 산출한다.[205] 또한 Ge도 유망한 양극 재료이다. 왜냐하면 Ge 내에서의 Li 확산이 상온에서 Si 내에서의 Li 확산보다 400배 더 빠르기 때문이다.[206] Ge 나노선 역시 금속 전하 집전극 기판 위에 직접 성장시킬 수 있다.[207] 그런 전극은 우수한 반복 안정성과 더불어 2 C의 속도로 600 mAh/g의 방전 용량을 나타낸다.

SnO_2는 흑연에 비해 Li을 두 배(781 mAh/g) 삽입할 수 있기 때문에 매력적인 양극 재료이다.[208,209] 그런데 주석 산화물 양극 역시 순환 과정 동안 부피가 급격히 변하는 문제를 나타낸다.[210] 나노 크기 주석 산화물은 상당한 가역 능력을 유지할 수 있다. 나노결정성 SnO_2는 폴리올 매개 방법을[211] 사용하거나

또는 졸-겔 공정과 마이크로파 합성법을 사용하여 제작될 수 있다.[212] 속이 텅 빈 SnO_2 나노구체와[213] 구형 다공성 SnO_2를[214] 성장하는 데 단순한 1단계 무주형 방법과 스프레이 열분해 기법이 각각 사용되었다. 이런 비압축적이지만 상호연결된 구조체들은 부피 변화를 줄이는 데 도움이 된다. 다른 SnO_2 나노구조체에는 단결정 SnO_2 나노선이 포함된다. 여기서 순환 과정 동안 단결정성 구조가 다결정성 구조로 변화한다.[215] 나이카오 리(Naichao Li) 등은 주형 기반 방법을 사용하여 '솔 모'와 유사한 SnO_2 나노섬유를 제작했다.[216]

주석 산화물에 덧붙여 TiO_2, CuO, NiO, 그리고 Co_3O_4 같은 나노구조 전이금속 산화물도 양극 재료용으로 훌륭한 후보 물질이다.[217] 나노구조 산화물 전극은 모두 흑연 기반 양극보다 더 높은 용량을 산출한다.[178] 게다가 구조가 복잡한 나노복합체 역시 양극 재료의 용량을 증가시키고 반복 안정성을 향상시키는 데 사용될 수 있다. 예를 들면, 실리콘/흑연/CNT 구조를 지닌 복합체가 볼 밀링 기술로 제작되었다.

배터리 성능에 미치는 나노구조체의 효과는 단순히 크기 감소의 결과인 것은 아니다. 전극재료 사이 계면에서의 공간 전하 효과와 함께 전극과 전해질 사이의 전하 수송을 고려하면, 미묘한 계면 특성이 중요하다. 이것은 세계 전역의 연구자들이 체계적인 실험 연구를 수행하며 나노구조체와 전극재료의 전기화학적 특성 사이의 관계에 대한 더 나은 근본적인 이해를 위한 이론적 예측 도구를 개발하는 데 있어서 난점을 제기한다.

9.9.3 수소 저장

수소 저장은 수소기술에서 대단히 중요하다. 수소 저장 재료에 대한 요구사항에는 높은 저장 밀도를 나타낼 것, 대기 조건에서 안전할 것, 비용이 절감될 것, 그리고 빠르고 가역적인 수소화 및 탈수소화 과정을 수행할 것 등이 포함된다. 물리흡착과 화학흡착이 수소 저장용 나노재료의 응용에 있어서 두 가지 기본 메커니즘이다.[218] 물리흡착에서는 수소 분자가 메조포러스재료 같은 표면적이 큰 나노구조 재료 속에 강제로 주입된다. 냉각될 때에는 수소가 공동에 갇히게 되고, 가열될 때에는 수소가 방출된다. 화학흡착에서는 수소 분자가 가벼운 원소들로 구성된 복잡한 수화물 같은 저장 재료와 화학적으로 결합된다. 그런 수소 저장 재료는 짧은 H–H 거리 덕분에 두드러진 부피 용량을 나타내고, 가벼운 원소 덕분에 중량 용량의 향상을 나타낸다.

물리흡착용 수소 저장 재료에는 나노구조 탄소, 제올라이트, 금속–유기물들과 크라드레트(clathrate) 화합물이 포함된다. 예를 들면, 저장 용량을 향상시키기 위해 탄소 나노튜브와 나노섬유가 널리 연구되었는데, 수소 저장 용량은 탄소 재료의 비표면적에 비례하기 때문이다. 합성의 유연성, 제어할 수 있는 표면적 및 기공 부피, 그리고 치환체/혼입물 수준 때문에 탄소 에어로겔은 수소 흡수용 공학적 실행 가능성을 제공하는 또 하나의 유망한 수소 저장 재료이다. 표면적이 3,200 m^2/g까지 이르는 능동성 탄소 에어로겔은 졸–겔 공정을 통해서 합성되었다.[219] 탄소 에어로겔에 니켈을 도핑함으로써 H_2 과잉 중량밀도는 더욱 더 증가될 수 있다.

화학흡착용 수소 저장 재료에는 금속 클러스터, 금속 간 화합물, 그리고 착수화물(complex hydride)이 포함된다. 예를 들면, 수소 생성 거동의 열역학에 대해 나노 크기 Pd–H 클러스터, 나노결정성 $LaNi_5$,[220] 그리고 FeTi이[221] 널리 연구되었으며, 압력이 더 낮을 때 수소 용해도가 향상된다는 점이 밝혀졌다. 게다가 마그네슘은 저비용과 높은 용량(7.6 wt.%) 때문에 수소 저장 재료로 연구자들의 많은 관심을 끈다. 그런데 흡착과 탈착의 운동학이 매우 만족스럽지 않으며, 흡착 개시 온도가 약간 너무 높다(573 K). MgH_2를 사용한 볼 밀링 공정이 운동학을 향상시킬 수 있다. 수송 속도는 결정립 크기에 의존한다는 점이 밝혀져 있다.[222] 결정립 크기가 1 μm인 불활성재료에 비해 결정립 크기가 50 nm로 작아질 때 이론 용량의 80%가 달성된다. 운동학을 더 향상시키기 위해 Mg과 몇몇 다른 전이금속으로 구성된 다양한 복합재료가 탐구되었다. V, Nb, Pd, Pt[223,224] 같은 일부 전이금속은 수소를 흡수할 수 있는 반면에, Ni, Fe, Cu, Co 같은 전이 금속은 수소를 흡수할 수 없다.[225,226]

알루미늄 수화물은 높은 저장 용량 때문에 상당한 주목을 받았다. 알루미늄 수화물에서는 수소와 알루미늄 사이에 강한 이온성을 갖는 공유 결합이 존재한다. 가벼운 양이온들을 포함하고 우수한 열역학적 특성을 나타내는 $NaAlH_4$는 가장 널리 탐구된 대체 물질이다. $NaAlH_4$에 Ti를 혼입함으로써 수소 교환이 두드러지게 가속될 수 있다. 티타늄 알콕사이드를 Ti 소스로 사용하는 습식 침윤(impregnation) 과정을 통해서 Ti 입자들은 $NaAlH_4$ 내로 분산될 수 있다. 더 최근에 $NaAlH_4$와 Ti 알콕사이드 또는 할로겐화물의 혼합물을 볼 밀링함으로써 운동학이 더 개선될 수 있다고 밝혀졌다.[227-229] 분해 개시 온도는 순수한 $NaAlH_4$의 경우에는 513 K에서 미량의 물질이 혼입된 $NaAlH_4$의 경우에는 373 K로 감소한다. 게다가 $NaAlH_4$ 입자 크기가 1–10 μm에서 19–30 nm 또는 2–10 nm로 감소할 때, 활성화 에너지는 116 kJ/mol에서 80 kJ/mol로 감소하고 심지어 58 kJ/mol까지 감소한다. [그림 9.10]에는 115°C에서 H_2 압력의 함수로 나타나는 '19–30 nm $NaAlH_4$' 흡수 특성이 요약되어 있다. 비교할 목적으로 0.1bar에서 100bar까지 H_2를 흡수하지 않는 순수한 지지재료(CNF)가 포함되어 있다. '19–30 nm $NaAlH_4$'는 20bar라는 비교적 낮은 H_2 압력에서 H_2를 흡수하기 시작한다. 전형적인 촉매성 $NaAlH_4$(볼 밀링을 거친 $TiCl_3$–$NaAlH_4$)는 [그림 9.10]에서 볼 수 있듯이 45bar에서 H_2를 흡수하기 시작한다는 점을 인식해야 한다. 또한 '19–30 nm $NaAlH_4$' 로부터의 H_2 흡수는 전체 수소 용량(5.6 wt.% H_2)보다 더 낮다는 점이 관찰되었다.

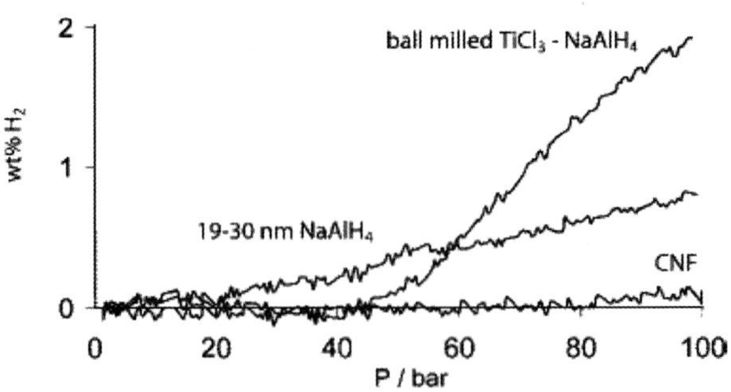

[그림 9.10] 볼 밀링을 거친 $TiCl_3$–$NaAlH_4$와 순수한 CNF으로부터의 흡수와 비교하여 나타낸, 19–30 nm $NaAlH_4$로부터 얻은 115° C에서의 최초 흡수 계단에 대한 H_2 흡수. $\Delta P/\Delta t$ = 1.38bar min^{-1} [K.J. Gross, G.J. Thomas, and C.M. Jensen, J. Alloys Comp. 330, 683 (2002).]

다른 수소 저장 재료에는 물리흡착 및 화학흡착용 저장 재료들로 이루어진 새로운 나노 복합재료가 포함된다. 예를 들어 세페리(Sepehri) 등과[230] 볼드(Balde) 등은[231] 수소 저장용 탄소–암모니아 보란(borane) 나노복합 재료를 개발하여 기공 크기, 탈수소 생성 온도, 그리고 활성화 에너지 사이의 관계를 탐구했다. 기공이 작은 탄소-암모니아 보란 나노복합 재료가 더 낮은 탈수소 생성 온도와 활성화 에너지를 나타낼 것으로 밝혀졌다. 수소화 붕소 리튬은 높은 중량 수소 저장 용량(13.6 wt.%)과 높은 부피 수소 저장 용량(0.092 kg/L)을 나타낸다.[232] 그런데 $LiBH_4$에서 수소 흡수 반응의 열역학과 운동학은 만족스럽지 않으며, 다공성 탄소 에어로겔 내에 채워짐으로써 개선될 수 있다. 에어로겔 매트릭스는 나노 크기 $LiBH_4$의 응집을 막을 수 있다. 세 번 순환 후에 전체 용량은 벌크 $LiBH_4$의 72%에 비해 이런 나노혼성체의 경우에 40%로 감소한다. 탄소 에어로겔과는 별도로, 탄소 크리오겔(cryogel)이 암모니아 보란(borane)용 호스트 매트릭스로 사용되었다.[233] 이런 나노 복합재료의 형성은 탈수소 생성 온도를 낮추고 보라진(borazine)의 방출을 막는다. 이런 나노 복합재료로부터 방출되는 암모니아 보란에는 9wt.%의 수소가 존재한다. 덧붙여, 암모니아 보란은 모세관력을 통해서 메조포러스 실리카 위에 도포될 수 있다.[234] 그런 나노복합 재료 구조 역시 보라진 방출의 억제와 수소 방출 개시 온도의 감소를 촉진한다.

9.9.4 열전 재료

고체 열전(TE, thermoelectric) 냉각 소자와 전력 생산 소자는 다른 냉장 방법이나 전력 생산 방법들에 비해 긴 수명, 이동 부품의 부재, 유해 가스의 무배출, 낮은 유지비, 그리고 높은 신뢰성 같은 많은 이점을 나타낸다. 그런데 현재 열전 재료의 비교적 낮은 에너지 변환 효율 때문에 그런 소자들의 응용은 제한되어 왔다. 열전 재료의 에너지 변환 효율은 나노구조 재료를 활용함으로써 상당히 개선될 수 있다.[235] 다양한 열전 나노재료들 가운데 Bi_2Te_3와 그것의 파생 화합물이 상온에서 최고의 열전 냉장 성능을 나타내었다.[236] Bi_2Te_3 나노선은 나노 크기 기공이 있는 알루미나 주형에 Bi_2Te_3를 전기화학법으로 증착함으로써 제작되었다.[237] 얻어진 나노선 집합체는 고체 소자를 소형화할 수 있는 것으로 여겨지는 열전 마이크로 발전기 제작에 사용될 수 있다. 지름이 50 nm인 이런 p-형 및 n-형 Bi_2Te_3 나노선 집합체는 307K에서 각각 대략 260μ V/K와 188μ V/K의 제백(Seebeck) 계수를 나타낸다. 에틸렌디아민, 디메틸포름아미드, 피리딘, 아세톤, 에탄올, 그리고 증류수를 비롯한 다양한 용매가 Bi_2Te_3 나노선을 합성하는 반응 매질로 사용되었다.[238] 용매의 유전 상수와 표면 장력은 나노구조 Bi_2Te_3의 상 분포, 미세구조, 그리고 결정립 크기에 큰 영향을 미친다. 덧붙여, 용매열 합성법(solvothermal method)을 사용하여 평균 크기가 15–20 nm인 Bi_2Te_3 나노입자와 지름이 100nm 미만이고 길이가 대략 10 μm인 나노선을 합성하였다. 또한 양극 알루미나 막의 기공으로의 음극 전기 분해 공정을 사용하여 균일한 고충진 단결정 나노선 집합체로 이어지는 Bi_2Te_3 나노선이 제작되었다.[239] 저농도의 $HTeO_2^+$ 및 Bi^{3+}와 직류 전기증착 공정은 고속으로 채워지는 단결정성 나노선 형성에 용이하다. $Bi_2Te_3/(Bi_{0.3}Sb_{0.7})_2Te_3$ 초격자 나노선을 제작하는 데 주형 유도 전기증착법이 사용되었다.

또한 나노구조 실리콘도 우수한 열전 특성을 나타낸다. 지름이 20에서 300 nm에 이르는 거친 Si 나노선의 대면적 웨이퍼 크기 집합체를 제작하는 데 전기화학적 방법이 사용되었다.[240] 지름이 50 nm인 나노선의 열전도도는 덩어리 Si보다 백 배 더 감소하는데, 이런 이유 때문에 열전 재료의 변환 효율이 향상된다. 열전 성능 지수(ZT, thermoelectric figure of merit)는 도핑 최적화, 지름 감소, 그리고 조도 제어를 통해서 0.6 이상에 이를 수 있을 것이다. 기계적 연마와 산소 플라스마 식각 기법을 활용하는 기상–액상–고상(VLS) 성장 공정을 통해서 파릴렌(parylene) 매트릭스에 착근된 실리콘 나노선이 제작되었다.[241] 팁이 노출되어 있는 단결정 나노선이 제작되었으며, 꼭대기 표면에 금속 접촉이 증착되었다. 이런 고분자 매트릭스는 나노선에 대한 구조적 지지를 제공하고 열적 절연을 유지한다.

다른 열전 재료는 금속 텔루르(Te) 화합물이 있다. 단사 결정 상의 단결정성은 텔루르 화합물 나노선을 제작하는 데 복합재료 수화물 매개법이 활용된다.[242] 가열/냉각 과정 동안 148/133°C 근처에서 단사 결정구조($\beta-Ag_2Te$)는 면심 입방 구조($\alpha-Ag_2Te$)로 가역적으로 전이할 수 있다. 그 상전이 온도 근처에서 전도도와 제백 계수가 급격히 변한다. 가열 과정과 냉각 과정에서 각각 제백 계수가 대략 170과 160μVK^{-1}이기 때문에 이런 나노선은 유망한 열전 재료이다. Ag_2Te 외에, 균일한 단결정성 PbTe 나노선이 2단계 수열 공정으로 제작되었다.[243] 얻어진 나노선은 지름이 대략 30 nm이다. 나노선의 성장은 대체로 $Pb(NO_3)_2$의 농도, 반응 온도, 그리고 반응 시간의 영향을 받는다. PbTe 나노선으로 이루어진 박막 시편은 대략 628μV/K의 우수한 제백 계수를 나타내는데, 이 값은 덩어리 PbTe보다 37% 더 높다. Bi_2Te_3/ 알루미나 나노복합 재료 제작에는 전기화학 증착법이 사용되었다.[244] 기공도가 30%이고 기공 지름이 40 nm인 알루미나가 Bi_2Te_3를 채우기 위한 주형으로 활용된다. 이 복합 재료는 150 K와 300 K에서 각각 9.2×10^{-7} m^{2}s^{-1}와 6.9×10^{-7} m^{2}s^{-1}의 열 확산 계수를 나타내는데, 이것들은 순수한 알루미나 주형보다 더 낮다. 벌크 재료에 비해 Bi_2Te_3 나노선은 10배 정도 낮은 열 전도도를 나타낸다.

InSb, InAs, GaAs, 그리고 InP 나노선을 비롯한 몇몇 III–V족 반도체 나노선의 열전 특성도 연구되었다.[245] 지름이 대략 10 nm인 InSb 나노선은 열전 응용에 대한 큰 가능성을 나타낸다. ZnO 나노선에서는 중시적 측정 기법으로 측정된 열전 능력이 −400μV/K에 이른다.[246] 온도에 의존하는 열전 능력값이 음수이기 때문에 이 넓은 띠간격 나노선의 다수 나르개는 전자이다. 일직선의 독립된 Au 나노선은 ZT값이 백 배 정도 향상되었다.[247] 이런 놀라운 향상은 터널 접합과 그 접합을 가로지르는 전자의 쿨롱 효과에서 기인한다. 얇은 무정형 실리콘 나노선의 전자 전송 및 포논 전송이 계산되었다.[248] 빈자리 전송은 전자 전송보다 포논 전송에서 더 중요한 역할을 수행한다. [그림 9.11]은 상이한 무질서 정도에서 화학 퍼텐셜의 함수로 계산된 〈100〉, 〈110〉, 그리고 〈111〉 나

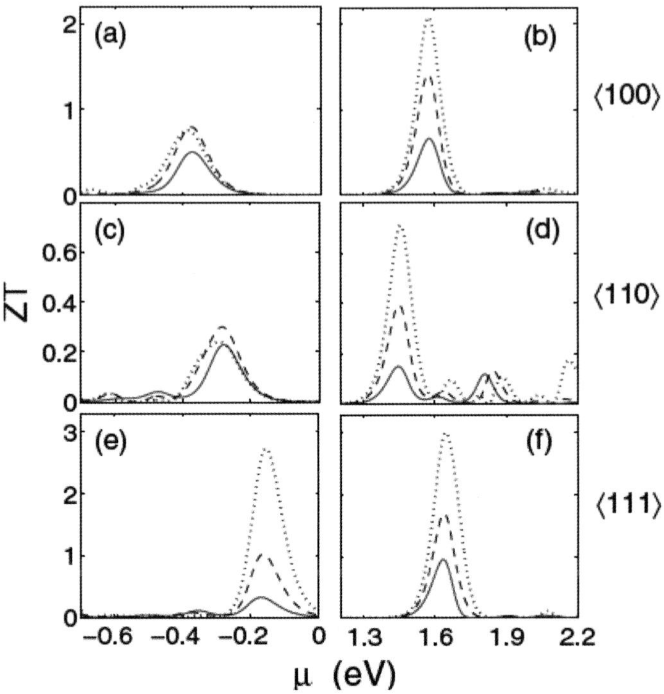

[그림 9.11] T = 300 K에서 계산된 ZT값 대 화학 퍼텐셜. 적색 실선: N_{vac} = 10; 청색 점선: N_{vac} = 100; 흑색 점선: N_{vac} = 1,000 [T. Markussen, A.-P. Jauho, and M. Brandbyge, Phys. Rev. B79, 035415 (2009).]

노선의 ZT값을 보여준다. 빈자리의 수가 10(적색 실선)에서 100(청색 점선)으로 증가할 때 ZT의 증가가 관찰된다. N_{vac} = 1,000(흑색 점선)에서 모든 n-형 나노선(전자)에서는 ZT가 증가하는 반면에, 양공 ZT는 ⟨111⟩ 나노선에서만 증가를 나타낸다.

9.10 나노재료의 환경적 응용

산업의 급속한 발전과 인구 증가로 인해 다양한 유해 재료 또는 심지어 독성 재료가 산출되어 공기와 물에 배출되었다. 환경 오염은 더욱 더 심각한 쟁점이 되었다. 지금까지 환경 문제를 완화하거나 해결하고자 하는 연구 노력이 대단

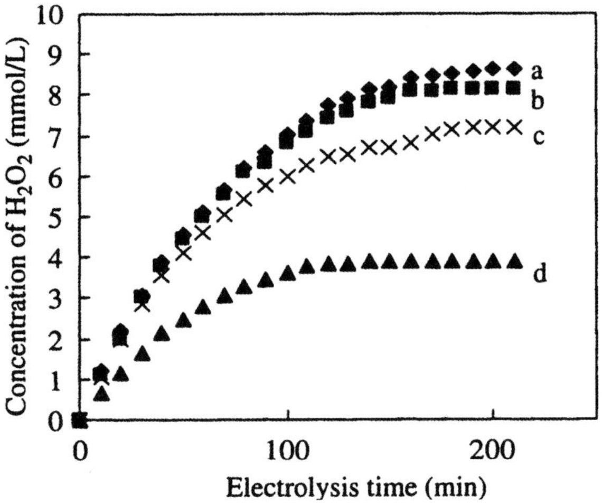

[그림 9.12] 반응기 내의 H_2O_2 축적. (a) 배경 (b) UV (c) 나노 TiO_2 (d) UV-나노 TiO_2. [J. Chen, M. Liu, L. Zhang, J. Zhang, and L. Jin, Water Res. 37, 3815 (2003).]

히 많이 있었다. 예를 들면, 고분자 상 내에 산화철 나노입자를 분산시킴으로써 고분자 이중 구역 흡수제가 제작되었다.[249] 이 흡수제는 비소 화합물, 비소염, 구리, 그리고 디클로로페놀 같은 다양한 환경 오염 물질의 검출에 응용하는 데 유망하다. 덧붙여, 나노 크기 TiO_2는 H_2O_2의 도움으로 물속의 유기 염료를 감성하는 데 활용되었다.[250] 또한 전기 분해 동안 감성(degradation) 과정에서 중요한 역할을 수행하는 H_2O_2의 농도도 측정된다. [그림 9.12]에서 H_2O_2 농도의 증가를 볼 수 있다. 계에 나노재료가 전혀 없을 때, 축적된 H_2O_2는 3시간이 지나서 8.6 mmol/L라는 일정한 농도에 이른다. [그림 9.12(c)]와 (d)는 소량의 나노 크기 TiO_2가 계에 첨가되었을 때의 H_2O_2 축적을 보여준다. 여기서 H_2O_2의 일정한 농도가 감소하는 것을 볼 수 있는데, 이것은 H_2O_2의 분해 속도가 향상된다는 것, 특히 [그림 9.12]에서 곡선 (d)가 보여주듯이 UV 빛 아래에서 그렇다는 것을 가리킨다. 나노 크기 TiO_2와 H_2O_2는 전기광화학적 계를 형성하는데, 이것은 로다민(rhodamine) 6G의 감성을 두드러지게 가속한다.

9.11 광자결정과 플라스몬 도파관

9.11.1 광자결정

광자결정(photonic crystals)은 응용 범위가 넓다.[251,252] 상업화에 알맞은 사례는 도파관과 고해상도 스펙트럼 필터가 있다. 광자결정은 90° 구석 같은 유도 기하를 가능하게 한다.[253] 잠재적 응용은 광자결정 레이저, 발광 다이오드, 그리고 신용카드 위조방지로 활용될 광자결정 박막이다. 궁극적으로, 광자결정 다이오드와 트랜시스터는 결국 전광 컴퓨터(all-optical computer)의 구성을 가능하게 할 것이라고 기대된다.

광자 띠간격(PBG, photonic bandgap) 결정 또는 간단히 광자결정으로 일컬어지는 것은 굴절률이 상이한 유전 물질의 교대 영역들로 구성된 공간적으로 주기적인 격자이다.[254] PBG 결정에 대한 개념은 1987년에 야블로노비치(Yablonovitch)와[255] 존(John)에[256] 의해 최초로 제안되었으며, 3D 광자결정의 실험적 실현은 1991년에 처음으로 보고되었다.[257] [그림 9.13]은 일차원, 이차원, 그리고 삼차원 광자결정의 모식도를 보여준다. 자체의 장거리 질서 때문에 광자결정은 반도체가 전자의 전파를 제어할 수 있는 것과 거의 동일한 방식으로 광자의 전파를 조절할 수 있다. 즉, 광자 띠구조에 특정한 범위의 주파수에서 광학 방식의 존재를 배제할 수 있는 금지된 간격이 존재한다. 광자 띠간격은 광자를 조작하고 제어할 수 있는 강력한 수단을 제공하고, 광구조 또는

[그림 9.13] 유전 물질들이 교대하는 영역들로 구성된 일차원, 이차원 그리고 삼차원 광자 결정을 나타내는 모식도.

시스템에서 다양한 응용을 찾아낼 수 있다. 예를 들면, 광자결정은 편광 방향에 무관하게 광자의 전파를 차단하고, 광자를 주파수가 제한된 특정 영역에 국소화하고, 자발 또는 자극 방출 과정의 동역학을 조작하며, 어떤 특정한 방향을 따라 빛의 전파를 구속하거나 정향하는 무손실 도파관 역할에 사용될 수 있다. 또한 광자결정은 모든 파장에서 작동하고, 주기적 구조의 크기(격자 상수)가 적절하게 선택되면 근적외선 통신 대역 또는 가시광선 영역에서 응용될 수 있다는 점도 인식해야 한다. 광자결정을 제작하기 위해 많은 방법들이 탐구되었다.[258] 예를 들면, 적층 쌓기 기법,[259,260] 전기화학적 식각,[261] 화학 기상 증착,[262] 홀로그래픽 리소그래피,[263] 그리고 단분산성 구형 콜로이드의 자기조립이[264,265] 있다. [그림 9.14]는 깊은 이방성 식각을 사용하여 제작된 실리콘 기둥의 주기적 집합체에 대한 현미경 사진을 보여준다.[266] 실리콘 기둥은 지름이 205 nm이고 높이가 5 μm이다. 이 구조는 가로 자기 분극에 대해 ~1.5μm의 띠간격을 나타낸다. 기둥 집합체의 일부를 제거함으로써 도파관 밴드(bend)가 제작된다. 이차원 광자결정으로 입력 도파관과 출력 도파관이 통합된다.[266]

[그림 9.14] 깊은 이방성 식각을 사용하여 제작된 실리콘 기둥의 주기적 집합체에 대한 현미경 사진. 실리콘 기둥은 지름이 205 nm이고 높이가 5 μm이다. 이 구조는 가로 자기 분극에 대해 ~1.5μm의 띠간격을 나타낸다. 기둥 집합체의 일부를 제거함으로써 도파관 벤드(bend)가 제작된다. 이차원 광자결정으로 입력 도파관과 출력 도파관이 통합된다. [T. Zijlstra, E. van der Drift, M.J.A. de Dood, E. Snoeks, and A. Polman, J. Vac. Sci. Technol. B17, 2734 (1999).]

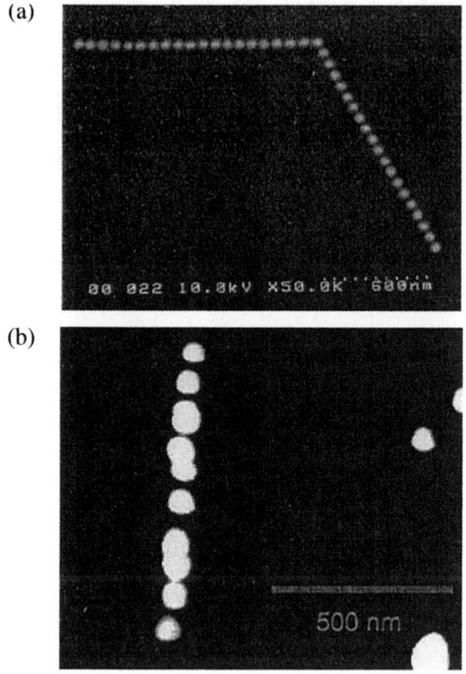

[그림 9.15] (a) 전자선 리소그래피를 사용하여 제작된 플라스몬 도파관의 60° 구석에 대한 SEM 이미지. Au 나노점들은 지름이 ~50 nm이고 (중심 사이) 거리가 ~75 nm이다. (b) 지름 35 nm의 콜로이드 Au 나노입자들을 사용하여 만들어진 직선 플라스몬 도파관. 그 입자들은 접촉 방식의 AFM를 사용하여 직선으로 조립된 다음에, 비접촉 방식에서 촬영되었다. [S.A. Maier, M.L. Bron gersma, P.G. Kik, S. Meltzer, A.A.G. Requicha, and H.A. Atwater, Adv. Mater. 13, 1501 (2001).]

완전한 띠간격은 광자 띠구조에서 전체 브릴루앙 영역에 걸칠 수 있는 것으로 정의된다.[267] 불완전한 띠간격은 흔히 유사 띠간격으로 일컬어지는데, 그것이 어떤 전파 방향을 따르는 투과 스펙트럼에만 나타나기 때문이다. 완전한 띠간격은 모든 삼차원 공간에 걸친 어떤 범위의 주파수에 대해 겹치는 일단의 유사 띠간격으로 간주될 수 있다.

9.11.2 플라스몬 도파관

플라스몬 도파관은 귀금속 나노입자들의 표면 플라스몬 공명에 기반을 두는 광소자이다. 표면 플라스몬 공명은 금속 입자 내의 자유전자들과 빛의 전기장 사이의 강한 상호작용에서 기인하는데, 이것은 앞 장에서 논의되었다. 조밀한 간격의 금속 나노입자 집합체는 인접 입자들 사이의 근접장 결합을 통해서 집합체를 가로지르는 전자기 에너지의 결맞는 전파를 초래하는 결합 플라스몬 방식들을 형성한다.[268-270] 단일한 금속 나노입자 내의 플라스몬 진동에서 기인하는 쌍극자 장은 근접장 전기역학적 상호 작용 때문에 조밀한 간격의 이웃 입자 내에 플라스몬 진동을 유도할 수 있다.[270,271] 회절 한계보다 작은 척도에서, 그리고 [그림 9.15]에서 볼 수 있듯이 90° 구석 부근 또는 빛의 파장보다 훨씬 작은 휨 반지름에서 전자기파가 유도될 수 있는 것으로 증명되었다.[268] 지름이 30과 50 nm이고 중심 사이 거리가 입자 반지름의 3배인 Au 나노입자들로 플라스몬 도파관을 제작하는 데 전자선 리소그래피와 AFM 나노조작이 적용되었다.[268]

9.12 요약

이 장은 나노구조체와 나노재료의 몇 가지 응용을 예시하기 위해 소수의 사례들을 간단히 서술했을 뿐이다. 틀림없이 더 많은 응용이 이 논의에 포함되지 않았으며, 더 많은 것들이 탐구되고 있거나 탐구될 것이다. 나노기술이 어디로 데리고 갈지는 확실하지 않지만, 나노기술이 우리 삶의 모든 측면에 침투하고 있고, 우리가 현재 알고 있는 것과 다르게 세상을 만들 것이라는 점은 확실하다.

참고문헌

[1] K. Zamani, *Proc. SPIE* **4608**, 266 (2002).

[2] A. Vilan and D. Cahen, *Trends in Biotechnol.* **20**, 22 (2002).

[3] R.F. Service, *Science* **293**, 782 (2001).

[4] G.Y. Tseng and J.C. Ellenbogen, *Science* **294**, 1293 (2001).

[5] J.H. Schön, H. Meng, and Z. Bao, *Nature* **413**, 713 (2001).

[6] J.H. Schön, H. Meng, and Z. Bao, *Science* **294**, 2138 (2001).

[7] A. Aviram and M.A. Ratner, *Chem. Phys. Lett.* **29**, 277 (1974).

[8] A. Bachtold, P. Hadley, T. Nakanishi, and C. Dekker, *Science* **294**, 1317 (2001).

[9] J. Chen, M.A. Reed, A.M. Rawlett, and J.M. Tour, *Science* **286**, 1550 (1999).

[10] S.W. Chung, J. Yu, and J.R. Heath, *Appl. Phys. Lett.* **76**, 2068 (2000).

[11] Y. Huang, X.F. Duan, Q. Wei, and C.M. Lieber, *Science* 291, 630 (2001).

[12] G. Mahler, V. May, and M. Schreiber (eds.), *Molecular Electronics: Properties, Dynamics, and Applications, Marcel Dekker, New York, 1996.*

[13] D.L. Klein, R. Roth, A.K.L. Lim, A.P. Alivisatos, and P.L. McEuen, *Nature* **389**, 699 (1997).

[14] P. Bergveld, *IEEE Trans. Biomed. Eng. BME* **19**, S342 (1972).

[15] P. Bergveld and A. Sibbald, *Analytical and Biomedical Applications of Ion- Selective Field Effect Transistors, Elsevier, Amsterdam, 1988.*

[16] J. Janata, *Analyst* **119**, 2275 (1994).

[17] H. Wohltien and A.W. Snow, *Anal. Chem.* **70**, 2856 (1998).

[18] S.D. Evans, S.R. Johnson, Y.L. Cheng, and T. Shen, *J. Mater. Chem.* **10**, 183 (2000).

[19] M.A. Reed, C. Zhou, C.J. Muller, T.P. Burgin, and J.M. Tour, *Science* **278**, 252 (1997).

[20] X.D. Cui, A. Primak, X. Zarate, J. Tomfohr, O.F. Sankey, A.L. Moore, T.A. Moore, D. Gust, G. Harris, and S.M. Lindsay, *Science* **294**, 571 (2001).

[21] R. Compañó, *Nanotechnology* **12**, 85 (2001).

[22] J. Chen, M.A. Reed, A.M. Rawlett, and J.M. Tour, *Science* **286**, 1550 (1999).

[23] C.P. Collier, E.W. Wong, M. Belohradský, F.M. Raymo, J.F. Stoddart, P.J. Kuekes, R.S. Williams, and J.R. Heath, *Science* **285**, 391 (1999).

[24] C.P. Collier, G. Mattersteig, E.W. Wong, Y. Luo, K. Beverly, J. Sampaio, F.M. Raymo, J.F. Stoddart, and J.R. Heath, *Science* **289**, 1172 (2000).

[25] S.J. Tans, A.R.M. Verschueren, and C. Dekker, *Nature* **393**, 49 (1998).

[26] S.J. Wind, J. Appenzeller, R. Martel, V. Derycke, and P. Avouris, *Appl. Phys. Lett.* **80**, 3817 (2002).

[27] W. Liang, M.P. Shores, M. Bockrath, J.R. Long, and H. Park, *Nature* **417**, 725 (2002).

[28] J. Park, A.N. Pasupathy, J.I. Goldsmith, C. Chang, Y. Yaish, J.R. Petta, M. Rinkoski, J.P. Sethna, H.D. Abruna, P.L. McEuen, and D.C. Ralph, *Nature* **417**, 722 (2002).

[29] Y. Luo, C.P. Collier, J.O. Jeppesen, K.A. Nielsen, E. DeIonno, G. Ho, J. Perkins, H.R. Tseng, T. Yamamoto, J.F. Stoddart, and J.R. Heath, *ChemPhysChem.* **3**, 519 (2002).

[30] A. Bachtold, P. Hadley, T. Nakanishi, and C. Dekker, *Science* **294**, 1317 (2001).

[31] Y. Huang, X. Duan, Y. Cui, L.J. Lauhon, K.H. Kim, and C.M. Lieber, *Science* **294**, 1313 (2001).

[32] X.F. Duan, Y. Huang, and C.M. Lieber, *Nano Lett.* **2**, 487 (2002).

[33] Y. Chen, G.Y. Jung, D.A.A. Ohlberg, X. Li, D.R. Stewart, J.O. Jeppesen, K.A. Nielsen, J.F. Stoddart, and R.S. Williams, *Nanotechnology* **14**, 462 (2003).

[34] N.A. Melosh, A. Boukai, F. Diana, B. Gerardot, A. Badolato, P.M. Petroff, and J.M. Heath, *Science* **300**, 112 (2003).

[35] J.R. Heath, P.J. Kuekes, G.S. Snider, and R.S. Williams, *Science* **280**, 1716 (1998).

[36] F. Peper, J. Lee, S. Adachi, and S. Mashiko, *Nanotechnology* **14**, 469 (2003).

[37] S.J. Kim, Yu I. Latyshev, and T. Yamashita, *Appl. Phys. Lett.* **74**, 1156 (1999).

[38] R.W. Mosley, W.E. Booij, E.J. Tarte, and M.G. Blamire, *Appl. Phys. Lett.* **75**, 262 (1999).

[39] C. Bell, G. Burnell, D.J. Kang, R.H. Hadfield, M.J. Kappers, and M.G. Blamire, *Nanotechnology* **14**, 630 (2003).

[40] C. Vieu, F. Carcenac, A. Pepin, Y. Chen, M. Mejias, A. Lebib, L. Manin- Ferlazzo, L. Couraud, and H. Launois, *Appl. Surf. Sci.* **164**, 111 (2000).

[41] D.L. Feldheim and C.D. Keating, *Chem. Soc. Rev.* **27**, 1 (1998).

[42] T. Sato, H. Ahmed, D. Brown, and B.F.G. Johnson, *J. Appl. Phys.* **82**, 1007 (1997).

[43] S.H.M. Persson, L. Olofsson, and L. Hedberg, *Appl. Phys. Lett.* **74**, 2546 (1999).

[44] M. Brust and C.J. Kiely, *Coll. Surf.* **A202**, 175 (2002).

[45] D.L. Gittins, D. Bethekk, D.J. Schiffrin, and R.J. Nichols, *Nature* **408**, 67 (2000).

[46] M.S. Dresselhaus, G. Gresselhaus, and P.C. Eklund, *Science of Fullerences and Carbon Nanotubes, Academic Press, San Diego, CA, 1996.*

[47] S.J. Tans, M.H. Devoret, H. Dai, A. Thess, R.E. Smalley, L.J. Geerligs, and C. Dekker, *Nature* **386**, 474 (1997).

[48] J. Kong, C. Zhou, E. Yenilmez, and H. Dai, *Appl. Phys. Lett.* **77**, 3977 (2000).

[49] H.W.C. Postma, T. Peepen, Z. Yao, M. Grifoni, and C. Dekker, *Science* **293**, 76 (2001).

[50] R. Martel, T. Schmidt, H.R. Shea, T. Hertel, and P. Avouris, *Appl. Phys. Lett.* **73**, 2447 (1998).

[51] X. Liu, C. Lee, C. Zhou, and J. Han, *Appl. Phys. Lett.* **79**, 3329 (2001).

[52] J. Kong, N.R. Franklin, C. Zhou, M.G. Chapline, S. Peng, K. Cho, and H. Dai, *Science*

287, 622 (2000).

[53] R.J. Chen, Y. Zhang, D. Wang, and H. Dai, *J. Am. Chem. Soc.* **123**, 3838 (2001).

[54] P.G. Collins, M.S. Arnold, and P. Avouris, *Science* **292**, 706 (2001).

[55] A.M. Rawlett, T.J. Hopson, I. Amlani, R. Zhang, J. Tresek, L.A. Nagahara, R.K. Tsui, and H. Goronkin, *Nanotechnology* **14**, 377 (2003).

[56] R.H. Baughman, C. Cui, A.A. Zakhidov, Z. Iqbal, J.N. Barisci, G.M. Spinks, G.G. Wallace, A. Mazzoldi, D. De Rossi, A.G. Rinzler, O. Jaschinski, S. Roth, and M. Kertesz, *Science* **284**, 1340 (1999).

[57] A.M. Fennimore, T.D. Yuzvinsky, W.Q. Han, M.S. Fuhrer, J. Cumings, and A. Zettl, *Nature* **424**, 408 (2003).

[58] J. Kong, N.R. Franklin, C. Zhou, M.G. Chapline, S. Peng, K. Cho, and H. Dai, *Science* **287**, 622 (2000).

[59] S. Ghosh, A.K. Sood, and N. Kumar, *Science* **299**, 1042 (2003).

[60] Y. Gao and Y. Bando, *Nature* **415**, 599 (2002).

[61] C.A. Haberzettl, *Nanotechnology* **13**, R9 (2002).

[62] K.E. Drexler, *Engines of Creation: The Coming Era of Nanotechnology, Anchor Press/Doubleday, New York, 1986.*

[63] W.J. Parak, D. Gerion, T. Pellegrino, D. Zanchet, C. Micheel, S.C. Williams, R. Bourdreau, M.A. Le Gros, C.A. Larabell, and A.P. Alivisatos, *Nanotechnology* **14**, R15 (2003)

[64] T.A. Taton, *Nat. Mater.* 2, 73 (2003).

[65] M. Han, X. Gao, J.Z. Su, and S. Nie, *Nat. Biotechnol.* 19, 631 (2001).

[66] T.P. De and A. Maitra, in *Handbook of Surface and Colloid Chemistry,* ed. K.S. Birdi, CRC Press, Boca Raton, FL, p. 603, 1997.

[67] L. Stryer, *Biochemistry,* 4th edn. Freeman, New York, 1995.

[68] J. Fritz, M.K. Baller, H.P. Lang, H. Rothuizen, P. Vettiger, G. Meyer, H.J. Guntherodt, C. Gerber, and J.K. Gimzewski, *Science* **288**, 316 (2000).

[69] A.P. Alivisatos, K.P. Johnsson, X. Peng, T.E. Wilson, C.J. Loweth, M.P. Bruchez, Jr., and P.G. Schultz, *Nature* **382**, 609 (1996).

[70] R. Elghanian, J.J. Storhoff, R.C. Mucic, R.L. Letsinger, and C.A. Mirkin, *Science* **277**, 1078 (1997).

[71] W.J. Parak, D. Gerion, D. Zanchet, A.S. Woerz, T. Pellegrino, C. Micheel, S.C. Williams, M. Seitz, R.E. Bruehl, Z. Bryant, C. Bustamante, C.R. Bertozzi, and A.P. Alivisatos, *Chem.*

Mater. **14**, 2113 (2002).

[72] M.J. Bruchez, M. Moronne, P. Gin, S. Weiss, and A.P. Alivisatos, *Science* **281**, 2013 (1998).

[73] W.C.W. Chan and S. Nie, *Science* **281**, 2016 (1998).

[74] W.L. Shaiu, D.D. Larson, J. Vesenka, and E. Henderson, *Nucl. Acids Res.* **21**, 99 (1993).

[75] E.L. Florin, V.T. Moy, and H.E. Gaub, *Science* **264**, 415 (1994).

[76] W.J. Parak, D. Gerion, T. Pellegrino, D. Zanchet, C. Micheel, S.C. Williams, R. Boudreau, M.A. Le Gros, C.A. Larabell, and A.P. Alivisatos, *Nanotechnology* **14**, R15 (2003).

[77] C.M. Niemeyer, *Angew. Chem. Int. Ed. Engl.* **40**, 4128 (2001).

[78] C.A. Mirkin, *J. Nanopart. Res.* **2**, 121 (2000).

[79] A.A. Taton, *Trends in Biotechnol.* **20**, 277 (2002).

[80] J.J. Storhoff, R. Elghanian, R.C. Mucic, C.A. Mirkin, and R.L. Letsinger, *J. Am. Chem. Soc.* **120**, 1959 (1998).

[81] G.C. Bond, *Catal. Today* **72**, 5 (2002).

[82] R. Grisel, K.J. Weststrate, A. Gluhoi, and B.E. Nieuwenhuys, *Gold Bull.* **35**, 39 (2002).

[83] M. Haruta, *Catal. Today* **36**, 153 (1997).

[84] R.J.H. Grisel and B.E. Nieuwenhuys, *J. Catal.* **199**, 48 (2001).

[85] M. Valden, X. Lai, and D.W. Goodman, *Science* **281**, 1647 (1998).

[86] V. Bondzie, S.C. Parker, and C.T. Campbell, *Catal. Lett.* **63**, 143 (1999).

[87] P. Pyykkö, *Chem. Rev.* **88**, 563 (1988).

[88] G.C. Bond and D.T. Thompson, *Catal. Rev. Sci. Eng.* **41**, 319 (1999).

[89] H. Li, Y.Y. Luk, and M. Mrksich, *Langmuir* **15**, 4957 (1999).

[90] L. Pasquato, F. Rancan, P. Scrimin, F. Mancin, and C. Frigeri, *Chem. Commun, 2253 (2000).*

[91] J.J. Pietron and R.W. Murray, *J. Phys. Chem.* **B103**, 4440 (1999).

[92] M. Bartz, J. Kuther, R. Seshadri, and W. Tremel, *Angew. Chem., Int. Ed. Engl.* **37**, 2466 (1998).

[93] F. Capasso, *Science* **235**, 172 (1987).

[94] F. Capasso and S. Datta, *Phys. Today* **43**, 74 (1990).

[95] R. Dingle, W. Wiegmann, and C.H. Henry, *Phys. Rev. Lett.* **33**, 827 (1974).

[96] N. Holonyak Jr., R.M. Kolbas, W.D. Laidig, B.A. Vojak, and K. Hess, *J. Appl. Phys.* **51**, 1328 (1980).

[97] P.K. Bhattacharya and N.K. Dutta, *Annu. Rev. Mater. Sci.* **23**, 79 (1993).

[98] S.D. Hersee, B. DeCremoux, and J.P. Duchemin, *Appl. Phys. Lett.* **44**, 476 (1984).

[99] N.K. Dutta, T. Wessel, N.A. Olsson, R.A. Logan, R. Yen, and P.J. Anthony, *Electron. Lett.* **21**, 571 (1985).

[100] W.T. Tsang, L. Yang, M.C. Wu, Y.K. Chen, and A.M. Sergent, *Electron. Lett.* **26**, 2035 (1990).

[101] M. Kondow, K. Uomi, A. Niwa, T. Kitatani, S. Watahiki, and Y. Yazawa, *Jpn. J. Appl. Phys.* **35**, 1273 (1996).

[102] L.A. Kolodziejski, R.L. Gunshor, and A.V. Nurmikko, *Annu. Rev. Mater. Sci.* **25**, 711 (1995).

[103] J. Ding, M. Hagerott, P. Kelkar, A.V. Nurmikko, D.C. Grillo, L. He, J. Han, and R.L. Gunshor, *Phys. Rev.* **B50**, 5787 (1994).

[104] M. Hagerott, J. Ding, H. Jeon, A.V. Nurmikko, Y. Fan, L. He, J. Han, J. Saraie, R.L. Gunshor, C.G. Hua, and N. Otsuka, *Appl. Phys. Lett.* **62**, 2108 (1993).

[105] E.T. Yu, M.C. Phillips, J.O. McCaldin, and T.C. McGill, *Appl. Phys. Lett.* **61**, 1962 (1992).

[106] M.A. Haase, J. Qiu, J.M. DePuydt, and H. Cheng, *Appl. Phys. Lett.* **59**, 1272 (1991).

[107] H. Jeon, J. Ding, W. Patterson, A.V. Nurmikko, W. Xie, D.C. Grillo, M. Kobayashi, and R.L. Gunshor, *Appl. Phys. Lett.* **59**, 3619 (1991).

[108] H. Okuyama, T. Miyajima, Y. Morinaga, F. Hiei, M. Ozawa, and K. Akimoto, *Electron. Lett.* **28**, 1798 (1992).

[109] J.M. Gaines, R.R. Drenten, K.W. Haberern, T. Marshall, P. Mensz, and J. Petruzzello, *Appl. Phys. Lett.* **62**, 2462 (1993).

[110] C.A. King, *Heterojunction Bipolar Transistors with GeSi Alloys in Heterostructures and Quantum Devices,* Academic Press, San Diego, CA,1994.

[111] E.A. Fitzgerald, *Annu. Rev. Mater. Sci.* **25**, 417 (1995).

[112] D. Bimberg, M. Grundmann, and N.N. Ledentsov, *Quantum Dot Heterostructures, Wiley, New York, 1999.*

[113] G. Park, O.B. Shchekin, S. Csutak, D.L. Huffaker, and D.G. Peppe, *Appl. Phys. Lett.* **75**, 3267 (1999).

[114] V.M. Ustinov, A.E. Zhukov, A.R. Kovsh, S.S. Mikhrin, N.A. Maleev, B.V. Volovik, Yu G. Musikhin, Yu M. Shernyakov, E. Yu Kondat"eva, M.V. Maximov, A.F. Tsatsul'nikov, N.N. Ledentsov, Zh I. Alferov, J.A. Lott, and D. Bimberg, *Nanotechnology* **11**, 406 (2000).

[115] O.B. Shchekin and D.G. Deppe, *Appl. Phys. Lett.* **80**, 3277 (2002).

[116] D. Pan, E. Towe, and S. Kennerly, *Appl. Phys. Lett.* **73**, 1937 (1998).

[117] L.F. Lester, A. Stintz, H. Li, T.C. Newell, E.A. Pease, B.A. Fuchs, and K.J. Malloy, *IEEE Photon. Technol. Lett.* **11**, 931 (1999).

[118] G.T. Liu, A. Stintz, H. Li, K.J. Malloy, and L.F. Lester, *Electron. Lett.* **35**, 1163 (1999).

[119] L. Chen, V.G. Stoleru, and E. Towe, *IEEE J. Selected Topics in Quantum Electron.* **8**, 1045 (2002).

[120] H.P. Lang, M. Hegner, E. Meyer, and Ch. Gerber, *Nanotechnology* **13**, R29 (2002).

[121] R. Berger, E. Delamarche, H.P. Lang, Ch. Gerber, J.K. Gimzewski, E. Meyer, and H.J. Güntherodt, *Science* **276**, 2021 (1997).

[122] H.P. Lang, R. Berger, C. Andreoli, J. Brugger, M. Despont, P. Vettiger, Ch. Gerber, J.K. Gimzewski, J.P. Ramseyer, E. Meyer, and H.J. Güntherodt, *Appl. Phys. Lett.* **52**, 383 (1998).

[123] H.P. Lang, M.K. Baller, R. Berger, Ch. Gerber, J.K. Gimzewski, F.M. Battiston, P. Fornaro, J.P. Ramseyer, E. Meyer, and H.J. Güntherodt, *Anal. Chim. Acta* **393**, 59 (1999).

[124] M.K. Baller, H.P. Lang, J. Fritz, Ch. Gerber, J.K. Gimzewski, U. Drechsler, H. Rothuizen, M. Despont, P. Vettiger, F.M. Battiston, J.P. Ramseyer, P. Fornaro, E. Meyer, and H.J. Güntherodt, *Ultramicroscopy* **82**, 1 (2000)

[125] R. Berger, H.P. Lang, Ch. Gerber, J.K. Gimzewski, J.H. Fabian, L. Scandella, E. Meyer, and H.J. Güntherodt, *Chem. Phys. Lett.* **294**, 393 (1998).

[126] F.M. Battiston, J.P. Ramseyer, H.P. Lang, M.K. Baller, Ch. Gerber, J.K. Gimzewski, E. Meyer, and H.J. Güntherodt, *Sensors Actuators* **B77**, 122 (2001).

[127] R. Berger, Ch. Gerber, J.K. Gimzewski, E. Meyer, and H.J. Güntherodt, *Appl. Phys. Lett.* **69**, 40 (1996).

[128] R. Berger, Ch. Gerber, H.P. Lang, and J.K. Gimzewski, *Microelectron. Eng.* **35**, 373 (1997).

[129] M.I. Lutwyche, M. Despont, U. Drechsler, U. Durig, W. Harberle, H. Rothuizen, R. Stutz, R. Widmer, G.K. Binnig, and P. Vettiger, *Appl. Phys. Lett.* **77**, 329 (2000).

[130] Y. Saito, S. Uemura, and K. Hamaguchi, *Jpn. J. Appl. Phys.* **37**, L346 (1998).

[131] W.A. de Heer, A. Châtelain, and D. Ugarte, *Science* **270**, 1179 (1995).

[132] A.G. Rinzler, J.H. Hafner, P. Nokolaev, L. Lou, S.G. Kim, D. Tomanek,P . Nordlander, D.T. Colbert, and R.E. Smalley, *Science* **269**, 1550 (1995).

[133] P.G. Collins and A. Zettl, *Appl. Phys. Lett.* **69**, 1969 (1996).

[134] Q.H. Wang, A.A. Setlur, J.M. Lauerhaas, J.Y. Dai, E.W. Seeling, andR .P.H. Chang, *Appl. Phys. Lett.* **72**, 2912 (1998).

[135] J.M. Bonard, J.P. Salvetat, T. Stochli, W.A. de Heer, L. Forro, and A. Châtelain, *Appl. Phys. Lett.* **73**, 918 (1998).

[136] J.A. Misewich, R. Martel, Ph. Avouris, J.C. Tsang, S. Heinze, and J. Tersoff, *Science* **300**, 783 (2003).

[137] C. Lee, *J. Phys.* **D6**, 1105 (1973).

[138] W.B. Choi, D.S. Chung, J.K. Kang, H.Y. Kim, Y.W. Jin, I.T. Han, Y.H. Lee, J.E. Jung, N.S. Lee, G.S. Park, and J.M. Kim, *Appl. Phys. Lett.* **75**, 3129 (1999).

[139] H. Murakami, M. Hirakawa, C. Tanaka, and H. Yamakawa, *Appl. Phys. Lett.* **76**, 1776 (2000).

[140] L.A. Chernozatonskii, Y.V. Gulyaev, Z.J. Kasakovskaja, and N.I. Sinityn, *Chem. Phys. Lett.* **233**, 63 (1995).

[141] P.G. Collins and A. Zettl, *Phys. Rev.* **B55**, 9391 (1997).

[142] O.M. Kuttel, O. Groening, C. Emmenegger, and L. Schlapbach, *Appl. Phys. Lett.* **73**, 2113 (1998).

[143] Y. Chen, D.T. Shaw, and L. Guo, *Appl. Phys. Lett.* **76**, 2469 (2000).

[144] Y. Saito, K. Hamaguchi, T. Nishino, K. Hata, K. Tohji, A. Kasuya, and Y. Nishina, *Jpn. J. Appl. Phys.* **36**, L1340 (1997).

[145] Y. Saito, K. Hamaguchi, K. Hata, K. Uchida, Y. Tasaka, F. Ikazaki, M. Yumura, A. Kasuya, and Y. Nishina, *Nature* **389**, 554 (1997).

[146] M. Terrones, *Annu. Rev. Mater. Res.* **33**, 419 (2003).

[147] M.A. Green, *Prog. Photovolt. Res. Appl.* **9**, 123 (2001).

[148] A. Shah, P. Torres, R. Tscharner, N. Wyrsch, and H. Keppner, *Science* **285**, 692 (1999).

[149] S.A. Ringel, J.A. Carlin, C.L. Andre, M.K. Hudait, M. Gonzalez, D.M. Wilt, E.B. Clark, P. Jenkins, D. Scheiman, A. Allerman, E.A. Fitzgerald, and C.W. Leitz, *Prog. Photovolt. Res. Appl.* **10**, 417 (2002).

[150] A. Romeo, D.L. Batzner, H. Zogg, C. Vignali, and A.N. Tiwari, *Sol. Energ. Mater.*

Sol. Cells **67**, 311 (2001).

[151] B. O''Regan and M. Grätzel, *Nature* **353**, 737 (1991).

[152] U. Bach, D. Lupo, P. Comte, J.E. Moser, F. Weissörtel, J. Salbeck, H. Spreitzer, and M. Grätzel, *Nature* **395**, 583 (1998).

[153] A. Hagfeldt and M. Grätzel, *Acc. Chem. Res.* **33**, 269 (2000).

[154] M. Grätzel, *Prog. Photovolt. Res. Appl.* **8**, 171 (2000).

[155] M. Grätzel, *Nature* **414**, 338 (2001).

[156] M. Thelakkat, C. Schmitz, and H.W. Schmidt, *Adv. Mater.* **14**, 577 (2002).

[157] D. Zhang, T. Yoshida, and H. Minoura, *Chem. Lett.,* 874 (2002).

[158] G. Boschloo, H. Lindström, E. Magnusson, A. Holmberg, and A. Hagfeldt, *J. Photochem. Photobiology A: Chem.* **148**, 11 (2002).

[159] F. Pichot, J.R. Pitts, and B.A. Gregg, *Langmuir* **16**, 5626 (2000).

[160] Y.V. Zubavichus, Y.L. Slovokhotov, M.K. Nazeeruddin, S.M. Zakeeruddin, M. Grätzel, and V. Shklover, *Chem. Mater.* **14**, 3556 (2002).

[161] S. Nakade, M. Matsuda, S. Kambe, Y. Saito, T. Kitamura, T. Sakata, Y . Wada, H. Mori, and S. Yanagida, *J. Phys.Chem.* **B106**, 10004 (2002).

[162] K. Keis, C. Bauer, G. Boschloo, A. Hagfeldt, K. Westermark, H. Rensmo, and H. Siegbahn, *J. Photochem. Photobiology A: Chem.* **148**, 57 (2002).

[163] S. Karuppuchamy, K. Nonomura, T. Yoshida, T. Sugiura, and H. Minoura, *Solid State Ionics* **151**, 19 (2002).

[164] K. Tennakone, P.K.M. Bandaranayake, P.V.V. Jayaweera, A. Konno, and G.R.R.A. Kumara, *Physica* **E14**, 190 (2002).

[165] Q.F. Zhang, C. Dandeneau, X.Y. Zhou, and G.Z. Cao, *Adv. Mater.* **21**, 4087 (2009).

[166] Q.F. Zhang, T.P. Chou, B. Russo, G.E. Fryxell, S.A. Jenekhe, and G .Z. Cao, *Angew. Chem. Int. Ed.* **47**, 2402 (2008).

[167] T.P. Chou, Q.F. Zhang, G.E. Fryxell, and G.Z. Cao, *Adv. Mater.* **19**, 2588 (2007).

[168] S Chappel and A. Zaban, *Sol. Energ. Mater. Sol. Cells* **71**, 141 (2002).

[169] S. Chappel, S.G. Chen, and A. Zaban, *Langmuir* **18**, 3336 (2002).

[170] S.G. Chen, S. Chappel, Y. Diamant, and A. Zaban, *Chem. Mater.* **13**, 4629 (2001).

[171] T.S. Kang, S.H. Moon, and K.J. Kim, *J. Electrochem. Soc.* **149**, E155 (2002).

[172] E. Palomares, J.N. Clifford, S.A. Haque, T. Lutz, and J.R. Durrant, *J. Am. Chem. Soc.*

125, 475 (2003).

[173] P.K.M. Bandaranayake, P.V.V. Jayaweera, and K. Tennakone, *Sol. Energ. Mater. Sol. Cells* **76**, 57 (2003).

[174] W.U. Huynh, X. Peng, and A.P. Alivisatos, *Adv. Mater.* **11**, 923 (1999).

[175] W. Huynh, J.J. Dittmer, and A.P. Alivisatos, *Science* **295**, 2425 (2002).

[176] D. Gebeyehu, C.J. Brabec, and N.S. Sariciftci, *Thin Solid Films* **403–404**, 271 (2002).

[177] W.van Schalkwijk and B. Scrosati, *Advances in Li-Ion Batteries,* 2002.

[178] J.M. Tarascon and M. Armand*,* *Nature* **414**, 359 (2001).

[179] M.S. Whittingham, *Chem. Rev.* **104**, 4271 (2004).

[180] M.S. Whittingham, Y. Song, S. Lutta, P.Y. Zavalij, and N.A. Chernova, *J. Mater. Chem.* **15**, 3362 (2005).

[181] C.J. Curtis, J. Wang, and D.L. Schulz, *J. Electrochem. Soc.* **151**, A590 (2004).

[182] J.F. Whitacre, W.C. West, E. Brandon, and B.V. Ratnakumar, *J. Electrochem. Soc.* **148**, A1078 (2001).

[183] M. Kunduraci and G.G. Amatucci, *J. Electrochem. Soc.* **153**, A1345 (2006).

[184] J.C. Arrebola, A. Caballero, M. Cruz, L. Hernán, J. Morales, and E.R. Castellón, *Adv. Funct. Mater.* **16**, 1904 (2006).

[185] R. Nesper, M.E. Spahr, M. Niederberger, and P. Bitterli, *Int. Patent Appl.* PCT/CH97/00470, 1997.

[186] C.J. Patrissi and C.R. Martin*,* *J. Electrochem. Soc.* **146**, 3176 (1999).

[187] N. Li, C.J. Patrissi, and C.R. Martin, *J. Electrochem. Soc.* **147**, 2044 (2000).

[188] K. Takahashi, S.J. Limmer, Y. Wang, and G.Z. Cao, *J. Phys. Chem. B,* **108**, 9795 (2004).

[189] K. Takahashi, S.J. Limmer, Y. Wang, and G.Z. Cao, *J. Appl. Phys.* **44**, 662 (2005).

[190] K.Takahashi, Y. Wang, and G.Z. Cao, *Appl. Phys. Lett.* **86**, 053102 (2005).

[191] Y. Wang, K. Takahashi, H. Shang, and G.Z. Cao, *J. Phys. Chem.* **B109**, 3085 (2005).

[192] K. Takahashi, Y. Wang, and G.Z. Cao, *J. Phys. Chem. B* **109**, 48 (2005).

[193] Q. Wang, H. Li, L. Chen, and X. Huang, *Solid State Ionics* **152–153**, 43 (2002).

[194] R.A. Sharma and R.N. Seefurth, *J. Electrochem. Soc.* **123**, 1763 (1976).

[195] B.A. Boukamp, G.C. Lesh, and R.A. Huggins, *J. Electrochem. Soc.* **128**, 725 (1981).

[196] M. Winter, J.O. Besenhard, M.E. Spahr, and P. Nova, *Adv. Mater.* **10**, 725 (1998).

[197] U. Kasavajjula, C.Wang, and A.J. Appleby, *J. Power Sources* **163**, 1003 (2007).

[198] K. Candace, P.H. Chan, G. Liu, K. Mcilwrath, X.F. Zhan, R.A. Huggins, and Y Cui, *Nat. Nanotechnol.* **3**, 31 (2008).

[199] J.T. Yin, M. Wada, K. Yamamoto, Y. Kitano, S. Tanase, and T. Sakai, *J. Electrochem. Soc.* **153**, A472 (2006).

[200] J.P. Maranchi, A.F. Hepp, and P.N. Kumta, *Electrochem. Solid-State Lett.* **6**, A198 (2003).

[201] S. Ohara, J.J. Suzuki, K. Sekine, and T. Takamura, *Electrochemistry* **71**, 1126 (2003).

[202] L.Y. Beaulieu, K.W. Eberman, R.L. Turner, L.J. Krause, and J.R. Dahn, Electrochem. *Solid-State Lett.* **4**, A137 (2001).

[203] Y.C. Chen, J.M. Chen, Y.H. Huang, Y.R. Lee, and H.C. Shih, *Surf. Coat. Technol.* **202**, 1313 (2007).

[204] I. Rom, M. Wachtler, I. Papst, M. Schmied, J.O. Besenhard, F. Hofer, and M. Winter, *Solid State Ionics* **143**, 329 (1999).

[205] T. Zhang, L.J. Fu, J. Gao, Y.P. Wua, R. Holze, and H.Q. Wu, *J. Power Sources* **174**, 770 (2007).

[206] J. Graetz, C.C.Ahn, R. Yazami, and B. Fultz, *J. Electrochem. Soc.* **151**, A698 (2004).

[207] C.K. Chan, X.F. Zhang, and Y. Cui, *Nano Lett.* **8**, 307 (2008).

[208] Y. Idota, M. Mishima, M. Miyaki, T. Kubota, and T. Miyasaka, *Eur. Pat. Appl.* 65140 A1 94116643.1, 1994.

[209] K. Tahara, H. Ishikawa, F. Iwasaki, S.Yahagi, A. Sakkata, and T. Sakai, *Eur. Pat. Appl. 93111938.2, 1993.*

[210] J.O. Besenhard, J.Yang, and M.Winter, *J. Power Sources* **68**, 87 (1997).

[211] S.H. Ng, D.I. dos Santos, S.Y. Chew, D. Wexler, J. Wang, S. X. Dou, and H.K. Liu, *Electrochem. Commun.* **9**, 915 (2007).

[212] V. Subramanian, B.W. William, H.W. Zhu, and B.Q. Wei, *J. Phys. Chem. C* **112**, 4550 (2008).

[213] W.L. Xiong, Y. Wang, C. Yuan Lee, Y. Jim, and L.A. Archer, *Adv. Mater.* **18**, 2325 (2006).

[214] L Yuan, Z.P. Guo, K. Konstantinov, J.Z. Wang, and H.K. Liu, *Electrochim. Acta* **51**, 3680 (2006).

[215] H.K. Seong, M.H. Kim, H.J. Choi, YJ. Choi, and J.G. Park, *Met. Mater. Intl.* **14**, 477 (2008).

[216] Y.N. Nuli, S.L. Zhao, and Q.Z. Qin, *J. Power Sources* **114**, 113 (2003).

[217] P. Poizot, S. Larulle, S. Grugeon, L. Dupont, and J.M. Tarascon, *Nature* **407**, 496 (2000).

[218] M. Fichtner, *Adv. Eng. Mater.* **6**, 7 (2005).

[219] H. Kabbour, T.F. Baumann, J.H. Satcher, Jr., A. Saulnier, and C.C. Ahn, *Chem. Mater.* **18**, 6085 (2006).

[220] G. Liang, R. Schulz, and J. Huot, *J. Alloy. Comp.* **133**, 320 (2001).

[221] P. Tessier, J.O. Strom-Olsen, and R. Schulz, *J. Mater. Res.* **13**, 1538 (1998).

[222] A. Zaluska, L. Zaluski, and J.O. Strom-Olsen, *Appl. Phys. A* **72**, 157 (2001).

[223] G. Liang, J. Huot, S. Bouly, A. Van Neste, and R. Schulz, *J. Alloy Comp.* **291**, 295 (1999).

[224] O. Gutfleisch, N. Schlorke-de Boer, N. Ismail, M. Herrich, A. Walton, J. Sperght, I.R. Harris, A.S. Pratt, and A. Zuttel, *J. Alloy Comp.* **356**, **357**, 598 (2003).

[225] J.-L. Bobet, S. Pechev, B. Chevalier, and B. Darriet, *J. Mater. Chem.* **9**, 315 (1999).

[226] K. Zeng, T. Klassen, W. Oelerich, and R. Bormann, *J. Alloys Comp.* **283**, 213 (1999).

[227] C.M. Jensen, R.A. Zidan, N. Mariels, A.G. Hee, and C. Hagen, *Int. J. Hydrogen Energy* **24**, 461 (1999).

[228] G. Sandrock, K. Gross, and G. Thomas, *J. Alloy Comp.* **339**, 299 (2002).

[229] K.J. Gross, G.J. Thomas, and C.M. Jensen, *J. Alloys Comp.* **330**, 683 (2002).

[230] S. Sepehri, B.B. Garcia, and G. Cao, *J. Mater. Chem.* **18**, 4034 (2008).

[231] C.P. Balde, B.P.C. Hereijgers, J.H. Bitter, and K.P. de Jong, *J. Am. Chem. Soc.* **130**, 6761 (2008).

[232] A.F. Gross, J.J. Vajo, S.L. Van Atta, and G.L. Olson, *J. Phys. Chem. C* **112**, 5651 (2008).

[233] A. Feaver, S. Sepehri, P. Shamberger, A. Stowe, T. Autrey, and G. Cao, *J. Phys. Chem.* **B111**, 7469 (2007).

[234] A. Gutowska, L. Li, Y. Shin, C.M. Wang, X.S. Li, J.C. Linehan, R.S. Smith, B.D. Kay, B.S., W. Shaw, M. Gutowski, and T. Autrey, *Angew. Chem. Int. Ed.* **44**, 3578 (2005).

[235] L.D. Hicks and M.S. Dresselhaus, *Phys. Rev. B: Condens. Matter Mater. Phys.* **47**, 12727 (1993).

[236] B. Yoo, F. Xiao, K.N. Bozhilov, J. Herman, M.A. Ryan, and N.V. Myung, *Adv. Mater.* **19**, 296 (2007).

[237] W. Wang, F. Jia, Q. Huang, and J. Zhang, *Microelectron. Eng.* **77**, 223 (2005).

[238] X.B. Zhao, X.H. Ji, Y.H. Zhang, and B.H. Lu, *J. Alloys Comp.* **368**, 349 (2004).

[239] C. Jin, X. Xiang, C. Jia, W. Liu, W. Cai, L. Yao, and X. Li, *J. Phys. Chem.* **B108**, 1844 (2004).

[240] A.I. Hochbaum, R. Chen, R.D. Delgado, W. Liang, E.C. Garnett, M. Najarian, A. Majumdar and P. Yang, *Nature* **451**, 163 (2008).

[241] A.R. Abramson, W.C. Kim, S.T. Huxtable, H. Yan, Y. Wu, A. Majumdar, C.-L. Tien, and P. Yang, *J. Microelectromechan. Syst.* **13**, 505 (2004).

[242] F. Li, C. Hu, Y. Xiong, B. Wan, W. Yan, and M. Zhang *J. Phys. Chem. C* **112**, 16130 (2008).

[243] G. Tai, B. Zhou, and W. Guo, *J. Phys. Chem. C* **112**, 11314 (2008).

[244] D.-A. Borca-Tasciuc, G. Chen, A. Prieto, M.S. Martín-González, A. Stacy, T. Sands, M.A. Ryan, and J.P. Fleurial, *Appl. Phys. Lett.* **85**, (2004).

[245] N. Mingo, *Appl. Phys. Lett.* **84**, (2004).

[246] C.-H. Lee, G.-C. Yi, Y.M. Zuev, and P. Kim, *Appl. Phys. Lett.* **94**, 022106 (2009).

[247] N.B. Duarte, G.D. Mahan, and S. Tadigadapa, *Nano Lett.* **9**, 617 (2009).

[248] T. Markussen, A.-P. Jauho, and M. Brandbyge, *Phys. Rev.* **B79**, 035415 (2009).

[249] L.H. Cumbal and A.K. SenGupta, *Ind. Eng. Chem. Res.* **44**, 600 (2005).

[250] J. Chen, M. Liu, L. Zhang, J. Zhang, and L. Jin, *Water Res.* **37**, 3815 (2003).

[251] M. Ibanescu, Y. Fink, S. Fan, E.L. Thomas, and J.D. Joannopoulos, *Science* **289**, 415 (2000).

[252] J. Ouellette, *The Industry Physicist,* p. 14, December 2001/January 2002.

[253] A. Mekis, J.C. Chen, I. Kurland, S. Fan, P.R. Villeneuve, and J.D. Joannopoulos*, Phys. Rev. Lett.* **77**, 3787 (1999).

[254] J.D. Joannopoulos, R.D. Meade, and J.N. Winn, *Photonic Crystals, Princeton University Press, Princeton, NJ, 1995.*

[255] E. Yablonovitch*, Phys. Rev. Lett.* **58**, 2059 (1987).

[256] S. John, *Phys. Rev. Lett.* **58**, 2486 (1987).

[257] E. Yablonovitch, T.J. Gmitter, and K.M. Leung, *Phys. Rev. Lett.* **67**, 2295 (1991).

[258] A. Polman and P. Wiltzius, *MRS Bull.* **26**, 608 (2001).

[259] S.Y. Lin, J.G. Fleming, D.L. Hetherington, B.K. Smith, R. Biswas, K.M. Ho, M.M.

Sigalas, W. Zubrzycki, S.R. Kurtz, and J. Bur, *Nature* **394**, 251 (1998).

[260] S. Noda, K. Tomoda, N. Yamamoto, and A. Chutinan, *Science* **289**, 604 (2000).

[261] A. Birner, R.B. Wehrspohn, U. Gösele, and K. Busch, *Adv. Mater.* **13**, 377 (2001).

[262] M.C. Wanke, O. Lehmann, K. Müller, Q.Z. Wen, and M. Stuke, *Science* **275**, 1284 (1997).

[263] M. Campbell, D.N. Sharp, M.T. Harrison, R.G. Denning, and A.J. Turberfield, *Nature* **404**, 53 (2000).

[264] J.E.G.J. Wijnhoven and W. Vos, *Science* **281**, 802 (1998).

[265] Y. Xia, B. Gates, Y. Yin, and Y. Lu, *Adv. Mater.* **12**, 693 (2000).

[266] T. Zijlstra, E. van der Drift, M.J.A. de Dood, E. Snoeks, and A. Polman, *J. Vac. Sci. Technol.* **B17**, 2734 (1999).

[267] J.D. Joannopoulos, P.R. Villeneuve, and S. Fan, *Nature* **386**, 143 (1997).

[268] S.A. Maier, M.L. Brongersma, P.G. Kik, S. Meltzer, A.A.G. Requicha, and H.A. Atwater, *Adv. Mater.* **13**, 1501 (2001).

[269] M. Quinten, A. Leitner, J.R. Krenn, and F.R. Aussenegg, *Opt. Lett.* **23**, 1331 (1998).

[270] M.L. Brongersma, J.W. Hartman, and H.A. Atwater, *Phys. Rev.* **B62**, R16356 (2000).

[271] J.R. Krenn, A. Dereux, J.C. Weeber, E. Bourillot, Y. Lacroute, J.P. Goudonnet, G. Schider, W. Gotschy, A. Leitner, F.R. Aussenegg, and C. Girard, *Phys. Rev. Lett.* **82**, 2590 (1999).

Appendix 1 Periodic Table of the Elements.

1	2	3	4	5	6	7	8	9	10	11	12	13	14	15	16	17	18
1 **H** 1.0079																	2 **He** 4.0026
3 **Li** 6.941	4 **Be** 9.0122											5 **B** 10.811	6 **C** 12.011	7 **N** 14.007	8 **O** 15.999	9 **F** 18.998	10 **Ne** 20.180
11 **Na** 22.990	12 **Mg** 24.305											13 **Al** 26.982	14 **Si** 28.086	15 **P** 30.974	16 **S** 32.065	17 **Cl** 35.453	18 **Ar** 39.948
19 **K** 39.098	20 **Ca** 40.078	21 **Sc** 44.956	22 **Ti** 47.867	23 **V** 50.942	24 **Cr** 51.996	25 **Mn** 54.938	26 **Fe** 55.845	27 **Co** 58.933	28 **Ni** 58.693	29 **Cu** 63.546	30 **Zn** 65.409	31 **Ga** 69.723	32 **Ge** 72.64	33 **As** 74.922	34 **Se** 78.96	35 **Br** 79.904	36 **Kr** 83.798
37 **Rb** 85.468	38 **Sr** 87.62	39 **Y** 88.906	40 **Zr** 91.224	41 **Nb** 92.906	42 **Mo** 95.94	43 **Tc** (98)	44 **Ru** 101.07	45 **Rh** 102.91	46 **Pd** 106.42	47 **Ag** 107.87	48 **Cd** 112.41	49 **In** 114.82	50 **Sn** 118.71	51 **Sb** 121.76	52 **Te** 127.60	53 **I** 126.90	54 **Xe** 131.29
55 **Cs** 132.91	56 **Ba** 137.33	57-71 *	72 **Hf** 178.49	73 **Ta** 180.95	74 **W** 183.84	75 **Re** 186.21	76 **Os** 190.23	77 **Ir** 192.22	78 **Pt** 195.08	79 **Au** 196.97	80 **Hg** 200.59	81 **Tl** 204.38	82 **Pb** 207.2	83 **Bi** 208.98	84 **Po** (209)	85 **At** (210)	86 **Rn** (222)
87 **Fr** (223)	88 **Ra** (226)	89-103 #	104 **Rf** (261)	105 **Db** (262)	106 **Sg** (266)	107 **Bh** (264)	108 **Hs** (277)	109 **Mt** (268)	110 **Ds** (281)	111 **Uuu** (272)	112 **Uub** (285)		114 **Uuq** (289)				

* Lanthanide series	57 **La** 138.91	58 **Ce** 140.12	59 **Pr** 140.91	60 **Nd** 144.24	61 **Pm** (145)	62 **Sm** 150.36	63 **Eu** 151.96	64 **Gd** 157.25	65 **Tb** 158.93	66 **Dy** 162.50	67 **Ho** 164.93	68 **Er** 167.26	69 **Tm** 168.93	70 **Yb** 173.04	71 **Lu** 174.97
# Actinide series	89 **Ac** (227)	90 **Th** 232.04	91 **Pa** 231.04	92 **U** 238.03	93 **Np** (237)	94 **Pu** (244)	95 **Am** (243)	96 **Cm** (247)	97 **Bk** (247)	98 **Cf** (251)	99 **Es** (252)	100 **Fm** (257)	101 **Md** (258)	102 **No** (259)	103 **Lr** (262)

Appendix 2 The International System of Units.

Quantity	Name	Symbol	SI base units
Length	Meter	m	m
Mass	Kilogram	kg	kg
Time	Second	s	s
Current	Ampere	A	A
Temperature	Kelvin	K	K
Luminous intensity	Candela	Cd	Cd
Force	Newton	N	$kg{\cdot}m/s^2$
Energy	Joule	J	$kg{\cdot}m^2/s^2$
Pressure	Pascal	Pa	$kg{\cdot}m/s^2$
El. charge	Coulomb	C	$A{\cdot}s$
Power	Watt	W	$kg{\cdot}m^2/s^3$
Voltage	Volt	V	$kg/m^2/A{\cdot}s^3$
El. resistance	Ohm	Ω	$kg{\cdot}m^2/A^2{\cdot}s^3$
El. conductance	Siemens	S	$A^2{\cdot}s^3/kg{\cdot}m^2$
Magn. flux	Weber	Wb	$kg{\cdot}m^2/A{\cdot}s^2$
Magn. induction	Tesla	T	$kg/A{\cdot}s^2$
Inductance	Henry	H	$kg/A^2{\cdot}s^2$
Capacitance	Farad	F	$A^2{\cdot}s^4/kg{\cdot}m^2$

Appendix 3 List of Fundamental Physical Constants.

Quantity	Symbol	Value with units
Avogadro's number	N_A	6.023×10^{23} molecules/mole
Boltzmann's constant	κ	1.38×10^{-23} J/atom·K
Bohr magneton	μ_B	9.27×10^{-24} $A{\cdot}m^2$
Constant of gravitation	G	6.67×10^{-11} $m^3/kg{\cdot}s^2$
Electron charge	e	1.602×10^{-19} C
Electron mass	m_e	9.11×10^{-31} kg
Faraday's constant	F	96,500 C/mol
Gas constant	R_g	8.31 J/mol·K
Permeability of a vacuum	μ_0	1.257×10^{-6} H/m
Permittivity of a vacuum	ε_0	8.85×10^{-12} F/m
Planck's constant	h	6.63×10^{-34} J.s
Velocity of light in a vacuum	c_0	3×10^8 m/s

Appendix 4 The 14 Three-Dimensional Lattice Types.

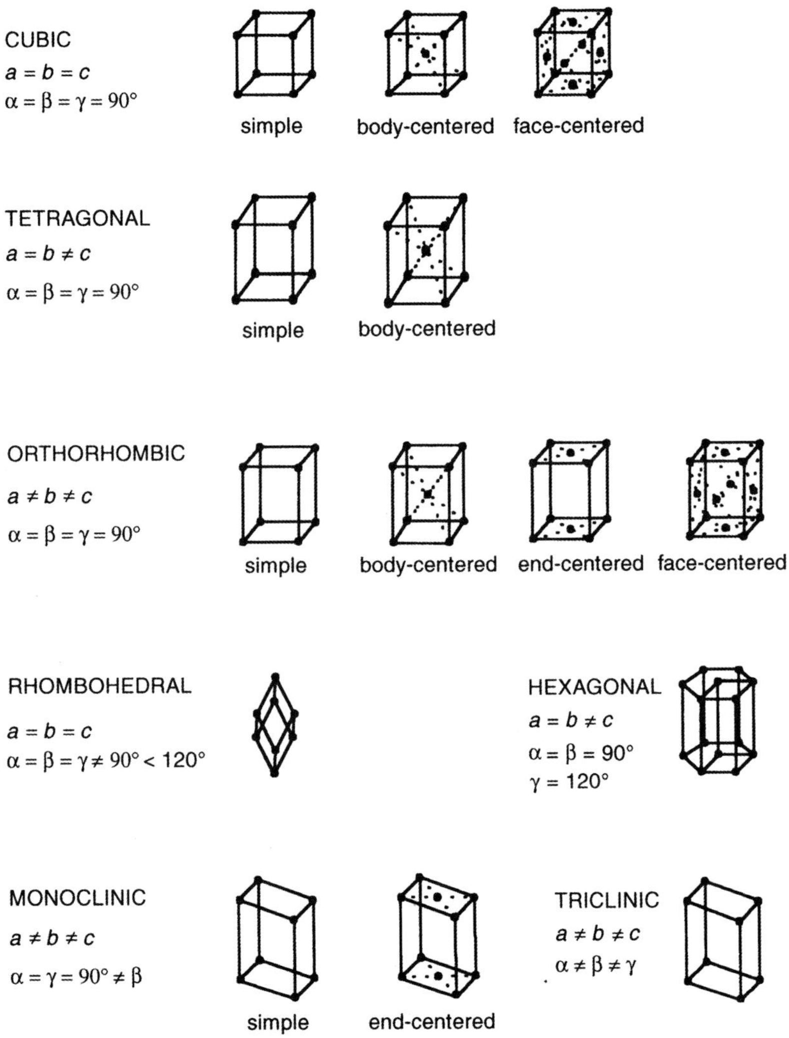

Appendix 5 The Electromagnetic Spectrum.

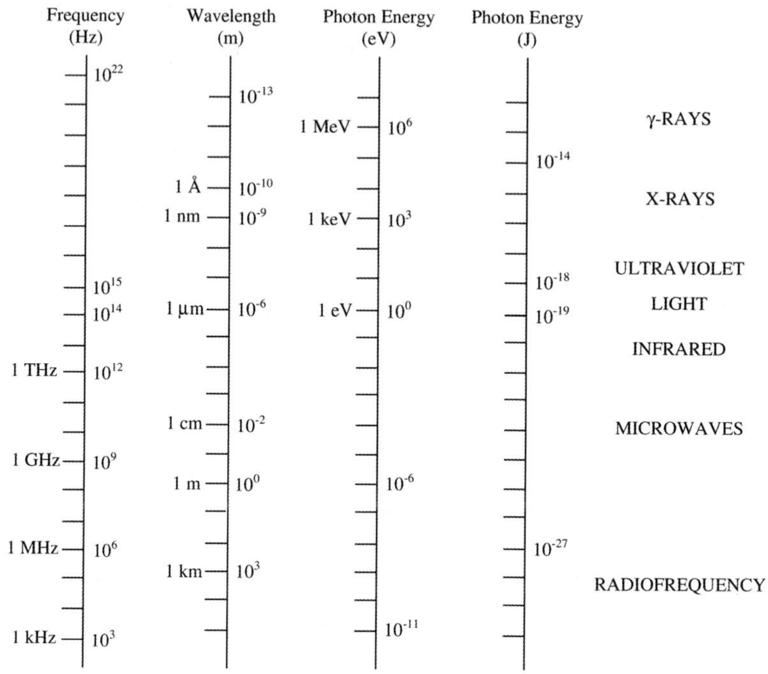

Appendix 6 The Greek Alphabet.

Name	Lower case	Upper case
Alpha	α	A
Beta	β	B
Gamma	γ	Γ
Delta	δ	Δ
Epsilon	ε	E
Zeta	ζ	Z
Eta	η	H
Theta	θ	Θ
Iota	ι	I
Kappa	κ	K
Lambda	λ	Λ
Mu	μ	M
Nu	ν	N
Xi	ξ	Ξ
Omicron	o	O
Pi	π	Π
Rho	ρ	P
Sigma	σ	Σ
Tau	τ	T
Upsilon	υ	Y
Phi	ϕ	Φ
Chi	χ	X
Psi	φ	Ψ
Omega	ω	Ω

Index

찾아보기

Nanostructures and Nanomaterials

나

다

라

마

바

사

아

자

차

카